高等学校规划教材

材料成型设备

武汉科技大学　周家林　主编

北　京
冶　金　工　业　出　版　社
2023

内 容 提 要

本书涵盖了连铸、轧制、锻压、挤压与拉拔、焊接、塑料成型设备的主要内容，以成型方法为主线，以各种类型主体设备为重点，吸收了本领域的一些最新研究成果，全面阐述了各种成型设备的结构特点，参数选择，强度、变形计算、工(模)具调整及质量控制。本书在拓宽知识面的基础上，强调基本概念，注重理论与实际应用的结合，在保证设备结构选型、主要零部件强度计算等教学要求的前提下，着重突出设备的主要参数选择。各章后均附有习题，以供读者学习之用。

本书可作为高等学校材料成型及控制工程专业本科生教材，也可供相关专业研究生和有关工程技术人员参考。

图书在版编目(CIP)数据

材料成型设备/周家林主编. —北京：冶金工业出版社，2008.4(2023.1 重印)

高等学校规划教材

ISBN 978-7-5024-4453-2

Ⅰ. 材… Ⅱ. 周… Ⅲ. 工程材料—成型—设备—高等学校—教材 Ⅳ. TB3

中国版本图书馆 CIP 数据核字(2008)第 033501 号

材料成型设备

出版发行 冶金工业出版社		**电　话** (010)64027926	
地　址 北京市东城区嵩祝院北巷 39 号		**邮　编** 100009	
网　址 www.mip1953.com		**电子信箱** service@mip1953.com	

责任编辑 杨 敏 美术编辑 彭子赫 版式设计 张 青

责任校对 侯 瑂 责任印制 窦 唯

三河市双峰印刷装订有限公司印刷

2008 年 4 月第 1 版，2023 年 1 月第 12 次印刷

787mm×1092mm 1/16；22 印张；585 千字；338 页

定价 46.00 元

投稿电话 (010)64027932 投稿信箱 tougao@cnmip.com.cn

营销中心电话 (010)64044283

冶金工业出版社天猫旗舰店 yjgycbs.tmall.com

(本书如有印装质量问题，本社营销中心负责退换)

前　言

为了培养“材料成型及控制工程”专业综合素质高、知识结构全面的新型人才，考虑到专业性质和培养目标要求，新编《材料成型设备》教材。本教材在内容选择上遵循拓宽专业口径、扩展知识面的指导思想，同时注重其科学性和系统性，从专业长远发展的角度出发，考虑不同层次对人才知识结构需求，确定了“以成型方法为主线，不同类型主体设备为中心，以典型设备结构和力能参数计算为重点”的材料成型设备新体系。包括液态金属成型设备、固态金属成型设备、深加工成型设备、焊接设备、塑料成型设备几部分，几乎涵盖液态成型、轧制、模具、焊接、塑料成型设备的主要内容。

作为教材，本书在拓宽知识面的基础上，强调基本概念、基本理论、基本知识，注重理论与实际应用的结合，在保证设备结构选型、主要零部件强度计算教学要求的前提下，着重突出设备的主要参数选择。并根据教学内容的需要在各章之后附上了习题，以供读者学习之用。本书可作为高等学校“材料成型及控制工程”和“材料加工工程”专业本科生教材，也可供相关专业研究生和有关工程技术人员参考。

本书由武汉科技大学周家林任主编，参加本书编写的有常庆明(第 1 章)、周家林(第 2～5、7～12 章)、徐光(第 6 章)、潘成刚(第 13～15 章)、陈长军(第 16 章)。初稿完成后，武汉科技大学的李立新教授、余驰斌教授，对书稿提出了许多宝贵的、指导性的意见。武钢的张华、熊建良、魏钢城、黄勇、李平、杨望山、刘祖胜、肖敏、方德法，涟钢的谢建意、珠钢的毛新平、宝钢的陈步传等同志对书稿提出了许多宝贵的、建设性的意见。在此，向上述各位表示衷心的感谢！

在编写本书过程中，编者参阅和引用了国内外有关文献资料，并将主要文献列于书后，在此谨向文献作者表示最诚挚的谢意！

由于本书是一本涵盖多种金属及塑料成型设备的教科书，鉴于编者水平所限，书中不妥之处，敬请读者指正。

编　者

2007 年 11 月

目　　录

1 连续铸造设备

连续铸造是将液态金属通过连铸机浇铸、凝固成形、切割而直接得到铸坯的新工艺、新技术。它的出现从根本上改变了传统的模铸工艺，大大简化了熔融金属到金属坯料的生产流程。近 20 年来，世界钢产量之所以大幅度上升，连续铸造的广泛采用是其重要原因之一。连铸比已成为衡量一个国家冶金工业水平的重要指标。

1.1 连续铸造的分类

连续铸造技术有多种方式，可按不同的方法进行分类。

(1) 按台、机、流分：连铸机共用 Z 个钢包浇注时，称为 Z 台连铸机；用 Z 个钢包浇铸，而按连铸机的驱动系统的数量 X 可称为 Z 台 X 机连铸机；X 个驱动系统浇铸 Y 流铸坯时称为 X 机 Y 流连铸机，因此连铸机往往被称为 Z 台 X 机 Y 流，如一台一机二流、一台二机二流、一台四机四流等。

(2) 按结晶器类型分：可分为固定式连铸和随动式连铸。

(3) 按连铸机型分：可分为立式连铸、立弯式连铸、直结晶器立弯式、结晶器弧形、全弧形连铸、多半径椭圆形连铸、水平连铸、轮带式连铸、履带式连铸等等。

(4) 按铸坯的弯曲矫直方式分：可分为单点矫直连铸机、多点弯矫连铸、连续弯矫连铸（又分固定辊和浮动辊两类）、渐进矫直连铸（又称为固定辊连续矫直连铸）等。

(5) 按铸造材料分：可分为连续铸钢、连续铸铝及连续铸镁等。在连铸机前冠以钢种类别，钢的连续铸造又可划分为特殊钢连铸、不锈钢板坯(方坯)连铸、合金钢板坯(方坯)连铸等，以表示与浇铸普通碳素钢连铸的区别。

(6) 按所浇铸的断面形状分：可把连铸分为板坯连铸、带坯连铸、小方坯连铸、大方坯连铸、圆坯连铸、异型(如工字形和八角形)断面坯连铸。既可浇铸板坯，又能浇方坯，称为板方坯兼容连铸或板方坯复合连铸。

(7) 按照铸坯厚度分：一般概念认为，铸坯厚度不小于 150 mm 时称为常规板坯连铸。当铸坯厚度为 90～150 mm 时，称为中厚度板坯连铸；铸坯厚度为 40～70(90) mm 时，称为薄板坯连铸；铸坯厚度为 25 mm 左右时，称为带坯连铸；铸坯厚度为 10 mm 左右时，称为薄带连铸；铸坯厚度小于 3 mm 时，称为极薄带连铸，目前，连铸极薄带最薄可达到 0.15～0.3 mm。

(8) 按是否接近最终产品形状分：连铸还可分为传统连铸和近终形连铸。近终形连铸包括连铸连轧、铸轧、异型坯连铸。

1.2 传统连续铸造设备

1.2.1 传统连铸的一般过程

传统连铸设备主要由钢包、中间包、结晶器(一次冷却)、结晶器振动装置、二次冷却和铸坯导向装置、拉坯矫直装置、切割装置、出坯装置等部分组成。图 1-1 为一种常用的弧形连铸机设备组成示意图。

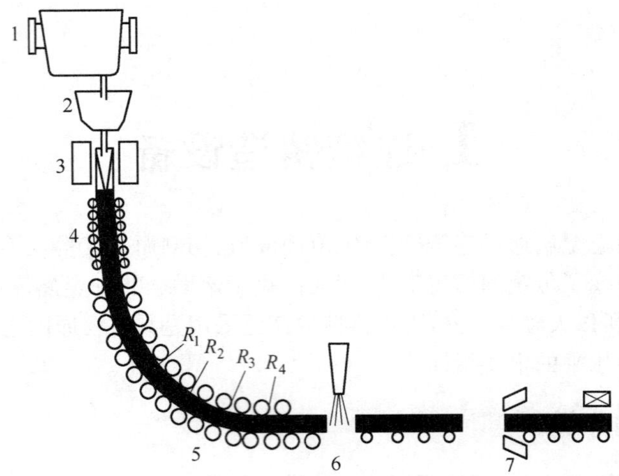

图 1-1　弧形连铸机设备组成

1—钢包；2—中间包；3—结晶器；4—二次冷却和铸坯导向装置；
5—拉坯矫直装置；6—切割装置；7—出坯装置

从炼钢炉出来的钢水注入到钢包内，经二次精炼处理后被运到连铸机的上方，钢水通过钢包底部的水口再注入到中间包内、中间包水口的位置被预先调好以对准下面的结晶器。打开中间包塞棒或滑动水口（或定径水口）后，钢水流入下口由引锭杆头封堵的水冷结晶器内。在结晶器内，钢水沿其周边逐渐冷凝成钢壳。当结晶器下端出口处坯壳有一定厚度时，同时启动拉坯机和结晶器振动装置，使带有液心的铸坯进入由若干夹辊组成的弧形导向段。在这里铸坯一边下行，一边经受二次冷却区中许多按一定规律布置的喷嘴喷出的雾化水的强制冷却继续凝固。当引锭杆出拉坯矫直机后将其与铸坯脱开。待铸坯被矫直且完全凝固后，由切割装置将其切成定尺铸坯，最后由出坯装置将定尺铸坯运到指定地点。以上就是把钢水通过连铸机浇铸成钢坯的一般过程。

传统连铸技术经过几十年的不断发展，目前已有立式、立弯式、弧形式和水平式连铸，对应的机型称为传统连铸机，如图 1-2 所示。

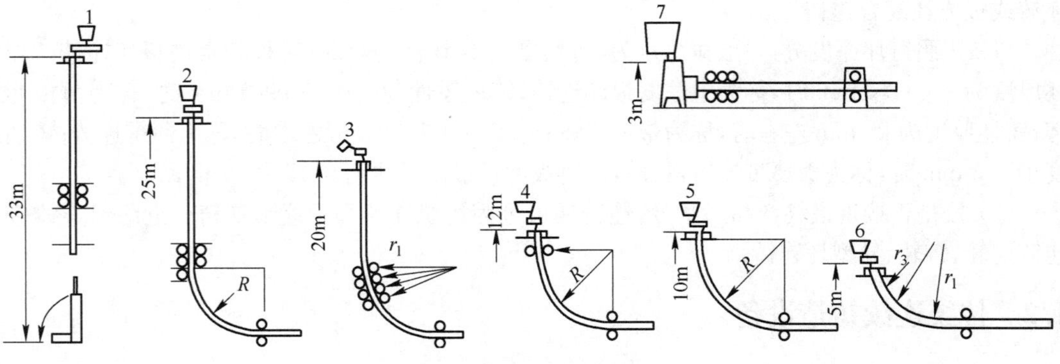

图 1-2　连铸机机型简图

1—立式；2—立弯式；3—直结晶器立弯式；4—直结晶器弧形；
5—弧形；6—多半径弧形；7—水平式

立式连铸机的基本特征是连铸机的各主体设备从上到下配置在同一铅垂生产线上，在浇铸过程中铸坯没有受到任何强制变形作用。

立式连铸机特点有：

(1) 钢水在结晶器内，四周冷却条件相同，易于调节控制，钢水中各种非金属夹杂物易于上浮，铸坯内夹杂物少，横断面结晶组织对称。

(2) 连铸机主体设备结构简单，不需矫直装置。

(3) 铸坯在结晶凝固过程中，不受机械外力作用，有利于获得更好质量。

(4) 由于机身很高，钢水静压力大，极易产生鼓肚变形，设备维修不方便，投资较多。

(5) 铸坯定尺长度受到限制，随着生产率的提高，需增大铸坯尺寸，提高拉速，这就需要提高立式连铸机的高度，使其缺点更加突出，从而使立式连铸机的发展受到限制。

立弯式连铸机基本特征是以结晶器开始凝固到完全凝固后进入弯曲段、然后由水平方向出坯、铸坯的运动轨迹成直弯形。这种立弯式的连铸机的设备高度虽然可比立式连铸机的设备高度降低一些、但减少设备费用的效果并不明显。

弧形连铸机的基本特征是从位于最上面的结晶器及紧相连的二次冷却支承装置到拉矫机等设备均配置在同一半径的圆弧生产线上。连铸生产中，铸坯在完全凝固后才进入拉矫机，受矫直辊施加的外力而矫直。

弧形连铸机的特点有：

(1) 机身高度低，为立式连铸机的 1/3，克服了立式连铸机的部分缺点。

(2) 水平出坯，定尺长度不受限制，有利于高速浇铸。

(3) 钢水在圆弧中进行凝固，夹杂物上浮受到阻碍，并容易向内弧富集，造成夹杂物偏析；占地面积比立式连铸机大。

(4) 铸机中与弧形有关设备的制造、安装、对弧等均比较麻烦。

水平连铸机的基本特征是在浇铸过程中，铸坯始终保持水平运动，不受弯曲和矫直，属无氧化浇铸。

水平连铸机其特点有：

(1) 连铸机各单体设备完全在地面上水平布置，机身高度很低(高度小或等于 3 m)。钢水静压力小，利于结晶凝固，特别是从钢水到成坯的全过程不受弯曲和矫直等机械外力作用，裂纹明显减少。

(2) 连铸机结构简单，重量轻(比普通弧形连铸机约轻 43%～45%)，一次投资省 50%以上。它省去了专门防止二次氧化的保护系统、结晶器振动装置、二次冷却系统与矫直设备。其安装、维修和连铸的生产操作都很方便。

(3) 由于中间包和结晶器直接相连，钢水完全在封闭系统内流动和凝固，易于实现无氧化浇铸，铸坯质量好。

(4) 目前只能浇铸较小断面的铸坯，只适宜生产小批量的钢坯，特别是特殊钢铸坯。

1.2.2 浇铸设备

连铸生产中，冶炼合格的钢水经钢包承运设备送至连铸机浇铸平台，按工艺要求将钢水注入中间包，并由中间包车将其从预热位置运输到浇铸位置。因此，浇铸设备包括钢包及其回转台、中间包及中间包车。

1.2.2.1 钢包

钢包又称盛钢桶、钢水包、大包等，它是用于盛接钢水并进行浇铸的设备，也是钢水的炉外精炼炉。钢包由外壳、内衬和注流控制机构、底部供气装置等部分组成，如图 1-3 所示。

钢包内衬与高温钢水、熔渣长时间接触，受到注流冲刷和熔渣侵蚀，尤其是作为精炼炉受到的损坏更严重；内衬的损坏不仅降低了钢包的寿命，还增加了钢水中的夹杂物含量。因此钢包的内衬选用合适的耐火材料对改善钢的质量、稳定操作、提高生产效率有着重要的意义。

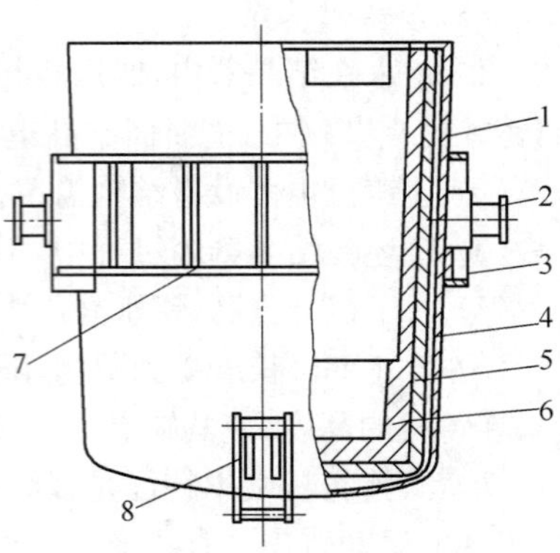

图 1-3　钢包结构

1—包壳；2—耳轴；3—支撑座；4—保温层；5—永久层；6—工作层；7—腰箍；8—倾翻吊环

1.2.2.2　钢包回转台

目前承托钢包的方式主要是钢包回转台，其转臂上同时承托两个钢包，一个用于浇铸，另一个处于待浇状态，同时完成钢水的异跨运输；缩短了换包时间，有利于实现多炉连浇，提高连铸作业率。

钢包回转台结构按回转臂的形式可分为整体叉臂式和双单臂式两种。整体叉臂式回转台两端叉臂为一整体，只需一套旋转机构，结构较简单。双单臂式回转台其两端的转臂各自单独转动，两个钢包可有不同的相对位置，这对承运钢包、处理意外情况等更为方便、灵活。钢包蝶形回转台属于双臂整体旋转单独升降式，使用较广，其结构如图 1-4 所示。

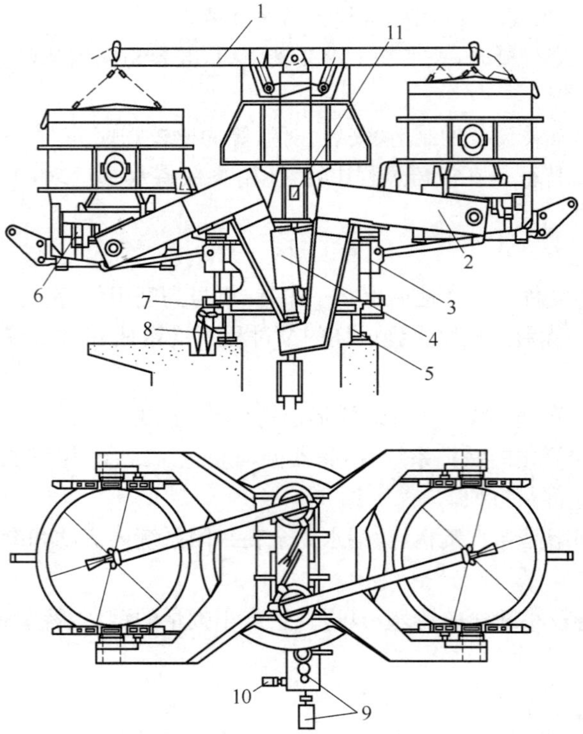

图 1-4　钢包蝶形回转台

1—钢包盖装置；2—叉形臂；3—旋转盘；4—升降装置；5—塔座；6—称量装置；7—回转环；8—回转夹紧装置；9—回转驱动装置；10—气动马达；11—背撑梁

钢包回转台主要由钢结构部分(包括旋转盘)、回转驱动装置、回转夹紧装置、升降机构、称量装置、润滑装置和事故驱动装置等组成。

钢结构部分由叉形臂、旋转盘与上部轴承座、回转环和塔座组成。

回转驱动装置由电动机、大速比减速机及回转小齿轮组成(见图1-5)。设有制动和锁定机构,以确保回转台的准确定位。

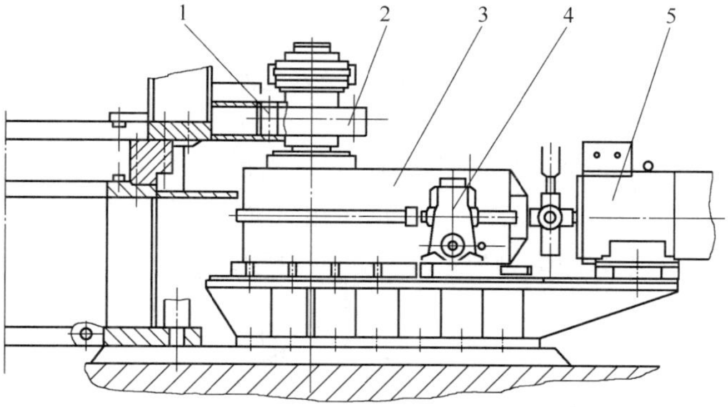

图1-5 回转驱动装置及事故驱动装置

1—柱销齿轮;2—回转小齿轮;3—减速机;4—气动马达;5—电动机

事故驱动装置是在发生事故时,启动气动马达或由蓄电池供电的直流电机工作,以保证工作安全。

回转夹紧装置是使大包固定在浇铸位置的机构,它一方面保护了回转驱动装置在装包时不受冲击,另一方面保证了正在浇铸钢包的安全。

升降装置是根据杠杆原理设计的,它由一个叉臂、一个升降液压缸、两个球面推力轴承及导向连杆与支撑钢结构组成。可使钢包能在回转台上做升降运动,实现保护浇铸及便利维修操作。

1.2.2.3 中间包

中间包是钢包与结晶器间的一个中转容器,其主要作用有:减小钢水的静压力,使钢水平稳地注入结晶器;减少钢流冲击引起的飞溅或紊流,有利于非金属夹杂物上浮,净化钢水;多流连铸机上,中间包将钢水分流到每个结晶器;在多炉连浇时,中间包还能储存一定数量的钢水,保证在更换钢包时不停浇;中间包里吹入惰性气体以调整包内的钢水温度,还可以加入需要的某些合金元素,实现中间包冶金。

中间包的结构、形状应保持最小的散热面积,良好的保温性能。通常将中间包做成长方形、T字形或V字形。其结构由包体、包盖和水口装置等几部分组成,如图1-6所示。中间包加盖,起保温和防止钢包包底过分受烤而变形。包盖外壳用钢板焊成,内衬为耐火材料,包盖上开有钢水注入孔、塞棒孔和加热孔、加料孔等。

水口是中间包内的钢水流入结晶器的通道,通过水口装置来调整水口的开闭程度,控制钢水的流量。水口装置主要有三大类:定径水口、塞棒式水口和滑动式水口。

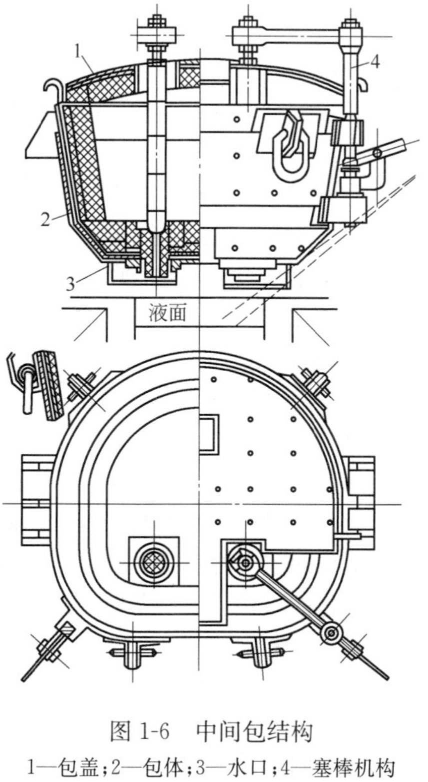

图1-6 中间包结构

1—包盖;2—包体;3—水口;4—塞棒机构

定径水口多用于小方坯连铸机上，开浇后中间包钢水流量主要由中间包内钢液面高度和水口直径来控制，不再控制与拉速自动匹配，为防止钢水溢出，要求浇铸工注意结晶器中液面的波动，并控制好拉速。

塞棒式水口如图 1-6 所示，塞棒的控制分为手动和自动两种，自动控制是通过结晶器液面控制仪根据液面波动情况发出信号给位移跟踪指示器，通过液压随动系统由液压缸操作塞棒实现的。塞棒式水口易于操作，使用效果较好，为防止浸入式水口中出现结瘤阻断浇铸，一般向塞棒中间通入氩气，同时也冷却了塞棒。

滑动式水口是通过滑板的开度来控制水口的过流面积，其结构如图 1-7 所示。上、下滑板固定不动，通过中间活动滑板移动控制注流。中间包用滑动水口控流工作安全可靠，寿命较长，能精确控制钢流，有利于实现自动化，也利于更换水口及停浇操作。

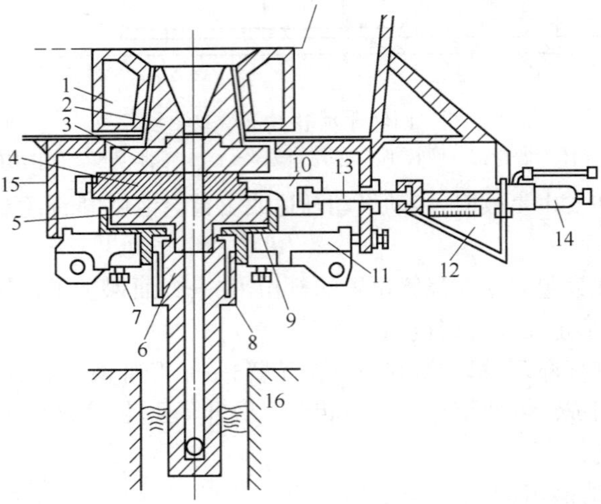

图 1-7　三层式滑动水口示意图

1—座砖；2—上水口；3—上滑板；4—滑动板；5—下滑板；6—浸入式水口；7—螺栓；
8—夹具；9—下滑板套；10—滑动框架；11—盖板；12—刻度；
13—连杆；14—油缸；15—水口箱；16—结晶器

1.2.2.4　中间包车

中间包车是用于支撑、运输、更换中间包的承载装置。为实现中间包的快速更换，中间包车应具有快速和慢速两种走行速度；为便于水口横向对中还应设置横向微调机构。中间包车应能使中间包升降，便于浸入式水口进行无氧化保护浇铸。

目前中间包车有两种形式：悬臂式中间包车和门形中间包车。悬臂式中间包车位于结晶器的外弧侧，其内弧侧轨道在高架梁上，外弧侧轨道铺设在浇铸平台上，如图 1-8 所示。中间包车运行迅速，结晶器上方供操作的空间大，便于观察结晶器液面，操作方便。但结构中心偏移，车子不稳，需在车身的另一端加配重或反倾力矩结构。门形中间包车是普遍采用的形式，如图 1-9 所示。门形中间包车的轨道在结晶器的内外弧两侧，车跨在结晶器的上方，水口位于车的主梁内，由于中间包的重心位于两条轨道之间，车身受力合理、平稳；但操作人员在观察结晶器液面和加保护渣时不太方便。

门形中间包车由包车本体、走行装置、升降装置、对中装置、称量装置、长水口机械手、溢流槽及台车等组成。

每台中间包车配有两套电气机械走行装置，每套传动装置由一个交流电机、一个齿轮减速箱装置、一个联轴节和双闸瓦制动器组成。这两套装置布置在中间包车背侧,并配有防止钢水飞溅和辐射热的保护装置。

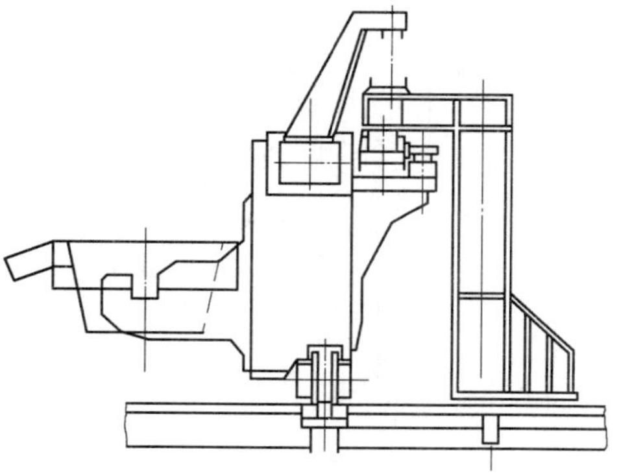

图 1-8 悬臂型中间包车

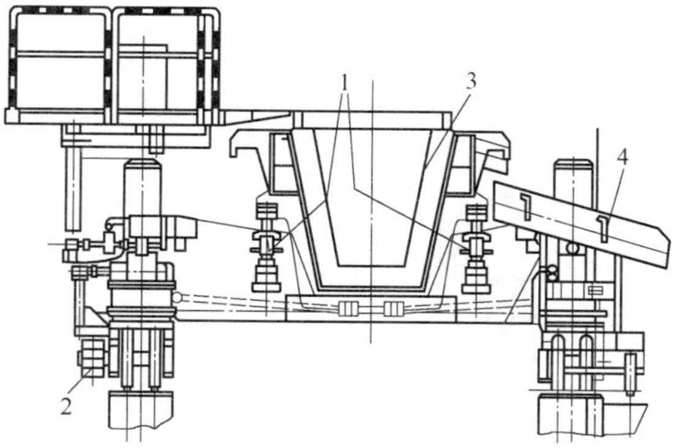

图 1-9 门形中间包车

1—称量装置;2—走行装置;3—中间包;4—溢流槽及其台车

升降装置是使中间包上升、下降的机构。该装置通常由支承中间包的两个横向支承框架和 4 台滚珠丝杆千斤顶及其电气机械传动装置等组成。滚珠丝杆千斤顶分布于中间包车前后四个角由一个交流电机和离合器、抱闸及齿轮传动装置共同组成,由一个升降传动系统驱动。

中间包水口安装位置中心线与结晶器的中心线往往有误差,因此一般中间包车都设有对中微调机构,在中间包车的前梁上设有两个对中传动装置由电机驱动蜗轮蜗杆减速器,再带动蜗轮蜗杆、丝杠千斤顶做水平移动,丝杠推拉中间包横向支承框架在提升柱的辊子上做前后调整移动。

为防止中间包内钢水因液面过高而溢流,中间包上设有专门溢流口。中间包车的溢流槽是介于中间包溢流口与连铸平台上的事故钢包之间,将溢出的钢水传送到连铸平台上的事故钢包。

1.2.3 结晶器及其振动机构

1.2.3.1 结晶器

结晶器是一个水冷的铜模,是连铸机中的“心脏”部件。钢水在结晶器内冷却,初步凝固成形,并具有一定厚度的坯壳,这一过程是在坯壳与结晶器壁连续、相对运动下完成的。因此结晶器应具有良好的导热性和刚性,不易变形,重量要轻,以减小振动时的惯性力;内表面耐磨性要好,以提高使用寿命。

按结晶器的内断面形状,结晶器可分为直形结晶器和弧形结晶器。直形结晶器用于立式、立弯式及直弧形连铸机,而弧形结晶器用在全弧形和椭圆形连铸机上。从其结构来看,结晶器又可分为管式结晶器和组合式结晶器。小方坯、圆坯、矩形坯浇铸多用管式结晶器,而大型方坯、矩形坯、H 形坯和板坯浇铸多用组合式结晶器。

(1) 管式结晶器的结构如图 1-10 所示,其内管为冷拔异形无缝铜管,外面套有钢质外壳,铜管与钢套之间留有小于 7 mm 的水缝隙,用以通冷却水。铜管和钢套可以制成弧形或直形。铜管的上口通过法兰用螺钉固定在钢质的外壳上,铜管的下口一般为自由端,允许热胀冷缩,但上、下口都必须密封,不能漏水。结晶器外套是圆筒形的。外套中部有底脚板,将结晶器固定在振动框架上。管式结晶器结构简单,易于制造、维修。

有的管式结晶器取消了钢质外套，冷却水直接喷射到铜管上冷却，也称喷淋式结晶器，其结构如图 1-11 所示。

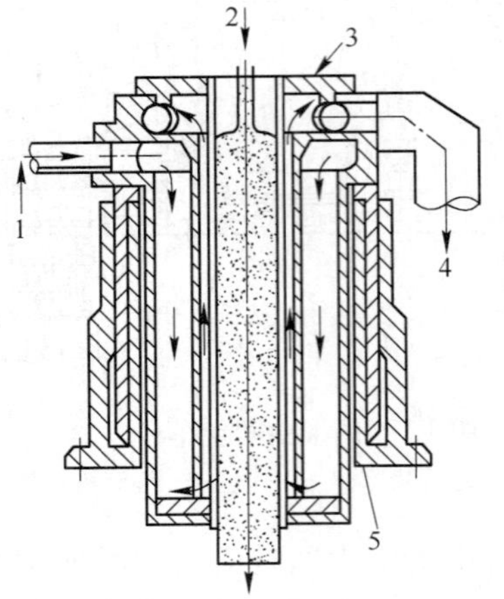

图 1-10　管式结晶器

1—冷却水入口；2—钢水；3—上口法兰；

4—冷却水出口；5—油压缸

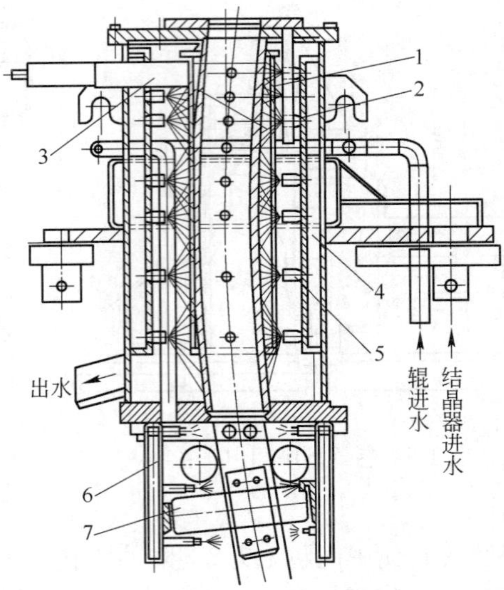

图 1-11　喷淋式结晶器

1—结晶器铜管；2—放射源；3—闪烁计数器；

4—结晶器外壳；5—喷嘴；6—足辊架；7—足辊

(2) 组合式结晶器结构如图 1-12 所示，通常组合式结晶器是由 4 块复合壁板组装而成，每块复合壁板都是由铜质内壁和钢质外壳组成。在与钢质外壳接触的铜板面上铣出许多沟槽形成中间水缝。中间用双头螺栓固定，为防止漏水，在双头螺栓上加垫，用密封圈密封。结晶器下口装有三对足辊，其主要作用是支承初生坯壳，减少摩擦阻力，改善冷却条件。为此足辊间距必须要小，以防止铸坯在钢水静压力作用下产生鼓肚变形。足辊是结晶器重要部件，要求与结晶器有严格的对中，在振动时与结晶器一起振动，在结晶器与辊子间及辊子与辊子间设有冷却喷嘴，对铸坯进行喷淋冷却。

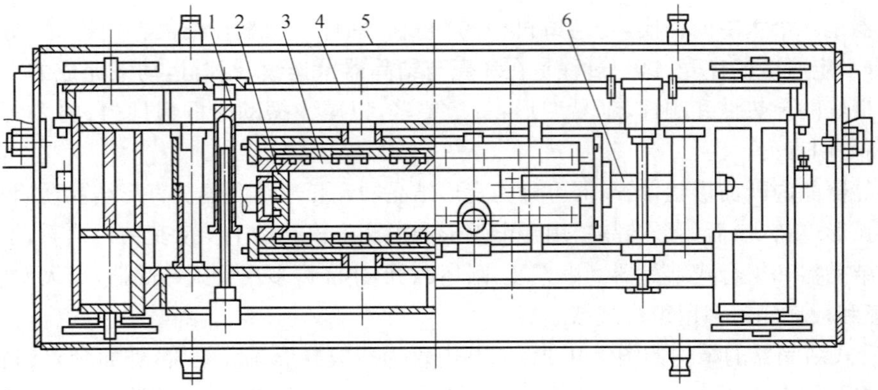

图 1-12　组合式结晶器

1—调厚与夹紧装置；2—窄面内壁；3—宽面内壁；

4—结晶器外框架；5—振动框架；6—调宽机构

结晶器在线调宽就是在浇注过程中完成对结晶器宽度的调整，即结晶器的两个窄边多次分小步向外或向内移动，直到预定的宽度要求。调节宽度时铸坯宽度方向呈现Y形，故称为Y形在线调宽。这种调宽装置不仅能调节结晶器宽度，还能调节宽面倒锥度。每次调节量为初始锥度的1/4，调节速度是20～50 mm/min。通过计算机控制，液压或电力驱动，每个侧边的上、下两套同步机构实现调节，它可在不停机的条件下改变铸坯宽度。在线调宽设备比较复杂，调整过程中要预防发生漏钢事故。

1.2.3.2　结晶器的振动机构

结晶器的振动机构是使结晶器做周期性的往复运动的装置，其目的是防止初生坯壳与结晶器之间黏结而拉破，并起强制脱模的作用。一旦结晶器内坯壳被拉断，振动又有可能在结晶器与铸坯的同步运动中使其愈合。同时，由于结晶器振动使内壁得到良好润滑，即减少了摩擦力，又能防止坯壳与结晶器壁黏结，从而可以改善铸坯的表面质量。

任何结晶器的振动机构都包括两部分：一是使结晶器准确地沿着一定轨迹振动（直线或弧线）部分；二是使结晶器严格按照一定的振动规律振动部分（凸轮、偏心轮机构或液压伺服系统）。目前用到方坯连铸机上的振动机构形式主要是短臂四连杆振动机构；而板坯连铸机近年来多用四偏心轮式振动机构。

（1）短臂四连杆振动机构具有4个滚动铰接点的刚性四连杆振动机构，如图1-13所示。该机构有两个刚性振动臂及4个滚动轴承组成的铰接点。该结构广泛应用在小方坯和大板坯连铸机上，只是小方坯连铸机振动机构多装在内弧侧，而大方坯连铸机振动机构多装在外弧侧。短臂四连杆振动机构结构简单，便于维修，能够较准确地实现结晶器的弧线运动，有利于铸坯质量的改善。但该机构在使用一段时间后也会出现一定的晃动现象，横向稳定就显得不够。小振幅还使铰接点的润滑变得困难，易造成销轴的磨损，从而引起振动的不平稳。

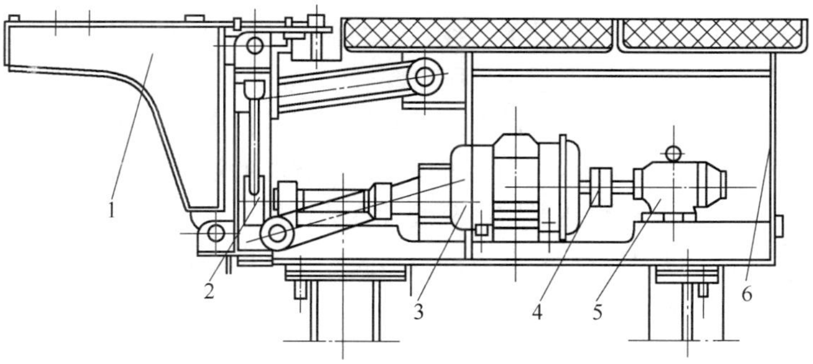

图1-13　短臂四连杆振动装置

1—振动台；2—振动臂；3—无级变速器；4—安全联轴器；
5—交流电动机；6—箱架

为了适应高频率、小振幅的工艺要求，一种以钢板在张力状态下作为连杆的四连杆振动机构已开始在方坯连铸机上得到应用，且取得了很好的效果。由于这种振动结构没有铰接点，因此不存在润滑不良和磨损，横向稳定性好。

（2）四偏心轮式振动机构的弧线运动是利用两对偏心距不同的偏心轮及连杆机构而产生的，如图1-14所示。结晶器弧线运动的定中是靠两条板式弹簧完成的，这种板式弹簧使结晶器只做弧形摆动，而不能产生其他方向的移动。因而，这种振动机构振动平稳，无摆动和卡阻现象，但其结构复杂，零件较多。

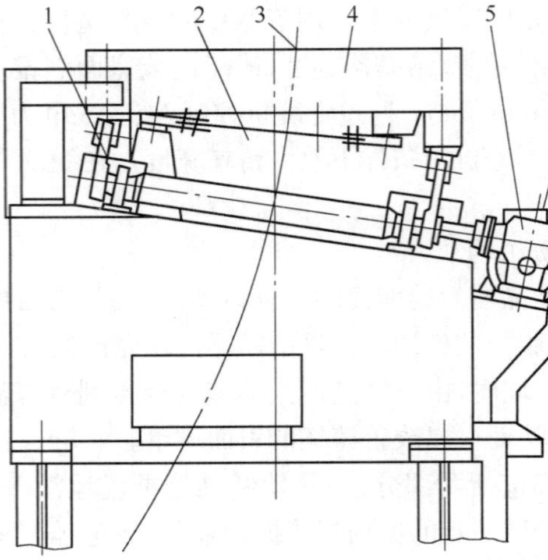

图 1-14　四偏心轮式振动机构
1—偏心轮及连杆；2—定中心弹簧板；3—铸坯外弧；
4—振动台；5—蜗轮副；6—直流电动机

1.2.4　二次冷却系统

二次冷却系统，又称二次冷却区或二冷区，是对离开结晶器后的铸坯进行连续冷却直至完全凝固的系统。从结晶器里出来的铸坯虽已成形，但坯壳一般只有 10～30 mm 厚。内部温度很高，因此钢水静压力对坯壳产生很大的鼓胀力，使铸坯有可能产生各种形变，甚至出现裂纹和漏钢，特别是大方坯和板坯更为严重。设置二冷装置的目的，就是对铸坯通过强制均匀的冷却，促使坯壳迅速凝固变厚，预防坯壳变形超过极限，控制产生裂纹和发生漏钢事故。同时对铸坯和引锭杆予以支撑和导向，防止跑偏。在采用直结晶器的弧形铸机中，二冷装置还需要完成将直坯弯成弧形坯。在上装引锭杆的铸机中，二冷装置中需设置有驱动辊，以驱动引锭杆并实现拉坯。对于多半径弧形连铸机，它又起到将弧形铸坯分段矫直的作用。

二次冷却系统是由支撑导向设备(即各部扇形段)、喷水冷却管路、基础底座等部分组成。

1.2.4.1　小方坯连铸机的二次冷却系统

小方坯连铸机二次冷却装置的结构如图 1-15 所示。它是管式结构，由三段无缝钢管制成，钢管支撑在底座上，每段钢管又由内、外两层钢管构成，中间的夹缝通水冷却，二冷区头二段在冷却室内，第三段在冷却室外，它总共有 4 对夹辊，5 对侧导辊，12 块导板和 14 个喷水环，用垫块调节辊间距，以适应不同断面的浇铸。二冷区组辊的喷水量占 40%，一、二段水量为 60%。

1.2.4.2　板坯连铸机的二次冷却系统

板坯的二次冷却系统要比小方坯的复杂得多，为了保证铸坯质量，必须严格限制铸坯的鼓肚量，需要严格控制夹辊辊距和对弧精度。

为了便于加工制造、安装调整和快速处理事故，一般都把二冷区分成若干扇形段。在结晶器下口的第一段，要求能和结晶器准确对中，为便于处理事故，还要能快速更换。所以把结晶器振动装置和二冷的零段都装在一起，成为快速更换台，可以快速整体调换。

结晶器下的第一扇形段有板式和辊式两种。其中，辊式结构是目前应用较多的一种，它是用

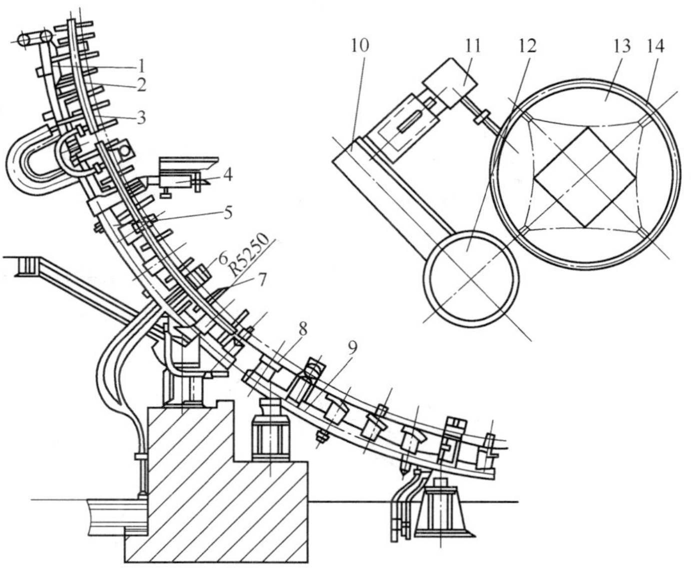

图 1-15　小方坯二次冷却装置

1—Ⅰa段；2—供水管；3—侧导辊；4—吊挂；5—Ⅰ段；6—夹辊；7—喷水环管；8—导板；9—Ⅱ段；10—总管支架；11—总管；12—导向支架；13—环管；14—喷嘴

密排小直径夹辊来达到强制冷却和防止坯壳鼓肚变形。图 1-16 是用于立弯式连铸机的头段二冷夹辊。它支承在导辊上，可以从侧面或上面快速拉出，快速更换。另外，在顶弯区有 3 个夹辊，它用支承辊顶住，用来承受矫弯力。

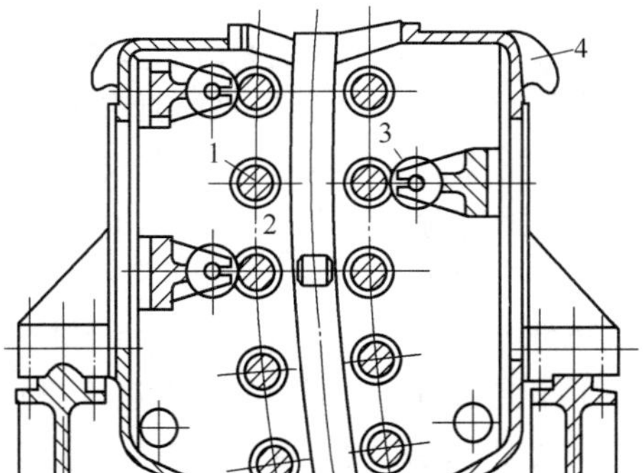

图 1-16　头段二冷夹辊

1—夹辊；2—侧导辊；3—支承辊；4—框架

二冷支承导向装置，为了制造、安装、维修方便起见，在设计时将其分为若干段，每段为一个单独组合。一般情况下，零段比较特殊，其他各段结构基本相似。

在二冷区内为了冷却铸坯，喷水冷却时，将会产生大量的蒸汽，这些蒸汽必须及时排出，否则将无法进行生产操作。为了排出蒸汽，从整体结构上出现了两种不同的形式。如果各段采用开式机架，必须将整个二冷区封闭起来，方可用风机将蒸汽排出，这种整体封闭式结构通常称为房式结构。若将每个扇形段做成封闭式的独立体，并将喷水冷却设施和支导装置部件全部密封在内，然后再把各段连接封闭在一起，这种结构形式称为箱式或隧道式结构。排风机可以直接将箱内蒸汽抽走。现代化大型连铸机有向这方面发展的趋势。

底座长期工作在高温下，而且受较大外负荷作用，对连铸机的安装精度与生产使用精度都有很大影响，所以保持相对位置的稳定性对铸坯质量是至关重要的。目前中型连铸机多采用大刚度整体底座。对于大型连铸机二冷支导装置的底座一般都采用大刚度分组活动支承方式。

1.2.4.3　二冷喷嘴

由连铸机整体热平衡可以看出，钢坯的凝固潜热在结晶器内只能散失一部分。液芯状态的铸坯进入二冷区便开始受到喷水冷却，并在切断前必须全部凝固。铸坯表面既要均匀冷却又要有高的冷却效率，冷却强度的控制应能满足工艺要求。

目前广泛使用的二次冷却方式有两种，即水冷和气-水混合冷却。

A 水冷（喷淋冷却方式）

采用水为冷却介质，冷却水被加一定压力，并通过特殊喷嘴使其“粒化”和“雾化”而形成细小颗粒，水的冷却效率取决于小水滴是否有能力穿透蒸汽界面（Leydenfrost 效应），具有这种能力才能产生强烈的冷却作用。这种喷嘴称为压力喷嘴，又称为水雾喷嘴。

在压力喷嘴中，水的雾化仅靠所施加的压力和喷嘴的特性。常用的压力喷嘴喷雾形状有椭圆扁形喷嘴、实心圆锥形喷嘴、空心圆锥形喷嘴和矩形喷嘴，如图 1-17 所示。

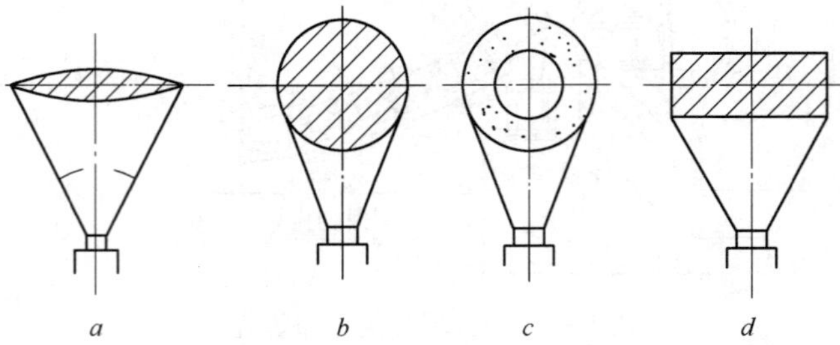

图 1-17 常用喷嘴类型

a—椭圆扁形喷嘴；*b*—圆锥形喷嘴（实心）；*c*—圆锥形喷嘴（空心）；*d*—矩形喷嘴

喷淋系统又分单喷嘴系统和多喷嘴系统两种，单喷嘴系统采用广角、大流量喷嘴。该系统具有喷嘴数量少，不易堵塞，便于维修等优点。多喷嘴系统中每一排布置多个小角度的喷嘴，其优点是适合对铸坯实施“强冷”，有利于提高拉速。

B 气-水混合冷却

气-水混合冷却系统采用一种特殊的气-水雾化喷嘴。该系统降压缩空气和水从不同的管道进入，利用压缩空气的能量将雾化成极细小的水滴。这是一种高效冷却喷嘴，有单孔型和双孔型两种，如图 1-18 所示。

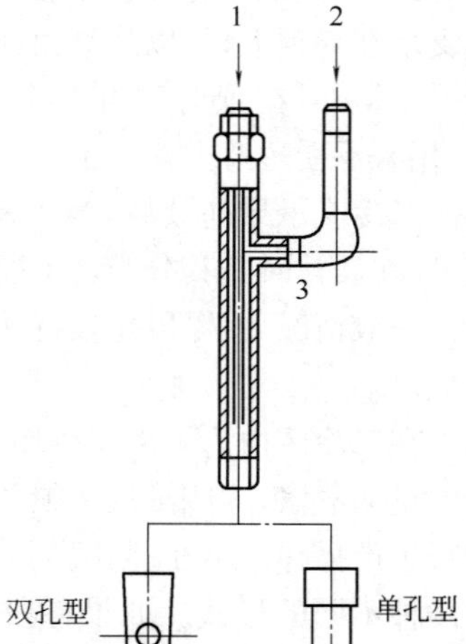

图 1-18 气-水雾化喷嘴结构示意图

1—水；2—压缩空气；3—混合管

1.2.5 拉坯矫直装置

对于弧形连铸机，当铸坯出拉坯机后还必须进行矫直，拉坯和矫直两道工序常在一个机组里完成，故称其为拉坯矫直机（简称拉矫机）。

1.2.5.1 引锭杆

引锭杆的头部是结晶器的“活底”，浇铸前用它堵住结晶器下口，开浇后，结晶器内的钢水与引锭杆的头部凝固在一起，经拉矫机的牵引，铸坯随引锭杆从结晶器下口拉出，如图 1-19 所示，直至铸坯被矫直、脱掉引锭杆为止，其后的拉坯将通过拉矫辊夹紧铸坯连续拉出。而引锭杆会被送离连铸生产线存放、清理好以备下次使用。

1.2.5.2 拉坯矫直机

连铸机中拉坯矫直机按其矫直方式可分为一点拉矫机、多点拉矫机、连续拉矫机和压缩矫直机。

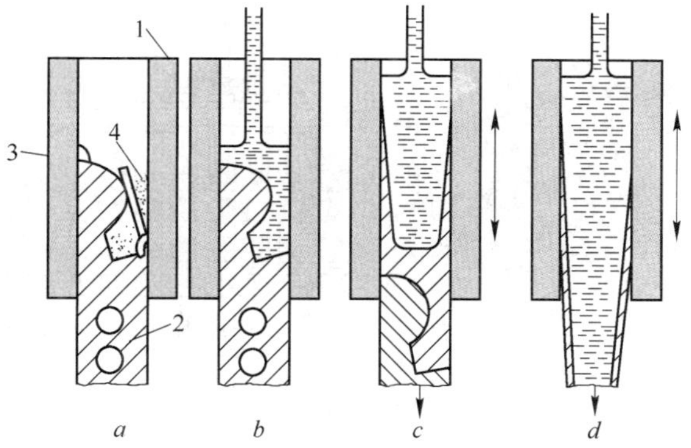

图 1-19　用引锭杆引锭示意图

a—把引锭头插入结晶器底部；*b*—开始浇注；
c—结晶器振动引锭链拉坯；*d*—继续拉坯
1—结晶器；2—引锭头；3—石棉绳；4—废钢板、碎废钢

(1) 一点拉矫机，是指内弧两个辊，外弧一个辊，三个辊为一组（三辊一点）完成一次矫直，如图 1-20*a* 所示。一点矫直用于小断面铸坯完全凝固后的拉坯和矫直。

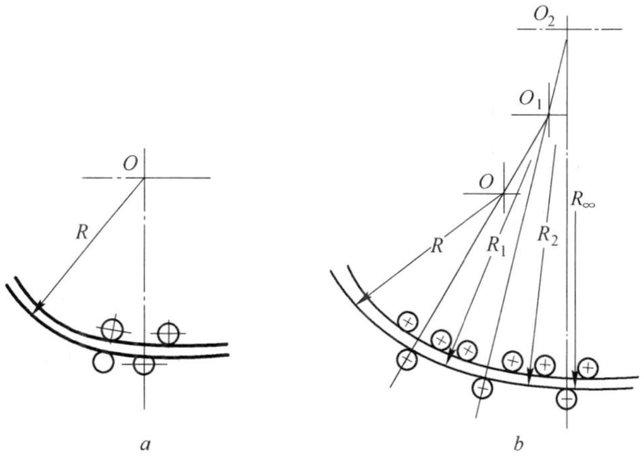

图 1-20　矫直配辊方式

a—一点矫直；*b*—多点矫直

(2) 多点拉矫机，亦称多辊拉矫机，如图 1-20*b* 所示，是指两组或以上三辊一点矫直系统。一般 3～5 个矫直点，多的可达 19 个矫直点。多点矫直可以把集中于一点的矫正量分散到多个点完成，可消除铸坯产生内裂的可能性，有利于实现未完全凝固状态下铸坯的拉坯矫直，即进行液芯拉矫。图 1-21 所示为板坯连铸机用的一种多辊拉矫机的典型结构，有 12 对拉辊，三十二辊甚至更多辊，对铸坯进行多点矫直。

(3) 连续矫直。尽管多点矫直降低了铸坯每个矫直点的变形量，但是铸坯的每次矫直变形都是在矫直辊瞬间、断续完成的，每个矫直点应变率仍然较高。连续矫直技术是在多点矫直基础上发展起来的。基本原理是铸坯在矫直区内应变连续进行，应变率是一个常量，如图 1-22 所示。弯曲力由 4 个固定点 *A*、*B*、*C*、*D* 承受，浮动辊不承受载荷，因而，从 *B* 点到 *C* 点之间的铸坯承受恒定的弯曲力矩，应变率在该区段保持恒定。这种受力状态对进一步改善铸坯质量极为有利，非常适用于铸坯带液芯矫直。

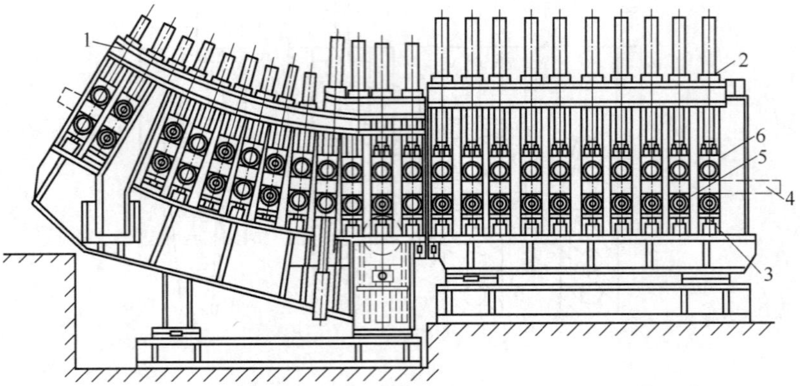

图 1-21　多辊拉矫机

1—牌坊式机架；2—压下装置；3—拉坯辊及升降装置；4—铸坯；5—驱动辊；6—从动辊

(4) 压缩铸造，又称为压缩矫直。板坯连铸机为提高拉速实行液芯拉矫而减少内裂的新技术，其基本原理如图 1-23 所示。在矫直点前设一组驱动辊，给铸坯一定推力；在矫直点后面布置一组制动辊，给铸坯一定的反推力，铸坯在受压状态下矫直。图 1-23 中 a 是驱动辊列与制动辊在铸坯中产生的压应力；b 是矫直应力；c 是合成应力。

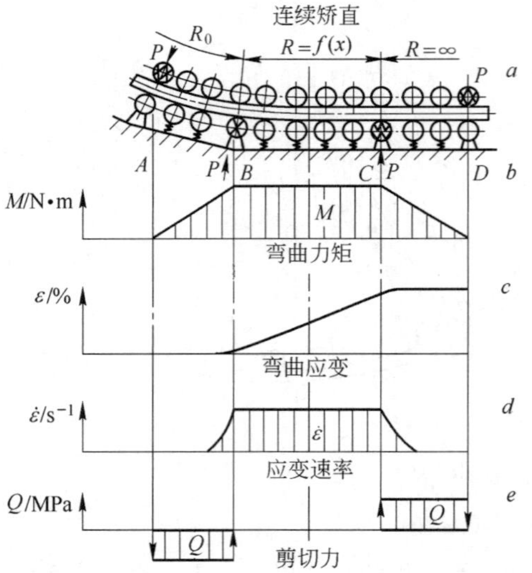

图 1-22　连续矫直

a—辊列布置；b—矫直力矩；c—矫直应变；

d—应变速率；e—剪应力分布

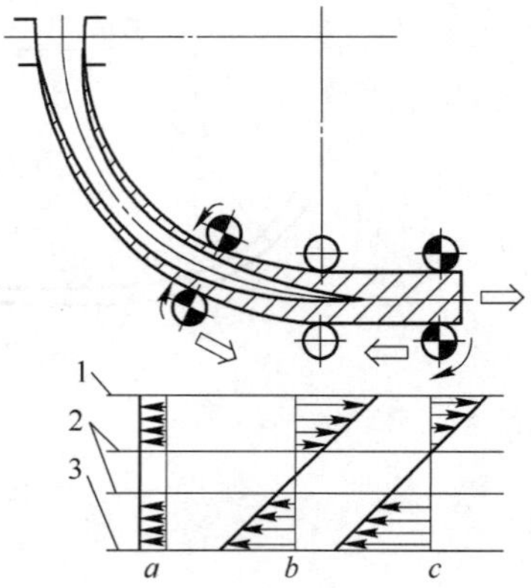

图 1-23　压缩浇铸及坯壳应力图

a—压应力；b—矫直应力；c—合成应力

1—内弧表面；2—两相界面；3—外弧表面

通过控制制动力大小可使铸坯内弧侧的拉应力减小甚至为零，从而能够实现带液心铸坯的矫直，达到铸机的高拉速、提高铸机生产能力的目的。

1.2.6　切割设备

切割设备将连续浇铸出来的板坯切割成所要求的定尺长度或倍尺长度，同时将切头切尾坯运出线外。铸坯是在连续运动中完成切割的，因此，切割装置必须与铸坯同步运行。

目前，连铸机多采用火焰切割装置，它主要由铸坯测长检测系统、大车行走装置、板坯同步行走装置、切割枪行走装置、切割枪升降装置、切割枪靠近检测装置、能源介质供给装置、大车行走轨道、维修平台、设备冷却和切割渣粒化等系统构成，不锈钢铸坯切割机还包括铁粉喷吹供给系统。

1.2.7 辊道及后步工序其他设备

连铸机的后步工序是指铸坯热切后的热送、冷却、精整、出坯等工序。后步工序的设备与铸坯切割后的工艺流程、车间布置、所浇钢种、铸坯断面及对其质量要求等有关。

例如小断面连铸机，生产批量少，铸坯切断后，由输出辊道直接送往冷床，或由集料装置吊运精整工段堆冷，并进行人工精整。在这种情况下，后步工序设备有输送辊道、铸坯横移设备、冷床或集料装置等。若铸坯需要切成短定尺时，还应设二次切割设备。

对于现代化大型板坯生产来说，后道工序设备比小连铸机要复杂些。除了输送辊道、铸坯横移设备和各种专用吊具外，还应有板坯冷却、自动清理装置、翻板机、垛板机、打号机、去毛刺机、自动称量装置等设备。

1.3 连铸连轧设备

近终形连铸是近 20 年来发展起来的一项高新技术，是指浇铸接近最终产品（板坯或者带坯）形状的连铸工艺，其实质是在保证成品钢材质量的前提下，尽量缩小铸坯的断面来取代压力加工。近终形连铸主要包括薄板坯/薄带连铸连轧技术，薄带铸轧技术和异型坯连铸技术等。同传统工艺相比，它主要具有工艺简单、生产周期短、低能量消耗、生产成本低、质量较高等优点。这些优点恰好弥补了传统工艺加工量较大、工序复杂、能耗大、生产周期长、成本较高、劳动强度大等不足。此外，利用薄带技术的快速凝固效应可以获得一些难以生产的材料和新功能材料。

由连铸机生产出来的高温无缺陷坯，无需清理和再加热（但需经过短时均热和保温处理）而直接轧制成材，这样把“铸”和“轧”直接连成一条生产线的工艺流程就称为连铸连轧。国外把这种工艺称作 CC-DR(Continuous Casting and Direct Rolling)——连铸坯直接轧制工艺，在连铸机的拉辊位置安装了低速水平轧机和立式轧机，组成连轧机组，铸坯通过拉矫区后，经在线（感应加热炉或者快速加热炉）加热之后，进入连轧机组轧制成满足用户要求的钢材。

连铸连轧是近终形连铸的一种，其特点是工艺简化，设备减少，生产线短，省去了粗轧及部分精轧机架，生产周期短，降低生产成本，节约能源，成材率平均提高 11%～13%。

1.3.1 典型的连铸连轧工艺

目前国外开发的薄板坯连铸连轧技术有多种形式，典型的有：CSP(Compact Strip Production)工艺；ISP(Inline Strip Production) 工艺；FTSC(Flexible Thin Slab Caster)或 FTSRQ(Flexible Thin Slab Rolling for Quality)工艺；CONROLL 工艺。其中 CSP、FTSC、CONROLL 薄板坯连铸机均为立弯型，ISP 连铸机为弧形。

1.3.1.1 CSP 工艺

CSP 工艺也称紧凑式热带生产工艺(Compact Strip Production)，由德国施勒曼-西马克(SMS)公司开发。这种工艺采用漏斗形结晶器以便使浸入式水口容易插入结晶器，可浇铸 50 mm厚度的板坯。CSP 工艺具有流程短、生产简便稳定、产品质量好、市场竞争力强等一系列突出优点，其典型工艺立面纵向布置如图 1-24 所示。

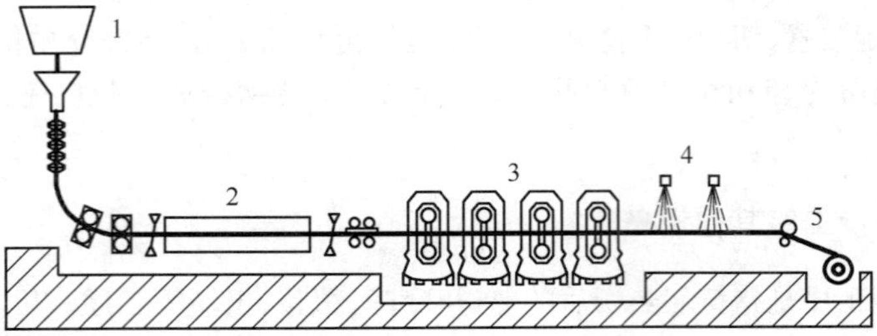

图 1-24　CSP 生产线

1—连铸机；2—均热炉；3—轧机；4—冷却段；5—卷取机

1.3.1.2　ISP 工艺

ISP 薄板坯连铸连轧工艺，也称在线热带生产工艺。由德国曼内斯曼-德马克（MDH）公司开发。采用平行结晶器和液芯压下技术，首先铸成 60 mm 厚的板坯，再软压下至 40 mm。其工艺流程为：钢包车→中间包→薄壁浸入式水口→结晶器→铸轧段大压下量→粗轧机→剪切机→感应加热炉→克日莫那炉→精轧机→层流冷却→地下卷取。图 1-25 为 ISP 工艺立面纵向布置图。

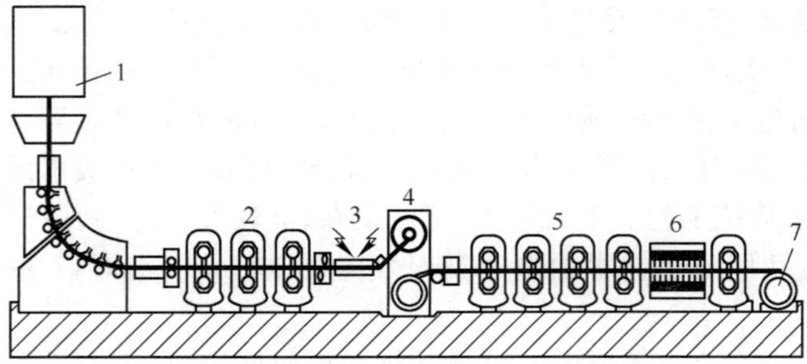

图 1-25　ISP 生产线

1—连铸机；2—大压下轧机；3—感应加热；4—Cremona 箱；5—轧机；6—冷却；7—卷取机

1.3.1.3　FTSC(FTSQR)工艺

FTSC 或 FTSQR 工艺被称为生产高质量产品的灵活性薄板坯轧制工艺，是由意大利达涅利公司开发的薄板坯连铸连轧工艺，如图 1-26 所示。FTSC 技术可以提供表面和内部质量、力学性能、化学成分均优的汽车工业用热轧带卷。该技术具有相当的灵活性，它浇铸的钢种范围很宽，包括包晶钢；板坯的厚度、宽度的可调范围也较宽；直接轧制，操作灵活；出现故障容易调整。

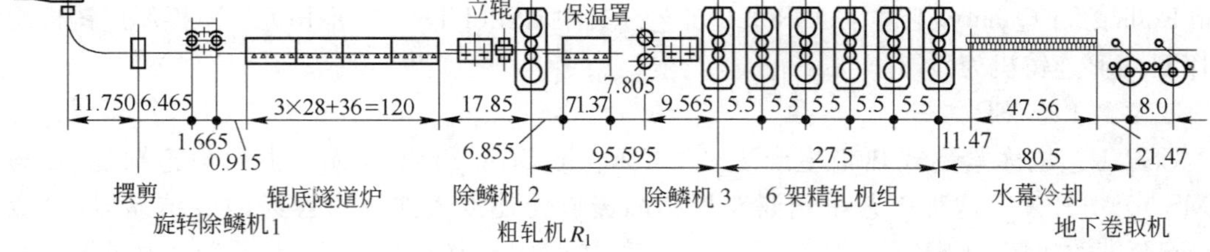

图 1-26　FTSQR　生产线

1.3.1.4　CONROLL 工艺

CONROLL 工艺与 CSP 工艺有相似之处，是奥钢联工程技术公司开发的，用以生产不同钢种高质量的热轧带卷。它具有生产率高、产品价格便宜的优势，其工艺流程布置见图 1-27。其主要设备配置为：薄板坯连铸机，步进梁式加热炉，粗轧机，精轧机组，层流冷却，地下卷取机。

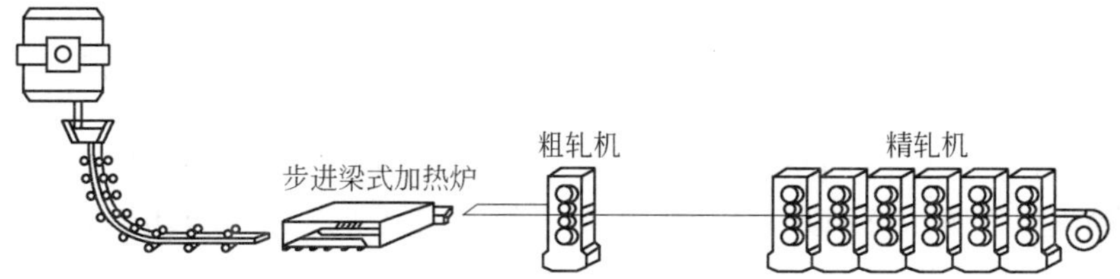

图 1-27　CONROLL 生产线

1.3.2　结晶器的结构

薄板坯连铸连轧的结晶器虽然早期有区别，发展到今天其结构逐渐趋向接近。加大结晶器上口的面积，以利于浸入式水口的插入，保护渣的熔化，更有利于改善连铸坯的质量。图 1-28 为四种类型薄板坯连铸连轧结晶器的结构示意图。

1.3.2.1　直弧形结晶器

图 1-28*a* 为德马克公司 ISP 工艺直弧形结晶器，上部为垂直结构，下部为弧形结构，其弧形与连铸机弧形半径相接；结晶器侧板可调。结晶器上口内腔厚度为 80 mm，出口坯厚为 60 mm。结晶器采用液压振动，振幅±4 mm，频率 190 次/min。该结晶器只能使用薄壁浸入式水口，插入结晶器后与结晶器壁只有 10～15 mm 的间隙，因而在水口插入处的宽面侧，保护渣的熔化欠佳，保护渣很难得到要求的液渣层，影响了薄板坯的表面质量。为此，意大利阿维迪厂于 1993 年对结晶器进行了改进，由原来的平行板形改为小漏斗形，也称小橄榄球形，虽然还是使用薄壁浸入式水口，相比之下还是大大增加了水口与器壁的间隙，从而改善了保护渣层状结构的状况，薄板坯的表面质量有了很大的提高。

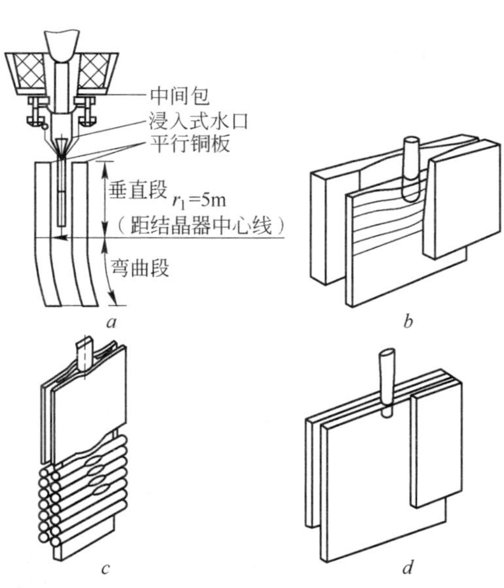

图 1-28　四种类型薄板坯连铸机结晶器的结构示意图
a—立弯式结晶器；*b*—漏斗形结晶器；
c—凸透镜式结晶器；*d*—平行板形结晶器

1.3.2.2　漏斗形结晶器

图 1-28*b* 是西马克公司 CSP 工艺使用的漏斗形结晶器，上口宽边两侧有一平行段，而后与一圆弧相连接，上口断面较大。漏斗形状在结晶器内保持 700 mm 长，结晶器出口相当于铸坯的厚度，为 50～70 mm，结晶器长度是 1120　mm。上口的漏斗形状有利于浸入式水口的插入，结晶器两宽壁之间在垂直方向可以形成带锥度的空间，漏斗区以外的侧壁仍然是平行的，其距离相当于铸坯的厚度。这种结晶器满足了浸入式水口的插入、保护渣的熔化及薄板坯厚度的要求，其关键是漏斗区向平行段过度圆弧的最佳半径。

1.3.2.3 凸透镜式结晶器

图 1-28*c* 所示为达涅利公司 FTSC（FTSRQ）工艺开发的全鼓肚形结晶器，又称凸透镜式结晶器。该结晶器鼓肚自上而下贯穿整个结晶器，并延伸至二冷的第Ⅰ段中部；也就是说与结晶器的出口相连接是一组带孔型的支承辊以适应鼓肚铸坯，并对其进行矫平。这组设备比原来长了2倍，大大减轻了由于矫平坯壳所承受的应力。同时，增大了结晶器内部的容积，钢水量增多，更利于钢水流的稳定。

1.3.2.4 平行板形结晶器

图 1-28*d* 所示为奥钢联 CONROLL 工艺的平行板形结晶器。浸入式水口也是扁平状，双侧孔，结晶器的断面尺寸为(70～125)×1500 mm，该尺寸实际上是属中板坯之类。铸坯的厚度在70～90 mm，生产能耗最省，加工成本较低。这种结晶器钢水凝固时不变形，保持液面平稳，利于夹杂的上浮和保护渣的熔化，避免了铸坯表面夹渣、裂纹等缺陷，确保铸坯的质量。

1.3.3 浸入式水口

基于结晶器的形状不同，各工艺所用浸入式水口也不一样。CSP 工艺漏斗形结晶器用浸入式水口，其结构及在结晶器内位置示意图见图 1-29。

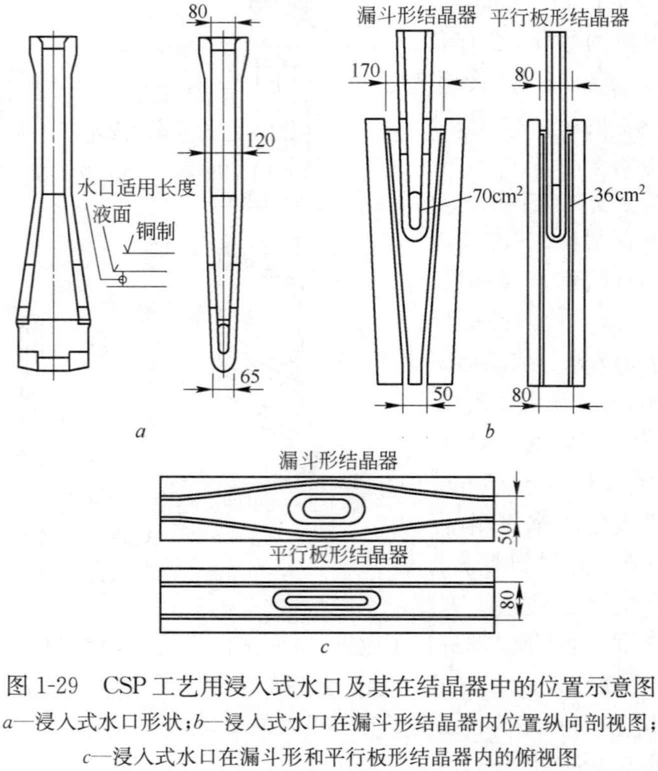

图 1-29 CSP 工艺用浸入式水口及其在结晶器中的位置示意图

a—浸入式水口形状；*b*—浸入式水口在漏斗形结晶器内位置纵向剖视图；

c—浸入式水口在漏斗形和平行板形结晶器内的俯视图

漏斗形结晶器上口的开口度较大，水口有足够插入空间，便于使用厚壁浸入式水口。水口的外部形状，决定了结晶器内上部钢水流动通道；水口的内部形状特别是开孔的形状，决定了钢水在结晶器内的流场，直接影响着温度的分布，坯壳的生长，夹杂的上浮。

CSP 工艺用浸入式水口，经过了数代的改进而日趋完善。当前使用的水口为大十字出口，如图 1-29*a* 所示，起到了增加钢水流量，稳定拉速的作用；其寿命也得到提高，可浇铸11～12炉。

平行板形结晶器只能用薄壁扁形浸入式水口。ISP 和 CONROLL 工艺所用水口就属此类。CONROLL 工艺是用双侧孔薄壁扁形浸入式水口，钢水从两侧孔注入结晶器。

ISP 工艺的薄壁扁形水口是单孔直筒式的，钢水从下口注入，下口的总厚度仅 30～35 mm，其中钢水通道为 10～15 mm，水口壁厚是 10 mm，水口外形宽度是 250 mm。图 1-30 为 ISP 工艺用浸入式水口模型示意图，此种水口寿命很低，迫使 ISP 工艺改进结晶器结构，在结晶器上口宽边加厚，演变为现在的橄榄形结晶器。虽然仍用扁形浸入式水口，但其壁厚已增至 20 mm，使用寿命有所提高。

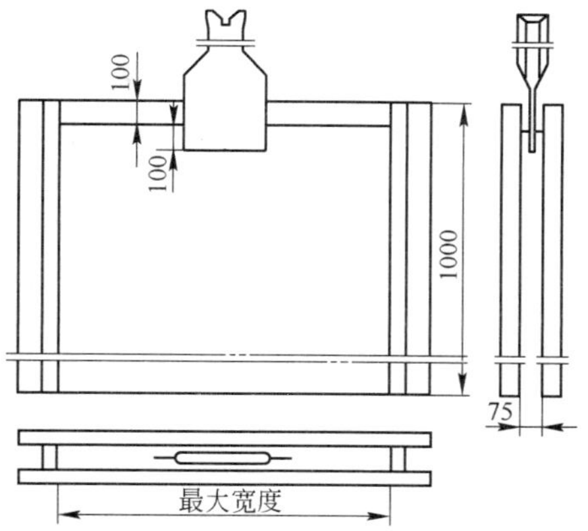

图 1-30 ISP 工艺用结晶器和浸入式水口

1.3.4 铸坯的液芯压下技术

铸坯的液芯压下（LCR，Liquid Core Reduction）也称为软压下（SR，Soft Reduction），是指带液芯的铸坯出结晶器下口后，通过支承辊对坯壳实施挤压，铸坯内仍然是液芯。经二冷区铸坯液芯逐渐减小，直至铸坯完全凝固。轻压下原理如图 1-31 所示。该技术的目的是节能和提高生产率，在液芯状态下对铸坯进行压力加工可以明显降低轧制负荷。实践证明，液芯压下不仅可以将铸坯厚度减薄，表面质量及平整度较好，而且可以明显地减轻铸坯中心的偏析，改善铸坯中心的疏松和细化晶粒。

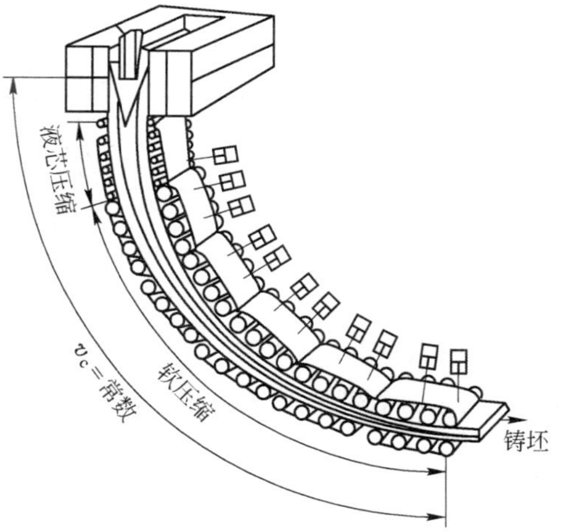

图 1-31 液芯轻压下原理

德马克公司首先在 ISP 生产线上应用了带液芯轻压下和液-固相铸轧技术。薄板坯出结晶器下口厚度为 50 mm，经二冷扇形段各支撑夹辊的辊缝逐渐变小，带液芯铸坯逐渐减薄，变形量不超过 20%，铸坯厚由 50 mm 变为 40 mm 左右；薄板坯完全凝固后经 3 机架（或 2 机架）粗轧机组再行轧制，铸坯厚度减薄 60%，得到 15 mm 厚的薄板坯。

1.4 连续铸轧设备

近终形连铸的进一步目标是铸轧，将熔融金属由高温陶瓷喷嘴导入内部通有冷却水的旋转两轧辊的辊缝间，直接以轧辊作结晶器，一边凝固一边轧制，直接获得 20 mm 以下至几毫米厚的薄带坯。这种薄带坯不必经过热轧，而是直接经冷轧机轧成带钢，相比之下薄带铸轧有着显著的优势。目前铝薄带铸轧技术较为成熟并广泛用于工业生产，而钢的薄带铸轧尚处于实验阶段。图 1-32 为一双辊薄带铸轧装置示意图，该装置双轮的辊径为 350 mm，最大速度为 50 mm/min。

连续铸轧方法有许多优点，近几十年来发展很快，到目前为止，生产板带的连续铸轧方法约有几十种，根据其结构特点，连铸机可分为三种：

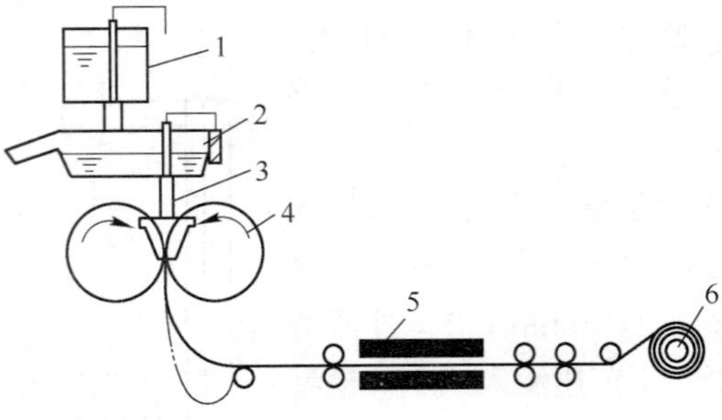

图 1-32　薄带铸轧技术

1—钢包；2—中间包；3—水口；4—结晶器辊；5—温度控制；6—卷取机

(1) 轮带式铸机。如图 1-33 所示，由铸轮凹槽和旋转钢带形成移动式连续铸模，把液态金属注入铸轮凹槽和旋转钢带之间，通过铸轮内通冷却水带走热量形成薄的板带坯。

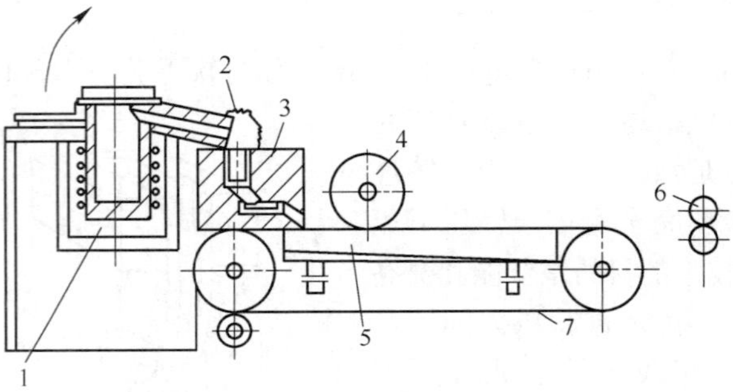

图 1-33　轮带式带钢铸机示意图

1—熔炼炉；2—保护盖；3—中间包；4—上辊；5—冷却装置；6—拉坯装置；7—带

(2) 双带(或履带)式铸轧机。如图 1-34 所示，把液态金属注入两个张紧的平行钢带(或履带)之间通过由双带形成移动结晶器铸成薄的带坯。

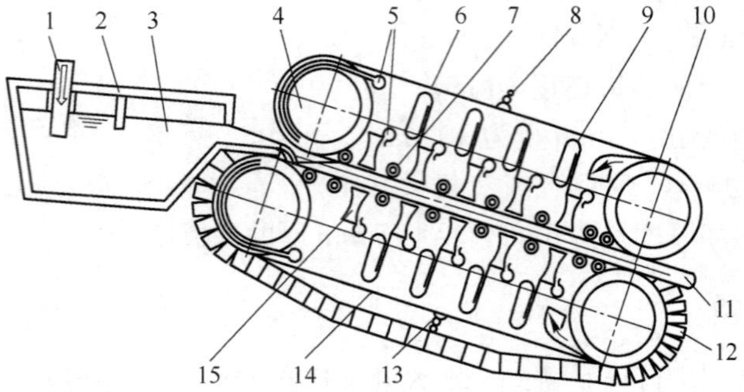

图 1-34　双带式连铸机示意图

1—浸入式水口；2—中间包；3—金属液；4—压辊；5—高速冷却水喷嘴；6—上钢带；7—支承辊；8—双层喷嘴；9—集水器；10—张紧辊；11—带坯；12—活块；13—涂层喷嘴；14—下钢带；15—回水挡板

(3) 双辊式铸轧机。把液态金属铸入两个相对旋转的铸轧辊的辊缝内，通过由双辊内冷却水将其热量带走，并通过双辊间所形成的楔形铸轧区连续铸轧出薄的带坯或带材，如图 1-32 所示。其中双辊式铸轧机在国内外有着较为广泛的应用。

1.4.1 双辊式铸轧机的类型

按铝液的浇铸方向和铸坯的出坯方向不同,双辊式铸轧机有三种类型,下注式、倾斜式及水平式双辊式铸轧机,如图 1-35 所示。

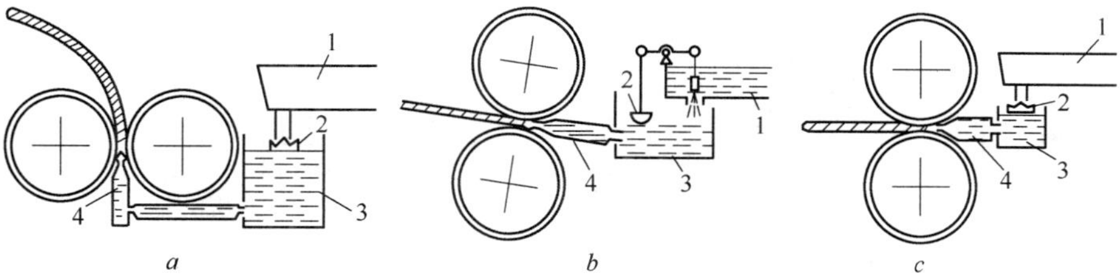

图 1-35 双辊式连铸设备类型

a—下注式;*b*—倾斜式;*c*—水平式

1—流槽;2—浮漂;3—前箱;4—供料嘴

1.4.1.1 下注式双辊铸轧机

图 1-35*a* 所示为下注式双辊铸轧机,由美国亨特公司开发研制,其工作过程为:将熔炼炉中的液态金属经过静置后,通过流口和流槽进入一个可以控制液面高度的前箱中,前箱底部连通横浇道,液态金属由此进入供料嘴(铸嘴)。供料嘴位于两个旋转的铸轧辊之间,辊内通以冷却水,当液态金属从供料嘴的上口流出时被辊套冷却为固态,并轧制成板带坯料。这种方法的供料嘴安装及调整麻烦,铸出的带坯垂直向上,需用引辊牵引到水平方向才能进行下一步卷取工序,很不方便。

图 1-36*a* 所示为美国亨特公司下注式双辊铸轧机组典型配置形式。双辊式铸轧机由熔炼系统、浇铸系统、铸轧系统和精整系统组成。熔炼系统包括金属熔炼所需的熔炉及储液、保温、除气、控温所用的静置炉和金属液由熔炉通向连铸系统的在线精炼装置和流槽等。浇铸系统包括前箱、横浇道、供料嘴及分流块等。铸轧系统包括牌坊、铸轧辊、轴承、旋转接头、等装置。精整系统包括牵引机、剪坯机、矫平机及卷取机。此外,还有供气供电系统、液压系统和起重运输设备。

1.4.1.2 倾斜下注式双辊铸轧机

图 1-35*b* 为倾斜下注式双辊铸轧机,首次由美国亨特公司提出,其铸坯出坯方向与地面成 15°角,其配置形式见图 1-36*b*。与下注式相比,除连铸机由下注式改为倾斜方向注入外,其他均未改变。

1.4.1.3 水平式双辊铸轧机

图 1-35*c* 为水平式双辊铸轧机,由法国斯卡尔公司首先研制成功,称为 3C 法。出坯方向水平,省去牵引、矫直装置,整个铸轧机长度较短,其配置形式见图 1-36*c*。与前两种配置形式相比,没有牵引机和多辊矫直机,简化了机组,节省了投资。整个机组的长度较短,约为 7 m,而前两种机组长度约为 10 m。图 1-37 所示为我国某厂双辊水平式板带铸轧机的生产线。

1.4.2 浇铸系统

浇铸系统由前箱、横浇道、供料嘴及分流块等组成,其主要作用是输送液体金属进入铸轧辊的装置。如图 1-35 所示,该装置往往被装在一块底板上,装配时,调整底板上的微动机构,可保证供料嘴与辊缝间具有合适的间隙。浇铸系统的主要作用是将液态金属液从静置炉输送到供料嘴,清除金属液中的氧化物和气体,使供料嘴中压力保持不变。

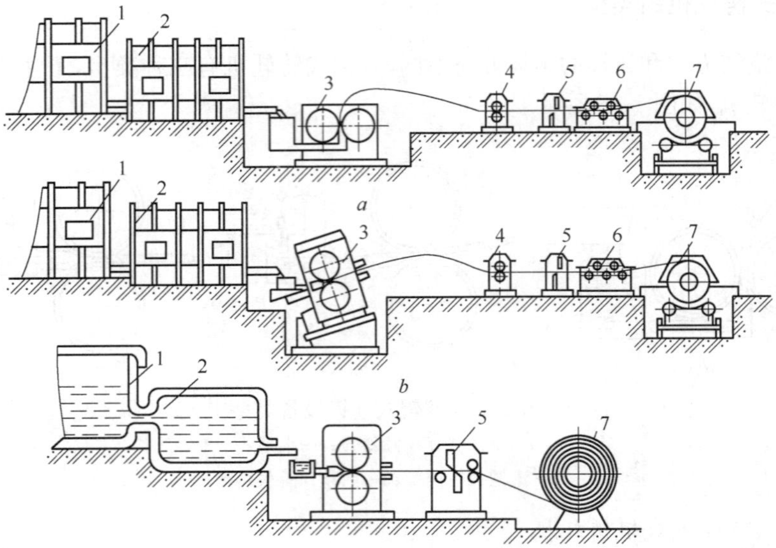

图 1-36　双辊式连铸机组配置形式

a—下注式；*b*—倾斜式；*c*—水平式

1—熔炼炉；2—静置炉；3—连铸设备；4—牵引机；

5—剪切机；6—张力矫直机；7—卷取机

图 1-37　我国某厂双辊水平式板带铸轧机

1.4.2.1　流槽

流槽是引导金属液由静置炉到前箱的保温通道。为避免热量过多损失及便于维修，流槽长度应尽量短些，并设计成活动的。流槽的外壳用钢板焊成，内侧用耐火材料做内衬。在流槽的上方可配上煤气火燃喷头或电阻丝加热的盖子，以便当发现浇铸温度偏低时，可弥补金属液的热量损失。

1.4.2.2　细化丝添加装置

生产铝合金薄带时，为了获得细晶粒的铸坯，往往将铝钛合金或铝钛硼合金细化丝通过丝添加装置(如图 1-38 所示)缓缓地、连续不断地加入到流槽铝液中，使之在铝液流动中均匀地把品种散布在其中。这种方法不但可以节约细化丝的用量，而且可使铸轧带坯有效地获得细化晶粒。

1.4.2.3　前箱及其液面高度控制机构

前箱实际上就是中间包，它由两个连通的容器组成，外壳由钢板焊接制成，内衬采用硅酸铝黏土与石棉等耐火材料。其主要作用是保证金属液位有一相对稳定的高度，以控制由供料嘴进入铸轧辊的金属液的压力。

前箱中的液位高度是指辊缝中点水平线以上的高度，它应随浇铸金属品种的不同、铸出带坯厚度的不同、铸轧区的宽度不同、浇铸温度和浇铸速度的不同而改变。为了使进入辊缝的铝液有比较稳定的流速，必须控制前箱液面高度。

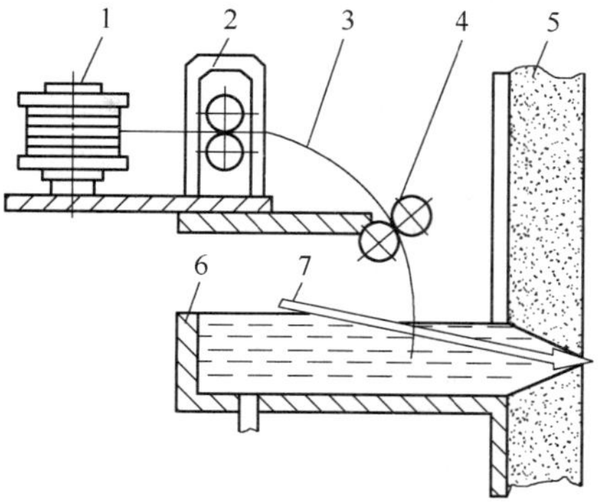

图 1-38　细化丝添加装置

1—放线架；2—递送机；3—合金丝；4—中间导向辊；5—静置炉；6—流槽；7—堵头

常用的液位控制机构主要有浮漂塞头式和杠杆浮子式，图 1-35*a*、*c* 为浮漂塞头式示意图。该机构是在流槽下方流入前箱的套管下端，放一个石墨或轻质耐火材料制成的浮漂塞头，正对着套管管口。浮漂的高度将随着金属液面的高度变化，液面升高浮漂控制套管口的开度减小，液面降低浮漂控制套管口的开度变大，从而控制了进入前箱金属液的流量，使液位高度保持在一个较为稳定的高度。

图 1-35*b* 为杠杆浮子式机构示意图，该机构中浮子位于前箱，其高度随前箱金属液面高度变化，通过杠杆控制位于流槽内水口处小塞头的升降移动，调节水口的开度及进入前箱金属液的流量，从而控制前箱中金属液面的高度。

1.4.2.4　供料嘴（铸嘴）

供料嘴是将金属液送进两铸轧辊缝的关键部件，对铸坯质量有很大影响。如板形不良、热带、孔洞、表面裂纹和皮下皱纹等缺陷就是由于铝液沿铸嘴宽度方向不均匀流动造成的。供料嘴是用耐火材料加黏结剂，经混合搅拌、压制成形、烧结和精加工制成的一种保温材料。供料嘴的材质要求是：保温性能好，化学性能稳定，线膨胀系数小，抗温变性能好，加工性能好，有足够的强度和刚度。

供料嘴结构上要求金属液通过时流线合理无死角，金属液应均匀分布于辊缝，而且金属液传入辊缝的温度要均匀一致。为了达到上述要求，对于较宽的供料嘴（如在 1 m 以上的）多采用两个入口的供料嘴，如图 1-39*a* 所示。改善温度不均匀的情况。对于比较窄的供料嘴，一般采用单入口的供料嘴，如图 1-39*b* 所示。

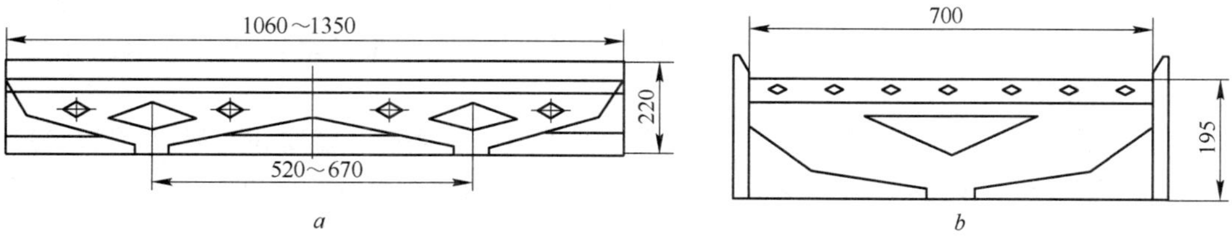

图 1-39　供料嘴结构

a—双入口供料嘴；*b*—单入口供料嘴

1.4.3　铸轧系统

铸轧系统主要指铸轧机本体。它由铸轧机机架、铸轧辊、轴承座、轴承、旋转接头、压下或压上装置、清辊器、升降导板等装置组成。

1.4.3.1　铸轧机机架

铸轧机牌坊也称作工作机架，是铸轧机座的骨架，它承受着经轴承座传来的全部铸轧力和预置的预应力，因此要求它具备足够的强度和刚度。从结构上看，还要求工作机架能便于装卸铸轧机座上的各种零件，以及实现快速换辊的可能性。

通常使用的工作机架可以分为闭式机架和开式机架两种(参见图 5-1)。

1.4.3.2　铸轧辊

双辊式板带铸轧机上的铸轧辊不完全等同于普通热板带轧机上的轧辊，它不仅担当像普通热板带轧机轧辊是变形工具的角色，而且还起着铸轧过程中水冷结晶器的作用。液态金属注入铸轧辊之间后需要完成冷却、结晶、变形，直到成为所需要断面形状的金属带坯。工作时铸轧辊的辊套外表面与炙热的金属液接触，辊套内部又有强力冷却水的冲刷，以便迅速地带走大量的热量，它们之间进行着强烈的热交换。铸轧辊既承受着变形金属的轧制压力，又承受着巨大的热交换应力，因而对铸轧辊套材料和铸轧辊结构提出了特殊的要求 希望选择的辊套材料能经得起交变的热负荷，有足够的传热能力，不与金属液起化学反应，有足够的强度和刚度，保证铸轧过程的顺利进行。

在铸轧辊结构上要求辊套和辊芯相互间采用过盈热装，不能有相对转动和轴向窜动，辊套和辊芯之间的端面应当进行焊接，或者采用密封。沿辊身长度方向的温差要小，不应当超过 5 ℃同时还要考虑铸轧辊的加工工艺和装配工艺上的方便性，以便降低生产成本。目前铸轧辊的结构(如图 1-40 所示)多采用钢辊芯和由耐热钢辊套热装而成的结构形式。

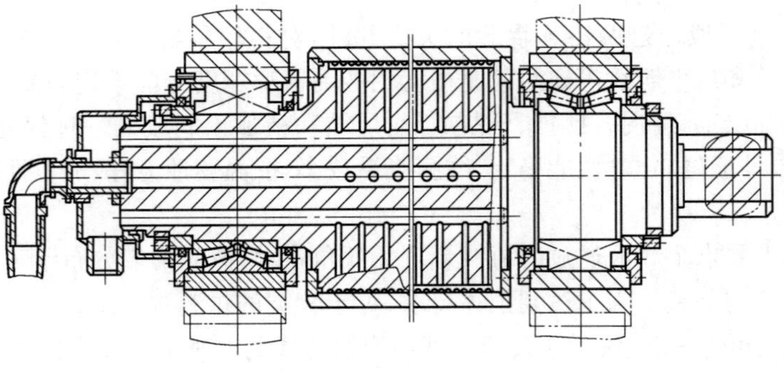

图 1-40　铸轧辊结构剖面图

铸轧辊辊芯是承受铸轧力的主要部件，为了使金属液与轧辊接触后大量热量能迅速地传走，辊内通水进行强制冷却。因此铸轧辊由带通水槽的辊芯和辊套两部分组成，其结构及其冷却水供排水方式，如图 1-41 所示。

铸轧辊辊芯外表面冷却水沟槽的结构形式，直接影响铸轧辊冷却强度和冷却均匀度。冷却水沟槽的结构形式有纵向的、螺旋形的、环行的和井字形的等多种形式。冷却水可以从铸轧辊的一端流入或流出，也可以从铸轧辊的两端流入或流出。

各种铸轧辊在结构上的主要区别在于冷却水供水系统的不同。图 1-41a 为美国亨特式双辊铸轧机的铸轧辊结构图，它是从辊的一端利用特殊的分配套管，将冷却水送入和输出铸轧辊。进入铸轧辊的冷却水，沿辊直径方向散开，流到辊芯与辊套之间，再分成两个相反的水路，经过半个铸轧辊圆周，经辊直径方向的水路，向内流入纵向槽沟，经集水装置排入循环水系统。该结构铸轧辊表面温度均匀，冷却效果较好，但结构复杂，制造困难。

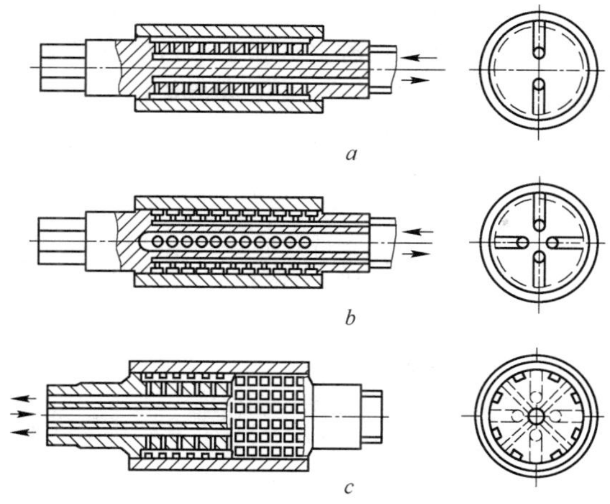

图 1-41　铸轧辊冷却水供排水方式

a—亨特式；b—3C 式；c—中国式

图 1-41b 是法国 3C 双辊铸轧机的铸轧辊结构，其冷却水是通过设在辊端的两个孔进入轧辊，并又通过两个孔流出。进入轧辊的冷却水从辊芯上的孔流入辊芯与辊套之间，然后再流经轧辊的四分之一周后排出。辊套与辊芯需过盈热装，过盈量取 0.25～0.4 mm，等装配好的铸轧辊冷却后，将配合缝的外表面焊合。

国内一些工厂的铸轧辊多采用图 1-41c。所示的结构形式。冷却水供排方式是通过辊芯端部一个中心入水孔输入，沿中心孔钻有许多排径向小孔，每排 4 个径向小孔，直接通向辊套和辊芯之间的沟槽，由围绕中心如水孔和进水孔相差 45°的 4 个径向排水孔出水。辊芯表面开有横向和纵向交叉的井字格沟槽，可以使辊套内表面与循环冷却水充分接触，达到温度分布均匀，轴向温差小的目的。

1.4.3.3　旋转接头

为了给旋转的铸轧辊供排水，需要一个专门的特殊装置来满足这个功能。旋转接头可以为旋转的铸轧辊供排水，其结构如图 1-42 所示。冷却水通过进水管 1、进水接头 4 进入到铸轧辊 9 的中心孔，并通过许多的径向孔送至辊芯与辊套之间，完成冷却任务后，经过与进水径向孔相错一定角度的回水径向孔返回到辊芯的距中心孔有一定距离的 4 个回水轴向孔 10，然后流入集水罩 5 内，经出水管到冷却池。密封圈 3 和 6 可以有效地保证铸轧辊在转动中供排水而不泄漏。为了更好地提高密封圈的使用寿命，进水接头 4 和铸轧辊 9 辊头与密封圈接触的外圆，要保证较高的加工精度。

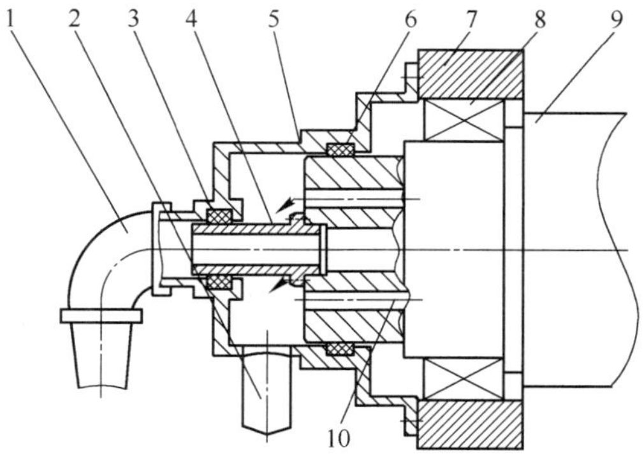

图 1-42　旋转接头结构

1—进水管；2—出水管；3，6—密封圈；4—进水接头；5—集水罩；7—轴承座；8—轴承；9—铸轧辊；10—回水轴向孔

1.4.3.4　精整系统

精整系统包括牵引机、剪坯机、矫平机及卷取机。

在铸轧生产系统中，精整系统是后续机组部分，主要由两辊牵引机、飞剪、五辊矫直机（有的铸轧生产系统不设）和卷取机组成。它们的任务是将铸轧出来的带坯顺利引送给后续剪切机剪头尾，矫直带坯，并送至卷取机对带坯进行卷取。当卷取机的钳口咬住带坯后，牵引机即可松开牵引辊，由矫直机承担带坯的牵引功能。在矫直机和卷取机之间依靠矫直机所产生的阻力建立一定的张力，确保卷取机所卷取的带坯有一定的紧密度。剪切机还有一个功能就是换卷时切卷和发生事故时使用。当然，这样的机组配置也不是一成不变的。如法国的 3C 铸轧生产系统中就没有矫直机，而且，剪切机的形式也不同。

练习题 1

1-1　连铸机有几种类型，如何分类，各有什么特点？

1-2　连铸机由哪几部分组成，试说明各部分的典型结构和作用。

1-3　连铸机的基本参数有哪些，其定义是什么？

1-4　连铸结晶器有几种类型，各有什么特点，其主要技术参数怎样确定？

1-5　结晶器振动的作用是什么，有几种振动方式，各有什么特点？

1-6　二冷区的作用及其主要组成是什么，影响二冷的因素有哪些？

1-7　典型的连铸连轧工艺有哪些，其各自特点是什么？

1-8　用于连铸连轧工艺的结晶器结构及其特点是什么？

1-9　简述连铸连轧工艺中的浸入式水口特点。

1-10　双辊式薄带铸轧机有几种类型，简述各部分组成和特点。

1-11　简述铸轧系统及其结构特点。

2 轧制机械设备概论

2.1 轧制机械设备的概念和分类

2.1.1 轧制机械设备的概念

根据设备在轧制生产中的作用和地位，习惯上将它们分成主要设备和辅助设备两大类。以实现金属在旋转的轧辊之间依靠轧制压力作用而发生塑性变形的机械设备，称为轧机。轧机是轧制车间的主要设备，其配置一定程度上标志着轧制车间的特征。

辅助设备是指轧制车间除轧机以外的各种机械设备。它由完成一系列辅助加工工序所需要的机械设备组成。不同的轧制车间，其辅助设备配置也不尽相同，而且随着轧制技术水平的不断提高和对产品质量、规模化生产的更高要求，轧制车间机械化、自动化程度越高，因而辅助设备占设备总量的比例也越大。

2.1.2 轧制机械设备的分类

2.1.2.1 轧机的分类

轧机通常按用途、结构和布置三种方式分类。轧机按用途不同，可分为型材轧机、板带轧机、管材轧机及其他特殊用途轧机，见表 2-1。

表 2-1 轧机按用途分类

<table>
<tr><th colspan="3" rowspan="2">轧机类型</th><th colspan="2">轧辊尺寸/mm</th><th rowspan="2">最大轧制速度 /m·s⁻¹</th><th rowspan="2">用途</th></tr>
<tr><th>直径</th><th>辊身长度</th></tr>
<tr><td rowspan="5">型材轧机</td><td colspan="2">轨梁轧机</td><td>750～900</td><td>1200～2300</td><td>5～7</td><td>轧制 43～50 kg/m 标准钢轨，高度 240～600 mm 钢梁</td></tr>
<tr><td colspan="2">大型轧机</td><td>500～750</td><td>800～1900</td><td>2.5～7</td><td>轧制 80～150 mm 方钢和圆钢，高度 120～240 mm 工字钢和槽钢</td></tr>
<tr><td colspan="2">中型轧机</td><td>350～500</td><td>600～1200</td><td>2.5～1.5</td><td>轧制 40～80 mm 方钢、圆钢；高度 120 mm 以下工字钢及槽钢，50 mm×50 mm～100 mm×100 mm 角钢</td></tr>
<tr><td colspan="2">小型轧机</td><td>250～350</td><td>500～800</td><td>4.5～20</td><td>轧制 8～40 mm 方钢、圆钢，20 mm×20 mm～50 mm×50 mm 角钢</td></tr>
<tr><td colspan="2">线材轧机</td><td>250～300</td><td>500～800</td><td>10～160</td><td>轧制 ϕ5～32 mm 线材</td></tr>
<tr><td rowspan="6">板带轧机</td><td rowspan="3">热轧</td><td>厚板轧机</td><td>—</td><td>2000～5600</td><td>2～4</td><td>轧制 4～50 mm 或更厚钢板</td></tr>
<tr><td>热带轧机</td><td>—</td><td>500～2500</td><td>8～30</td><td>(1.2～16) mm×(600～2300)mm 带卷</td></tr>
<tr><td>炉卷轧机</td><td>—</td><td>700～2500</td><td>2～10</td><td>(4～20)mm×(500～2100)mm 薄板</td></tr>
<tr><td rowspan="3">冷轧</td><td>宽带冷轧机</td><td>—</td><td>700～2800</td><td>6～40</td><td>(1～5)mm×(600～2500)mm 板或带卷</td></tr>
<tr><td>窄带冷轧机</td><td>—</td><td>150～700</td><td>2～10</td><td>(0.02～4)mm×(20～600)mm 带卷</td></tr>
<tr><td>箔材轧机</td><td>—</td><td>200～700</td><td>—</td><td>0.0015～0.012 mm 金属箔</td></tr>
</table>

续表 2-1

轧机类型			轧辊尺寸/mm		最大轧制速度/m·s^{-1}	用　途
			直　径	辊身长度		
管材轧机	热轧无缝管	140 自动轧管机	650～750	1680	2.8～5.2	ϕ70～140 mm 无缝管
		168 连续轧管机	520～620	300	5～10	ϕ80～168 mm 无缝管
		400 自动轧管机	960～1100	1150	3.6～5.3	ϕ127～400 mm 无缝管，扩孔后管材最大直径 ϕ650 mm或更大
	冷轧管轧机		—	—	—	轧制 ϕ15～150 mm 薄壁管，有时也轧 ϕ400～500 mm 大直径管材
特殊用途轧机	车轮轧机		—		—	轧制铁路车轮
	轮箍轧机		—		—	轧制轴承环或车轮轮箍
	钢球轧机		—		—	轧制钢球
	周期断面轧机				—	轧制变断面轧件
	齿轮轧机					滚压齿轮
	丝杆轧机					滚压丝杆

轧机按结构分类是按轧辊数目及其在工作机座中的配置形式分的（见表 2-2）。轧辊在工作机座中的布置形式分为水平配置、垂直配置及倾斜配置三种；工作机座中轧辊数目通常分为二辊、三辊、四辊和多辊轧机。

表 2-2　轧机按结构分类

图　示	型式名称及特点	主要用途
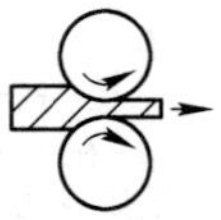	二辊式	（1）可逆式有：初轧机、轨梁轧机、中厚板轧机； （2）不可逆式有：钢坯或中小型钢及线材连轧机、冷轧薄板轧机及带钢轧机、平整机
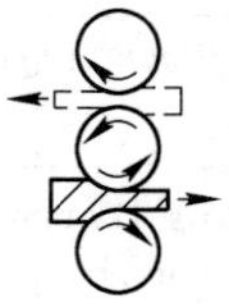	三辊式	轨梁轧机，大、中、小型轧机，开坯轧机
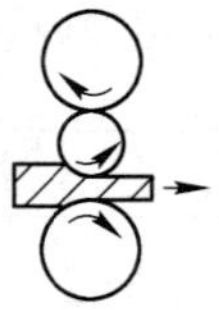	三辊劳特式 （中辊浮动）	中板轧机
	复二辊式	中、小型轧机

续表 2-2

图　示	型式名称及特点	主 要 用 途
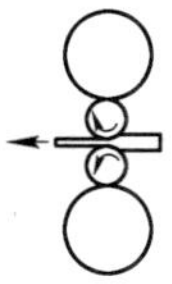	四辊式	中厚板轧机、宽窄带钢轧机、冷热薄板轧机、平整机
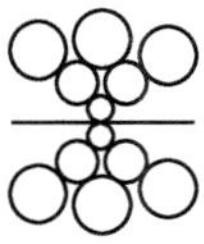	十二辊式	冷轧钢板及带钢
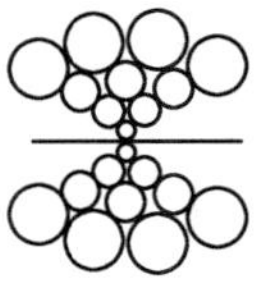	二十辊式	冷轧钢板及带钢
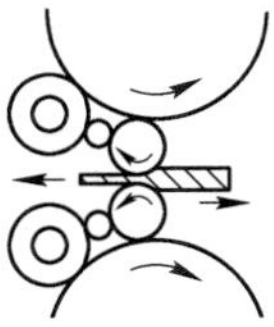	偏八辊式 （MKW 式）	冷轧钢板及带钢
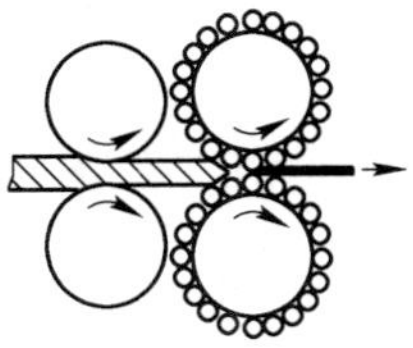	行星式	热轧板带卷
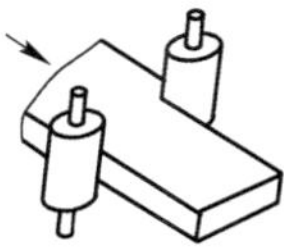	立辊式	厚板轧机、钢坯连轧机、型钢连轧机
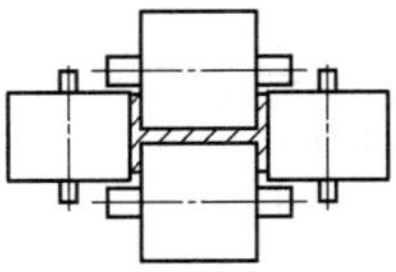	H 型钢轧机	轧制高度 300～1200 mm 宽边钢梁
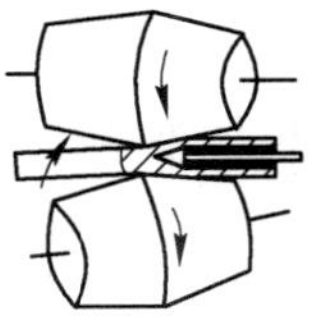	斜辊式	无缝钢管穿孔机、均整机

续表 2-2

图　　示	型式名称及特点	主 要 用 途
	45°式	连续式线材轧机、钢管定径机、减径机
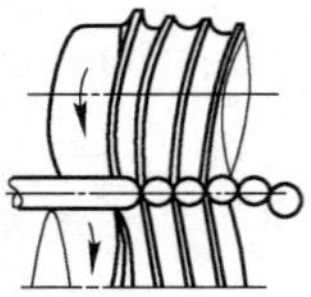	钢球轧机	轧制钢球
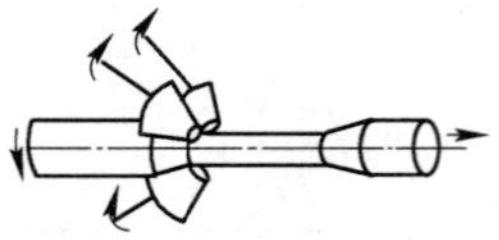	三辊斜轧 周期断面轧机	轧制圆形周期断面
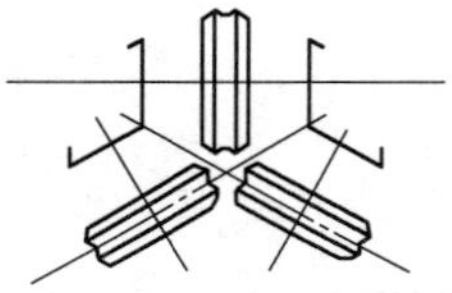	120°式	连续式线材轧机
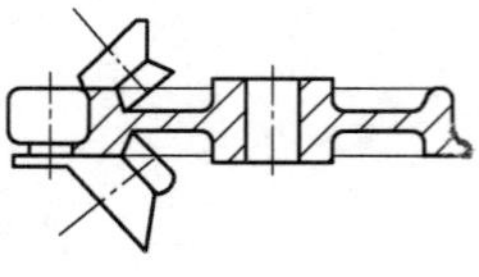	车轮轧机	轧制车轮

可以说，轧辊结构的确定相当大程度上决定了轧机的强度、刚度、轧机的生产方式，即决定了能生产的产品规格、产量及其质量。

2.1.2.2　辅助设备的分类

轧制车间辅助设备的配置是否正确、合理，工作运行是否正常，相当程度上决定着生产作业率，并影响到工人的劳动强度。根据辅助设备的作用，大致将其分为以下类型：

(1) 切断设备。它包括火焰切割机、剪切机、锯切机等；

(2) 矫直设备。它包括压力矫直机、辊式矫直机、张力矫直机、拉伸弯曲矫直机等；

(3) 控制轧件尺寸与形状的设备。它包括卷取机、吐丝机、活套支撑器、导卫；

(4) 表面加工设备。它包括酸洗机组、镀层机组、清洗机组、打印机、除鳞机等；

(5) 改善组织性能设备。它包括缓冷设备、退火装置、淬火设备、加热设备、控制轧制及控制冷却设备；

(6) 输送设备。它包括辊道、推床、翻钢机、冷床、推钢机、出钢机、挡板、堆垛机、吊车等；

(7) 包装设备。它包括打捆机、包装机等。

以上是辅助设备的主要类型。随着生产规模的扩大，产品质量和生产自动化水平的不断提高及科学技术的不断发展，新的辅助设备还将不断出现。

2.2 轧机的构成

2.2.1 轧机工作机座

轧机轧制时，轧辊承受着金属塑性变形所产生的巨大轧制压力和轧制力矩的作用。与轧辊在结构上有着装配关系的一系列零部件——轧辊轴承、轧辊调整装置、机架等，也受到上述外力的作用。它们的强度和刚度均直接影响到轧制产品的尺寸精度和生产能否顺利进行。我们习惯把轧辊、轧辊轴承、轧辊调整装置、机架及有关的附件（导卫装置、轨座）的全部装配体称作轧机的工作机座。

图 2-1 是三辊式 450 型钢轧机工作机座的装配图。工作机座各部分的作用如下：

（1）轧辊是以轧制方式直接完成金属塑性变形的核心零部件；

（2）轧辊轴承用以支持、固定轧辊，与轧辊构成辊系；

（3）轧辊的调整装置，调整轧辊间的位置并在调整后予以固定，以保证所要求的变形，包括轴向、径向、水平调整装置及轧辊平衡装置等；

（4）机架用于安装和固定轧辊、轧辊轴承、轧辊的调整装置、轧辊平衡装置及导卫装置等；

（5）轧辊导卫装置用以正确、顺利地引导轧件进出轧辊；

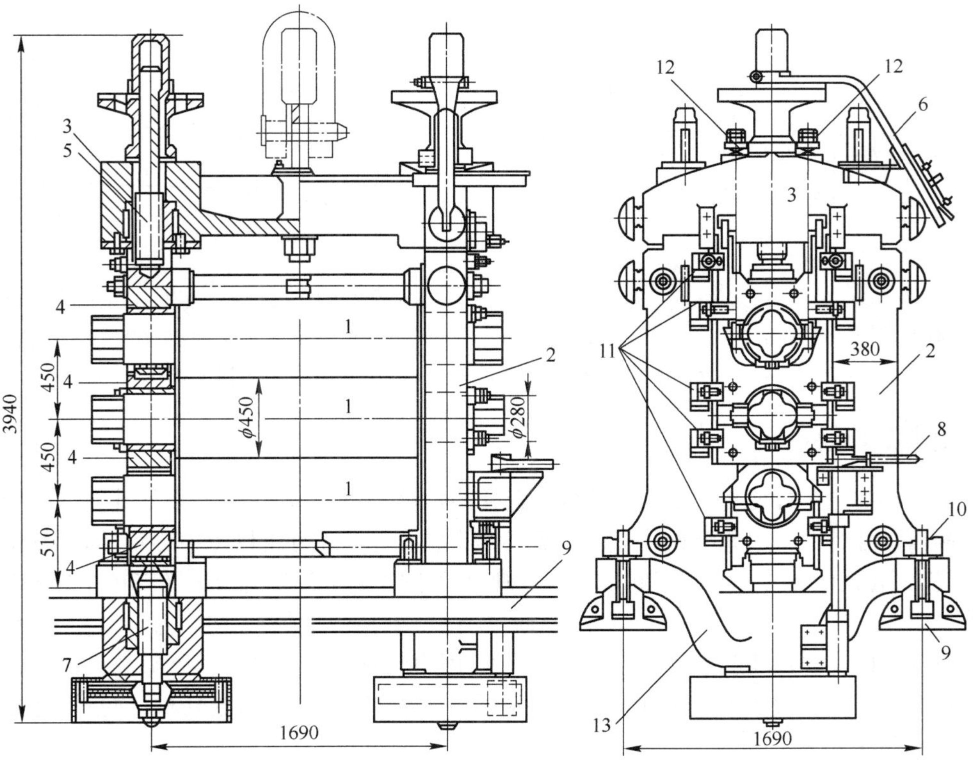

图 2-1 450 型钢轧机工作机座

1—轧辊；2—机架；3—机架盖；4—轧辊轴承；5—压下螺丝；6—压下螺丝调整手柄；
7—压上螺丝；8—压上螺丝调整手柄；9—轨座；10—固定螺丝；
11—轧辊轴向调整压板；12—平衡弹簧；13—机架下横梁

(6) 轨座(俗称地脚板)用来将机架固定于基础上。

尽管不同用途的轧机有着不同的构造,但绝大多数轧机的工作机座均由以上六个部分构成。

2.2.2　轧机的主机列

根据机械原理的概念,轧机一般由三个基本部分组成:(1)工作机座;(2)轧辊的传动装置;(3)主电机。轧机的工作机座正如上述,是轧机的主要部分。轧机的传动装置包括减速机、齿轮机座、连接轴和联轴节等,它把主电机的运动形式和能量传递给轧辊完成金属塑性变形。主电机是提供给轧机动力源。根据要求不同可分为直流电机、交流电机或交流变频电机三种。习惯上把由驱动主电机、传动装置、工作机座三部分的构造简图称为轧机的主机列简图。

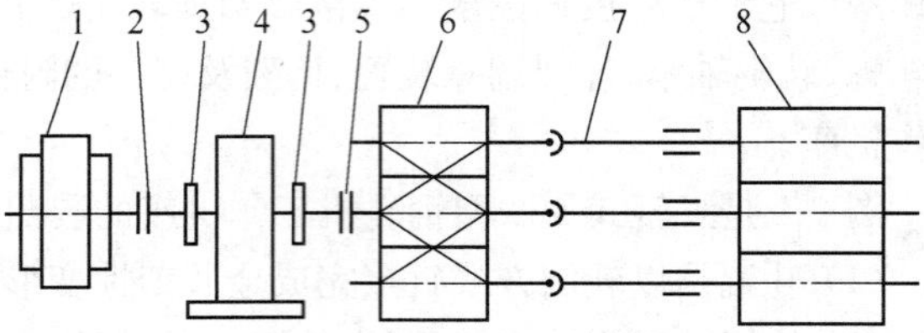

图 2-2　单电机、单传动、单机座轧机

1—主电机;2—电动机联轴节;3—飞轮;4—主减速器;5—主联轴节;6—齿轮机座;7—半万向接轴;8—轧辊

图 2-2 是单电机、单传动、单机座轧机主机简图;图 2-3 是单电机、多传动、多机座轧机主机列简图;图 2-4 是双电机、双传动、单机座轧机主机列简图。

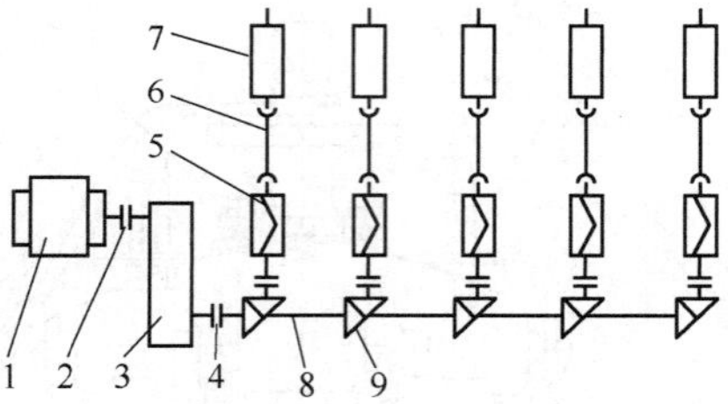

图 2-3　单电机、多传动、多机座轧机

1—主电机;2—电动机联轴节;3—主减速器;4—主联轴节;5—齿轮机座;6—万向接轴;7—轧辊;8—中间轴;9—圆锥齿轮

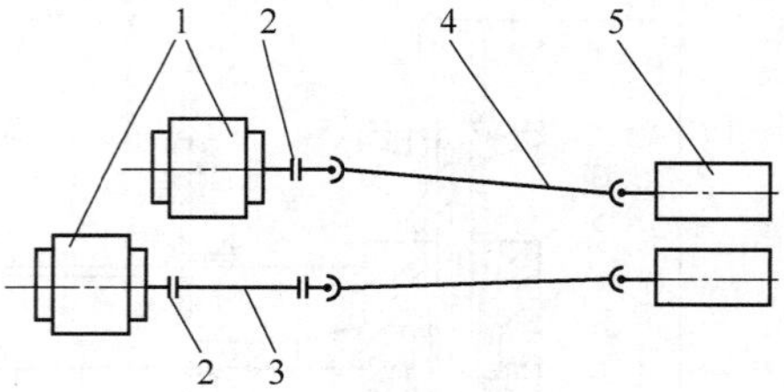

图 2-4　双电机、双传动、单机座轧机

1—主电机;2—电动机联轴节;3—中间轴;4—万向接轴;5—轧辊

2.3　轧机的标称

型材轧机的主要性能参数是轧辊的名义直径,因为轧辊名义直径的大小与其能够轧制轧件的最大断面尺寸有关。因此型材轧机以轧辊辊身的名义直径或齿轮机座中心距(即齿轮机座节圆直径)作为轧机的标称。轧制车间有多个主机列时,则以末架轧辊辊身名义直径作为该车间轧机标称。

板带轧机的主要性能参数是轧辊的辊身长度,因为轧辊辊身长度与其能够轧制的产品的最大宽度有关。因此板带轧机以轧辊辊身长度来标称。例如,1700 带钢连轧机,即指该轧辊的辊身长度为 1700 mm。

钢管轧机以其能够轧制管材的最大外径来标称。热轧机组的具体名称以该机组品种规格和轧管机类型来表示。如 140 全浮动芯棒连轧管机组,其中 140 是指该机组所能生产钢管的最大规格外径为 140 mm,而轧管机形式是全浮动芯棒连轧管机。焊管机组的具体名称以其产品规格、成型方法和焊接方式来表示。如产品外径范围为 ϕ20～102 mm,采用直缝连续成型和高频电阻焊的机组表示为20～102连续高频电阻焊管机组。管材冷加工是管材的二次加工，是生产高精度、高性能、高表面光洁度管材的重要方法。冷轧机和冷旋压机的规格用其产品规格和轧机形式表示，冷拔机规格用其允许的额定拔制力来表示。如LG-150表示成品最大外径为150 mm的二辊周期式冷轧管机；LD-30表示成品最大外径为30 mm的多辊式冷轧管机；LB-100表示拔制力额定值为1000 kN的冷拔管机。钢球轧机的标称也是按所轧钢球的最大外径标称。

较完整标称一个轧制车间轧机应包括轧机生产产品的类别、轧辊辊身主要尺寸、轧机结构特征(轧辊数目、配置形式)、车间轧机台数及轧机布置形式、轧机工作制度等六个方面的内容。

2.4 现代化轧机的基本形式

2.4.1 型材轧机

2.4.1.1 大型型材轧机

大型型材轧机包括轨梁、钢梁、工字梁和槽、角钢等。大型钢梁又分宽、中、窄翼缘工字钢，统称H型材系列。大型型材轧机的组成和机列布置有连续式、半连续式(标准式)、非连续式(组合式)三种。连续式一般由一架两辊可逆开坯机，3～4架带轧边机的万能粗轧机和3～4架带轧边机的万能精轧机组成，适于生产中、小规格H型材，年产量可达100万t；标准式由一架二辊可逆粗轧机、一架轧边机和两架万能中轧机、一架轧边机和万能精轧机组成，目前世界上以这种形式为多，产量约50万～100万t；组合式既能生产H型材，又能生产重轨和普通型材，年产量为30万～50万t左右。

图2-5为意大利特勒诺标准式万能钢梁轧机及其设备布置图。这套轧机为现代化程度最高的串列式大型轧机，由两架开坯机、两架万能轧机、两架轧边机和一架万能精轧机组成。串列万能粗轧机组U_1、E、U_2采用一台计算机执行各道程序控制以及微张力全自动控制，采用电流记忆方式控制轧制，每台计算机能存储450种轧制程序，生产中可任意选择。开坯机轧辊直径800～880 mm，辊身长2000 mm，主电机功率2450 kW，转速75～170 r/min。串列式可逆机组包括万能机架U_1、轧边机E_1和万能机架U_2。U_1和U_2主电机功率为3050 kW，转速0～90～180 r/min。二辊可逆式轧边机E_1主电机功率650kW，转速0～140～240 r/min。万能精轧机组由二辊可逆轧边机EF及楔型万能机架UF组成。EF轧边机主电机功率450 kW，转速0～80～300 r/min。UF精轧机主电机功率为1300 kW，转速0～120～288 r/min。轧制H型材时，万能机架装四辊；轧制其他型材时万能机架装二辊。轧机由3台计算机分别控制开坯机BD_1、BD_2以及串列万能轧机U_1、E_1、U_2。操作模式可任意选择半自动控制及全自动控制。BD_1由计算机控制每道次压下及推床位置；BD_2除控制压下及推床位置外，还控制轧制方向。为了快速换辊，采用整机更换，即采用快速横移换辊装置从机架窗口送入或移出。

2.4.1.2 中、小型材轧机

20世纪80年代以来，世界几个主要产钢国的中、小型轧机的总产量在逐渐减少，其发展方向是淘汰落后的横列式轧机，新建优质、高产、低耗的半连续式和连续式轧机。

图2-6为我国某厂全连续式中型轧机及其设备布置图。该厂主要设备由SKET公司引进；电气控制设备及计算机系统由意大利ANSALDO公司引进；加热炉为日本与中国联合设计，工艺、设备和生产自动化水平均达到同类轧机20世纪90年代国际先进水平。其主要设备参数见表2-3。

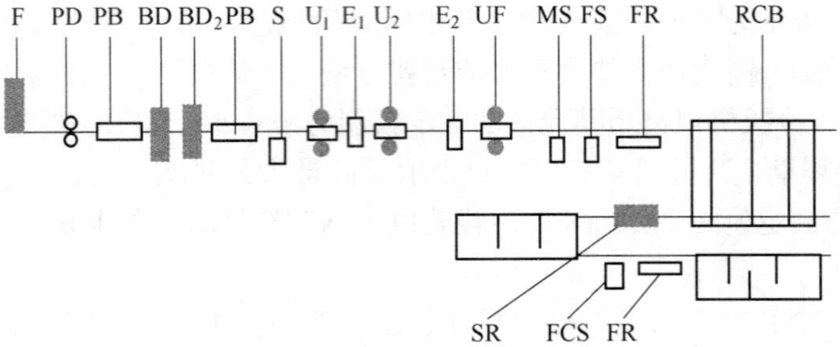

图 2-5　标准式万能钢梁轧机及设备布置图

F—加热炉；PD—除鳞机；PB—推床；BD—开坯机；S—切头锯；U—万能轧机；
E—轧边机；SR—矫直机；UF—万能精轧机；MS—移动热锯；
FS—固定热锯；FR—定尺机；RCB—步进冷床；FCS—固定冷锯

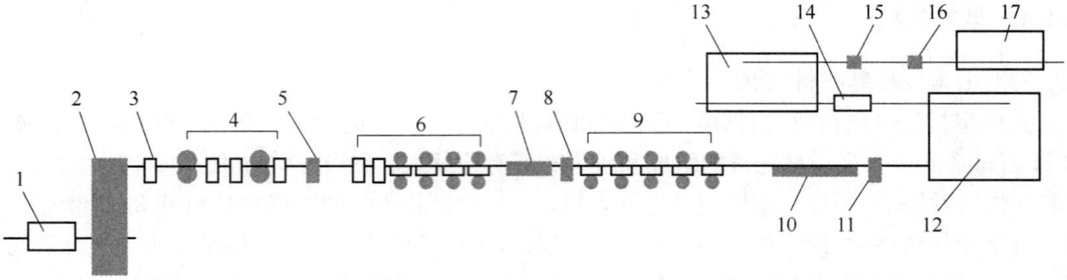

图 2-6　全连续式中型轧机及设备布置图

1—坯料热送辊道；2—加热炉；3—高压水除鳞箱；4—粗轧机组；5—摆式剪；6—中轧机组；
7—冷却装置；8—1 号曲柄剪；9—精轧机组；10 —水冷装置；11—2 号曲柄剪；12—齿条式冷床；
13—缓冲台架；14—十辊矫直机；15—移动热锯；16 —固定热锯；17—收集台架

表 2-3　某全连续式中型轧机主机列基本参数

机组	轧机参数			功率/kW	最大轧制压力/kN	电机转速/r · min^{-1}	速比 i	电机类型
	序号	轧机类型	辊身长/mm					
粗轧机组	1	V670	1120	700	6000	400/1000	43.2	DC
	2	H670	1120	700	6000	400/1000	40.32	
	3	H670	1120	700	6000	400/1000	38.27	
	4	V670	1120	700	6000	400/1000	30.89	
	5	H760	1250	1000	9000	400/1000	26.97	
中轧机组	6	H760	1250	1000	9000	400/1000	22.03	DC
	7	H760	1250	1200	9000	400/1000	22.03	
	8	H/V670	1120	1200	6000	400/1000	16.72	
	9	U670	1120	1200	平 9000；立 6000	400/1000	14.38	
	10	U670	1120	1200	平 9000；立 6000	400/1000	10.185	
	11	H/V670	1120	1000	6000	400/1000	10.85	
精轧机组	12	U670	1120	1200	平 9000；立 6000	400/1000	8.76	DC
	13	H/V670	1120	1000	6000	400/1000	6.158	
	14	U670	1120	1200	平 9000；立 6000	400/1000	6.158	
	15	H/V670	1120	1000	6000	400/1000	5.476	
	16	U670	1120	1200	平 9000；立 6000	400/1000	5.476	

2.4.2 棒、线材轧机

随着市场对棒、线材质量要求的不断提高和机械、电气控制技术的进步，特别是连铸技术的发展，棒、线材轧机产生了根本性的变革。为充分利用棒、线材设备，线、棒材复合轧机逐渐减少，各自形成独立分支。随着轧机终轧速度的提高，20 世纪 80 年代以来，新建轧机多为一线或两线布置。到 20 世纪 80 年代末期，新建轧机几乎都是一线布置。

2.4.2.1 现代化棒材轧机

20 世纪 80 年代以来，世界新建的棒材轧机绝大多数采用步进式加热炉提高加热质量；直接使用连铸坯或连铸坯热送热装或连铸-连轧新技术；采用高压水除鳞装置除去钢坯表面氧化铁皮，以提高轧材表面质量；轧线主轧机平/立交替布置，实现全线无扭轧制，粗、中、精轧机组均为 6 架的组合成为棒材轧机的标准布置形式；采用新型轧机，粗轧机多为悬臂式或短应力线轧机，中轧机多为高刚度闭口或短应力线轧机，精轧机为高刚度短应力线或二辊预应力轧机；在线设置两台切头飞剪和一台倍尺飞剪及一台定尺冷剪；各架轧机单独驱动，采用微张力和无张力轧制；用一台高效单面步进式冷床代替双面冷床；在线飞剪倍尺剪切和矫直，大大减少精整设备和面积。

图 2-7 为我国某钢铁厂从意大利达涅利公司引进的型、棒材一体化节能型轧机生产线设备布置示意图，该生产线采用了直接热装的短流程节能型轧机的设备布置。原料采用连铸方坯；钢种为低碳钢、中碳钢、低合金钢、弹簧钢、齿轮钢；产品有圆钢、螺纹钢、角钢、槽钢、六角钢、工字钢；年产量 40 万 t。生产线主要设备：连铸机 4 流（预留第 5 流），产量 90.8 t/h；步进式加热炉，产量 120 t/h；轧机：粗轧机 6 架悬臂式 ϕ685/590 mm×300 mm（1～3 架），ϕ585/590 mm×300 mm（4～6架），主电机 450 kW，中轧 6 架短应力线轧机，ϕ470/405 mm×700 mm，主电机 750 kW，精轧机短应力线轧机 ϕ470/405 mm×700 mm（13～15 架），ϕ370/320 mm×600 mm（16～18 架），主电机 750 kW，轧机产量 100 t/h；各机架配有辊缝自动控制装置（AGC），出口设置余热淬火-回火装置；齿条步进式冷床 96 m×14.6 m，配有堆垛退火装置；配有一套全目标自动化系统，保证产量和质量。

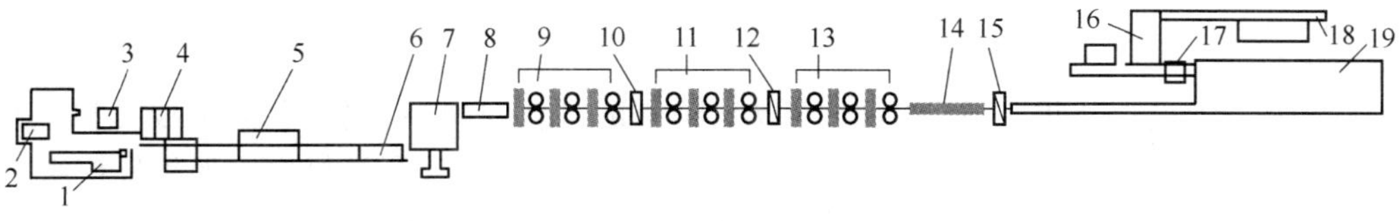

图 2-7 某钢铁厂型、棒材一体化节能型轧机生产线设备布置示意图

1—钢包回转台；2—钢包炉；3—连铸机；4—钢坯冷床；5—热存储装置；6—冷上料台架；7—步进式加热炉；8—出炉辊道及除鳞机；9—粗轧机组；10—1 号切头飞剪；11—中轧机组；12—2 号切头飞剪；13—精轧机组；14—水冷装置；15—倍尺飞剪；16—非磁性全自动堆垛机；17—多条矫直机和连续定尺冷飞剪；18—打捆机和称量装置；19—步进式冷床

2.4.2.2 现代化高速线材轧机

线材在轧机布置上经历了横列式—复二重式—半连续式—连续式的发展过程。连续式线材轧机中主要发展了三种形式：平辊多线扭转连续式、平立辊交替无扭转连续式和 45°无扭悬臂式高速线材轧机。

高速线材轧机的发展主要是在精轧机组和控制冷却工艺方面，此两者关系到线材产量和质量的提高。当然，采用计算机进行控制和管理以及与主要设备相适应的各项辅助设备发展，促使线材生产技术获得了前所未有的巨大成就。近年来，世界上线材轧机主要生产厂家已将终轧速度提高到 100～120 m/s，在实际使用中个别厂家已达 140 m/s。轧机的架数已增加到 28～38 架，轧制坯料断面可达 200 mm×200 mm。现代线材轧机单线的年产量已达 40 万～45 万 t，而且某些单线布置的轧机实现了粗、中、精轧全线无扭悬臂轧制。近年来，紧凑式轧机（Compact Mill）作为一种新型高效率轧机广泛应用于高速线材的粗、中轧机组。其具有代表性的机型有：美国摩根公司 C 型轧机；美国布什包罗公司 C. C. C 轧机；瑞典摩尔格哈玛公司 HRCM 轧机和意大利波米尼公司红圈轧机（Red Ring Mill）等。

精轧机组是高速线材轧机中的关键设备，精轧机组的机型分为平立、45°侧交、顶交等轧辊布置方式。摩根公司研制的重型工作制 45°顶交型精轧机组，最高轧速已达 140 m/s。德马克 20 世纪 80 年代研制的 15°/75°精轧机组轧速也达 120 m/s。

吐丝机是精轧机组后与控制冷却线相衔接的关键设备。它将高速直线运行的轧件变成线圈吐放在冷却运输机上。线材的控制冷却装置是高速线材轧机的主要组成部分之一。线材控制冷却的方法有多种，但能与线材终轧速度的提高相适应的只有斯太尔摩法、阿西洛法等几种。最近出现的一种新的冷却法——次声冷却法，可以大大缩短冷却线长度。

1995 年，我国某公司引进施勒曼、德马格公司和通用电气公司技术，建成年生产能力 35 万 t 单线高速线材轧机，最高轧制速度 120 m/s。其平面布置及设备组成如图 2-8 所示。

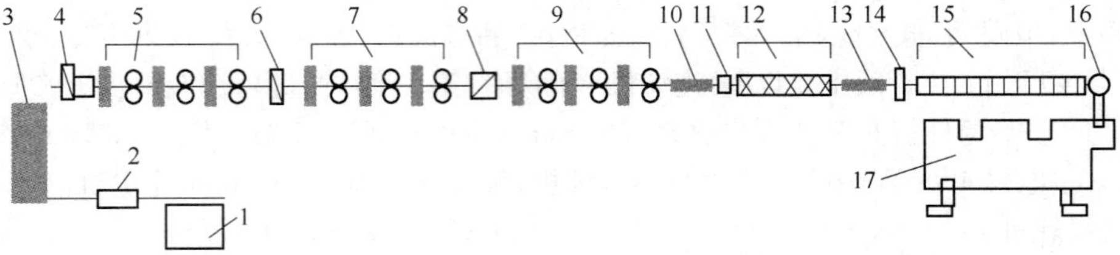

图 2-8　高速线材轧机平面布置及设备组成

1—停料架；2—进料辊道；3—步进梁式加热炉；4—钳式事故剪；5—粗轧机组（H/V 交替布置）；
6，8，11—切头剪；7—中轧机组（H/V 交替布置）；9—预精轧机组（H/V 交替布置）；
10—控轧水冷箱；12—45°顶交摩根精轧机组；13—轧后控冷水冷箱；
14—夹送辊；15—斯太尔摩输送机；16—水平调整辊；17—成卷站

采用步进梁式加热炉加热，加热炉能力 150 t/h。用 28 架平、立布置的全线无扭轧机将 150 mm×150 mm方坯轧到 ϕ5.5 mm，保证了最佳的产品质量。整套轧机由 6 架粗轧机组、6 架中轧机组、6 架预精轧机组和 10 架精轧机组组成。粗轧机组前设置钳式事故剪和高压水除鳞装置。机组间都设有切头剪，在预精轧机组内设有卧式或立式活套，以保证在这一段无张力轧制。1～14 号机架采用高刚度闭口机架和多孔型轧辊。15～18 号为 200 超重型悬臂机架。精轧机组采用的 10 架摩根轧机是一个 V 形高速单元，5 架 200 超重型和 5 架 160 重型机架连成一体，采用 6300 kW 交流电机变频调速。紧凑式设计保证了最小的振动，降低了噪声水平，而辊环呈向上 45°的交替布置便于装卸。

2.4.3　板、带材热轧机

2.4.3.1　厚板轧机

厚板对一个国家工业发展，交通运输，国防工业建设具有举足轻重的作用。20 世纪 80 年代以来，尽管国外轧制设备的大型化、高速化势头明显减弱，但为了满足钢材用户的需要，如为满足潜艇、航空母舰、海洋钻井平台、压力容器、大口径焊管等的需要，新建或改建大型厚板轧机。到 1988 年，日本、欧美已全部淘汰 4300 mm 以下的中厚板轧机，新建 5000 mm 以上的厚板轧机，这些大型轧机具有高刚度，大传动功率，单位辊身长度轧制压力达 20 kN/mm，轧制力矩达2.0 kN·m/mm。

如德国迪林钢铁公司宽厚板 1 号轧机为 5500 mm 四辊可逆轧机，单片牌坊重 390 t，立柱横截面积 9940 cm^2；支持辊的辊径 2400 mm，辊身长 5230 mm，辊颈直径 1800 mm，重 265 t；工作辊辊径 1180 mm，辊身长 5500 mm，采用四列圆锥滚柱轴承，单个工作辊扭矩最大 4500 kN·m。该轧机安装有电动压下装置，在压下螺丝与上支持辊轴承座间装有液压缸。轧机装有 AGC 厚度自动控制系统；工作辊有液压弯辊装置。能生产 5200 mm 的成品板。

2.4.3.2　带材热连轧机

连续式带材热连轧机是生产板带材的主要机型，主要生产厚度 0.8～25 mm 热轧带卷。其产品是造船、桥梁、化工、汽车等行业不可缺少的原料，同时也是冷轧、焊管的坯料，其产量已占世界钢材总量的一半以上。热轧宽带钢轧机的发展已有近 81 年的历史，第一套热连轧机 1926 年诞生于美国威尔顿公司至今，世界上建成并仍在建的热轧带材轧机已达 200 多套。20 世纪 70 年代，带材热连轧机发展方向是围绕提高产量、增加品种、提高精度及自动化水平；80 年代以来，工业发达国家钢材市场供过于求，其带材热连轧技术从追求大型化、高速化、大卷重的指导思想，转向节能、降耗、高质量上去以提高竞争力。

带材热连轧机形式分为半连轧、3/4 连续式、全连轧几种。图 2-9 为热轧带钢轧机设备配置示意图。我国现有 1422 mm 以上的热轧宽带钢轧机 14 套。

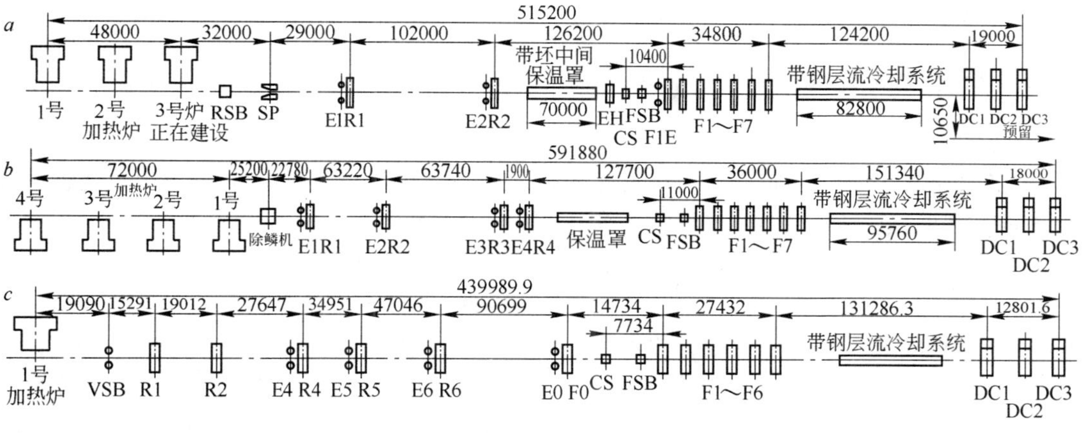

图 2-9　热轧带钢轧机设备配置示意图

a—1580 mm 半连轧；*b*—2050 mm3/4 连续式；*c*—1422 mm 全连续式

RSB—粗轧高压水除鳞；SP—压力定宽机；E1～E6—小立辊轧机；R1～R6—粗轧机；EH—带坯边部电感应加热器；CS—飞剪；F1～F7—精轧机组各架轧机；E0、E—精轧机小立辊；DC1～DC3—液压式地下卷取机；VSB—粗轧大立辊；FSB—精轧高压水除鳞

CSP 薄板坯连铸连轧带钢轧机是 20 世纪 80 年代末成功开发的新技术，1989 年美国纽柯克拉兹维莱钢厂第一条 CSP 薄板坯连铸连轧带钢轧机投产以来，该项技术发展很快，其生产能力占热轧带钢总产量的 15%。薄板坯连铸连轧技术除 SMS 公司 CSP 外，还有 DEMAG 的 ISP、住友的 QSP、DANIEL 的 FTSP 和 VAI 的 CONROL 等五种类型（参见 1.31 节）。从 1999 年底到 2006 年上半年，我国已有 12 家钢铁企业的 13 条薄板坯连铸连轧线相继投产，年产能约 3500 万 t。5 年内，我国的薄板坯连铸连轧生产线可能达到 15 条，年产能将突破 4000 万 t。其产能将占我国热轧板卷的 30%以上，薄板坯连铸连轧生产线将占世界的近 30%。近两年来，我国已建成的薄板坯连铸连轧生产线围绕着全流程的生产工艺稳定、产品质量稳定、新产品开发、冷轧基板性能控制和充分发挥流程潜能实现高效化生产等方面展开。

图 2-10 为某 CSP 薄板坯连铸连轧带钢生产线设备组成示意图。

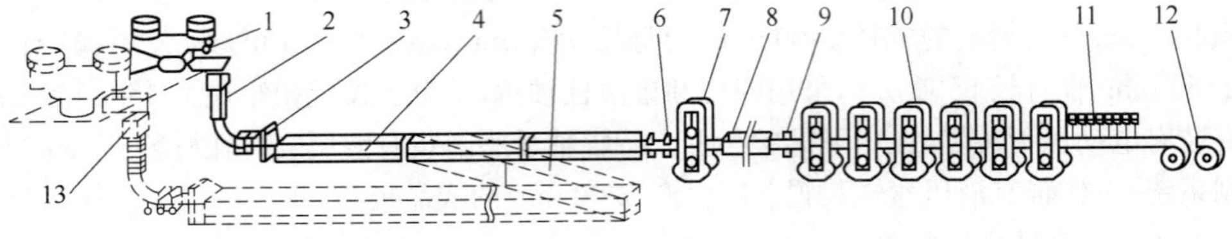

图 2-10　某 CSP 薄板坯连铸连轧带钢生产线设备组成

1—钢包；2—连铸机；3—摆式剪切机；4—1 号辊底式加热炉；5—加热炉摇摆装置；6—1 号高压水除鳞装置；7—粗轧机；8—2 号加热炉；9—2 号高压水除鳞装置；10—精轧机组；11—层流冷却装置；12—地下卷取机；13—2 号连铸机

20 世纪 90 年代以来，我国建成投产 14 套热轧宽带钢轧机为高速发展时期，有 9 套全新的热带轧机。宝钢 1580 mm 轧机、鞍钢 1780 mm 轧机；武钢 2250 mm 轧机采用和连铸机直接布置和生产一贯管理的连续生产线，紧凑可逆式粗轧机、板坯定宽压力机、精轧机板型控制双交叉(PC)轧机、精轧机全液压 AGC 系统、全液压地下卷取机、完善的 4 级计算机自动化控制和生产管理控制系统。达到了国际先进水平。宝钢 2050 mm 轧机，最大轧制速度 30.2 m/s，最大卷重 43.6 t。13 套薄板坯连铸连轧带钢轧机，具有全液压 AGC、CVC 及液压弯辊板型控制技术是生产高精度带钢的最先进的技术装备。

2.4.4　板、带材冷轧机

2.4.4.1　带材冷连轧机

冷连轧带材车间包括连续酸洗机组、五机架冷连轧机、电解清洗机组、罩式退火及连续退火机组、平整机组、连续镀锡机组、连续镀锌机组和精整机组等组成。

酸洗工序是清除热轧带材表面氧化铁皮的主要方法。20 世纪 70 年代后，由于盐酸酸洗废液处理与回收技术得以成功开发，酸洗线均改为盐酸酸洗。酸洗方式有连续酸洗、半连续酸洗和推式酸洗多种方法。于 1988 年投产的我国某冷连轧厂连续酸洗机组，具有 20 世纪 90 年代初世界先进水平。该机组入口段采用两台悬臂式开卷机交替开卷；采用第四代闪光焊机同时完成带材头尾精剪、对中、焊接、焊缝清理等工作；活套装置采用摆动门结构，确保活套小车正常运行；在酸洗槽前装有拉伸弯曲矫直机进行机械破鳞以改善带材的平直度，并防止带材跑偏。采用卧式浅酸洗槽，出口处采用两台卷取机交替卷取以提高生产率。

图 2-11 为某 1700 mm 带钢常规五机架冷连轧机组设备布置示意图。其主要技术参数见表 2-4。

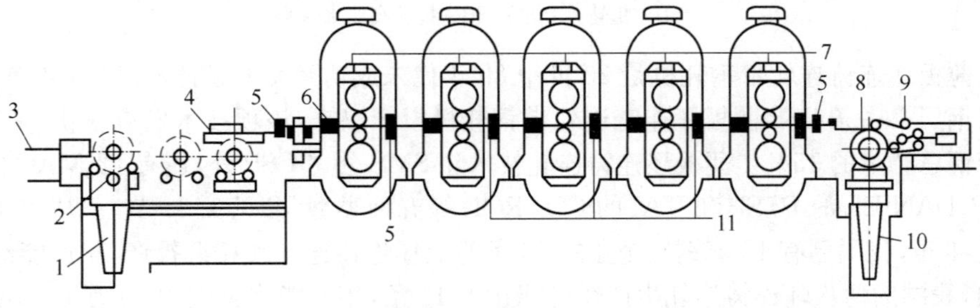

图 2-11　某 1700 mm 带钢常规五机架冷连轧机组设备布置示意图

1—钢卷小车；2—步进式梁；3—拆捆机；4—开卷机；5—同位素测厚仪；6—辊式压紧器；7—液压压下装置；8—张力卷取机；9—助卷机；10—钢卷小车； 11—电磁式测厚仪

表 2-4 1700 mm 和 2030 mm 冷连轧机主要技术参数

参数			1700 mm 常规五机架冷连轧	2030 mm 全连续五机架冷连轧
设备参数	工作辊/mm		ϕ(540～610)×1700	ϕ(550～615)×2030
	支持辊/mm		ϕ(1400～1525)×1700	ϕ(1425～1550)×2030
	开卷机	外径/mm	ϕ1500	ϕ1200～2510
		内径/mm	ϕ610	ϕ760
	张力卷取机	外径/mm	ϕ1500	ϕ1200～2470
		内径/mm	ϕ610	ϕ610
	最大轧制压力/t		2500	3000
	板形控制		F1～F2 正弯辊;F3～F5 正负弯辊	弯辊+CVC
	开卷机功率/kW		2×475	2×540
	F1 功率/kW		2×1500	4×1120
	F2～F5 功率/kW		4×1500	4×1500
	张力卷取机功率/kW		每台 2×1640	每台 3×725
	机组总功率/kW		31250	31735
	单位宽度总功率/kW·mm^{-1}		18.38	15.64
工艺参数	原料/mm		(1.5～6)×(550～1580)	(1.8～6.3)×(900～1850)
	成品/mm		(0.15～3)×(550～1580)	(0.3～3.6)×(900～1850)
	最大卷重/t		≤18	≤45t
	单位宽度卷重/kg·mm^{-1}		10.59	23(B>1300 mm); 34.5(B≤1300 mm)
	最大轧制速度/m·min^{-1}		1800	2000

图 2-12 为某 2030 mm 全连续式五机架带钢冷连轧机组设备布置示意图。其五机架冷连轧机是从德国 SMS 公司成套引进的国内第一套全连续式无头轧制连轧机。为实现无头轧制，在冷连轧机前后增加了许多设备，包括：两台交替开卷的开卷机、夹送辊、矫直机、剪切机、张力辊，并用闪光焊机完成带材头尾对接，由活套装置保证轧制的连续运行；还在冷连轧机前加上导向辊、纠偏辊、张力辊及 S 辊等；冷连轧机出口段加上夹送辊、飞剪及两台张力卷取机。轧机采用全液压压下四辊轧机，由直流电机单独驱动。轧机配有过程计算机厚控及板形自动控制系统。各轧机除采用液压弯辊装置及末架用乳化液喷射分段冷却控制轧辊热凸度外，还采用连续可变凸度 CVC 板形控制技术，通过轴向移动工作辊连续改变辊缝以获得理想的板形控制。连轧机出口装有飞剪完成分卷工作，两台卷取机交替工作保证全连续轧制。该机组主要设备、工艺技术参数见表 2-4。

退火是冷轧带材生产不可缺少的重要工序。有罩式退火和连续退火两种退火方式。某厂从日本新日铁公司引进连续退火机组由三部分组成，头部清洗段完成带卷的焊接和清洗，由开卷机、剪切机、焊接机、电解脱脂及清洗设备组成；中部退火段完成再结晶退火和过失效处理，包括塔式退火炉和冷却装置；尾部静态段完成带材的精整，由平整机、拉伸矫直机、剪切机、飞剪、涂油机、卷取机及卸卷装置等构成。整个机组设有 7 套张紧辊和 9 套电液伺服系统控制的自动纠偏装置。整条生产线由过程计算机控制。

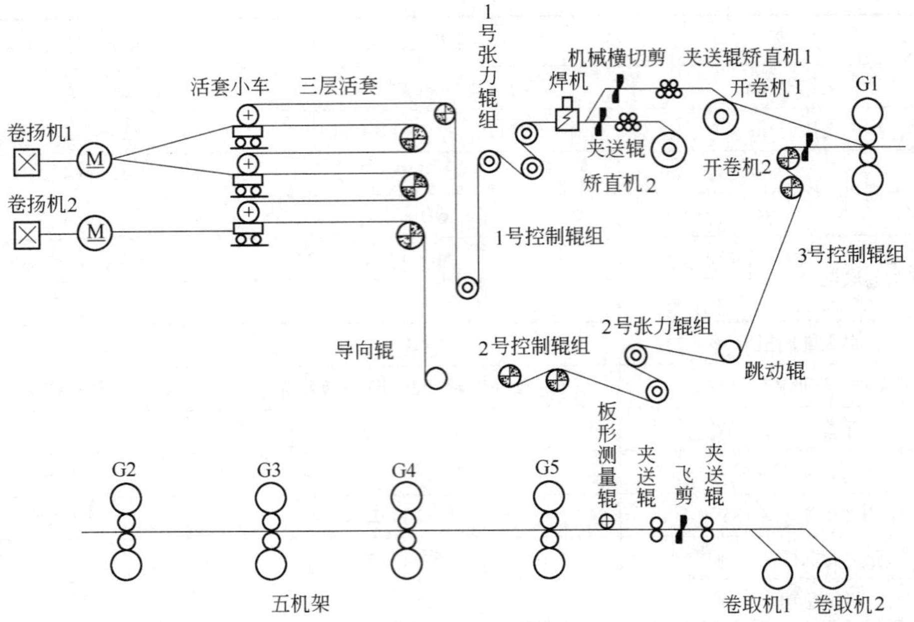

图 2-12　某 2030 mm 全连续式五机架带钢冷连轧机组设备布置示意图

图 2-13 为某 1420 mm 五机架酸洗—冷连轧联合机组设备组成示意图。冷连轧机入口段新增设备与酸洗机组入口段类同，可将冷连轧机组与酸洗机组联机，实现真正无头轧制。

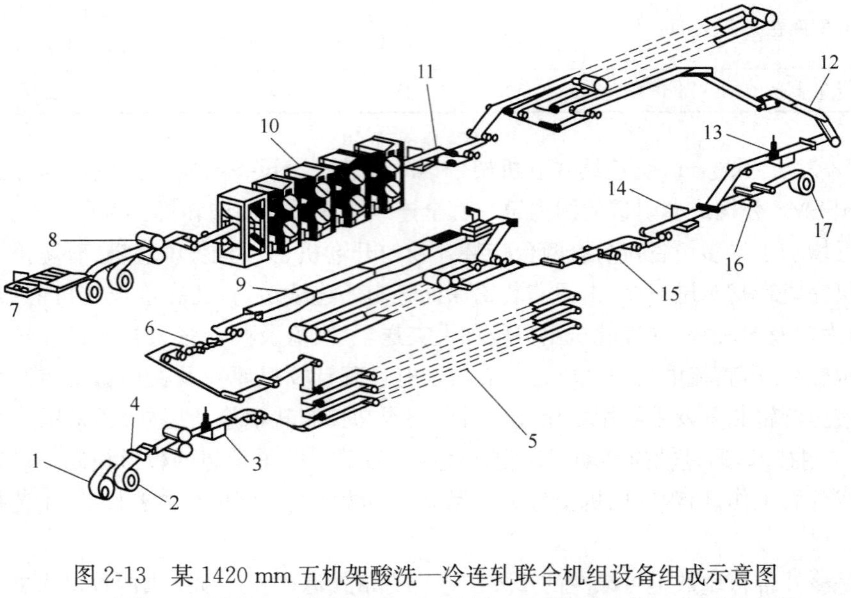

图 2-13　某 1420 mm 五机架酸洗—冷连轧联合机组设备组成示意图

1，2—开卷机；3—焊机；4—头部矫直；5—入口活套；6—张力矫直机；7—在线检查站；
8—旋转剪；9—酸洗段；10—冷连轧机；11—对中纠偏设备；12—联机段；
13—焊机；14—剪机；15—切边机；16—涂油机；17—张力卷取机

随着热轧带卷厚度的减薄，冷连轧机组也有变化。优先采用强力单机架可逆冷轧机或二机架可逆冷轧机与薄板坯连铸连轧生产线配套。强力单机架可逆冷轧机的主要技术参数见表 2-5。

表 2-5 强力单机架可逆冷轧机的主要技术参数

参数			NUCOPR 强力单机架可逆冷连轧
设备参数	工作辊/mm		$\phi(432\sim483)\times1780$
	支持辊/mm		$\phi(1280\sim1425)\times1780$
	开卷机	外径/mm	$\phi965\sim1905$
		内径/mm	$\phi610$
	张力卷取机	外径/mm	$\phi965\sim1905$
		内径/mm	$\phi610$
	最大轧制压力/t		2900
	板形控制		弯辊+CVC
	开卷机功率/kW		1491
	轧机功率/kW		7457
	张力卷取机功率/kW		每台 3356
	机组总功率/kW		16443
	单位宽度总功率/$kW \cdot mm^{-1}$		9.24(为传统五机架冷连轧机组的 50%)
工艺参数	原料/mm		$(1.27\sim4.0)\times(915\sim1650)$
	成品/mm		$(0.38\sim1.9)\times(915\sim1625)$
	卷重/t		≤29
	单位宽度卷重/$kg \cdot mm^{-1}$		17.85
	最大轧制速度/$m \cdot min^{-1}$		1220

2.4.4.2 铝箔轧机

铝箔以其无味、无毒、导热及导电性好、防潮、美观等优点已逐渐成为人们生活中不可缺少的使用材料之一。

铝箔轧机日趋向着大卷重、宽幅、高速、连续化、自动化方向发展。现代铝箔轧机辊身长度达 2000 mm,轧制速度达 2000 m/min 以上,卷重达 20 t。较经济的最小轧制厚度为 0.006 mm,厚度公差为带材厚度的±2%～3%,平直度达±10I。

铝箔轧制设备及技术日趋现代化,控制方式复杂化,远远超过人工操作能力,由此推动了各种高新技术的发展,相继出现了各种辊系及厚度控制、板形控制、计算机控制系统等。20 世纪 70 年代,美国布洛、诺克斯公司开发了 IC 辊系以及瑞士的 NIPCO 辊系,日本住友金属公司开发了 VC 辊系。VC 和 IC 辊系将通常的实心辊改为外加一个辊套,辊套与辊芯间留有一定间隙,内注高压液体,使轧辊变为可变凸度轧辊;NIPCO 辊由固定梁、回转辊套和靠液压缸顶头支承的液压支承垫组成。支承垫装在固定梁内,相对工作辊压向自由回转的辊套。

铝箔轧机的发展推动了相关设备及技术的进步。合卷机、分卷机、剪切机、分条机及箔卷运输设备得到快速发展。各种厚度和板形控制系统、板形仪以及计算机控制系统正在铝箔轧机上得以广泛应用,并成为衡量铝箔轧机技术装备的一个重要标志。如德国联合铝业公司的铝箔生产线的四台轧机均装有 SGC 定位厚度和 SFC 板形平直度控制系统。

2.4.4.3 精密带材轧机

随着国民经济快速发展,如食品、化工、机械、仪表、电子、汽车、航空等工业对各种金属及合金薄带和极薄带材的需求不断增长。

目前世界上几乎均采用20辊森吉米尔轧机来轧制金属薄带和极薄带材。图2-14为我国某厂可逆式20辊轧机及其主要设备组成示意图。该厂从美国W. F公司引进一套20辊轧机，专门轧制不锈钢和精密合金带材。产品最薄0.03 mm，尺寸精度±0.001 mm。其机械设备包括开卷机、对中装置、左右卷取机、整体式牌坊的工作机座和重卷机组等几部分组成。同时还装有先进的检测速度、张力、厚度的仪器仪表和自动控制系统。

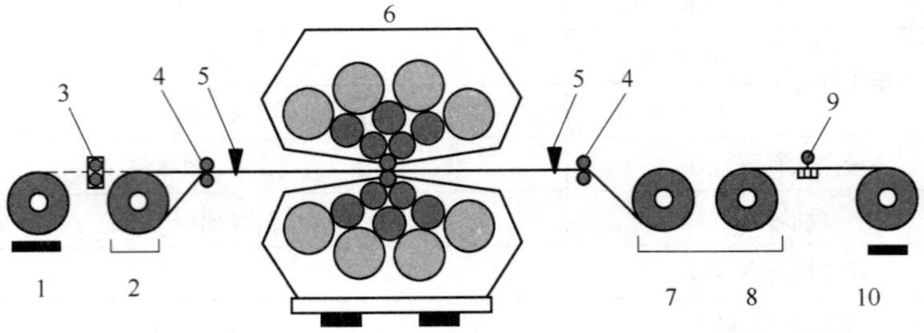

图2-14　可逆式20辊轧机及主要设备组成

1—开卷；2—左卷取；3—对中装置；4—张力计；5—测厚仪；6—主机；7—右卷取；8—重卷开卷；9—张力控制；10—重卷

2.5　轧制机械设备的发展动向

资料表明，早在16世纪已有轧制软金属的早期轧制设备，17世纪则有轧制钢铁材料的可靠记录，至18世纪早期，轧制生产已在欧洲普遍使用。20世纪70年代以前，轧制机械设备的发展动向是设备的大型化、连续化、高速化和自动化。

进入80年代以来，轧制机械设备在对传统工艺装备的借鉴与革新中，其制造与装备水平取得了前所未有的成就。轧制机械设备的发展已逐步转向技术效能型与经济效能型相结合的高效技术装备上来，利用当代先进科学技术成果，应用现代轧制理论新理念结合现代机械设计理论与方法，通过对轧制设备的系统、综合研究，开发出了许多新型、高效、高精度的轧制设备，以满足轧制生产实现扩大品种规格、优质、高产、节能降耗的需要。随着重型机械制造、电机制造、计算机和自动控制以及液压技术等学科技术发展，应用连续化、自动化技术改造传统轧机，提高装备水平显得尤为突出。

总的来看，轧制机械设备的发展主要表现在以下几个方面。

2.5.1　简化生产工序，加速发展连续化技术

20世纪80年代轧制装备的连续化水平又有新的进展。例如，新日铁公司在先后实现酸洗-冷轧联合生产机组，冷轧-退火-精整联合生产机组之后，于1986年在世界上首次实现酸洗、冷轧、电解清洗、退火、平整、检查的全过程连续生产。

20世纪90年代日本川崎钢铁公司千叶厂成功开发出热轧宽带钢无头轧制技术，解决了在常规热连轧带钢上生产0.8～1.0 mm超薄带钢的一系列技术难题，轧制速度最高可达20 m/s。实现无头轧制的主要设备与技术：三个卷位的卷取箱、中间带坯切头、尾飞剪和电感应装置、精轧机组高速高精度厚度变更技术、卷取机前高速切分飞剪及高速穿带技术。

连续化一直是型材生产最主要的发展方向。国外早已采用各种新型型材连轧机代替老式的型材轧机，并且选用短应力线或预应力等高刚度轧机以及悬臂式紧凑轧机。为了实现连续化，在自动化方面同样有新的进步。型材连轧机采用的张力自动检测、自动控制及液压厚度自动控制

技术得到不断发展和完善。

2.5.2 为实现节能降耗，研制开发一系列新技术、新设备

继续提高连铸坯所占比重，研究和开发多种连铸-连轧之衔接技术。为了更充分地利用连铸坯的热量，1981 年新日铁公司首创的连铸坯直送轧制技术得到广泛应用。薄板坯连铸连轧技术将 10～90 mm 厚的薄板坯经在线均热炉后直接送入热连轧机轧成成品带材，可省去普通带材热连轧机的粗轧机组，又可进一步节能。美国阿雷格尼公司已成功研制出连铸厚度小于 2 mm 的不锈钢坯，经冷轧、退火生产厚度为 0.5 mm 的带材。型、棒材短流程节能轧机是型、棒材一体化节能轧机的发展趋势。

减少中间坯的热损失。热卷箱和隔热保温罩均可减少从带材热连轧机粗轧机组出来的中间坯的热损失，起降低燃料和电耗等作用。20 世纪 80 年代联邦德国、加拿大、澳大利亚等已建成 20 多台卷取箱。武钢 2050 mm 热连轧机粗、精轧之间采用了隔热保温罩。

2.5.3 为提高轧制精度，研制开发新型高效轧机

为了满足用户对轧材尺寸精度越来越高的要求，20 世纪 80 年代国外继续采用液压压下装置、弯辊装置、大截面立柱牌坊和大直径轧辊等，同时新开发许多板形控制轧机，如高凸度 HC 六辊轧机、连续可变凸度 CVC 轧机、万能板形控制 UPC 轧机、可变凸度 VC 轧辊、对辊交叉 PC 轧机等。这些新型轧机不仅在冷、热连带轧材轧机中得到广泛应用，也应用在中、厚板轧机上。20 世纪 70 年代的宽带连轧机组中一般都设置 SP 立辊压力定宽机，用于坯料轧边。20 世纪 80 年代末期，联邦德国 SMS 公司成功研制出一个道次压下量最大可达 300 mm 的液压重型侧压装置，大大提高了连铸坯的调宽能力。

近年来开发了许多结构新颖、操作维修方便、设备强度、刚度、轧制精度高的新型型材轧机，主要有二辊短应力线轧机、预应力轧机、悬臂式辊环轧机、红圈轧机、平立交替布置组合轧机、平立可转换轧机、Y 形轧机，主要用于粗轧的大压下量三辊可逆式轧机、紧凑式轧机、高刚度闭口式轧机、三辊行星轧机、摆锻轧机；根据生产轧材产品的特殊需要，设计与制造了一些新型特殊轧机，如万能 H 型材轧边机、万能 H 型材轧机、变截面轧机、横轧轧机等。

由于应用了上述诸多新设备、新技术，20 世纪 80 年代以来轧材的尺寸精度得到显著提高。

练习题 2

2-1 轧制工作机座的组成及各部件的作用是什么?

2-2 轧机是怎样分类的，了解各类轧机的特点。

2-3 轧机主机列的概念及轧机标称方法是什么?

2-4 试说明冷轧板带轧机采用多辊轧机的原因。

2-5 了解各种类型现代化轧机的工艺特点和设备组成。

2-6 简述轧制机械设备的发展趋势和特点。

3 轧辊与轧辊轴承

轧辊与轧辊轴承构成的辊系是轧机的核心部件。轧制过程中，轧辊与轧件接触，迫使轧件产生塑性变形，同时轧辊承受着巨大的轧制压力，并将此负荷传递给轧辊轴承。为了保证轧件具有正确的形状和令人满意的尺寸精度。对于轧机设计者而言，辊系的结构、尺寸、材质及其强度、刚度对能否实现轧制生产的优质、高产、低耗的影响极大。

3.1 轧辊的工作特点及其工艺要求

3.1.1 轧辊所受载荷

轧辊所受载荷来自以下几个方面：

(1) 机械载荷。由于轧制时轧辊承受到巨大的轧制压力，传动辊还承受着转矩作用，因此轧辊上产生弯曲应力、辊面间的接触应力、传动辊上还承受着扭转应力。在轧件咬入轧辊的瞬间及轧制速度变化时会引起动负荷，导致轧辊上的应力变化。

(2) 摩擦。轧辊辊身表面与轧件之间由于变形区中的前、后滑，轧件咬入打滑或卡钢等原因造成相对运动，而导致轧辊辊身表面的剧烈摩擦。

(3) 热负荷。热轧时轧辊辊身受到轧件高温及冷却水的交替作用，从而产生热循环应力；冷轧时由于轧件变形热效应，尽管有乳化液的冷润作用，轧辊表层也产生热循环应力。

3.1.2 轧辊的主要失效形式

轧辊的破坏、失效的主要形式：

(1) 磨损：正常轧制时，辊身磨损达到轧辊允许的总车削量后，就会因辊身表面层硬度丧失和强度削弱而报废。

(2) 辊面剥落：轧辊受到循环接触应力交替作用表面产生掉块形成凹坑而报废。

(3) 折断：过大的轧制压力产生的机械应力是导致轧辊折断的主要原因。铸造时的残余应力一般不至于引起断辊。如轧制时冷却水足够，单纯的热应力不至于断辊，但由此产生的辊身细小热裂纹将可能形成应力集中源。加上一定的机械负荷作用或断水可能导致断辊。

3.1.3 轧制生产对轧辊的要求

轧制生产对轧辊的基本要求包括工艺、寿命要求。对轧辊的工艺要求是要求轧辊具有合理的结构、尺寸、材质，以保证获得要求的轧件尺寸、表面质量及产量。对轧辊的寿命要求是确保轧辊不致过早或不正常破坏、失效。要求轧辊具有所要求的强韧性、耐磨性、耐热性及耐剥落性等，其材质特性值则以材料的机械性能和硬度为主。

总的来看，轧制生产对轧辊的基本要求可归纳为对轧辊的结构、尺寸的确定，对轧辊材质、制造方法的选择，对轧辊强度、刚度的校核。

3.2 轧辊的结构形式及材质的选择

3.2.1 轧辊的结构

轧辊结构如图 3-1 所示，辊身是轧辊的工作部分，不同类型的轧辊辊身形状不同。型材轧辊按照所轧轧件不同断面形状要求，辊身上刻有各种形状的轧槽，即所谓的孔型；板材轧辊的辊身呈圆柱形，为补偿轧辊受力弯曲及不均匀热膨胀变形或轧制过程中的不均匀磨损对实际辊缝的影响，必要时需将辊身磨制成较复杂的曲线形状，即所谓的辊型。

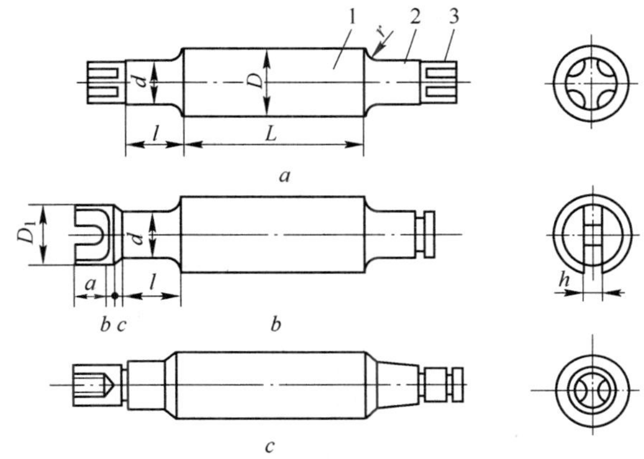

图 3-1 轧辊的结构

a—梅花形的辊头；*b*—扁头形的辊头；*c*—带双键形的辊头

1—辊身；2—辊颈；3—辊头

辊头是轧辊与连接轴相接的部分。起连接传动或吊装作用，其形状由连接轴形式而异，主要有梅花型、键槽型、万向节型三种。

辊颈是轧辊的支承部分。轧辊依靠辊身两侧的辊颈支承在轧辊轴承上。辊颈的形状由轴承形式及装卸要求确定，有圆柱形和圆锥形两种形式。使用滑动轴承及滚动轴承的轧辊，其辊颈为圆柱形；使用液体摩擦轴承的轧辊辊颈为圆锥形，其锥度一般为 1∶5。圆锥形辊颈虽在加工制作上比圆柱形辊颈困难些，但却有利于轴承的装卸与轧辊强度的提高。

辊颈与辊身交界处为应力集中的部位，属于轧辊强度的薄弱环节，因而该处应用适当的过渡圆弧连接。

随着轧机发展的大型化，轧辊直径不断增大。大直径轧辊在制作加工方面较为困难，而且消耗的合金材料较多，故对于某些大型四辊轧机的支承辊采用镶套结构的组合轧辊。组合轧辊由韧性好的心轴和硬度高的辊套组成，辊套采用热压方式套在辊心轴上。

3.2.2 轧辊的参数

轧辊的尺寸参数包括辊身直径 D、辊身长度 L、辊颈直径 d 及其长度 l 和辊头尺寸等。其中辊身直径和辊身长度是表征轧辊尺寸的基本参数。

3.2.2.1 辊身直径

辊身直径是轧机的一个重要参数。对于型材轧机，它是表征轧机的特性参数；对于板带轧机，它是关系到板带材最小可轧厚度的参数。

在轧机设计中，确定轧辊最佳直径应考虑以下几个方面的因素：

(1) 咬入条件。为了保证轧制过程的顺利进行，确定轧辊直径应考虑咬入条件。轧辊（四辊轧机指工作辊）的直径应满足下列关系：

$$D_g \geqslant \frac{\Delta h}{1-\cos\alpha_{\max}} \tag{3-1}$$

式中　D_g——轧辊的工作直径，mm；

Δh——压下量，mm；

$\alpha_{\max}$——最大允许咬入角(°)，各类轧机轧制时的 $\alpha_{\max}$ 见表 3-1。

表 3-1　各类轧机轧制钢材的 $\alpha_{\max}$

轧制情况	$\alpha_{\max}$/(°)	$\Delta h/D_g$
在磨光轧辊上带冷润连轧带钢时	6～8	1/170～1/100
在粗糙辊面冷轧时	5～8	1/250～1/100
热轧板带钢板时	15～22	1/30～1/15
热轧型钢时	22～24	1/15～1/12
在自动轧机上热轧钢管时	12～14	1/60～1/40

(2) 轧辊的强度和刚度条件。轧辊应具有足够的强度和刚度，考虑轧辊的强度和刚度是决定轧辊直径的先决条件。轧辊的强度应满足下列关系：

$$\boldsymbol{\sigma}=\frac{\boldsymbol{M}_z}{W_D} \leqslant [\sigma] \tag{3-2}$$

式中　$\boldsymbol{\sigma}$——轧辊危险面处应力，MPa；

$\boldsymbol{M}_z$——轧辊危险面处弯矩，N · mm；

W_D——轧辊危险面处抗弯截面系数，mm^3；

$[\sigma]$——轧辊许用正应力，MPa。

当然，对于多辊轧机而言，轧制负荷主要由支持辊承担，支持辊直径主要应根据强度和刚度条件确定。支持辊直径按轧机的刚度要求确定：

$$D_2 = K/0.3 \tag{3-3}$$

式中　K——轧机纵向刚度系数，kN/mm。

(3) 最小可轧厚度。因为冷轧时轧辊弹性压扁值很大，工作辊直径过大使带材进一步轧薄更为困难，即达到了最小可轧厚度极限。M. D. Stone 根据轧机最小可轧厚度的临界条件，推导出冷轧机最大工作辊径应满足下面公式：

$$D_{1\max} = \frac{0.28Eh_{\min}}{\mu(1.15\sigma_s - \sigma_p)} \tag{3-4}$$

式中　E——轧辊的弹性模量，MPa；

$h_{\min}$——带材最小可轧厚度，mm；

μ——轧辊与带材间的摩擦系数；

σ_s——带材的屈服极限，MPa；

σ_p——平均张应力，MPa。

(4) 热平衡条件。在高速冷轧机上，轧件由于变形热效应释放的热量很大，导致工作辊温度升高。但因工作辊表面存在工艺冷却与润滑，故当工作辊表面温度升至一定数值时会出现热平衡状态，此时工作辊表面所吸收的热量等于冷润剂从其表面所带走的热量。要使出现热平衡时工作辊温度不致过高（一般不高于 100 ℃），则工作辊直径（直接关系到其表面积大小）就应与轧制速度、变形量和轧件机械性能相适应。

3.2.2.2 辊身长度

对于型材轧机，辊身长度主要取决于孔型配置的数目及辊身强度。辊身长度越大，可布置的孔型数目越多，但降低了轧辊的弯曲强度，并使轧机前后辊道的辊子加长，最终导致设备重量增大。型材轧机辊身长度与轧辊名义直径之比值 K，见表 3-2。

表 3-2 型材轧机辊身长度与其名义直径之比

轧机类型	开坯轧机	型钢粗轧机	型钢精轧机
K	2.0～3.0	1.5～2.5	1.5～2.0

辊身长度是表征板带材轧机轧辊特性的重要参数。板带材轧机轧辊的辊身长度应与所轧板带材的最大宽度相适应。工作辊辊身长度可用下式确定：

$$L=b_{max}+\Delta \tag{3-5}$$

式中 b_{max}——所轧板带的最大宽度，mm；

Δ——随板带宽度而异的余量，mm，见表 3-3。

表 3-3 板带材轧机辊身长度的余量

b_{max}板带的最大宽度/mm	<200	200～1200	1000～2500	>2500
Δ/mm	50	100～200	150～200	200～400

板带材轧机的辊身长度的确定，一般应和轧辊直径一起考虑。其出发点是使轧辊获得最小的弯曲扰度和足够的强度，以获得较理想的板形和横向厚差。四辊轧机的辊身长度与轧辊直径之间及支持辊和工作辊直径的比值关系见表 3-4。

表 3-4 各类四辊轧机 L/D_1、L/D_2 及 D_2/D_1

轧机类型		L/D_1		L/D_2		D_2/D_1		备注
		比值	常用比值	比值	常用比值	比值	常用比值	
厚板轧机		3.0～5.2	3.2～4.5	1.9～2.7	2.0～2.5	1.5～2.2	1.6～2.0	此表是根据辊身长度在1120～5590 mm范围内的165台四辊轧机数据统计而得
宽带材轧机	粗轧机	1.5～3.5	1.7～2.8	1.0～1.8	1.3～1.5	1.2～2.0	1.3～1.5	
	精轧机	2.1～4.0	2.4～2.8	1.0～1.8	1.3～1.5	1.8～2.2	1.9～2.1	
冷轧板带材轧机		2.3～3.0	2.5～2.9	0.8～1.8	0.9～1.4	2.3～3.5	2.5～2.9	

3.2.2.3 辊颈

辊颈直径 d、辊颈长度 l、辊颈与辊身过度圆弧半径 r 与轧辊轴承形式及工作载荷有关，并应综合考虑轧辊辊颈的强度和轧辊轴承的寿命。由于受轧辊轴承径向尺寸的限制，辊颈直径比辊身直径小得多。辊颈与辊身交界处，往往是轧辊强度薄弱处，所以只要条件允许，辊颈直径应选大些。

3.2.2.4 辊头

辊头尺寸根据连接轴的形式确定。如万向接轴的辊头呈扁头形状，如图 3-1b 所示。

3.2.3 轧辊的材质选择

为保证轧辊所需的机械性能及轧材表面加工质量和轧辊的耐磨性能，均需要通过选择一定的轧辊材质和随后的热处理工艺来实现。毫无疑问，正确选择轧辊的材质具有十分重要的意义。

对于一种轧辊材质，同时满足高强度、高硬度、强韧性、耐冲击、耐磨损和抗热龟裂等多方面的要求是很困难的，因此出现了多种不同的轧辊材质。

轧辊按其材质不同可分为铸铁轧辊（含碳量 2%以上），半钢轧辊（含碳量 1.5%以上），钢轧辊（含碳量 0.8%以上）三种类型。

铸铁轧辊有普通铸铁、合金铸铁和球墨铸铁之分；按硬度不同又有半冷硬铸铁、冷硬铸铁和无限冷硬铸铁之分。铸铁轧辊突出的优点是硬度高、耐磨性好、表面光滑、制造方法简便、成本低。其缺点是质脆、强度低、耐冲击性能差。半冷硬轧辊表层无明显白口层，HS≥50；冷硬轧辊表层有明显的白口层，中间麻口层，心部灰口层，HS≥60；无限冷硬轧辊表层有明显的白口层，中间麻口层少 HS ≥65。

钢轧辊有铸钢和锻钢之分。钢轧辊的优点是强度高、韧性好、咬入能力强。其缺点是硬度一般较铸铁轧辊低。为提高其硬度需在钢中加入较多的合金元素，如冷轧工作辊多采用 9Cr、9CrV、9Cr2W、9Cr2Mo、8CrMnV、9CrV 等锻钢轧辊，HS＝90～100；冷轧支持辊多采用 9Cr2、9Cr2Mo、8Mn2MoV、9CrV、40Mn2MoB、60CrMnMo、45CrNiW 等锻钢轧辊，HS＝50～65；热轧支持辊采用 60CrMo、60CrMnMo、60SiMnMo 等锻钢轧辊，HS＝40～50。近年来，轧辊辊面硬度高达 100HS 的高速钢、半高速钢轧辊得到广泛应用。

半钢轧辊是近年来出现的新型轧辊材质。其含碳量介于铸钢与铸铁之间，杂质含量低，具有过共析钢组织。由于其含碳量远高于铸钢，因而铸态脆且易生成碳化物偏析和内部缺陷，但经过锻造和热处理后，可得到均匀分散析出的极细高硬度碳化物。因此，它兼有铸钢强度、强韧性、耐热龟裂性及铸铁耐磨性等综合性能，适于带钢热连轧四辊轧机工作辊，其应用日趋广泛。

此外，近年来出现采用镶辊套的复合式锻钢轧辊。如热轧支持辊辊套采用 8CrMoV 或 8Mn2MoV 制作，心轴用 37SiMn2MoV 等材料制作；冷轧支持辊辊套采用 9Cr、9Cr2、9CrV、9Cr2W 等制作，心轴用 55CrMn、55Cr、35CrNiW 等材料制作。

各类轧辊硬度沿辊面深度分布的曲线如图 3-2 所示。

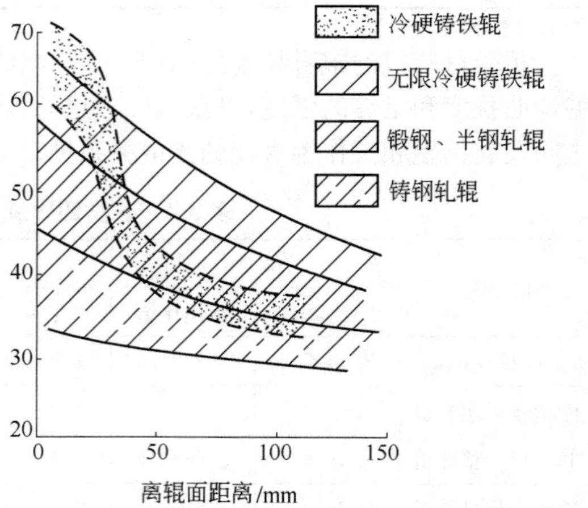

图 3-2　各类轧辊硬度曲线

3.3　轧辊的强度计算

轧制生产中，轧辊除正常磨损消耗外，可能出现因使用不当导致断辊等破坏性事故。因而轧制工艺设计人员在制定工艺规程时，必须对轧辊强度进行验算以判定工艺规程设计的合理性。保证轧辊的强度条件是轧制生产能否顺利进行的先决条件，是轧制工艺设计人员进行完整工艺设计中不可缺少的重要环节之一。

3.3.1　型材轧机轧辊强度校核

型材及棒线材轧机的轧辊，沿辊身长度方向布置许多轧槽。因轧件宽度远远小于辊身长度，为简化计算，可将轧制压力简化为集中载荷。型材轧辊的受力分析及内力如图 3-3 所示。

由受力图结合力及力矩平衡方程 $\boldsymbol{R}_1+\boldsymbol{R}_2=\boldsymbol{P}$；$\boldsymbol{P}X-\boldsymbol{R}_2a=0$ 可得：

$$\boldsymbol{R}_1=\frac{a-x}{a}\boldsymbol{P};\boldsymbol{R}_2=\frac{x}{a}\boldsymbol{P} \tag{3-6}$$

式中 $\boldsymbol{R}_1$,$\boldsymbol{R}_2$——轧辊轴承座上的支反力,N;

a——两根压下螺丝的中心距,mm;

x——支反力到轧制力作用线的距离,mm。

据此可得到轧辊的弯矩图,按照轧制扭矩作用可得到轧辊的扭矩如图 3-3 所示。从轧辊的弯矩、扭矩的大小可知轧辊的危险截面。

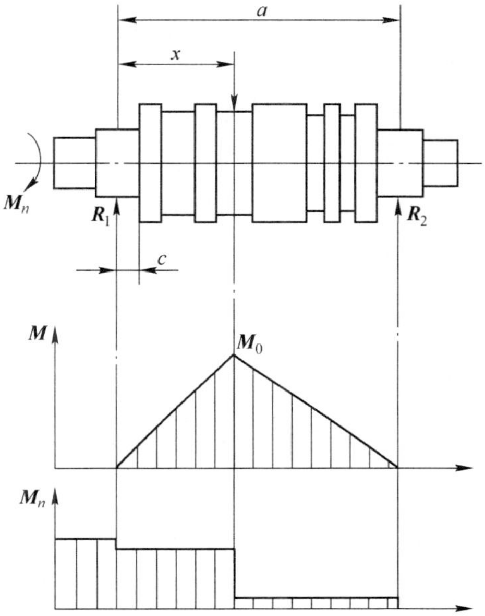

图 3-3 型材轧辊的受力及内力图

3.3.1.1 辊身强度校核

辊身受弯矩和扭矩的共同作用,但其扭转应力数值较弯曲应力为小,故只计算辊身的弯曲应力。

辊身所受最大弯矩即为轧制力作用截面的弯矩:

$$\boldsymbol{M}_D=\frac{(a-x)x}{a}\boldsymbol{P} \tag{3-7}$$

辊身危险截面的弯曲应力 $\boldsymbol{\sigma}_D$:

$$\boldsymbol{\sigma}_D=\frac{\boldsymbol{M}_D}{\boldsymbol{W}_D}=\frac{\boldsymbol{M}_D}{0.1D^3}\leqslant[\sigma] \tag{3-8}$$

式中 $\boldsymbol{M}_D$——轧制力作用截面的弯矩,N·mm;

D——轧制力作用截面辊身最小工作直径,mm。

3.3.1.2 辊颈强度校核

辊颈上受弯扭组合变形,危险点在传动侧辊颈、辊身交界处。

辊径与辊身相接处的弯矩最大,其值为:

$$\boldsymbol{M}_d=\boldsymbol{R}c \tag{3-9}$$

$$\boldsymbol{\sigma}_d=\frac{\boldsymbol{M}_d}{\boldsymbol{W}_d}=\frac{\boldsymbol{R}c}{0.1d^3} \tag{3-10}$$

式中　W_d——辊径与辊身相接处截面抗弯截面系数，mm^3；

d——辊颈直径，mm；

$\boldsymbol{R}$——支反力，N，由于作用在轧辊上的轧制力不对称，故轧辊两端的支反力大小不同，计算时应取数值较大者；

c——支反力（压下螺丝中心）至辊身边缘的距离，mm，近似取为辊颈长度 l 的一半。

辊颈上的扭转应力：

$$\boldsymbol{\tau}_d=\frac{\boldsymbol{M}_n}{W_{nd}}=\frac{\boldsymbol{M}_n}{0.2d^3} \tag{3-11}$$

式中　$\boldsymbol{M}_n$——作用在弯曲应力计算侧的辊颈与辊身交界处之辊颈扭矩，N·mm；

W_{nd}——辊颈抗扭截面系数，mm^3。

辊颈强度按弯矩合成应力考虑。因轧辊材质不同，故采用不同的计算公式：

（1）采用钢轧辊，按第四强度理论：

$$\boldsymbol{\sigma}_p=\sqrt{\boldsymbol{\sigma}_d^2+3\boldsymbol{\tau}_d^2}\leqslant[\sigma] \tag{3-12}$$

（2）采用铸铁轧辊时，按莫尔理论：

$$\boldsymbol{\sigma}_p=0.375\sigma_d+0.625\sqrt{\boldsymbol{\sigma}_d^2+4\boldsymbol{\tau}_d^2}\leqslant[\sigma] \tag{3-13}$$

3.3.1.3　辊头强度校核

辊头的危险截面在传动侧，辊头上的扭转应力：

$$\boldsymbol{\tau}_{d1}=\frac{\boldsymbol{M}_n}{W_n}\leqslant[\tau]=(0.5-0.6)[\sigma] \tag{3-14}$$

式中　$\boldsymbol{\tau}_{d1}$——辊头扭转应力，MPa；

$\boldsymbol{M}_n$——传动该轧辊最大扭矩，N·mm；

W_n——辊头抗扭截面系数，mm^3，其值取决于辊头的结构形式，如图 3-4 所示；

$[\tau]$——轧辊许用剪应力，MPa。

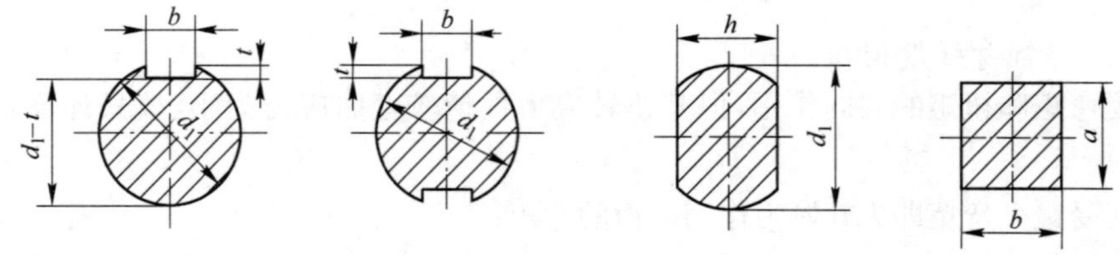

图 3-4　轧机轧辊辊头形式

（1）带单键槽的辊头：

$$W_n=0.19d_1^3 \tag{3-15}$$

（2）带双键槽的辊头：

$$W_n=0.18d_1^3 \tag{3-16}$$

（3）对于平台式辊头：

$$W_n=\left(0.325\frac{h}{d_1}-0.125\right)d_1^3 \tag{3-17}$$

（4）矩形断面的辊头：

$$W_n=\eta b^3 \tag{3-18}$$

式中　h——扁头厚度，mm；

d_1——扁头直径，mm；

η——矩形断面长短边的影响系数，其值见表 3-5。

表 3-5 η 值

a/b	1.0	1.5	2.0	2.5	3.0	4.0	6.0
η	0.208	0.346	0.493	0.645	0.801	1.150	1.789

3.3.2 二辊板带轧机的轧辊强度校核

二辊板带轧机轧辊受力分析及内力图如图 3-5 所示。为简化计算，设轧件位于辊身中央，轧制力沿辊身长度均匀分布，轧辊支反力左右相等，作用在压下螺丝中心线位置上。

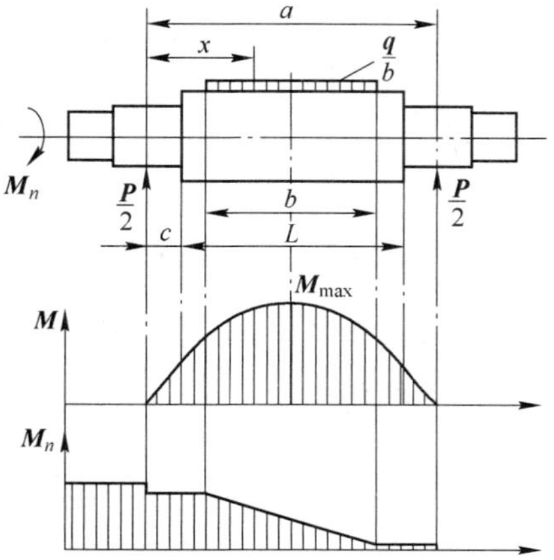

图 3-5 二辊板带轧机受力分析及内力图

根据轧辊受力可列出各段的弯矩方程：

当 $0<x<\dfrac{a-b}{2}$ 时，$\boldsymbol{M}=\dfrac{1}{2}\boldsymbol{P}x$；

当 $\dfrac{a-b}{2}<x\leqslant\dfrac{a}{2}$ 时，$\boldsymbol{M}=\dfrac{1}{2}\boldsymbol{P}x-\dfrac{1}{2}\boldsymbol{q}\left(x-\dfrac{a-b}{2}\right)^2$

式中 $\boldsymbol{P}$——轧制压力，N；

b——轧件宽度，mm；

$\boldsymbol{q}$——单位轧件长度轧制压力，N/mm。

由弯矩方程可得到轧辊的弯矩图；按照轧制扭矩作用可得到轧辊的扭矩图。从轧辊的弯矩及扭矩分布图可知，辊身中部截面的弯矩最大，故辊身只须计算辊身中部的弯曲强度；对辊颈则需计算弯曲和扭转强度；对传动端辊头应计算其扭转强度。

(1) 辊身强度校核。辊身中部最大弯矩：

$$\boldsymbol{M}_{\max}=\left(\frac{a}{4}-\frac{b}{8}\right)\boldsymbol{P} \tag{3-19}$$

辊身最大弯曲应力：

$$\boldsymbol{\sigma}_D=\frac{\boldsymbol{M}_{\max}}{W_D}=\frac{(a/4-b/8)\boldsymbol{P}}{0.1D^3}\leqslant[\sigma] \tag{3-20}$$

(2) 辊颈强度校核。辊颈上最大弯矩：

$$\boldsymbol{M}_d=\frac{\boldsymbol{P}c}{2}=\frac{(a-L)}{4}\boldsymbol{P} \tag{3-21}$$

辊颈最大弯曲应力：

$$\boldsymbol{\sigma}_d=\frac{\boldsymbol{M}_d}{W_d}=\frac{\boldsymbol{P}c}{0.2d^3}=\frac{(a-L)\boldsymbol{P}}{0.4d^3} \tag{3-22}$$

再按型材轧辊辊颈扭转应力及其合成应力计算公式校核辊颈强度。

(3) 辊头强度校核同型材轧辊辊头强度校核方法。

3.3.3 四辊板带轧机的轧辊强度校核

四辊板带轧机轧辊强度校核项目见表 3-6。

表 3-6　四辊板带轧机轧辊强度校核项目

驱动方式＼计算部位	工作辊			支持辊		
	辊　身	辊　颈	辊　头	辊　身	辊　颈	辊　头
工作辊驱动	弯曲应力	略	扭转应力	弯曲应力	弯曲应力	—
支持辊驱动	弯曲应力(合成)	略	—	弯曲应力	弯扭合成应力	扭转应力

3.3.3.1　工作辊驱动四辊板带轧机轧辊强度校核

工作辊驱动四辊板带轧机轧辊受力图及内力图如图 3-6。

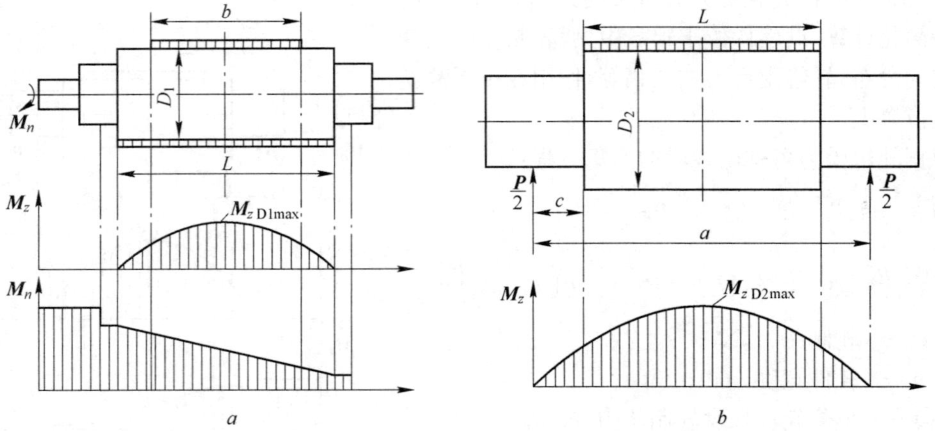

图 3-6　工作辊驱动四辊板带轧机轧辊受力图及内力图

a—工作辊；*b*—支持辊

A　工作辊强度校核

工作辊辊身垂直面最大弯矩 $\boldsymbol{M}_{zD1\max}$

$$\boldsymbol{M}_{zD1\max}=(L-b)\boldsymbol{P}/8 \tag{3-23}$$

工作辊辊身最大弯曲应力 $\boldsymbol{\sigma}_{1\max}$：

$$\boldsymbol{\sigma}_{1\max}=\frac{\boldsymbol{M}_{zD1\max}}{W_1}=\frac{(L-b)\boldsymbol{P}}{0.8D_1^3}\leqslant[\sigma] \tag{3-24}$$

工作辊辊头强度校核也与型材轧辊辊头强度校核方法相同。

B　支持辊强度校核

支持辊辊身最大弯矩：

$$\boldsymbol{M}_{zD2\max}=(2a-L)\boldsymbol{P}/8 \tag{3-25}$$

支持辊辊身最大弯曲应力：

$$\boldsymbol{\sigma}_{2\max}=\frac{\boldsymbol{M}_{zD2\max}}{W_2}=\frac{(2a-L)\boldsymbol{P}}{0.8D_2^3}\leqslant[\sigma] \tag{3-26}$$

式中　W_1，W_2——工作辊、支持辊辊身中央截面抗弯截面系数，mm^3。

因支持辊不承受扭矩作用，只需计算其弯曲强度，同二辊板带轧机计算方法相同。

3.3.3.2　支持辊驱动四辊板带轧机轧辊强度校核

支持辊驱动四辊板带轧机轧辊受力图及内力图见图 3-7。

(1) 工作辊强度校核。工作辊辊身最大垂直弯矩 $\boldsymbol{M}_{zD1\max}$ 按式(3-23)计算。

工作辊承受支持辊沿辊身全长加于其上的水平摩擦力：

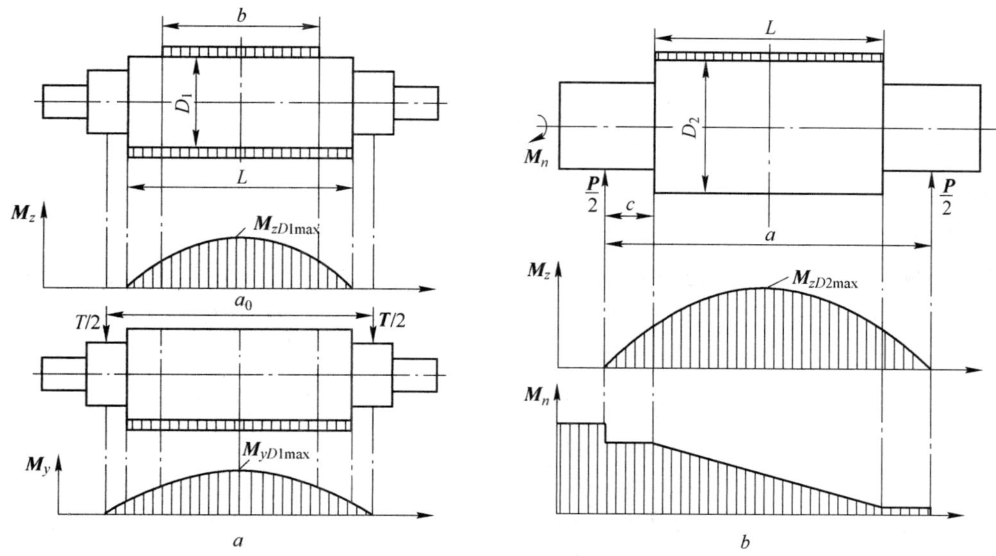

图 3-7 工作辊、支持辊受力图及内力图

a—工作辊；*b*—支持辊

$$\boldsymbol{T}=\frac{2\boldsymbol{M}_n}{D_2} \tag{3-27}$$

工作辊辊身最大水平弯矩：

$$\boldsymbol{M}_{yD1\max}=(2a_0-L)\boldsymbol{T}/8 \tag{3-28}$$

工作辊辊身最大水平弯矩：

$$\boldsymbol{M}_p=\sqrt{\boldsymbol{M}^2_{zD1\max}+\boldsymbol{M}^2_{yD1\max}}$$

工作辊辊身中央之合成弯曲应力：

$$\boldsymbol{\sigma}_{1p}=\frac{\boldsymbol{M}_p}{W_1}\leqslant[\sigma] \tag{3-29}$$

(2) 支持辊强度校核。支持辊辊身强度校核按式(3-26)计算；因支持辊承受扭矩作用，还需计算其辊颈弯扭合成应力及传动辊头的扭转应力，其计算方法同二辊板带轧机相同。

3.3.3.3 四辊轧机轧辊接触应力计算

四辊轧机工作辊与支持辊接触面及工作辊与轧件接触面，在轧制力作用下均将产生很大的接触应力。但由于辊间接触面积远远小于工作辊与轧件间的接触面积，故两辊间产生巨大的交变接触应力，从而易于导致辊面产生剥落。

A 半径方向的法向正应力

半径方向产生的法向正应力在接触表面的中部最大，其值可按赫兹公式计算：

$$\boldsymbol{\sigma}_{j\max}=\sqrt{\frac{\boldsymbol{q}(r_1+r_2)}{\pi^2(K_1+K_2)r_1r_2}} \tag{3-30}$$

式中 $\boldsymbol{q}$——加在接触面表面单位长度上的负荷，N · mm；

r_1，r_2——工作辊与支持辊的半径，mm；

μ_1、μ_2——工作辊、支持辊材料的泊松比；

K_1，K_2——与轧辊材质有关的系数，$K_1=\frac{1-\mu_1^2}{\pi E_1}$，$K_2=\frac{1-\mu_2^2}{\pi E_2}$；

E_1, E_2——工作辊、支持辊轧辊材料的弹性模量，MPa。

若两辊材质相同并取 $\mu=0.3$ 时，则式(3-30)可写成：

$$\boldsymbol{\sigma}_{j\max}=0.418\sqrt{\frac{qE(r_1+r_2)}{r_1 r_2}} \tag{3-31}$$

此应力虽很大，但对轧辊不致产生很大的危害。因为在接触区中材料近似三向压缩状态，能承受较大的压应力。

B　在接触区切应力 $\boldsymbol{\tau}$

计算表明，切应力在离接触表面深度 $z=0.39b$ 时达到最大应力值(b 为工作辊与支持辊的接触压扁宽度)。为保证轧辊表面不产生疲劳破坏，$\boldsymbol{\tau}_{yz\max}$ 值应小于许用剪应力值。

$$\boldsymbol{\tau}_{yz\max}=0.304\sigma_{j\max}\leqslant[\tau] \tag{3-32}$$

研究表明，造成辊面剥落的主要原因是切应力 $\boldsymbol{\tau}_{xy}$。以深度 $z=0.25b$，$x=\pm0.425b$ 处为对称的交变切应力 $\boldsymbol{\tau}_{xy\max}$ 值应小于许用剪应力值：

$$\boldsymbol{\tau}_{xy\max}=0.256\boldsymbol{\sigma}_{\max}\leqslant[\tau] \tag{3-33}$$

正应力和剪应力的许用值与轧辊的表面硬度有关。按照支持辊表面硬度列出许用值(见表3-7)，正应力 $\boldsymbol{\sigma}$ 与切应力 $\boldsymbol{\tau}$ 在接触区的分布如图 3-8 所示。

表 3-7　许用接触应力值

支持辊表面硬度 HS	许用正应力[σ]/MPa	许用剪应力[τ]/MPa
30	1600	490
40	2000	610
60	2200	670
85	2400	730

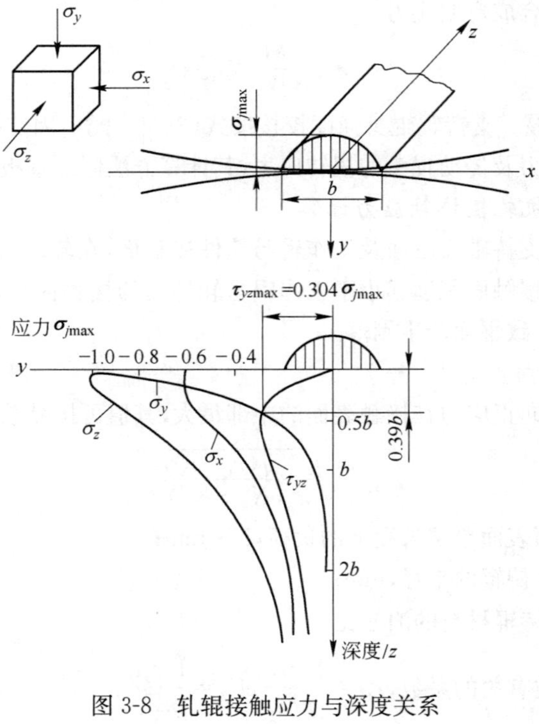

图 3-8　轧辊接触应力与深度关系

实际生产中可能出现高速运转的轧辊或其传动构件突然断裂现象。研究表明，这是因为轧件咬入时的冲击负荷使整个传动系统发生扭振造成的，此时产生的应力负荷是平时平均应力负荷的几倍。扭振现象会引起零件的疲劳破坏，并将随着轧制速度、电机功率的加大及多电枢电机传动的发展应用日趋严重。

3.3.4 轧辊的断裂形式与安全系数

3.3.4.1 轧辊断裂形式

轧辊断裂的原因有两种：一种属于轧辊材质或轧辊制作质量的原因；另一种是轧制工艺设计和轧辊使用不当的原因。表 3-8 为几种典型的轧辊断裂形式及造成断裂的原因。

表 3-8 几种典型轧辊断裂形式及造成断裂的原因

断裂形式	原因分析
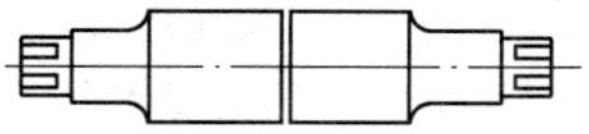	钢板轧辊辊身中间部位断裂，断口较平直为轧制压力过高、轧辊急冷等原因。如断口有一圈氧化痕迹，则为环状裂纹发展造成
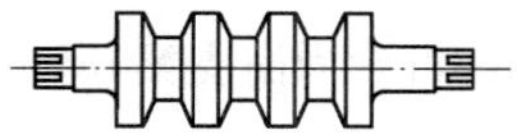	带孔型轧辊在槽底部位断裂，常发生在旧辊使用后期。如新辊出现断裂应检查轧制压力、钢温、压下量等工艺因素及轧辊材质
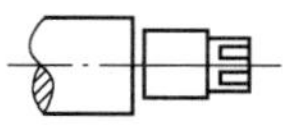	辊颈根部断裂，常发生在加工轧辊时根部圆角半径 r 过小，造成应力集中，应加大圆角半径；轴承温度过高也可能出现辊颈断裂
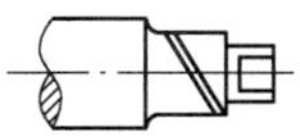	辊颈扭断，断口呈 45°，当扭矩过大时传动端可能出现
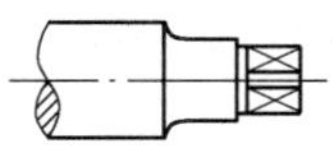	辊头扭断，常从辊头根部断裂 当冷轧薄带钢时，轧辊压靠力过大，此时扭矩可大于轧制力矩，启动轧机可能断辊头

3.3.4.2 轧辊安全系数

上述轧辊强度计算均以静负荷计算。应当指出，轧辊只满足静强度是不够的，这是因为很多因素都将影响着轧辊的实际强度。为了保证轧辊安全运转，以充分发挥轧机的生产能力，对于影响轧辊实际强度的其他因素，比如轧辊材质的不均匀性；轧制时冲击负荷、温度应力的作用以及轧辊的疲劳等因素的影响，通常都纳入安全系数中去考虑。故在上述轧辊的静强度计算中选用轧辊的安全系数取 n 等于 5。由此可得到轧辊许用应力：

$$[\sigma]=\frac{\sigma_b}{n} \tag{3-34}$$

式中 σ_b——轧辊抗拉强度，MPa。

当计算所得轧辊的静应力小于许用应力时，即认为轧辊是安全的。表 3-9 列出了各种材质的轧辊许用应力值。

表 3-9　轧辊材料的许用应力

轧辊材质	极限强度 σ_b/MPa	许用正应力[σ]/MPa
合金锻钢	700～1200	140～240
碳素锻钢	600～700	120～140
球墨铸铁	500～600	100～120
合金铸铁	400～450	80～90
铸　铁	350～400	70～80

3.4　轧辊的挠度计算

轧辊在轧制压力作用下会产生弹性变形。轧辊的弹性变形对轧件的形状、尺寸有着直接影响。对于板材轧制，一般来说承载辊缝的形状决定了轧件的断面形状。某些扰动因素如轧制压力波动对产品尺寸精度的影响是通过轧辊的弹性变形—弹性压扁和弯曲变形体现出来的；一些控制板型的手段如液压弯辊也是通过控制轧辊变形得以实现的。所以充分研究轧辊的变形，以确定合适的辊型，对于保证产品的尺寸精度和板形是非常重要的。而轧辊挠度的计算是设计辊型的重要依据。

3.4.1　二辊板带轧机轧辊挠度的计算

设轧辊在轧制力作用下某一截面的挠度值为 $\boldsymbol{f}$。由于轧辊为短粗梁，可设为简支梁，所以此挠度值由两部分组成，即：

$$\boldsymbol{f}=\boldsymbol{f}_1+\boldsymbol{f}_2 \tag{3-35}$$

式中　$\boldsymbol{f}_1$——由弯矩引起的挠度值，mm；

$\boldsymbol{f}_2$——由剪力引起的挠度值，mm。

按卡式定理求得：

$$\boldsymbol{f}_1=\frac{\partial E_{p1}}{\partial R}=\frac{1}{EI}\int \boldsymbol{M}_x\frac{\partial \boldsymbol{M}_x}{\partial \boldsymbol{R}}\mathrm{d}x \tag{3-36}$$

$$\boldsymbol{f}_2=\frac{\partial E_{p2}}{\partial R}=\frac{K}{GA}\int \boldsymbol{F}_{qx}\frac{\partial \boldsymbol{F}_{qx}}{\partial \boldsymbol{R}}\mathrm{d}x \tag{3-37}$$

式中　E_{p1}，E_{p2}——轧辊任意截面弯曲力矩作用的变形能和剪切力作用的变形能，N·mm，

$$E_{p1}=\int\frac{\boldsymbol{M}_x^2}{2EI}\mathrm{d}x,E_{p2}=\int\frac{\boldsymbol{F}_{qx}^2}{2GA}\mathrm{d}x;$$

$\boldsymbol{M}_x$——轧辊任意截面上的弯矩，N·mm；

$\boldsymbol{F}_{qx}$——轧辊任意截面上的剪切力，N；

E，G——轧辊弹性模量和剪切弹性模量，MPa；

$\boldsymbol{R}$——在计算挠度位置所作用的外力，N；

I——轧辊断面惯性矩，mm^4；

A——轧辊断面面积，mm^2。

K——剪切力分布不均匀影响系数，对于圆截面 $K=10/9$，对于矩形截面 $K=4/5$。

3.4.1.1　辊身中央断面总弯曲挠度的计算

设轧件位于辊身中部，且轧制力沿轧件宽度均匀分布，总压力为 $\boldsymbol{P}$。此时轧辊辊颈处支反力左右相等各为$\frac{\boldsymbol{P}}{2}$。由于轧辊结构和载荷的对称性，轧辊的变形也是对称的如图 3-9 所示。当确定轧辊中间总挠度量时，$\boldsymbol{R}$ 力可假定为轴承反作用力。轧辊各段断面弯矩为：

当 $0<x<\frac{a-b}{2}$时

$$\boldsymbol{M}_x=\frac{1}{2}\boldsymbol{P}x \tag{3-38}$$

当$\frac{a-b}{2}<x\leqslant\frac{a}{2}$时

$$\boldsymbol{M}_x=\frac{1}{2}\boldsymbol{P}x-\frac{1}{2}\boldsymbol{q}\left(x-\frac{a-b}{2}\right)^2 \tag{3-39}$$

将式(3-38)、式(3-39)偏微分得：

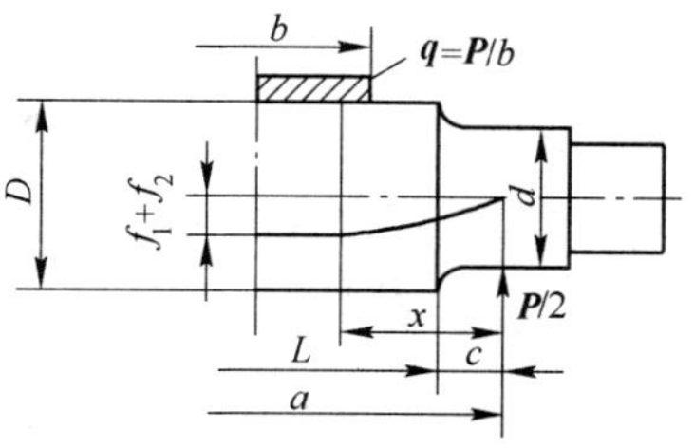

图 3-9 辊身中间挠度计算图

$$\frac{\partial\boldsymbol{M}_x}{\partial\boldsymbol{R}}=\frac{\partial\boldsymbol{M}_x}{\partial(\boldsymbol{P}/2)}=x \tag{3-40}$$

由弯矩引起的挠度值 $\boldsymbol{f}_1$ 为：

$$\begin{aligned}\boldsymbol{f}_1&=\frac{1}{EI_d}\int_0^c\frac{\boldsymbol{P}x^2}{2}\mathrm{d}x+\frac{1}{EI_D}\int_c^{\frac{a-b}{2}}\frac{\boldsymbol{P}x^2}{2}\mathrm{d}x+\frac{1}{EI_D}\int_{\frac{a-b}{2}}^{\frac{a}{2}}\left[\frac{\boldsymbol{P}x}{2}-\frac{\boldsymbol{q}}{2}\left(x-\frac{a-b}{2}\right)^2\right]x\mathrm{d}x\\&=\frac{\boldsymbol{P}}{384EI_1}\left[8a^3-4ab^2+b^3+64c^3\left(\frac{I_D}{I_d}-1\right)\right]\\&=\frac{\boldsymbol{P}}{18.8ED^4}\left\{8a^3-4ab^2+b^3+64c^3\left[\left(\frac{D}{d}\right)^4-1\right]\right\}\end{aligned} \tag{3-41}$$

式中 I_D, I_d——辊身断面和辊颈断面惯性矩，mm^4；

D, d——辊身与辊颈的直径，mm。

轧辊各段断面剪切力为：

当 $0<x<\frac{a-b}{2}$时，$\boldsymbol{M}_x=\frac{1}{2}\boldsymbol{P}x$

$$\boldsymbol{F}_{qx}=\frac{\mathrm{d}M_x}{\mathrm{d}x}=\frac{\boldsymbol{P}}{2} \tag{3-42}$$

当$\frac{a-b}{2}<x\leqslant\frac{a}{2}$时，$\boldsymbol{M}_x=\frac{1}{2}\boldsymbol{P}x-\frac{1}{2}\boldsymbol{q}\left(x-\frac{a-b}{2}\right)^2$

$$\boldsymbol{F}_{qx}=\frac{1}{2}\boldsymbol{p}-\boldsymbol{q}\left(x-\frac{a-b}{2}\right) \tag{3-43}$$

将式(3-42)、式(3-43)偏微分得：

$$\frac{\partial\boldsymbol{F}_{qx}}{\partial\boldsymbol{R}}=\frac{\partial\boldsymbol{F}_{qx}}{\partial(\boldsymbol{P}/2)}=1 \tag{3-44}$$

由剪力引起的挠度值 $\boldsymbol{f}_2$：

$$\begin{aligned}\boldsymbol{f}_2&=\frac{K}{GA_2}\int_0^c\frac{\boldsymbol{P}}{2}\mathrm{d}x+\frac{K}{GA_1}\int_c^{\frac{a-b}{2}}\frac{\boldsymbol{P}}{2}\mathrm{d}x+\frac{K}{GA_2}\int_{\frac{a-b}{2}}^{\frac{a}{2}}\left[\frac{\boldsymbol{P}}{2}-\boldsymbol{q}\left(x-\frac{a-b}{2}\right)\right]\mathrm{d}x\\&=\frac{K\boldsymbol{P}}{4GA_1}\left[a-\frac{b}{2}+2c\left(\frac{A_1}{A_2}-1\right)\right]\\&=\frac{10\boldsymbol{P}}{9\pi GD^2}\left[a-\frac{b}{2}+2c\left(\frac{D^2}{d^2}-1\right)\right]\end{aligned} \tag{3-45}$$

式中 A_1, A_2—— 轧辊辊身断面面积和辊颈断面面积，mm^2。

辊身中央断面总弯曲挠度 $\boldsymbol{f}$：

$$\boldsymbol{f}=\frac{\boldsymbol{P}}{18.8ED^4}\left\{8a^3-4ab^2+b^3+64c^3\left[\left(\frac{D}{d}\right)^4-1\right]\right\}+\frac{10\boldsymbol{P}}{9\pi GD^2}\left[a-\frac{b}{2}+2c\left(\frac{D^2}{d^2}-1\right)\right]$$

3.4.1.2 辊身中央与板边缘挠度差值的计算

辊身中间与板边挠度差值计算如图 3-10 所示。图中的 $\boldsymbol{R}$ 力可理解为假想力，此力位于钢板边缘，并作用在轧辊上。在辊身中间位置与力 $\boldsymbol{R}$ 间各段上的弯矩及对 $\boldsymbol{R}$ 之偏微分为：

$$\boldsymbol{M}_x=\frac{\boldsymbol{P}}{2}\left(x+\frac{a-b}{2}\right)+\boldsymbol{R}x-\frac{\boldsymbol{P}}{b}\times\frac{x^2}{2},\frac{\partial\boldsymbol{M}_x}{\partial\boldsymbol{R}}=x。$$

将上式带入式(3-36)，并设 $\boldsymbol{R}=0$，则由弯矩引起的挠度值 f_1' 为：

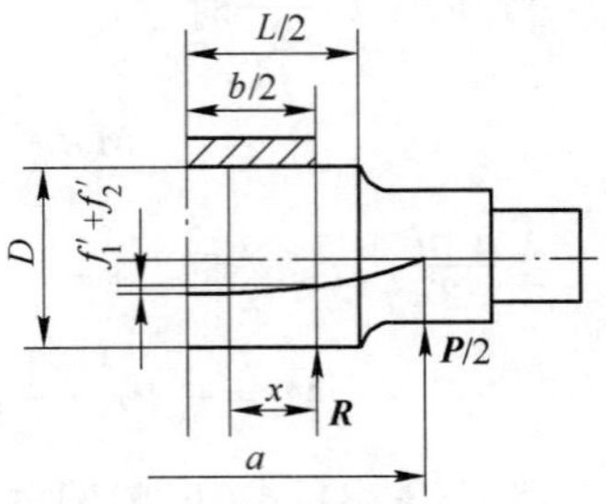

图 3-10 辊身中间与板边挠度差值计算

$$\begin{aligned}f'_1&=\frac{1}{EI_D}\int_0^{\frac{b}{2}}\left[\frac{\boldsymbol{P}}{2}\left(x+\frac{a-b}{2}\right)-\frac{\boldsymbol{p}}{2b}x^2\right]x\mathrm{d}x\\&=\frac{\boldsymbol{P}}{384EI_D}(12ab^2-7b^3)\\&=\frac{\boldsymbol{P}}{18.8ED^4}(12ab^2-7b^3)\end{aligned}\tag{3-46}$$

因为 $\boldsymbol{F}_{qx}=\frac{\mathrm{d}\boldsymbol{M}_x}{\mathrm{d}x}=\frac{\boldsymbol{P}}{2}+\boldsymbol{R}x-\frac{\boldsymbol{P}}{b}x,\frac{\partial\boldsymbol{F}_{qx}}{\partial\boldsymbol{R}}=1$，并设假想力 $\boldsymbol{R}=0$。

则由剪切力引起的挠度值 f_2' 为：

$$f'_2=\frac{KP}{GA_1}\int_0^{\frac{a}{2}}\left(\frac{\boldsymbol{P}}{2}-\frac{\boldsymbol{P}}{b}x\right)=\frac{K\boldsymbol{P}b}{8GA_1}=\frac{5\boldsymbol{P}b}{9\pi GD^2}\tag{3-47}$$

辊身中央与板边缘挠度差值 f'：

$$f'=f'_1+f'_2=\frac{\boldsymbol{P}}{18.8ED^4}(12ab^2-7b^3)+\frac{5\boldsymbol{p}b}{9\pi GD^2}\tag{3-48}$$

3.4.1.3 辊身中央与辊身边缘挠度差值的计算

计算辊身中央与辊身边缘挠度差值，可提供确定辊型凸度根据。计算方法与前相同，只需将假想力 $\boldsymbol{R}$ 作用在辊身边缘上，由弯矩引起的挠度值 f_1'' 为：

$$f_1''=\frac{\boldsymbol{p}}{18.8ED^4}(12aL^2-4L^3-4b^2L+b^3)\tag{3-49}$$

由剪切力引起的挠度值 f_2'' 为：

$$f_2''=\frac{10\boldsymbol{p}}{9\pi GD^2}\left(L-\frac{b}{2}\right)\tag{3-50}$$

辊身中央与辊身边缘挠度差值 f''：

$$f''=\frac{\boldsymbol{p}}{18.8ED^4}(12aL^2-4L^3-4b^2L+b^3)+\frac{10\boldsymbol{p}}{9\pi GD^2}\left(L-\frac{b}{2}\right)\tag{3-51}$$

3.4.2 四辊板带轧机轧辊挠度的计算

实践证明，四辊板带轧机工作辊的实际挠度比支承辊的挠度大得多。这不仅是因为位于板宽之外的那一部分工作辊受到支承辊的悬臂弯曲作用，而且还因为工作辊与支承辊间弹性压扁的不均匀性大大增加了工作辊的挠度。因此，对四辊轧机而言，轧辊的挠度计算比两辊轧机要复杂得多。

据文献介绍，工作辊与支承辊间的压力沿辊身长度按二次曲线分布如图 3-11 所示。设 $\boldsymbol{q}_x=\boldsymbol{q}_0-\Delta\boldsymbol{q}\left(\frac{2x}{L}\right)^2$；

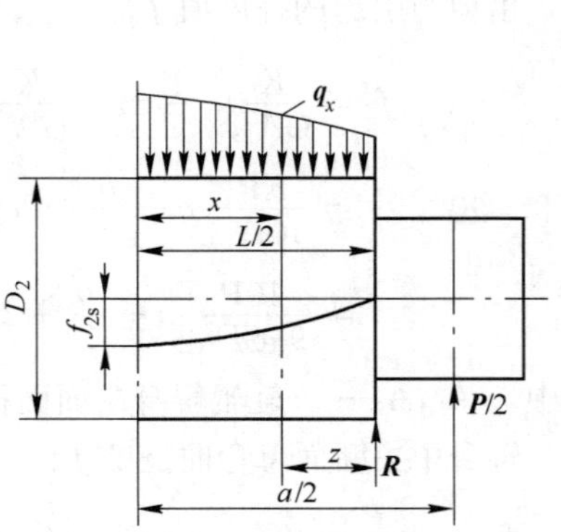

图 3-11 确定 f_{2s} 时所用的计算图

轧辊间压力总和应等于轧制压力，即：$\boldsymbol{P}=2\int_0^{\frac{L}{2}}\boldsymbol{q}_x\mathrm{d}x$。引入辊间平均单位压力$\bar{\boldsymbol{q}}$，$\bar{\boldsymbol{q}}=\boldsymbol{P}/L$。由此可得出：

$$\boldsymbol{q}_0=\bar{\boldsymbol{q}}+\frac{1}{3}\Delta\boldsymbol{q} \tag{3-52}$$

式中　$\boldsymbol{q}_0$——轧辊中部单位辊身长度上的压力，N/mm；

$\Delta\boldsymbol{q}$——轧辊中部和边部压力之差值，这是有两个未知数的不定式，其确定方法将在3.4.2.3中介绍。

3.4.2.1　支持辊的挠曲变形

如图3-11所示，图中的$\boldsymbol{R}$力可理解为假想力，此力位于钢板边缘，并作用在轧辊上。在载荷$\boldsymbol{q}_x$和轴承支反力$\boldsymbol{P}/2$及假想力$\boldsymbol{R}$作用下，支持辊辊身中点相对辊身边缘的挠度$\boldsymbol{f}_{2s}$可按下式计算：

$$\boldsymbol{f}_{2s}=\frac{1}{E_2I_2}\int_0^{\frac{L}{2}}\boldsymbol{M}_{2z}\frac{\partial\boldsymbol{M}_{2z}}{\partial\boldsymbol{R}}\mathrm{d}z+\frac{K}{G_2A_2}\int_0^{\frac{L}{2}}\boldsymbol{F}_{q2z}\frac{\partial\boldsymbol{F}_{q2z}}{\partial\boldsymbol{R}} \tag{3-53}$$

式中　E_2，G_2——支持辊的弹性模量和剪切弹性模量，MPa；

I_2——支持辊辊身断面惯性矩，mm^4；

A_2——支持辊辊身断面面积，mm^2。

在辊身中间位置与力$\boldsymbol{R}$间各断面上的弯矩方程：

$$\boldsymbol{M}_{2z}=\frac{\boldsymbol{P}}{2}\left(z+\frac{a-L}{2}\right)+\boldsymbol{R}z-\int_0^z\boldsymbol{q}_xz\mathrm{d}z=\frac{\boldsymbol{P}}{2}\left(z+\frac{a-L}{2}\right)+\boldsymbol{R}z-\int_0^z\left(\boldsymbol{q}_0-\Delta\boldsymbol{q}\left(1-\frac{2z}{L}\right)^2\right)z\mathrm{d}z$$

$$\boldsymbol{M}_{2z}=\frac{\boldsymbol{P}}{2}\left(z+\frac{a-L}{2}\right)+\boldsymbol{R}z-\frac{1}{2}(\boldsymbol{q}_0-\Delta\boldsymbol{q})z^2-\frac{4}{3}\times\frac{\Delta\boldsymbol{q}}{L}z^3+\frac{\Delta\boldsymbol{q}}{L^2}z^4$$

外力作用下的剪切力方程：

$$\boldsymbol{F}_{q2z}=\frac{\mathrm{d}\boldsymbol{M}_z}{\mathrm{d}z}=\frac{\boldsymbol{p}}{2}+\boldsymbol{R}-(\boldsymbol{q}_0-\Delta\boldsymbol{q})z-\frac{4\Delta\boldsymbol{q}}{L}z^2+\frac{4\Delta\boldsymbol{q}}{L^2}z^3$$

$$\frac{\partial\boldsymbol{M}_{2z}}{\partial\boldsymbol{R}}=z；\frac{\partial\boldsymbol{F}_{q2z}}{\partial\boldsymbol{R}}=1$$

将上述弯矩及剪切力的计算公式代入式(3-53)，并设假想力$\boldsymbol{R}=0$，积分整理后得：

$$\begin{aligned}\boldsymbol{f}_{2s}&=\frac{2}{\pi E_2}\left(\frac{L}{D_2}\right)^4\left[\bar{\boldsymbol{q}}\left(\frac{a}{L}-\frac{7}{12}\right)+\frac{11}{180}\Delta\boldsymbol{q}\right]+\frac{K}{2\pi G_2}\left(\frac{L}{D_2}\right)^2\left(\bar{\boldsymbol{q}}+\frac{\Delta\boldsymbol{q}}{6}\right)\\&=\boldsymbol{B}_2\lambda_2\bar{\boldsymbol{q}}+\frac{11}{180}B_2\Delta\boldsymbol{q}+C_2\bar{\boldsymbol{q}}+\frac{1}{6}C_2\Delta\boldsymbol{q}\\&=(B_2\lambda_2+C_2)\bar{\boldsymbol{q}}+\left(\frac{11}{180}\boldsymbol{B}_2+\frac{1}{6}C_2\right)\Delta\boldsymbol{q}\end{aligned} \tag{3-54}$$

式中　$\boldsymbol{B}_2=\frac{2}{\pi E_2}\left(\frac{L}{D_2}\right)^4$；$C_2=\frac{K}{2\pi G_2}\left(\frac{L}{D_2}\right)^2$；$\lambda_2=\left(\frac{a}{L}-\frac{7}{12}\right)$。

3.4.2.2　工作辊的挠曲变形

如图3-12所示，假设轧制压力沿辊身长度的均匀分布，则工作辊均布载荷$\boldsymbol{q}$和支持辊对其压力$\boldsymbol{q}_x$及假想力$\boldsymbol{R}$作用下，在辊身中间位置与力$\boldsymbol{R}$间各断面上的弯矩方程：

当$0\leqslant z<\frac{L-b}{2}$时，$\boldsymbol{M}_{1z}=\boldsymbol{R}z+\int_0^z\boldsymbol{q}_xz\mathrm{d}z=\boldsymbol{R}z+\int_0^z\left(\boldsymbol{q}_0-\Delta\boldsymbol{q}\left(1-\frac{2z}{L}\right)^2\right)z\mathrm{d}z$

$$\boldsymbol{M}_{1z}=\boldsymbol{R}z+\frac{1}{2}(\boldsymbol{q}_0-\Delta\boldsymbol{q})z^2+\frac{4}{3}\times\frac{\Delta\boldsymbol{q}}{L}z^3-\frac{\Delta\boldsymbol{q}}{L^2}z^4$$

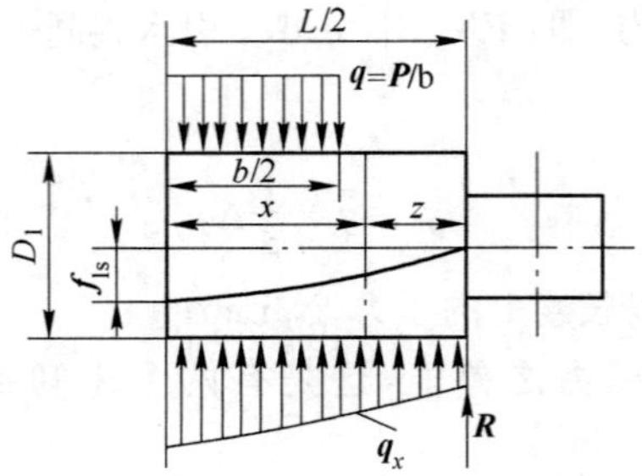

图 3-12　确定 f_{1s}时所用的计算图

当$\frac{L-b}{2}\leqslant z\leqslant\frac{L}{2}$时，$\boldsymbol{M}_{1z}=\boldsymbol{R}z+\int_{0}^{z}\boldsymbol{q}_{x}z\,\mathrm{d}z-\int_{\frac{L-b}{2}}^{z}\boldsymbol{q}z\,\mathrm{d}z$

$$\boldsymbol{M}_{1z}=\boldsymbol{R}z+\frac{1}{2}(\boldsymbol{q}_{0}-\Delta\boldsymbol{q})z^{2}+\frac{4}{3}\times\frac{\Delta\boldsymbol{q}}{L}z^{3}-\frac{\Delta\boldsymbol{q}}{L^{2}}z^{4}-\frac{1}{2}\boldsymbol{q}\left(z-\frac{L-b}{2}\right)^{2}$$

外力作用下的剪切力方程：

当 $0\leqslant z<\frac{L-b}{2}$时，$\boldsymbol{F}_{q1z}=\frac{\mathrm{d}\boldsymbol{M}_{1z}}{\mathrm{d}z}=\boldsymbol{R}+(\boldsymbol{q}_{0}-\Delta\boldsymbol{q})z+\frac{4\Delta\boldsymbol{q}}{L}z^{2}-\frac{4\Delta\boldsymbol{q}}{L^{2}}z^{3}$

当 $0\leqslant z<\frac{L-b}{2}$时，$\boldsymbol{F}_{q1z}=\frac{\mathrm{d}\boldsymbol{M}_{1z}}{\mathrm{d}z}=\boldsymbol{R}+(\boldsymbol{q}_{0}-\Delta\boldsymbol{q})z+\frac{4\Delta\boldsymbol{q}}{L}z^{2}-\frac{4\Delta\boldsymbol{q}}{L^{2}}z^{3}-\boldsymbol{q}\left(z-\frac{L-b}{2}\right)$

明显地，由弯矩及剪切力方程有：$\frac{\partial\boldsymbol{M}_{1z}}{\partial\boldsymbol{R}}=z$；$\frac{\partial\boldsymbol{F}_{q1z}}{\partial\boldsymbol{R}}=1$

工作辊辊身中点相对辊身边缘的挠度 $\boldsymbol{f}_{1s}$可按下式计算：

$$\boldsymbol{f}_{1s}=\frac{1}{E_{1}I_{1}}\int\boldsymbol{M}_{1z}\frac{\partial\boldsymbol{M}_{1z}}{\partial R}\mathrm{d}z+\frac{K}{G_{1}A_{1}}\int\boldsymbol{F}_{q1z}\frac{\partial\boldsymbol{F}_{q1z}}{\partial R}\mathrm{d}z \tag{3-55}$$

式中　E_1，G_1——工作辊的弹性模量和剪切弹性模量，MPa；

I_1——工作辊辊身断面惯性矩，mm^4；

A_1——工作辊辊身断面面积，mm^2。

将上述工作辊的弯矩及剪切力计算公式代入式(3-55)，并设假想力 $\boldsymbol{R}=0$，积分并整理可得：

$$\begin{aligned}\boldsymbol{f}_{1s}&=\frac{2}{\pi E_{1}}\left(\frac{L}{D_{1}}\right)^{4}\left[\bar{\boldsymbol{q}}\left(\frac{1}{4}-\frac{b^{2}}{3L^{2}}+\frac{b^{3}}{12L^{3}}\right)-\frac{11}{180}\Delta\boldsymbol{q}\right]+\frac{K}{2\pi G_{1}}\left(\frac{L}{D_{1}}\right)^{2}\left[\bar{\boldsymbol{q}}\left(1-\frac{b}{L}\right)-\frac{\Delta\boldsymbol{q}}{6}\right]\\&=B_{1}\lambda_{1}\bar{\boldsymbol{q}}-\frac{11}{180}B_{1}\Delta\boldsymbol{q}+C_{1}\lambda_{3}\bar{\boldsymbol{q}}-\frac{1}{6}C_{1}\Delta\boldsymbol{q}\\&=(B_{1}\lambda_{1}+C_{1}\lambda_{3})\bar{\boldsymbol{q}}-\left(\frac{11}{180}B_{1}+\frac{1}{6}C_{1}\right)\Delta\boldsymbol{q}\end{aligned} \tag{3-56}$$

式中　$B_{1}=\frac{2}{\pi E_{1}}\left(\frac{L}{D_{1}}\right)^{4}$；$C_{1}=\frac{K}{2\pi G_{1}}\left(\frac{L}{D_{1}}\right)^{2}$；

$\lambda_{1}=\frac{1}{4}-\frac{b^{2}}{3L^{2}}+\frac{b^{3}}{12L^{3}}$；$\lambda_{3}=1-\frac{b}{L}$。

同理可求出工作辊中央与板边缘处相对挠度差值 $\boldsymbol{f}_{1sb}$：

$$\begin{aligned}\boldsymbol{f}_{1sb}&=\frac{1}{\pi E_{1}}\left(\frac{L}{D_{1}}\right)^{4}\left[\bar{\boldsymbol{q}}\left(\frac{b^{2}}{L^{2}}-\frac{7b^{3}}{6L^{3}}+\frac{b^{4}}{L^{4}}\right)+\left(\frac{b^{2}}{6L^{2}}+\frac{b^{4}}{18L^{4}}-\frac{b^{6}}{90L^{6}}\right)\Delta\boldsymbol{q}\right]\\&=\frac{1}{2}\boldsymbol{B}_{1}\left\{\bar{\boldsymbol{q}}\left[\left(\frac{b}{L}\right)^{2}-\frac{7}{6}\left(\frac{b}{L}\right)^{3}+\left(\frac{b}{L}\right)^{4}\right]+\Delta\boldsymbol{q}\left[\frac{1}{6}\left(\frac{b}{L}\right)^{2}+\frac{1}{18}\left(\frac{b}{L}\right)^{4}-\frac{1}{90}\left(\frac{b}{L}\right)^{6}\right]\right\}\end{aligned} \tag{3-57}$$

3.4.2.3 轧辊间中部与边部压力差 Δq 的确定

由以上各式可见，欲求 f_{2s}、f_{1s}、f_{1sb} 首先必须确定 Δq 值，其值可根据工作辊和支持辊间的变形协调条件来确定。

如图 3-11、图 3-12 所示，工作辊与支持辊间的变形关系可表示为：

$$f_{1s}=f_{2s}+\Delta f_{y} \tag{3-58}$$

式中 Δf_{y}——辊间压扁不均引起的工作辊挠度，mm。

工作辊与支承辊间的相互弹性压扁量，可以近似地按两圆柱体相互接触挤压公式计算，即：

$$\Delta f_{y}=k_{w}\Delta q \tag{3-59}$$

式中 k_{w}——柔度系数，其值由下式决定：

$$k_{w}=\varphi\ln\left(0.97\frac{D_1+D_2}{\bar{q}\varphi}\right),\varphi=\frac{1-u_1^2}{\pi E_1}+\frac{1-u_2^2}{\pi E_2} \tag{3-60}$$

将式(3-54)、式(3-56)、式(3-59)、式(3-60)代入式(3-58)可得：

$$\Delta q=\frac{18(B_1\lambda_1-B_2\lambda_2+C_1\lambda_3+C_2)}{1.1(B_1+B_2)+3(C_1+C_2)+18k_{w}}\bar{q} \tag{3-61}$$

求得 Δq 后，利用式(3-52)对辊间压力 q_x 沿辊身长度分布曲线方程修正：

$$q_x=\bar{q}+\Delta q\left[\frac{1}{3}-4\left(\frac{x}{L}\right)^2\right] \tag{3-62}$$

将式(3-62)求得的 Δq 值代入式(3-56)，式(3-57)便可求得工作辊辊身边缘相对辊身中央的挠度值 f_{1s} 和工作辊辊身中央相对于板材边缘处的挠度值 f_{1sb}。

应当看到，辊间压力的分布按二次方规律确定是一种推导和计算较为简便的研究方法。在 HC、CVC、UPC 轧辊上辊间压力分布规律各不相同，但研究方法相似。板带轧辊辊型确定除挠度因素外，还需考虑不均匀温度分布导致的辊面不均匀热膨胀及辊面不均匀磨损等因素（参见 6.2.2 节），以保证板带轧制板型的正确。

3.5 轧辊专用轴承

3.5.1 轧辊轴承工作特点及其类型

3.5.1.1 轧辊轴承的工作特点

轧辊轴承是用来支持转动的轧辊，并保证轧辊在机架中正确的位置。轧辊轴承应具有较小的摩擦系数，足够的强度和刚度，寿命长，并便于换辊。

轧辊轴承的工作特点是：

(1) 承受的单位压力大。因为轧制压力大，而且轴承径向尺寸受限制和在较短的辊颈内可用很大的许用应力，所以轧辊轴承所承受的单位压力比普通轴承大几倍；

(2) 轧辊轴承承受的热许用值 **pv** 高。因为轧制速度 **v** 高（目前最高轧制速度已超过 140 m/s），外加作用在轴承上的单位压力 **p** 又大，故其乘积 **pv** 值高；

(3) 工作温度高。普通机械上的轴承工作温度可能只有几十度，最高到 100 ℃，而轧辊专用轴承的工作温度可达 300 ℃，甚至达 400 ℃。为使轴承温度不致升得过高，必须考虑轴承循环冷却问题。

(4) 工作环境恶劣。轧制时的水、油、乳化液、氧化铁皮以及灰尘等杂物可能进入轴承，并有可能破坏轴承的正常工作，甚至造成事故，所以对轴承的工作环境要特别注意，并采取各种措施保养轴承，以提高冷却、润滑质量与延长使用寿命。

3.5.1.2　轧辊轴承的主要类型

轧辊所用轴承一般有滑动轴承、滚动轴承和液体摩擦轴承。前者已日趋淘汰，新式轧机上主要用后两种。

3.5.2　滚动轴承

滚动轴承是目前应用最为广泛的一种轴承。它的摩擦系数低，能耗低，磨损小，使用寿命长，刚度大，利于保证轧制产品精度。目前广泛应用于冷、热轧板带材轧机、线材轧机及其他各种轧机上。一般四辊轧机的工作辊上都用滚动轴承，轧速不高、载荷不太大的支持辊也采用滚动轴承。滚动轴承一般用干油（油脂）润滑，不要求特别严格的密封。近年来工作辊的滚动轴承采用油雾润滑，效果较好。

滚动轴承的缺点是径向尺寸较大。在径向尺寸受到限制时，不得不缩小辊颈直径。所以轧辊用滚动轴承也不得不采用多列（常用四列）滚动体的结构形式。其类型主要有圆锥滚柱轴承、圆柱滚柱轴承、球面滚柱轴承和滚针轴承四种。

3.5.2.1　圆锥滚柱轴承

在四辊冷、热板带轧机上的工作辊上或其冷轧支持辊上常采用四列圆锥滚柱轴承。如图3-13所示。因为其能同时承受径向和轴向负荷，而滚柱的端面和内圈导向边缘之间存在着滑动摩擦，故这类轴承比圆柱滚柱轴承易于发热，不适于高速条件下工作。而且这类轴承不能自动调心，这加剧了各列滚动体受力的不均匀性，故轴承上需自位球面垫。

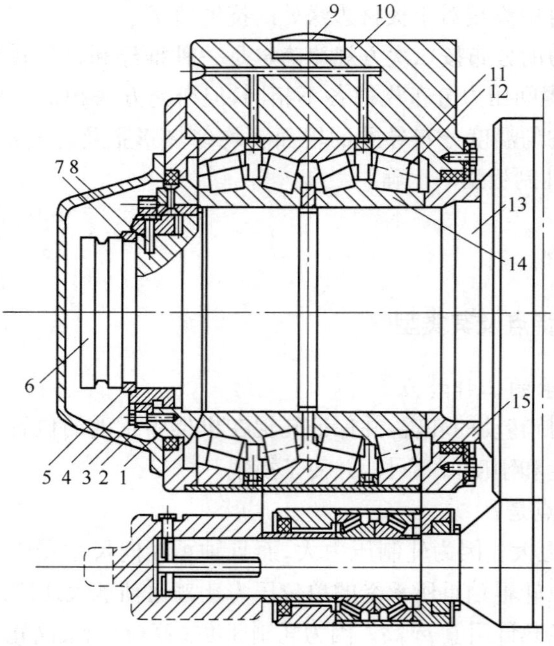

图 3-13　圆锥滚柱轴承

1—固定环；2—锁紧螺母；3，8—螺钉；4—螺丝环；5—定位环；6—支持辊辊头；7—键；9—自位球面垫；10—轴承座；11—内圈；12—锥形滚柱；13—支持辊辊颈；14—内圈环；15—固定环

为便于换辊，轴承内圈与轧辊辊颈采用动配合。由于配合较松，为防止对辊颈的磨损，辊颈表面硬度（HS）取40～50。同时应保证配合面有润滑油，有制造商在其内圈的内径刻上螺旋形

沟纹和在内圈侧面刻上凹槽以保存润滑油。

3.5.2.2 圆柱滚柱轴承

圆柱滚柱轴承的滚动体为圆柱体，其滚柱高度不大，因此对一定的辊身直径来说，其可适当增加辊颈直径。其承载能力高，适于高速重载场合工作。某1700四辊冷轧机的四列圆柱滚动轴承，如图3-14所示。

这类轴承只能承受径向载荷，轴向载荷必须用独立的止推轴承来承担。但这不能认为是一种缺点，因采用圆柱滚柱和止推滚柱（或滚珠）组合式结构，可发挥各自最大作用。

圆柱滚柱轴承与辊颈为静配合，在轴承座内为过渡配合。止推轴承与辊颈和轴承座内均为动配合。换辊时，外圈、滚柱和轴承座组成一个整体，可与任何一对内圈配合，具有互换性。拆卸时，内圈和轧辊一起拆下。

根据速度和载荷情况，其可用油雾润滑、稀油循环润滑或干油润滑。

3.5.2.3 球面滚柱轴承

如图3-15所示，这类轴承的滚柱与套圈是以球面相配合的，因此，能自动调心，即轴承的轴线可随辊颈轴线转动，保持彼此平行。它同时承受径向和轴向载荷，因此不需另加止推轴承。它常用于四辊冷轧机的支持辊上，如果轧制力不太大，每个辊颈上装一个双列球面滚柱轴承即可。若载荷较大，需要四列滚柱轴承，即一个辊颈上装两个双列球面滚柱轴承，而且轴承座上应有自位装置。

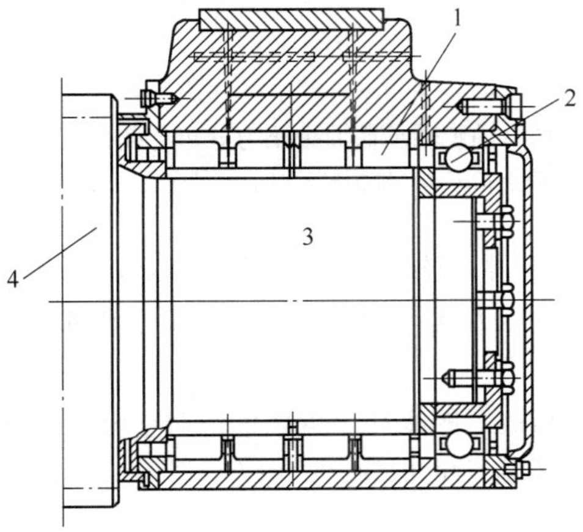

图3-14 1700四辊冷轧机的多列圆柱滚柱轴承

1—圆柱滚柱轴承；2—止推轴承；3—辊颈；4—轧辊

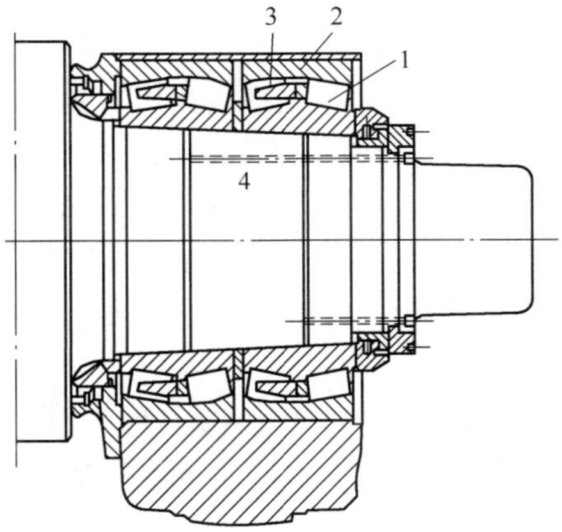

图3-15 球面滚柱轴承

1—球面滚柱；2—球面套圈；3—隔离环；4—锥形辊颈

3.5.2.4 滚针轴承

此类轴承适于轴承尺寸严重受限制的场合，如多辊轧机和小型四辊冷轧机的工作辊上。为减小它的外形轮廓尺寸，可以取消轴承的内圈或外圈，或二者均不用。这样辊颈和滚针与轴承座直接接触，就要求各零件的加工精度与光洁度以及滚动面的硬度互相配合。但该轴承不能承受轴向负荷，需另加止推轴承。

3.5.3 轧辊用液体摩擦轴承

液体摩擦轴承称作油膜轴承，是一种流体润滑的封闭式滑动轴承。其主要特点是辊颈旋转时辊颈与轴承衬被一层油膜分隔开来，而且能在很高的单位压力（250 MPa以上）下处于液体摩擦状态，所以摩擦系数只有0.001～0.008。如果使用得当几乎没有磨损，寿命可达十几年之久。这种轴承特别适于高速重载条件下工作，目前已广泛用于四辊板带连轧机支持辊轴承，连续小型和线材轧机也开始使用油膜轴承。

根据油膜形成的方法不同，液体摩擦轴承又分为动压油膜轴承、静压油膜轴承和动-静压油膜轴承三种类型。

3.5.3.1　动压油膜轴承

动压油膜轴承是应用最早和最为广泛的液体摩擦轴承。其工作原理是靠辊颈在轴承中高速旋转把润滑油吸入负荷区的楔形间隙中形成工作油膜。由于依靠辊颈的旋转，即利用液体的动力效应来建立液体摩擦条件，故称动压油膜轴承。

动压油膜轴承的建立过程如图3-16所示。当辊颈在轴承中静止时，由于自重的作用，辊颈自然与轴承衬的底部相接触（见图3-16*a*），这时在辊颈和轴承衬之间形成楔形间隙。当轧辊开始转动时，转速较低，利用摩擦副表面的相对运动，通入轴承的润滑油被吸入楔形间隙，建立压力，油膜分开摩擦面处于半干摩擦状态，轴颈偏移，并且随着转速的升高油楔的压力增大。当辊颈的转速达到一定程度时，形成油膜，油楔压力的合力与作用在轧辊上的外载荷 **P** 相平衡，就将辊颈托起（在 h_{min} 处形成高压），实现液体摩擦，辊颈中心顺着旋转方向偏到一个新的稳定位置（偏离轴承中心为 *e*）。当辊颈的转速继续增大时，辊颈中心向轴承几何中心移动，理论上讲，当转速达到极限时，辊颈中心和轴承中心重合。油楔中的径向压力 $\boldsymbol{p}_\varphi$ 按图3-16*b* 分布，各点压力 $\boldsymbol{p}_\varphi$ 在垂直方向的投影之和等于外力 **P**。

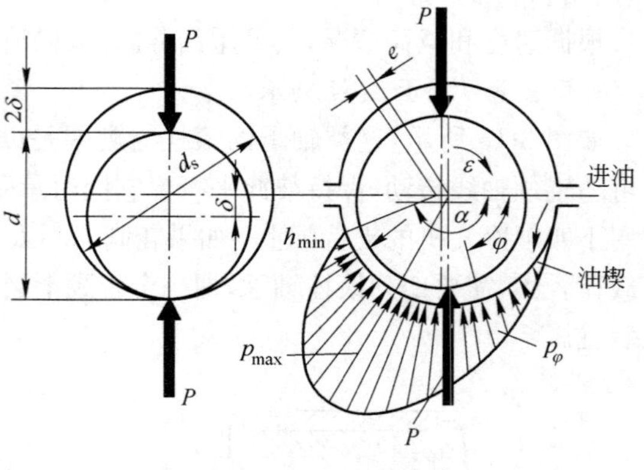

图3-16　油膜轴承截面中压力分布与偏移位移

a—静止状态；*b*—轴颈旋转时油楔径向压力分布

液体摩擦轴承具有高的承载能力、低的摩擦损失和良好的冷却润滑条件。对于轴承工作长度和直径之比为0.7～1.0的液体摩擦轴承来说，其承载能力近似为：

$$P \approx 0.4\eta v l^2 d \frac{\dfrac{\delta}{h_{min}} - 1}{\delta^2} \tag{3-63}$$

式中　P——动压油膜轴承的承载能力，N；

η——润滑油的绝对黏度，$N \cdot s/m^2$；

v——辊颈表面滑动速度，m/s；

l——轴承工作宽度，m；

d——辊颈直径，m；

δ——轴承半径间隙，m，$\delta=(d_s-d)/2$；

d_s——轴承衬内径，m；

h_{min}——最小油膜厚度，m。

由此可知：

(1) 动压油膜轴承的承载能力随 η、v、d、l 的增加而提高，故对一定尺寸的轴承而言，油的黏度愈大和转速愈高时，其承载能力愈大。

(2) 当轴承半径间隙 δ 一定时，轴承的承载能力随 h_{min} 的减小而提高。h_{min} 的最小值取决于摩擦表面的加工精度，其值应大于两个相对滑动表面微观不平度之和。对于 10～12 级的表面粗糙度，h_{min} 大于 1～2 μm。所以，动压轴承摩擦面需要高精度加工，微观不平度不大于 0.5～1.5 μm。

动压油膜轴承的摩擦系数 μ 可按下式选取：

$$\mu=\pi\eta\frac{v}{\delta\cdot p} \tag{3-64}$$

式中 p——平均单位压力，Pa。

由式(3-64)可知，摩擦系数随 η、v 的增大及 $\delta\cdot p$ 值的减小而增大。为了减小摩擦系数，对于轻载、高速的轴承，宜选用低黏度的润滑油；而对于重载、低速的轴承则宜选用高黏度的润滑油。

动压轴承有两种典型结构，一是轴向力由锥形套本身的止推法兰承受，另一种则在辊颈外端专门装有止推滚动轴承，如图 3-17 所示。前者已趋于淘汰，后者的特点是锥形套加工简单，止推轴承可以单独更换，密封形式较先进。缺点是需要专门的止推轴承，辊颈的轴向尺寸较大。近年来得到广泛应用。

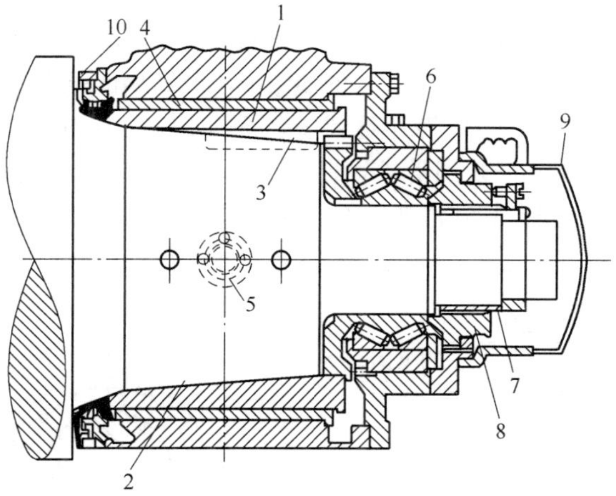

图 3-17 1700 轧机带有止推滚动轴承的动压轴承

1—套筒；2—锥形辊颈；3—方键；4—轴承衬；5—锁销；6—止推滚动轴承；7—螺丝环；8—锁紧螺母；9—外盖；10—迷宫密封

它的基本部件是一个合金锻钢套筒，其外表面经热处理后抛光如镜面，与锥形轴颈 2 用方键 3 连在一起。一个铸有 3～4 mm 厚巴氏合金的轴承衬 4 套在套筒 1 上，它们之间的接触面就是转动摩擦面，并承受径向载荷。轴承衬用锁销 5 固定在轴承座上，在轴承右侧的一端，装有止推滚动轴承 6，它与径向轴承是分开的，这个止推轴承能承受轴向力，止推轴承外边有锁紧螺母 8 和一个外盖 9。在轴承的另一端装有迷宫密封 10 靠紧辊身，使乳化液杂质等不能浸入轴承，轴承内的润滑油也不会流失。润滑油是通过轴承座中的油孔、油槽和轴承衬套上的径向油孔进入轴承摩擦面的，最后又从轴承座中的回油孔流回油箱。

3.5.3.2 静压油膜轴承

由于动压轴承的摩擦条件只有在一定转速条件下才能形成，启动之前不允许大负荷，而且其油膜厚度随轧制速度的变化而变化，直接对轧制精度有影响。故实际生产中若轧机存在经常启动、制动和正反转时，就不易保持液体摩擦状态。

为克服以上缺点，近年来开发出液体静压轴承。即在轴承两个滑动表面之间输入足以平衡轧制力及轧辊自重的高压油，靠油的静压力使辊颈在轴承中浮起，无论何时均能实现液体摩擦。

静压油膜轴承具有承载能力大、寿命长、刚性高，适于各种转速和载荷条件的要求；此外，可降低对轴承衬材料的加工制作要求。但由于需要可靠的高压液压系统及相应的保护装置，造价较高。

轧机静压轴承多采用四个油腔。图 3-18 所示的是 600 冷轧机支承辊所用的静压油膜轴承的工作原理图。在轴瓦的内表面周围布置着四个油腔 1、2、3、4。受载方向的大油腔 1 为主油腔，上面的小油腔 3 为副油腔，左右两侧还有两个面积相等的侧油腔 2、4。用油泵(图中未示出)将压力油经两滑阀节流器 A 和 B 送入油腔。油腔 1 和 3 中的压力由滑阀 A 控制；油腔 2 和 4 的压力由滑阀 B 控制，滑阀和滑体周围的间隙起节流作用。当轧辊未受径向载荷时，从各油腔进入轴承的压力油将轧辊浮在中央，即辊颈周围的间隙相等。各油腔的液体阻力和节流阻力也都相等。两滑阀在两端弹簧力的作用下均处于中间位置，即滑阀两边的节流长度相等，其值为 l_c。而当轧辊承受向下的径向载荷 $\boldsymbol{P}$ 时，辊颈即沿载荷 $\boldsymbol{P}$ 方向向下移动，其中心相对轴承中心的偏移量为 e，使主油腔 1 处的间隙减小，油压 $\boldsymbol{p}_1$ 升高，上面的油腔 3 处间隙增大，油压 $\boldsymbol{p}_3$ 降低，使在上下油腔之间形成压力差值为 $\Delta\boldsymbol{p}=\boldsymbol{p}_1-\boldsymbol{p}_3$。它的作用是阻止辊颈向下运动，并企图迫使它回到原来的位置。这个压力差值 $\Delta\boldsymbol{p}$ 反馈作用在滑阀 A 的左端，迫使滑阀 A 向右移动一个距离 x，使左边的节流长度减小到 l_c-x，节流阻力减小，而使右边的节流长度增大到 l_c+x，节流阻力增大，从而使流入主油腔 1 的油量增加，流入到副油腔 3 的油量减小。结果使压力差 $\Delta\boldsymbol{p}$ 进一步增大，直到与外载荷平衡，并使辊颈中心的偏移量 e 减小达到一个新的平衡位置为止。如果轴承和滑阀的参数选择适当，则完全有可能使辊颈恢复到受载荷前的位置，使辊颈处于稳定状态，即轴承具有最大的刚度。静压轴承这个特性对提高轧制精度是十分有利的。这是采用反馈滑阀节流器的结果。

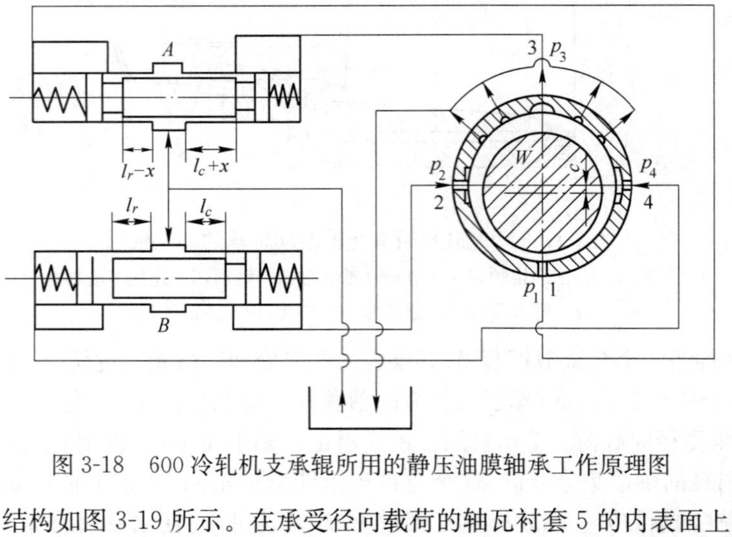

图 3-18　600 冷轧机支承辊所用的静压油膜轴承工作原理图

静压轴承的结构如图 3-19 所示。在承受径向载荷的轴瓦衬套 5 的内表面上，沿轴向布置双列油腔，中间用一回油槽分隔开，成为独立的油腔。设计成双列的目的是使轴承具有自位的能力。在辊颈外套筒外侧装有一个固定块 3 和两个止推块 2、4 组成的止推轴承。用来承受正反两个方向的轴向力，每根支承辊只在换辊端设有止推轴承。轴瓦套筒和止推块用螺母 1 进行轴向固定。为了轴承能够自动调位，下支承辊轴承座的下部设有弧面自位垫板 11，上支承辊轴承座和压下螺丝之间设有球面垫。

3.5.3.3　动-静压油膜轴承

动-静压轴承的特点是仅在低速、可逆运转或启动、制动的情况下才使静压系统投入工作，而

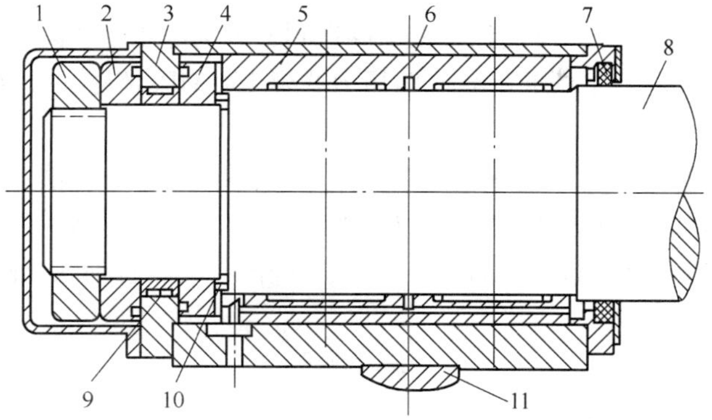

图 3-19　600 冷轧机支承辊所用的静压轴承结构

1—螺母；2，4—止推块；3—固定块；5—衬套；6—轴承座；7—密封圈；
8—辊颈；9—调整垫；10—补偿垫；11—自位垫板

在高速稳定运转时，轴承则按动压制度工作。因此，高压系统无须长时间连续地投入工作，它只在很短的时间内起作用，从而大大减轻高压系统的负担，并提高了轴承工作的可靠性。动压和静压制度的转换可以自动控制。

设计动-静压轴承时，应该注意的一个重要问题是既要满足静压承载能力需要的油腔尺寸，又要保证动压承载能力要求的支承面积。由于过大的油腔面积会影响动压承载能力，为解决这一矛盾，往往要求采用较小的油腔，因而不得不采用压力更高的(有的高达 70～140 MPa)静压系统。

图 3-20 是 1700 五机架冷连轧机支持辊动-静压轴承供油系统简图。五机架每架有单独的静

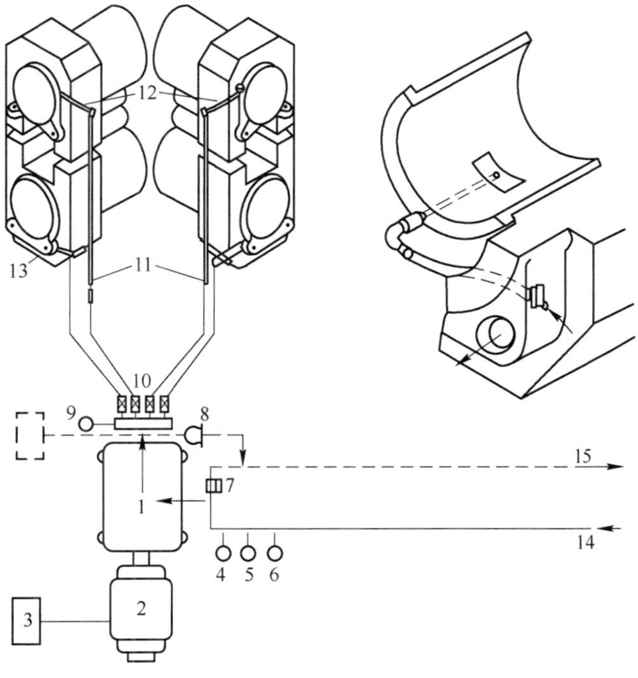

图 3-20　动-静压轴承供油系统

1—高压油泵；2—电动机；3—控制装置；4—压力控制开关；5—压力表；6—温度计；7—减压阀；
8—安全阀；9—高压表；10—高压分配阀；11—工作管道；12—高压软管；
13—轴承部分扩大图；14—动压系统供油管；15—回油管

压系统。高压油泵 1 吸入的油是由动压系统供给的。动压系统 0.25 MPa 的压力油经截止阀、单向阀被吸入高压油泵。压出的高压油经过换向阀送到轴承的静压腔。高压油泵的吸入侧装有减压阀 7，压出侧的高压管路上为高压安全阀 8，压力调到 150 MPa，以控制系统的压力。系统的正常工作压力为 70～100 MPa，短时可达 140 MPa。

当轧机开始工作时，电机带动高压油泵 1 工作，向轴承的静压腔供油。当轧机轧制速度超过 73.5 m/min 时，静压系统自动停止，动压系统工作。轧机制动停车，轧制速度低于 73.5 m/min 或静压故障时，高压泵自动接通，高压油又送到轴承的静压油腔，直到轧机停止运转。

练习题 3

3-1　轧辊的载荷特点及其主要失效形式是什么？

3-2　轧辊的结构形式和参数确定原则是什么？

3-3　掌握型材、板带材轧辊强度的计算方法。

3-4　掌握不同类型轧机轧辊材质的选择方法。

3-5　已知轧机轧辊结构尺寸和轧制工艺参数，计算轧辊的挠度及轧件的同板差。

3-6　轧辊专用轴承的工作特点及其主要类型。

3-7　了解液体摩擦轴承的工作原理。

4 轧辊的调整装置

轧辊的调整装置是轧机工作机座中的关键机构，其设计的好坏直接关系到产品的质量和轧机的作业率，也最能体现轧机的装备水平。按调整装置的用途，可分为轧辊的轴向调整装置和径向调整装置。

轧辊的轴向调整装置是由轴向横移和定位机构完成的。对型材轧机而言，目的是对正孔型，保证产品的形状正确；对板带轧机而言，目的是确定轧辊位置，保证产品的几何尺寸和调整板形，如，高性能凸度可控（HC）轧机、凸度连续可变（CVC）轧机等。

轧辊的径向调整是由压下装置（包括推上和侧压装置）与平衡装置共同完成的，其目的是改变辊缝。以保证按合理的压下规程和产品尺寸要求进行轧制。其作用为：(1)调整轧辊轴线之间的距离，以保证正确的辊缝，给定所需的压下量；(2)调整工作辊的平行度；(3)调整轧辊与工作辊道水平面的相对位置，在连轧机组中还要调整各机座间轧辊的相对位置，以保证轧制线高度一致；(4)配合换辊或处理事故时需要的其他操作。

按所调整的对象，径向调整装置又可分为上辊调整装置、中辊调整装置和下辊调整装置。其中，上辊调整装置在所有轧机中均被安装，是轧辊调整装置中的主要部分。上辊调整装置也称压下装置，按压下装置的驱动方式，压下装置分为手动压下、电动压下、电-液双压下和液压压下几种类型。

4.1 压下装置的类型

轧辊压下装置的结构取决于各类轧机轧制工艺特点，即轧辊进行辊缝开口度调整的时刻、调整次数、调整量、调整速度及调整时所需力矩的大小等。

4.1.1 手动压下装置

手动压下装置主要用于型材、棒线材轧机上。这是该类轧机的工艺特点所决定的：压下调整在轧制的间隙时间内，调整时压下装置不受轧件所传递的轧制力作用；调整次数少；调整量小；调整时所需力矩小；对调整速度没有特殊要求。

手动压下装置是各种压下装置中最简单、最便宜的装置。常见的手动压下装置如图 4-1 所示。图 4-1*a* 为斜楔调整方式；图 4-1*b* 为直接转动压下螺丝的调整方式；图 4-1*c* 为圆柱齿轮传动压下螺丝的调整方式；图 4-1*d* 为蜗轮蜗杆传动压下螺丝的调整方式。后三种形式均以螺旋传动作为实现压下的运动机构。具有较高的加工精度，能准确、均匀地计算和控制轧辊的辊缝；工作平稳、可靠；通过选择合适的螺纹升角可实现压下螺丝的自锁，利于保证轧制精度。

但对板带轧机而言，随着轧制技术的发展，手动压下已经不适应现代化生产方式的要求，逐渐被电动压下和液压压下所取代。

4.1.2 电动压下装置

电动压下是轧辊调整装置中应用最为广泛的一种。依轧机对压下速度、加速度、压下行程和辊缝调整精度的不同要求，电动压下又分为快速电动压下和慢速电动压下两大类。

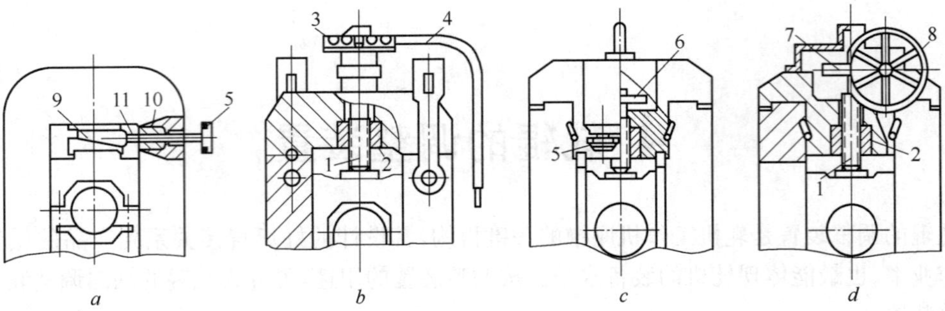

图 4-1　手动压下装置

1—压下螺丝；2—压下螺母；3—齿盘；4—调整杆；5—调整帽；6—大齿轮；
7—蜗轮；8—手轮；9—斜楔；10—螺母；11—丝杆

4.1.2.1　快速电动压下装置

快速电动压下装置的主要特征是轧辊调整行程大，调整速度高且调整频繁；在工艺操作上利用轧制道次间隙，采用不带负荷调整辊缝，因此压下电机功率一般按空载压下进行选择。当发生轧卡事故时，采用专门的回松机构抬起轧辊。快速电动压下多用在板坯轧机和热连轧机组的可逆粗轧机上。图 4-2 是采用卧式压下电机的热连轧机组四辊可逆式粗轧机座的压下装置传动示意图。压下螺丝总行程为 640 mm，压下速度为 19.6～39.2 mm/s；采用四线蜗杆，传动比 $i=12.75$；制动器 2 是用来快速制动；电磁联轴节 4 是用来实现两压下螺丝同时或分开调整，但当两压下电机由某种原因造成不同步时，若在电磁联轴节处的扭矩差值超过电磁联轴节允许的扭矩值，则会产生打滑，使压下螺丝同步调整受到破坏。板、带材轧机，两压下螺丝的同步运转或单独调整对保证轧制产品横向厚差及实现正常轧制是很重要的。为克服电磁联轴节在大负荷时出现打滑现象，可采用差动机构代替电磁联轴节。

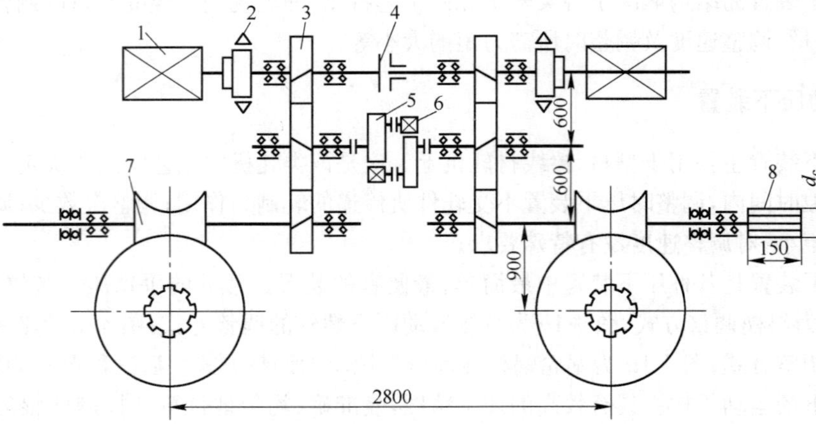

图 4-2　1700 热连轧机组四辊可逆式粗轧机座的压下装置传动示意图

1—压下电动机；2—制动器；3—圆柱齿轮减速器；4—电磁联轴节；
5—传动箱；6—自整角机；7—球面蜗轮副；8—伸出端

对快速电动压下装置，由于压下速度快、行程大，在生产操作中常会出现轧卡（即轧辊被轧件卡住），两辊快速被压靠或轧辊提升超限。这些都会造成轧辊升降受阻，压下电机无法松动压下螺丝。为消除这种现象，压下机构中有时设有专用的压下螺丝回松装置。

4.1.2.2 慢速电动压下装置

慢速电动压下装置的主要特征是轧辊调整行程较小，一般只有 10～25 mm；轧辊移动速度小于 1 mm/s，但加速度很大；要求调整精度较高，为了消除在轧制过程中因某些原因引起的厚度偏差，压下装置必须在轧制负荷下进行调整，因此这类压下装置应按带负荷压下选择电机功率。考虑到在高速轧制时要求压下机构动作迅速，反应灵敏，也就是要求电机启动、制动时间最短，选择电机功率时不可忽略动力矩的影响。同时要求螺纹升角小，螺距小，利于压下螺丝自锁。慢速电动压下装置多用在轧制精度要求较高的冷、热轧薄板带材轧机上。

图 4-3 为 ϕ750 mm/ϕ1400 mm×2800 mm 热轧铝合金板四辊轧机压下装置传动简图。该压下传动系统为圆柱齿轮与蜗轮蜗杆传动的压下装置。在该装置中，为防止轧卡现象的发生，设有回松装置。当发生轧卡事故时，接通液压离合器 5，打开电磁离合器 3，启动回松电机 6，便可松动一个压下螺丝，排除事故。为操作安全，系统中装有行程控制器 11。

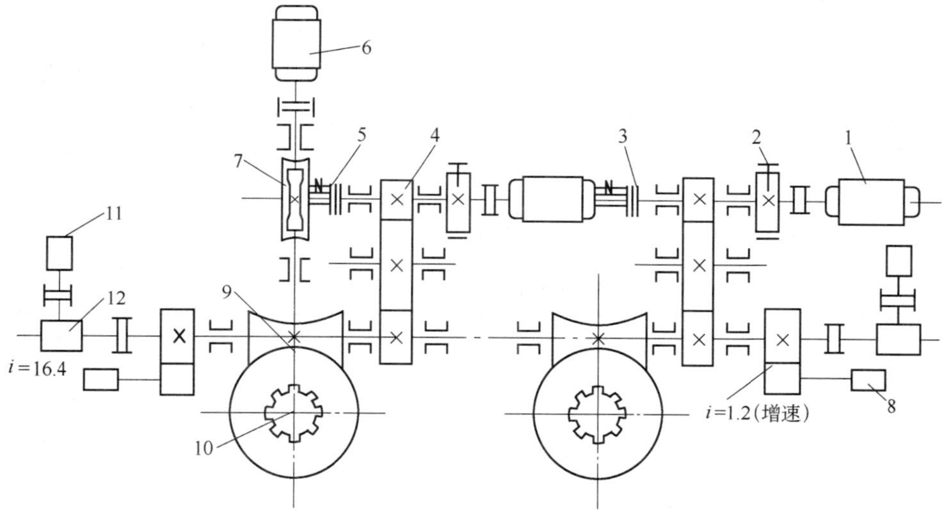

图 4-3 ϕ750 mm/ϕ1400 mm×2800 mm 热轧铝合金板四辊轧机压下装置传动简图
1—压下电动机；2—制动器；3—电磁离合器；4—圆柱齿轮；5—离合器；6—回松电动机；
7—回松球面蜗杆机构；8—自整角机；9—压下球面蜗杆机构；
10—压下螺丝；11—行程控制器；12—行程开关的减速器

图 4-4 为 1700 四辊冷轧机两级蜗轮副传动的压下装置传动简图；图 4-5 为 2500 四辊冷轧机一级蜗轮副和两级圆柱齿轮传动的压下装置。

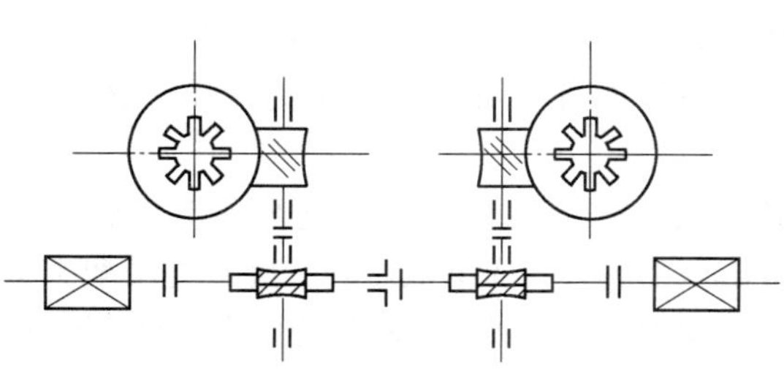

图 4-4 1700 四辊冷轧机两级蜗轮副传动的压下装置图

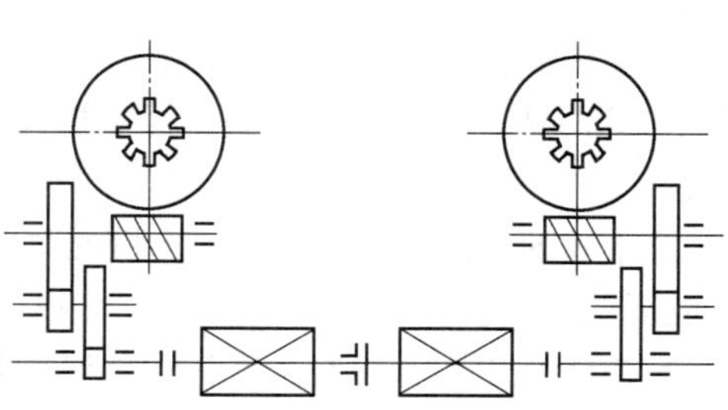

图 4-5 2500 四辊冷轧机一级蜗轮副和两级圆柱齿轮传动的压下装置

电动压下装置的压下行程指示可用指针盘读数表示或通过自整角机将行程显示在操作台的显示器上，也可用装在压下传动系统中的编码器来显示。前者由于传动链较长，累计误差较大，故指示精度不高，现已很少用。而后者精度较高，因此，在近现代的轧机上均采用这一装置。

4.1.3　液压压下装置

近年来，随着轧机轧制速度的提高，电动压下装置固有的传动效率低、系统转动惯量大，反应速度慢、加速度小、调整精度差等缺点，已无法满足生产精度高、板形平直的板带材的要求。为此，在高速板带材轧机上广泛采用液压压下装置。液压压下装置用液压缸代替传统的压下螺丝和螺母来调整轧辊辊缝。与电动压下装置相比，液压压下装置有如下特点：(1)响应速度快。液压压下具有很高的辊缝调整速度和加速度，压下速度比电动压下高 10～20 倍，加速度可提高 40～60倍。(2)调整精度高。电动压下装置的位置分辨率为 0.01 mm，液压压下装置的位置分辨率为 0.001 mm。(3)液压压下装置采用标准液压件，简化了机械结构，传动效率高。(4)过载保护简单、可靠。当轧机在轧制中出现故障或轧制力超负荷时，液压压下有自动快速卸载装置，确保承载件安全。(5)传动效率高，可实现从恒压到恒辊缝控制。(6)液压压下装置操作维护要求严格，液压传动系统对油的污染很敏感。(7)检测仪表、液压元件制造精度要求高，元件标准化，结构简单。

表 4-1 为液压压下与电动压下主要性能比较。

表 4-1　液压压下与电动压下主要性能比较

内　　容		液压压下	电动压下
反应时间（从发出信号至完成 0.1 mm 压下的时间）/s		0.05～0.1	0.5～2
加速度/mm · s^{-2}		20～120	1.5～2
压下速度/mm · s^{-1}	负载时	2～3.5	0.5
	空载时	2.87	0.268
系统响应频率/Hz		6～20	1.2
位置分辨率/mm		0.001～0.0025	0.01
轧机刚性		硬-中-软（可变）	中（不可变）

4.1.3.1　液压压下装置的组成

液压压下装置由供高压油的液压站及管路、液压缸和压下控制系统所组成，其主要部件是电液伺服阀、检测装置（检测辊缝位置的位移传感器和测压仪等）以及调整辊缝的主液压缸。液压站主要由高压油泵、油箱等组成。液压缸在轧机机架窗口中的位置不同，分为“压下式”和“推上式”两种。因为液压缸必须经常拆卸与更换，所以两种布置形式均是把液压缸做成可移出式。

压下式的液压缸安放在机架上横梁与上支持辊轴承座间（为快速换辊，通常在液压缸与上横梁间还加有垫块）。图 4-6 为某 1700 冷连轧机液压压下装置。压下液压缸 8 经平衡吊架 13，通过平衡液压缸 2、平衡拉杆 4 悬挂在机架顶部。若拔掉柱销 12，利用快速移动垫块的双向油缸 15 将平衡吊架 13、压下液压缸 8、垫块和支持辊一起拉出机架窗口。上支持辊轴承座 11 与液压缸间的垫片组 10 是用来调整因为轧辊磨损而避免液压行程过大。液压缸上装有压力传感器 9，用来测定轧制力变化量，供板厚控制系统使用。位移传感器 14 位于液压缸活塞两侧。

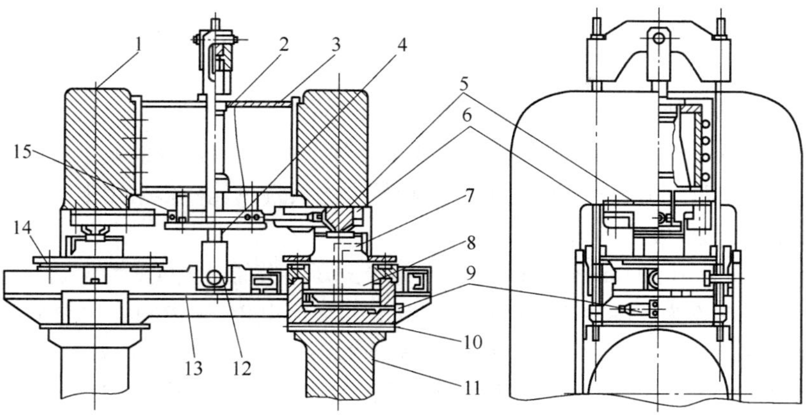

图 4-6 1700 冷连轧机液压压下装置及压下油缸的平衡装置

1—机架；2—压下液压柱塞缸的平衡缸；3—连接左、右机架的上焊接横梁；4—平衡拉杆；5—快速换辊用的弧形垫块；6—弧形垫块移出滑轨；7—高压油进口；8—液压压下柱塞缸；9—压力传感器；10—垫片组；11—上支持辊轴承座；12—柱销；13—平衡架；14—位移传感器；15—快速移动垫块的双向油缸

推上式的压下液压缸安放在下支持辊轴承座和机架下横梁之间。图 4-7 是采用推上的 1700 热连轧精轧机液压压下装置。在液压缸下面装有机械推上装置，目的是减小液压缸行程和调整轧制线，在机座上部装有电动压下装置，用作粗调辊缝。

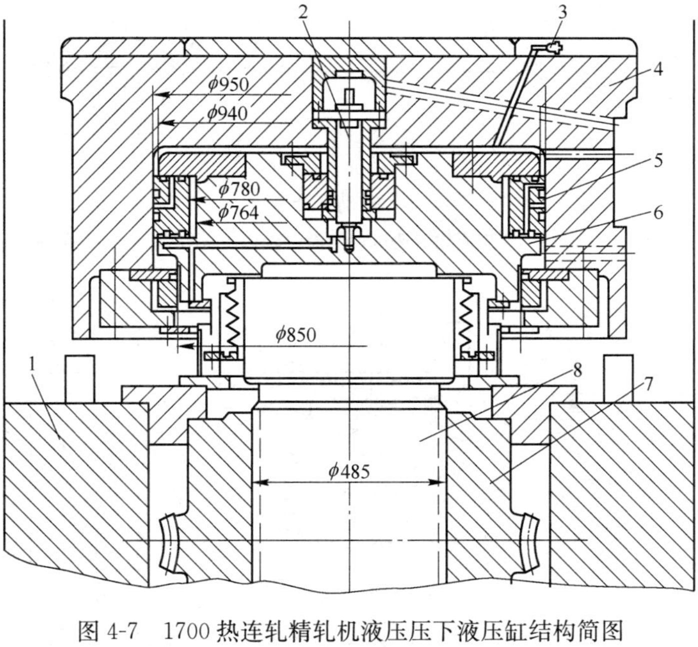

图 4-7 1700 热连轧精轧机液压压下液压缸结构简图

1—机架；2—位置传感器；3—排气阀；4—缸体；5—活塞环；6—活塞；7—带蜗轮的螺母；8—推上螺丝

在该压下装置中，液压缸总行程为 40 mm，工作行程为 5 mm（－3～＋2 mm），油压为 21 MPa，回程油压为 1.5 MPa。在液压缸下面的机械推上装置的工作行程为 121 mm，调整速度为 2 mm/s，最大行程为 180 mm，机械推上装置在调整时，无负荷推上。

目前的液压系统均采用 20 MPa 以上的高压油。提高油压，在一定范围内可提高反应速度和控制精度。但进一步提高油压，受元件加工精度限制，且将增加系统的发热，还可能产生噪声。

液压缸直径主要取决于最大轧制压力和系统工作压力。

4.1.3.2　电-液组合式压下装置的组成

对液压缸行程的确定，应在满足轧制工艺要求条件下尽可能减小，以减小液压缸中的油柱高度，有利于提高工作机座的刚性。因此，辊缝行程较大的板带热轧机多采用电-液组合形式，电动压下与液压推上相配合，发挥各自特长。

图 4-8 和图 4-9 为 2050 mm 热连轧机电-液组合式压下装置。图 4-8 为电动压下装置。两个压下螺丝采用一个功率为 90 kW、转速为 715 r/min 的交流电机，通过圆柱齿轮减速机 2 和蜗杆减速机 1 转动。两个压下螺丝之间设有齿式离合器 3，由液压缸推动拨叉实现其脱离和结合，以便可以单独调整一侧的压下螺丝，使两侧的辊缝一致。图中 5 为齿式联轴节，4 为制动器。压下螺丝下端头上设有止推滚动轴承，它安装于液压压下的活塞内。

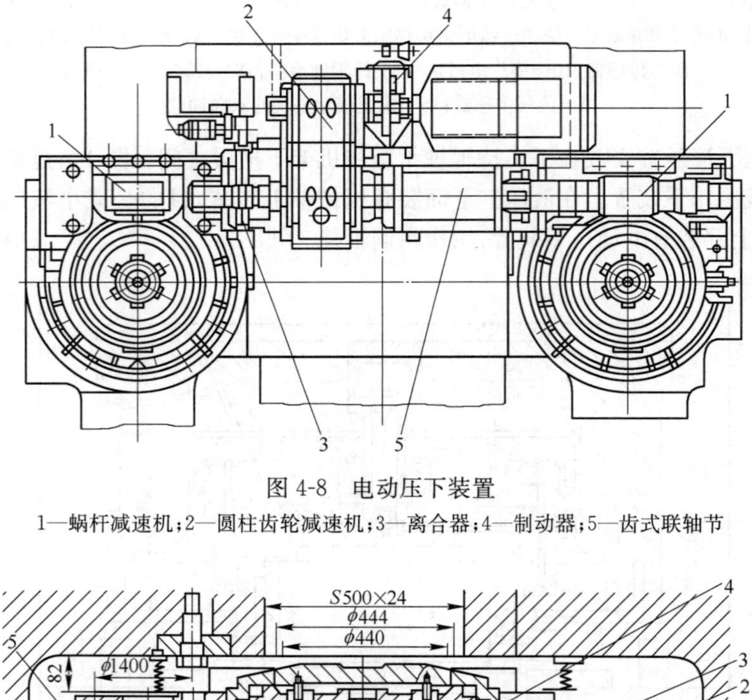

图 4-8　电动压下装置

1—蜗杆减速机；2—圆柱齿轮减速机；3—离合器；4—制动器；5—齿式联轴节

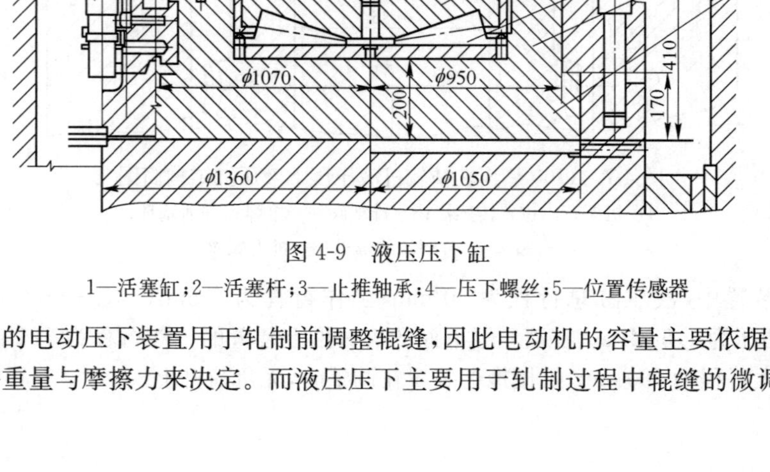

图 4-9　液压压下缸

1—活塞缸；2—活塞杆；3—止推轴承；4—压下螺丝；5—位置传感器

压下螺丝的电动压下装置用于轧制前调整辊缝，因此电动机的容量主要依据它所传动的移动部分的零件重量与摩擦力来决定。而液压压下主要用于轧制过程中辊缝的微调，进行厚度控制。在每个压下液压缸的两侧各装有一个位置检测器，用以测量辊缝的变化，控制活塞的行程，调整辊缝。此外，在轧卡时液压压下还可松开轧辊。

液压压下缸的活塞直径为 ϕ1050 mm，活塞杆直径为 ϕ950 mm，活塞行程为 30 mm。活塞的压力为 30 MPa，活塞的最大移动速度为 15 mm/s。液压缸通过底板座装在上支承辊轴承座的顶面上。在缸体两侧用螺丝钉固定着两个侧耳，侧耳的外侧平面与机架窗口的衬板相接触（其接触的总间隙为 3 mm），以防止压下螺丝转动时缸体发生转动（见图 4-9）。

4.2 压下装置主要零部件的结构及其参数确定

4.2.1 压下螺丝、压下螺母

压下螺丝由三部分组成：与轧辊轴承座接触端称为头部；中间具有螺纹部分称为本体；压下螺丝传动端称为尾部，承受来自压下电机的驱动力矩。压下螺母安装在轧机牌坊孔中，端面用压板定位以防止工作时转动。压下螺丝本体的螺纹部分与压下螺母内螺纹相配合，通过压下螺丝的转动完成辊缝的调整。

压下螺丝头部一般都做成具有球面形状，与球面铜垫接触形成止推轴承。球面形状有利于轧辊轴承座的自动调整作用。

压下螺丝尾部截面形状有方形、花键形两种，其中镶有可换青铜滑板方形结构主要用于快速电动压下装置；花键形结构主要用于压下负荷很重的慢速压下装置。压下螺丝本体部分的螺纹有锯齿形和梯形两种，前种传动效率较高，多用于粗轧机等快速压下装置；后者螺纹强度较高，多用于承受轧制力较大的冷轧板带材轧机的压下装置。压下螺丝多数选用单线（单头）螺纹，只在粗轧机等快速电动压下装置中选用双线（双头）或多线螺纹。

压下螺丝、螺母的螺纹工作面承受很大的压力。为了减少压下螺丝转动时消耗于螺纹工作面上的摩擦损失，压下螺丝一般采用合金锻钢，压下螺母采用高强度青钢（ZQA-19-4）或黄铜（ZHAL66-6-3-2）等材料。压下螺母的合理结构除满足受力条件，尚应考虑节省有色金属。因此，压下螺母在结构上有整体式和组合式。在大型轧机上，因为压下螺母重量较大，为了节省有色金属，多采用组合式结构。对于组合式螺母，在加工制造、安装过程中，必须保证镶套和铜螺母部分的整体性，同时两种材质应具有相近的弹性模量。

某 2050 热带材连轧粗轧机压下螺丝的主要特点是，花键采用侧面定心，提高了花键的传动精度和寿命。花键侧面全部堆焊了 3 mm 厚耐磨铜合金，以提高使用寿命，花键侧面粗糙度为 1.6。压下螺丝、螺母采用特殊的锯齿形螺纹（见图 4-10），与常用的锯齿形螺纹不同的是：螺纹升角 33°，侧间隙 2 mm，顶间隙 0.5 mm。这种螺纹的螺纹面上负荷分布比较均匀，齿面不易研磨，定位精度高。在螺纹和螺母的每周螺纹工作面上开有 3 个油槽，螺母除轴向主润滑油孔外，每隔 80 mm 还开有对称的两排径向油孔，保证较好的润滑条件。压下螺母与牌坊孔的配合长度占螺母高度的 1/2，减少了螺母的精加工面（见图 4-11）。压下螺母为整体铸造，材料为 GZ-CuZn34Al2，压下螺丝材料 42CrMoV。

(1) 压下螺丝的主要参数是螺纹部分的外径（d_0）和螺距（t），可按原机械部部颁标准选择。由于压下螺丝所受的轴向力为作用于轧辊辊颈的力，因此压下螺丝直径与辊颈直径间比例关系近似为：

$$d_0=(0.55\sim0.62)d \tag{4-1}$$

式中 d_0——压下螺丝外径，mm；

d——轧辊辊颈直径，mm。

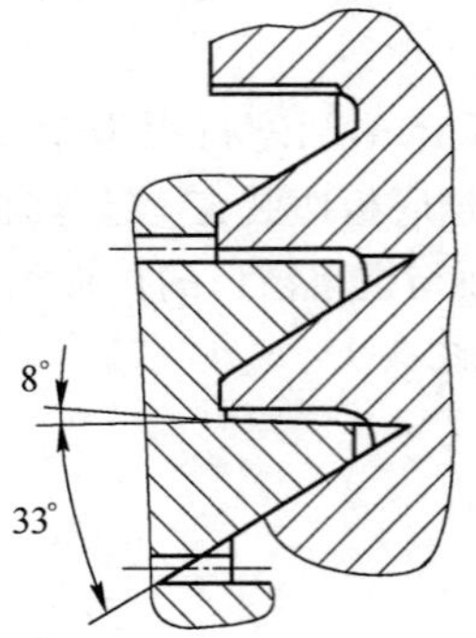

图 4-10　压下螺丝齿形

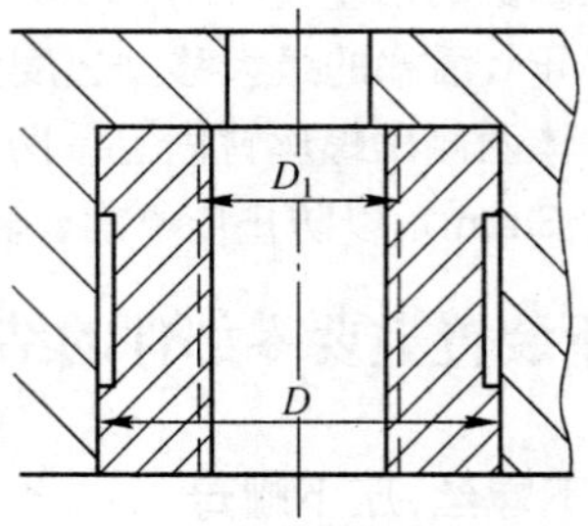

图 4-11　压下螺母

公式中系数较小值用于铸铁轧辊，系数较大值用于钢轧辊。对四辊轧机，d 指支持辊辊颈直径。求出的压下螺丝外径应按有关的螺纹标准圆整。

按上式初步确定压下螺丝外径后，可根据螺纹自锁条件用下式确定压下螺丝螺距 t：

$$t=\pi d_0\tan\alpha \tag{4-2}$$

式中　t——螺纹间距，mm；

α——螺纹升角，(°)，根据自锁条件：$\alpha<\beta$，β 为摩擦角，通常取 1°～2°30″。

轧辊精度要求高的板带轧机压下螺丝的螺距一般取较小值，如热连轧带材轧机取(0.025～0.05)d_0，四辊冷轧机最小螺距可取 0.017d_0。对压下速度要求高的，如板坯轧机和开坯机压下螺丝螺距取(0.12～0.16)d_0。

压下螺丝因为长度与直径比值一般小于 5，所以不计轴向弯曲。压下螺纹最小截面的直径由最大轧制力确定：

$$d_{min}\geqslant\sqrt{\frac{4R_{max}}{\pi[\sigma]}} \tag{4-3}$$

式中　R_{max}——作用于压下螺丝的最大轧制力，N；

$[\sigma]$——压下螺丝的许用压应力，MPa。

压下螺丝常用材料为 45 或 55 锻钢，轧制压力很大时可选合金钢 40Cr、40CrMo、40CrNi、42CrMoV 等，并经热处理提高其强度。为提高压下螺丝的耐磨性，需进行表面淬火(表面硬度为 45～65HRC)，并进行抛光。

压下螺丝安全系数取为 6，若所选材料为合金钢，强度极限 σ_0＝600～700 MPa，则许用应力 $[\sigma]$＝100～125 MPa。

(2) 压下螺母的主要参数是它的高度(H)和外径(D)。压下螺母的高度(H)按螺纹的许用单位压力为 15～20 MPa 来确定。可由下式计算：

$$\boldsymbol{p}=\frac{4R_{max}}{z\pi[d_0^2-(d_1-\Delta d)^2]}\leqslant[p] \tag{4-4}$$

式中　$\boldsymbol{p}$——螺纹受力面的单位压力，MPa；

z——压下螺丝与压下螺母之间接触部分的螺纹圈数；

d_1——压下螺纹的螺纹内径，mm；

Δd——压下螺母与螺纹的螺丝内径之差，mm；

$[p]$——压下螺丝的许用压应力，MPa。

由式(4-4)求出 z，则螺母的高度 H 可由式 $H=zt$ 求出。

根据式(4-4)，按许用单位压力$[p]$=15～20 MPa，可确定$H=(1.2\sim3)d_0$。

螺母外径D是根据它的端面与机架横梁接触面的压力来确定，即：

$$\boldsymbol{p}'=\frac{4\boldsymbol{R}_{max}}{\pi(D^2-D'^2)}\leqslant[p'] \tag{4-5}$$

式中　$\boldsymbol{p}'$——压下螺母端面与机架横梁接触面的单位压力，MPa；

D——压下螺母外径，mm；

D'——机架与压下螺母端面接触的内径，mm；

$[p']$——压下螺母的许用压应力，一般按$[p']$=60～80 MPa选取，这时$D=(1.5\sim1.8)d_0$。

压下螺母与机架镗孔的配合，应考虑更换方便，故通常选用$H9/h9$或$H8/f9$配合，并采用压板嵌在螺母和机架的凹槽内，用双头螺栓或T形螺栓固定(见图4-12)防止螺母从机架内脱出和在机架内转动。前者多用于中小型轧机，后者多用于板带轧机，这是因为T形螺栓的优点是机架加工较容易，而且不需要加工螺纹孔。压板槽的位置一般不应在机架横梁的中间断面上，因为该处所受的弯矩最大。

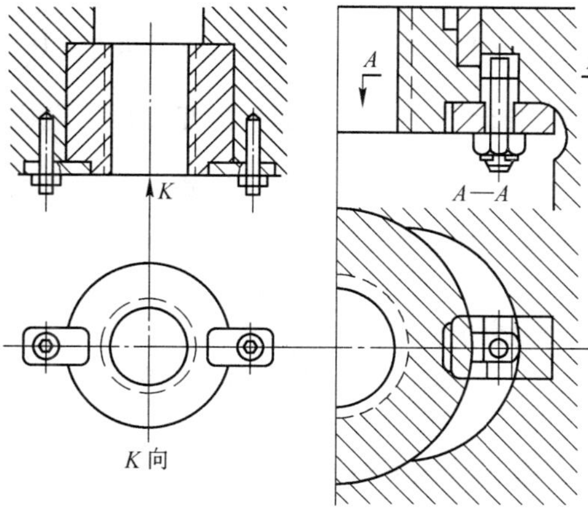

图4-12　压下螺母的固定方式

a—用双头螺栓和压板固定；b—用T形螺栓和压板固定

压下螺母可用干油或稀油润滑。采用干油润滑时，干油是通过螺母上的许多通孔注入螺纹内。采用稀油润滑时，循环的润滑油是从开在靠近上端面的径向油孔送入螺纹，沿着螺纹孔内的轴向油槽流到每一圈的螺纹中，对于压下螺丝在螺母中频繁地快速移动的轧机，如果采用稀油润滑，则压下螺母的寿命可提高1.5～2倍。

4.2.2　压下速度和压下加速度

压下速度与压下加速度的确定与轧机类型、成品厚度、坯料厚度、坯料厚差、成品厚差、压下调整精度以及调整所需时间等因素有关。

对于采用手动压下的型、线材轧机，由于压下调整是在轧制间隙时间进行的，调整的快慢对轧机的产量和产品质量没有明显的影响，压下速度及压下加速度对手动压下装置无任何实际意义。

对采用快速电动压下的初轧机而言，其工艺特点是调整量大、不带负荷压下、调整精度要求不是太高，压下速度可取60～200 mm/s，而对压下加速度的大小要求不太突出。

对热冷轧薄板带材轧机的压下速度，主要应考虑控制板带材厚度公差对调整速度的要求。

对无AGC厚控系统的常规电动压下装置，压下速度可按以下经验公式选取：

$$\boldsymbol{v}=\delta h_{min}-0.6h_{min} \tag{4-6}$$

式中　$\boldsymbol{v}$——压下速度，mm/s；

δh_{min}——最薄成品的厚度公差，mm；

h_{min}——最薄成品的厚度，mm。

由于此类轧机的轧制速度较低，厚控调整均由人工测量后进行，所以对压下加速度也无特殊要求。

具有 AGC 功能的电动压下装置要求快速调整。由于带材在高速下轧制，压下的调整量很小，所以在整个调整时间中，压下装置的加速与减速时间占有相当大的比例，有时甚至整个压下过程就只有加速和减速两个阶段。所以压下加速度的提高具有极其重要的意义。具有 AGC 功能的压下装置之所以能迅速而精确地消除带材的厚差，主要原因就是压下装置的运动机构在轧制全负荷的作用下具有较大的加速能力。因此，压下加速度的大小就成为具有 AGC 功能的电动压下装置的特征参数和衡量厚控快速性的重要指标。诚然，为了达到要求的压下加速度，必须具有相应的压下速度。

对于具有液压 AGC 功能的液压压下装置，不仅要求调整速度快，而且要求调整精度高。现代化的高速带材轧机采用较大的压下速度和压下加速度。

4.2.3　传动压下螺丝的驱动力矩及压下电机功率计算

传动压下螺丝需要克服压下螺丝和螺母的螺纹间的摩擦力矩及压下螺丝头部止推轴承处的摩擦静力矩（见图 4-13）。

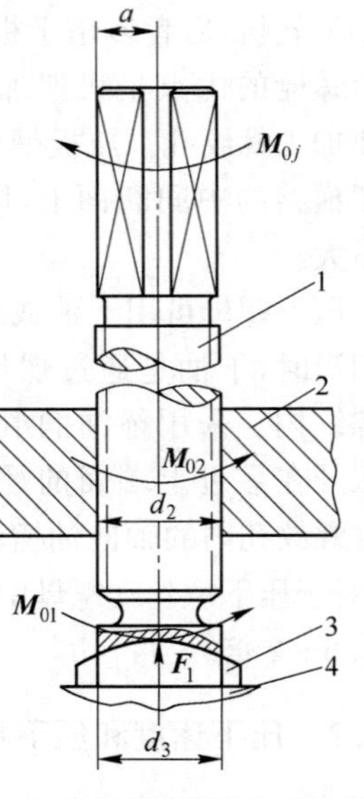

图 4-13　压下螺丝受力平衡图
1—压下螺丝；2—压下螺母；3—止推垫块；4—上轴承座

4.2.3.1　*摩擦静力矩的计算*

摩擦静力矩：

$$\boldsymbol{M}_{0j}=\boldsymbol{M}_{01}+\boldsymbol{M}_{02} \tag{4-7}$$

式中　$\boldsymbol{M}_{01}$——压下螺丝头部止推轴承处的摩擦力矩，N·m；

$\boldsymbol{M}_{02}$——压下螺丝和螺母螺纹间摩擦力矩，N·m。

(1) 计算 $\boldsymbol{M}_{01}$。设作用在压下螺纹的最大轴向力 $\boldsymbol{F}_1$ 在压下螺丝头部与球形垫接触面上沿直径方向均匀分布，即单位压力：

$$\boldsymbol{p}=\frac{4\boldsymbol{RF}_1}{\pi d_3^2}$$

利用对半径为 r 处，宽度为 dr 的微小环形面积摩擦力矩的积分计算，便可求得 $\boldsymbol{M}_{01}$。

$$\boldsymbol{M}_{01}=2\pi\mu\boldsymbol{p}\int_0^{\frac{d_3}{2}} r^2\,\mathrm{d}r=\frac{1}{3}\mu\boldsymbol{F}_1 d_3 \tag{4-8}$$

对于带中间凹槽的止推铜垫：

$$\boldsymbol{M}_{01}=\frac{1}{3}\mu\boldsymbol{F}_1\frac{d_3^3-d_4^3}{d_3^2-d_4^2} \tag{4-9}$$

对止推滚动轴承：

$$\boldsymbol{M}_{01}=\frac{1}{2}\mu\boldsymbol{F}_1 d_{\mathrm{p}} \tag{4-10}$$

式中　μ——摩擦系数，对滑动止推轴承取 0.15～0.2，对采用滚动止推轴承时，可取 0.005；

d_3——压下螺丝头部直径，mm；

d_4——带中间凹槽的止推铜垫内径，mm；

d_{p}——止推滚动轴承的平均直径，mm。

(2) 计算 $\boldsymbol{M}_{02}$。螺纹间的摩擦力矩 $\boldsymbol{M}_{02}$ 的计算，可根据滑块沿斜面滑行的力学平衡条件来确定。将压下螺丝视为滑块，螺母视为斜面，斜面的倾角 α（即螺纹升角）。滑块在水平力 $\boldsymbol{F}'_{\mathrm{q}}$（相当于主动的旋转切向力）推动下沿斜面移动（即压下螺丝转动），这时滑块在水平力 $\boldsymbol{F}'_{\mathrm{q}}$、垂直力

$\boldsymbol{F}_1$、正压力 $\boldsymbol{F}_N$ 和摩擦力 T 四个力作用下平衡(见图 4-14)。当压下螺丝下行时(见图 4-14*a*),需加水平力为:

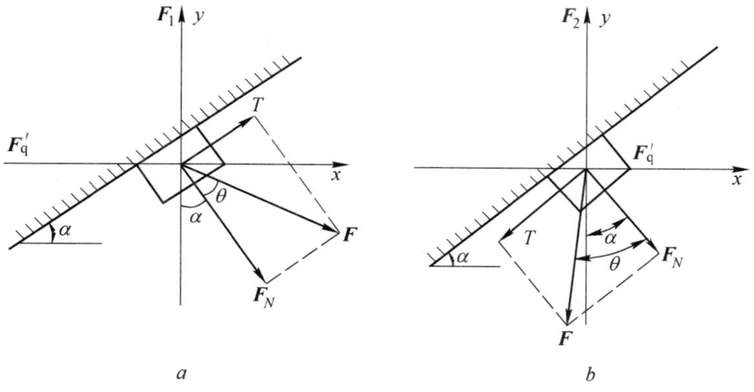

图 4-14 压下螺丝计算简图

a—压下螺丝下行时受力情况;*b*—压下螺丝上行时受力情况

$$\boldsymbol{F}_q' = \boldsymbol{F}\sin(\theta+\alpha) \tag{4-11}$$

$$\boldsymbol{F} = \frac{\boldsymbol{F}_1}{\cos(\theta+\alpha)} \tag{4-12}$$

式中 $\boldsymbol{F}$——斜面(螺纹)给滑块(螺丝)的正压力 $\boldsymbol{F}_N$ 和摩擦力 $\boldsymbol{T}$ 的合力;

θ——压下螺丝和螺母的螺纹间的摩擦角,$\theta=\arctan\mu_1$;

μ_1——螺纹间的摩擦系数,通常取 0.1;

α——压下螺丝和螺母的螺纹升角,$\alpha=\arctan[t/(\pi d_2)]$;

d_2——压下螺丝和螺母直径,mm。

将式(4-11)代入式(4-12),可得:

$$\boldsymbol{F}_q' = \boldsymbol{F}_1\tan(\theta+\alpha) \tag{4-13}$$

同理,当压下螺丝上行时(见图 4-14*b* 所示),需加水平力为:

$$\boldsymbol{F}_q' = \boldsymbol{F}_2\tan(\theta-\alpha) \tag{4-14}$$

螺纹间的摩擦力矩 $\boldsymbol{M}_{02}$:

$$\boldsymbol{M}_{02} = \boldsymbol{F}_q'\frac{d_2}{2} = \boldsymbol{F}_1\tan(\theta\pm\alpha)\frac{d_2}{2} \tag{4-15}$$

式中,下行取正号,上升取负号。

(3)静力矩 $\boldsymbol{M}_{0j}$ 计算:

$$\boldsymbol{M}_{0j} = \boldsymbol{M}_{01} + \boldsymbol{M}_{02} = \boldsymbol{F}_1\left[\frac{1}{3}d_3\mu + \frac{1}{2}d_2\tan(\theta\pm\alpha)\right] \tag{4-16}$$

式中,压下螺纹的最大轴向力 $\boldsymbol{F}_1$ 应根据具体情况予以确定:

空载压下时 $$\boldsymbol{F}_1 = (\boldsymbol{F}_q' - \boldsymbol{G})/2 \tag{4-17}$$

式中 $\boldsymbol{F}_q'$——上轧辊的平衡力,N;

$\boldsymbol{G}$——被平衡部件(包括轧辊部件和压下螺丝等)的总重量,N。

带负荷压下时取单侧轴向负荷较大者,过平衡力($\boldsymbol{F}_q'-\boldsymbol{G}$)与轧制压力相比可忽略不计。但采用液压弯辊调整辊型时,还应加上弯辊力。

4.2.3.2　动力矩M_{0d}的计算

$$M_{0d}=\frac{\Sigma GD^2}{375}\frac{dn}{dt} \tag{4-18}$$

式中　GD^2——压下传动系统折算到压下电机轴上的飞轮力矩，N · m²；

$\frac{dn}{dt}$——压下电机角加速度，(r/min)/s。

4.2.3.3　电动机功率计算

$$N=\frac{n}{9750\eta_0}\left(\frac{M_{0j}}{i}+M_{0d}\right) \tag{4-19}$$

式中　n——压下电机转速，r/min；

η_0——压下传动系统的总传动装置的传动效率；

i——压下传动系统的总传动比。

但对于频繁启动、制动的快速压下装置的电机功率计算，还需考虑启动和制动加速度所产生的动力矩，然后作出负荷图，进行电机发热和过载的验算后才能确定。

4.3　轧辊平衡装置

轧辊平衡装置是上辊径向调整装置的重要组成部分之一，它与轧辊的压下装置共同完成上辊的径向调整。它用来平衡轧辊及轴承座等重量，以消除由于轧辊辊颈和轴承衬间、轴承座和压下螺丝头部间、压下螺丝和压下螺母的螺纹间存在着间隙所造成的轧辊咬入轧件时产生的冲击。采用平衡装置对上轧辊轴承座施加一平衡力(**F**)，该力为被平衡件重量(**G**)的 1.2～1.4 倍，使轴承座紧贴在压下螺丝端部，并保持压下螺丝和压下螺母螺纹受力面不脱开，防止了冲击现象；轧辊回升时，将轧辊托起，对四辊轧机该力尚应保证轧机空载时，工作辊与支承辊间不打滑，有利于提高轧辊寿命和保证产品质量。

根据轧辊调整行程大小，调整速度及频率的不同，平衡装置主要有如下几种形式。

4.3.1　弹簧式平衡装置

弹簧式平衡装置如图 4-15 所示。弹簧置于机架盖上部，上辊的下轴承座通过拉杆吊挂在平衡弹簧上。由图可见，当轧辊上升时，弹簧放松，轧辊被压下时，弹簧被逐渐压缩。因此，弹簧的平衡力在轧辊调整过程中是变化的。该种平衡装置仅用于轧辊调整行程不大于 40～100 mm 的轧机上。如三辊型材轧机、线材轧机、小型的四辊轧机等。它的优点是简单、可靠，缺点是更换轧辊时，需要人工拆除弹簧，费力、费时。

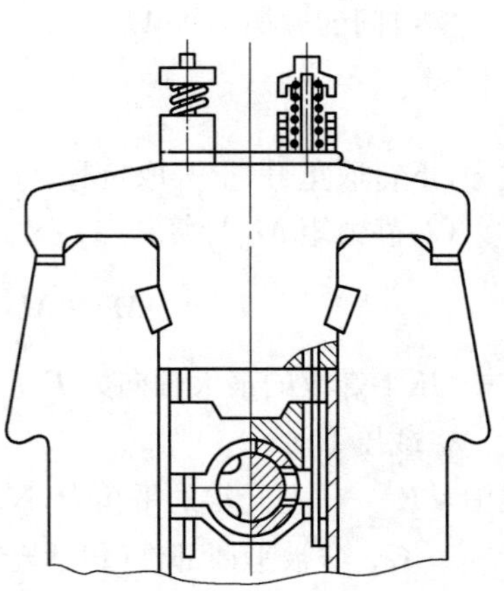

图 4-15　型钢轧机的弹簧平衡装置简图

4.3.2　重锤式平衡装置

重锤平衡装置主要用于轧辊调整量很大的初轧机、板坯轧机、厚板轧机及大型型钢轧机上。其优点是工作可靠、维修方便、操作简单、调整行程大。缺点是设备重量大、轧机的基础深而结构复杂、重锤摆动时惯性力大，易造成平衡系统产生冲击和影响轧件质量。

4.3.3 液压式平衡装置

液压平衡装置是利用液压缸推力平衡上辊重量的。它具有结构紧凑、动作灵活、工作平稳、操作和拆卸方便等特点。故可减少换辊时间，但该种平衡装置需要一套液压系统，投资较大。液压平衡装置广泛应用于四辊板带轧机上。

图 4-16 所示为四缸式液压平衡装置。在每个压下螺丝 3 的两侧设有两个平衡液压缸 4，通过横梁 2 和拉杆 11 与支持辊轴承座 10 相连。

现代化的板带连轧机上，为了适应快速换辊的要求，轧机机架窗口采用带支架结构，以便安装工作辊和支承辊的液压平衡缸，八缸式液压平衡装置，如图 4-17 所示。其中 4 个安装在下工作辊轴承座内的液压缸支撑上工作辊系及上支持辊本体重量；四个大的液压缸平衡支持辊轴承座及压下螺丝重量，而换辊时，平衡压下螺丝及支持辊辊系重量。

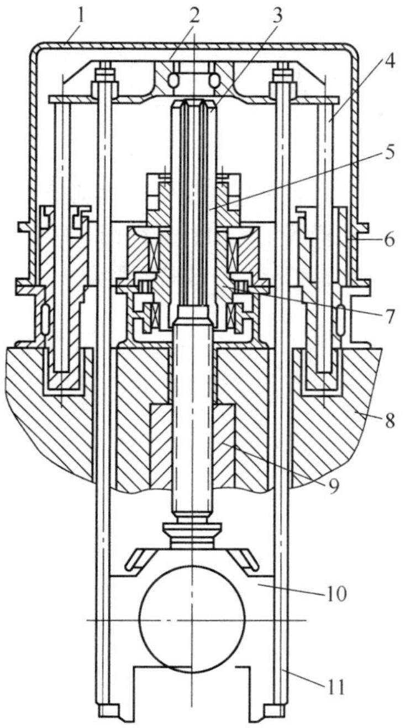

图 4-16 四缸式液压平衡装置

1—外罩；2—横梁；3—压下螺丝；4—液压缸；5—离合器；6—壳体；7—压下蜗轮；8—机架上横梁；9—压下螺母；10—上轧辊轴承座；11—拉杆

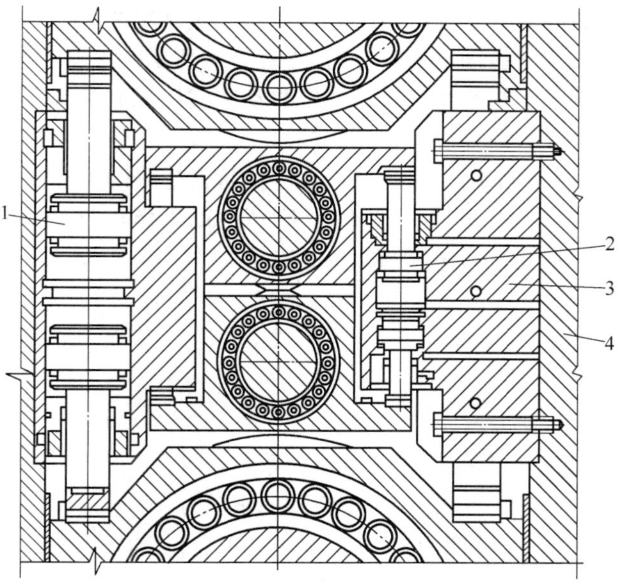

图 4-17 新型八缸式液压平衡装置

1—支持辊平衡缸；2—工作辊平衡缸；3—支架；4—工作机架

4.3.4 轧辊平衡力的确定

通常，取平衡力为被平衡部件重量的 1.2～1.4 倍（即过平衡系数 $K=1.2\sim1.4$）。在采用弹簧平衡时，由于上辊的移动会引起弹簧平衡力的变化，故过平衡系数在此范围内取偏上限。

采用重锤平衡时，平衡锤相对于杠杆支点的力矩应比被平衡部件的力矩大20％～40％。

采用液压平衡时，平衡力 $\boldsymbol{F}_q$ 的选择体现在液压缸工作压力 $\boldsymbol{p}$ 的确定上，按下式计算：

$$p=k\frac{4G}{n\pi d^2} \tag{4-20}$$

式中　G——被平衡零件的总重量，N；

n——平衡液压缸的数量；

d——液压缸柱塞直径，mm。

被平衡零件重量 G 的确定，对于二辊轧机包括辊系重量、压下螺丝、测压仪、球面垫；对于四辊轧机工作辊液压缸平衡重量（工作辊辊系及上支持辊本体重量），以消除上支持辊辊颈与其轴承间的上部间隙，以保证板带的轧制精度；支持辊液压缸平衡重量包括压下螺丝、支持辊辊系、测压仪及球面垫的重量，以保证工作辊换辊的需要。

在计算四辊轧机上工作辊平衡力时，应考虑由于上工作辊平衡力 F_q 产生的工作辊、支持辊之间正压力 F_Q 值需满足轧机频繁地在空载下启动、制动、正反转时不致造成工作辊与支持辊间打滑的条件。即轧机空载加、减速时，主动辊作用于被动辊的摩擦力矩应大于被动辊的动力矩，如图 4-18 所示。

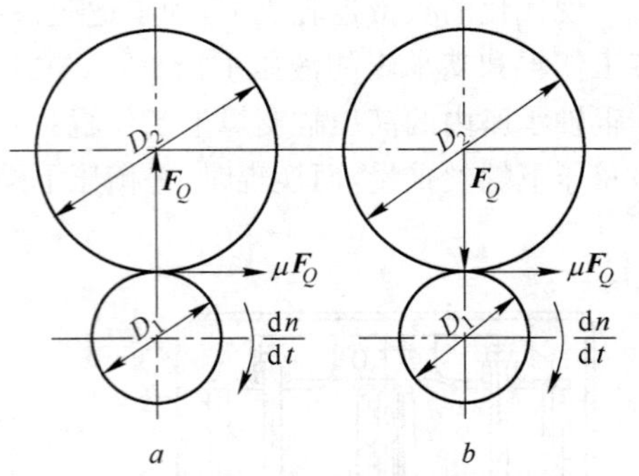

图 4-18　四辊可逆轧机被动辊承受主动辊的正压力计算简图

a—工作辊驱动；b—支持辊驱动

鉴于四辊轧机具有工作辊驱动和支持辊驱动两种主传动形式，故分别予以讨论。

（1）工作辊驱动情况。工作辊与支持辊间不打滑条件，即上工作辊的平衡力 F_q 产生的工作辊与支持辊间的正压力 F_Q 须满足：

$$\frac{\mu F_Q D_2}{2}\geqslant\left[\frac{(GD^2)_2}{375}\left(\frac{\mathrm{d}nD_1}{\mathrm{d}t\,D_2}\right)\right]+\frac{\mu_2 F_{Q2} d_2}{2}$$

$$F_Q\geqslant\frac{(GD^2)_2}{187.5}\frac{\mathrm{d}n}{\mathrm{d}t}\frac{D_1}{\mu D_2^2}+\frac{\mu_2 F_{Q2} d_2}{\mu D_2} \tag{4-21}$$

式中　μ——辊面间的滑动摩擦系数，0.1；

F_Q——上工作辊给支持辊的正压力，N；

D_1，D_2——分别为工作辊、支持辊辊身直径，m；

$(GD^2)_2$——支持辊飞轮力矩，N·m²；

$\frac{\mathrm{d}n}{\mathrm{d}t}$——工作辊的角加速度，(r/min)/s；

F_{Q2}——支持辊轴承上所受的力，N；

μ_2——支持辊轴承滚动摩擦系数；

d_2——支持辊的辊颈直径，m。

（2）支持辊驱动情况。同理，上工作辊平衡力应满足：

$$F_Q\geqslant\frac{(GD^2)_1}{187.5\mu D_1}\frac{\mathrm{d}n}{\mathrm{d}t}+\frac{\mu_1 F_{Q1} d_1}{\mu D_1} \tag{4-22}$$

式中　$(GD^2)_1$——工作辊飞轮力矩，N·m²；

F_{Q1}——工作辊上轴承所受的力，N；

μ_1——工作辊轴承滚动摩擦系数；

d_1——工作辊辊颈的直径，m。

上工作辊的平衡力 $\boldsymbol{F}_{q}$ 为：

$$\boldsymbol{F}_{q}=\boldsymbol{F}_{Q}+\boldsymbol{G} \tag{4-23}$$

式(4-22)求得的 $\boldsymbol{F}_{q}$ 值应满足 $\boldsymbol{F}_{q}\geqslant(1.2\sim1.4)\boldsymbol{G}$ 的条件。此时，上工作辊每个平衡液压缸的工作压力则按下式计算：

$$\boldsymbol{p}=\frac{4(\boldsymbol{F}_{Q}+\boldsymbol{G})}{n\pi d^{2}} \tag{4-24}$$

练习题 4

4-1 快速电动压下与慢速电动压下的主要区别是什么？
4-2 液压压下装置与电动压下装置相比主要特点是什么？
4-3 压下螺丝回松与自锁的原因与预防措施是什么？
4-4 压下装置主要参数如何确定？
4-5 轧辊平衡装置的作用是什么，各种轧辊平衡装置的特点是什么？
4-6 四辊轧机工作辊液压平衡缸单位压力如何确定？
4-7 为什么电动压下装置一般采用双电机？

5 轧机机架

机架是轧机工作机座的骨架。它是用来安装轧辊、轧辊轴承座、轧辊调整装置、导卫装置、换辊及冷却润滑装置等零部件。机架承受着经轧辊、轴承座和压下螺丝等传来的全部轧制力。因此，轧制生产要求机架具有足够的强度和刚度，并且其结构要适应轧辊调节和快速换辊的需要。由于机架重量大，制造较复杂，一般给予很大的安全系数，并作为永久使用的、不更换的零件来进行设计。

5.1 机架的类型及其结构参数

5.1.1 机架的类型

依轧机形式和轧制工艺要求，轧机的机架可分为两种类型：闭式机架和开式机架。

如图 5-1*a* 所示，闭式机架是一个将上下横梁与立柱制成一体的封闭式整体框架。闭式机架大多是整体铸造的，当机架尺寸和重量太大，受铸造条件或运输条件限制时，则采用电渣焊焊成。闭式机架具有较高的强度和刚度，故主要用于轧制力较大或对轧件尺寸要求严格的轧机，如初轧机、板带材轧机，也在质量要求较高的高速线材轧机和型材轧机上得到了广泛应用。采用闭式机架的工作机座，在换辊时，轧辊沿其轴线方向从机架窗口抽出或装入，这种轧机一般设有专用的换辊装置。

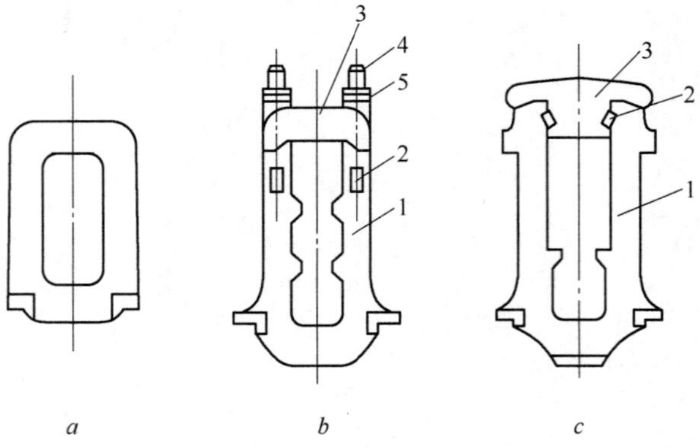

图 5-1　机架的主要形式

a—闭式机架；*b*—螺栓连接；*c*—斜楔连接

1—U 形架；2—柱楔；3—机架盖；4—连接螺栓；5—紧固螺母

开式机架则为非整体结构的框架，由机架本体和上盖两部分连接而成。开式机架的结构形式很多，有用螺栓、套环、销轴、立销和斜楔将上盖和 U 形架连接的各种方式。目前应用最多的是螺栓和斜楔连接，如图 5-1*b*、*c* 所示。主要用在横列式型材轧机上，因为在这类轧机上沿轧辊轴向换辊要受到相邻机座和连接轴的妨碍，因此，只能采用开式机架，拆下上盖，将轧辊从上面吊出或装入，完成换辊操作。开式机架的主要缺点是刚度较差，影响开式机架刚度的关键是上盖的连接方式。

图 5-1*b* 所示为螺栓连接的开式机架，机架上盖用两个螺栓与机架连接。这种连接方式结构简单，但因螺栓较长，受力变形较大，机架刚度较低。

图 5-1*c* 是斜楔连接的开式机架，与上述形式的开式机架相比有以下优点：(1)由于连接件数量少、变形小，使上盖弹跳值减少。(2)连接件结构简单，连接坚固。(3)机架立柱横向变形小。在打紧斜楔后，机架立柱上部被斜楔和机盖止口紧紧挤住，大大减小了立柱的横向变形。由上可知，斜楔连接的开式机架，除了换辊方便外，还具有较高的刚度，故称为半闭式机架，这种机架使用效果较好，在横列式轧机上得到了广泛的应用。

5.1.2 机架的结构及其主要参数

5.1.2.1 机架结构

A 闭式机架结构

图 5-2 是 1700 热轧带材连轧机精轧机座的机架结构图。两片机架 2 和 12 的上部，通过箱形横梁 9 用 12 个 M64 的螺栓 10 连接，并用键 8 定位。机架的下面则通过两根横梁 15 用 16 个 M64 的螺栓 13 连接。横梁 5 是支撑辊换辊小车 4 的轨道底座，它用 16 个 M56 的螺栓与机架下部连接，并用键 6 定位。在横梁 5 中装有 4 个液压缸，在换支持辊时用来升降成套的轧辊组件。

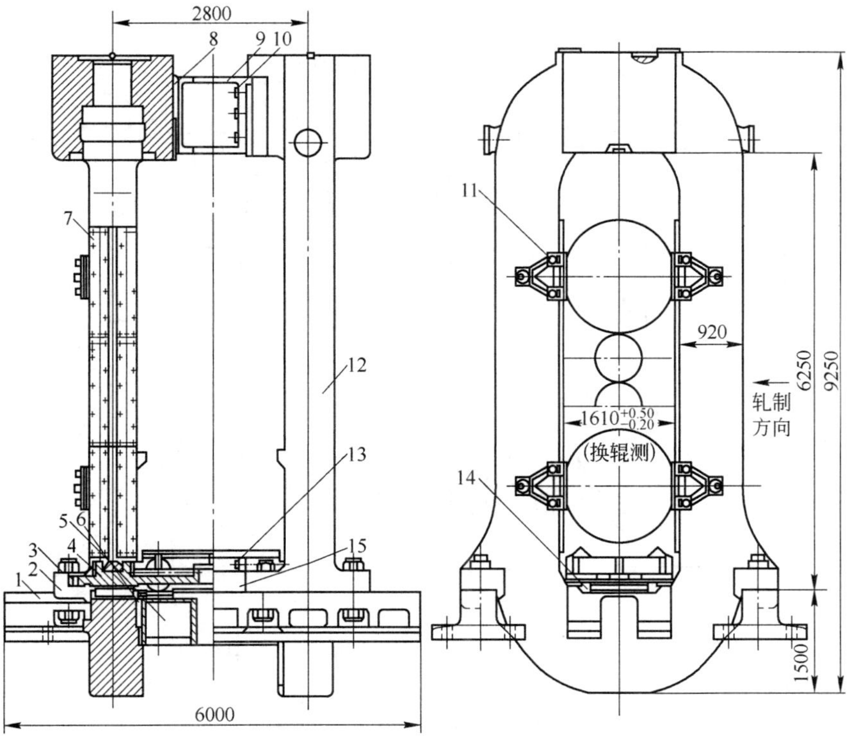

图 5-2 1700 热轧带钢连轧机精轧机座机架

1—轨座；2，12—机架；3，10，13—螺栓；4—支持辊换辊小车；5—横梁；6，8—键；7—滑板；9—箱形横梁；11—支持辊轴向压板；14—测压头；15—下横梁

此机架窗口高度与宽度的比值达 3.75，比一般轧机大得多。为了节省金属，机架立柱采用近似方形断口。立柱截面宽度为 920 mm，厚度为 700 mm，截面积为 6440 cm^2。为了防止立柱内

表面磨损，装有 45 号钢制成的滑板 7。为了换辊方便，换辊端窗口宽度比传动端大 20 mm。机架材料为 ZG35，其机械性能为：强度限 $\sigma_b \geqslant$ 500 MPa，屈服限 $\sigma_s = 280$ MPa，伸长率 $\delta \geqslant 15\%$，冲击韧性 $a_K \geqslant$ 35 N·m/mm²，每片机架约重 130 t。

为适应快速换辊的需要，现代板带轧机机架窗口两侧都有附加支座，如图 5-3 所示。在附加支座中，安装了上支持辊和上工作辊的平衡液压缸，以及下工作辊的弯辊液压缸。

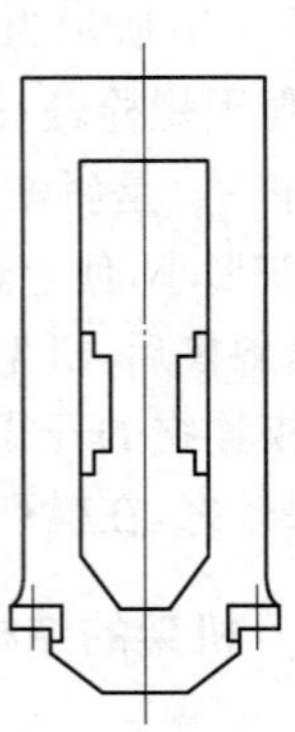

图 5-3　窗口两侧有附加支座的机架简图

B　开式机架结构

目前应用较多的开式机架是斜楔连接的开式机架，图 5-4 是 650 型材轧机斜楔连接的开式机架结构图。机架是由上盖 1 和两个 U 形架 3、12 组成，上盖与 U 形架之间用斜度为 1∶50 的斜楔 4 连接。为了防止斜楔磨损机架和简化机架楔孔的加工，楔孔加工成不带斜度的长方孔，并在上、下两个承压面装有鞍形垫板 8、9，下鞍形板有 1∶50 的斜度。上盖与 U 形架立柱用销钉 2 轴向定位。上盖中间实际上是冷却轧辊的水箱，箱体下部有喷水小孔。上盖和 U 形架上都安装有压下和压上装置传动齿轮的壳体。由于中辊上轴承座采用 H 形瓦架，上盖下部开有燕尾槽，以便安装调整 H 形瓦架的斜楔。在 U 形架立柱上有支撑中辊下轴承座的凸台。与下辊轴承接触的机架立柱上镶有耐磨滑板 7。

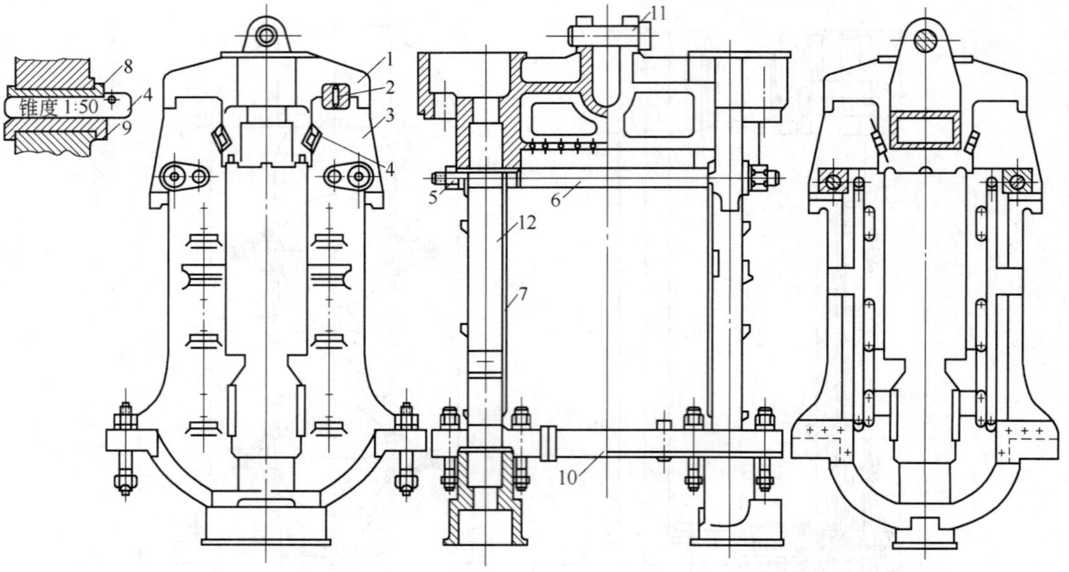

图 5-4　650 型钢轧机斜楔连接的开式机架结构

1—上盖；2—销钉；3，12—U 形架；4—斜楔；5—拉紧螺栓；6—横梁；7—滑板；8—上鞍形垫板；9—下鞍形垫板；10—中间梁；11—销轴

为了增加机架的稳定性，除上盖与 U 形架之间需要牢固连接外，两片 U 形架下部和上部也要牢固连接。上部通过两根铸造横梁 6 及拉紧螺栓 5 连接，下部通过中间梁 10 用螺栓连接。为了换辊方便，上盖是整体铸造的，上盖上的销轴 11 是按可以吊起整个工作机座设计的。整个机架用 8 个 M72 的螺栓固定在地脚板上。

开式机架中的另一种典型形式是预应力机架，图 5-5 所示的预应力机架结构是国内使用较多的一种。它是用液压螺母和拉杆将剖分的上、下半牌坊连接而成，这种机架由于液压螺母在未轧制前对牌坊已施加约 1.2～1.5 倍轧制力的预应力，因而在轧制时可减少牌坊的变形，提高轧机的刚度，用于小型型钢轧机和线材轧机上具有明显的优越性。

5.1.2.2 机架的主要参数

机架的主要结构参数是窗口宽度 B、高度 H 和地脚螺栓间距 b、立柱截面尺寸等(见图 5-6)。在闭式机架中，机架窗口宽度应稍大于轧辊最大直径以便于换辊；而开式机架窗口宽度主要决定于轧辊轴承座的宽度。

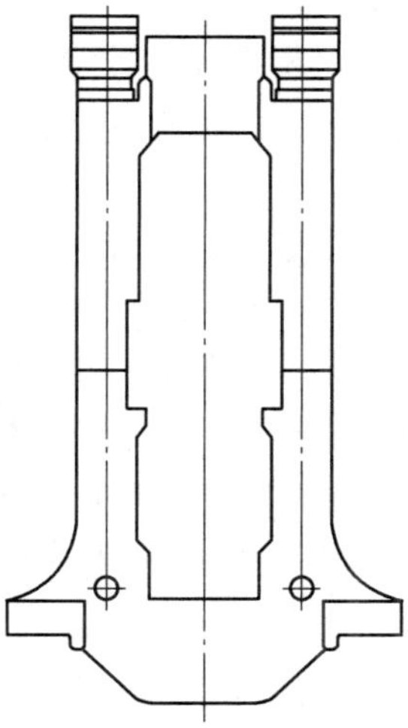

图 5-5 预应力机架

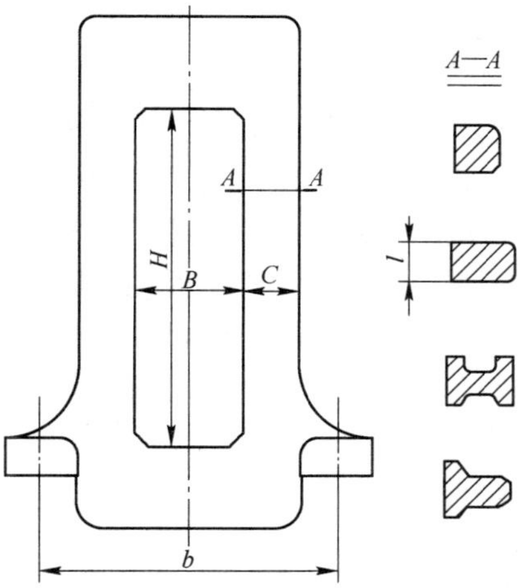

图 5-6 机架的主要参数和立柱断面形状

四辊轧机机架窗口宽度一般为支承辊直径的 1.15～1.30 倍。为换辊方便，换辊侧的机架窗口应比传动侧机架窗口宽 5～10 mm。

机架窗口高度 H 主要根据轧辊最大开口度、压下螺丝最小伸出端(至少有 2～3 个螺纹长度)以及换辊等要求确定。

$$H = H_1 + H_2 + H_3 + h_1 + h_2 \tag{5-1}$$

式中 H_1——两个(或 4 个)轧辊接触时，上、下轴承座间的最大距离，mm；

H_2——安全臼或测压元件以及均压块的高度，mm；

H_3——下轴承座底垫板厚度，mm；

h_1——轧辊换辊时的最大开口宽，mm；

h_2——机架窗口高度尺寸裕量，通常 $h_2 = 150 \sim 250$ mm。

对于四辊轧机，可取：

$$H = (2.6 \sim 3.5)(D_1 + D_2) \tag{5-2}$$

式中 D_1，D_2——工作辊、支持辊辊身直径，mm。

机架立柱的断面尺寸及形状对机架的强度和刚度有很大影响。机架立柱的截面积是根据强度条件确定的。由于作用于轧辊辊颈和机架立柱上的力相同，而辊颈强度近似地与其直径平方(d^2)成正比，故机架立柱的截面积(A)与轧辊辊颈的直径平方(d^2)有关。比值(A/d^2)可根据轧辊材料和轧机类型按表 5-1 选取。

表 5-1　机架立柱截面积与轧辊辊颈直径平方的比值(A/d^2)

轧辊材料	轧机类型	比值 A/d^2	备　注
铸　铁		0.6～0.8	
碳　钢	开坯机	0.7～0.9	
	其他轧机	0.8～1.0	
铬　钢	四辊轧机	1.2～1.6	按支持辊辊颈直径计算

在现代板带轧机上,为了提高轧制精度,有逐渐加大立柱截面的趋势。常用的机架立柱断面的形状有近于正方形、矩形、工字形和 T 字形四种。设计机架时,可根据轧机类型、机架受力特点等因素来选择立柱断面的形状。并应使立柱断面在轧辊轴线方向的长度稍小于轧辊轴承座的长度,以使立柱边缘部分不影响轧件的轧制。

由于在断面积相同的情况下,工字形断面和矩形断面的断面系数大,抗弯能力强,立柱刚度大,故适用于机架较宽和水平力较大的轧机,如宽厚板轧机等;近于正方形的断面主要用于水平力不大、高而窄的机架,如四辊轧机的机架。因为方形断面的惯性矩小,可以使立柱上的弯矩减小。虽然会使横梁上的弯矩相应增大,但由于立柱的高度大于横梁的长度,从立柱上节省下来的材料超过横梁需增加的材料,故在这种机架上采用惯性矩较小的近于方形的断面,对提高机架的强度和刚度及减轻机架的重量是有利的。T 字形断面介于上述两种情况之间,但接近于工字形和矩形断面的效果。

5.2　机架的强度计算

机架是轧机的永久性零部件,因而对它的强度有很高的要求。在设计新轧机或对旧轧机进行强化轧制、扩大品种规格时,都必须对机架强度进行校核,并确保机架在轧辊折断时不致产生塑性变形。

但轧机机架结构比较复杂,不易进行精确的强度和刚度计算。机架的强度计算,可分为静力强度和疲劳强度两种。在计算方法上,机架的强度计算有粗略计算和精确计算两种。前者是把机架简化成形状简单的框架,应用材料力学方法进行计算。实践证明,材料力学的粗略算法虽不能确定复杂形状的机架真实薄弱部位,但它通过对立柱、横梁主要断面的应力计算,可以确定机架的主要结构尺寸,为设备设计提供基本参数。近年来,随着计算机在轧制生产中的广泛应用,机架设计都采用弹性力学有限单元法和最优化设计方法进行,并辅以电测法和光测弹性力学实验验证。有限单元法、电测实验法和光弹性实验法的优点是能精确求出牌坊中转角、孔槽及断面过渡等局部部位由于应力集中而引起的危险应力值。因此,当轧机机架的主要尺寸确定后,依靠这些方法可对机架的设计做必要的局部修正,以使机架设计更为合理可靠。

按照材料力学的方法计算机架强度步骤如下:(1)以机架各截面中性轴连线组成框架,将机架简化成平面刚架;(2)确定外力的大小及作用点;(3)根据结构和受力特点简化模型,降低静不定阶数;(4)根据变形谐调条件,用材料力学方法求解静不定力;(5)根据计算截面的面积、惯性矩和承受弯矩、拉力大小求出应力,验算强度。

5.2.1　闭式机架的强度计算

在轧制过程中,机架的受力也是相当复杂的,通常有下面一些力作用在机架上:(1)轧制力通过轧辊轴承，压下螺丝和底座分别作用在机架的上、下横梁上；(2)轧件咬入或加、减速轧制所产生的惯性力作用在机架的立柱上；(3)带张力轧制时，由前、后张力差所引起的水平力作用于机架的立柱上；(4)异径轧制、异步轧制和单辊传动的轧制方式，由于轧制力的倾斜而产生的水平分力作用于机架的立柱上；(5)各种水平力所形成的倾翻力矩在机架下支撑面上所引起的反力。

在上述各作用力中，以轧制力为最大，其他各力相对较小，在强度计算时，有时可以忽略它们的影响。

机架的实际情况是比较复杂的，然而由于机架各截面形心位于同一平面，故可把机架简化为平面刚架。一般来说，求解平面刚架的内力属于三次静不定问题。这是因为当把平面刚架任一处截开时，三对未知内力不可能由平衡方程确定出来(见图 5-7*a*)。为了简化机架强度计算，一般做以下假设：(1)每片机架只是在上、下横梁的中间截面处作用有垂直力 $\boldsymbol{P}$，此两力大小相等方向相反，并作用在同一直线上。此时，由于机架外载荷对称，故不受倾翻力矩的作用；(2)机架的形状以窗口的垂直中心线对称，且不考虑由于上、下横梁惯性矩的差别所引起的水平内力；(3)上、下横梁和立柱的交界处(转角处)是刚性的，即机架变形后机架转角仍保持不变。

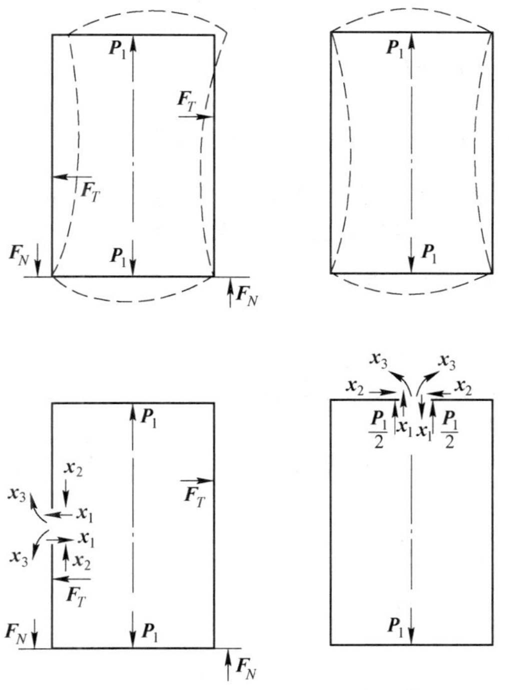

图 5-7 机架受力分析

a—非对称力系；*b*—对称力系

根据上述假设，机架的结构和受力都以垂直中心线为对称。将机架沿垂直对称轴剖开，得到两个结构和载荷完全相同的半机架(见图 5-7*b*)。在截面处的三个力分量 $\boldsymbol{x}_1$，$\boldsymbol{x}_2$，$\boldsymbol{x}_3$ 中，按照剪力 $\boldsymbol{x}_1$ 的反对称条件可以确定 $\boldsymbol{x}_1=0$；当不考虑上、下横梁惯性矩差所引起的水平内力，可确定 $\boldsymbol{x}_2=0$。则原机架的三次静不定问题就简化成一次静不定问题。

简单闭式机架受力变形时，上、下横梁中点挠角为零，故可将平面刚架进一步简化成悬臂支架，上横梁中央截面作用有 $\boldsymbol{P}_1/2$ 和静不定力矩 $\boldsymbol{M}_0$，如图 5-8 所示。

5.2.1.1 静不定力矩 $\boldsymbol{M}_0$ 的计算

根据变形谐调条件，$\boldsymbol{M}_0$ 应保证上横梁中央截面相对转角为零。则从 $\theta=0$ 这一变形条件出

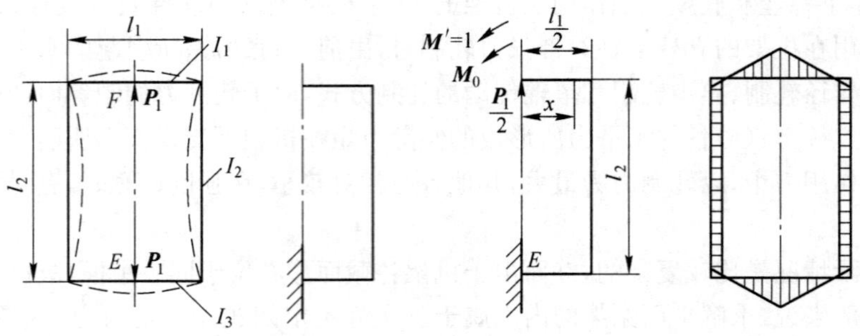

图 5-8　M_0 计算简图及机架弯曲力矩图

发即可求出静不定力矩 M_0。

根据单位力法求变形，可得：

$$\theta = \int_l \frac{M_x M'_x}{EI_x} \mathrm{d}x = 0 \tag{5-3}$$

对于上、下横梁：$M_x = \frac{p_1}{2}x - M_0$；$M'_x = -1$

对于立柱：当 $x = \frac{l_1}{2}$ 时，$M_x = \frac{p_1}{2}x - M_0 = \frac{p_1}{2} \cdot \frac{l_1}{2} - M_0$；$M'_x = -1$

式中　M_x——机架计算截面由力 $p_1/2$ 和 M_0 产生的弯矩，N · mm；

M'_x——单位力矩 $M'=1$ 在计算截面产生的弯矩，N · mm；

I_x——计算截面的惯性矩，mm^4；

E——机架材料的弹性模量，MPa；

x——机架中心线至计算截面的水平距离，mm。

将上面结果分别代入方程式(5-3)并积分可得：

$$\theta = \frac{1}{EI_1}\int_0^{\frac{l_1}{2}} \left(\frac{p_1}{2}x - M_0\right)(-1)\mathrm{d}x + \frac{1}{EI_2}\int_0^{l_2} \left(\frac{p_1}{2} \times \frac{l_1}{2} - M_0\right)(-1)\mathrm{d}x +$$

$$\frac{1}{EI_3}\int_0^{\frac{l_1}{2}} \left(\frac{p_1}{2}x - M_0\right)(-1)\mathrm{d}x = 0$$

由上式积分求得静不定力矩 M_0：

$$M_0 = \frac{p_1 l_1}{4} \frac{\frac{l_1}{4I_1} + \frac{l_2}{I_2} + \frac{l_1}{4I_3}}{\frac{l_1}{2I_1} + \frac{l_2}{I_2} + \frac{l_1}{2I_3}} \tag{5-4}$$

式中　l_1, l_2——机架横梁和立柱的轴线长度，mm；

I_1, I_3, I_2——机架上、下横梁和立柱截面的惯性矩，mm^4。

如果上、下横梁截面相等，即 $I_1 = I_3$ 情况下，静不定力矩 M_0 为：

$$M_0 = \frac{p_1 l_1}{4} \frac{\frac{l_1}{2I_1} + \frac{l_2}{I_2}}{\frac{l_1}{I_1} + \frac{l_2}{I_2}} \tag{5-5}$$

5.2.1.2　闭式机架的弯矩图

确定静不定力矩 M_0 后，则上、下横梁得弯矩方程为：

$$\boldsymbol{M}_1=\boldsymbol{M}_2=\frac{\boldsymbol{p}_1}{2}x-\boldsymbol{M}_0 \tag{5-6}$$

$$\boldsymbol{M}_{1\max}=\boldsymbol{M}_{3\max}=\boldsymbol{M}_0 \tag{5-7}$$

立柱的弯矩 $\boldsymbol{M}_2$：

$$\boldsymbol{M}_2=\frac{\boldsymbol{p}_1 l_1}{4}-\boldsymbol{M}_0=\frac{\boldsymbol{p}_1 l_1^2}{16}\frac{\dfrac{l_1}{I_1}+\dfrac{l_2}{I_2}+\dfrac{l_3}{I_3}}{\dfrac{l_1}{2I_1}+\dfrac{l_2}{I_2}+\dfrac{l_3}{2I_3}} \tag{5-8}$$

若上、下横梁截面相等，即 $I_1=I_3$ 情况下，立柱的弯矩 $\boldsymbol{M}_2$ 为：

$$\boldsymbol{M}_2=\frac{\boldsymbol{p}_1 l_1}{8}\frac{1}{1+\dfrac{l_2 I_1}{l_1 I_2}} \tag{5-9}$$

求出弯矩 $\boldsymbol{M}_1$、$\boldsymbol{M}_2$ 后，即可绘制出机架各截面的弯矩图(见图 5-8d 所示)。

5.2.1.3 闭式机架的强度校核

(1) 上、下横梁受弯矩作用，横梁中部外缘为危险截面，应力为：

$$\boldsymbol{\sigma}_{1外}=\frac{\boldsymbol{M}_0 Y_1}{I_1}=\frac{\boldsymbol{M}_0}{W_{1外}} \tag{5-10}$$

$$\boldsymbol{\sigma}_{3外}=\frac{\boldsymbol{M}_0 Y_3}{I_3}=\frac{\boldsymbol{M}_0}{W_{3外}} \tag{5-11}$$

式中 $\boldsymbol{\sigma}_{1外}$，$\boldsymbol{\sigma}_{3外}$——上、下横梁中部外缘拉应力，MPa；

Y_1，Y_3——上、下横梁危险截面中性线距外缘距离，mm；

$W_{1外}$，$W_{3外}$——上、下横梁危险截面外缘的抗弯截面系数，mm^3。

(2) 立柱即受拉、弯组合变形，其内侧的合成拉应力为：

$$\boldsymbol{\sigma}_{2内}=\frac{\boldsymbol{M}_2 Y_2}{I_2}+\frac{\boldsymbol{p}_1}{2A_2}=\frac{\boldsymbol{M}_2}{W_{2内}}+\frac{\boldsymbol{p}_1}{2A_2} \tag{5-12}$$

式中 $\boldsymbol{\sigma}_{2内}$——立柱内侧合成拉应力，MPa；

Y_2——立柱横截面中性线距内缘距离，mm；

A_2——立柱横截面面积，mm^2；

$W_{2内}$——立柱危险截面内缘的抗弯截面系数，mm^3。

5.2.2 二辊开式机架的强度计算

二辊开式机架的上横梁通常用螺栓紧固在立柱上，当机架上作用有轧制力时，连接螺栓仅承受拉力，但下横梁在轧制力作用下产生弯曲，立柱将跟随着向内变形。上横梁一般均由立柱外侧锁紧，故它不影响立柱向内倾斜，而上辊轴承座则可能妨碍立柱互相靠近，机架在上辊轴承座处出现水平静不定力 $\boldsymbol{F}$。所以二辊开式机架仍然是一次静不定结构(见图 5-9)。由于 U 形架体的结构和受力以垂直中心线为对称，且下横梁中央截面刚性转角为零，因此可研究半机架且简化成悬臂梁形式，如图 5-9b 所示。静不定力 $\boldsymbol{F}$ 根据下面变形条件决定：

$$\boldsymbol{\Delta}_{Fp}+\boldsymbol{F}\boldsymbol{\delta}_{FF}+\Delta=0 \tag{5-13}$$

式中 Δ——立柱和轴承座间的侧向间隙，mm；

$\boldsymbol{\Delta}_{Fp}$——作用力 $\boldsymbol{p}_1$ 在 $\boldsymbol{F}$ 方向产生的位移，mm；

$\boldsymbol{\delta}_{FF}$——单位力 $\boldsymbol{F}'=1$ 在 $\boldsymbol{F}$ 方向产生的位移，mm。

对于立柱：$\boldsymbol{M}_y=\boldsymbol{F}y$，$\boldsymbol{M}_y'=y$

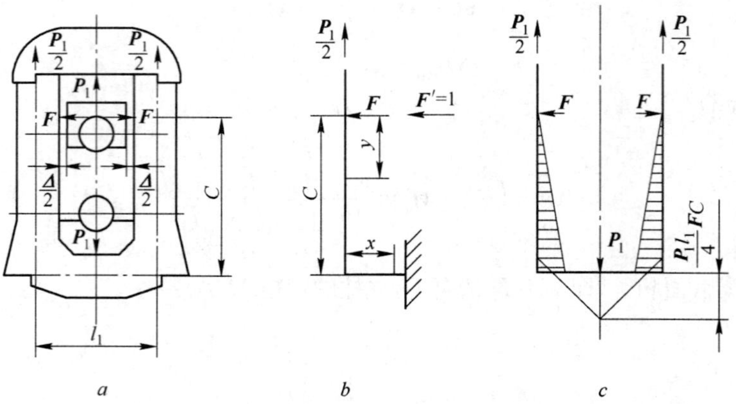

图 5-9　二辊开式机架的弯矩计算图

a—二辊机架结构及受力图；*b*—弯矩计算图；*c*—二辊轧机机架合成弯矩

对于横梁：$\boldsymbol{M}_x=\dfrac{\boldsymbol{p}_1}{2}x-\boldsymbol{F}C$，$\boldsymbol{M}_x'=-C$

根据单位力法求变形可得下列积分方程：

$$\frac{\boldsymbol{\Delta}_{\mathrm{FP}}+\boldsymbol{F}\boldsymbol{\delta}_{\mathrm{FF}}}{2}=\frac{1}{EI_2}\int_0^C \boldsymbol{F}y\cdot y\mathrm{d}y+\frac{1}{EI_1}\int_0^{\frac{l_1}{2}}\left(\frac{\boldsymbol{F}_1}{2}x-\boldsymbol{F}C\right)(-C)\mathrm{d}x \tag{5-14}$$

$$\frac{\boldsymbol{\Delta}_{\mathrm{FP}}+\boldsymbol{F}\boldsymbol{\delta}_{\mathrm{FF}}}{2}=\frac{C^3}{3EI_2}\boldsymbol{F}+\frac{l_1C^2}{2EI_1}\boldsymbol{F}-\frac{\boldsymbol{F}_1l_1^2C}{16EI_1} \tag{5-15}$$

式中　$\boldsymbol{M}_y$——静不定力（$\boldsymbol{F}$）作用产生的弯矩，N·m；

$\boldsymbol{M}_y'$——单位力 $\boldsymbol{F}'=1$ 产生的弯矩，N·m；

I_1，I_2——下横梁、立柱截面的惯性矩，mm^4；

l_1——下横梁的轴线长度，mm；

C——$\boldsymbol{F}$力作用点和机架下横梁轴线之间的距离，mm。

显然，$\boldsymbol{\Delta}_{\mathrm{FP}}=-\dfrac{\boldsymbol{p}_1l_1^2C}{8EI_1}$，$\boldsymbol{\delta}_{\mathrm{FF}}=\dfrac{2C^3}{3EI_2}\boldsymbol{F}+\dfrac{l_1C^2}{EI_1}\boldsymbol{F}$，将 $\boldsymbol{\Delta}_{\mathrm{FP}}$，$\boldsymbol{\delta}_{\mathrm{FF}}$ 代入式（5-13）并简化可得：

$$\boldsymbol{F}=\frac{\dfrac{\boldsymbol{P}_1l_1^2C}{8EI_1}-\dfrac{\boldsymbol{\Delta}\cdot E\cdot I_1}{C}}{C\left(l_1+\dfrac{2}{3}C\dfrac{I_1}{I_2}\right)} \tag{5-16}$$

$\boldsymbol{F}$力只能为零或正值，不能为负值。如果按式（5-16）算出的 $\boldsymbol{F}$ 是负值，则表示立柱上力 $\boldsymbol{F}$ 作用点的水平位移小于侧向间隙，即 $\boldsymbol{F}$ 力不存在。有力 $\boldsymbol{F}$ 作用时机架的弯矩图如图 5-9*c* 所示。

下横梁的弯曲力矩：$\boldsymbol{M}_x=\dfrac{\boldsymbol{P}_1}{2}x-\boldsymbol{F}C$

下横梁中间截面弯曲力矩最大，其值为：

$$\boldsymbol{M}_{3\max}=\frac{\boldsymbol{P}_1l_1}{4}-\boldsymbol{F}C \tag{5-17}$$

下横梁上的最大弯曲拉应力位于中间截面外缘：

$$\boldsymbol{\sigma}_{3\max}=\frac{\boldsymbol{M}_{3\max}}{W_3} \tag{5-18}$$

式中 W_3——下横梁危险截面外缘的抗弯截面系数，mm^3。

立柱上的弯曲力矩：$\boldsymbol{M}_y=\boldsymbol{F}y$

立柱上最大弯曲力矩发生在下横梁与立柱的连接处，其值为：

$$\boldsymbol{M}_{2max}=\boldsymbol{F}C \tag{5-19}$$

立柱同时承受拉、弯组合作用，立柱内侧最大拉应力：

$$\boldsymbol{\sigma}_{2max}=\frac{\boldsymbol{M}_{2max}}{W_2}+\frac{\boldsymbol{P}_1}{2A_2} \tag{5-20}$$

式中 W_2——立柱与下横梁连接处截面抗弯截面系数，mm^3。

A_2——立柱与下横梁连接处截面的截面积，mm^2。

应当指出，轧机在工作过程中，由于制造精度和磨损的原因，侧向间隙可能变化很大，所以在计算立柱应力时，应设 $\Delta=0$，即取 $\boldsymbol{F}$ 为最大；在计算横梁应力时，应设 $\boldsymbol{F}=0$，即取最大可能的 Δ 值。

开式机架的上横梁中部作用有轧制力，两端由螺栓引起反力，因此上横梁可按简支梁计算。上横梁上的最大弯曲力矩也位于其中点，其值为：

$$\boldsymbol{M}_{1max}=\frac{\boldsymbol{P}_1 l}{4} \tag{5-21}$$

上横梁上的最大弯曲拉应力位于中间截面的外缘：

$$\boldsymbol{\sigma}_{1max}=\frac{\boldsymbol{M}_{1max}}{W_1} \tag{5-22}$$

式中 l——上横梁两螺栓之间的中心距，mm；

W_1——上横梁中间截面的抗弯截面系数，mm^3。

5.2.3 预应力机架的强度计算

图 5-10 所示的预应力机架，上、下两部分基本对称，故上、下轧制线轧制时的受力情况相同。图 5-10*b* 是以上轧制线轧制为例分析的机架上下部分和拉杆受力图。

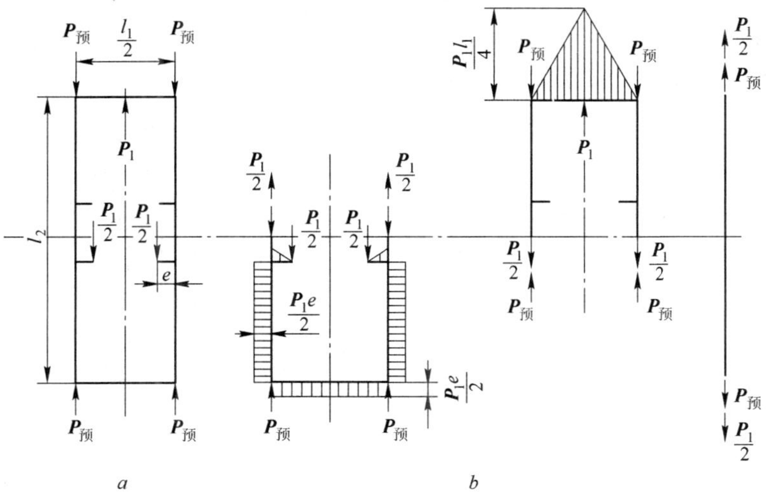

图 5-10 三辊预应力机架受力图

a—预应力机架轧制受力总图；*b*—预应力机架上、下框架弯矩图

拉杆是强度计算的薄弱环节，其应力值为：

$$\boldsymbol{\sigma}_{拉}=\frac{\boldsymbol{P}_{预}+\frac{\boldsymbol{P}_1}{2}}{A_{拉}} \tag{5-23}$$

式中　$\boldsymbol{P}_{预}$——预紧力，N，其值为 $\boldsymbol{P}_1$ 的 1.2～1.5 倍；

$A_{拉}$——拉杆的断面积，mm^2。

上横梁中部外缘有最大拉应力：

$$\boldsymbol{\sigma}_{1外}=\frac{\boldsymbol{P}_1 l_1}{4W_{1外}} \tag{5-24}$$

下横梁中部外缘有最大拉应力：

$$\boldsymbol{\sigma}_{3外}=\frac{\boldsymbol{P}_1 e}{2W_{1外}} \tag{5-25}$$

立柱的下部分外侧有最大拉应力：

$$\boldsymbol{\sigma}_{2内}=\frac{\boldsymbol{P}_1 e}{2W_{2外}}+\frac{\boldsymbol{P}_{预}}{A_2} \tag{5-26}$$

5.2.4　机架强度计算的精确方法简介

如前所述，机架真正危险部位的位置及其应力值必须依靠有限单元法的精确计算或光弹实验才能确定。有限单元法是把实际中的弹性连续体离散化为由有限个单元组成的集合体，按结构矩阵分析的办法或位移法求解。光弹性实验法是由光学和弹性理论相结合对复杂零件应力分析的实验方法。其原理是分析用偏振光通过在机械变形下发生人工双折射的透明模型产生的光学干涉条纹图，计算出模型内部各点的应力大小和方向，最后按力学相似原理换算为实际结构物的应力。用有限单元法或光测弹性实验法算得的机架上、下横梁与立柱内典型危险断面的应力值，与用一般材料力学方法计算所得的数值相差约在 20%以内。但个别应力集中部位的应力则与材料力学的常规算法相差甚远。有关闭式机架的研究表明：

(1) 如图 5-11*a* 所示，上横梁压下螺母孔的过渡圆角处（图中 *A* 点）是机架应力集中最剧烈的部位，该处之过渡圆弧半径 r_1 与孔边侧壁的厚度比 $2r_1/(D_1-D_2)$ 很小，因而导致较大的应力集中。其值可比材料力学方法计算的上横梁中部外缘应力大 3～4 倍。减小应力集中的措施是适当加大压下螺母支承面过渡圆角的半径，同时为避免拉应力对应力集中的敏感，应使压下螺母支承面尽可能开在横梁的压应力区。

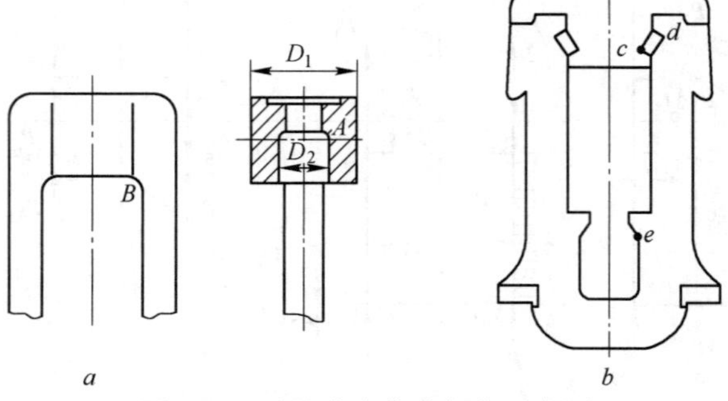

图 5-11　牌坊应力集中部位示意图

a—闭式牌坊；*b*—半闭式牌坊

(2) 窗口中立柱与横梁过渡处也是机架应力集中的另一个部位。由于该处的圆角半径

(图 5-11a中 B 点)有较大的调整余地,因而应力集中的程度较前者要小。

有关半闭式机架的研究表明,如图 5-11b 所示:

(1) 半闭式牌坊应力集中最严重的部位在楔槽转角处,当上轧制线轧制时,上盖楔槽转角 c 处应力集中最剧烈。当下轧制线轧制时,立柱楔槽转角 d 处应力集中最剧烈。其应力值为材料力学方法计算值的近 4 倍。

(2) 牛腿根部的 e 点是应力集中的另一部位,其应力值为材料力学方法计算值的 2 倍。

近年来,凡是重要的机架和结构复杂的机架,在设计时都采用了弹性力学有限元法或边界元法的计算方法代替材料力学的计算方法。它可以求出机架完整的应力场和应变场,从而获得合理的机架形状,以保证应力均匀,变形最小,而且还可以对机架进行优化设计及计算机辅助设计(CAD)。

5.2.5　机架的材料及安全系数

机架一般采用含碳量为 0.25%～0.40%ZG35 材料,其强度极限 σ_b 为 500～600 MPa,屈服极限 $\sigma_s \geqslant 280$ MPa,伸长率 δ_5 为 12%～16%,$a_K \geqslant 3.5\times10^5$ N·m/m^2。

机架是轧机中最重要的部件,它必须具有较大的强度储备,甚至在轧机因偶然事故过载导致轧辊断裂时,机架不致产生塑性变形。由此,机架的安全系数为:

$$n_{机架} > \frac{\sigma_b}{\sigma_s} n_{轧辊} \tag{5-27}$$

式中　$n_{机架}$——机架的安全系数;

$n_{轧辊}$——轧辊的安全系数。

通常,铸钢材料强度极限与其屈服限的比值近似为 2～2.5。当轧辊的安全系数取 5 时,则机架的安全系数取 10～12.5。对于 ZG35 来说,许用应力[σ]采用以下数值:

对于横梁:[σ]≤70 MPa ;对于立柱:[σ]≤50 MPa。

5.3　机架的弹性变形计算

对于闭口机架不仅应计算它的强度,而且,必须考虑它的变形。因为在轧制过程中,机架在垂直方向产生的变形,将导致轧辊轴心线的偏移,使辊缝增大,影响轧制精度;而机架在水平方向的变形,即立柱向窗口内弯曲,则使窗口和轴承座之间的配合间隙减小,在正常情况下,此间隙值应大于机架的水平变形,否则在轧制过程中将使轴承座的移动发生困难。这对于要求在轧制过程中要连续调整辊缝的现代化轧机尤为重要。闭口机架变形计算如图 5-12 所示。

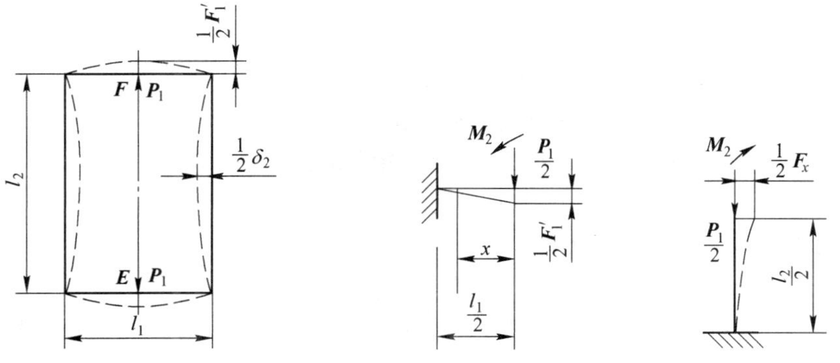

图 5-12　闭口机架变形计算示意图

a—机架变形简图;b—机架横梁的等效悬臂梁;c—机架立柱的等效悬臂梁

5.3.1 机架在垂直方向的变形

机架在垂直方向的弹性变形是由横梁的弯曲变形和立柱的拉伸变形组成，但由于横梁的断面尺寸相对于其长度来说是较大的（即横梁是短而粗的零件），故在计算横梁的弯曲变形时，必须考虑剪力对变形的影响。因此，机架在垂直方向的变形是由弯矩产生的横梁弯曲变形 $\boldsymbol{f}_1'$、剪切力产生的横梁弯曲变形 $\boldsymbol{f}_1''$ 和拉力产生的立柱拉伸变形 $\boldsymbol{f}_2'$ 三部分组成：

$$\boldsymbol{f}_y=\boldsymbol{f}_1'+\boldsymbol{f}_1''+\boldsymbol{f}_2' \tag{5-28}$$

对于上、下横梁具有相同截面的机架而言，根据卡式定理求位移 $\boldsymbol{f}_1'$：

$$\boldsymbol{f}_1' = 2\int_0^{\frac{l_1}{2}} \frac{\boldsymbol{M}_x\boldsymbol{M}_x'}{EI_1}\mathrm{d}x \tag{5-29}$$

弯曲力矩及其导数为，$\boldsymbol{M}_x=\dfrac{\boldsymbol{P}_1}{2}x-\boldsymbol{M}_2$；$\boldsymbol{M}_x'=\dfrac{\partial \boldsymbol{M}_x}{\partial\left(\dfrac{\boldsymbol{P}_1}{2}\right)}=x$

$$\boldsymbol{f}_1'=\frac{l_1^2}{4EI_1}\left(\frac{\boldsymbol{P}_1 l_1}{6}-\boldsymbol{M}_2\right) \tag{5-30}$$

同理，由剪切力产生的横梁弯曲变形 $\boldsymbol{f}_1''$：

$$\boldsymbol{f}_1'' = 2\int_0^{\frac{l_1}{2}} \frac{K\boldsymbol{F}_{qx}\boldsymbol{F}_{qx}'}{GA_1}\mathrm{d}x \tag{5-31}$$

剪切力及其导数为，$\boldsymbol{F}_{qx}=\dfrac{\boldsymbol{P}_1}{2}$；$\boldsymbol{F}_{qx}'=\dfrac{\partial \boldsymbol{F}_{qx}'}{\partial\left(\dfrac{\boldsymbol{P}_1}{2}\right)}=1$

$$\boldsymbol{f}_1''=\frac{K\boldsymbol{P}_1 l_1}{2GA_1} \tag{5-32}$$

机架立柱拉伸变形 $\boldsymbol{f}_2'$：

$$\boldsymbol{f}_2'=\frac{\boldsymbol{P}_1 l_1}{2EF_2} \tag{5-33}$$

若上下横梁的截面不同，则：

$$f_y=\frac{l_1^2}{8E}\left(\frac{\boldsymbol{P}_1 l_1}{6}-\boldsymbol{M}_2\right)\left(\frac{1}{I_1}+\frac{1}{I_3}\right)+\frac{K\boldsymbol{P}_1 l_1}{4G}\left(\frac{1}{A_1}+\frac{1}{A_3}\right)+\frac{\boldsymbol{P}_1 l_2}{2EA_2} \tag{5-34}$$

式中　$\boldsymbol{P}_1$——机架承受的作用力，N；

l_1，l_2——上、下横梁及立柱的中性线长度，mm；

I_1，I_3——上、下横梁的惯性矩，mm^4；

A_1，A_3，A_2——上、下横梁及立柱横截面面积，mm^2；

E，G——机架材质的弹性模量和剪切弹性模量，MPa；

K——剪切力分布不均匀影响系数，对于矩形截面 $K=4/5$；

$\boldsymbol{M}_2$——机架立柱中的力矩，N · mm，见式(5-8)。

求出的机架垂向变形 $\boldsymbol{f}_y$ 应满足：

$$\boldsymbol{f}_y\leqslant[f] \tag{5-35}$$

式中　$[f]$——机架允许变形量，对于热轧四辊机为 0.5～1 mm，对于冷轧板带轧机为 0.4～0.5 mm。

上述计算的机架垂直方向的总变形 f_y 是轧钢机工作机座总变形中的一部分，还有轧辊（工作辊和支承辊）的弹性压扁、轧辊轴承座、压头、球面垫和压下螺丝伸出部分等的压缩变形。

5.3.2 机架在水平方向的变形

机架在水平方向的变形量 $\boldsymbol{f}_x$，就是其受垂直力作用时，两立柱向窗口内侧的弯曲量见图 5-12a。单侧立柱中点的弯曲量(见图 5-12c)，可根据卡式定理计算：

$$\frac{1}{2}\boldsymbol{f}_x=\int_0^{\frac{l_2}{2}}\frac{\boldsymbol{M}_x\boldsymbol{M}'_x}{EI_2}\mathrm{d}x \tag{5-36}$$

弯曲力矩及其导数为，$\boldsymbol{M}_x=\boldsymbol{M}_2$；$\boldsymbol{M}'_x=\dfrac{\partial\boldsymbol{M}_x}{\partial\boldsymbol{M}_2}=1$

$$\boldsymbol{f}_x=\frac{\boldsymbol{M}_2 l_2^2}{4EI_2} \tag{5-37}$$

式中 I_2——机架立柱的惯性矩，mm^4。

在设计时，应使轧辊轴承座和机架立柱配合面的间隙大于 f_x 值，否则会使轧辊轴承座移动困难，甚至卡住无法工作。

练习题 5

5-1 轧机机架有几种类型，简述各自特点。

5-2 机架窗口的高度和宽度是怎样确定的?

5-3 结合四辊可逆轧机说明有哪些力作用在机架上?

5-4 掌握机架强度计算中静不定问题分析和确定静不定力的变形协调方程。

5-5 机架安全系数的确定原则与方法是什么?

5-6 掌握机架变形的计算方法。

6 轧机刚度

6.1 轧机纵向刚度

6.1.1 轧机纵向刚度的概念

轧机在轧制时产生的巨大轧制力，通过轧辊、轴承、压下螺丝、最后传递至机架，由机架来承受。轧机上的所有这些零部件都是受力部分，它们在轧制力作用下都要产生弹性变形。因此，轧机受力时轧辊之间的实际间隙要比空载时为大。通常将空载时的轧辊间隙称为理论原始辊缝S_0'，而把轧制时轧机的辊缝弹性增大量称为弹跳值。

用轧机实际轧制过程中的轧机弹、塑性曲线（P-h）图（见图 6-1）来了解轧制力变化对辊缝弹性增大量的影响。以纵坐标表示轧制力 P，以横坐标表示轧辊的开口度 h。轧机弹性变形曲线 A 与横坐标轴的交点，即为理论原始辊缝，以后随轧制力增大，轧辊的开口度加大。由图中可以看出，在轧制负荷较低时有一非线性段，但是在高负荷部分曲线的斜率逐渐增加，而趋向于一固定值。曲线的斜率就是轧机的纵向刚性系数，即表示当轧机的辊缝值产生单位距离的变化时，轧制力的增量值，即：

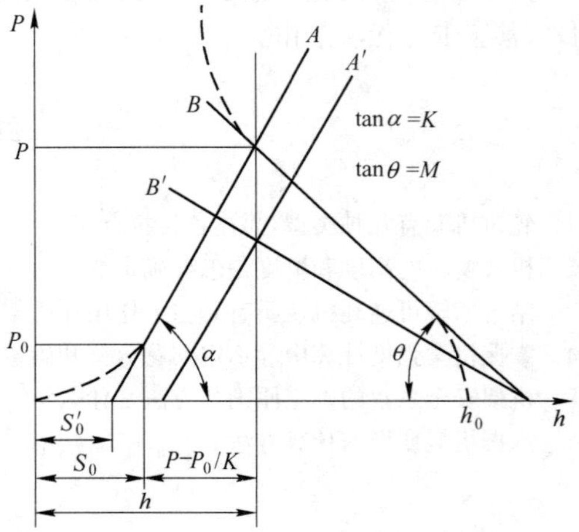

图 6-1　轧机弹性、塑性曲线（P-h）图

$$K=\frac{\Delta P}{\Delta f} \tag{6-1}$$

式中　ΔP——轧制压力的改变量，kN；

Δf——弹跳值的改变量，mm；

K——轧机刚度系数，kN/mm。

如果轧机的弹性变形曲线为一直线，则由图 6-1 可知，轧出轧件的厚度可以用下式表示：

$$h=S_0+\Delta f'=S_0+\frac{P}{K} \tag{6-2}$$

式中　h——轧件厚度，mm；

$\Delta f'$——考虑预压靠变形后的轧机弹跳值的改变量，mm；

S_0——考虑预压靠变形后的空载辊缝，mm。

由轧机弹跳方程即式（6-2）可知，轧机弹跳值是从总的方面来反映轧机受力后轧机变形的大小，其与轧制力的大小成正比。在相同的轧制力作用下，如果轧机弹跳值愈小说明该轧机的刚性愈好。所以轧机刚性是表示该轧机抵抗弹性变形的能力。对于轧制薄板带材有时即使采用预压紧的办法(如图 6-1 中轧机预压靠力 P_0),轧机的弹跳值仍然大于其厚度,就无法轧出较薄的板带材来,也就是轧机弹跳值大小将限制轧出轧件的最小厚度。

6.1.2 轧机刚度的测定

由轧机刚性的定义可知,如果测得各种大小的轧制力与其相对应的弹跳值,就能做出轧机的弹性曲线,从而可以求得该轧机的刚性系数。轧制力可以用安装于压下螺丝端头的测压仪来测量,因此只要能测出对应轧制压力的轧机弹跳值,即可求出轧机刚性系数。

(1) 轧辊压靠法。如图 6-1 所示,先移动轧辊使上下工作辊直接相接触,此时测压仪读数为零,即处于零位状态。在保持轧辊回转的情况下,开始调节压下螺丝,使两轧辊逐渐压靠,每增加一定的压靠量时,记录下相应的压下调节量和轧制力,并绘成纵坐标为轧制力、横坐标为压下调节量的关系曲线,即轧机的弹性曲线。为了提高测量精度,可以避开轧辊开始压靠的曲线段。因为此法是在压下螺丝调节结束后,在恒定不变的轧制力作用下测得的数据,因此称为静态刚性。

由于两轧辊间的弹性压扁与实际轧制时的压扁变形有区别,因此测量得到的轧机刚度大于实际刚度。但该方法简单,易于实现,在实际生产中获得了广泛的应用。

(2) 轧制法。在保持轧辊辊缝一定的情况下,用不同厚度的轧件送入轧机轧制,读出轧制力,并测定轧制后的轧件厚度,根据轧件厚度和原始辊缝值的差值来确定轧机的弹跳值,根据每一轧制压力所对应的弹跳值,可得到分段刚度,求平均值即可得到轧机的刚度。用此法测得的刚性称为轧机的动态刚性,它比较符合实际情况。

6.1.3 提高轧机纵向刚度的措施

从轧机的弹跳方程可以看出,对于克服由于轧制力的波动而引起板厚变化这一情形来说,轧机的刚性系数愈大则更加有利。因此一般均希望尽可能地增大轧机的刚性。所以目前在板带轧机设计中,有增大立柱断面和各受力零部件尺寸的趋势。但用增大轧机零部件尺寸的方法来提高轧机刚性是有一定限度的,因为像机架这样巨大零件在制造、加工和运输方面比较困难,而且轧辊间及轧辊和轧件间接触变形的不可避免,占总变形的 15%~50%。所以提高轧机刚性可以从下面两方面来采取措施。

A 缩短轧机应力回线长度

在普通轧机中,轧机的弹性变形 f 可近似地用虎克定律来表示各受力部件的变形之和,即:

$$f=\frac{P}{E}\left(\frac{l_2}{2A_2}+\frac{l_3}{A_3}+\frac{l_3'}{A_3'}+k\frac{l_1^3}{I_1}\right) \tag{6-3}$$

式中 E——轧机中零件的弹性模量,MPa;

l_1,l_2,l_3,l_3'——分别为上下横梁、机架立柱、上辊轴承至上横梁的长度和下辊轴承座高度,mm;

A_2,A_3,A_3'——分别为机架立柱、压下螺丝和下辊轴承座的断面积,mm^2;

I_1——上下横梁断面惯性矩,mm^4;

k——系数。

由式(6-3)可以看出,在一定的轧制力作用下,轧机弹性变形是受力零件长度和断面积的函数。由图 6-2 可知,轧机中受力零件长度之和就是该轧机应力回线的长度,因此缩短轧机应力回线的长度,便能提高轧机的刚性。根据这个原理设计成的轧机,称为短应力回线轧机。它可制成二辊、三辊或四辊型式的,用于型、线材、中厚板直至板带材轧机上。

B 预应力轧机

如果在轧制前对轧机施以预应力,轧机在轧制时的变形量可大大减小,从而提高了轧机的刚性。凡是未工作时就处于受力状态的轧机，称为预应力轧机。预应力轧机的结构形式很多，也有多种施加预应力的方案。图 6-3 为一种四辊闭式预应力轧机的结构示意图。在轧机的支持辊轴承座之间装设有强大推力的液压缸，液压缸在轧制前充油加载，使轧机座处于预先受力状态。

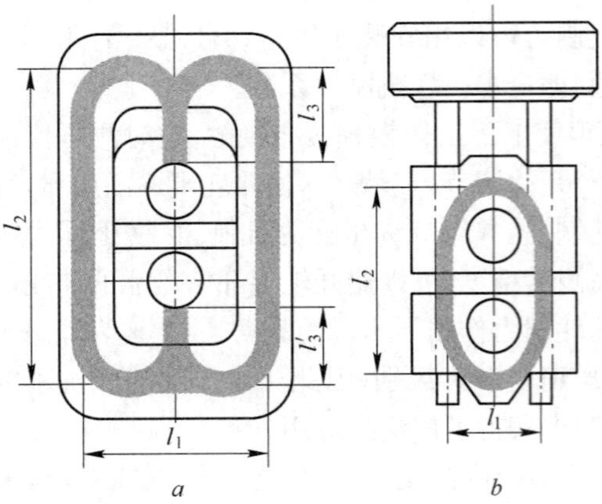

图 6-2　轧机的应力回线

a—有机架；*b*—无机架(短应力线轧机)

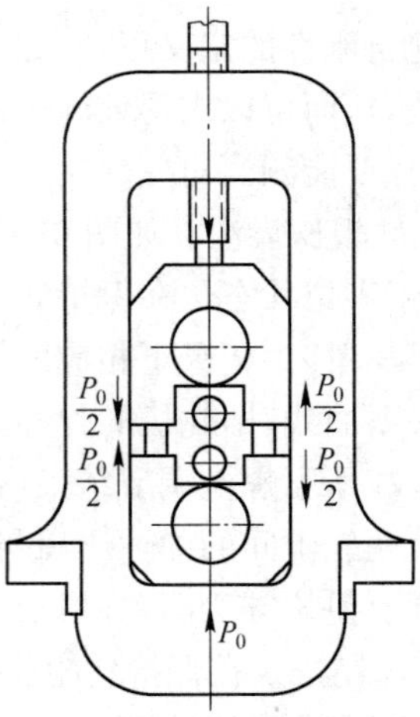

图 6-3　四辊液压型闭式预应力轧机

预应力轧机发展很快，目前主要用于连轧小型、线材和板带材轧机。

6.1.4　轧机刚度与轧件纵向厚差的关系

在轧制过程中，轧机刚性对轧件纵向厚度有着极为密切的关系。有两大因素影响纵向厚度的精度，一类为设备状况的变化，另一类为工艺因素的波动。

(1) 设备状态变化时，轧机刚性与轧件纵向厚度精度的关系。当辊缝由于轧辊偏心和轴承油膜厚度波动而变化时，会引起辊缝的变化，轧制力也随之而变，对弹跳方程求增量，这时引起的板厚变化为：

$$\delta h=\Delta S+\frac{\Delta P}{K} \tag{6-4}$$

而：

$$\Delta P=-\frac{\partial P}{\partial h}\delta h \tag{6-5}$$

其中，$\frac{\partial P}{\partial h}=M$ 称为材料的塑性刚度系数。将式(6-5)代入公式(6-4)，并经化简得：

$$\delta h=\frac{K}{K+M}\Delta S \tag{6-6}$$

此时扰动影响系数为 $m=\frac{K}{K+M}$。为了尽量减轻轧辊偏心和轴承油膜厚度波动等外扰量对轧件厚度的影响，应采用刚性系数小的轧机。

(2) 工艺因素变化时，轧机刚性与轧件纵向厚度精度的关系。工艺影响因素包括来料厚度、轧制温度、摩擦系数、轧制速度、张力波动等，当这些工艺参数变化时，轧制压力会发生变化，从而使轧件厚度产生波动，但轧机名义辊缝不变。仅由轧制力变化引起轧件厚度波动时，有：

$$\delta h=\frac{1}{K}\Delta P \tag{6-7}$$

此时扰动影响系数为 $m=\frac{1}{K}$。为了尽量减轻引起轧制力波动的工艺因素对轧件厚度的影响，应采用刚性系数大的轧机。

6.2　轧机横向刚度

6.2.1　轧机横向刚度概念

厚度精度和平直度是板带的两项重要质量指标。板带材的厚度精度包括纵向板厚差和横向厚差，而板带材的横向厚差和平直度与轧机的横向刚性有着密切的关系。

在四辊式轧机上轧制板带材时，由于支持辊的弯曲变形和支持辊与工作辊间的不均匀接触变形，使工作辊产生弯曲，这时轧出的板带材沿板宽方向会出现厚度差（见图 6-4*a*）。

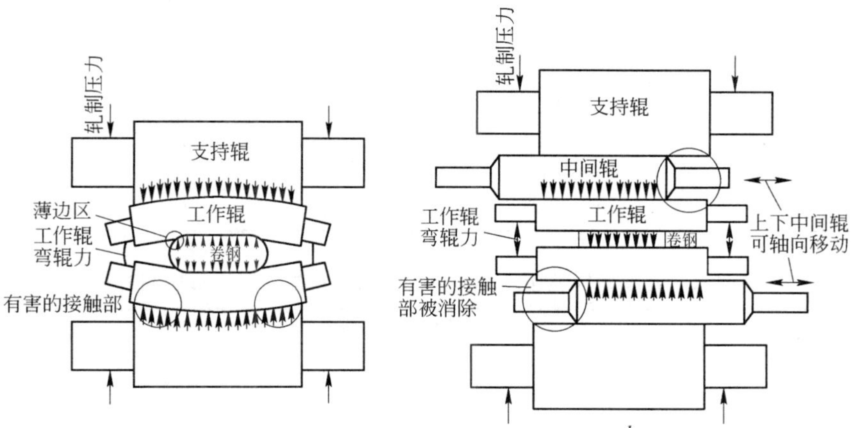

图 6-4　四辊轧机轧辊变形情况比较

a—一般四辊轧机；*b*—HC 轧机

工作辊弯曲程度的大小反映了轧机横向刚性的大小。轧机横向刚度也是轧机抵抗横向弹性变形的能力，与轧机纵向刚度不同的是，它具有抵抗轧机横向弯曲变形的能力，可表示为：

$$C_P=\frac{P}{\delta h_b} \tag{6-8}$$

式中　C_P——轧机横向刚性系数，kN/mm；

P——轧制力，kN；

δh_b——板带材中部与边部的厚度差，mm。

提高板带材的平直度和缩小横向板厚差的途径如下：

（1）轧辊预先加工成凸形辊；

（2）用调节辊温分布的办法来调整辊形，即控制轧辊的热凸度；

（3）采用机械弯辊的方法，以抵消轧辊在轧制时的弯曲变形；

（4）采用各种新型轧机，改善轧件的凸度和平直度。

第一种方法在操作和管理上是很麻烦的，需要准备许多不同凸度的轧辊，目前已经很少采用。采用控制轧辊热凸度的方法烫辊时间长、热凸度变化缓慢，只能作为辊型调节的一种辅助手段。目前，在板带轧机中广泛采用了各种板形控制轧机，配合采用液压弯辊的方法，对轧辊凸度进行有效的控制。

我国热带钢轧机精轧机组板形控制方式见表 6-1。表 6-2 所列为我国薄板坯连铸连轧生产线的轧机配置及板形控制方式。

表 6-1 我国热带钢轧机精轧机组板形控制方式

机组名称	精轧机组组合形式						
	F1	F2	F3	F4	F5	F6	F7
宝钢 2050 mm	CVC+WRB	CVC+WRB	CVC+WRB	CVC+WRB	CVC+WRB	CVC+WRB	CVC+WRB
宝钢 1580 mm	WRB	PC+WRB	PC+WRB	PC+WRB	PC+WRB	PC+WRB	PC+WRB
武钢 1700 mm	WRB	WRB	WRB	WRB+WRS	WRB+WRS	WRB+WRS	WRB+WRS
武钢 2250 mm	CVC	CVC	CVC	CVC	WRS	WRS	WRS
鞍钢 1780 mm	WRB	PC+WRB	PC+WRB	PC+WRB +ORG	WRB+WRB +ORG	WRB+WRB +ORG	WRB+WRB +ORG
鞍钢 1700 mm	HC	HC	HC	HC	HC	HC	
本钢 1700 mm	四辊	CVC+WRB	CVC+WRB	CVC+WRB	WRB	WRB	WRB
太钢 1549 mm	WRB	WRB	WRB	WRB	WRB+WRS	WRB+WRS	WRB+WRS
梅钢 1422 mm	CVC+WRB	CVC+WRB	CVC+WRB	CVC+WRB	CVC+WRB	CVC+WRB	
攀钢 1450 mm	WRB	WRB	WRB	WRB	WRB	WRB	

表 6-2 我国薄板坯连铸连轧生产线的轧机配置及板形控制方式

TSCR 生产线	粗轧及精轧机组轧机机型								
	R1	R2	F1	F2	F3	F4	F5	F6	F7
珠钢 CSP	—	—	CVC	CVC	CVC	CVC	CVC	CVC	
邯钢 CSP	WRB	—	CVC	CVC	CVC	CVC	CVC	CVC	
包钢 CSP	—	—	CVC	CVC	CVC	CVC	CVC	CVC	
马钢 CSP	—	—	CVC	CVC	CVC	CVC	CVC	CVC	CVC
唐钢 FTSR	WRB	WRB	PC	PC	PC	ORG	ORG		
鞍钢 ISP1	V	WRB	WRB	WRB	WRS	WRS	WRS	WRS	
鞍钢 ISP2	V	WRB	WRB	WRB	WRS	WRS	WRS	WRS	
涟钢 CSP	—	—	CVC	CVC	CVC	CVC	CVC	CVC	CVC
本钢 FTSR	WRB	WRB	PC	PC	PC	ORG	ORG		
济钢 ISP	V	WRB	CONV	WRS	WRS	WRS	WRS	WRS	
通钢 FTSR	WRB	WRB	PC	PC	PC	ORG	ORG		
酒钢 CSP	—	—	CVC	CVC	CVC	CVC	CVC	CVC	
国丰 ISP	V	WRB	PC	PC	PC	PC	PC	PC	

6.2.2 轧辊的辊型调节

6.2.2.1 液压弯辊装置

液压弯辊调整辊形装置，是提高轧机横向刚性的重要措施之一。液压弯辊装置根据弯辊力作用对象的不同，可以分为以下三种类型：

(1) 正弯工作辊(见图 6-5*a*)。此种弯辊装置是在下工作辊的轴承座上装有液压缸,使上下工作辊轴承座间作用有弯辊力 F。此弯辊力的作用方向与轧制力同向,而它对工作辊弯曲与轧制力引起的弯曲方向相反。它使轧制时工作辊挠度减小,所以也称减小工作辊挠度的方法。采用正弯工作辊时,通常工作辊做成不带凸度,或微带凸度,轧制时工作辊的挠度全靠弯辊来抵消。

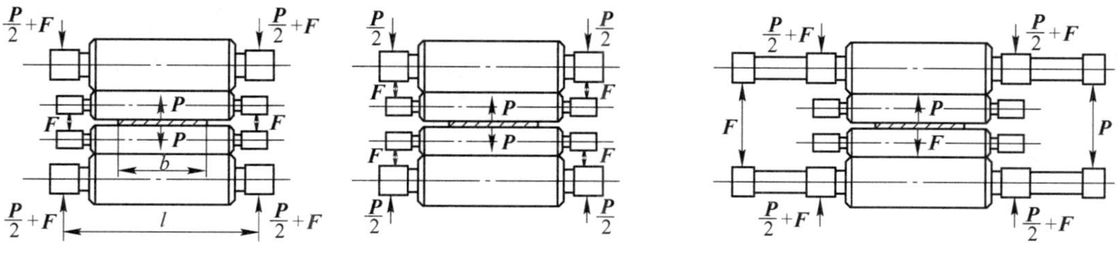

图 6-5 四辊轧机弯辊受力图

a—正弯工作辊;*b*—负弯工作辊;*c*—正弯支持辊

(2) 负弯工作辊(见图 6-5*b*)。此种弯辊装置是在工作辊轴承座和支持辊轴承座之间装置液压缸,使它们之间作用有弯辊力 F。对工作辊来说此弯辊力的作用方向与轧制力反向,而它对工作辊的弯曲与轧制力引起的弯曲方向相同。它使轧制时工作辊挠度增加,所以也称增加工作辊挠度的方法。负弯工作辊的凸度应该大些,这时轧制力引起的工作辊弯曲挠度小于轧辊的原始凸度,生产中还要靠负弯工作辊以补偿轧辊多余的凸度。

(3) 弯曲支持辊(见图 6-6*c*)。此种弯辊装置在支持辊的外伸辊头上装有液压缸,使上下支持辊之间作用有弯辊力。弯辊力作用方向与轧制力同向,对支持辊的弯曲与轧制力引起的弯曲方向相反,所以也称正弯支持辊。而负弯支持辊削弱了支持辊的辊颈强度,用得较少。

从以上三种弯辊方法的比较来看,正弯工作辊需要的弯辊力小,设备结构简单。但增加辊面边缘接触应力,增加工作辊轴承、辊颈、支持辊轴承、轴颈、压下螺丝、机架负荷;影响支持辊使用寿命;使板带材厚度变化幅度加大。

负弯工作辊效果较好,它所需要的弯辊力也小,设备结构也简单。不影响压下螺丝、机架负荷,且减轻辊面间接触应力、支持辊辊颈、轴承、轴承座工作负荷,改善支持辊工作条件,提高其寿命;板带材厚度变化幅度要小些。

弯曲支持辊方法和弯曲工作辊方法不同,后者的调节灵敏度高,故普通四辊轧机上以弯曲工作辊方式居多。但在宽板轧机上弯曲工作辊方法使工作辊的挠度曲线呈波浪形,即弯辊效果只能对板带边部起到调节作用,不能影响到板带中部,故对于宽板轧机以弯曲支持辊效果为好。但弯曲支持辊法要有较大的弯辊力,由于弯辊力引起轧机各部分变形的增加,特别是支持辊轴承负荷增加,所以在设计轧机和选用轴承时,必须充分考虑到这一点。采用弯曲支持辊方法时,支持辊上的弯辊力对轧机起到预应力的作用,因而也有利于减小板带材厚度变化。

6.2.2.2 UPC 轧机

近年来,德国西马克和德马克分别开发出工作辊横移式 UPC 和 CVC 轧机,二者工作原理相同,只是 UPC 轧机辊型呈雪茄形(见图 6-6),沿整个辊身长度磨成偏离辊身中央凸度渐变的形状,辊身的最大直径位于辊身中央 e 处。上下工作辊反向配置,并可做相对的轴向移动,不同的移动位置可形成不同的辊缝形状,从而可适应较大范围的板形控制。该轧机配以工作辊弯辊装置做微调之用,效果较理想。

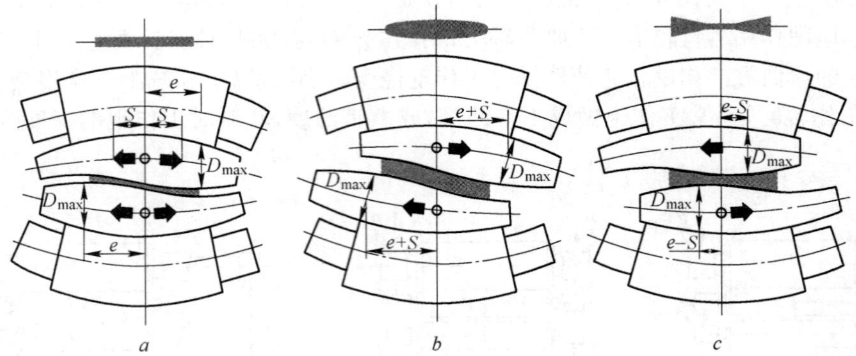

图 6-6　UPC 轧机原理示意图

e—偏心值；*S*—移动行程

6.2.2.3　CVC 轧机

A　CVC 轧辊原理

CVC 轧辊辊身曲线呈 S 形，图 6-7 为 CVC 轧辊凸度控制原理图。两个形状相同的轧辊相互倒置 180°布置，通过两个轧辊沿相反方向的对称移动，辊缝凸度可连续由最小值变到最大值，故控制板形的能力很强。目前广泛应用于热轧和冷轧板带材中。

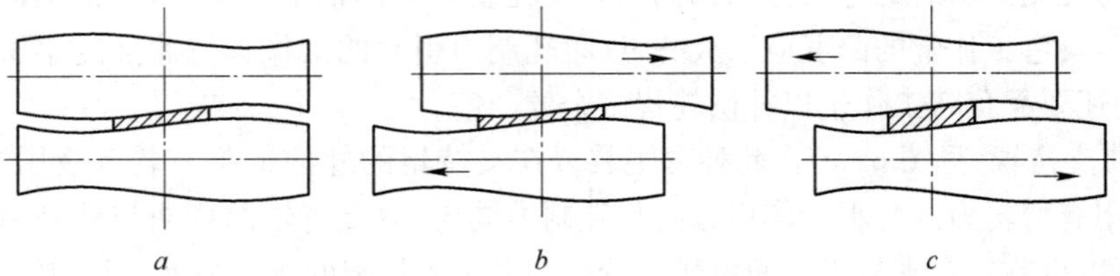

图 6-7　CVC 轧辊凸度控制原理

a—零凸度；*b*—正凸度；*c*—负凸度

图 6-7*a* 轧辊移动距离为零时，凸度为零；图 6-7*b* 上辊向右移动，下辊向左移动，轧辊凸度增加，定义为正凸度；图 6-7*c* 上辊向左移动，下辊向右移动，轧辊凸度减小，定义为负凸度。CVC 辊形曲线和两辊间的移动距离，决定了辊缝凸度的大小和正负。

最初的 CVC 辊形曲线为三次曲线，后来改进的 CVC^{plus} 为五次曲线，但实际上，二者没有本质的改变，区别主要在于辊缝凸度与两个轧辊移动距离之间的关系上，当轧辊窜动量一定时，五次曲线 CVC 轧辊具有更大的轧辊凸度。如果轧辊没有相对移动，需要辊缝具有一定的初始凸度值，则形成的轧辊凸度与轧辊窜动量之间的关系如图 6-8 所示（以 CVC 三次辊形曲线为例计算）。

B　CVC 轧辊凸度

以三次曲线为例，选取如图 6-9 所示的坐标，则 CVC 辊形曲线可以表示为：

上辊辊形曲线为：

$$y_1(x)=a_0+a_1x+a_2x^2+a_3x^3 \tag{6-9}$$

下轧辊轮廓与上轧辊完全一样，但转动 180°与上轧辊配置，因此，下轧辊的辊形曲线为：

$$y_2(x)=a_0+a_1(2L-x)+a_2(2L-x)^2+a_3(2L-x)^3 \tag{6-10}$$

式中　L——轧辊辊身长度的一半，mm；

x——辊身距坐标原点的距离，mm；

a_0, a_1, a_2, a_3——CVC 轧辊辊身轮廓曲线的三次函数的系数，由轧辊所需凸度、轧辊移动量、辊身长度等参数确定。

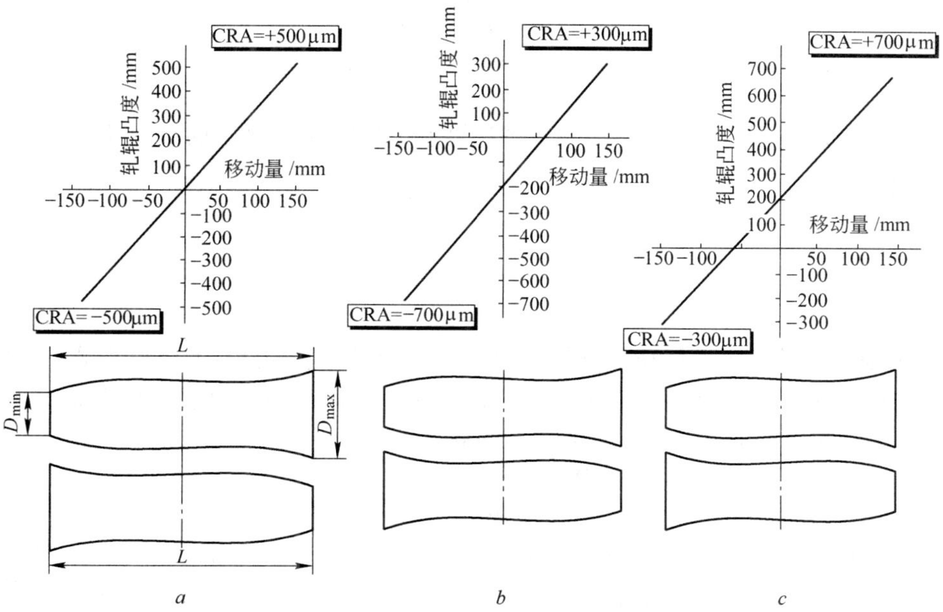

图 6-8 CVC 辊形曲线与轧辊原始凸度的关系

a—原始零凸度；*b*—原始负凸度；*c*—原始正凸度

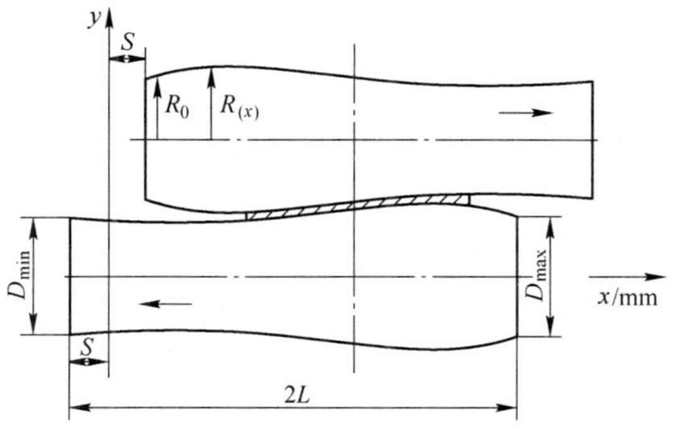

图 6-9 CVC 轧辊凸度解析

如果两个轧辊对称布置时，辊凸度为零，则当轧辊正向（上轧辊向右）移动 S 距离时，所形成的实际有效凸度为：

$$C=2y_1(L-S)-y_1(0)-y_1(2L-2S) \tag{6-11}$$

式中 S——一个轧辊的移动距离（上下轧辊移动距离相同，方向相反），mm。

将式(6-9)代入式(6-11)，并整理得到：

$$C=-2(L-S)^2a_2-6(L-S)^3a_3 \tag{6-12}$$

当 CVC 轧辊移动到最大位置 S_{max} 时，CVC 辊的等效凸度为 C_{max}，当 CVC 轧辊移动到最小位置 S_{min} 时，CVC 辊的等效凸度为 C_{min}，所以有：

$$C_{max}=-2(L-S_{max})^2a_2-6(L-S_{max})^3a_3 \tag{6-13}$$

$$C_{min}=-2(L-S_{min})^2a_2-6(L-S_{min})^3a_3 \tag{6-14}$$

联解上述两式，求出系数 a_2、a_3 为：

$$a_2=\frac{(L-S_{min})^3C_{min}-(L-S_{max})^3C_{max}}{2(L-S_{max})^2(L-S_{min})^2(S_{min}-S_{max})} \tag{6-15}$$

$$a_3=\frac{(L-S_{min})^2C_{min}-(L-S_{max})^2C_{max}}{6(L-S_{max})^2(L-S_{min})^2(S_{min}-S_{max})} \tag{6-16}$$

式(6-15)的另外两个系数 a_0 和 a_1 可根据边界条件确定，CVC 轧辊的最大、最小直径分别对应坐标轴 x_{max} 和 x_{min}，则有：

$$\frac{D_{max}}{2}=a_0+a_1x_{max}+a_2x_{max}^2+a_3x_{max}^3 \tag{6-17}$$

$$\frac{D_{min}}{2}=a_0+a_1x_{min}+a_2x_{min}^2+a_3x_{min}^3 \tag{6-18}$$

当对应最大和最小轧辊移动量所需要的 CVC 轧辊凸度确定后，就可以由式(6-15)～式(6-18)求出所需的 CVC 轧辊辊形轮廓曲线，实际上，CVC 轧辊辊形轮廓曲线由系数 a_1，a_2，a_3 确定，系数 a_0 只取决于轧辊的直径，对辊形没有影响。

用式(6-12)计算的轧辊凸度为 CVC 轧辊凸度的极值，这个极值给出了对应一定的轧辊移动量轧辊所能达到的最大凸度，不同轧辊移动量下对应的凸度极值连线构成了 CVC 轧辊的凸度极值曲线(图 6-10 中曲线 b)，随轧辊移动量而改变的实际轧辊凸度变化不会超出这个极值所确定的范围。当轧件宽度达到 $2(L-S)$时，有效凸度达到极值点，但实际生产中，不可能轧出这种宽度的带钢来，因此，实际的有效凸度一定在图 6-10 中曲线 b 凸度极值曲线所确定的范围内。

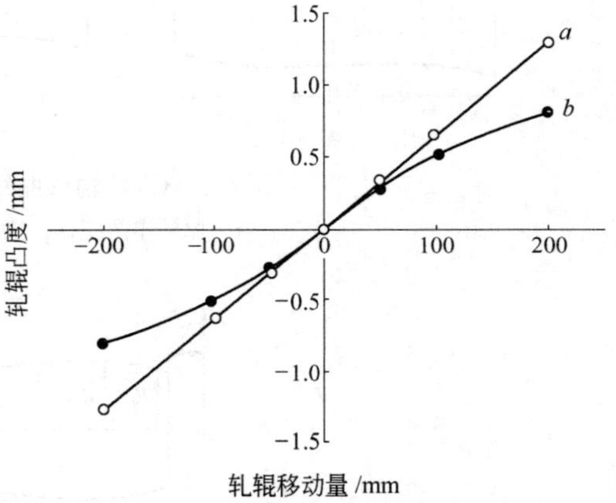

图 6-10　CVC 轧辊凸度与轧辊移动量之间的关系
a—其他公式计算结果；
b—本文公式计算结果(与实际凸度线重合)

轧辊凸度与轧辊移动量之间的关系不是线性关系，而是图 6-10 所示的非线性关系。

C　CVC 轧辊热凸度

(1) 轧辊热凸度模型。在实际的轧制过程中，轧辊的温度变化包括轧制每卷带材时，纯轧时间内轧辊温度的升高和间歇时间内轧辊温度的降低，因此轧辊热凸度变化总的规律是随着轧制钢卷的增加，轧辊热凸度呈现上升的趋势，但是，在两个带钢卷的间隙时间内，由于轧辊温度的降低，热凸度又会表现出短时间内的减小。

轧辊热凸度理论计算基于两维模型，将轧辊沿半径方向分为 4 层，沿轴向分成若干段，每一小段的温度都可以根据流入和流出该段的热量而计算出来，由此计算出每层的线膨胀来。

目前使用的轧辊热凸度模型为：

$$\Delta D=\frac{4}{R}\sum_{i=1}^{n}[E_{mi}(T_i-T_{BAS})D_{Ri}\beta] \tag{6-19}$$

式中　β——线膨胀系数，1/℃，需根据不同的轧辊材质和生产钢种确定线膨胀系数；

R——工作辊半径，mm；

E_{mi}——计算段距轧辊中央的距离，mm；

T_i——计算段的温度，℃；

T_{BAS}——基本温度,℃;

D_{Ri}——计算段的半径,mm。

现场实际使用的热凸度 C_R 是轧辊中央截面热膨胀与距带钢边部 40 mm 处热膨胀之差,即:

$$C_R = \Delta D_C - \frac{1}{2}(\Delta D_{C40L} + \Delta D_{C40R}) \tag{6-20}$$

式中 ΔD_C——轧辊中央截面热膨胀,μm;

ΔD_{C40L},ΔD_{C40R}——左右距带钢边部 40 mm 处轧辊截面热膨胀,μm。

(2) CVC 轧机工作辊热凸度测量和计算:

1) 工作辊热凸度测量。选择热连轧机精轧最后一个机架进行热凸度测量,轧辊换下后约 1 h,吊车将轧辊吊到轧辊磨床上测量出热态下轧辊磨损后辊型,待冷却到约室温时,再吊到磨床上测量出磨削前的冷辊型,得到如图 6-11 所示的轧辊磨削前冷热辊型曲线。同时轧辊磨床给出轧辊的三个直径,即小头直径、中间直径和大头直径。小头直径和大头直径分别是距轧辊辊身边部 100 mm 处直径(因为距边部 100 mm 内磨床测量不出来)。

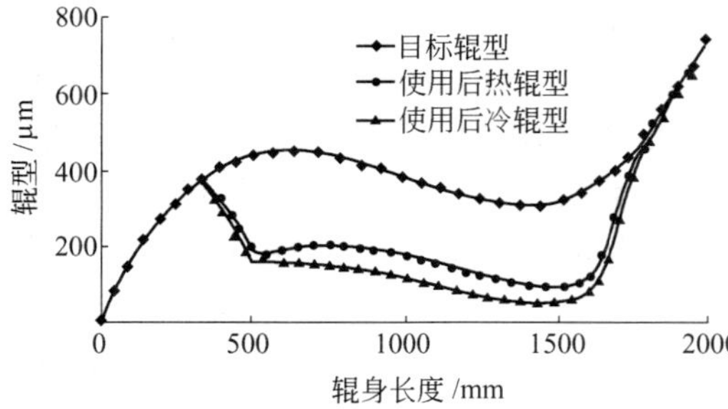

图 6-11 轧辊磨削前冷热辊型曲线

2) 工作辊热凸度计算。由测量的数据可计算出轧辊长度方向上任意处的直径,根据冷热状态下辊身各处的直径,即可求出沿辊身长度上的热凸度分布。CVC 轧辊的基准直径 D_0 为:

$$D_0 = D_m - 2(\Delta_1 + \Delta_2) \tag{6-21}$$

式中 D_m——实际测量轧辊辊身中央截面直径,mm;

Δ_1——辊身中央截面目标辊径与基准辊径的差值,mm;

Δ_2——辊身中央截面目标辊径与实际辊径的差值,mm。

冷热状态下,沿轧辊辊身任意截面处的实际辊径 D_i^* 为:

$$D_i^* = D_0 + 2(\Delta_{i1} + \Delta_{i2}) \tag{6-22}$$

式中 Δ_{i1}——辊身任意截面处目标辊径与基准辊径的差值,mm;

Δ_{i2}——辊身任意截面处目标辊径与实际辊径的差值,mm。

由辊身各处冷热辊径差值可得到轧辊沿辊身长度上的热凸度分布,如图 6-12 所示。图 6-13 为实际测量的温度沿辊身长度上的分布情况,可见辊身温度分布与热凸度分布规律是相符的。

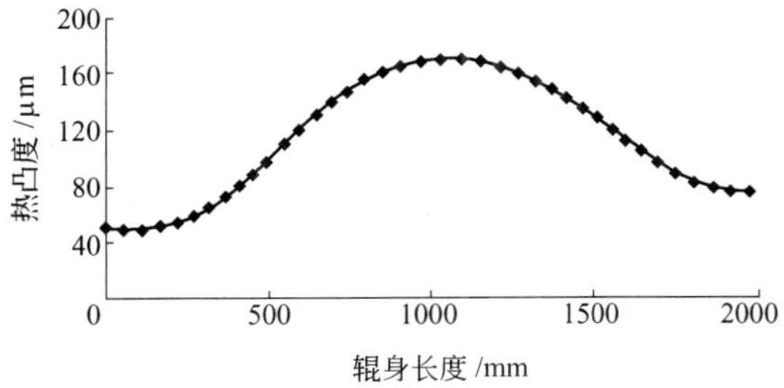

图 6-12 F7 机架轧辊热凸度

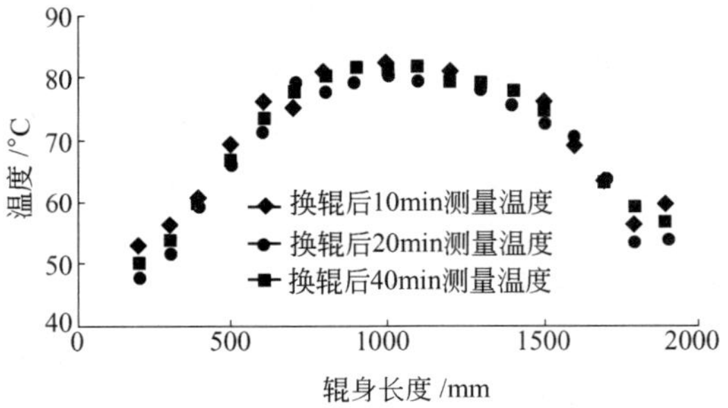

图 6-13 F7 机架辊身表面温度沿辊身长度上分布

D　CVC 轧辊磨损

轧辊磨损与其他磨损的形成机理基本相同，轧辊的磨损可理解为轧辊宏观和微观尺寸的变化。明显可见的表面摩擦引起的损坏为宏观磨损，微观磨损是一种磨耗。根据轧辊在实际工作条件下辊磨损的原因，可分为三种:机械磨损或摩擦磨损,化学磨损,热磨损。

工作辊的磨损主要是由于工作辊与轧件间以及工作辊与支承辊间相互摩擦所引起的，这种相互摩擦包括滑动摩擦和滚动摩擦。工作辊的磨损主要在经常与轧件相接触的部位，即带材宽度部分的磨损比较深，近似于箱形孔。

CVC 轧辊的磨损主要取决于辊缝几何形状和轧制压力,影响轧辊中部磨损深度的主要因素有轧制压力、带材参数、机架参数、轧制带材长度等。实际应用时,需根据不同的轧辊材质和生产钢种确定工作辊磨损因子。

CVC 轧机工作辊磨损测量。例如某七机架 CSP 热连轧机,轧辊每次换辊后,用轧辊磨床测量工作辊磨削前的磨损辊形,分别得到本次使用期间该轧辊的磨损量,并绘出图 6-14 所示的上辊和下辊磨损曲线,然后,由上下轧辊磨损值得到上下轧辊的平均磨损量,绘出平均磨损曲线,最后根据平均磨损曲线求出该对轧辊的实测磨损值。

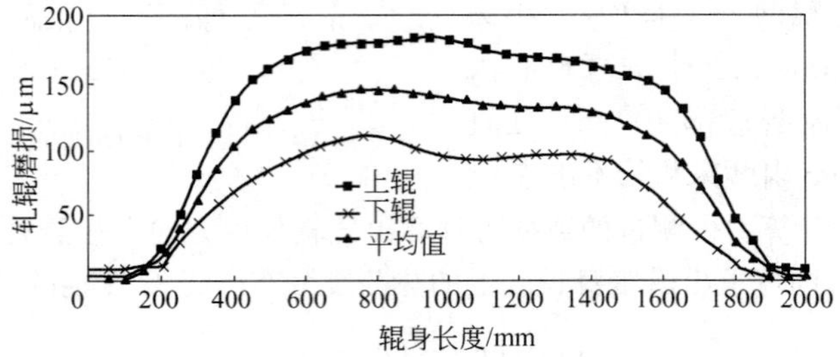

图 6-14　F1 机架轧辊磨损曲线

6.2.2.4　HC 轧机

HC 轧机是 20 世纪 70 年代由日本日立公司(HITACHI)研制的一种板形控制新型轧机。HC 轧机的工作原理和结构(见图 6-4*b*),它是在四辊轧机工作辊和支承辊之间增加一个在轴向上可作相反方向移动的中间辊的六辊轧机。由于四辊轧机工作辊和支承辊有效接触长度是不变的(见图 6-4*a*),使带材宽度以外的接触部位成为有害接触区,使工作辊承受了支承辊作用的一个附加弯曲力,从而使工作辊挠度变大,带材板形变坏和边部减薄。而 HC 轧机的中间辊可以根据带材宽度进行轴向移动,改变了工作辊和支承辊接触应力状态,从根本上克服了有害接触。所以其刚性稳定,且能高效控制板形。

目前,HC 轧机可用于所有板带材轧制,包括厚板轧制、冷热板带轧制和平整以及镀锡板二次轧制,同时也可用于不锈钢、合金钢以及有色金属等硬薄带材轧制。尤为明显的是,在现代化的酸洗、冷连轧或酸洗—冷连轧—连续退火的联合机组上,几乎全部选用了 HC 轧机。

日立公司设计了多种类型的 HC 轧机,它们是:

(1) HCW 轧机。HCW 轧机是适用于四辊轧机的一种 HC 轧机改进型,HCW 轧机中有双向工作辊横移和正弯辊系统。还有一种由日立和川崎制铁公司联合设计的 HCW 轧机改进型,即 K-WRS 轧机。

(2) HCM 轧机。HCM 轧机是一种适用于六辊轧机的 HC 轧机。通过采用中间辊的双向横移和正弯辊来实现板形和板平直度的控制功能。

(3) HCMW 轧机。因为同时采用中间辊双向横移和工作辊双向横移,因此 HCMW 轧机兼备了 HCW 轧机和 HCM 轧机的主要特点，它还采用了工作辊正弯辊系统。

(4) UCM 轧机。UCM 轧机在 HCM 轧机的基础上，引入中间辊弯辊系统，以进一步提高板凸度和板平直度的控制能力。

(5) UCMW 轧机。UCMW 轧机除了具有 HCMW 轧机的功能外，又引进了中间辊弯辊系统。

表 6-3 为各种类型的 HC 轧机的板凸度和平直度控制方法。

表 6-3 各种类型的 HC 轧机的板凸度和平直度控制方法

HC 轧机类型	板凸度和板平直度控制方法			
	工作辊横移	中间辊横移	工作辊弯曲	中间辊弯曲
HCW、K-WRS	●		●	
HCW		●	●	
HCMW	●	●	●	
UCW		●	●	●
UCMW	●	●	●	●

6.2.2.5 PC 轧机

PC 轧机(Paired Crossed Mill)是一种新型的板凸度可控轧机。其将平行布置的轧辊改变成交叉布置，利用改变轧辊轴线的交叉角度来调节辊缝形状，控制板凸度，如图 6-15 所示。凸度控制不会影响工作辊强度和刚度，轧辊轴线交叉布置可以有三种形式，支持辊轴线交叉布置，如图 6-15*a* 所示；工作辊轴线交叉布置，如图 6-15*b* 所示；成对轧辊轴线交叉布置，如图 6-15*c* 所示。图 6-15*a*、6-15*b* 布置形式效果一样，因为工作辊和支承辊之间产生较大的相对滑动，使轧辊磨损和能量消耗大为增加；轧辊轴线成对交叉布置时，工作辊和支承辊之间不会产生相对滑动，因此实际应用的 PC 轧机即是采用"成对交叉"布置的轧机，即指轴线相互平行的上工作辊和上支承辊为"一对"，而下工作辊和下支承辊为"另一对"，这两对轧制的轴线交叉布置成一个角度。

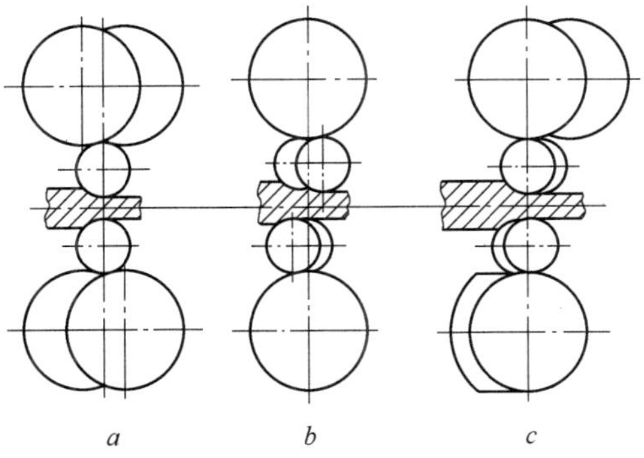

图 6-15 PC 轧机原理图

a—支持辊轴线交叉；*b*—工作辊轴线交叉；
c—成对轧辊轴线交叉

PC 轧机为了得到正凸度辊缝形状就必须采用带有负辊凸度的轧辊，轧辊交叉调节出口断面形状的能力相对说比较大(见图 6-16)，但是由于轧辊交叉将产生较大的轴向力(见图 6-17)，因此交叉角不能太大否则将影响轴承寿命。实际使用的最大交叉角为 1.5°，交叉角为 1°时，轧辊凸度达 1000 μm。轧辊轴线交叉角与轧辊凸度的关系可用下式表示：

$$C_\delta = \frac{b^2 \tan^2\theta}{2(D_w + s)} \tag{6-23}$$

式中　C_δ——轧辊凸度，mm；

b——轧制带材宽度，mm；

θ——轧辊轴线交叉角，(°)；

D_w——工作辊直径，mm；

s——辊缝，mm。

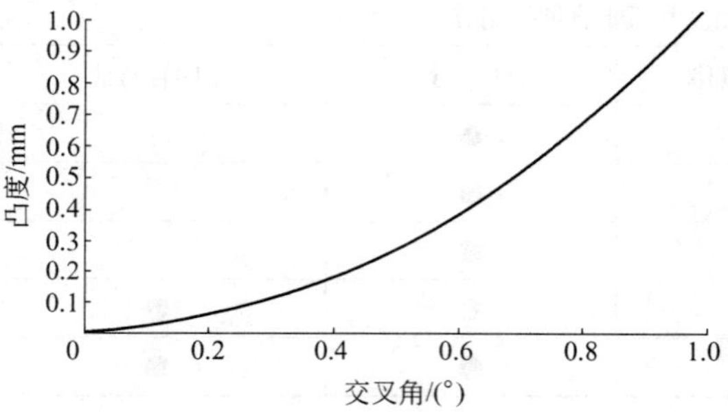

图 6-16　PC 轧机的凸度调节能力

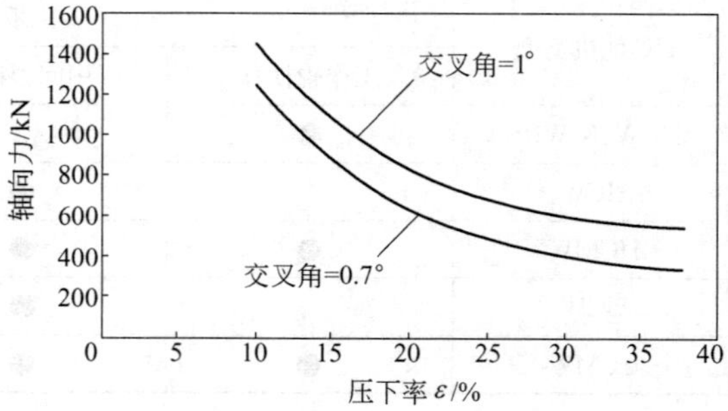

图 6-17　PC 轧机的轴向力

练习题 6

6-1　何为轧机纵向刚度系数、轧机辊缝转换函数及其物理意义是什么？

6-2　如何测定轧机纵向刚度系数及提高轧机纵向刚度系数的措施？

6-3　何为轧机横向刚度系数，与轧机纵向刚度系数的异同点。

6-4　减小板带材横向厚差的方法有哪些？

6-5　影响轧辊辊型的因素有哪些，说明辊型调节的几种主要方法。

6-6　CVC、PC 轧机控制板形的原理及其异同点。

7 轧机主传动装置及主电机的选择

轧机的用途不同，主传动装置的组成不尽相同（参看2.2.2节主机列部分），大多数轧机主机列由连接轴、齿轮机座、主联轴节、主减速机、主电机联轴节、主电机等零部件组成。其作用是将主电机的驱动力矩传递给工作机座中的轧辊，按工艺要求的轧制速度和力能参数实现对金属的轧制。

7.1 连接轴与联轴节

连接轴的用途为：(1)传递扭矩。将扭矩由齿轮机座或主电机（对于无齿轮座的轧机）传给轧辊；(2)连接轧辊与齿轮机座或主电机，对于横列式轧机而言，还可连接各机座中的轧辊。在轧制生产中，辊缝需不断进行调整以及轧辊重车等，需要连接轴线倾角不断变化。故需要连接轴能允许被连接的两轴线不在同一轴线上，并且能够在同被连接件呈一定倾角条件下工作。

轧机常用的连接轴有梅花接轴、万向接轴和弧形齿接轴等几种形式。梅花接轴在现代化轧机上基本已淘汰。滑块式万向接轴传递扭矩冲击性大、滑块润滑条件差、磨损快。因此，近年来在大倾角条件下多被十字轴式万向接轴取代，小倾角条件下被弧形齿接轴代替。各种连接轴的类型、用途、特点和允许使用倾角见表7-1。

表7-1 轧机连接轴的类型、用途、特点和允许倾角

类型		特点	用途	允许倾角/(°)
梅花接轴		由四个或多个弧形或普通梅花头形凸瓣组成，结构简单，运转噪声大	横列式轧机	1～2
万向接轴	滑块式	衬板磨损快，润滑条件差，可传递较大扭矩	板带轧机，管材轧机，钢球轧机及型、线材轧机	8～10
	十字头式	磨损零件少，工作平稳，润滑条件好，传动效率高，传递扭矩大	板带轧机，管材轧机，钢球轧机，立辊及型、线材轧机	8～12
弧形齿接轴		径向间隙小，传动平稳，润滑条件好，可传递较大扭矩	板带精轧机，连续式小型及线材轧机	1～3

联轴节包括主电机联轴节和主联轴节。电机联轴节用来连接主电动机与主减速机的传动轴，而主联轴节则用来连接主减速器与人字齿轮机座的传动轴。目前应用最广的是齿轮联轴节，尼龙棒销联轴节也逐渐被某些轧机所采用。

7.1.1 连接轴的结构

7.1.1.1 万向接轴

因为万向接轴允许接轴中心线与连接的轧辊轴线（或齿轮机座的齿轮轴线）间有较大的倾角，并能传递较大的扭矩，故在轧辊行程调整范围较大的轧机，如管材轧机、中厚板轧机，冷、热板带材轧机和型材轧机上得到广泛应用。滑块式和十字式万向接轴都是按照虎克十字铰链原理工作的（见图7-1）。要想使相互倾斜α角度的两轴传递运动，必须像十字铰链那样，在两个传动轴结合处要有两个互相垂直的回转十字轴 X-X 和 Y-Y。

A　滑块式万向接轴

滑块式万向接轴结构形式很多，其区别在于铰链结构不同。滑块式万向接轴两端的铰链结构如图 7-2 所示。它由扁头 1、叉头 2、销轴 3 和滑块 4 等主要零部件组成。扁头加工有切口，叉头径向镗孔直径为 d，销轴可为圆柱形，也可为方形。铰链有两个相互垂直的回转轴线，一条是叉头 2 的径向镗孔轴线 X-X；另一条是销轴 3 的中心线 Y-Y。两月牙形滑块以滑动配合装在叉头径向镗孔中，扁头插在两月牙形滑块中间。叉头和扁头可绕轴线 X-X 相对回转，销轴 3 装在扁头的开口中，销轴两端轴颈与月牙形滑块也是滑动配合，扁头和叉头也可绕轴线 Y-Y 相对转动。当接轴倾角变化时，扁头沿开口相对销轴产生滑动。因为铰链装拆时是两月牙形滑块和销轴组装后从叉头开口处装入和取出(见图 7-3)，故叉头两股间开口尺寸 B_1 应稍大于月牙形滑块宽度 B。通常称这种扁头具有切口的铰链为开式铰链，开式铰链一般用在轴向换辊的轧机上。

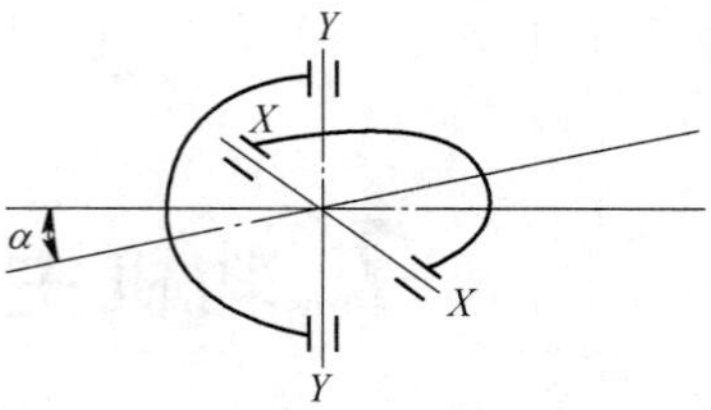

图 7-1　十字轴万向铰链示意图

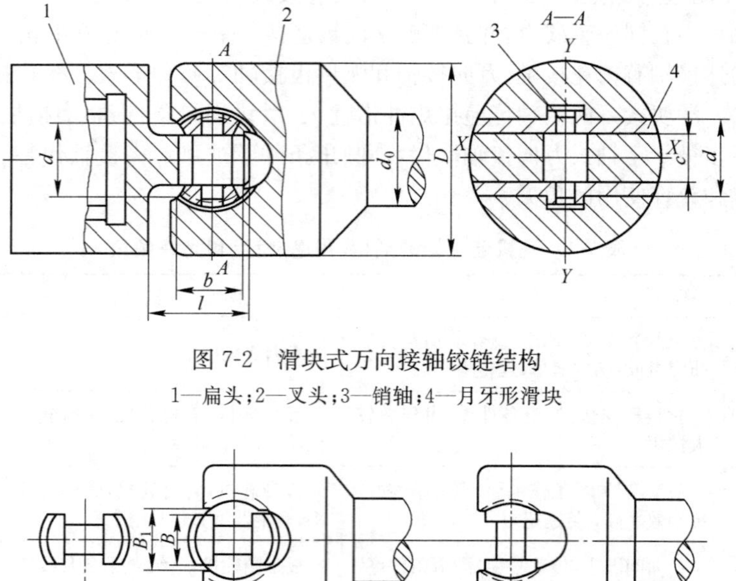

图 7-2　滑块式万向接轴铰链结构

1—扁头；2—叉头；3—销轴；4—月牙形滑块

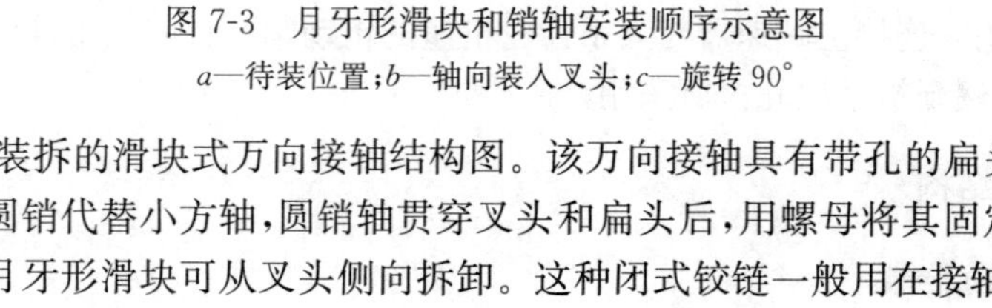

图 7-3　月牙形滑块和销轴安装顺序示意图

a—待装位置；*b*—轴向装入叉头；*c*—旋转 90°

图 7-4 为侧向装拆的滑块式万向接轴结构图。该万向接轴具有带孔的扁头和径向镗孔中没有凹槽的叉头，以圆销代替小方轴，圆销轴贯穿叉头和扁头后，用螺母将其固定。如将圆销轴拆卸抽出后，扁头和月牙形滑块可从叉头侧向拆卸。这种闭式铰链一般用在接轴的传动端。

B　十字轴式万向接轴

带有滚动轴承的十字轴式万向接轴近年来越来越多地应用于轧机主传动中，并有逐步发展取代滑块式万向接轴的趋势，因为它具有如下优点：

(1) 传动效率高。由于采用滚动轴承，所以摩擦损失小，传动效率可达 98.7%～99%；

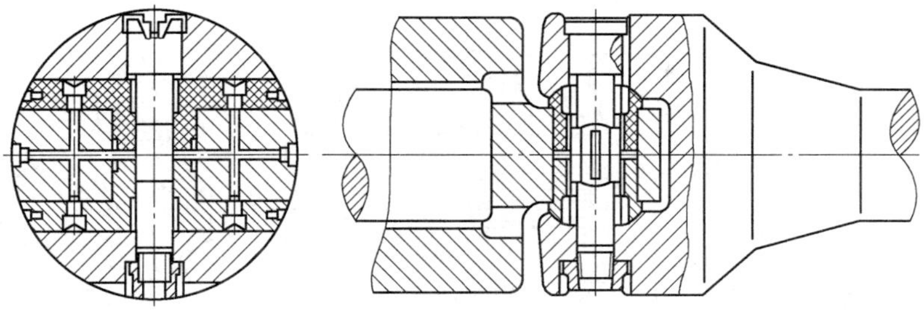

图 7-4 侧向装拆的滑块式万向接轴结构

(2) 传递扭矩大。在回转直径相同的情况下,比滑块式万向接轴能传递更大的扭矩;

(3) 传动平稳。由于滚动轴承间隙小,接轴的冲击和振动显著减小,适于高速运转;

(4) 润滑条件好。用润滑脂润滑,易密封,没有漏油现象,改善了工作环境;

(5) 允许倾角大。可达 10°～15°,用于立辊轧机可降低车间高度,节省投资。

根据万向节的连接固定方式的不同,轧机用大型十字轴式万向接轴的结构,可分为轴承盖固定式、卡环固定式和轴承座固定式。

图 7-5 所示为轴承盖固定式十字轴式万向接轴的结构。主要有十字轴,带内、外圈的多列短圆柱滚子轴承,止推轴承,综合式迷宫密封,轴承盖及法兰叉头等组成。轴承盖、法兰叉头采用合金铸钢,十字轴承采用合金锻钢。采用多列短圆柱轴承,使滚子和内圈接触而不与十字轴轴颈接触,维修时只需更换轴承。另外,还用滚子止推轴承代替了止推垫,轴向承载能力增强了。

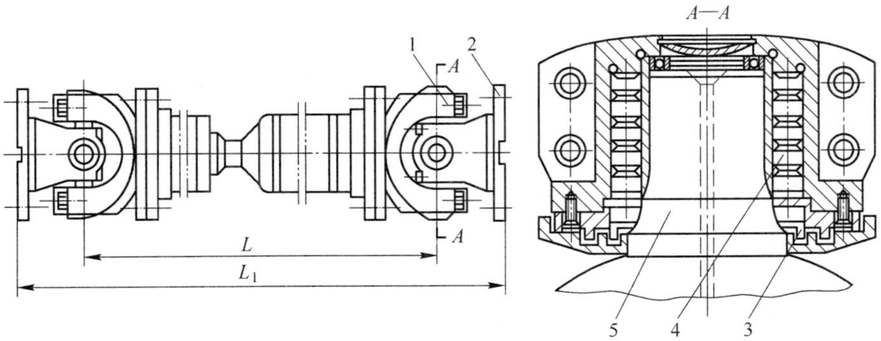

图 7-5 轴承盖固定式十字轴式万向接轴的结构

1—轴承盖;2—法兰叉头;3—综合式迷宫密封;4—滚子轴承;5—十字轴

十字轴式万向接轴在各行业中已趋于标准化。在设计万向接轴时,应尽量采用标准系列中的尺寸,然后根据最大工作扭矩进行强度校核。

7.1.1.2 弧形齿接轴

图 7-6 所示为 1700 冷连轧机弧形齿接轴结构。主要由外齿轴套 5、内齿圈 6、外轴套 3 和接轴本体 8 等几部分组成。内齿圈 6 与外轴套 3、外轴套 3 与接轴本体均采用花键连接。外轴套 3 与轧辊采用楔形滑块 2 连接,在楔形滑块中有弹簧 11,在换辊时松开螺栓 12,弹簧 11 可将楔形滑块 2 弹出。带弹簧的球面顶头 10 用以压紧压盖,防止换辊时外轴套 3 下垂,利于轧辊辊头推入。在接轴本体中心弹簧 9 是防止换辊时轴间冲击。外齿轴套的齿顶和齿根表面在轴向为圆弧形,齿廓母线即齿侧面呈腰鼓形,而与它相啮合的内齿圈是直齿渐开线齿(见图 7-7)。因此内齿圈和外齿套啮合时,能在 XOZ 和 XOY 两个互相垂直的平面内倾斜,即允许其轴线互成一定角度或轴向移动,起万向铰链的作用。

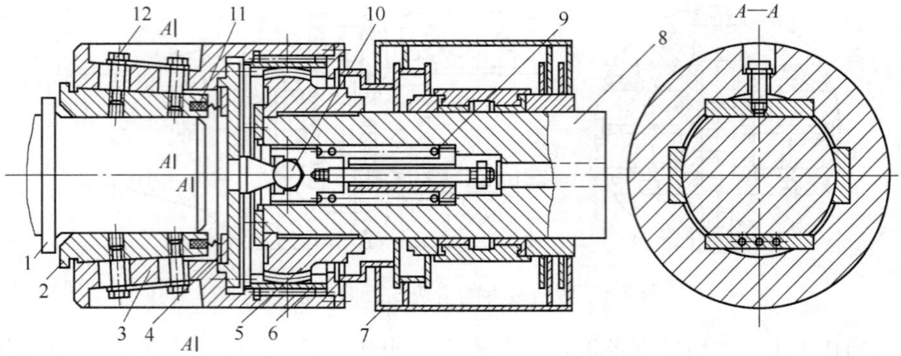

图 7-6　1700 冷连轧机弧形齿接轴结构

1—轧辊辊头；2—楔形滑块；3—外轴套；4—压板；5—外齿轴套；6—内齿圈；7—密封装置；8—接轴本体；9—弹簧；10—带弹簧的球面顶头；11—弹簧；12—螺栓

弧形齿接轴工作倾角一般为±(1°～1°30′)，换辊时的最大倾角为 4°30′。为了实现较大的倾角，且同时具备较高的承载能力，可采用双曲率半径的弧形齿，即在齿宽的两端用小的曲率半径，以满足调整摆角的要求；沿齿宽方向中部采用大的曲率半径，以满足承载能力和工作摆角的要求。

因为弧形齿接轴传递扭矩的大小，既取决于齿轮的齿数和模数，也取决于其轴线倾角的大小，轴线倾角对承载能力的影响如图 7-8 所示。故设计弧形齿联轴器和接轴首先要确定其负载类别、转数、轴线倾角等参数。

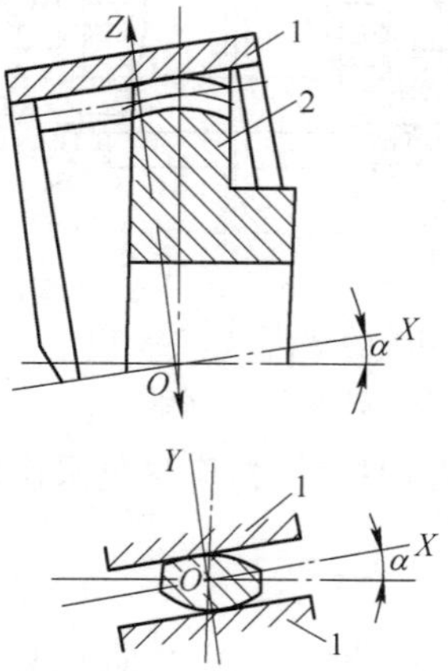

图 7-7　弧形齿接轴齿形示意图

1—内齿圈；2—外齿轴套

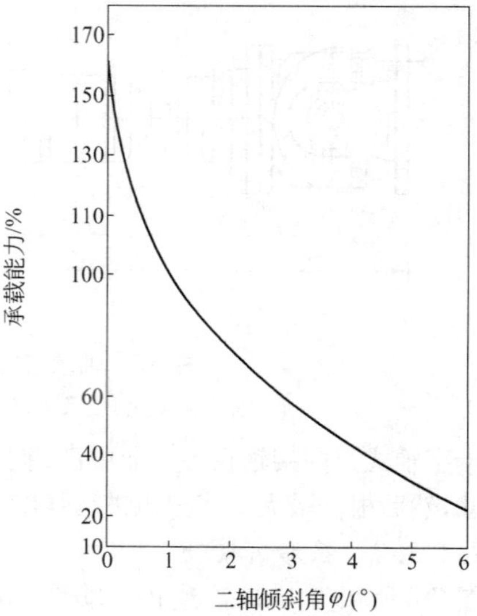

图 7-8　接轴倾角与承载能力关系

与滑块式万向接轴相比，弧形齿接轴具有下述优点：(1)因为在运动过程中，弧形齿接轴的角速度几乎是恒定的，加之径向间隙甚小，所以传动平稳，冲击和振动小，有利于提高轧速和改善产品质量；(2)传动效率高；(3)轮齿啮合处便于密封和润滑，使用寿命长；(4)结构紧凑，重量轻，装拆方便，易于换辊。因此弧形齿接轴在冷、热带材及棒、线材连轧机上得到了广泛应用。弧形齿接轴技术特性见表 7-2。齿接轴的外齿轴套材质为 15CrNi6，齿面硬度 HRC57＋4，淬硬层深度 1.4±0.5 mm；花键轴材质为 42CrNiMo。

表 7-2 2050 轧机弧形齿接轴技术特性

机座号	功率/kW	额定扭矩/kN·m	转速/r·min^{-1}	负载偏角/(°)	调整偏角/(°)	齿数	模数	长度补偿/mm
F1	5000	1310	0～36.47/80.24	－1.8	＋1.7	54	12	200
F2	5000	860	0～55.55/131.11	－1.8	＋1.7	54	12	200
F3	5000	564	0～84.64/99.69	－1.8	＋1.7	54	12	200
F4	5000	341	0～140.24/330.98	－1.6	＋1.73	48	12	200
F5	4500	224	0～192.31/453.85	－1.6	＋1.73	48	12	200
F6	4500	172	0～250/550	－1.6	＋1.73	48	12	200
F7	5000	96	0～250/630	－1.6	＋1.73	48	12	200

7.1.2 连接轴的主要参数

7.1.2.1 滑块式万向接轴的主要结构尺寸及有关参数(如图 7-9 所示)

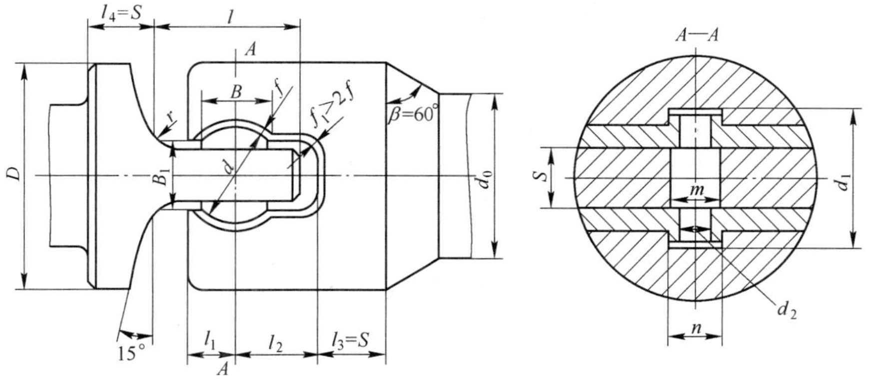

图 7-9 滑块式万向接轴结构尺寸

主要参数：

(1) 叉头直径 D。为了保证轧辊调整的需要，叉头直径应小于轧辊的最小直径。通常叉头直径应比磨削后的轧辊直径小 5～15 mm，或叉头直径等于轧辊名义直径的 85%～95%。传动端的叉头直径可比轧辊端的叉头直径略大些，以保证过载时齿轮轴端不致破坏。

(2) 插头镗孔直径 d。叉头是万向接轴的强度薄弱环节，为降低叉头中的应力，宜减小叉头的镗孔直径，可按下面经验公式选取：

$$d=(0.46\sim0.5)D \tag{7-1}$$

(3) 接轴本体直径 d_0。按最大轧制力矩下接轴的强度条件确定，通常取：

$$d_0=(0.5\sim0.6)D \tag{7-2}$$

(4) 叉头开口度 B_1。其值应大于月牙形滑块宽度 B，以保证月牙形滑块与小方轴装入叉头中。

(5) 扁头厚度 S。选取原则同插头镗孔直径，按经验公式取为：

$$S=(0.25\sim0.28)D \tag{7-3}$$

(6) 扁头长度 l。按经验公式取为：

$$l=(0.415\sim0.5)D \tag{7-4}$$

(7) 万向接轴的倾角 α。万向接轴的最大倾角可达 8°～10°。在实际生产条件下，为了不致过度磨损，板带轧机上倾角控制在 2°以内为宜。

(8) 万向接轴的长度 L。为了减小轧机主传动装置的总长和车间的面积，在保证轧机前后辅助设备配置的前提下，应选取较小的万向接轴长度。接轴两端铰链中心线之间的长度 L，可由下式(见图 7-10)决定：

$$L=\frac{h_s}{\tan\alpha} \tag{7-5}$$

式中　h_s——轧辊在最高提升位置时，上轧辊中心线与人字齿轮机座上齿轮轴(或主电机)中心线间的距离，mm；

　　α——万向接轴的最大允许倾角，(°)。

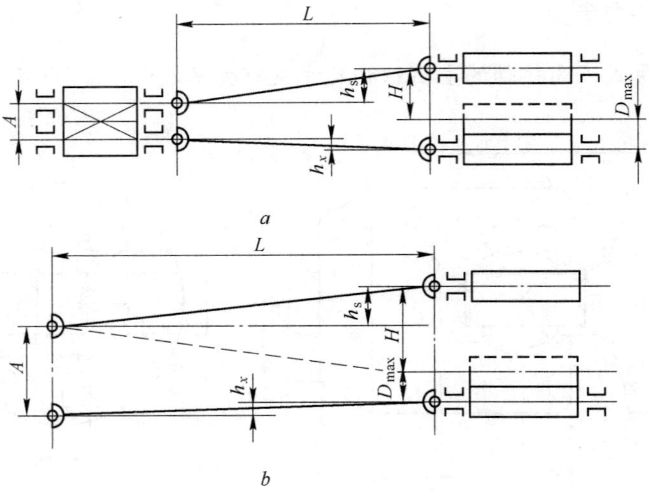

图 7-10　接轴配置简图

a—有人字齿轮机座的配置形式；b—由主电机直接传动的配置形式

在计算万向接轴的长度时，h_s 值的大小取决于主传动的形式。对于主机列中有人字齿轮机座的接轴(如图 7-10a 所示)：

$$h_s=H+D_{max}-h_x-A \tag{7-6}$$

式中　H——上辊最大提升高度，mm；

　　h_x——下辊中心线与人字齿轮或主电机轴线间的间距，mm。

对于主机列中无人字齿轮机座的接轴(见图 7-10b)：

$$h_s=H+D_{max}+h_x-A \tag{7-7}$$

7.1.2.2　弧形齿接轴齿型参数(见图 7-11)。

为了保证在较大的偏角时不产生卡啃现象，弧形齿接轴要保证齿侧有足够的间隙。分度弧直径 $d=mz$(m—模数；z—齿数)，齿顶圆直径 $d_n=d+2\,m$，齿根圆直径 $d_r=d-1.5\,m$，齿高 $h_A=1.75\,m$，齿顶高 $h_n=1.0\,m$，齿根高 $h_f=0.75\,m$，齿廓变位 $xm=0.5\,m$(x—变位系数)，齿形角 $\alpha_n=20°$。

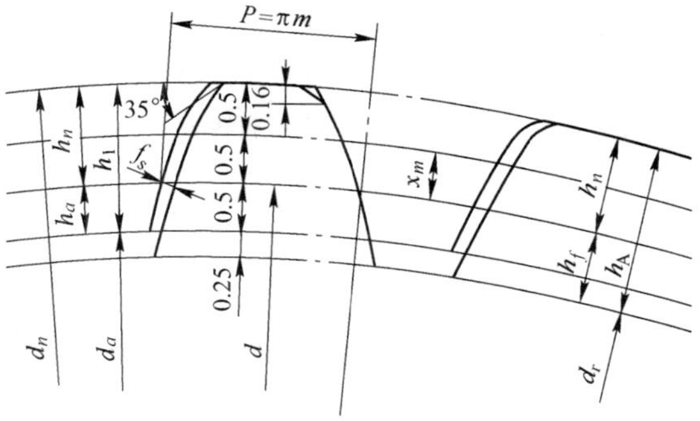

图 7-11 弧形齿接轴齿型参数

7.1.3 连接轴的强度计算

7.1.3.1 万向接轴的强度计算

万向接轴的接轴铰链在径向尺寸受轧辊辊身尺寸限制的情况下，传递很大的扭矩，接轴的强度就成为压下规程能否实施的重要环节。这里仅介绍常用的滑块式万向接轴的强度计算方法。滑块式万向接轴的强度计算方法通常有两种：材料力学的理论计算方法和建立在实验基础上的经验公式。为了更合理地进行结构设计和加强某些强度上的薄弱部分，必要时还要进行光弹模拟实验和有限元计算分析。

A 材料力学计算法

(1) 接轴扁头强度计算(见图 7-12)：

1) 带切口式扁头受力，如图 7-12*a* 所示。试验结果表明，扁头上滑块接触区的作用力是不规则的分布力。为了能用材料力学的方法计算，假设扁头承受滑块方面传来的载荷，其单位压力近似成三角形分布，沿宽度方向均匀分布，故其合力 **F** 的作用点位于三角形的重心处，即距外表面 $b/3$ 的位置处。

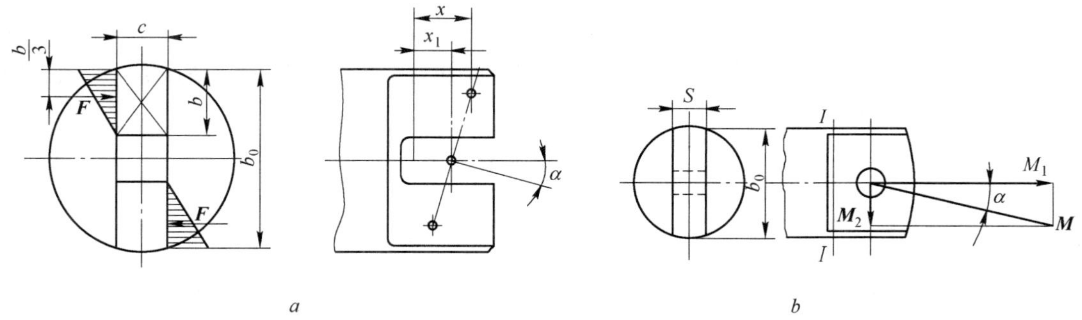

图 7-12 接轴扁头强度计算示意图

a—带有切口的扁头受力图；*b*—带孔扁头的计算简图

合力 **F** 可按下式计算：

$$\boldsymbol{F}=\frac{\boldsymbol{M}}{b_0-\frac{2}{3}b} \tag{7-8}$$

式中 **M**——接轴传递的扭矩，N·mm；

b_0——扁头的总宽度，mm；

b——扁头一个支叉的宽度，mm。

当接轴在倾角 α 下工作时，合力 $\boldsymbol{F}$ 的作用点由扁头铰链中心移向一侧。力 $\boldsymbol{F}$ 在危险断面(支叉的根部，距 $\boldsymbol{F}$ 力 x 处)产生弯曲力矩 $\boldsymbol{M}_w$ 和扭转力矩 $\boldsymbol{M}_n$。弯曲力矩 $\boldsymbol{M}_w$：

$$\boldsymbol{M}_w=\boldsymbol{F}x \tag{7-9}$$

$$x=0.5\left(b_0-\frac{2}{3}b\right)\tan\alpha+x_1 \tag{7-10}$$

式中　α——接轴倾角，(°)；

x_1——接轴铰链中心至危险断面的距离，mm。

扭矩 $\boldsymbol{M}_n$：

$$\boldsymbol{M}_n=\frac{\boldsymbol{F}b}{6} \tag{7-11}$$

扁头危险断面的弯曲应力 $\boldsymbol{\sigma}$：

$$\boldsymbol{\sigma}=\frac{6\boldsymbol{M}_w}{bS^2} \tag{7-12}$$

扁头危险断面的扭转应力 $\boldsymbol{\tau}$：

$$\boldsymbol{\tau}=\frac{\boldsymbol{M}_n}{\eta S^3} \tag{7-13}$$

式中　S——扁头厚度，mm；

η——计算矩形截面抗扭截面系数的系数(见表 3-5)。

危险截面的合成应力(按第四强度理论)：

$$\boldsymbol{\sigma}_j=\sqrt{\boldsymbol{\sigma}^2+3\boldsymbol{\tau}^2}=\frac{\boldsymbol{M}}{\left(b_0-\frac{2}{3}b\right)bS^2}\sqrt{36x^2+\frac{1}{12}\frac{b^4}{\eta^2S^2}} \tag{7-14}$$

2) 闭口式扁头强度计算(见图 7-12b)。在扁头的危险断面 I-I 处同样受有弯曲力矩和扭转力矩的作用。此时若以向量 $\boldsymbol{M}$ 表示接轴传递的总扭矩，则计算更为简便。它可以分解为两个分力矩：

$$\boldsymbol{M}=\boldsymbol{M}_1+\boldsymbol{M}_2$$

$$\boldsymbol{M}_1=\boldsymbol{M}\cos\alpha \tag{7-15}$$

$$\boldsymbol{M}_2=\boldsymbol{M}\sin\alpha \tag{7-16}$$

力矩 $\boldsymbol{M}_1$ 对扁头起扭转作用，而力矩 $\boldsymbol{M}_2$ 则起弯曲的作用，相应地在危险断面 I-I 产生的扭转应力和弯曲应力分别为：

$$\boldsymbol{\tau}=\frac{\boldsymbol{M}\cos\alpha}{\eta S^3} \tag{7-17}$$

$$\boldsymbol{\sigma}=\frac{6\boldsymbol{M}\sin\alpha}{b_0S^2} \tag{7-18}$$

合成应力(按第四强度理论)：

$$\boldsymbol{\sigma}_j=\sqrt{\boldsymbol{\sigma}^2+3\boldsymbol{\tau}^2}=\frac{\boldsymbol{M}}{S^2}\sqrt{\frac{36\sin^2\alpha}{b_0^2}+\frac{3\cos^2\alpha}{\eta^2S^2}} \tag{7-19}$$

(2) 接轴叉头强度计算。图 7-13 是叉头的受力图。叉头的每个叉股承受滑块传来的压力。在垂直于扁头的断面 A-A 中，压力近似看作三角形分布，合力 $\boldsymbol{F}$ 的作用点通过三角形的重心(即距铰链中心线 $b_1/3$ 处)。合力 $\boldsymbol{F}$ 为：

$$\boldsymbol{F}=\frac{2\boldsymbol{M}}{3b_1} \tag{7-20}$$

式中　$\boldsymbol{M}$——接轴传递的扭矩，N·mm；

b_1——叉头中一个叉股的宽度，mm。

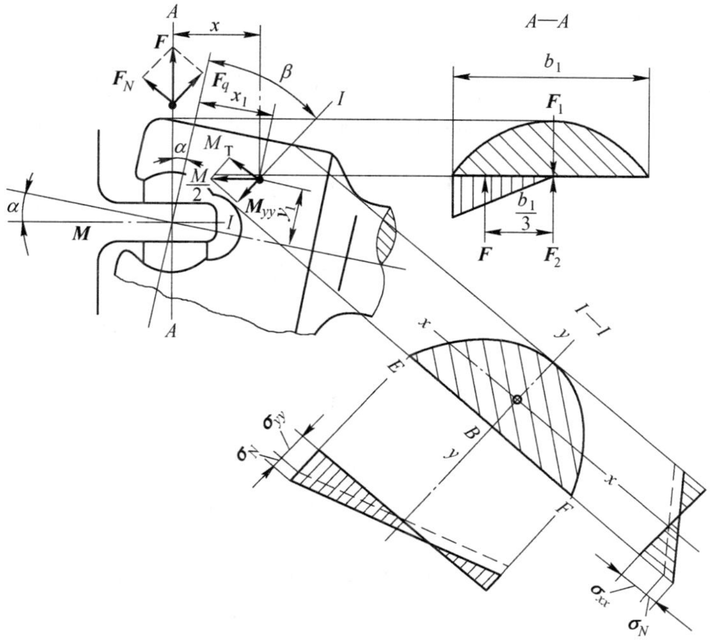

图 7-13 叉头中一个叉股的受力简图

为了计算方便，在断面 $A—A$ 的轴线上加上两个大小等于 $\boldsymbol{F}$ 而方向相反的力 $\boldsymbol{F}_1$ 和 $\boldsymbol{F}_2$。则在叉股上形成了由 $\boldsymbol{FF}_1$ 组成的一对力偶(其值以向量 $\boldsymbol{M}/2$ 表示)和一个力 $\boldsymbol{F}_2$ 的等效作用。在此情况下，叉股上任意断面 $I—I$ 中的受力如下：

1) $\boldsymbol{F}_2$ 力对 $x—x$ 轴的弯曲力矩

$$\boldsymbol{M}_{xx}=\boldsymbol{F}_2x=\boldsymbol{F}x \tag{7-21}$$

$$x=x_1\cos\alpha+y_1\sin\alpha \tag{7-22}$$

式中 x——$\boldsymbol{F}_2$ 的力臂，mm；

x_1，y_1——断面中心线的横、纵坐标，mm。

该力矩在 $I—I$ 断面弯曲应力 $\boldsymbol{\sigma}_{xx}$：

$$\boldsymbol{\sigma}_{xx}=\frac{\boldsymbol{M}_{xx}}{W_{xx(EF)}} \tag{7-23}$$

式中 $W_{xx(EF)}$——断面 EF 线上各点对 $x—x$ 轴的抗弯断面系数，mm^3。计算时，通常将扇形的 $I—I$ 断面化成等面积的梯形断面(如图 7-14 所示)，则扇形断面的抗弯断面系数可近似按下式求得：

$$W_{xx(EF)}=\frac{3C_1^2+6C_2C_3+2C_3^2}{6(3C_2+4C_3)}\cdot C_1^2 \tag{7-24}$$

2) $\boldsymbol{F}_2$ 对 $I—I$ 断面拉力

$$\boldsymbol{F}_N=\boldsymbol{F}\sin(\alpha+\beta) \tag{7-25}$$

拉力 $\boldsymbol{F}_N$ 在断面上产生拉应力 $\boldsymbol{\sigma}_N$，其值为：

$$\boldsymbol{\sigma}_N=\frac{\boldsymbol{F}\sin(\alpha+\beta)}{A_{I-I}} \tag{7-26}$$

式中 A_{I-I}——$I—I$ 断面的断面积，mm^2。

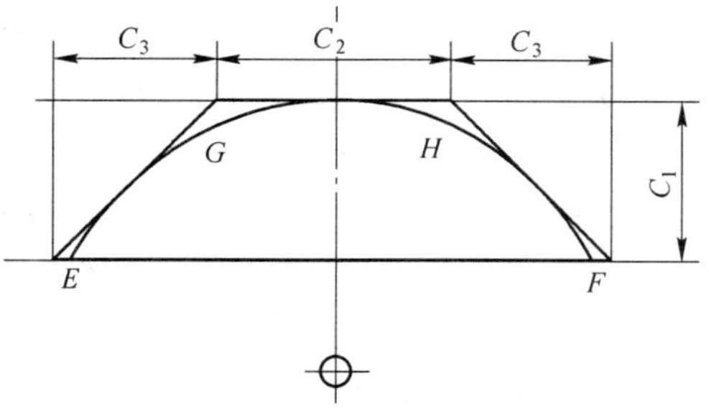

图 7-14 叉股断面系数的计算图

3）$\boldsymbol{F}_2$ 对 $I—I$ 断面剪力 $\boldsymbol{F}_q$

$$\boldsymbol{F}_q=\boldsymbol{F}\cos(\alpha+\beta) \tag{7-27}$$

剪力 $\boldsymbol{F}_q$ 在断面上产生的剪应力在合成应力中所占比例较小，可忽略。

4）$\boldsymbol{FF}_1$ 力偶矩在 $I—I$ 断面分解为对断面轴线 $y—y$ 的弯曲力矩 $\boldsymbol{M}_{yy}$ 和扭转力矩 $\boldsymbol{M}_T$

$$\boldsymbol{M}_{yy}=\frac{\boldsymbol{M}}{2}\sin(\alpha+\beta) \tag{7-28}$$

$$\boldsymbol{M}_T=\frac{\boldsymbol{M}}{2}\cos(\alpha+\beta) \tag{7-29}$$

弯矩 $\boldsymbol{M}_{yy}$ 在断面上产生弯曲应力 $\boldsymbol{\sigma}_{yy}$，同理，应力在 E 点或 F 点处最大，其值为：

$$\boldsymbol{\sigma}_{yy(EF)}=\frac{\boldsymbol{M}\sin(\alpha+\beta)}{2W_{yy(EF)}} \tag{7-30}$$

式中　$W_{yy(EF)}$——断面 $I—I$ 对 $y—y$ 轴的抗弯断面系数，按图 7-14 可近似得：

$$W_{yy(EF)}=\frac{C_2^3+3C_2^2C_3+4C_2C_3^2+2C_3^3}{6(C_2+2C_3)}\cdot C_1 \tag{7-31}$$

扭矩 $\boldsymbol{M}_T$ 在断面上产生扭转应力，根据非圆截面实心杆件扭转的实验结果表明，最大应力在距截面重心最近的周边上，对 $I—I$ 断面来说，最大扭转应力位于断面的 B 点。其值为：

$$\boldsymbol{\tau}_{T(B)}=\frac{\boldsymbol{M}\cos(\alpha+\beta)}{2W_{T(B)}} \tag{7-32}$$

式中　$W_{T(B)}$——$I—I$ 断面 B 点处的抗扭断面系数，可按下式计算：

$$W_{T(B)}=\frac{r^3}{2.86}\left(\frac{h}{r}\right)^{2.82} \tag{7-33}$$

式中　r——扇形弧的半径，mm；

　　h——扇形面的高度，mm。

通过上述分析和计算，可得到 $I—I$ 断面上几个特殊点（应力最大点）的合成应力值。

在 B 点处：

$$\boldsymbol{\sigma}_{Bj}=\sqrt{(\boldsymbol{\sigma}_{xx(B)}+\boldsymbol{\sigma}_N)^2+3\boldsymbol{\tau}_{T(B)}^2} \tag{7-34}$$

在 E、F 点处：

$$\boldsymbol{\sigma}_{(E,F)j}=\boldsymbol{\sigma}_{xx(E,F)}+\boldsymbol{\sigma}_{yy(E,F)}+\boldsymbol{\sigma}_N \tag{7-35}$$

在具体计算叉头强度时，必须确定危险断面的位置。如图 7-15 所示，叉头内有镗孔直径 d 和小孔直径 d_1，它们各自的圆心不同。严格来说，在确定危险断面位置时，应从镗孔直径 d 的圆心（铰链中心）开始，由垂直面起每隔 5°计算一个断面，直到 α_1 为 45°时止；然后再从小孔直径 d_1 的圆心开始，每隔 5°计算一个断面，直到 α_2 为 45°时止。计算后，应力最大的位置即是叉头的危险断面位置。结果表明，一般情况下，叉头的危险断面位于 $\alpha_2=0°$ 位置，即镗孔直径与小孔直径过渡处，此处断面的 B 点具有最大的应力值。

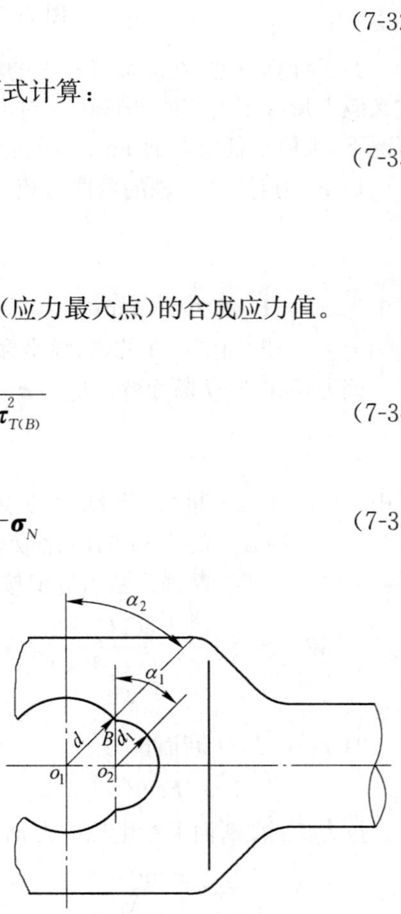

图 7-15　叉头危险断面位置的确定

B 实验得出的经验模型

(1) 梅耶洛维奇公式。带切口的扁头，其最大应力按下式计算：

$$\boldsymbol{\sigma}_{\max}=\frac{1.1\boldsymbol{M}}{\left(b_0-\frac{2}{3}b\right)bS^2}\left(3x+\sqrt{9x^2+\frac{b^2}{36\eta^2}}\right) \tag{7-36}$$

闭口式扁头的最大应力：

$$\boldsymbol{\sigma}_{\max}=0.8\frac{\boldsymbol{M}}{b_0S^2}\left(3\sin\alpha+\sqrt{9\sin^2\alpha+[(3+1.8S/b_0)\cos^2\alpha]^2}\right) \tag{7-37}$$

叉头最大应力位于叉股内表面上某点，其值按下式计算：

$$\boldsymbol{\sigma}=\frac{35\boldsymbol{M}_{\mathrm{n}}}{D^3}\left(\frac{D}{D-d}\right)^{1.25}k \tag{7-38}$$

式中 k——考虑接轴倾角的影响系数，$k=1+0.05\alpha^{2/3}$。

梅耶洛维奇的经验公式较之材料力学的理论计算要简单得多，而计算结果与材料力学理论计算值十分接近(经验公式计算值略大5%左右)，故实际使用时多用经验公式。

(2) 国内有关院校、设计研究单位对万向接轴的强度也有较全面的研究，通过有限元计算和光弹实验提出了某些经验公式，可作计算时的参考。如北京科技大学学者提出光弹实验公式：

$$\alpha_1=0°,\boldsymbol{\sigma}_A=100\frac{\boldsymbol{M}}{D^3}\left(\frac{d}{D}\right)^{0.52} \tag{7-39}$$

$$\beta=45°,\boldsymbol{\sigma}_B=100\frac{\boldsymbol{M}}{D^3}\left(\frac{d}{D}\right)^{0.483}k,k=1+0.05\alpha^{2/3} \tag{7-40}$$

十字接轴强度的计算，主要是计算轴颈处的弯曲应力。根据零件工作应力状态校核静强度或疲劳强度。

万向接轴材质一般选用40Cr、40CrNi、37SiMn2MoV、40CrNiMo等合金钢，其抗拉强度 σ_0 为650～750 MPa；其安全系数取值大于5。

7.1.3.2 弧形齿接轴的接触强度计算

赫兹公式：

$$\boldsymbol{\sigma}_j^2=0.35\boldsymbol{F}_nE_m/(\rho_m h),\rho_m=\frac{1}{\frac{1}{2}\left(\frac{1}{\rho_1}+\frac{1}{\rho_2}\right)}=\frac{2\rho_1\rho_2}{\rho_1+\rho_2} \tag{7-41}$$

式中 ρ_1——弧形齿的齿面曲率半径，mm；

ρ_2——内齿圈齿面曲率半径，mm。

对于直齿，有 $\rho_2=\infty$，则 $1/\rho_2\to0$，$\rho_m=2\rho_1$

$$E_m=\frac{1}{\frac{1}{2}\left(\frac{1}{E_1}+\frac{1}{E_2}\right)}=\frac{2E_1E_2}{E_1+E_2} \tag{7-42}$$

内齿与外齿齿形材料相同，即 $E_1=E_2=E_m=E$，则 $E_m=2.1\times10^5$ MPa。

$$\boldsymbol{\sigma}_{jj}^2=0.35F_nE/(2\rho_1h),\boldsymbol{\sigma}_{jj}=0.418\sqrt{F_nE/(\rho_1h)}$$

$$\rho_1=\frac{d}{2\sin\alpha_n};\boldsymbol{F}_n=\frac{2\boldsymbol{M}_n}{dK\cos\alpha_n};h=1.5\text{ m}$$

$$\boldsymbol{\sigma}_{jj}=99\sqrt{\boldsymbol{M}_n\tan\alpha_n/(Kd^3)}=60\sqrt{\boldsymbol{M}_n/(Kd^3)} \tag{7-43}$$

式中　$\boldsymbol{\sigma}_{jj}$——弧形齿的接触应力，MPa；

K——承载能力系数；

$\boldsymbol{M}_n$——接轴传递的扭矩，N·mm；

d——分度圆直径，mm；

α_n——齿形角，$\alpha_n=20°$。

弧形齿接触状态与一般齿轮不同。不能以一般齿轮的接触应力分析方法确定其许用接触应力，因为就其运动分析看，齿面间既不是滚动也不是单一的滑动，而是错动。通常按齿轮许用应力的 1/3～1/2 来确定弧形齿的许用应力。

7.1.4　连接轴的平衡

在轧辊直径大于 450～500 mm 的轧机上，为了不使连接轴的重量全部传到接轴铰链上，通常采用平衡装置来平衡接轴重量，平衡所需的力约为接轴重量的 1.1～1.3 倍。

常用的连接轴平衡装置有弹簧平衡、重锤平衡和液压平衡三种形式。连接轴上下移动量在 50～100 mm 时，通常采用弹簧平衡；当连接轴移动量较大时，采用重锤平衡或液压平衡。在更换轧辊时，用液压平衡能很好地调整轧辊端接轴头的位置。因此，现代化轧机，即使连接轴移动量不大，也应采用液压平衡。

7.1.4.1　弹簧平衡装置

弹簧平衡装置结构简单，但平衡力随接轴的移动而变化，适于型材、板带轧机的接轴平衡。

7.1.4.2　重锤平衡装置

连接轴上、下的移动量较大时，可以采用重锤平衡。图 7-16 是 1000 初轧机连接轴的平衡装置的简图。其上连接轴的移动量较大，采用重锤平衡。下接轴移动量小，采用弹簧平衡。连接轴连接的所有铰链都具有带切口的扁头，故上接轴在轴向是通过轴承和弹簧 5 来定位的。此外，弹簧 5 还起到承受接轴的部分轴向力，并起到缓冲作用。还可消除上平衡托梁 7 的铰链 6 和连接轴铰链中心线间在高度上可能产生的不重合现象，起补偿作用。

当更换轧辊及装新轧辊时，下接轴的高度是用靠近轧辊一端的螺母 1 来调整的。与螺母 1

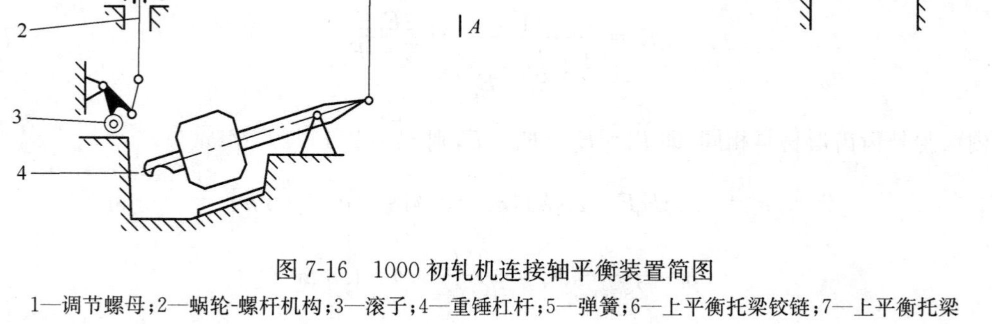

图 7-16　1000 初轧机连接轴平衡装置简图

1—调节螺母；2—蜗轮-螺杆机构；3—滚子；4—重锤杠杆；5—弹簧；6—上平衡托梁铰链；7—上平衡托梁

配合的螺栓通过弹簧和轴承来平衡下接轴。上接轴的位置用蜗轮-螺杆机构 2 来调节。在轧辊从机座中取出前,先使上接轴处于最低位置,重锤则升到最高位置,然后开动蜗轮—螺杆机构 2,使滚子 3 插入重锤杠杆 4 下面。由于重锤对上接轴产生过平衡,故在装新辊时,上接轴的位置可由滚子 3 的位置来决定。重锤平衡装置结构简单,使用可靠,但是基础结构比较复杂。

7.1.4.3　热带钢连轧机液压平衡装置

板带轧机轧辊一般采用液压平衡,因此连接轴的平衡装置一般都采用液压平衡。图 7-17 为 1700 精轧机组连接轴液压平衡装置的结构图。连接轴轴承座 2 可在平衡支架 6 的垂直槽内上、下滑动,平衡支架 6 能承受连接轴的轴向力。上连接轴 1 是通过左右两个液压平衡缸 4 平衡,下连接轴 7 是用一个液压平衡缸 5 平衡。液压缸的压力为 10～12 MPa。

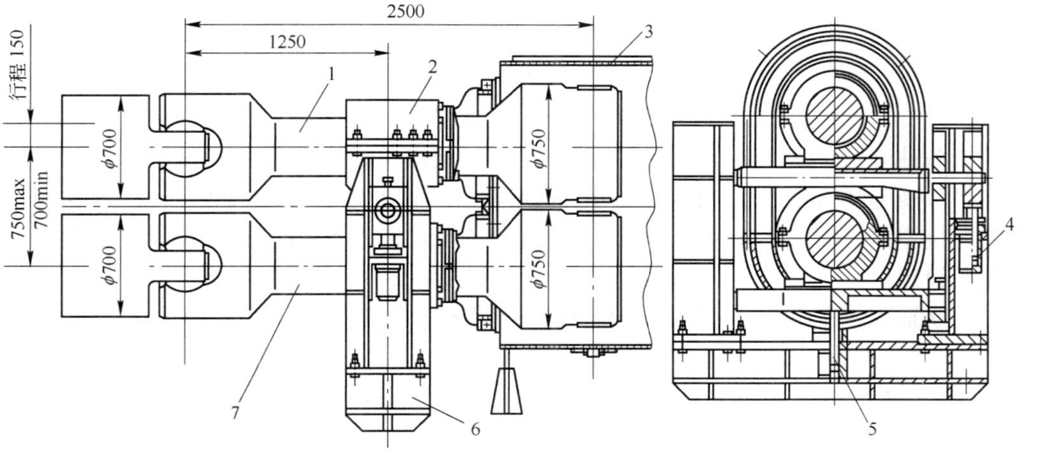

图 7-17　1700 精轧机组连接轴液压平衡装置

1—上连接轴;2—轴承座;3—油箱;4—上连接轴液压平衡缸;
5—下连接轴液压平衡缸;6—平衡支架;7—下连接轴

7.1.5　联轴节

目前在轧机主传动中应用最广的是齿轮联轴节和尼龙棒销联轴节。齿轮联轴节能承受很大的扭矩和经常正反向的冲击负荷,在高速传动时仍安全可靠,具有良好的补偿性能,允许被连接的两轴有一定的角位移和径向位移。

齿轮联轴节有两种形式。一般的齿轮联轴节(CL 型)用于直接连接相互靠近的两根轴(见图 7-18);带中间轴的齿轮联轴节(CLZ 型)用于借中间轴来连接相距一定距离的两轴(见图 7-19)。其中外齿轴套宜与中间轴连接,而半联轴节与被连接的两轴连接。

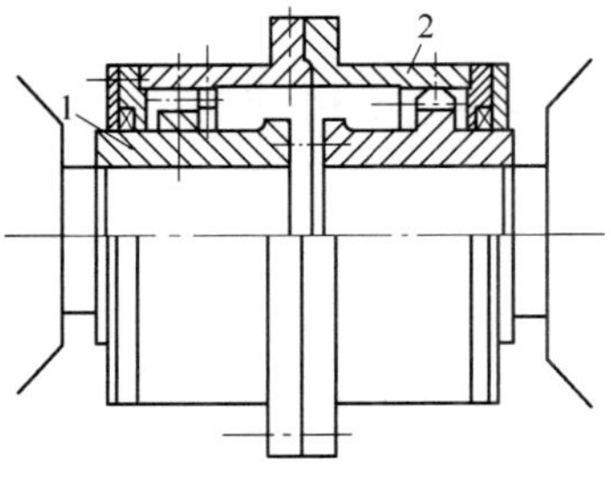

图 7-18　CL 型齿轮联轴节

1—外齿轴套;2—内齿圈

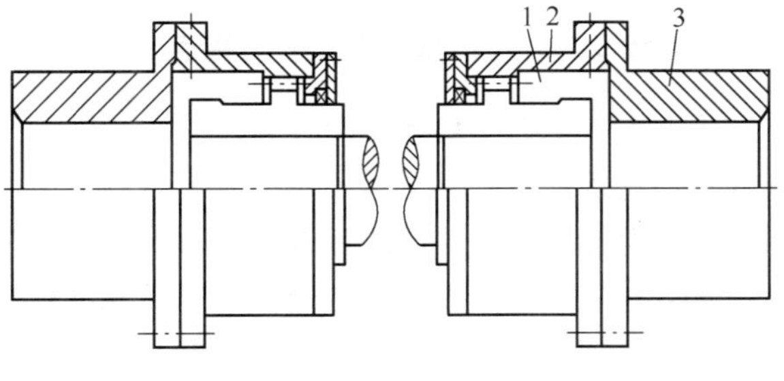

图 7-19　CLZ 型齿轮联轴节

1—外齿轴套;2—内齿圈;3—半联轴器

齿轮联轴节已标准化，轴径范围 18～560 mm，允许扭矩为 710～10^6 N·m。

棒销联轴节能传递很大的扭矩，结构简单，制造方便，不需润滑，易于维修，寿命长。因此，在相同的工作条件下可以代替齿轮联轴节。棒销联轴节由两个半联轴节、外环、棒销和压板组成(见图 7-20)。棒销的材料采用尼龙 6 或机械性能相同的其他尼龙牌号，亦可使用酚醛布板或棒。

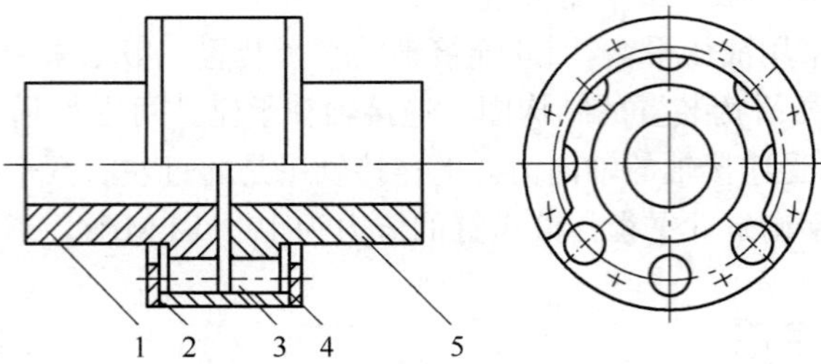

图 7-20　棒销联轴节

1,5—半联轴节；2—外环；3—棒销；4—压板

棒销联轴节也已标准化，轴径范围 25～600 mm，允许扭矩 630～1.6×10^6 N·m。

选择和确定联轴节的型号和尺寸，可根据联轴节传递的最大扭矩来确定计算力矩 $\boldsymbol{M}_{max}$，并参考所连接零件的轴径，在有关标准系列中选定。对于尚未列入标准系列的联轴节，可根据计算力矩进行设计。

已知联轴节传递的最大扭矩 $\boldsymbol{M}_m$ 时，可按下式确定联轴节的计算力矩 $\boldsymbol{M}_{max}$：

$$\boldsymbol{M}_{max}=K\boldsymbol{M}_m \tag{7-44}$$

式中　K——工作条件系数，对不可逆轧机，取为 1.1～1.3；对可逆轧机，取 1.3～1.5。

7.2　主传动中的齿轮装置

轧机主传动中的齿轮装置包括主减速器与齿轮机座。

主减速器的作用是把主电机的高转速变成轧辊所需要的低转速。然而只有当主减速器的价格及其摩擦损耗不超过低速电机与高速电机差价时，在主传动中设置主减速器才是合理的。为此，通常在不可逆轧机上，只有当轧辊转速小于 200～250 r/min 时才配置主减速器，在可逆式轧机上，即使轧辊转速小于 200～250 r/min，也往往不用主减速器而配以低速电机，因为这样的传动系统易于可逆运转。在某些高速带材、线材轧机的精轧机组中，有时为了避免选用过多不同型号的主电机或满足轧辊极高的转速要求，在主传动中配置有增速器。

人字齿轮机座的作用是将主电机的扭矩分配给相应的轧辊。在型材轧机和大多数板带轧机上均需配置齿轮机座，只有在主电机单独驱动每个轧辊的轧机(如中厚板轧机等)上才不配置齿轮机座。

7.2.1　主传动中的齿轮装置的结构特点

7.2.1.1　齿轮机座的类型及结构

A　齿轮机座的类型

齿轮机座按齿轮传动形式分可分为以下四种形式：

(1) 图 7-21*a* 所示的齿轮传动形式用于二辊或四辊轧机的齿轮座，为了拆卸方便，通常将下齿轮辊作为主动轮。

(2) 图 7-21*b* 所示的齿轮传动形式用于三辊式轧机的齿轮座，如三辊型材轧机。通常是中间齿轮辊是主动的。

(3) 图 7-21c 所示的齿轮传动形式用于无缝管材穿孔机和钢球轧机等二辊斜轧机的齿轮座，其小齿轮是主动的。

(4) 图 7-21d 所示的齿轮传动形式用于三辊轧管机等三辊斜轧机的齿轮座，其中小齿轮是主动的。

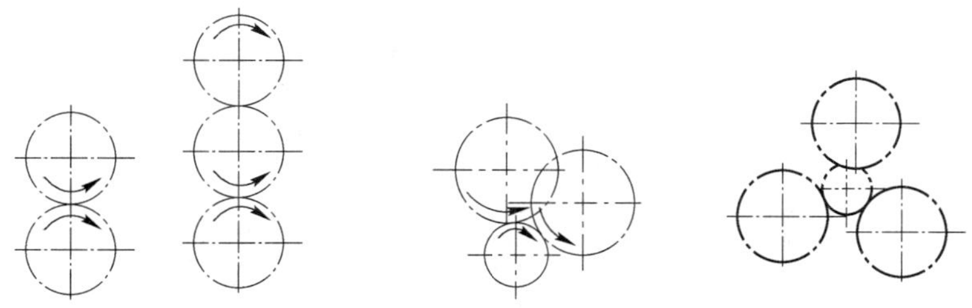

图 7-21　齿轮座按齿轮传动形式分类

a—用于二辊或四辊轧机；*b*—用于三辊轧机；*c*—用于二辊斜轧机；*d*—用于三辊斜轧机

B　齿轮机座的特点和结构

由于齿轮座所传递的扭矩较大，其中心距却受到轧机轧辊中心距的限制。因此，只能增大齿轮模数、齿宽；减少齿数，采用人字齿轮、新型齿廓及选用性能好的材料等来提高承载能力。实践表明，齿轮座齿轮的破坏主要是由点蚀、齿面剥落或塑性变形等因素引起。模数过大不利于齿的接触强度，故在保证齿的弯曲强度条件下，齿轮的模数尽量选小些，一般为 8～45；因过大的齿宽会引起传动条件的恶化，故通常选用的齿宽系数都小于 2.4；齿数一般选用 20～40；为提高承载能力，齿轮辊常用材料为 45 号钢、40Cr、32Cr2MnMo 等；因齿面接触应力很高，除少数负荷较轻的齿轮座采用软齿面的齿轮辊外，大多数齿轮辊都选用硬齿面的齿轮辊，其齿面的淬火硬度为 HB480～570；齿形主要采用渐开线的，但圆弧齿轮由于承载能力大、效率高、减小齿轮座的重量和外形尺寸等优点，也得到了广泛应用。在某些工厂的齿轮座中，同一机座内采用可互换的渐开线和圆弧两种齿形。

齿轮座是由齿轮辊、轴承、轴承座和箱体组成(见图 7-22)。由于齿轮座的传动比为 1，故齿轮节圆直径等于齿轮座中心距，其大小受到轧辊中心距的限制，致使齿轮座的齿轮直径小，宽度大，通常在制造时，就将齿轮和轴做成整体，称为齿轮辊。齿轮辊通常为人字齿，螺旋角一般为 28°～35°，常取 30°，所以只需将几根轴中的一根轴的一端在轴向予以固定(常选在主动辊的一端)，其余齿轮辊都必须设计成轴向能游动的，在运转过程中，依靠人字齿的啮合自动定位，从而避免载荷在两侧斜齿上的不均匀分布。而在温度发生变化时，相啮合的两根齿轮辊均可自由伸缩，保证正常啮合。

齿轮辊的轴承可采用滚动轴承或滑动轴承，只要齿轮座结构的径向尺寸和转速等条件允许，则应尽可能的选用滚动轴承。如径向尺寸受到限制或转速很高时，可采用巴氏合金轴瓦的滑动轴承。

齿轮座的箱体应有足够的强度、刚度和良好的密封，以保证齿轮辊良好的啮合。箱体材料一般用 HT35-61 或 HT30-54 铸铁铸成。有时也用铸钢制造。近年来，为节省金属，缩短加工周期，较普遍的采用钢板焊接的箱体，其重量可比铸造箱体轻 15%～30%。

齿轮座齿轮啮合处和轴承的润滑，通常用同一个循环润滑系统，润滑油用 HJ3-28 轧制机油。齿轮啮合的润滑方式有两种：一种是用侧向喷嘴直接向啮合区喷射润滑油；另一种是用一排位于上齿轮辊上部的喷油嘴和啮合区两侧挡板向啮合区注油(见图 7-23)。在箱体的下部有回油孔。

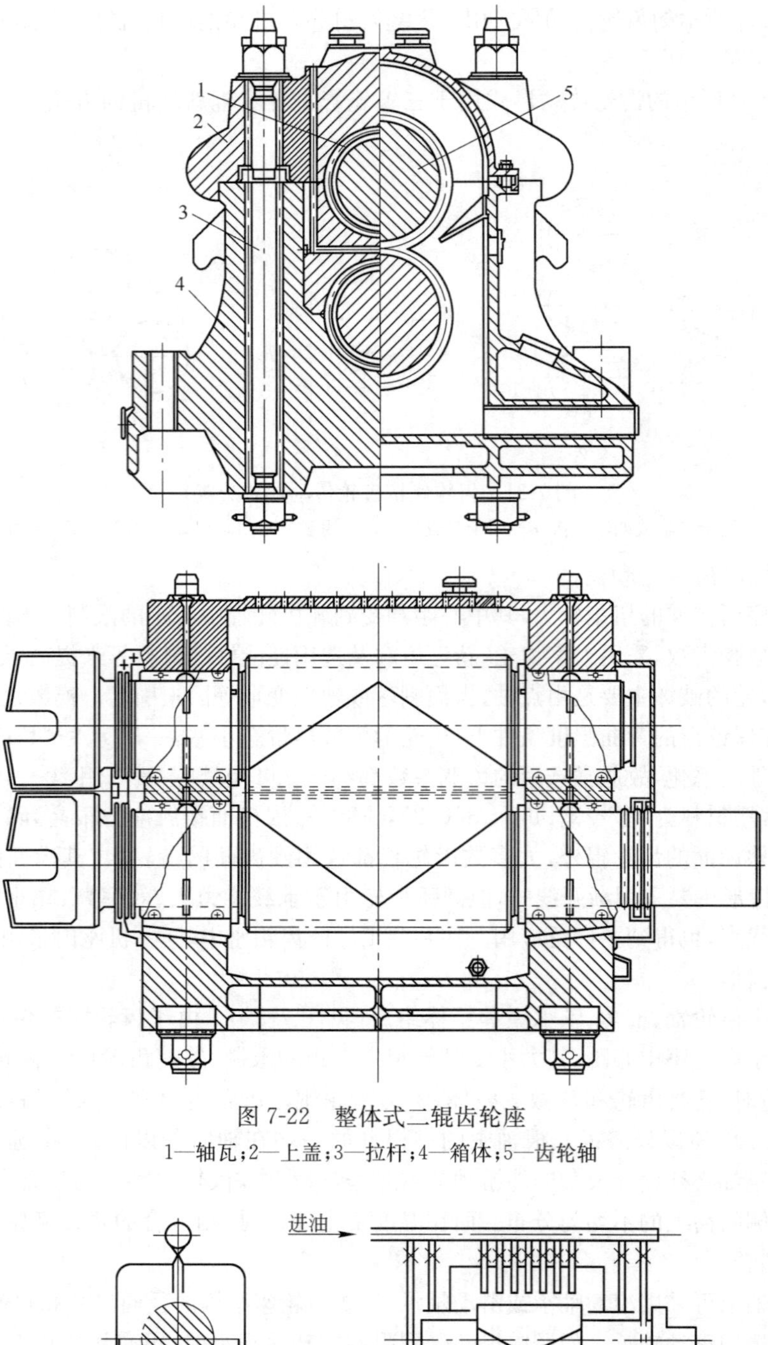

图 7-22　整体式二辊齿轮座

1—轴瓦；2—上盖；3—拉杆；4—箱体；5—齿轮轴

图 7-23　由顶部注油的可逆式齿轮座润滑简图

图 7-24 是 $\phi500$ mm/$\phi1500$ mm×2500 mm 四辊轧机的齿轮座。中心距 500 mm，螺旋角 30°，齿数 21，齿宽 1200 mm，模数 23.8，齿形经过修正，最大传动扭矩 400 kN·m。

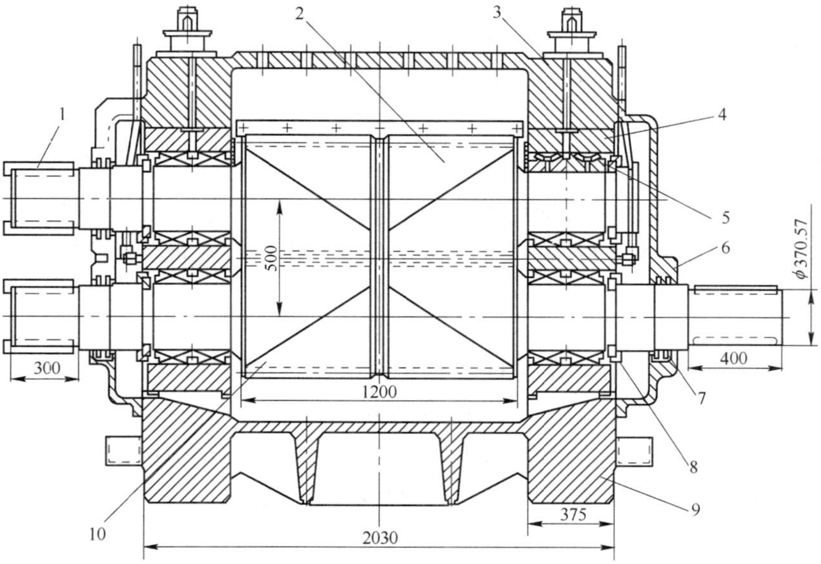

图 7-24　ϕ500 mm/ϕ1500 mm×2500 mm 四辊轧机的齿轮座

1—连接轴；2—上齿轮轴；3—上盖；4—轴承座；5—滚动轴承；6—密封端盖；7—端盖密封；8—轴承密封；9—箱体；10—下齿轮轴

在有些轧机上还采用复合式齿轮座，它是将齿轮座和减速器安放在同一个箱体内。其结构紧凑，重量轻。但因箱体外形尺寸大，铸造较困难，因此，主要用于传动比小于 4，齿轮直径小于 ϕ500 mm 的四辊或多辊轧机上。图 7-25 所示为 1200 mm20 辊冷轧带钢轧机复合式齿轮座。下齿轮轴为主动轴，速比 0.5，$Z_1=25$，$Z_2=50$，端面模数 11.88 mm，法向模数 12 mm(斜齿)。

C　齿轮座倾翻力矩计算

二辊轧机的齿轮座倾翻力矩计算示意图见图 7-26*a*，主动轴的一端从电动机(或减速器)输入扭矩 $\boldsymbol{M}_n$，经齿轮和连接轴分配给两个轧辊。设输入扭矩等于轧制力矩 $\boldsymbol{M}_Z$。则上、下轧辊作用在齿轮轴上的力矩分别为 $\boldsymbol{M}_1$、$\boldsymbol{M}_2$。不计摩擦力矩，设正常工作时电机力矩均匀分配给上、下齿轮轴(即上、下轧辊)：

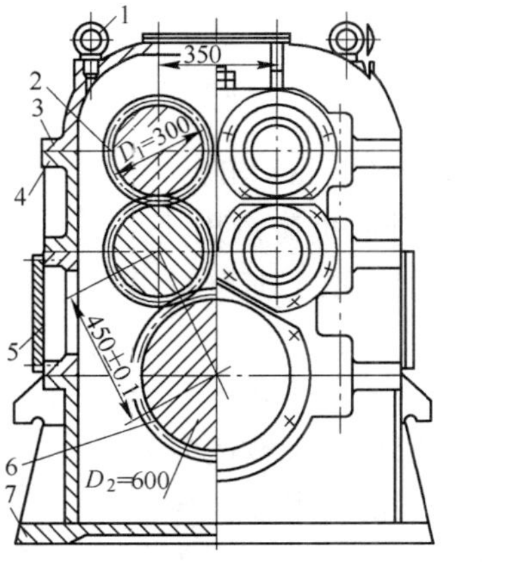

图 7-25　1200 mm20 辊冷轧带钢轧机复合式齿轮座

1—上盖吊钩；2—小齿轮轴；3—上盖；4—上箱体；5—中间箱体；6—大齿轮轴；7—下箱体

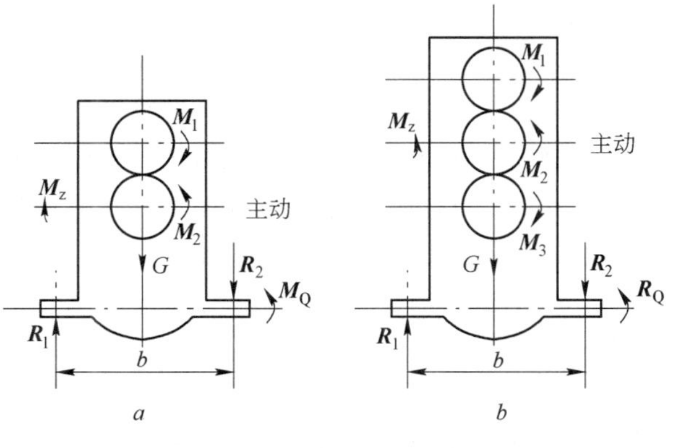

图 7-26　齿轮机座倾翻力矩计算示意图

a—二辊齿轮机座；*b*—三辊齿轮机座

$$\boldsymbol{M}_1=\boldsymbol{M}_2=1/2\boldsymbol{M}_z \tag{7-45}$$

作用在齿轮座上的倾翻力矩 $\boldsymbol{M}_Q$ 等于这些力矩的代数和。

$$\boldsymbol{M}_Q=\boldsymbol{M}_z+\boldsymbol{M}_1-\boldsymbol{M}_2\neq 0 \tag{7-46}$$

(1) 正常工作时，倾翻力矩：$\boldsymbol{M}_Q=\boldsymbol{M}_z$

(2) 若上辊连接轴断或瞬间间隙大，$\boldsymbol{M}_1=0$，$\boldsymbol{M}_z=\boldsymbol{M}_2$，倾翻力矩：$\boldsymbol{M}_Q=0$

(3) 若下辊连接轴断或瞬间间隙大，$\boldsymbol{M}_2=0$，$\boldsymbol{M}_z=\boldsymbol{M}_1$，倾翻力矩：$\boldsymbol{M}_{Q\max}=2\boldsymbol{M}_z$

同理，三辊齿轮机座齿轮座倾翻力矩计算示意图见图 7-26*b*，中间齿轮轴为主动辊。作用在齿轮座上的倾翻力矩 $\boldsymbol{M}_Q$ 等于这些力矩的代数和。

$$\boldsymbol{M}_Q=\boldsymbol{M}_z+\boldsymbol{M}_1+\boldsymbol{M}_3-\boldsymbol{M}_2\neq 0 \tag{7-47}$$

不计摩擦力矩，则：$\boldsymbol{M}_z=\boldsymbol{M}_1+\boldsymbol{M}_2+\boldsymbol{M}_3$　　(7-48)

(1) 正常工作时，$\boldsymbol{M}_1=\boldsymbol{M}_2=\boldsymbol{M}_3=1/3\boldsymbol{M}_z$，倾翻力矩：$\boldsymbol{M}_Q=4/3\boldsymbol{M}_z$

(2) 若上辊连接轴断或瞬间间隙大，$\boldsymbol{M}_1=0$，$\boldsymbol{M}_z=\boldsymbol{M}_2+\boldsymbol{M}_3$，倾翻力矩 $\boldsymbol{M}_Q=\boldsymbol{M}_z$

(3) 若下辊连接轴断或瞬间间隙大，$\boldsymbol{M}_3=0$，$\boldsymbol{M}_z=\boldsymbol{M}_1+\boldsymbol{M}_2$，倾翻力矩 $\boldsymbol{M}_Q=\boldsymbol{M}_z$

(4) 若中间主动辊断或瞬间间隙大，$\boldsymbol{M}_2=0$，倾翻力矩：$\boldsymbol{M}_{Q\max}=2\boldsymbol{M}_z$

显然，在主动轴传递的连接轴发生事故的情况下，作用在齿轮座上的倾翻力矩是轧机工作机座上的倾翻力矩的两倍。

倾翻力矩力图使齿轮机座的地脚抬离地基，而使一侧的地脚螺栓承受拉应力。

设齿轮座一侧的地脚螺栓数为 n，螺栓直径为 d，则由力及力矩的平衡方程可得每个受拉地脚螺栓承受的拉力为：

$$\boldsymbol{F}_2=\frac{\boldsymbol{R}_2}{n}=(2\boldsymbol{M}_Q-\boldsymbol{G}b)/(2bn) \tag{4-49}$$

式中　$\boldsymbol{G}$——齿轮座重量，N；

b——齿轮两侧地脚螺栓间的距离，mm，为使机架稳定，并易于清除氧化铁皮，可适当取大些。一般为轧辊直径 D 的 3～4 倍。

每个受压螺栓所受压力：

$$\boldsymbol{F}_1=\frac{\boldsymbol{R}_1}{n}=(2\boldsymbol{M}_Q+\boldsymbol{G}b)/(2bn) \tag{7-50}$$

则地脚螺栓按强度条件选取直径：

$$d\geqslant\sqrt{\frac{2K'(2\boldsymbol{M}_Q-\boldsymbol{G}b)}{\pi bn[\sigma]}} \tag{7-51}$$

式中　$[\sigma]$——地脚螺栓许用拉应力，材质 Q235、45 号钢，$[\sigma]=70\sim80$ MPa；

K'——地脚螺栓预紧力系数，$K'=k_1k_2k_3$，其中，k_1 为轴向负荷系数，取 1.27～1.43；k_2 为附加力矩系数，取 1.17～1.37；k_3 为变载荷系数，取 1.175～1.284。

7.2.1.2　主减速器的类型及配置

A　主减速器的类型及特点

轧机上所用的减速器按级数可分为一级、二级和三级。依次用于转速为 200～250 r/min、40～50 r/min和 10～15 r/min 的轧机上。其中一级和二级最常用，一般是以速比 7～8 作为选用一级或二级减速器的分界线。一级减速器的中心距为 1000～2400 mm，二级为 2000～4200 mm，采用硬齿面 $A_2/A_1=1.3\sim1.5$，接触强度一致。

为保证轧制过程中运动和载荷传递的平稳，以利于轧出表面质量良好的轧材并承受较大的扭矩，主减速器多做成人字齿形，在某些情况下主减速器也可采用拼合式双斜齿。螺旋角 25°～

35°,端面模数 8～45。

B　主减速器的配置

在轧制过程中,主减速器中齿轮的配置、转向不同时,齿轮轴上的受力不同;同时,轧机主减速器经常受到较剧烈的冲击负荷,为了防止在多次冲击负荷作用下使固定轴承座上盖的螺栓松脱或断裂。因此,在设计主减速器时,从减小齿轮轴向上跳动、保证齿轮间的正常啮合、提高主减速器的使用寿命出发,应正确的确定各齿轮的旋转方向和各齿轮之间相对装配位置,即减速机的配置方式。

其原则是应使承受最大作用力的轴承座上盖的螺栓不承受拉力,减小齿轮轴所受的向上跳动的合力,以提高密封性及其齿轮寿命。

图 7-27 是二级减速器重齿轮配置的形式。在轧制方向和主减速器中各相应齿轮转向相同的条件下,主减速器中齿轮有两种不同的配置形式,从而各齿轮轴上的受力方向和大小有所不同,导致主减速器的使用状况不同。在图 7-27*a* 的情况下,中间齿轮轴受有较大的向上的合力 $\boldsymbol{R}_2$(圆周力 $\boldsymbol{F}$ 和齿轮轴自重 $\boldsymbol{G}$ 的合力),使减速器底座与轴承盖的连接螺栓受有较大的拉力,导致连接螺栓松动,产生中间齿轮轴的跳动,影响两级齿轮间的正常啮合,降低主减速器的使用寿命,也使轧机的产量下降。在图 7-27*b* 的情况下,中间齿轮轴受向下的合力 $\boldsymbol{R}_2$ 作用,不产生跳动,虽然高速轴和低速轴受力向上,但由于齿轮、齿轮轴及联轴节等部件的重量抵消了相当部分向上的作用力,故 $\boldsymbol{R}_1$、$\boldsymbol{R}_3$ 的数值不大,不致造成该处螺栓松动的现象,是合理的配置形式。

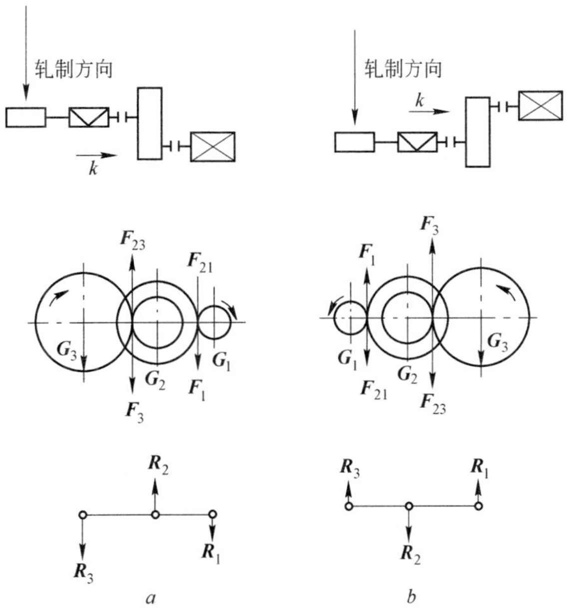

图 7-27　主减速器中的齿轮配置

对单级减速器,其齿轮的配置与转向宜采取图 7-28 的形式。这也是充分利用低速轴、大齿轮以及联轴节的重量抵消低速轴向上作用力的道理。

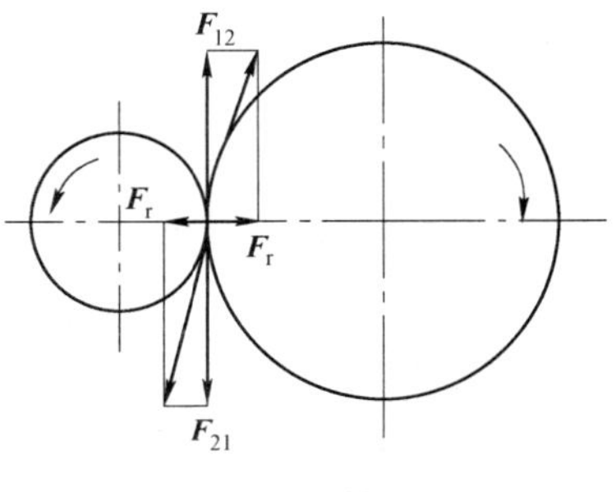

图 7-28　单级减速器齿轮的旋转方向

随着我国齿轮热处理技术的不断进步,以圆弧齿轮取代渐开线齿轮是一个十分有效的措施。圆弧齿轮在接触强度、传动效率、啮合性能上均具有显著的优越性。另外,采用修正齿轮是国外提高轧机传动齿轮装置承载能力和使用寿命的常用方法。

对于负荷较轻的有色金属轧机也有采用同步带和大速比行星减速器作为轧机主传动装置。如武汉科技大学为国内某蓄电池厂研制开发的铅带连铸连轧生产线的连铸机、轧机及切边机成功应用该技术，其行星减速机最大速比 149。

7.2.2　主传动中齿轮装置的主要参数

显然，速比为 1 的人字齿轮机座是轧机特有的齿轮传动装置，而主减速器则由于重载、冲击负荷大、冲击次数频繁以及速比要求特定等一系列特殊要求，也是一种大型的非标准设备，在设计新轧机和改造旧轧机时往往都要单独进行设计。

7.2.2.1　计算扭矩

计算扭矩是设计轧机主传动中齿轮装置的重要依据之一。齿轮装置的中心距、齿轮的轮齿模数等一系列设备主要参数的确定，与计算扭矩的给定直接有关，它决定了齿轮装置的使用寿命。

计算扭矩根据轧制车间典型产品的轧制工艺决定。当孔型设计或压下规程确定后，即可依照轧制原理的有关公式将扭矩算出。典型产品选择是否恰当直接影响计算扭矩的数据正确与否，关系到所设计的齿轮装置的承载能力与使用寿命。因此，应选全部产品中轧制负荷最沉重的那种典型产品作为确定计算扭矩的依据。

7.2.2.2　主减速器的速比

一般情况下，主减速器速比的计算公式如下：

$$i=\frac{n_D}{n_z} \tag{7-52}$$

式中　n_D——主电机转速，r/min；

n_z——轧辊转速，r/min。

A　轧辊转速不变的轧机

横列式轧机、中小型型材轧机以及单机座小型冷带轧机等即属于轧辊转速不变的轧机。此类轧机的轧辊转速取决于操作的允许极限，由于轧制速度固定不变，故可选用交流电动机。主电机一经选定，则主减速器的速比即可求出：

$$i=\frac{n_e}{n_z} \tag{7-53}$$

式中　n_e——交流电机额定转速，r/min。

按此式求出的传速比可根据设计或设备制造单位的具体情况做适当的调整，而对轧机的生产无重要影响。

B　轧辊转速变化的轧机

现代化的冷、热带材连轧机，中、小型型材连轧机及棒、线材连轧机即为轧辊转速变化的轧机。

在确定轧辊的转速时，由于轧机生产多种规格的产品，各种产品的轧制速度不同，因此各机座的轧辊均在某个速度范围内运转，同时连轧机的各机座轧辊转速之间应保持一定的相互关系。当生产某一特定产品时，各机座的轧辊转速（或各机座的轧制线速度）应按秒流量相等的原则确定。当压下规程或孔型设计制订后，只要确定了其中任一机座的轧制速度，则可算出其他各机座的轧速。根据对产品质量、产量以及操作条件的具体要求，可按以下原则确定（见图 7-29）。

以获得轧机最高产量为目标时，生产各种规格产品均应以同一最高终轧速度轧出，其速度锥如图 7-29*a* 所示；以获得产品高质量为目标时，各产品生产时的终轧速度不同且取决于机械性能所要求的终轧温度，其速度锥如图 7-29*b* 所示；为获得较小的秒流量变化值，以提高辅助设备的

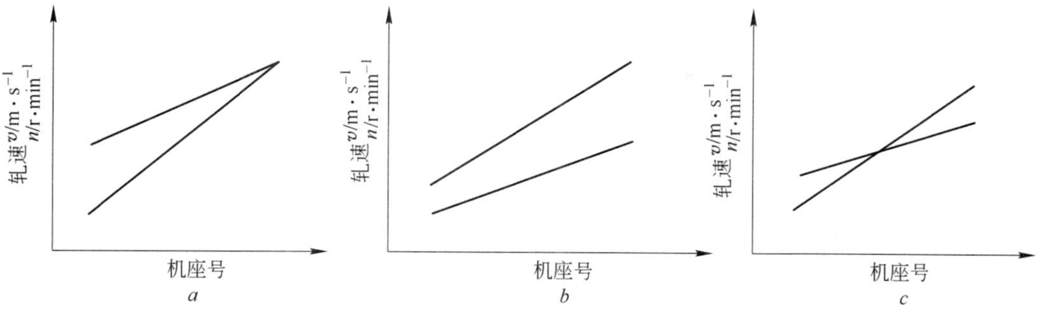

图 7-29　连轧机组的速度锥图

a—以最高产量为目标；*b*—以获得产品质量为目标；*c*—以获得较小的秒流量变化为目标

利用率和稳定、方便的操作为目标时，各产品的终轧速度不同，产品断面大者采用较低的终轧速度，小断面的产品采用较高的终轧速度，轧机的速度锥如图 7-29*c* 所示。一般冷带轧机常采用第一种速度锥，现代化的、有计算机控制的热连轧带材及棒、线材连轧机多采用第二种速度锥。中小型型材连轧机及装机水平较差、人工操作的热连轧带材轧机采用第三种速度锥为宜。

图 7-29 给出的速度锥尚不能直接成为计算主减速器速比的轧辊转速值。考虑到轧辊磨损引起的轧制速度降落以及连轧常数失调时的速度变化，应将图 7-29 中的速度锥做相应的扩大。通常，根据轧机的轧辊重车率和秒流量失调的常规，速度锥的扩大量均各取 10%。在某些轧机上，也有考虑速度设定值产生偏差时的微调量以及轧件尺寸变化引起失张的速度逐移量。总之，经过上述修正后的速度锥即可作为各机座轧辊转速的实际范围。

在确定主电机的转速时，首先应注意到它的类型，为获得可变的轧速，这类轧机通常均采用直流电机或交流变频电机为其主驱动。

对直流电机而言，其未调速时的固有转速即是电机额定负载时的额定转速，也称基本转速。向高于基本转速方向的调速是通过削弱磁场的方式获得的，故又常称弱磁调速。弱磁调速的极限(最高)转速主要受电机机械强度和换向条件的限制，常不高于基本转速的 1～2 倍。向低于基本转速方向的调速是通过改变电机电枢电压的方式获得的，故又称作调压调速。调压调速的极限(最低)转速主要受转速稳定性的限制，原则上可以到零。采用弱磁调速时，电机为恒功率运行，随着转速上升，力矩下降；采用调压调速时，电机为恒力矩运行，随着转速下降，功率降低。

采用何种调速方式应取决于负载的工作特性。对于恒功率负载应尽可能采用恒功率调速法，对恒力矩负载则应尽可能采用恒转矩调速法，这样才能充分利用电机的容量。由此可知，轧机应采用调磁调速法，只是在所轧品种规格所要求的速度范围超出调磁调速范围时才采用联合调速法。

轧机采用调磁调速法时，主电机的最高转速为 $n_{D\max}=\lambda n_e$，λ 为主电机的弱磁系数；主电机的最低转速为 $n_{D\min}=n_e$。则直流电机调速的减速器速比：

$$i=\frac{n_{D\max}}{n_{z\max}} \tag{7-54}$$

对于交流调速而言，交流变频调速异步电机，交流调速同步电动机，计算主减速器速比的公式：

$$i=\frac{n_e}{n_z} \tag{7-55}$$

7.2.2.3　人字齿轮机座的中心距

中心距(或齿轮节圆直径)是人字齿轮机座最主要的参数。正确地选定人字齿轮机座的中心距，不仅决定了它的使用寿命，也与主传动中的连接轴的设计、工作机座中轧辊直径的变化范围密切相关：齿轮机座中心距应使连接轴具有最合适的工作条件，即上、下接轴的工作倾角尽可能接近，最大工作倾角不超出接轴所允许的范围；在接轴条件已确定的前提下，人字齿轮中心距的大小限制了轧辊直径的变化范围。

轧机人字齿轮机座的有关技术参数已有标准系列，设计时可参考有关标准作出决定。

7.3　轧机主电机的选择

轧机主电机的选择包括两个方面，即主电机的类型选择和容量计算。

7.3.1　主电机类型的选择

轧机主电机的类型主要根据轧机的工作制度和控制要求来选择。

轧机的工作制度分为不可逆工作制和可逆工作制两大类。不可逆工作制是指轧辊的转动方向始终保持不变，大多数轧机均采用这种工作制轧制。根据轧制过程中轧辊的转速是否变化，不可逆工作制又分为速度不变和速度可变两种。

长期以来，因直流电机具有良好的起、制动性能，易于在大范围内平滑调速。在连续式轧机上，为适应不同规格产品生产的需要和保证轧制过程中的秒流量恒定，需要在变更轧材规格时调整轧速和在轧制过程中不断地调整轧制速度。通常都选用调整范围大、惯性力矩小、超载能力大的直流电机来驱动。可逆式工作制用于初轧机、板坯轧机、中厚板轧机以及热连轧机粗轧机组上。其主电机也采用直流电机。

随着电气技术的发展，交流调速技术得到了飞速发展以及矢量控制技术的发明，采用变频器供电的交流电动机能获得相当于直流电动机的特性，而交流调速技术具有突出的优点，所以近年来调速主传动已逐步实现交流化。西门子公司提供的轧机大功率交流主传动全部采用同步电机，采用无环流交交变频器供电，并采用矢量控制技术；1993 年以来三菱电机提供的轧机主传动采用大功率可关断晶闸管(GTO)构成的交直交电压型脉宽调制变频器供电，全数字式控制，并采用矢量控制技术。表 7-3～表 7-5 分别为宝钢 2050 mm 热轧厂、宝钢 1580 mm 热轧厂、鞍钢 1780 mm 热轧厂主轧线主电机供电装置类型及其主要参数。

表 7-3　主轧线主电机及其供电装置(宝钢 2050 mm 热轧厂)

设备名称	机架	主电机					供电装置		
		主电机类型	额定容量/kW	过载系数(1 min 内)	转速/r·min^{-1}	极数	传动装置类型	额定容量/kW(kV·A)	过载系数
粗轧机组	E1	直流	3000	2.25，连续	100/145		直流装置	3200	2.25，20 s
	R1	直流	2×2850	2.25，25 s	20/30			2×3300	2.25，20 s
	E2	直流	2×600	2.25，30 s	200/400			2×660	2.25，20 s
	R2	直流	2×6200	2.25，30 s	40/80			2×6800	2.25，20 s
	E3	直流	2×380	1.75	420			2×400	1.75，60 s
	R3	同步	9000	1.75	250/578		交交变频器		2.25，20 s
	E4	直流	2×380	1.75	420		直流	2×400	
	R4	同步	9000		375		高压开关柜		

续表 7-3

设备名称	机架	主电机					供电装置		
		主电机类型	额定容量/kW	过载系数（1 min 内）	转速/r·min^{-1}	极数	传动装置类型	额定容量/kW(kV·A)	过载系数
飞剪	CS	直流	2×1600		250/500		直流装置		2.25,60 s
精轧机组	F1	直流	2×5000	1.75	250/550			2×5200	1.75,60 s
	F2	直流	2×5000	1.75	250/590			2×5200	1.75,60 s
	F3	直流	2×5000	1.75	250/590			2×5200	1.75,60 s
	F4	直流	2×5000		250/590			2×5200	1.75,60 s
	F5	直流	2×5000		250/550			2×4700	1.75,60 s
	F6	直流	2×5000		250/550			2×4700	1.75,60 s
	F7	直流	5000	1.75	250/630			4700	1.75,60 s
卷取机	DC1	直流	850	2.75	380/1000				
	DC2	直流	850	2.75	360/1000				
	DC3	同步	1200				交直交变频器		

表 7-4 主轧线主电机及其供电装置(宝钢 1580 mm 热轧厂)

设备名称	机架	主电机					供电装置		
		主电机类型	额定容量/kW	过载系数（1 min 内）	转速/r·min^{-1}	极数	传动装置类型	额定容量/kW(kV·A)	过载系数
粗轧机组	SP	同步	3400	2.25	500	6	交直交变频器	10000	2.25,60 s
	E1	异步	2×700	2.25	260/390	8		2×1455	2.25,60 s
	R1	同步	2×3500	2.25	28/42	16		2×10000	2.25,60 s
	E2	异步	2×900	2.25	350/700	8		2×1877	1.75,60 s
	R2	同步	2×6000	2.25	45/90	16		2×10000	3.5,10 s
飞剪	CS	异步	2×940	3.5	720	6		2×1017	2.25,60 s
精轧机组	F1E	异步	370	2.25	870	6		490	1.75,60 s
	F1	同步	7000	1.75	184/445	8		7200	1.75,60 s
	F2	同步	7000	1.75	184/445	8		7200	1.75,60 s
	F3	同步	6500	1.75	85/206	12		6720	1.75,60 s
	F4	同步	6500	1.75	154/375	8		6720	1.75,60 s
	F5	同步	6500	1.75	197/492	8		6720	1.75,60 s
	F6	同步	6000	1.75	225/585	8		6180	1.75,60 s
	F7	同步	5500	1.75	248/699	8		5660	1.75,60 s
卷取机	DC1	异步	2×440	2.75	360/1080	4		2×577	2.75,60 s
	DC2	异步	2×440	2.75	360/1080	4		2×577	2.75,60 s

表 7-5　主轧线主电机及其供电装置(鞍钢 1780 mm 热轧厂)

设备名称	机架	主电机					供电装置		
		主电机类型	额定容量/kW	过载系数(1 min 内)	转速/r·min^{-1}	极数	传动装置类型	额定容量/kW(kV·A)	过载系数
粗轧机组	SP	同步	3400	2.25	500	6	交直交	10000	2.25,60 s
	E1(预)	异步	2×700	2.25	260/390		变频器	2×1455	2.25,60 s
	R1(预)	同步	2×3800	2.25	28/42	16	交直交	2×10000	2.25,60 s
	E2	异步	2×1450	2.25	295/590			2×1877	1.75,60 s
	R2	同步	2×7000	2.25	45/85	16		2×10000	3.5,10 s
飞剪	CS	异步	2000	3.5,10s	680			2×1017	2.25,60 s
精轧机组	F1E	异步	2×370	2.25	870		变频器	490	1.75,60 s
	F1	同步	8000	1.75	100/200	12	交直交变频器	7200	1.75,60 s
	F2	同步	8000	1.75	100/200	12		7200	1.75,60 s
	F3	同步	8000	1.75	100/200	12		6720	1.75,60 s
	F4	同步	7500	1.75	157/314	8		6720	1.75,60 s
	F5	同步	7500	1.75	203/406	8		6720	1.75,60 s
	F6	同步	7500	1.75	240/480	8		6180	1.75,60 s
	F7	同步	6000	1.75	257/550	6		5660	1.75,60 s
卷取机	DC1	异步	2×500	2.75	320/960	4	变频器	2×577	2.75,60 s
	DC2	异步	2×500	2.75	380/100	4		2×577	2.75,60 s

从直流主传动到交流传动是一个飞跃,其主要优点:

(1) 交流主传动无换向器,也没有换向问题,因而单电枢容量不受限制,几乎不论容量多大,均可制成单电枢机构。

(2) 交流电动机与直流电动机相比减少了维护工作量。

(3) 对于同容量的电动机,交流传动的变频器比直流传动的整流器装置效率高、容量小、高次谐波少。如果采用 GTO 交直交变频器,功率因数接近 1,可省掉动态无功补偿装置,使得动补的安装面积大大减少,并节省投资。

从主传动系统的调节方式来看,早期的传动调节器均采用分立元件组成的模拟方式调节器(如武钢 1700 mm 热轧厂、宝钢 2050 mm 热轧厂)。随着集成电路技术的发展,微处理器芯片的成本降低、性能提高,因此,采用微处理器来构成全数字式主传动调节装置。结果是:控制性能好,调试、维护方便,调试时间大大缩短,与基础自动化交换信息采用通信方式,较模拟信号传送方式提高了信号传递的灵活性,可靠性,增强了故障诊断能力。因此,在调节器方面也是一个飞跃。

综上所述,主传动调速系统的发展方向是:全交流化、全数字化、无公害化(清洁电源、谐波少、高功率因数)。

7.3.2　主电机功率计算

虽然轧机的工作制度各不相同,然而主电机容量的计算可按轧制时负荷的特征区分。

7.3.2.1 按静负荷图选择主电机的容量

正确选择主电机的容量具有十分重要的意义。如果容量选得过大，会造成浪费，而且主电机经常负载运行，效率及交流电动机的功率因数较低，运行费用较高；反之，如果容量过小，电机将超载运行，造成电机过早损坏，或降低负荷使用，影响生产。

按静负荷图选择主电机容量的轧机，其特征是轧制过程中轧机的动负荷很小，静负荷变化不大或按一定规律变化（见图 7-30）。轧机主电机多是异步电动机，也有采用同步电动机和直流电动机的。

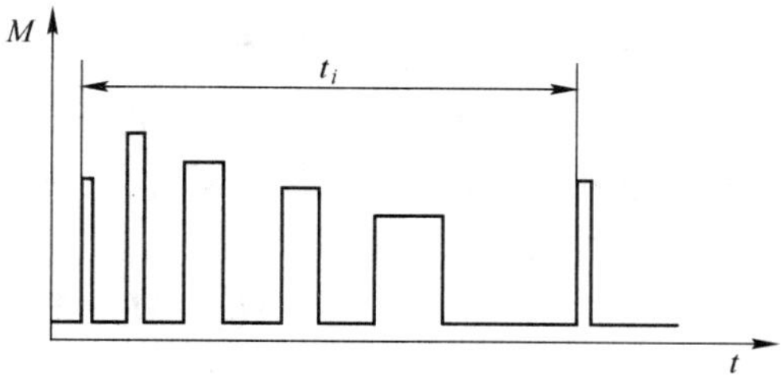

图 7-30 轧制静负荷图

确定电机容量时，通常要考虑电机的允许过载能力与电机发热两方面的因素。

（1）过载校核。

$$M_{max} \leqslant \lambda_m M_e \tag{7-56}$$

式中 M_{max}——主电机在轧制中的最大转矩，N·m；

M_e——主电机的额定转矩，N·m；

λ_m——电机的允许过载系数，不同电机过载系数见表 7-6。

表 7-6 不同电机过载系数

类 型	异步电机	同步电机	直流电机	
			Z、Z_2 型	ZZ 型及 ZZY 型
λ_m	$\lambda_m=(0.8\sim0.85)\dfrac{M_m}{M_e}$	2.5～3	1.5～2	2.5～3

注：M_m—异步电机的临界转矩。

当过载校核不能通过时，应另选过载能力较大或功率较大的电机以满足过载条件的要求。

（2）主电机发热校核。电机的发热是由于实现能量变换过程中，在电机内部产生损耗并变成热量使电机的温度升高。电机中耐热最差的是绕组的绝缘材料，当电机温度不超过所用绝缘材料的最高允许温度时，绝缘材料的寿命较长；反之，则绝缘材料老化、变脆，缩短电机的寿命，严重时绝缘材料将炭化、变质，失去绝缘性能，从而烧坏电机。

电机的发热校验通常采用等效法，即等效电流法、等效转矩法和等效功率法。

在进行轧制车间设计时，出于计算方便和实用，常应用等效转矩法。其公式如下：

$$M_{dx}=\sqrt{\frac{\sum M_i^2 t_i}{\sum t_i}} \leqslant M_e \tag{7-57}$$

$$M_e=9550\frac{N_e}{n_e} \tag{7-58}$$

式中 M_{dx}——电机的等效转矩，N·m；

M_i——一个轧制周期内对应各时间区间的转矩，N·m；

t_i——一个轧制周期内对应不同转矩的延续时间，s；

M_e——主电机的额定转矩，N·m；

N_e——主电机的额定功率，kW；

n_e——主电机的额定转速，r/min。

电动机达到允许最大力矩 $\lambda_m M_e$ 时，其持续时间在 15 s 以内，否则电动机温升将超过允许范围。从电机发热的实质上看，按等效电流验算电机是最合理的方法，等效力矩和等效功率法都是从等效电流法引出的，且都附有相应的限制条件，所以上式多用于新设计轧机时预选主电机容量。对实际生产中轧机主电机的发热验算，则以采用等效电流法更为方便和准确。

7.3.2.2　可逆工作制的主电机容量计算

由于这种工作制的主电机频繁启动、制动，动负荷较大，因而选择电机容量时考虑了动力矩。折算到主电机轴上的力矩计算：

$$\boldsymbol{M}_{电}=\boldsymbol{M}_z+\boldsymbol{M}_f+\boldsymbol{M}_0+\boldsymbol{M}_d=\boldsymbol{M}_j+\boldsymbol{M}_d \tag{7-59}$$

式中　$\boldsymbol{M}_z$——折算到电机轴上的轧制力矩，N·m；

$\boldsymbol{M}_f$——折算到电机轴上的摩擦力矩，N·m；

$\boldsymbol{M}_0$——折算到电机轴上的空转力矩，N·m；

$\boldsymbol{M}_d$——折算到电机轴上的动力矩，N·m；

$\boldsymbol{M}_j$——轧件咬入后的静力矩，N·m。

图 7-31 是可逆工作制的主电机在一个轧制道次时的转矩和转速图。如图 7-31 所示，可逆工作制时的主电机运转特征是：轧辊低速咬入轧件，然后加速，速度达到定值后则等速轧制，轧件轧制结束前降低速度，在低速下抛出轧件。与此对应的转矩示于图的下部。由图可知，电机转速和力矩与时间的关系可分为五个阶段：

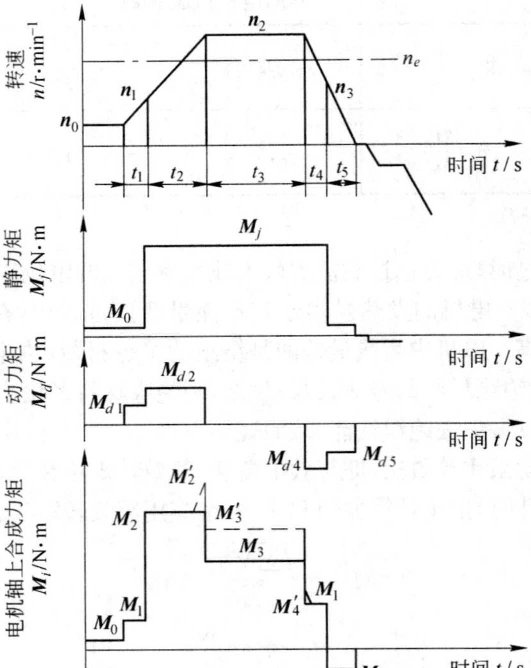

图 7-31　可逆工作制主电机容量计算图

空载启动阶段——主电机由空载转速 $\boldsymbol{n}_0$ 上升到轧件咬入时的转速 $\boldsymbol{n}_1$，所需时间为 t_1，对应的转矩为 $\boldsymbol{M}_1$。

$$\boldsymbol{M}_1=\boldsymbol{M}_0+\boldsymbol{M}_{d1} \tag{7-60}$$

$$t_1=\boldsymbol{n}_1/\boldsymbol{a}_1 \tag{7-61}$$

式中 a_1——启动阶段的电机加速度，(r/min)/s；

M_{d1}——空载启动时的动力矩，N·m。

咬入后加速阶段——主电机由转速 n_1 上升到稳定轧制时的转速 n_2，所需时间为 t_2，对应的转矩为 M_2。

$$M_2 = M_j + M_{d2} \tag{7-62}$$

$$t_2 = \frac{n_2 - n_1}{a_2} \tag{7-63}$$

式中 a_2——该加速段的电机加速度，(r/min)/s；

M_{d2}——轧件咬入后的加速动力矩，N·m。

稳速轧制阶段——主电机转速维持 n_2 不变，稳速轧制时间为 t_3，对应转矩为 M_3。

$$M_3 = M_z + M_f + M_0 = M_j \tag{7-64}$$

$$t_3 = \frac{60l}{\pi D n_2} - \frac{1}{n_2}\left(\frac{n_1 + n_2}{2}t_2 + \frac{n_2 + n_3}{2}t_4\right) \tag{7-65}$$

式中 l——该道次轧件的轧出长度，m；

D——工作辊直径，m；

t_4——带料减速阶段的时间，s。

带料减速阶段——主电机转速由 n_2 降至轧件抛出时的转速 n_3，该阶段时间为 t_4，对应转矩为 M_4。

$$M_4 = M_j - M_{d4} \tag{7-66}$$

$$t_4 = \frac{n_2 - n_1}{b_1} \tag{7-67}$$

式中 b_1——该段主电机的减速度，(r/min)/s；

M_{d4}——轧件抛出时的减速动力矩，N·m。

空载制动阶段——主电机转速由 n_3 降至零，时间为 t_5，转矩为 M_5。

$$M_{电5} = M_0 - M_{d5} \tag{7-68}$$

$$t_5 = n_5 / b_2 \tag{7-69}$$

式中 b_2——制动时主电机的减速度，(r/min)/s；

M_{d5}——制动时的减速动力矩，N·m。

上述式中有关动力矩，可按下式计算：

$$M_d = \frac{GD^2}{375}a \tag{7-70}$$

式中 GD^2——主传动系统中所有零部件折算到主电机轴上的飞轮转矩，N·m^2；

a——加或减速度，(r/min)/s。

图 7-31 中合成力矩的第三阶段以及第二和第四阶段的部分区间，电动机的转速已超过基本转速 n_e，电机在弱磁下工作，此时应对相应区间的扭矩进行修正以供校核发热之用。超过主电机额定转速时的修正力矩：

$$M'_2 = \frac{n_2}{n_e}M_2 \tag{7-71}$$

$$M'_3 = \frac{n_3}{n_e}M_3 \tag{7-72}$$

$$M'_4 = \frac{n_4}{n_e}M_4 \tag{7-73}$$

如果此时力矩图形为梯形，对应修正段的等效力矩为：

$$\boldsymbol{M}_i''=\sqrt{\frac{\boldsymbol{M}_i'^2+\boldsymbol{M}_i'\cdot\boldsymbol{M}_i+\boldsymbol{M}_i^2}{3}} \tag{7-74}$$

式中 $\boldsymbol{M}_i$——修正前力矩 N·m；

$\boldsymbol{M}_i'$——修正后力矩，N·m。

校核可逆轧机主电机的发热时，应按一块轧件在该轧机上轧制所有道次的一个周期计算，即：

$$\boldsymbol{M}_{dx}=\sqrt{\frac{\sum\boldsymbol{M}_{1i}^2t_{1i}+\sum\boldsymbol{M}_{2i}^2t_{2i}+\cdots+\sum\boldsymbol{M}_{ni}^2t_{ni}+\sum\boldsymbol{M}_{0i}^2t_{0i}}{\sum t_{1i}+\sum t_{2i}+\cdots+\sum t_{ni}+\sum t_{0i}}}\leqslant\boldsymbol{M}_e \tag{7-75}$$

式中 $\boldsymbol{M}_{1i}$——各道次中的启动阶段力矩，N·m；

t_{1i}——各道次中的启动阶段时间，s；

t_{0i}——各道次的间隙时间，s。

练习题 7

7-1 简述轧机连接轴及联轴节的类型及其各自的特点和使用条件。

7-2 掌握连接轴强度的计算方法。

7-3 试说明轧辊平衡与接轴平衡的异同点。

7-4 简述轧机用齿轮机座的特点及主减速器的配置原则。

7-5 简述现代轧机主传动系统的调节方式及其发展。

7-6 连轧机组速度锥是如何确定的？

7-7 掌握轧机主电机的功率计算及其过载、发热校核方法。

8 制管设备

管材是一种经济断面型材，广泛应用于工业各部门，在国民经济中占有重要的地位。管材可分为无缝钢管和焊接管，其生产方法主要有热加工法（包括热轧和热挤压）、冷加工和焊接三大类。无缝管以轧制方法为主，有色金属无缝管以挤压方法为主。冷加工主要方法有冷轧、冷拔、冷旋压和冷张力减径。其中应用最广泛的冷加工方法还是冷轧、冷拔方法。

8.1 热轧管机

热轧法是生产无缝钢管的主要方法，其生产方法和机组形式多样。主要的热轧无缝钢管机组形式有自动轧管机组、连续轧管机组、三辊斜轧轧管机组、二辊斜轧管机组、周期轧管机组、顶管机组等。各机组之间虽有差别，但其加工过程基本相同，主要有坯料准备、坯料加热、穿孔、轧管、定（减）径、精整等。每个工序均需配备相应的机械设备，图 8-1 为连续式轧管机组设备组成与生产工艺流程示意图。

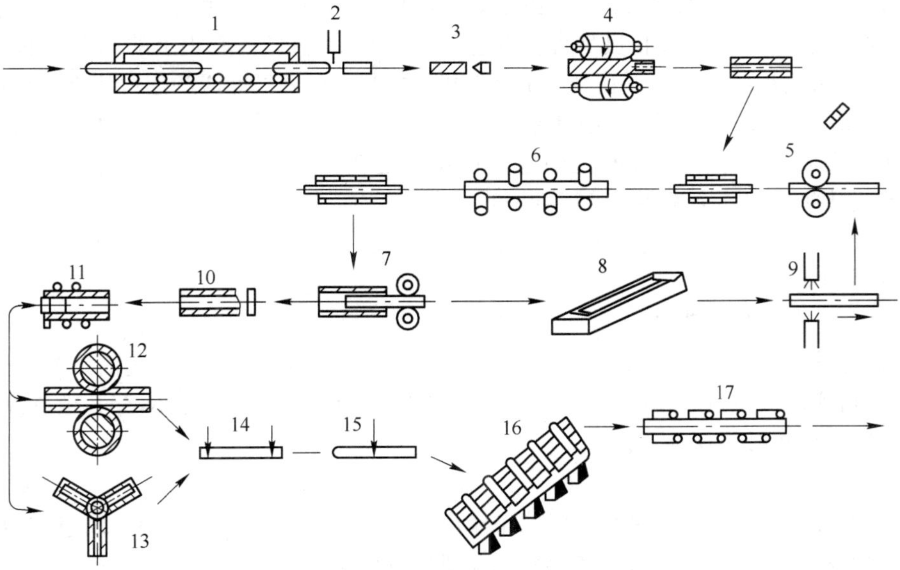

图 8-1　连续式轧管机组设备组成与工艺流程示意图

1—管坯加热；2—热切断；3—定心；4—斜轧穿孔；5—插芯棒；6—毛管轧制；7—抽芯棒；8—芯棒冷却；9—芯棒润滑；10—切管尾；11—再加热；12—定径；13—减径；14—切管端；15—切定尺；16—冷却；17—矫直

8.1.1 穿孔机

穿孔机是无缝管生产的主要设备之一。根据穿孔机的结构和穿孔过程变形特点的不同，穿孔机可分为两大类：一类是压力穿孔机和推轧穿孔机（PPM 穿孔机），另一类为斜轧穿孔机。依轧辊形状及导卫装置的不同，斜轧穿孔机演变了多种类型，如曼内斯曼穿孔机、狄塞尔穿孔机、锥形辊穿孔机（菌式穿孔机）、三辊穿孔机等。图 8-2 为几种穿孔方法示意图。

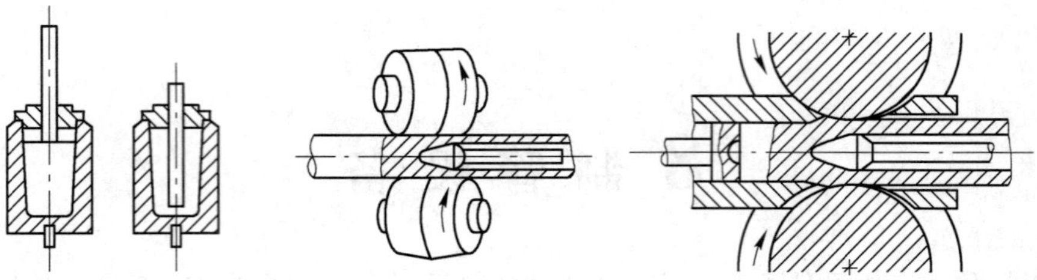

a　　b　　c

图 8-2　几种穿孔方法示意图

a—压力穿孔；b—斜轧穿孔；c—推轧穿孔

压力穿孔是将方形或多边形钢坯放在挤压缸内，挤成中空体。可用于穿制连铸方坯和低塑性的金属，但由于生产率低、偏心大，已很少使用。

二辊斜轧曼内斯曼穿孔机是最早应用的穿孔设备，其他穿孔机都是在它的基础上或其后发明和应用的。该穿孔机是由两个相对轧制线倾斜布置的主动轧辊和两个固定不动的导板、一个位于中间的顶头构成一个封闭孔型。若轧辊左、右布置，导板上、下布置，称二辊卧式斜轧穿孔机；若轧辊上、下布置，导板左、右布置，则称立式斜轧穿孔机。

三辊斜轧穿孔机以三个主动轧辊和一个顶头构成封闭的环形孔型，取消了导板。三个轧辊的形状为桶形，均与轧制线相交一个角度，轧辊转动方向相同。该穿孔机可穿制低塑性的金属，毛管内、外表面质量好，变换规格方便，穿孔效率高，但不能穿制薄壁毛管。

推轧穿孔机简称 PPM 穿孔机是直接以连铸坯生产无缝钢管，轧辊上的圆孔型和由顶杆支固在孔型中的顶头构成一个环形孔型。由推料机将加热好的并经定心的连铸坯推顶穿过导入装置而进入轧辊孔型中进行穿孔。其主要特点是用连铸坯直接生产无缝管，因而生产成本显著降低；产品内外表面质量好，适应钢种范围宽。但是，在连铸圆管坯技术成熟，斜轧穿孔工艺得到改进的今天，新建机组将不会选用 PPM 穿孔机。

穿孔机的发展主要是改善内外表面质量，提高穿孔壁厚精度、扩大并适应难变形金属及连铸坯穿孔，提高穿孔效率。

8.1.1.1　狄塞尔穿孔机

狄塞尔穿孔机于 1972 年出现于德国，在曼内斯曼穿孔机的基础上演变而来的。用主动导盘代替导板可实现大送进角，轧辊上、下布置，导盘左、右布置，可穿连铸坯，穿孔效率高，作为高效、优质的穿孔机正被广泛使用。

A　穿孔机的结构

穿孔机本体由轧辊主传动装置、轧辊、轴承座、转鼓、轧辊压下及平衡装置、轧辊倾角调整及锁紧装置、导盘传动、导盘调整及锁紧装置以及机架等组成。穿孔机前台主要由推钢机等组成，穿孔机后台由三辊定心装置等组成，并辅以顶杆自动循环冷却装置。

图 8-3 为穿孔机的轧辊装配图。轧辊的轴承采用滚动轴承，径向力由轧辊两侧的四列圆柱滚子轴承承受，轴向力由轧辊出口侧的双列推力向心球面滚子轴承承受，两侧的轴承组件均采用单独可换式结构，整体装卸。轧辊轴承座由压板直接固定在转鼓内。

图 8-4 为送进角调整及锁紧装置示意图。轧辊的倾角调整范围 5°～15°，采用电动无级调节。送进角的锁紧是由液压缸的锁紧及调整螺杆的自锁作用来实现。送进角调整装置是由交流电机、蜗轮减速机、螺杆等组成，螺杆位置确定了送进角的大小。

狄塞尔导盘由盘体与环套组成，盘体与环套热装配合。导盘由液压马达通过一级圆锥齿轮及一级圆柱齿轮传动，可进行无级调速以适应轧制速度变化。为便于导盘的更换，整个导盘机构

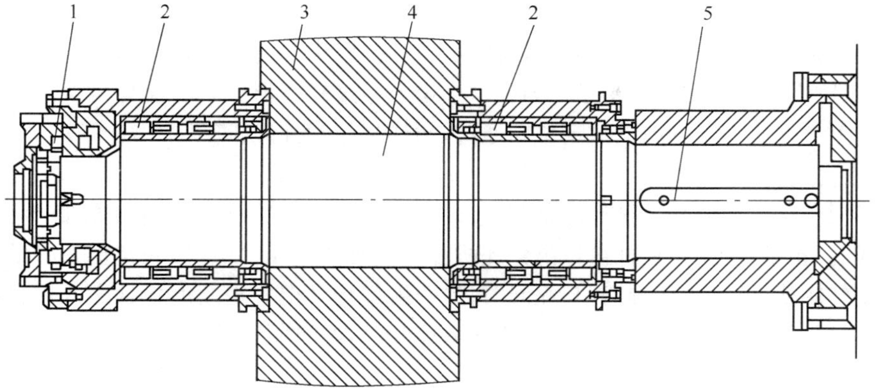

图 8-3 穿孔机的轧辊装配图

1—双列推力向心球面滚子轴承；2—四列圆柱滚子轴承；3—轧辊；4—主轴；5—键

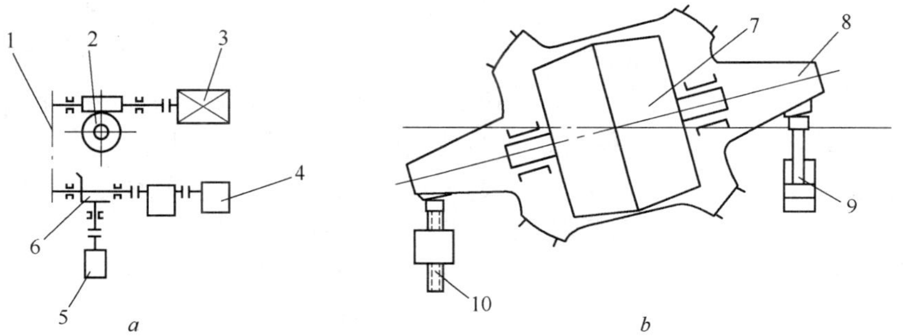

图 8-4 送进角调整及锁紧装置示意图

a—轧辊倾角调整装置；*b*—轧辊锁紧装置

1—键传动；2—蜗轮减速装置；3—交流电机；4—主令控制器(又称仿形装置)；5—脉冲发生器；

6—圆锥齿轮减速箱；7—轧辊；8—转鼓；9—液压缸；10—调整螺杆

与机架铰接，利用液压缸可使导盘绕支点旋转并移出机架。导盘至轧制线的水平距离由电动机通过圆锥齿轮箱及螺杆提升机构进行调整，以满足孔型调整的需要。而通过手柄调整确定导盘的位置后，利用液压缸锁紧来确定导盘在高度方向的位置。

穿孔机采用的预应力开式机架为铸钢结构。机架的 4 根立柱上分别装有 4 根拉杆，机架与上盖的锁紧装置如图 8-5 所示。上盖上铰接有 4 只液压缸，液压缸活塞杆的头部为∩形。机架

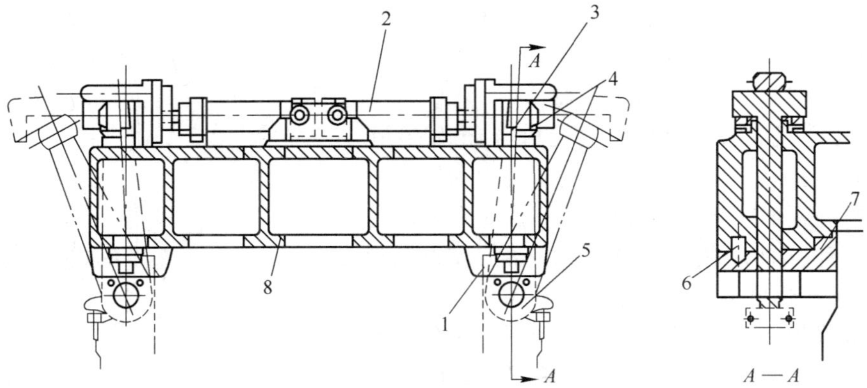

图 8-5 机架盖锁紧装置

1—台肩；2—液压缸；3—弧形块；4—斜楔块；5—拉杆；6—锁销；7—斜楔；8—机架上盖

与下横梁之间采用套筒拉杆连接、预应力装配,刚度较高。

当∩形头部将连接于机架上的4根拉杆拉入时,拉杆头部的弧形块恰与上盖上的斜楔块锁紧,并形成了巨大的垂直方向的锁紧拉力。这个拉力通过斜楔形成了上盖与机架之间的紧密定位。机架与上盖在另一个方向上的定位则通过台肩的配合而得以实现。

B　顶杆自动循环装置

穿孔机后台采用顶杆自动循环冷却装置,以缩短轧制节奏时间,提高穿孔机生产能力。当穿孔过程完成后,止推座退后,顶杆被拉出穿孔机并从止推座脱出。然后,一组摇杆将毛管连同顶杆一起拔出轧制线,滚入脱杆辊道;与此同时,另一组摇杆又把一根新的顶杆送入后台的工作辊道,开始下一根毛管的轧制。顶杆通过水槽充分冷却后,经过斜台架滚入给顶杆器,由该机构将顶杆送入顶杆位置。

C　狄塞尔穿孔机的特点及主要技术性能

狄塞尔穿孔机的主要特点是轧辊上、下布置,每个轧辊都由直流电机单独传动。这种布置方式使主传动中心线能适应轧辊的倾角,且与轧制线成倾斜布置,可使轧辊的倾角实现无级调整,调整范围增大,故轧制钢种的范围也扩大。轧制中心线两侧的水平方向上分别布置两只导盘,导盘由液压马达转动,其线速度大于毛管出口速度,有助于穿孔速度的提高,且改善了金属变形条件。由于导盘转动,延长了导盘的使用寿命,也使变形区几何形状相对稳定,利于提高穿孔后毛管的精度和表面质量。在穿孔机的出口侧,设有顶杆自动循环冷却系统,使穿孔后的处理时间大大缩短。狄塞尔穿孔机实现了连铸圆坯穿孔,减少了顶头前的孔腔形成,已广泛用于新建各类机组中,如高生产率的连轧管机组。狄塞尔穿孔机的主要技术参数见表8-1。

表8-1　某厂穿孔机主要技术参数

传动部分			轧辊					导盘	
传动方式	功率/kW	转速/$r \cdot min^{-1}$	辊径/mm	辊身长/mm	辊倾角/(°)	压下速度/$mm \cdot s^{-1}$	轧制力/kN	直径/mm	转速/$r \cdot min^{-1}$
直流电机单独传动	2×2600	50～230～440	1000～1150	670	5～15 无级调节	0.102～1.02	3000	1697～1847	0～26 液压马达

8.1.1.2　锥形辊(菌式)穿孔机

菌式穿孔机虽然发明较早,但由于其工艺参数及设备结构存在一些问题,直到20世纪80年代后才有了较大的发展,成为能够穿制高合金钢和连铸坯的一种新型穿孔机。采用主动旋转导盘、大送进角的二辊菌式斜轧穿孔机,如图8-6所示。

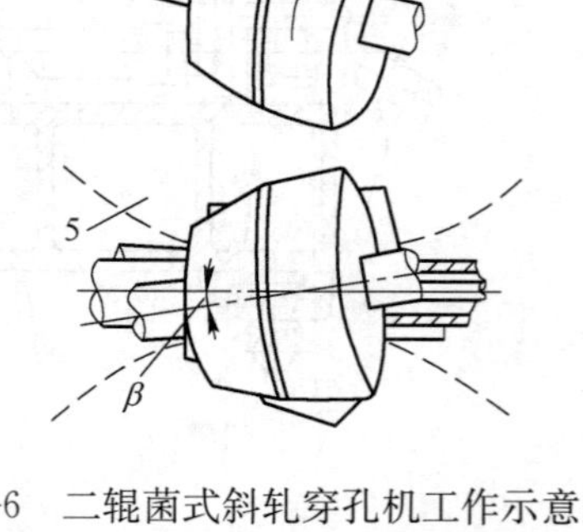

图8-6　二辊菌式斜轧穿孔机工作示意图
1—轧辊;2—毛管;3—顶杆;4—顶头;5—旋转导盘;6—管坯

A　锥形辊穿孔机设备组成及特点

锥形辊穿孔机又称新型菌式穿孔机,锥形辊穿孔机的结构与狄塞尔穿孔机的最大不同是轧辊为锥形而优于桶形辊,轧辊轴线与轧制线间除了有18°左右的送进角β外,还有一个15°左右的碾轧角γ。为改善毛管内外表面质量和合金钢穿孔创造了有利条件。它的主要结构有:链式推坯机、穿孔机主传动装置、穿孔机本体、定心辊、升降输送辊道、顶头更换装置、顶杆小车。锥形辊穿孔机的特点如下:

(1) 穿孔机工作辊上、下布置,导板或导盘水平布置，变形条件好，无孔腔效应，减少毛管内外表面和中心缺陷的产生，采用双支承结构的锥形辊，抑制了变形过程中的旋转横锻效应，所穿毛管质量和对钢种的适应性强，适合穿合金钢、高合金钢和连铸坯。在变形量的分配上，可承担较大变形，从而减少了轧管机的变形，减少管坯规格，简化管理。

(2) 轧辊单独传动，传动轴张角小，提高了传动的可靠性及传动轴使用寿命。为了换辊方便，上机盖为可移动的横梁结构。工作时，上横梁用液压缸夹紧在机架上。

(3) 穿孔机后的第一个三辊抱辊安装在主机架内，导向、定位条件好，在不设热定心的情况下也能保证毛管质量。

(4) 既可配置导板，以生产较薄的荒管，又可配置导盘，以减少工具消耗。导板或导盘可横向摆出轧机，更换方便。

(5) 机架后配置水冷箱和顶头自动更换装置，其形式可以是顶杆小车移动带顶头自动更换装置，也可以是顶杆小车移动带固定顶头，或者全部为自动更换顶杆和顶头，即顶杆循环三种形式。

B 锥形辊穿孔机主要技术参数

锥形辊穿孔机主要技术参数见表8-2。

表 8-2 锥形辊穿孔机主要技术参数

工厂名称	霍福尔斯	拉特厂	海南厂
机　　组	三辊轧管机	250 自动轧管机组	140MPM 机组
管坯直径/mm	120～190	160～245	187
管坯长度/mm	1800～3000	5000	约 4000
荒管直径/mm	—	160～350	约 190
荒管长度/mm	—	约 1000	约 11200
轧辊直径/mm	850	1350	1450
辊身长度/mm	550	1000	700
轧辊转速/r · min^{-1}	—	71～121	180～300
碾轧角/(°)	25	27.6	10
送进角/(°)	6～12	6～12	6～18
导盘直径/mm	采用导板	2500	2700
主电机功率/kW	1000×2	3600×2	3000×2
轧辊布置形式	水平	—	水平
建成年份	1962	1980	1983

由于现代菌式穿孔机具有上述特点，近年获得了广泛应用。能与许多机组配合，既可提高机组灵活性，又能降低管坯成本。特别是与四机架或五机架连轧管机配合，因其流程短、工序少，具有很强的市场竞争力。

8.1.2 轧管机

轧管工序的主要任务是将空心毛管减壁、延伸，使其壁厚接近或等于成品尺寸，并消除纵向壁厚不均，提高荒管内外表面质量，控制其外径和真圆度。轧管机的种类主要有自动轧管机、周期轧管机、连轧管机、高精度轧管机等几种类型。

A　自动轧管机

如图 8-7 所示，自动轧管机是二辊不可逆式纵轧机，其特点是工作辊后装设了一对高速反向旋转的回送辊和上工作辊、下回送辊快速升降机构。自动轧管机组由于采用短芯头轧制，产品质量差，所轧钢管短。因此，20 世纪 80 年代以来没有再新建此类机组。

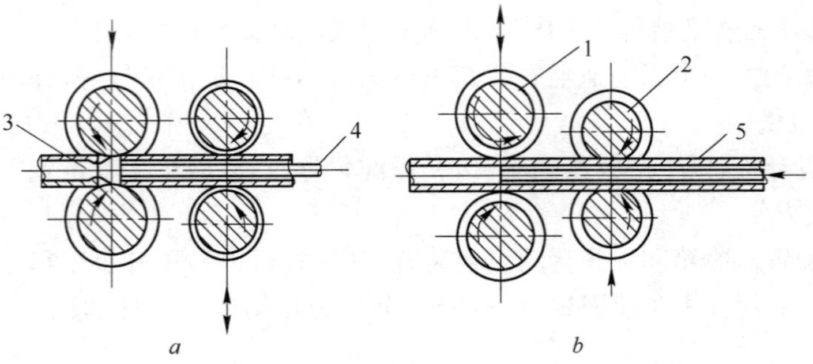

图 8-7　自动轧管机操作示意图

a—轧制情况；*b*—回送情况

1—轧辊；2—回送辊；3—芯头；4—顶杆；5—轧制毛管

B　周期轧管机

如图 8-8 所示，周期轧管机也称为皮尔格轧管机，也是二辊不可逆轧机，轧辊旋转方向与轧件送进方向相反，轧辊孔型沿圆周为变断面，送料由做往复运动的芯棒送进机构完成，可用钢锭直接生产。目前主要用于生产大直径厚壁管、异型管、合金钢管。但其产品壁厚偏差大、表面质量差，不再具有用钢锭或连铸坯直接生产钢管的优势，一些机组正被改型。

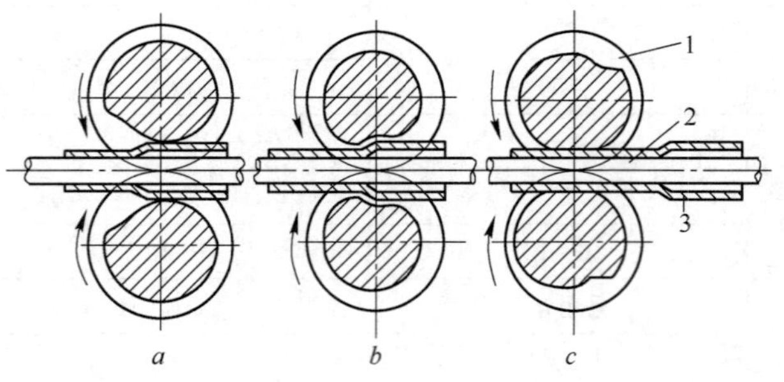

图 8-8　皮尔格轧管机的操作过程

a—送进坯料阶段，箭头为进入方向；*b*—咬入阶段；

c—轧制阶段，箭头为轧件运行方向

1—轧辊；2—芯棒；3—毛管

C　连轧管机

连轧管机是将毛管套在长芯棒上，经过多机架顺次布置且相邻机架辊缝互错 90°的连轧机轧成管材。连轧管机按照其结构和芯棒的运动特点分为全浮动、限动、半浮动连轧管机三类。按机架数量可分为常规式（即 MPM，7～9 机架）和少机架式（即 MINI-MPM，3～5 架）两种。

少机架限动芯棒连轧管机如图 8-9 所示，是 20 世纪 80 年代新建连轧管机组的一个重要特征，是当今连轧工艺的新发展，它将 6～8 机架减少为 4～5 机架。在连轧管机保持限动芯棒轧制特点的前提下，通过减少机架数量和采用相应的技术措施，以达到减少建设投资的目的；而且又增加了生产的灵活性，扩大了使用领域，更好的适应了市场要求。可用较低的投资来生产高质量、范围广的经济管材。

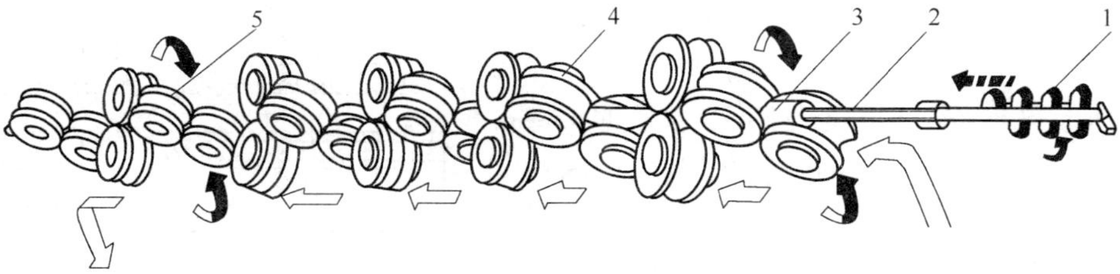

图 8-9 限动芯棒连续轧管轧制过程示意图

1—限动装置齿条；2—芯棒；3—毛管；4—连续轧管机；5—三机架脱管定径机

D 顶管机

顶管机就是在压力挤孔的空心杯体内插入芯棒，通过系列环模，达到减径、减壁、延伸的目的。现代顶管机均为三辊或四辊构成的粗模，在压力挤孔后增设斜轧延伸机，加长管体、纠正空心杯的壁厚不均，并且可适当加大坯重，提高生产率。20 世纪 70 年代末，为提高坯料重量，在欧洲出现了以斜轧穿孔代替压力挤孔的顶管生产方法，即所谓 CPE 法。此法是将斜轧穿透的荒管，用专设的器械挤压或锻打收口，成为缩口顶管坯。此法还可用于生产特大直径的厚壁管。

E 高精度轧管机

阿塞尔轧管机、狄塞尔轧管机为高精度轧管机。

三辊斜轧轧管机（亦称阿塞尔轧管机）如图 8-10 所示，是生产高精度的轧管机，但在生产薄壁管时易出现尾三角缺陷。1967 年法国人用快速旋转机架和快速改变送进角（即旋转法），克服了在轧制 $D/t>12$ 尾三角现象。20 世纪 80 年代联邦德国采用轧辊快抬法消除尾三角缺陷。预轧法在三辊斜轧轧管机的入口端安装了无尾损失装置，较好地解决了三辊斜轧轧管机轧制薄壁管的问题，是目前三辊斜轧轧管机中最先进的机型，使得三辊斜轧轧管机已能稳定生产规格多，高精度的多种钢管。

狄塞尔轧管机是带导盘的二辊斜轧，20 世纪 80 年代美国 Aetna 标准公司对狄塞尔轧管机进行了改进，并将此称为 ACCU-ROLL 轧管机，如图 8-11 所示。主要特征是轧辊呈锥形、大导盘、轧辊轴线与轧制线相交构成碾轧角、限动芯棒操作。该机组生产灵活性大，产品范围广，产品尺寸精度高。ACCU-ROLL 轧管工艺的穿孔和延伸采用一种类型的轧机，即斜轧机，有互换性，投资低，具有极大的市场竞争潜力。

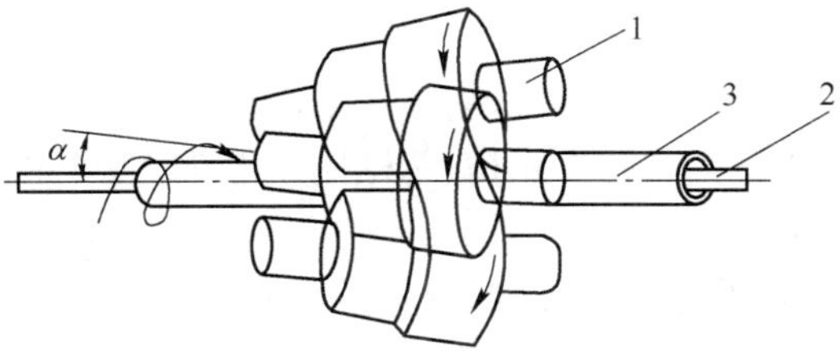

图 8-10 阿塞尔轧管机工作示意图

1—轧辊；2—浮动芯棒；3—毛管

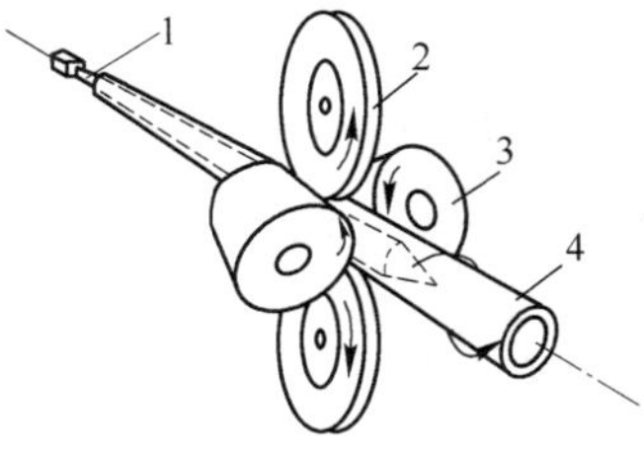

图 8-11 狄塞尔轧管机示意图

1—芯棒；2—导盘；3—菌式轧辊；4—毛管

F　管材热挤压

用挤压法生产管材始于1894年，但当时只生产有色金属，1925～1928年开始在钢材生产上使用，但因钢的摩擦系数太高，工具磨损及能耗均很大，到1941年J.赛茹尔发明了玻璃润滑剂后，钢的热挤压才有可能进行工业性生产。挤压冲头将金属挤过模孔和芯杆组成的封闭孔型，生产出各种横断面形状的管材。也可通过模孔挤出各种型材。图8-12是管材挤压过程示意图。

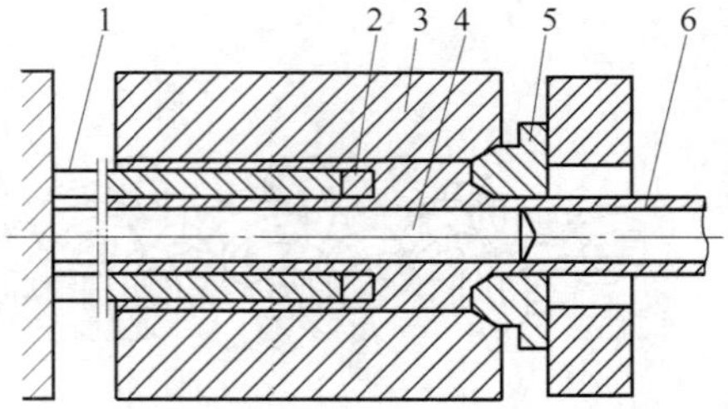

图8-12　管材挤压过程示意图
1—挤压冲头；2—垫圈；3—挤压筒；4—芯杆；5—模孔；6—管子

8.1.2.1　全浮动芯棒连轧管机

A　连轧管机的结构

(1) 连轧管机主体。其结构是7～9个交叉排列的二辊式机架组成，各轧机机架采用单独传动，安装在一个共同的机座上，两相邻机架互成90°，每一机座与水平面成45°布置。每台二辊轧机都由工作机座、主传动装置和主电机组成。工作机座包括机架、轧辊和轧辊轴承、轧辊径向和轴向调整装置以及轧辊平衡装置等。轧机底座各部分焊接件连成一个整体，采用有筋板的组合底座，便于机架安装。在轧机底座上安装有机架、机架顶部、底部锁紧装置、压下减速装置及液压托架等。

连轧机的每个机架采用统一的单独斜齿轮分配箱。沿轧制中心线各相邻机架的斜齿轮分配箱分两侧与水平呈45°倾斜布置。在斜齿轮分配箱的箱体中装有两根斜齿轮轴，其中一根是主动的。

轧机装配如图8-13所示。机架采用铸钢闭式机架，机架立柱为矩形断面。机架窗口内装有复合钢板制成的耐磨衬板。机架与底座相配合的面装有耐磨滑板。整套轧辊装配安放在机架窗口中。机架的底部和顶部装有蜗轮蜗杆，借此带动压下螺丝。上辊和下辊的压下装置通过在机架上的下部伞齿轮及一个手动离合器相互连接。在上、下辊轴承座之间装有4个液压平衡缸，用于支承轧辊轴承座，使轧辊轴承座与压下螺丝端部之间呈无间隙状态。为了记录与显示轧制力，连轧机机架中装有轧制力测量装置。测力传感器位于轧辊轴承座与上辊压下螺丝之间。

液压锁紧装置是由液压缸驱动的平面连杆机构。液压缸活塞杆外伸时，曲柄的外伸球铰形锁紧头通过牌坊上的一个长方形切槽把轧机机架牢牢地锁紧在机架底座上。

连轧管机的轧辊传动装置由直流电机与斜齿轮分配箱组成。斜齿轮分配箱与主传动电机用蔡伯克斯联轴器来连接。斜齿轮分配箱与轧辊间是由弧形齿联轴器相连接。采用快速更换机架装置，为此在连轧机的传动装置上配有能使弧形齿联轴器的外齿轴套与轧辊的内齿圈快速脱开的液压拉回装置。在更换机架时，弧形齿联轴器由液压托架托住，更换一次机架时间约为10 min左右。

(2) 连轧管机前、后台辅机。后台辅机包括出料辊道、斯惠顿翻料器、定位辊道、切头锯、双连杆移送装置等。此外，还有脱棒机、芯棒回送辊道，芯棒冷却水槽、芯棒提升装置以及新芯棒台架等。后台辅机的主要任务是由脱棒机脱出毛管内的芯棒。

连轧管机的前台辅机包括受料辊道、上料台架、斯惠顿翻料器、毛管进料辊道以及眼睛架等。此外还有芯棒插入装置(包括传动装置和插入链)和油剂芯棒润滑装置等。

B　连轧管机的特点及主要技术参数

连轧管机是由主体、前后台辅机、芯棒输送、循环、润滑、冷却装置等组成。限动芯棒连轧管

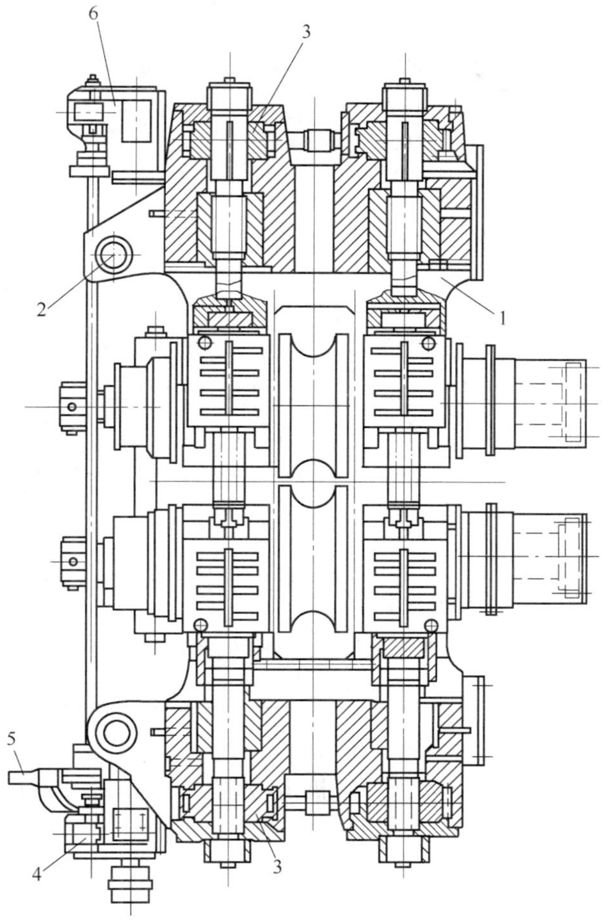

图 8-13 轧机装配图

1—机架;2—吊孔;3—蜗轮蜗杆;4—下部伞齿轮;5—手动离合器;6—上部伞齿轮箱

机还有芯棒限动装置。限动机构由大齿条、齿条传动装置、夹送辊及支承辊组成。连轧管机主要特点如下:(1)轧制速度高,最大出口速度 8.3 m/s;(2)采用预应力机架装配,可使所轧管子的壁厚控制较准确,而且还可轧壁厚较薄的管子;(3)每个机架单独用一台直流电动机通过斜齿分配器直接驱动轧辊,传动布置在轧机两侧。最新连轧管机无减速箱,由电机直接驱动轧辊;(4)在机架设计上采用接手液压拉回装置、液压锁紧装置以及液压离合的齿轮联轴器,同时冷却水管、液压、润滑管全部采用快速接头。因此更换机架快速、方便,由此提高了生产作业率。(5)压下螺丝下部设有测力传感器,可测量轧制时的轧制力,便于记录和收集数据。(6)采用液压机构、结构简单、操作方便。

连轧管机的主要技术参数见表 8-3。

8.1.2.2 三辊轧管机

三辊轧管机(亦称阿塞尔轧管机)自问世以来,就以轧制钢管精度高,表面质量好,更换规格方便,适合轧制中、厚壁钢管等特点而著称。但老式阿塞尔轧管机不能生产 $D/t>12$ 的薄壁管,其产品范围窄,生产率较低。当轧制薄管时,钢管尾端会出现三角形喇叭口(俗称尾三角)而造成轧卡,这种轧管机目前主要用来生产轴承管、钎管和枪炮等高精度厚壁管。三辊轧管机由三个主动轧辊和一根芯棒组成环形封闭孔型,三个轧辊对称布置在以轧制线为中心的等边三角形的顶点上，轧辊轴线和轧制线倾斜成两个角度。其中一个为送进角，另一个为碾轧角。通常三辊轧管机采用直流电机通过齿轮机座传动。

表 8-3　连轧管机(MPM)的主要技术参数

机　型	成品尺寸 $(D_1 \times h \times L_1)$ /mm×mm×mm	延伸系数	轧辊尺寸 $(D \times L)$ /mm×mm	机架间距 /mm	出口速度 /m·s^{-1}	主电机		芯棒长度 /m
						功率 /kW	转速 /r·min^{-1}	
30～102	φ108×(3～8)×27000	约 6	φ550×230	1150	约 6.0	1400×9	375/500	19.5
27～138	φ114,146×(4～30)×30000	约 4.5	φ535×450	950	约 5.0	1-1300×2 2-1100×2 3～6-1300×2 7～8-1300×1	200/360	26
25～127	φ95,133×(4～9)×23000	约 4.4	φ535×444	1003	约 4.6	1、7、8-720×1 2～6-720×2	550/1000	19.8
22～168	φ90,146,175×(3.25～15)×26000	约 4.4	φ560×305	1200	约 5.0	2、7-700×2 1、8-700×1 3～6-700×3	450/1100	22
21～40	φ119,152.5×(3.25～25)×33000	约 4.5	φ600×490	1100	约 7.0	1-1300×2 2-1100×2 3～6-1300×2 7～8-1300×1		29

A　三辊轧管机的结构

一种新型三辊轧管机机架及其转鼓回转机构，如图 8-14 所示。该轧机没有碾压角调整机

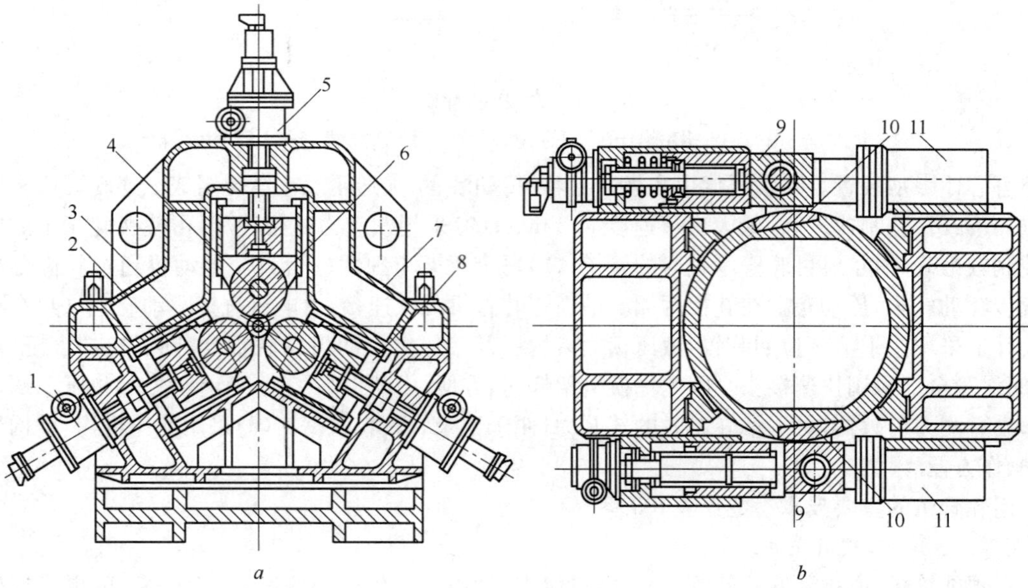

图 8-14　三辊轧管机机架及其转鼓回转机构装配示意图

a—三辊轧管机机架；*b*—转鼓回转机构

1—倾斜连接轴连接铰链；2—轴承座；3—轧辊箱；4—轧辊轴；5—轧辊径向调整装置；6—轧辊及轴承；7—机架；8—转鼓；9—支挡；10—支块；11—液压缸

构，采用联体式转鼓，转鼓上有两个安装在支挡中心线上的活塞式液压缸，转动转鼓可调整送进角，对应的送进角在3°～10°变化。整体性机架牌坊上开有三个中心对称互成120°的窗口。在这三个窗口内安装着带有自位球面垫的轧辊轴承座。每个转鼓上均装有压下装置，可同时或单独调整轧辊位置。为了保证三个轧辊在径向调整时对称于轧制线，每扇牌坊上的压下装置均用两套倾斜布置的同步接轴联锁在一起由电动压下传动装置驱动。倾斜连接轴通过伞齿轮与压下装置及其传动装置相连接，当某个轧辊需要做单独调整时，可将连接轴上的离合器脱开。

通过增加管端的壁厚和降低轧制速度，可防止“尾三角”的出现。前者是为了增大轧件的刚度，后者是为了改善金属的变形条件。为此，在特朗斯瓦尔轧管机上，转盘的回转装置和锁紧装置均采用液压控制方式。

B 全开式三辊轧管机

这种轧机与其他类型的三辊轧管机不同的是，两个轧辊布置在工作机座的上方，如图8-15所示。整个机架由心轴，左、右机架上盖，下机架组成，在每片机架上装有一个轧辊。下轧辊固定不动地装于底座上，两片上机架上盖可分别绕心轴转动，而使机架上盖翻转打开。上机架左、右机架上盖间用圆柱销定位，用杠杆锁紧。换辊前，用液压缸将杠杆抬起，用液压缸将右机架上盖翻开，而左机架上盖，则用位于机架里面的另一个液压缸翻开。因此，三个轧辊就可以很方便的用吊车更换。

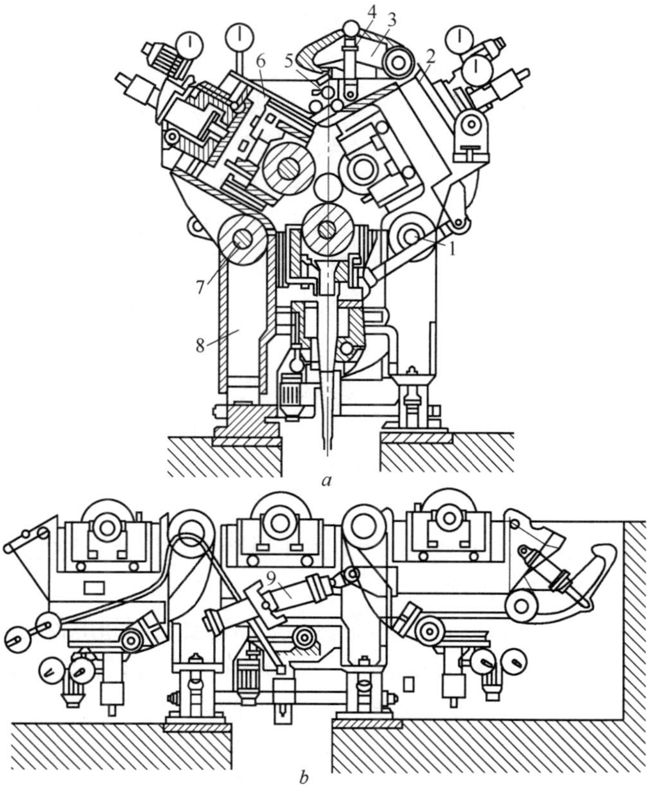

图8-15 全开式三辊轧管机

a—工作时；*b*—换辊时

1，7—心轴；2—右机架上盖；3—杠杆；4，9—液压缸；

5—圆柱销；6—左机架上盖；8—下机架

三辊轧管机的主要技术参数见表 8-4。

表 8-4　三辊轧管机的主要技术参数

机组	荒管尺寸 /mm×mm×mm	钢管尺寸 /mm×mm×mm	轧辊尺寸 /mm	送进角 /(°)	碾轧角 /(°)	主电机	芯棒直径 /mm	芯棒操作方式	轧辊转度 /r·min^{-1}
200	ϕ(80～22)×(4.4～31.5)×(3600～7000)	ϕ(60～20)×(4.0～30)×(4000～10000)	ϕ460～320	0～10	3	DC2000 kW 400/750 (r/min)	ϕ31～169	全	127～380
108	—	—	ϕ(480～360)×320	0～12	3	DC1250 kW	—	全、半、回①	80～240

① 全—全浮动式，半—半浮动式，回—退回式。

8.1.3　定、减径机和张力减径机

为使成品钢管尺寸满足公差要求，钢管必须进行定、减径。目前主要有定径机、减径机和张力减径机。

8.1.3.1　定径机

定径的目的是在小的单机减径率和较小的总减径率条件下，将钢管轧成一定要求的尺寸，并进一步提高钢管外表面质量。定径机工作机架数目较少，一般 3～12 架。定径机又分为斜轧定径机和纵轧定径机。斜轧定径机一般多配在三辊斜轧管机组中。定径机主要由工作机座和传动装置两部分组成。

传动装置包括主电机、减速箱、圆锥齿轮箱、传动齿轮箱及齿形连接轴等。每个轧辊都有一套平衡装置，横梁和拉杆用销轴连接，平衡弹簧套在拉杆上。

工作机座安装在整体底座上，机架依次排列，向不同的一侧倾倒，使轧辊轴与水平面呈 45°交角，相邻两机架轧辊轴线互为垂直。如图 8-16 所示，工作机座由机架、轧辊及轴承、轧辊径向调整装置及轴向调整装置、底座组成。机架为闭口式，机架内安装轧辊、轴承及调整装置。轧辊两端采用双列球面滚子轴承或双列圆锥滚子轴承固定在轴承座及机架窗口内。轧辊轴向调整装置是通过转动双头螺栓、螺母及调整螺栓来实现。

径向调整是通过压下螺丝实现的。压下螺丝通过垫块支持在轴承座上，转动螺杆带动斜齿轮，经离合器使压下螺丝旋转而上下移动。打开压下螺丝上盖，用特制扳手把离合器的圆销顶开，使压下螺丝与斜齿轮脱开，然后根据需要可单独调整一根压下螺丝。

8.1.3.2　张力减径机

减径的目的除了起定径作用外，还要求有较大的减径率，以实现用大管料生产小口径钢管的目的。减径机有二辊式和三辊式两种。

张力减径机是一种高效轧机，它除有减径的任务外，还要达到利用各机架间建立的张力来实现减壁的目的，可以扩大生产产品的规格范围。它已经在几乎所有轧管机组和中小型焊管机组上得到广泛的应用。张力减径机工作机架数目较多，一般为 12～24 架，甚至 28 架。它不仅可以大大减少减径前的钢管规格，提高机组生产率，而且可以提高产品质量和生产率。张力减径的缺点是所轧制钢管沿长度上壁厚不均、前后端产生增厚，需切掉。

近年来，随着管理计算机和过程控制机的投入使用及单机架传动的日趋成熟，已能够控制张力减径机管端增厚。在连轧管机后面配置一台张力减径机作为成型机组，不仅可满足连轧管机的产量要求，而且可解决产品规格的要求，用一种或两种连轧毛管即可生产几百种不同规格的热轧管。使无缝钢管生产实现大型化、高速化和连续化，这标志着钢管生产的最新发展方向。

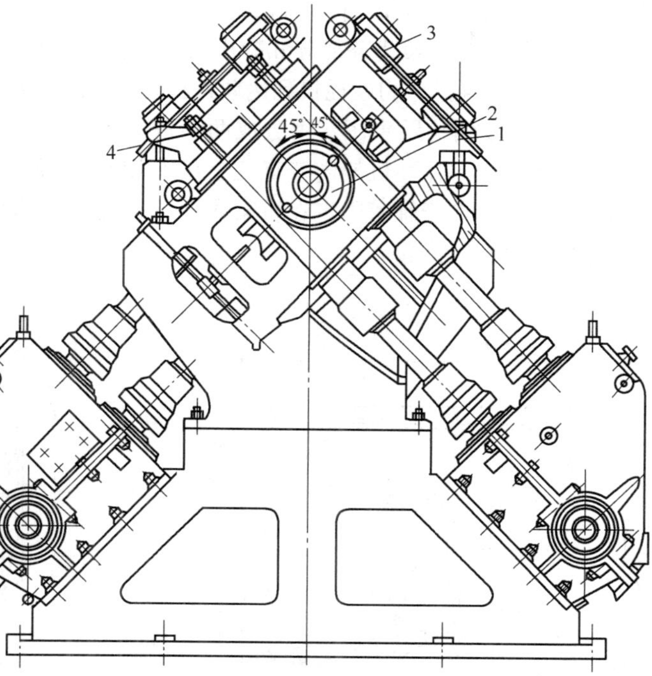

图 8-16 定径机工作机座

1—机架;2—轧辊及轴承;3—轧辊径向调整装置;4—轧辊轴向调整装置

A 张力减径机的传动形式

张力减径机的传动形式一般可分为四种:集中传动集中差速、集中传动单独差速、集中传动、单独传动。

(1) 集中传动集中差动调速。采用集中传动集中差动调速的张力减径机,由一个总的叠加传动电机通过传动机构向各机架进行速度叠加。它克服了集中传动单独差动调速传动形式轧机机构复杂的缺点,保持了灵活性与刚性大的优点。任意两个相邻齿轮之间的传动比是根据工艺要求而设定的。轧辊的实际转速是主传动的基本转速和附加转速的叠加。

(2) 单独传动。每一机架均由单独一台直流或交流变频调速电机传动,每架都有互不相连的调速和传动系统。采用电枢可控硅闭环反馈技术,单独传动的动态速降问题能得到圆满解决,从而使单独传动的优点能得到较好的发挥。

目前,张力减径机趋向于增大管径和提高轧制速度,这样单独传动的优点就显得突出,同时由于电机及电子技术的突飞猛进,其传动系统特性差的缺点也逐渐得到补偿。已成为当今应用最广泛的一种形式。

张力减径机组是由直流或交流变频调速电机、齿轮联轴器、复式减速机、齿轮联轴器、双位机座、轧制机架、输送机架、导向机架、换辊小车所组成。

张力减径机采用直流电枢调速和磁场调速、交流变频调速,其调速范围大。为了减少管端增厚的长度、提高成材率,在轧制过程中前十个机架要实现管端控制,即加大前十个机架间的转速差,使相应的机架之间产生附加张力,从而减少头尾增厚段的长度,有效地减少管端切头损失。

B　机架

张力减径机配有三种机架：轧制机架，即参与轧制过程的机架；导向机架，生产减壁量较小的大口径成品管时使用，可以用导向机架代替部分轧制机架，使钢管顺利通过；输送机架，当生产工具接受坯料时，它使坯料能顺利通过张力减径机到达坯料收集区进行收集，机架不参与轧制过程。

图 8-17 为三辊式轧制机架结构示意图。由分成两半呈方形的铸钢件组成，左、右两片完全对称，它用内六角螺栓拧紧而成整体。机架内装有三个互成 120°角度配置的轧辊，轧辊两侧装有双列锥形滚柱轴承，轴承外圈借助于轴套固定在机架内。三个轧辊轴都是主动轴。每个轧辊的辊头上都装有齿轮联轴器的内齿外套。

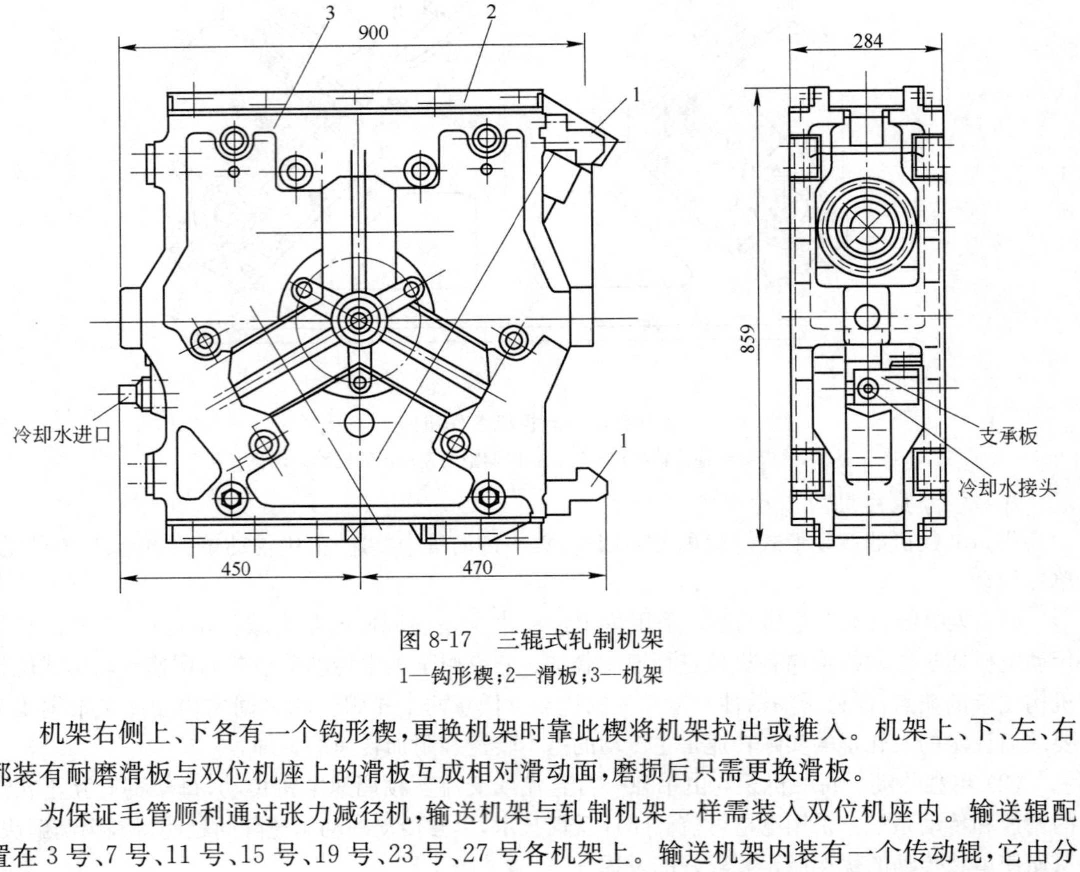

图 8-17　三辊式轧制机架
1—钩形楔；2—滑板；3—机架

机架右侧上、下各有一个钩形楔，更换机架时靠此楔将机架拉出或推入。机架上、下、左、右都装有耐磨滑板与双位机座上的滑板互成相对滑动面，磨损后只需更换滑板。

为保证毛管顺利通过张力减径机，输送机架与轧制机架一样需装入双位机座内。输送辊配置在 3 号、7 号、11 号、15 号、19 号、23 号、27 号各机架上。输送机架内装有一个传动辊，它由分配传动装置的下部水平传动轴驱动。输送机架本体为整体式钢板焊接结构与轧制机构相同。

生产减径量和减壁量较小的大口径成品管时，在不需要安装轧制机架的位置上放置装有导向管的导向机架。有跨越两个机架位置的导向管，也有跨越三个机架位置的导向管。

机架的传动方式一般分为内传动和外传动两种形式。内传动机架：机架中的轧辊传动是在机架内部通过两对伞齿轮集体传动的。机架内装上的三支轧辊的传动是从一根轴上输入的。外传动机架：机架中的轧辊传动从机架外部单独传动，机架内只装三支轧辊和支持轧辊的轴承。传动伞齿轮装在 C 形双位机座内。

8.2　冷轧管机

冷轧管的生产方法始于 1932 年，它是以热轧或热挤压法生产的管材为坯料在室温下进行轧制的加工方法。广泛地用于生产碳钢、合金钢和高合金钢钢管。它生产的管材尺寸精度高、强度高、表面光洁、尺寸范围广。冷轧管机的种类很多，有周期式冷轧管机、多辊式冷轧管机、连续式冷轧管机、行星式冷轧管机、多线式冷轧管机和旋压机等。但目前在技术上比较成熟，被广泛采用的是周期式冷轧管机。

8.2.1 二辊周期式冷轧管机组成

二辊周期式冷轧管机是具有周期性工作制度的二辊式轧机，由多种设备和机构组成。

受料装置：由装料台、中心架、送进和回转机构、主传动、管坯卡盘和地脚板组成，它是放置待轧管坯和在轧制时送进和回转管坯。

轧制设备：由工作机架及底座、传动机构、前卡盘和中间卡盘组成，这一部分设备用来直接轧制钢管。

后台部分：它是用来在装料时移动芯棒杆和在轧制时固定芯棒杆，包括芯棒杆卡盘的固定机构、芯棒杆返回机构、返回机构的传动装置和中间连接部分。

出料装置：用来收集轧制后的钢管，包括箅条和料筐在内的受料槽、飞锯和拨料机的传动装置。

液压操纵装置：用来储油和向各液压缸供油，包括油泵、分流阀、重力蓄力器和油管等。

润滑和冷却系统：用来向冷轧管机各个机构、管坯和所轧管子提供润滑油和冷却液。

二辊周期式冷轧管机的主要技术参数见表 8-5。

表 8-5 二辊周期式冷轧管机的主要技术参数

参数			轧机种类					
			LG-30	LG-55	LG-80	LG-120	LG-150	LG-200
管料尺寸		直径/mm	22～46	38～73	57～102	89～146	108～171	140～230
		壁厚/mm	1.35～6	1.75～12	2.5～20	约 26	约 28	约 32
		长度/m	1.5～5	1.5～5	1.5～5	2.5～6	2.0～6.0	2.5～6.5
成品尺寸		直径/mm	16～32	25～55	40～80	80～120	100～150	125～200
		壁厚/mm	0.4～5	0.75～10	0.75～18	14～16	3～18	3.5～22
		长度/m	约 25	约 25	约 25	4～10	4～10	4～10
工艺参数	最大断面收缩率/%	含 C<0.35%的碳钢管	88	88	88	80	80	80
		合金、不锈钢管	79	79	79	70	70	70
	最大直径收缩量/mm		24	33	33	50	50	50
	最大壁厚减缩率/%	含 C<0.35%的碳钢管	—	—	—	70	70	70
		合金、不锈钢管	70	70	70	45～60	45～60	45～60
	管料送进量/mm		2～30	2～30	2～30	2～20	2～20	2～15
结构参数	辊径/mm		300	364	434	550	640	760
	机架行程长度/mm		450	624	705	802	905.56	1076
	轧辊回转角/(°)		185.501	212.856	213.912	198.986	196.531	200.131
	机架行程次数/min^{-1}		80～120	69～90	60～70	60～100	45～80	45～70
	主电机功率/kW		72	100	130	320	320	500
	生产率/$m \cdot h^{-1}$		115	108	95	90	75	70

8.2.2　二辊周期式冷轧管机主要装置

8.2.2.1　工作机座

图 8-18 所示为二辊式冷轧管机工作机座的结构。它由牌坊、轴承、主动齿轮、齿条、轧辊及其调整和平衡装置组成,还有滚轮或滑板等部件。

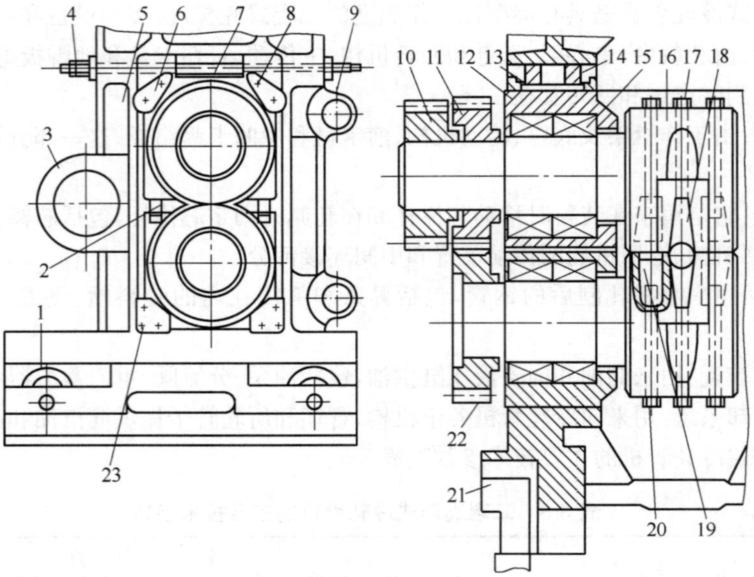

图 8-18　二辊式冷轧管机的工作机座

1—滚轮;2—平衡弹簧;3,9—凸耳;4,20—螺栓;5—机架;6,23—压板;7,19—斜楔;8—螺钉;10—主动齿轮;11,22—从动齿轮;12—轴承座;13—剪切环;14—冲头;15—滚动轴承;16—工作辊;17—中心螺丝;18—轧槽块; 21—凸台

机架 5 为铸件或焊接件。机架上的凸耳 3 用来与传动机构连杆相连。机架下部凸台 21 用来防止机架由于倾翻和移动而离开轧制中心线。机架下部还有两对镗孔,孔中装着滚轮 1 的轴,但在有的轧机上滚轮已改为滑板。工作辊 16 安装在轴承座 12 中的滚动轴承 15 上。上、下轧辊辊颈上装有从动齿轮 11、22。此外在上轧辊轴端还装着主动齿轮 10,而主动齿轮又与固定在机座上的齿条相啮合。这样以使工作辊得到滚轧运动。上、下轧辊的平衡是靠上、下轧辊的轴承座上安放平衡弹簧 2 来平衡上轧辊以及装在轧辊上的全部零件。

上、下轧辊的轴承座用盖板 23 固定在窗口中。轧辊间的间隙调整是靠装在上轧辊轴承座和机架之间的斜楔 7 来实现。斜楔位置的调整借助于螺栓 4。轧辊的轴向调整是通过机架两侧压板 23 来实现的。在斜楔中置有安全装置的剪切环 13 和冲头 14。为保护轧辊及工作机架的其他部件,剪切环在轧制负荷超过允许值时发生破坏。

轧槽块 18 用中心螺丝固定在工作轧辊的切槽中,通过装在轧槽块和辊身上径向刻槽中的两个斜楔 19 把扭矩从轧辊传到轧槽块。斜楔用螺栓 20 拧紧。凸耳 9 用来连接平衡装置的连杆。

8.2.2.2　主传动及传动机构

主传动包括主电动机和减速机。冷轧管机可用交流或直流电动机驱动。直流电动机用来驱动小型冷轧管机,以适应多品种的需要。对于专用的以及大、中型冷轧管机采用交流电动机驱动,以减少投资。

二辊式冷轧管机的传动系统如图 8-19 所示。由于存在周期性的加、减速,导致处在运动状态的工作机架和曲柄连杆机构要不断承受很大的惯性力。

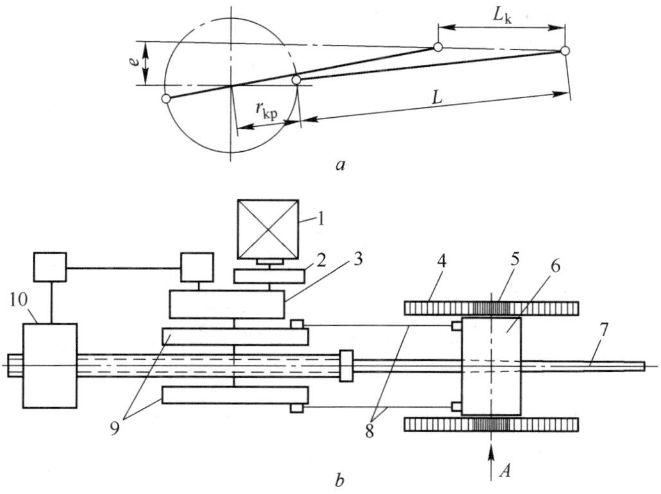

图 8-19 二辊式冷轧管机的传动系统示意图

1—主电机;2—联轴节;3—主减速机;4—齿条;5—齿轮;6—工作机架;7—管子;8—连杆;9—曲柄轮;10—送进回转机构

为了减小惯性力,主要措施之一是设置惯性质量的平衡装置。平衡装置的类型有气动和液压、重锤平衡及气-液动等。降低工作机架移动时惯性的另一个重要途径是减小其移动部分的质量。

8.2.2.3 送进回转机构

冷轧管机的送进回转机构是很关键的部分。对于二辊式冷轧管机广泛采用当工作机架处在后极限位置时送进管料进行轧制,当工作机架处在前极限位置时回转管料。送进回转机构有多种形式,其中有马尔泰盘式、杠杆式和减速箱式三种。

减速箱式送进回转机构(见图 8-20)被认为是一种较好的送进回转机构。它是具有一个水平分箱面的组合箱,比较紧凑。凸轮轴 7 是主动轴,它的转速同工作机架的往复行程次数完全一样。固定在摆杆 2、9 的两个滚轮 6、12 在凸轮 8 上滚动。一对滚轮之间用滑架 4 连接着,同时,滚轮 12 的小轴以动配合装在滑架的颚板中。第二个滚轮 6 的小轴固定在滑块 5 中,该滑块能够在滑架的槽中移动。凸轮的轮廓设计使得机架正、返行程期间滑架和滑轮都是不移动的。送进时,凸轮变半径那一段轮廓使滚轮 12 向左偏转,从而使摆杆在逆时针方向偏转 20°30′角。同摆杆 9 装在同一根轴上的摇拐销 11 也偏转 20°30′角。连杆 13 装在摇拐销 11 上,其另一端同摇杆 15 铰接。根据摇拐销的位置,定出两个轴 10、16 之间的传动比,使轴 16 的转角可在 0°~35°之间变化。这样就能实现送进量大小的调整。在轴 16 的端部(花键)装有平向辊式接手的星形轮 20。当送进时,接手楔住,同时转动轴 16,通过单向辊式接手的轮缘,传给同这个轮缘牢牢固接在一起的齿轮 21。

通过连裙齿轮 26,进一步传动牙嵌式离合器 30、31 和送进轴 27 上的齿轮。在送进轴上固定着青铜螺母 19 转动,使送进丝杠 28 向工作机架方向移动送进。

回转管料时,凸轮变半径那段轮廓使滚轮向左偏转,摆杆 2 朝逆时针方向偏转。同摆杆 2 固定在同一轴上的单向辊式接手的星形轮也同时回转。在回转过程中,接手楔死,从而把转动

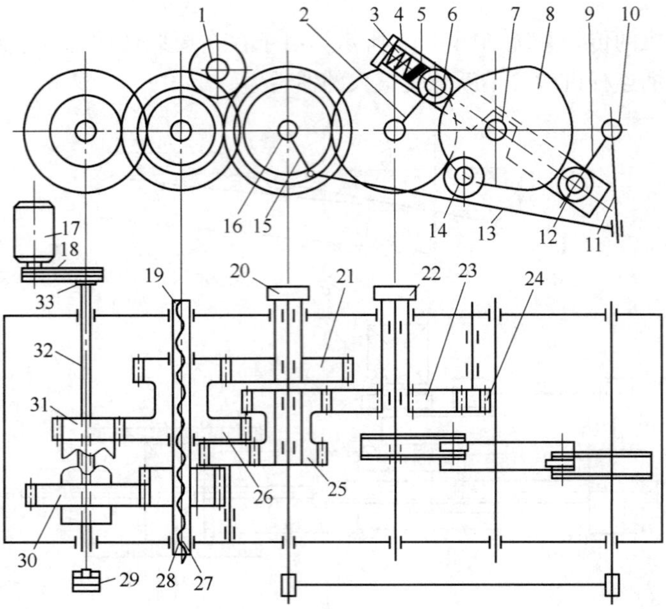

图 8-20　减速箱式送进回转机构的传动系统

1—回转轴；2,9—摆杆；3—弹簧；4—滑架；5—滑块；6,12—滚轮；7—凸轮轴；8—凸轮；10—定出轴；11—摇拐销；13—连杆；14—回转轴；15—摇杆；16—轴；17—电动机；18—三角皮带；19—螺母；20—星形轮；21,23～26—齿轮；22—轮缘；27—送进轴；28—丝杠；29—液压缸；30,31—牙嵌式离合器；32—轴；33—摩擦离合器

传给接手的轮缘 22 和与它固定在一起的齿轮 23。齿轮 23 既与连裙齿轮 25 啮合来传动心棒杆的上回转轴 1，又同齿轮 24 相啮合，来传动与前卡盘和中间卡盘的传动轴相连接的下回转轴 14。送进管料时，摆杆 2 顺时针方向偏转。这个转动不能由回转管料的单向辊式接手传递出去。回转管料时，送进管料用的辊式接手打滑，送进摆杆 9 的偏转运动不能由接手的轮缘传出去。

为使管料卡盘快速移动，牙嵌式离合器 30、31 可借助于液压缸 29 脱开。同时压紧摩擦离合器 33 的摩擦片。快速行程的电动机 17 通过三角皮带 18、摩擦离合器 33、轴 32 和送进轴 27 上的齿轮使送进丝杠的螺母旋转。

8.2.2.4　卡盘

卡盘是把送进回转机构间断性的送进和回转运动传给管料、管子和芯棒杆的装置。送进管料的卡盘称作管料卡盘；而转动管料、管子和芯棒杆的卡盘分别称作中间卡盘、前卡盘和芯棒杆卡盘。但在一些轧机上，管料的送进和回转用同一管料卡盘来完成，这样，在管料卡盘上除了有送进管料的装置外，还设置了卡紧和回转管料的装置，机构较复杂。

8.3　焊管机

焊管生产是将板、带材用各种成型方法弯卷成所要求的管状，然后用不同的焊接方法将焊缝焊合的过程。焊管的生产方法很多，按焊管方法不同可分为炉焊管、电焊管、埋弧焊管和其他焊管等；按焊缝形态有螺旋焊管和直缝焊管。电焊管又分为交流、直流焊管。交流焊管按电流波形不同分为正弦波、方形波焊；按频率不同又分为低频、中频和高频焊。按电流输入方法不同，高频焊又分为高频接触焊和高频感应焊。埋弧焊大多用于生产大、中型直径管。特殊焊接方法有钨极惰性气体保护焊(TIG)、金属电极惰性气体保护焊(MIG)、等离子体焊、电子束焊、钎焊等。目前,用焊接方法生产的管材范围越来越广,如有色金属管、碳钢管、高合金管、不锈钢管、锅炉管、石油管以及双层卷焊管等。各种焊管生产方法见表 8-6 。

表 8-6 焊管的主要生产方法

类 别	生产方法	基本工序	
		成 型	焊 接
直缝焊管	连续炉焊管机组	在连续加热炉中加热管坯,出炉后用辊式连续成型机成型、焊接	
	连续成型电焊管机组	连续辊式成型机	高频电阻与感应焊、惰性气体保护电弧焊①
		连续排辊成型机	高频电阻与感应焊、埋弧焊、惰性气体保护电弧焊
		履带式连续成型机	高频电阻与感应焊、埋弧焊、惰性气体保护电弧焊
	UOE 电焊管机组	UOE 压力成型机	埋弧焊、惰性气体保护电弧焊
	辊式弯板电焊管机组	辊式弯板成型机	埋弧焊、惰性气体保护电弧焊
螺旋焊管	螺旋成型电焊管机组	连续螺旋成型器	埋弧焊、高频电阻焊、惰性气体保护电弧焊

① 惰性气体保护电弧焊包括钨极电弧焊(TIG)和金属极电弧焊(MIG)。

8.3.1 连续炉焊管机组

连续炉焊管机组是生产小直径焊管的有效方法之一。它是将带钢加热至 1350～1440 ℃,然后通过成型焊接机压力成型并焊接成钢管。炉焊管成本低,但焊缝强度较电焊缝管低,仅限于焊接低碳钢管。但由于炉焊管的能耗大,进一步发展受到限制。

图 8-21 为连续炉焊管机组设备组成示意图。钢带一般经过 6～14 机架所组成的成型焊接机进行成型和焊接。成型焊接机为二辊式,相邻机架轧辊轴线互为 90°角交替布置。在第一对立式机架中,带钢弯曲成近似于马蹄形管坯,在第二架进行焊接,以后各机架均起减径作用。

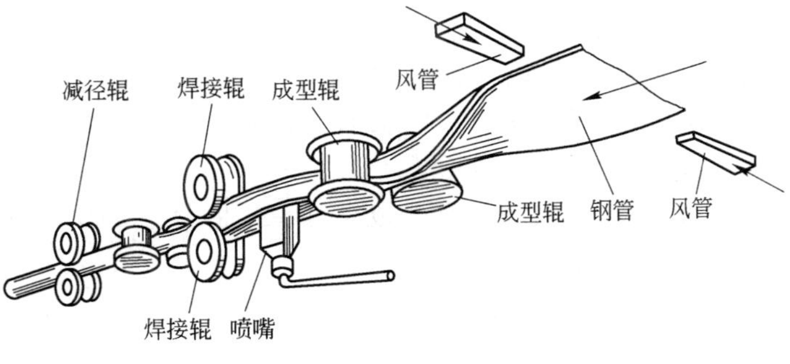

图 8-21 连续炉焊管过程示意图

8.3.2 连续成型电焊管机组

连续成型电焊管机组是生产焊管的主要形式,图 8-22 所示为小型高频焊管机组,主要由开卷机、成型机、导向辊装置、挤压辊装置、焊接机、内外毛刺清理装置、冷却装置、定径机和精整机等设备组成。带材在连续辊式成型机上连续成型为管筒，经高频电流加热，挤压辊挤压实现焊缝的对接，然后通过定径、精整等工序完成制管全过程。为了扩大产品规格范围，有时机后配置张力减径机。

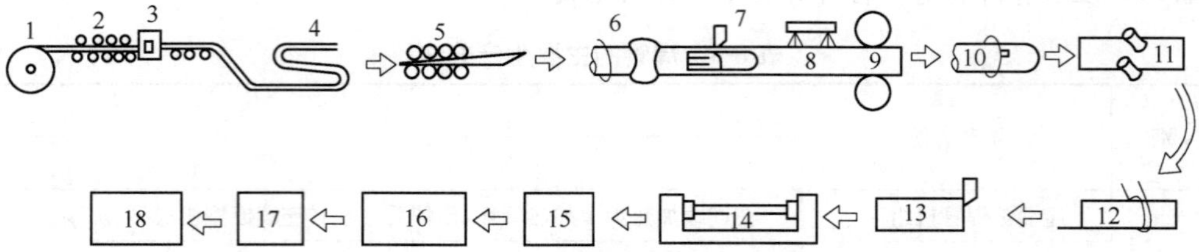

图 8-22　小型高频焊管机组

1—带卷；2—矫平；3—切头对焊；4—活套；5—成型机；6—焊接；7—去除内外毛刺；8—冷却；9—定径；10—切断；11—矫直；12—涡流探伤；13—平端头；14—水压试验；15—检查；16—打印；17—涂油；18 —包装入库

8.3.2.1　辊式成型机

连续成型电焊管机组根据成型机构造不同可分为：辊式成型机组、排辊成型机组、履带式成型机组等。我国目前焊管成型机大部分采用辊式成型机组。辊式成型机包括成型主机、驱动系统和冷却润滑系统。成型主机由底座、水平辊机架、立辊机架、轧辊和调整系统等组成。驱动系统包括主电机、减速机、联轴节和万向接轴。冷却润滑系统包括轧辊冷却用的乳化液循环冷却系统和减速机的稀油循环系统。

成型主机一般由若干个传动的水平辊机架和若干个不传动的立辊机架组成。一般而言，立辊机架用于导向及保持带材在水平辊中已经形成的形状，防止变形带材的回弹，立辊是被动辊；水平辊机架承担带材的主要变形，所以水平辊机架也称为成型机架。按机架的结构，水平辊机架分为悬臂式和龙门式两种。

悬臂式机架是将轧辊安装在一个悬臂轴上，因而换辊、操作方便，但刚度差，适合于生产直径 60 mm 以下的薄壁管；龙门式机架是将成型辊安装在两片牌坊之间，具有良好的刚性，因而保证了成型质量，广泛应用于各种机组。这种机架根据牌坊的构造又可分为开口式和闭口式机架两种。

图 8-23 是 ϕ15～152 mm 成型机的开口式水平辊机架装配示意图。机架由两个开式牌坊 1、上盖 18 通过螺栓 17 连接。在牌坊两根立柱之间装有上、下箱形轴承座 9、11。下轴承座 11 的位置一般固定不变，但也有带下辊压上装置的机架，这是根据成型的需要增设的。压下丝杆 5 用销子 8 与上轴承座 9 凸耳相连，带动轴承座上、下移动，达到调整轧辊目的。轧辊的固定利用隔离套筒 13 及压下螺母 4 固定。

立辊机架由机座、调整螺丝、立轴、轧辊等组成。图 8-24 是 ϕ15～152 mm 成型机的带矩形槽的立辊机架。

成型机的传动设备有主变速箱、变速分配箱和万向接轴等主要部件，其传动方式可分为三种：分组传动、单独传动和集体传动。

单独传动是每个成型和定径机分别采用一个电机传动，每个机架之间的速度调节将更加灵活，ϕ219 mm 以上的中型机组大多采用这种形式。

分组传动是将成型机和定径机分别用两台电机传动，或者将成型机再分成若干组，每组一台电机驱动。该传动方式，其各组之间的速度调节比较灵活，工艺适应性强。

集体传动为成型机和定径机共用一台电机，经一个主减速器两端出轴，分别传动各成型机架

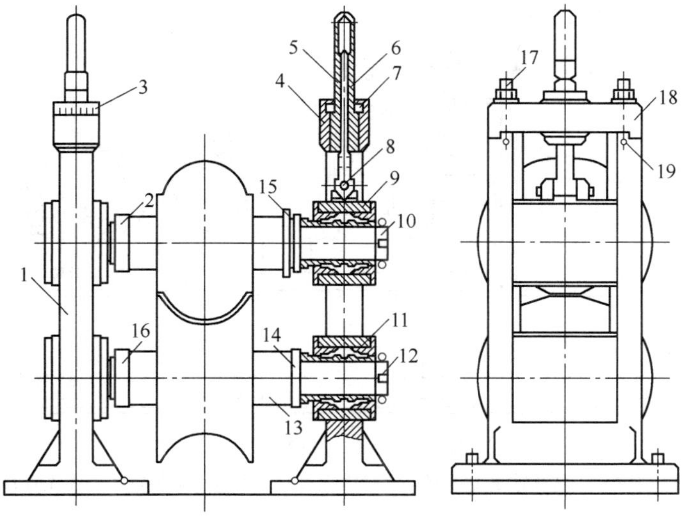

图 8-23 ϕ15～152 mm 成型机的开口式水平辊机架装配示意图

1—牌坊；2，14，15，16—螺母；3—刻度盘；4—压下螺母；5—压下丝杆；6—锁紧螺母；7—套筒；8，19—销；9—上轴承座；10—上辊轴；11—下轴承座；12—下辊轴；13—套筒；17—螺栓；18—盖

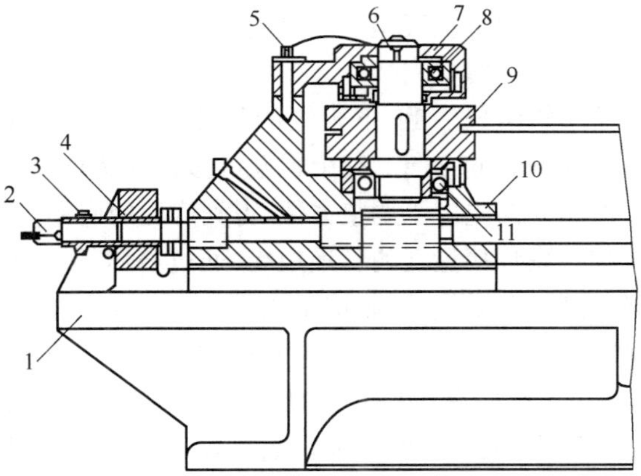

图 8-24 ϕ15～152 mm 成型机的带矩形槽的立辊机架装配示意图

1—底座；2—螺丝；3，4—螺母；5—连接螺钉；6—轴；7—盖子；8，11—轴承；9—立辊；10—支架

和定径机架的分配箱。该传动方式保证了各机架的速度同步，设备简单，容易调整，广泛地用于 ϕ114 mm 及其以下的小型直缝焊管机组。

8.3.2.2 焊接机组

成型后的管坯送入焊接机组焊接成管材。目前直径小于 ϕ426 mm 的中、小直径焊管主要采用高频电焊。高频焊接机组包括以下设备：导向辊装置、挤压辊装置、内外毛刺清理装置、高频发生器（或电子管振荡器）及其输出装置，磨光辊，检测装置及焊接温度自动控制系统等。高频焊接机组如图 8-25 所示。

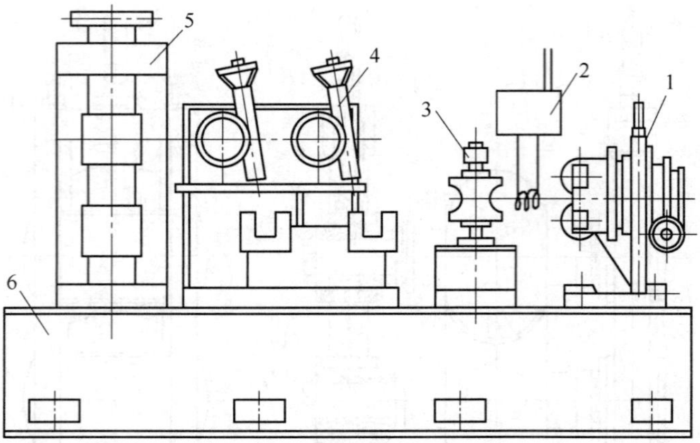

图 8-25　高频焊接机组

1—水平导向辊；2—高频输出变压器；3—挤压辊；4—外毛刺清除装置；5—磨光辊；6—底座

A　导向辊和挤压辊

导向辊是控制管坯边缘焊接角的主要工具，导向辊中间装有导向片，也称刀片，利用导向片的厚度来控制焊接角，以达到最佳焊接效果。导向辊常见的有三种结构形式：

(1) 一架水平辊和一架立辊组成，用以控制管材在水平和垂直方向的中心位置。结构复杂，操作不便。

(2) 由一架水平辊组成。上辊有压下装置，上、下辊可以做轴向调整。利用上辊导向环的轴向调整来控制管缝方向。整个机架可在底座上做纵向调整，以控制开口角的大小。这种装置调整幅度不大，而且影响管材表面形状。

(3) 由一架回转水平导向辊组成。上、下辊缝的间隙可以调整。上、下两辊装在一个辊架上，辊架可以做回转调整，以控制辊缝方向。整个辊架可做升降调整，又可在底座上做左、右调整以控制管坯的中心。水平回转导向辊由于调整方便，得到广泛的应用。

挤压辊是用来将已经加热到焊接温度的管坯边缘，通过挤压辊给以一定的压力达到焊接目的。挤压力的大小直接影响到焊缝质量，因而挤压辊是焊管机组中的重要设备。挤压辊的结构形式如图 8-26 所示。一般小直径辊采用二辊式挤压辊(图 8-26*a*)；图 8-26*b* 为前、后布置的双三辊式；图 8-26*c* 为四辊式，多用于感应焊；图 8-26*d* 所示的四辊式多用于接触焊的成型机组。高强度厚壁管和中直径管由于回弹大，大多考虑四辊式或五辊式挤压辊。四辊式挤压辊是两个大的

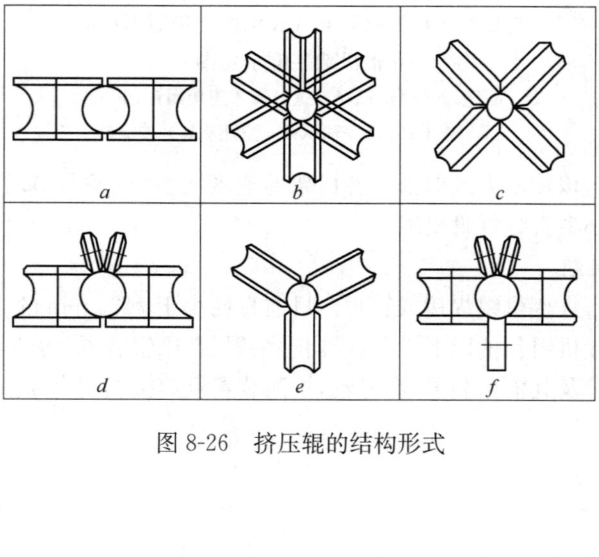

图 8-26　挤压辊的结构形式

挤压辊在下边，而在上边装有两个较小的斜压辊，以使边缘对齐。两立辊除了可做水平与垂直方向调整外，两小辊可做上、下，左、右及前、后调整。这种形式的挤压辊调整方便，但结构庞大、复杂，而且使电耗增加。图 8-26*e* 为三辊式，图 8-26*f* 为生产直径较大的成型机组所采用的带支承辊的五辊式挤压辊。

常用的二辊式挤压辊底座结构形式大体上有两种。一种是挤压辊呈直立悬臂式固定，其中心距可调，但孔型高度只能靠加垫找正。这种结构调整不便，而且挤压辊固定不稳固，易影响焊接质量。另一种是与立辊机架结构类似。挤压辊安装在两根立轴上，立轴根部用螺钉固定在滑块上。立轴顶部由一拉板连接稳固，滑块以不同方向丝扣安装在水平丝杠上，丝杠固定在机座上。调节丝杠端部螺母可使两挤压辊做同侧方向的移动；拧动丝杠端部的方头可使两挤压辊做相对方向的移动；拧动立轴顶部的方头可使挤压辊做升降调整。这种结构固定稳固，调整方便。

B 毛刺清除装置

(1) 内毛刺清除装置

内毛刺清除装置的形式很多，如刀除内毛刺装置、辊压式内毛刺清除装置、浮动塞式内毛刺清除装置、高速锻压式内毛刺清除装置。实际生产中广泛应用刀除内毛刺装置。刀除内毛刺装置的设计有很多种，有的利用液压来控制刀头，在钢管外面控制内毛刺的切削深度；有的在刀架上固定一把旋转刀头，由于旋转刀头的中心与焊缝中心成一定角度，依靠钢管的前进运动，使旋转刀头一面旋转，一面切削内毛刺；有的在刀架上固定一把刀头，为了防止刮下来的内毛刺在管内堵塞，在刀架的前方设置一个断屑轮。图 8-27 是带有固定刀头的刀除内毛刺装置。刀架 3 与连杆 2 相连接，连杆 2 固定在成型机架的横梁上，刀架上安装有两个下支承辊 4 和两个上支承辊 5，刀架末端固定刀头 6，刀头位置和切削深度可通过末端螺丝来调节。该装置的设计特点是使上支承辊的最高点至下支承辊的最低点之间的距离大于钢管的内径，使钢管通过刀架时，垂直直径略有增加，保持了钢管内的稳定性，延长了使用寿命。

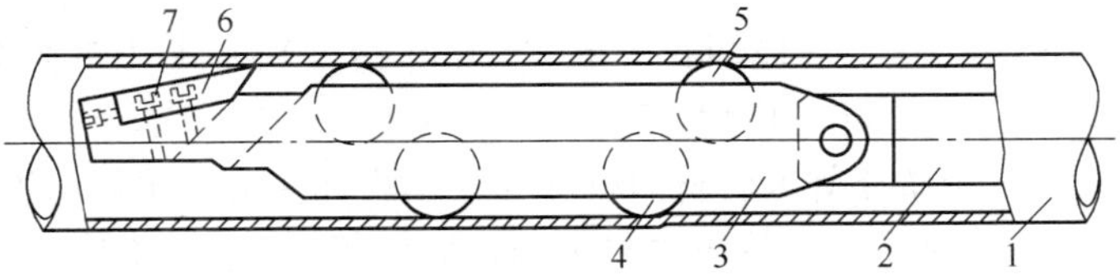

图 8-27 刀除内毛刺装置

1—钢管；2—连杆；3—刀架；4—下支承辊；5—上支承辊；6—刀头；7—固定螺钉

(2) 外毛刺清除装置。外毛刺一般是用刨削的方法清除。刨刀的位置应能在水平和垂直方向进行调整，并具有与钢管外圆相适应的弧形刀刃。刨下的毛刺一般用电动的毛刺卷取机收集，也有采用断屑装置在红热状态下将毛刺等距离地压出一个凹口，从而使刨屑成为小段而后加以收集。

经过清除外毛刺以后的钢管，焊缝处遗留下刀痕，在热状态下通过磨光辊轻微的碾压，将刀痕清除，使外表面光滑，否则，经冷却器冷却后，在定径机组更难以消除。磨光辊是一对空转的水平辊，其机架结构与定径机相同。或者采用更简易的机架，安装一对水平辊。

C 焊接装置

高频焊接主要是利用高频电流的趋肤效应和临近效应，使电流集中在待焊管缝边上，从而能在 1/100 s 时间内将其加热到焊接温度(1250～1430 ℃)，然后在挤压辊的作用下进行压力焊接。根据馈电方式不同，可分为高频电阻焊(接触焊)和高频感应焊。

电阻焊是借助于两个触头(电极)把高频电流传到管坯上。焊接电流沿管坯坡口两侧流过，并通过挤压辊附近的坡口两侧结合点形成回路。在管两侧坡口上的电流方向是相反的，因临近效应使电流集中于坡口的表面，电流频率越高，电流就越集中其表面。管内的阻抗器提高了坡口内加热的集中程度，因为它增大了电流环绕管坯流过的感抗。

感应焊通常是在距结合点 30～300 mm 处绕管坯套上一感应器。根据被焊件形状不同，感应器用平面的或曲面的空心水冷导体材料制成。当感应器通过高频电流时，管坯上感应出电流。因临近效应，极大部分电流沿待焊管边流过，并在结合点形成回路。为减少部分无效电流，采用的内外磁导体的长度应等于感应器长度。两种方法的原理如图 8-28 所示。

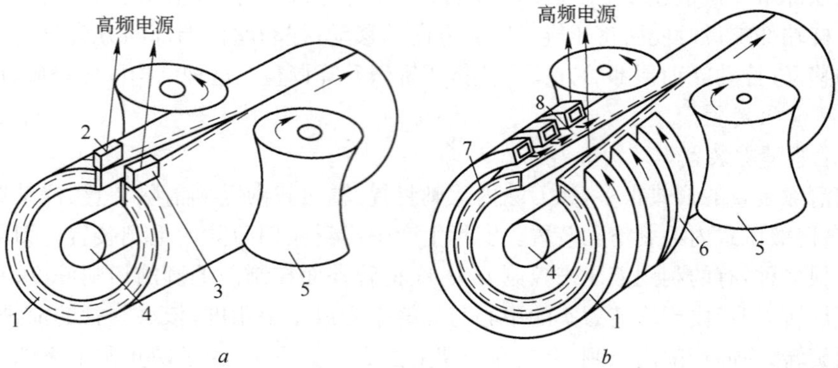

图 8-28　电阻焊和感应焊

a—电阻焊；*b*—感应焊

1—管坯；2，3—电极；4—阻抗器；5—挤压辊；6—感应器；7—循环电流；8—感应电流

对焊接装置功率的选择，首先应根据焊管机组的形式，焊管的材质、规格，有效作业率和生产能力来确定焊接速度，然后再根据焊接速度及所焊管规格、材质以及焊接方法来选择需要的功率。目前国内因受焊接装置功率的限制，一般 1～6 in 钢管较多采用电阻焊，其焊接功率为 400 kW；1 in 左右钢管一般都采用感应焊，其功率一般为 100～200 kW。

焊接频率的选择主要取决于焊接管材的材质及壁厚。有色金属比碳钢管频率高些；管壁厚的频率低些，管壁薄的频率高些。在感应焊时可选择较低频率，但不得低于 150 kHz；在高频焊管时，一般采用 350～450 kHz 为宜；在焊有色金属应选择在 450 kHz 以上。

8.3.2.3　定径机

通常焊接后钢管的直径大于规定的尺寸，断面可能有椭圆，外毛刺清除后有刀痕，冷却后钢管有明显的弯曲，必须经过定径机组定径、矫直。

定径机组一般由若干个传动的水平辊机架和若干个不传动的立辊机架以及 1～2 架矫直头组成。水平辊和立辊机架及其传动与成型机相应部分相似，仅孔型相异。

矫直头设在定径机组最后一架水平辊后面，将钢管径向规圆和长度方向粗矫直。在小型机组中常用由两组四辊组成的圆孔型(即利用三支点弯曲矫直法)的八辊矫直头。定径机出口设一支点，四辊组成的两层辊子构成两个支点，互相调节可达到矫直的目的。导向立辊固定在矫直头钢管出口方向一侧，其结构与成型定径立辊机架相同。

8.3.3　UOE 焊管机组

UOE 法是指将厚板经过 U 成型和 O 成型并焊接后经扩管机进行扩管而生产大口径直缝焊管的主要方法。UOE 焊管以厚钢板为原料经刨边加工成钢管直径要求的板宽和将板边加工成有一定形状的坡口，保证获得良好均匀的焊缝。首先在压力机或辊压机上预弯边，在U形压力机上压成U形后，用立辊装置将U形钢板竖着送往O形压力机上压成圆筒，然后对钢板边缘施加足够压力，使边缘对边缘紧贴后焊接，焊后扩径。UOE机组一般用于生产直径为ϕ(406～1625)mm×(6.0～32)mm×18m的大口径、厚壁、高强度直缝焊管。图8-29为UOE大口径直缝焊管机组设备及生产工艺流程示意图。

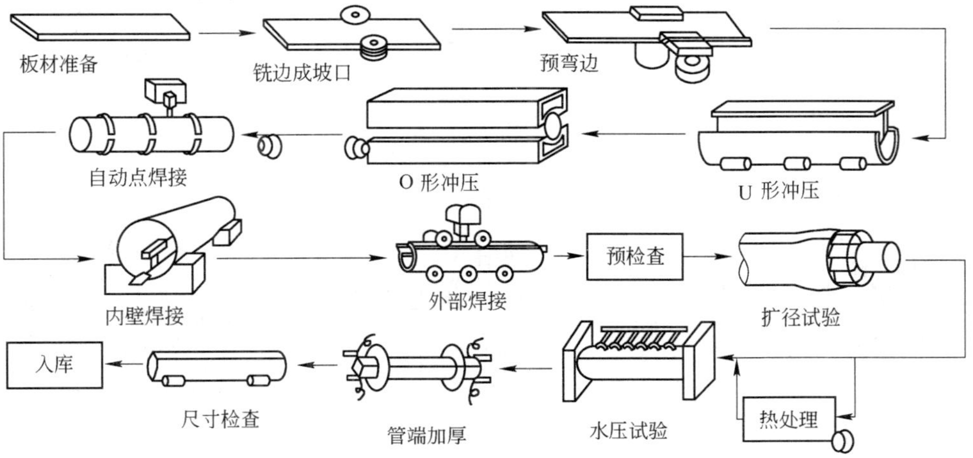

图8-29 UOE大口径直缝焊管机组设备及生产工艺流程示意图

8.3.3.1 压力成型机组

A 预弯边机

预弯边机又称C形压力机，为得到正圆形的管筒和降低O形压力机的成型压力，对钢板沿横向两侧进行C形预弯边。预弯边机有辊式弯边机和压力弯边机两种，前者适用于薄板的弯边，后者适用于厚板的弯边。20世纪70年代新建UOE焊管机组绝大多数采用压力弯边。

B U形压力机

U形压力机是UOE焊管机组主要成型设备之一，该设备可完成钢管下半部的成型。预弯边的钢板送到U形压力机，随着上冲头下降和下模具完成U形成型过程。U形压力机有三种形式：凯泽连杆式、曼内斯曼侧向压辊式和维尔森摇摆辊式。由于成型方式的不同其压力吨位差别较大，凯泽式压力机较小为1000 t。其他两种为1500～3000 t，目前最大的为4500 t。U形压力机成型方式如图8-30所示。

C O形压力机

O形压力机是UOE焊管机组中的最大设备，该设备是将成型后的U形钢板，送进有上、下两个弧形的金属模内使之形成O形，通过该O形压力机将U形管筒压缩成圆形，并对其管筒进行某些压缩和减径等变形，并控制成型后的弹性回复。O形压力机压力一般为45000～55000 t，最大已达60000 t。

8.3.3.2 焊接机组

A 预焊机

预焊是将UOE成型管筒对接部位沿全长连续进行点焊，有间断预焊法和连续预焊法两种。连续预焊法是用侧辊和预压辊使对焊面靠紧。采用CO_2自动弧焊机进行连续焊接。间断预焊

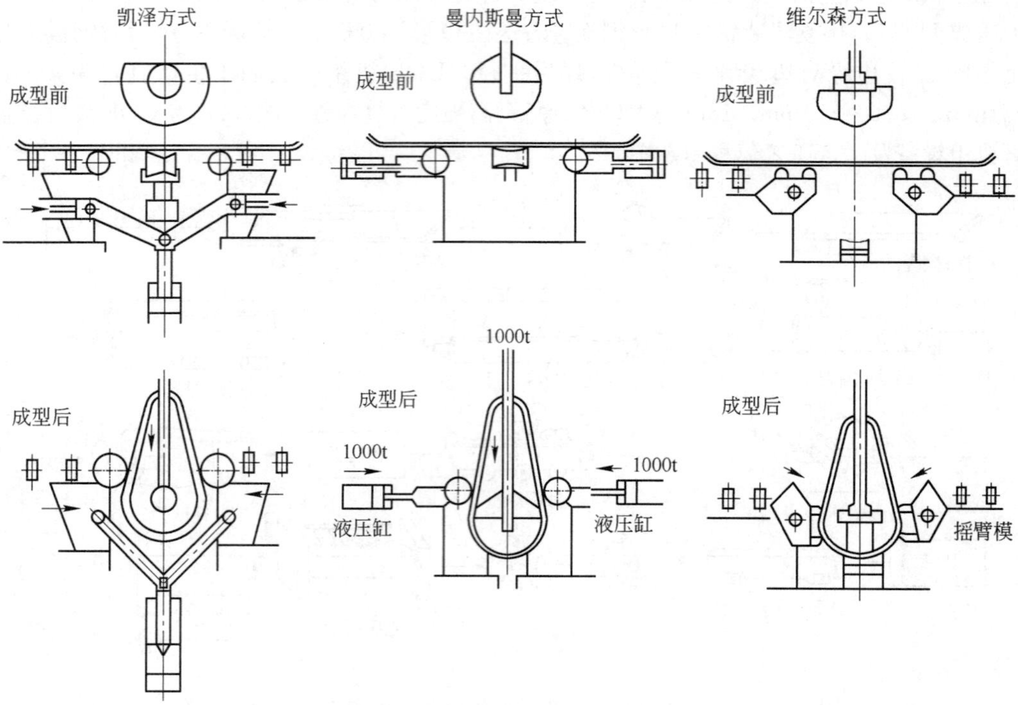

图 8-30　U形压力机三种成型方法

法是用型套或型框将钢管固定，以一定的间隔连续焊接 100 mm 左右。近年来采用了 CO_2-Ar 自动焊接代替了以前的手动电弧焊。

B　焊接机

埋弧焊接在生产大直径钢管中应用极为广泛。经过预焊后的钢管，正式焊接采用埋弧焊，钢管埋弧焊接在带有自动焊头的专用电焊机上进行，如图 8-31 所示。在正式焊接前于钢管两端焊上引弧板。待焊焊缝对接处预先加工成坡口，在焊接过程中有送丝机构将焊丝盘上的焊丝连续不断地送入此坡口之内。在焊丝和被焊管筒坡口之间形成电弧，借助于电弧将焊丝和被焊管壁熔化。而粒状焊药由贮料槽内经过金属导管送入焊丝之前，覆盖着焊接口。当焊头或被焊钢管移动速度与焊接速度一致时，焊接过程继续进行。焊缝上覆盖的焊药 70%～80%未熔化，由吸收嘴吸收并回送到焊药贮料槽内，以便再次使用。熔化金属冷却成致密的焊缝，紧贴在熔化金属表面上熔化的焊药冷却后形成极易清除的硬壳。焊接作业是先内、后外一层层地交替进行，考虑前后工序的平衡，在内、外分别用几台焊机。为提高其焊接速度可采用三、四极点焊法。

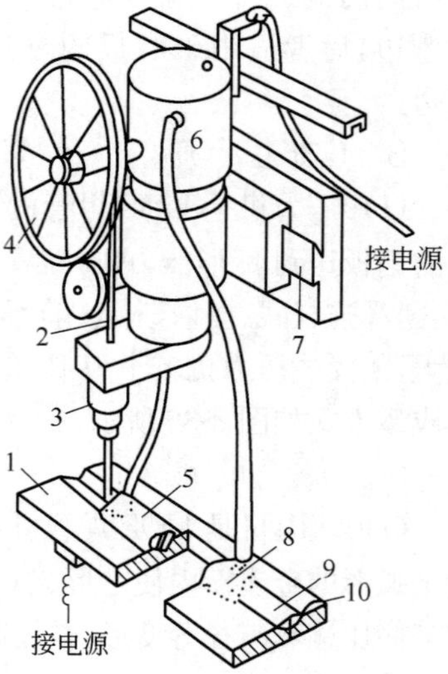

图 8-31　埋弧电焊机

1—钢管边缘；2—焊丝；3—送丝机构；4—焊丝盘；5—焊药贮槽；6—焊药筒；7—导轨；8—焊药吸嘴；9—焊药硬壳；10—焊缝

内面焊接机按焊接方式分为两种：一种是将钢管固定，移动焊接机；另一种是将焊接机固定，移动钢管。外面焊接大多数采用机头固定，一边移动钢管一边进行焊接，钢管运送采用皮带和台车运送。

8.3.3.3 扩管机

扩管机分为水压扩管机和机械扩管机。由于水压扩管机充水时间长而效率低,同时还要以外径为准对中,不方便管道施工,因而很少采用。20 世纪 60 年代以后,新建 UOE 焊管机组几乎都采用机械扩管机,可按内径尺寸交货,施工容易,扩管机费用也较少。

8.3.4 螺旋焊管机组

螺旋焊管用于生产 ϕ(89～2450)mm×(0.5～25.4)mm,长度 6～35 m 的大直径钢管。其生产方式有连续式和间断式两种。机组采用螺旋式成型,焊接采用预焊和终焊两步进行。先在一台螺旋成型机上进行成型和预焊(点焊),然后在最终焊接设备上进行内、外埋弧焊接。图 8-32 为螺旋焊管的设备布置示意图。

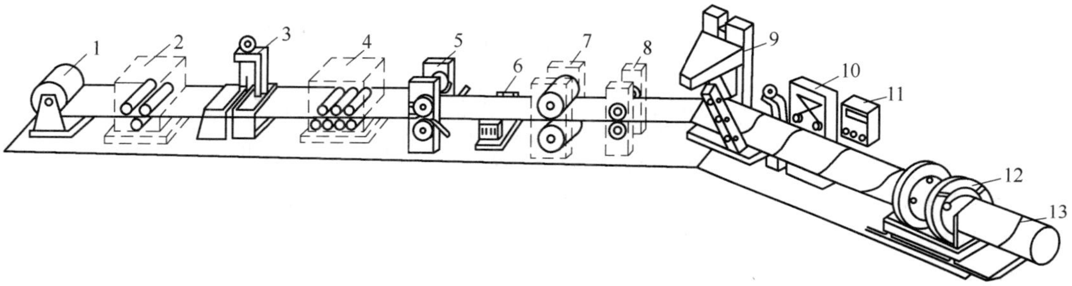

图 8-32 螺旋焊管机组设备布置示意图

1—板卷;2—三辊直头机;3—焊接机;4—矫直机;5—剪边机;6—刨边机;7—主动递送辊;8—弯曲机;9—成型机;10—内、外自动焊接机;11—超声波探伤机;12—剪切机;13—焊管

螺旋焊管采用螺旋成型机成形,可分为上卷成型和下卷成型两种。目前螺旋焊管的成型机结构形式归纳起来有三种基本形式。

(1) 套筒式螺旋成型机。只适用于小口径焊管的成型。该成型机造价低,操作容易。

(2) 芯棒螺旋成型机。适合于小直径、薄壁优质螺旋焊管的成型。钢管内表面可能因摩擦而被擦伤。

(3) 辊式螺旋成型机。它是根据三辊弯板机工作原理制成,该成型机与带钢的接触面呈滚动摩擦,阻力小、工具寿命长,对产品表面几乎无擦伤。

8.3.5 不锈钢焊管机组

不锈钢焊管制作简便,壁厚规格易调整,成本低,且具有良好的机械及抗腐蚀性能,因此世界各国竞相发展,现已广泛地应用于石油化工、锅炉、建筑、机械制造、食品、医药、原子能等各工业部门。不锈钢焊管生产工艺流程及机组组成示意图见图 8-33。

8.3.5.1 不锈钢焊管的成型

不锈钢焊管成型方法与高频直缝焊管相似。一般 ϕ219 mm 以上大直径焊管采用压力成型(UOE);ϕ219 mm 以下不锈钢焊管采用连续辊式成型;ϕ4.76 mm 以下毛细管采用焊后拉拔法生产。因为不锈钢带弹性模量大,变形回弹严重,因而,不锈钢焊管成型机多数由 7～9 架平辊和 7～9架立辊组成,比碳钢焊管的成型机架要多。

焊接不锈钢管与低碳钢管的最大区别在于钢管焊接前成型夹角要小(约 1°～2°),而且焊缝要正,氩弧焊时不允许焊缝前、后摆动。焊接大直径不锈钢管时一般设置 3 对挤压辊。第一对挤

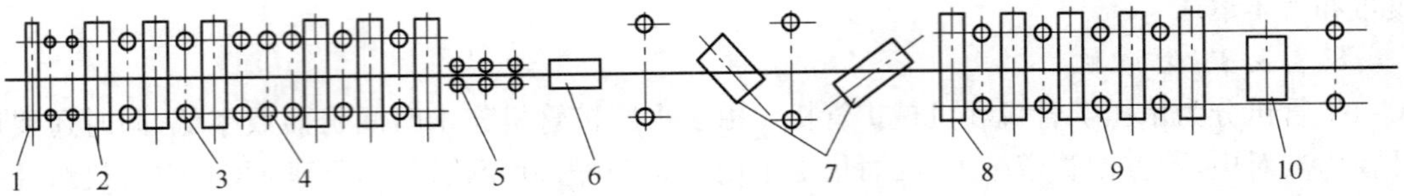

图 8-33　不锈钢焊管机组示意图

1—喂入辊；2—平辊；3—立辊；4—立辊组；5—挤压辊；6—水槽；
7—抛磨；8—定径平辊；9—定径立辊；10—矫直辊

压辊为准备辊，它将焊缝合拢后的管坯送到下一道挤压辊；第二对辊称作电极辊。通过该辊安装的焊枪与该辊连接的电源形成回路进行焊接；第三对辊称作保持辊，不锈钢管坯焊接成管时，因焊口局部高温对钢管形成的热应力易引起钢管变形，故设置该辊以防止焊后钢管因热应力变形而开裂。

焊接后的钢管需进行外焊缝磨光，一般设置两道砂轮打磨焊缝。钢管内焊缝质量要求较高时，还需在管内设置锤击内焊缝装置。磨光后的钢管必须充分冷却才可定径，这与低碳钢焊管冷却定径原理相同。

8.3.5.2　不锈钢焊管的焊接设备

不锈钢焊管焊接方法分为两类：高频感应焊和惰性气体（或真空）保护熔化焊。不同的焊接方法适用于不同的不锈钢焊管，并且有着不同的焊缝成型特征和焊接速度限制。不锈钢管的焊接方法目前仍以钨极氩弧焊和高频焊为主。

(1) 惰性气体（或真空）保护熔化焊包括钨极氩弧焊（TIG）、等离子弧焊（PAW）、电子束焊、激光焊接等，主要用于 300 系列奥氏体的 Ni-Cr 及 Ni-Cr-Mo 不锈钢焊管，亦可用于无 Ni 的 400 系列 Cr 不锈钢焊管。

钨极氩弧焊在焊接过程中钨极不熔化，只利用钨极与焊件之间的电弧所产生的高温，使带钢边部熔化形成熔池，在一定压力作用下将带钢边部焊合。电弧和熔池均处于惰性气体保护之下而不发生氧化，这样就可以保证在焊接过程中的稳定性而获得高质量的焊缝。电极在焊接处上方 1.5～3 mm 高度，距离太大会造成热量散失，导致加热不良。电弧柱的温度约为 5000～8000 ℃，电弧产生的热量和电弧的电流强度及电压成比例。钨极氩弧焊的优点是焊接质量高、焊缝性能优，能用于各种高级配管领域，其缺点是焊接速度较低，一般为 1～8 m/min，难于达到10 m/min以上。尽管如此，它仍然是当前世界各国通用的奥氏体不锈钢主要焊接方法。

图 8-34 为钨极氩弧焊设备组成示意图。钨极氩弧焊枪由喷嘴、钨极夹持装置、导线、气水输送胶管、启动开关等零部件组成。气体保护装置有氩气瓶、减压器和流量计。钨极氩弧焊的电源必须具有陡降或垂直陡降的特性，一般采用直流电源正极性。

(2) 高频感应焊用于焊接不锈钢焊管是一项新技术。高频感应焊接的最大优点是生产率高。采用电脑控温的焊管生产线，焊速可达 70～90 m/min，最高可达 100 m/min 以上，可降低生产成本。其主要缺点是焊缝质量不如惰性气体保护熔化焊，在强酸碱等介质中的抗腐蚀性不高。因此，一般只生产无压力要求的结构及装饰用不锈钢管。近年来由于解决了 Cr

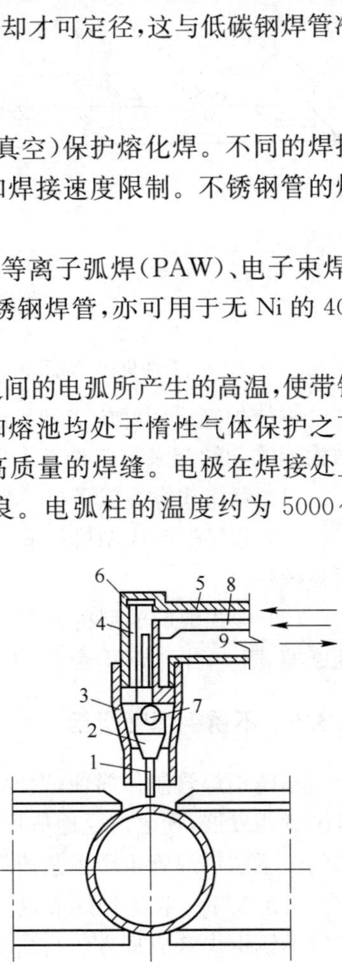

图 8-34　钨极氩弧焊枪

1—钨极；2—夹持器；3—陶制喷嘴；
4—焊件；5—保护气体导管；
6—小室；7—孔；8—进水带；
9—出水管

不锈钢高频焊管焊缝区塑性低下的问题，因此该项技术得到了快速发展，使不锈钢高频焊管的产能开始逐渐增加。目前，高频感应焊可以焊接各种类型的奥氏体不锈钢，同时也成功地焊接了铁素体不锈钢。

练习题 8

8-1 穿孔机有几种类型，狄塞尔穿孔机的结构有什么特点？

8-2 轧管机有几种类型，简述连轧管机的结构特点。

8-3 简述高精度轧管机的结构特点。

8-4 减径机有几种类型，简述张力减径机的传动方式。

8-5 简述二辊周期式冷轧管机的组成及结构特点。

8-6 焊管生产机组的类型，其成型机有何特点。

8-7 不锈钢焊管机组的主要特点是什么？

8-8 各种焊管机组的焊接设备有何特点？

9 卷 取 机

卷取机是冷、热轧带材及线材车间的主要辅助设备之一，由于轧件长度达数十米到数百米或更长，有可能在轧制后立即用卷取机将轧件卷绕成带卷或盘卷，为增大原料单重、提高轧制速度、减少头、尾温差、方便运输和贮存提供了有利条件。卷取机不仅安装在主轧制线上，在现代化的冷轧带材车间，卷取机还普遍用于剪切、酸洗、热处理、涂镀、涂层等机组中。

卷取机的类型按其用途可分为三类：热带材卷取机、冷带材卷取机和线材卷取机。

卷取机是在高速且有较大冲击力的非常恶劣条件下进行运转的设备，其结构复杂，故障率高。要想保持稳定的良好卷取形状，设备制造精度、设备管理及维护制度非常重要。

9.1 热带材卷取机

9.1.1 热带材卷取机的发展

热带材卷取机是用来把热状态下的带材卷成带卷。已安装在连续式、半连续式、炉卷轧机和行星轧机等成卷生产热轧带材轧机的运输辊道的上面或下面。最初的卷取机，卷筒有轧制线式和固定式两种。轧制线式卷取机的主要作用是改善卷取形状。但是由于轧制速度高速化、带卷单重大型化、超厚高强度带材的数量增多等原因，卷取机一般均采用刚度高的固定式卷取机。目前广泛采用的是固定式地下卷取机。卷取机的能力也由于前述的原因而增强，带材的卷取厚度由过去的 13 mm 增加到 25 mm，最大卷取厚度已达到 30 mm。

由于卷取机工作繁重，机构复杂，发生故障的频率比其他设备多，为了维持稳定的卷取操作，保持设备的完好性，有的工厂采用了卷取机从轧制线移出进行维修的方式。

从 20 世纪 80 年代开始，出现了气-液型和液压型卷取机，这两种卷取机的卷取能力和设备精度均高于气动式卷取机。气-液型卷取机夹送辊、助卷辊的辊缝设定由液压缸完成，咬入时产生的冲击振动，由气缸吸收。液压型卷取机夹送辊和助卷辊辊缝由液压伺服系统完成，设定精度极高，冲击和振动也由液压缸吸收。为避免和减轻带材头部在卷第二、三圈时产生压痕，助卷辊采用了跳跃控制(AJC)技术。20 世纪 90 年代以来，我国新建或改造卷取机，均采用液压型卷取机，对旧有的气动式卷取机逐步淘汰。

地下卷取机，一般安装在热带材连轧机后面的运输辊道下面，依次安装 2～3 台。在轧机连续生产中，这几台卷取机交替工作。为保证带材温度在卷取前冷却到金属相变温度以下，要求卷取机与最后一架精轧机的距离为 120～150 m。随着轧制速度的提高，卷取机的这种布置已不能满足生产要求，如轧制厚度较大的带材时，则此距离太短，而轧制较薄的带材时，此距离又太大。因为在输出辊道上薄带材运行不稳定，易飘浮，限制了穿带速度。为了缩短穿带时间，减少故障，提高产量和确保终轧温度，国外已出现了近距离卷取机，即在高生产率及产品厚度范围较广的连轧机中，安装 4～5 台卷取机。离最后一架精轧机 60～70 m 处安装两台近距离卷取机，用来卷取冷却较快的薄带材。卷取时，卷取张力在夹送辊与卷筒之间建立。近距离卷取机适用于高温卷取的带材和希望获得良好卷形的薄带材。距离后一架精轧机 180～200 m 处安装 2～3 台远距离卷取机，用来卷取较厚的带材。这样可以保证带卷的质量并使卷取机可靠地工作。

9.1.2 热带材卷取机的组成及工作过程

卷取机位于精轧机输出辊道末端，卷取机主要由夹送辊（也称为引料辊）及其前后导卫、送料导板、事故剪、助卷辊（也称成型辊）及弯曲导板、卷筒及其移出机构、推卷机和卸卷小车等组成。它的功能是将精轧机组轧制的带材以良好的卷形，紧紧地无擦伤地卷成带卷。卷取机的数量一般2～3台就能满足生产要求。卷取机的组成如图9-1所示。

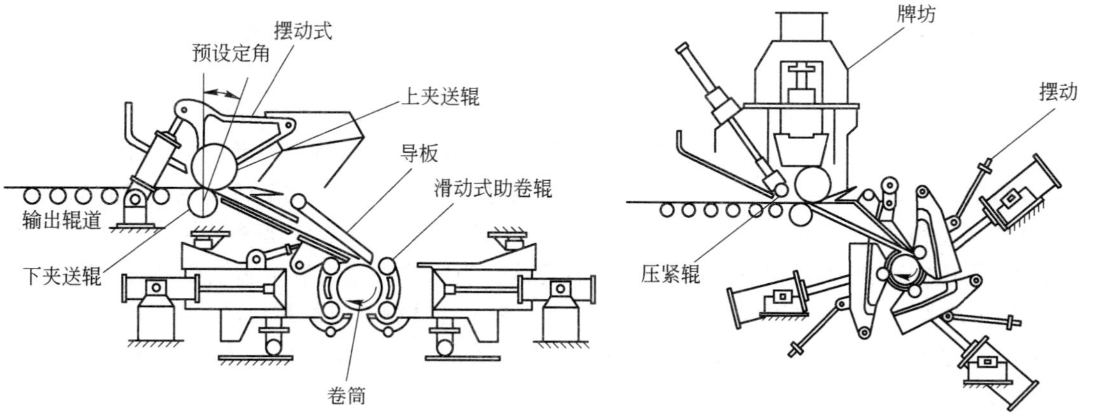

图9-1 卷取机组成示意图

地下卷取机的作业过程如下：从最后一架精轧机轧出的带钢头部，开始以较低速度（8～11 m/s）进入卷取机，然后再随轧机加速到较高的速度。为使带钢顺利咬入和建立卷取张力，卷取机各部分与轧机必须具有一定的速度关系，带钢头部进入卷取机前，输出辊道、夹送辊、助卷辊、卷筒均以不同的速度超前率进行运转。张力辊的线速度比最后一架轧机速度高10%～15%；卷筒的线速度比最后一架精轧机的速度高15%～20%；助卷辊的线速度比卷筒的线速度高5%。带钢头部进入夹送辊后，借助上下夹送辊的偏心布置及上夹送辊直径大而产生第一次弯曲，迫使带钢头部向下弯曲，并沿着导板进入由助卷辊及导板和卷筒形成的间隙前进，带材经成型辊和弯曲导板而产生第二次弯曲，依次经过第二、第三成型辊，完成一圈卷取。同时，借助卷筒和助卷辊的超前率作用，将带钢紧紧地缠绕在卷筒上。当头部在卷筒上缠紧后（大约3～4圈），输出辊道、夹送辊、助卷辊、卷筒的速度超前率降为0，与带钢速度相同，卷筒建立稳定张力，上夹送辊抬起，助卷辊全部打开，同时，保持一定的张力值进行卷取。卷取张力在卷筒与精轧机和夹送辊之间产生，此时轧机与卷取机同时升速，直至较高的卷取速度。卷取机以恒电流方式控制。

当带钢尾端由精轧机抛出时，上夹送辊重新压下，输出辊道、夹送辊以滞后于带材速度运转，使夹送辊与卷筒保持一定张力，防止带钢折叠，同时，1号助卷辊下降压住钢卷，保证抛出带材后的尾部带材卷得同样整齐与紧密。当带钢尾部即将出夹送辊时，助卷辊又全部合拢，压向带卷，降速卷取，直至卷完。随后夹送辊抬起，第二助卷辊先打开，卸卷小车上升，托住带卷后，助卷辊打开，卷筒收缩，端部支承打开，卸卷小车移动，将带卷移出卷取机。此后推卷机退回，卷筒胀开，助卷辊压向卷筒，准备下一次卷取。

移出卷取机后的带卷，有的立即打捆，有的在后面运输机上打捆，有的翻转成立卷放到带卷运输机上运输，有的则以卧式带卷直接送到带卷运输机上。在20世纪80年代后建设的轧机大多数都采用卧卷运输方式，以减少和消除边部缺陷。

9.1.3　热带材地下卷取机的结构

9.1.3.1　卷筒

卷筒是卷取机的核心部件，卷筒要在热状态下进行高速张力卷取重达 45 t 的带卷，卷筒内部需要冷却和润滑系统；为了卷紧带钢和卸卷，卷筒应能胀径；要有足够的强度和刚度。这些要求决定了卷筒结构的复杂性。卷取机的卷筒有固定型和移动型；卷筒的结构形式有连杆式、斜面柱塞式和棱锥斜楔式几种。斜面柱塞式和棱锥斜楔式的工作原理相同。

连杆式卷筒结构简单，容易制造，但连杆机构因连杆处磨损而产生间隙，卷筒和助卷辊之间不易保持适当的辊缝，目前不采用连杆机构。

斜面柱塞式卷筒结构如图 9-2 所示。卷筒中心是一根四棱锥芯轴 9，在轴套外有空心套轴 10，它通过双电枢直流电机、双挡变速齿轮及减速器驱动，并由两个链与扇形块 12 连接以传递扭矩。卷取时带材缠卷在扇形块上。卷筒的胀开是通过给油器给油，推动旋转液压缸的活塞杆，使芯轴 9 轴向左移动，从而使芯轴上的上下、左右 16 个斜面推动 16 个柱塞径向运动胀开卷筒；卷筒的缩径是由安装在卷筒两端的弹簧缩回机构完成。当胀缩缸推动棱锥芯轴右移时，受压弹簧 7 可使扇形块复位。在柱塞滑动的芯轴棱锥面上安装了合金钢制成的衬板，以提高芯轴的寿命。卷筒除了可通水冷却外，可由芯轴工作侧端的干油润滑管 1 注入润滑油脂，通过芯轴的中心孔进入柱塞与棱锥的滑动面润滑。

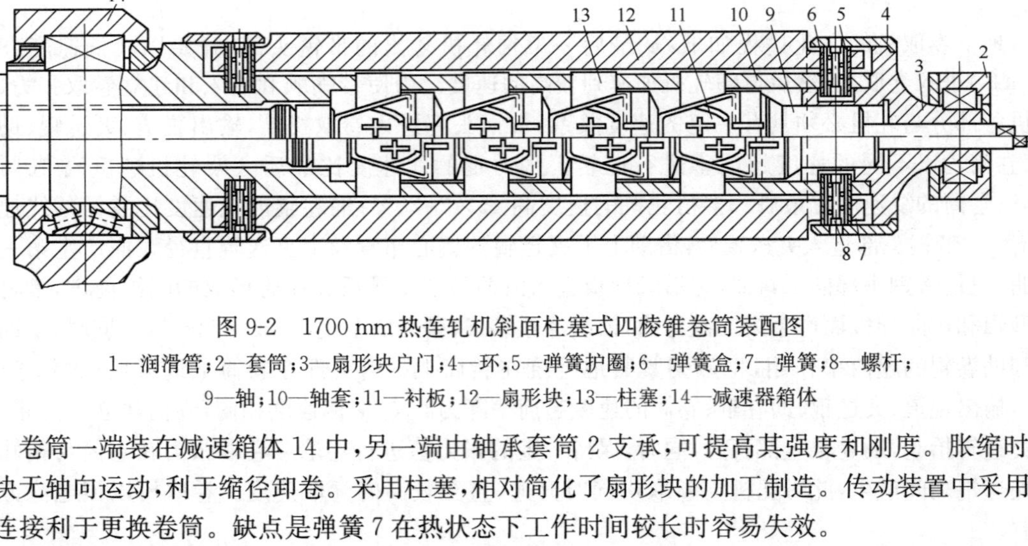

图 9-2　1700 mm 热连轧机斜面柱塞式四棱锥卷筒装配图

1—润滑管；2—套筒；3—扇形块户门；4—环；5—弹簧护圈；6—弹簧盒；7—弹簧；8—螺杆；9—轴；10—轴套；11—衬板；12—扇形块；13—柱塞；14—减速器箱体

卷筒一端装在减速箱体 14 中，另一端由轴承套筒 2 支承，可提高其强度和刚度。胀缩时扇形块无轴向运动，利于缩径卸卷。采用柱塞，相对简化了扇形块的加工制造。传动装置中采用花键连接利于更换卷筒。缺点是弹簧 7 在热状态下工作时间较长时容易失效。

棱锥斜楔式卷筒如图 9-3 所示。扇形块收缩靠前后两个楔形环 7、8 实现。两楔形环由贯穿扇形

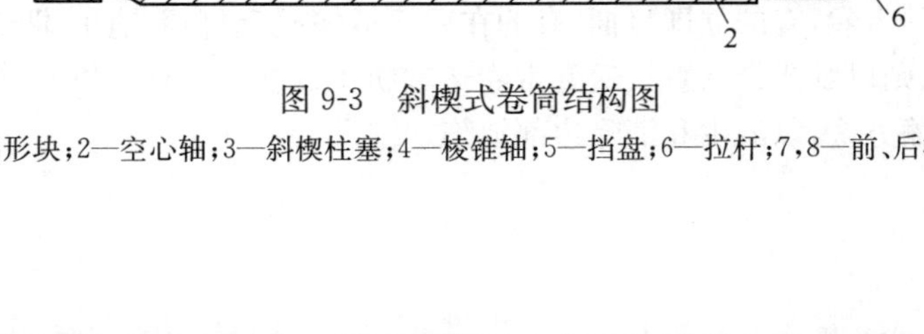

图 9-3　斜楔式卷筒结构图

1—扇形块；2—空心轴；3—斜楔柱塞；4—棱锥轴；5—挡盘；6—拉杆；7，8—前、后楔形环

块的拉杆互相连接，紧固于棱锥芯轴前端的挡盘 5 上，并随其一起运动。棱锥芯轴左移时，柱塞向外推扇形块，卷筒胀开。右移时，楔形环向内压扇形块，卷筒收缩。卷筒的收缩由楔形环完成，弹簧只起辅助作用，延长了弹簧使用寿命。斜楔精度高，磨损引起的间隙小，同时斜楔强度好。为了使带材在卷筒上卷紧，胀缩机构有过扩胀功能。卷筒的胀缩是由液压缸带动芯轴，通过胀缩机构实现的。

卷筒扇形块直接与高温带材接触，它要求具有高耐磨性、耐热性，通常采用 Cr-Mo 耐热钢。带卷在操作侧抽出，卷筒若靠单侧支承，将使卷筒带一定的偏心旋转，特别在带卷大型化后更严重。为了减少卷筒的偏心量，在 20 世纪 60 年代后期，在操作侧增加了卷筒活动支承。

根据卷取带材厚度的不同，在卷取较厚带材时，由于带材头部的弹复作用，头几圈可能卷件不紧，使带材相对卷筒打滑，难以形成必要的张力，因此先在小直径上卷，卷几圈后卷筒第二次胀径以张紧卷筒。为克服上述现象，可采用多级胀缩卷筒。

卷筒传动是由电机通过减速机和电机直接驱动两种方式。卷取速度较高时，采用直流电机直接驱动可大大简化机械传动系统，但必须解决胀缩缸设置问题。旋转胀缩缸在卷筒末端时，须通过齿轮传动卷筒。当包括传动系统在内的转动惯量大、卷取薄规格带材时，由于头部卷紧时的冲击，在精轧和卷筒之间，屈服应力最小处会产生拉窄(缩颈)。为了减小转动惯量，采用两台电机切换工作，减速机进行速比切换工作。例如厚带材用两台电机和高速比工作，薄带材用一台电机低速比工作。

9.1.3.2 助卷辊及弯曲导板

助卷辊及弯曲导板的作用是：准确地将带材头部送到卷筒周围；以适当压紧力将带材压在卷筒上，增加卷紧度；对带材施加弯曲加工，使其变成容易卷取的形状；压尾部防止带材尾部上翘和松卷。

要完成上述功能，助卷辊的布置十分重要。卷取机按助卷辊数量可分为：八辊式、四辊式、二辊式、三辊式几种(见图 9-4)。助卷辊数量多，卷附性能好，但结构复杂故障多，辊缝调整困难。

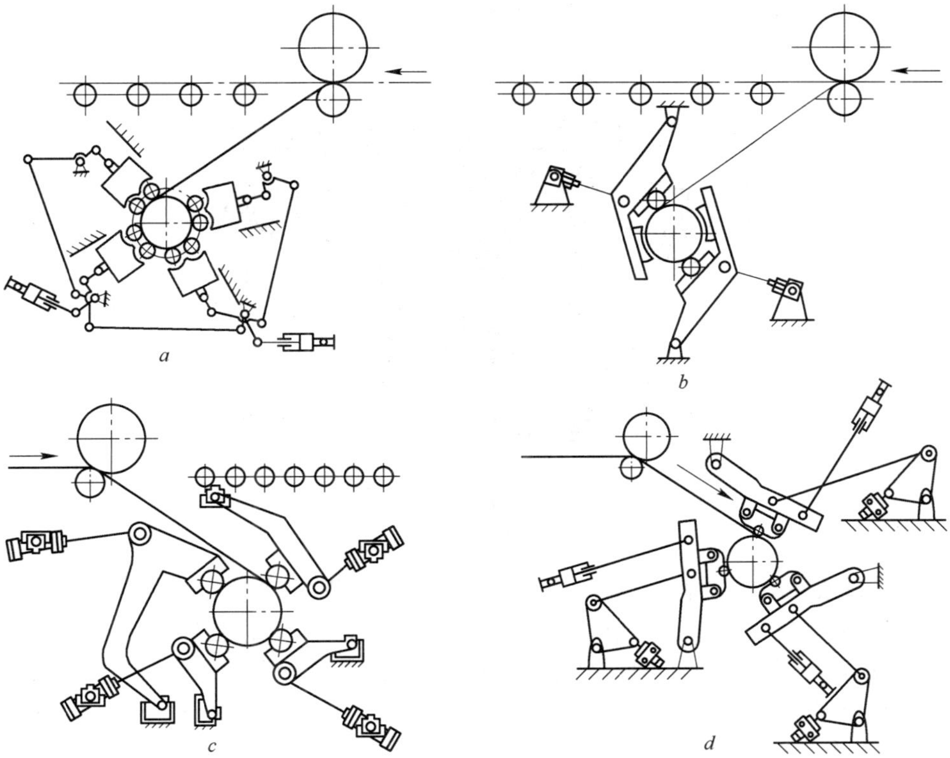

图 9-4 地下卷取机按助卷辊分类示意图

a—八助卷辊式；*b*—二助卷辊式；*c*—四助卷辊式；*d*—三助卷辊式

目前主要采用三辊式卷取机，厚带材卷取采用四辊卷取机。我国目前采用的卷取机基本上均为三辊式卷取机。

在卷取过程中，层叠的带材通过助卷辊辊缝时会造成强烈的冲击(见图9-5)，因此助卷辊往往是卷取机的薄弱环节。助卷辊直径一般取300～400 mm，采用空心辊可减少质量及动力控制特性，但强度有所减弱；而实心辊增加其惯性质量，对冲击更为敏感。各助卷辊均由一台直流电机单独驱动，而传动轴多为十字轴或球笼连接轴。各助卷辊之间由弯曲导板衔接，弯曲导板半径略大于卷筒半径且呈偏心布置，使各弯曲导板与卷筒之间形成一楔形通道，使带材顺利卷上辊筒。

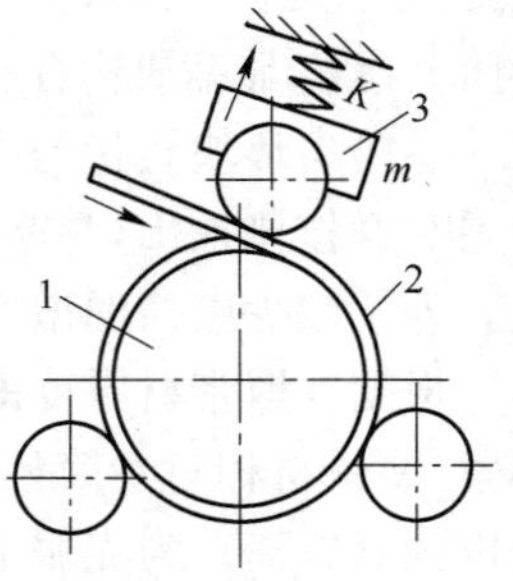

图9-5　助卷辊冲击示意图
(K、m—助卷辊等效刚度及质量)
1—卷筒；2—带材；3—助卷辊

助卷辊沿径向张开和合拢是由单独气缸驱动的。助卷辊与卷筒间的辊缝值的大小选取不合适会引起助卷辊跳动，同样也卷得不紧，甚至打滑。一般是根据带材厚度、材质及助卷辊的压力来确定辊缝值的大小，取值比带材厚度小(0.5～1 mm)；其缝隙调整机构有螺旋千斤顶式和偏心轴式，前者较后者效果好。

而现代热轧卷取机采用液压或气液开闭控制系统。图9-6为液压缸开闭控制的助卷辊布置方式。液压助卷辊辊缝设定采用高响应特性的液压伺服系统，可以实现位置、压力两种控制方式，因而取消了缓冲弹簧和机械辊缝调整装置，实现助卷辊的跳跃控制(AJC)，自动跳跃控制的构成如图9-7所示。激光探测器和助卷辊上的加速度计可探测带材头部的位置；卷筒和夹送辊的测速计可测定卷取速度(带头速度)。这些信息经计算机处理后，由计算机通过伺服系统控制助卷辊开闭液压缸，层叠的带头即将通过助卷辊时，助卷辊瞬时"跳起"，让过带头。液压助卷辊可有效地消除冲击，同时也使卷取中的头部压痕、划伤、松卷、塔形等现象大为减少。

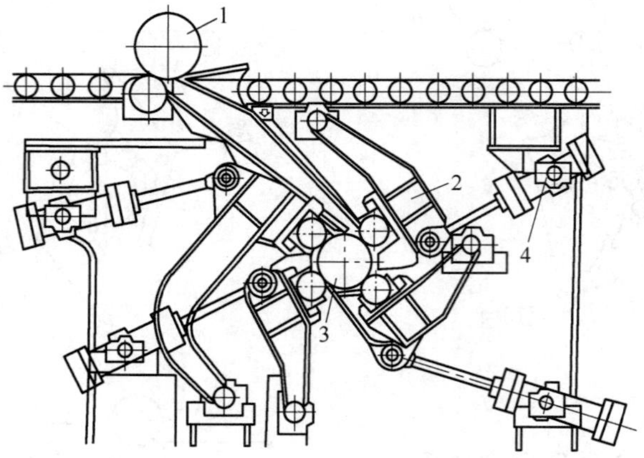

图9-6　液压助卷辊
1—夹送辊；2—摆动臂；3—卷筒；4—液压缸

助卷辊工作条件恶劣，在高温、高压、高速并且在冲击负荷下工作。因此，要求助卷辊及弯曲导板都要有高硬度、耐磨、耐高温性能。现在，对助卷辊采用表面硬化处理非常广泛，即在一般辊子表面堆焊或喷涂一层耐磨、耐热且硬度高的合金，满足助卷辊的性能要求。这种助卷辊磨损后还可以进行再处理。

9.1.3.3　夹送辊

夹送辊设置在卷取机入口处，它的主要功能是：

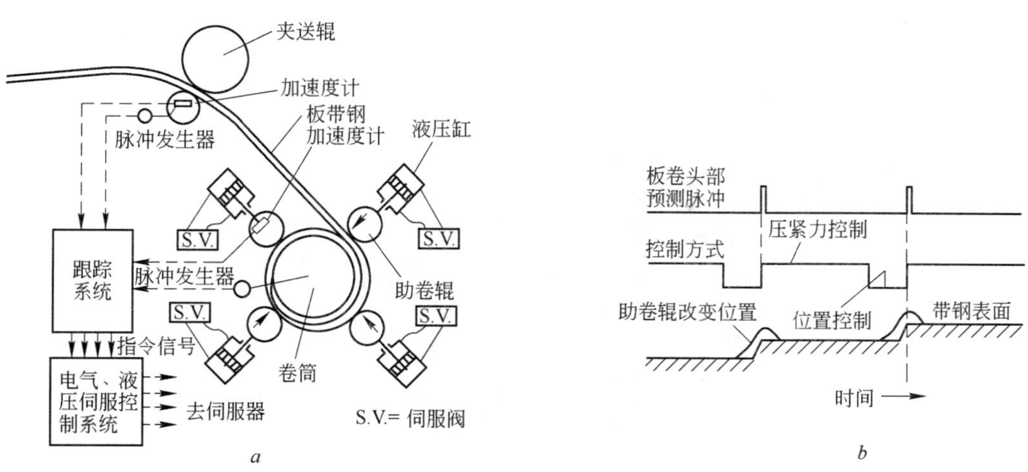

图 9-7 自动跳跃控制系统原理

a—跟踪系统；*b*—液压式助卷辊跳跃动作

(1) 将带钢头部引入卷取机入口导板；

(2) 在带钢尾端抛出精轧机时，对带钢施加所需要的张力，以便得到良好的卷取形状；

(3) 通过对夹送辊的水平调整，获得良好的卷形。

夹送辊形式由摆动式发展为牌坊式、双牌坊式。卷取张力有卷筒与精轧机形成张力、有卷筒与精轧机和夹送辊形成张力、卷筒与夹送辊形成张力三种形式。各种张力控制方式，对卷形的影响是不同的，特别是厚度大、强度高的带材差异更明显。双牌坊式夹送辊组成如图 9-8 所示。前夹送辊起末架精轧机作用，建立张力，后夹送辊起正常夹送辊作用，而且在夹送辊前增加了一个压辊，防止带钢上翘。我国卷取机夹送辊还没有双牌坊式夹送辊，现采用的夹送辊多数为摆动式，其他为牌坊式。

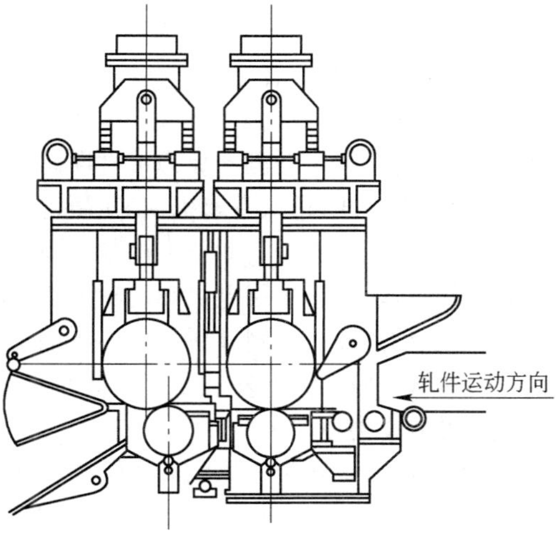

图 9-8 双牌坊式夹送辊组成

夹送辊由上、下辊、上辊开闭装置、辊缝调节装置及夹送辊传动装置等组成，如图 9-9 所示。为了改善咬入条件和使带钢头部往下弯，夹送辊是一对上大下小的辊子，上下辊之间有 10°～20°的偏角，带钢头部进入夹送辊后，头部被迫下弯，进入卷取机入口导板。

夹送辊上下辊都带有凸度，利于带材卷取时对中及延长辊子寿命。夹送辊对带材施加后张力是由夹送辊的压紧力和传动马达决定的。随着轧制高速化，带钢厚度增大和材质高强度化，夹送辊的马达和压紧张力已分别增大到 800 kW、1600 kN。因而下夹送辊承受很大的压力，多采用实心锻钢辊；为提高耐磨性，辊面均堆焊硬质合金。上辊装设于摆动辊架上，由气缸控制其开闭。气缸的压力须根据夹送辊的压紧力确定。上辊压下后，上下辊间需留出的辊缝值与带材和夹送辊系统的刚度有关，一般选择比带材厚度小 0.4 mm 左右。为此，夹送辊须设辊缝调整装置，以限制摆动辊架的压下位置，实现辊缝调整；同时调整辊身的平行度，以利于提高卷取质量。常见

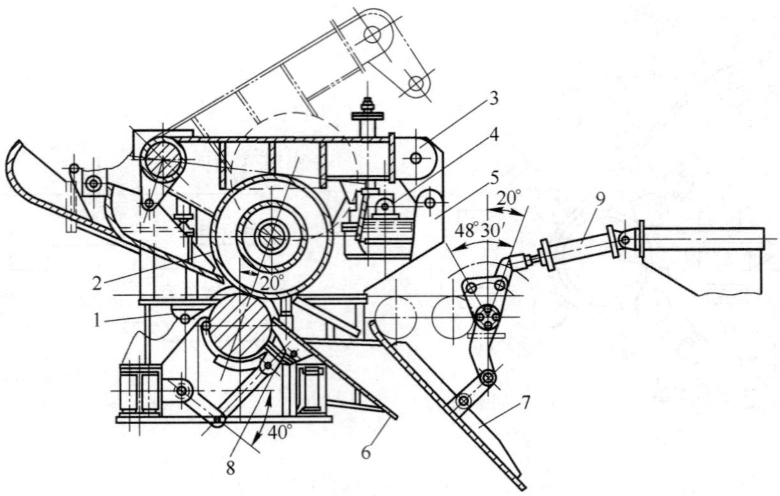

图 9-9　夹送辊结构图

1—下夹送辊(ϕ460 mm)；2—上夹送辊(ϕ920 mm)；3—摆动辊架；4—千斤顶辊缝调节机构；5—机架；6—溜板；7—夹送辊后上导板；8—夹送辊后下导板；9—气缸(ϕ200 mm/ϕ50 mm×360 mm)

的辊缝调整机构有螺旋千斤顶式和偏心轴式等，实践表明，前者较后者可靠。

夹送辊有集中驱动和单独驱动两种形式。集中驱动是由一台直流电机通过联合减速机集体驱动上下夹送辊，传动轴齿轮箱速比常略小于上下辊辊径比，以适应带材向下弯曲的趋势，为保证上下辊线速度相同，两者必须始终按一定直径比例重磨。单独驱动是由两台直流电机分别驱动上下辊，用电器同步控制上下辊速度匹配。

在夹送辊前设置风动侧导板为带材导向，即将输出辊道上偏离辊道中心的带材头部平稳地引导到卷取机中心线，送入卷取机，在轧制过程中继续对带材进行平稳的引导对中，使带卷边缘整齐。侧导板开度由机械气动双重控制，导向时机械定位。卷取时侧导板在气缸作用下导引带材。侧导板的传动一般采用电机和齿轮齿条传动，近年来已大量采用液压传动，设定精度及对中效果均优于电动侧导板。侧导板在引导带钢过程中，频繁地与带钢边部接触，磨损严重，形成沟带。因此，在侧导板的面上安装了可更换的衬板。为减少衬板的消耗，部分轧机在侧导板上安装有小立辊，以减小磨损。

夹送辊之后设置导板。构成夹送辊与卷筒之间的通路。夹送辊抬升时导板封闭地下卷取机的入口，使带材通向后一架卷取机。在某些卷取机的夹送辊后导板上设置事故剪切机，当卷取出现故障时，切断带材将其送往后面的卷取机。

9.2　冷轧带材卷取机

9.2.1　冷带卷取机的类型及工艺特点

9.2.1.1　冷带卷取机的分类

冷轧带材卷取机是将冷状态下的、很长的带材卷成带卷的机械设备。冷轧带材卷取机按用途可分为大张力卷取机和精整卷取机两类。大张力卷取机主要用于可逆轧机(见图 9-10)、连轧机(见图 9-11)、单机架轧机及平整机。精整卷取机则主要用于连续退火、酸洗、涂镀层及纵剪、重卷等生产机组。按卷筒的结构特点可分为实心卷筒卷取机、四棱锥卷筒卷取机、八棱锥卷筒卷取机、四斜楔和弓形块卷取机等。前三种强度好，径向刚度大，常用于轧制线做大张力卷取。后两种结构简单，易于制造，常用于小张力的各种精整线。此外，大张力卷取机还可分为固定刚度卷筒和可控刚度卷筒。

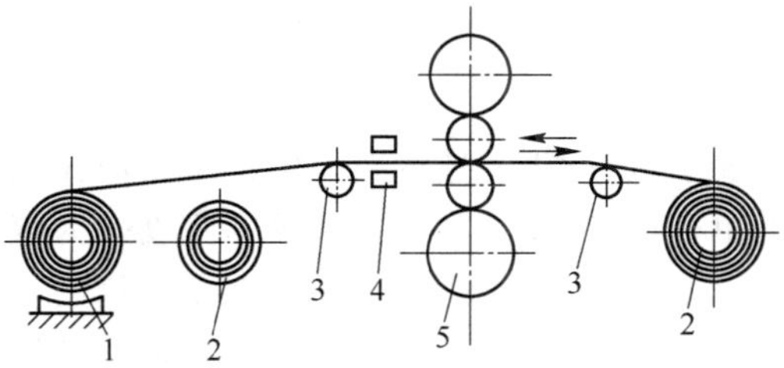

图 9-10 可逆式单机座冷轧带钢机的卷取机布置图
1—开卷机；2—卷取机；3—导向空转辊；4—压板；5—轧机

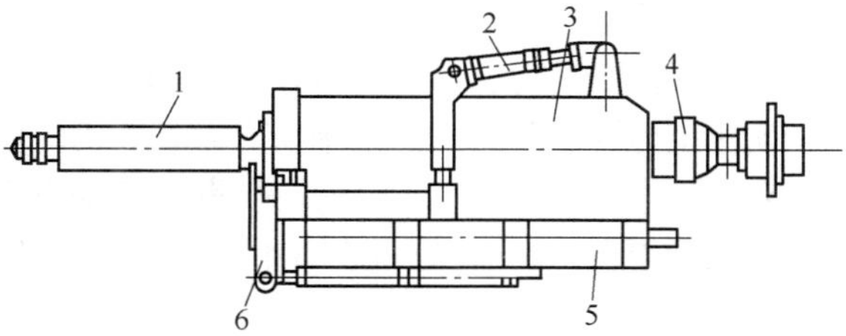

图 9-11 1700 mm 冷连轧卷取机示意图
1—卷筒；2—胀缩液压缸；3—机架；4—齿式联轴器；5—底座；6—推卷机

9.2.1.2 冷带材卷取的工艺特点

就工艺的目的而言，冷、热带材的卷取是一致的。但由于冷、热带生产条件的差别，冷带卷取有以下特点：

(1) 张力卷取。冷带材卷取的突出特点是采用大张力卷取(尤其在轧制线上)。而且由于张力直接影响轧件质量及尺寸精度，现代大张力冷带卷取机采用双电枢或多电枢直流电机直接驱动，并尽量减少传动系统的转动惯量，提高调速性能，以实现对张力的控制。各生产线的卷取张应力见表 9-1(轧制卷取时应考虑加工硬化因素的影响；精整卷取时可取大值)。

表 9-1 冷带生产线张应力的数值

机　组	可逆轧机			连轧机	精整机组
带厚/mm	0.3～1	1～2	2～4	—	—
张应力 σ_0/MPa	$(0.5\sim0.8)\sigma_s$	$(0.2\sim0.5)\sigma_s$	$(0.1\sim0.2)\sigma_s$	$(0.10\sim0.15)\sigma_s$	$(0.5\sim1.0)\sigma_s$

(2) 表面质量。冷带材表面光洁，板形及尺寸精度要求较高，因此对卷筒几何形状及表面质量的要求也相应提高。

(3) 带卷的稳定性。冷轧薄带材采用大直径卷筒时，卸卷后带卷的稳定性差，甚至出现塌卷现象。因此加工带材厚度范围大的生产线应能采用几种不同直径的卷筒，小直径卷筒用于卷取薄带。

(4) 纠偏控制。带材精整线要求带材运行时严格对中，使卷取的带卷边缘整齐，应采用自动纠偏控制装置。其纠偏装置的工作原理如图 9-12 所示。卷取机机架 5 是活动的。调好固定不动的光电元件 2 检测带材边缘，带材跑偏将使光电元件产生输出信号，信号放大后经电液伺服控制阀 3、控制油缸 4 随时调整卷筒 6 位置使带卷边缘保持整齐。纠偏效果与纠偏速度密切相关。纠偏速度可根据机组速度参考表 9-2 确定。

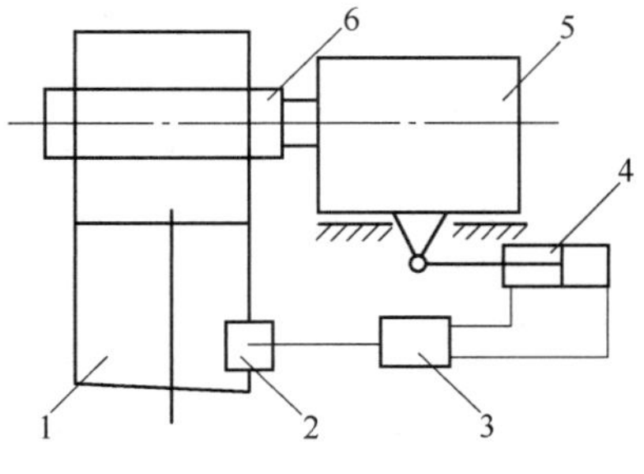

图 9-12 卷取机纠偏控制原理图
1—带材；2—光电元件；3—伺服控制阀；4—油缸；5—活动机架；6—卷筒

表 9-2 带材纠偏速度

机组速度/m·s^{-1}	0～1	1～2.5	2.5～5	5～15	>15
纠偏速度/m·s^{-1}	10	15	20	30	40

此外,卷取速度高(可达 40 m/s)是卷取工艺的另一特点。

实际上,除高温条件外,几乎所有对卷取机的性能要求,也适于冷卷取机。但由于卷筒在很大的张力下卷取带材,卷筒多数是悬臂的,承受很大的负荷,故应保证卷筒的强度和刚度。为减少卷筒轴的弯曲,有些卷取机在自由端,安装可以转动的支架,卷取带材时,用支架支承卷筒的自由端,在卸卷时转向一旁,不妨碍卸卷。为了卸掉带卷,卷筒直径应能可靠地胀缩。胀径时卷筒外形要保持一定的圆柱形状,以防止压伤内层带材;卷取终了时缩径要灵活,卸卷方便;可快速换卷筒,以适应多种厚度。

9.2.2 冷带材卷取机的结构

常见的冷带材卷取机有实心卷筒式、四棱锥式、八棱锥式、四斜楔式和弓形块式等。表 9-3 列出了某些规格卷取机的技术性能。

表 9-3 冷轧带钢卷取机的技术性能

机组		1400	1180	1700	1420	1700
类型		实心双卷筒	扇形块四棱正锥开式	扇形块八棱正锥闭式	扇形块四斜楔闭式	弓形块径向胀缩闭式
带钢	屈服强度/MPa	900	—	370	—	280
	厚度/mm	0.2～4.5	0.2～3.5	0.15～3.5	0.15～0.8	0.2～3.0
	宽度/mm	600～1300	约 1080	550～1530	约 1270	600～1530
卷筒	胀缩量/mm	—	—	24(实际 20)	—	15(实际 10)
	直径/mm	ϕ610	ϕ510	ϕ610	ϕ450,ϕ610	ϕ450,ϕ610
最大卷取速度/m·min^{-1}		300	—	1840	2000	250
最大卷取张力/kN		250	210	107	30	50
电动机	功率/kW	2×630	—	2×1640	2×363	—
	转速/r·min^{-1}	225/520	—	229/240/908	280/142	100/100 500/1780
	减速器速比	3.2	—	—	12	9.973
棱锥面斜角		—	7°45′	12°	约 16°	—
胀缩油缸	直径/mm	—	—	ϕ200/ϕ125	—	ϕ80
	行程/mm	—	—	220	—	—
	数量/个	—	1	1	1	5～7
液体工作压力/MPa		—	—	20	—	—
备注		—	—	图 9-13	图 9-14	图 9-15

A 实心卷筒卷取机

实心卷筒卷取机一般为两端支撑,结构简单,具有高的强度和刚度,用于大张力卷取。其缺点是卸卷需采用倒卷方法,影响了轧机的生产能力。为减少卸卷辅助时间,提高作业率,常采用转盘式双卷筒结构。实心卷筒在大张力卷取时,带钢对卷筒会产生很高的径向压力。为防止卷筒塑性变形,卷筒材料一般都采用合金锻钢并经均匀热处理。

B　四棱锥卷取机

为克服实心卷筒卸卷困难的缺点,设计了四棱锥卷筒。四棱锥卷筒胀径时,由胀缩缸直接推动棱锥轴,使扇形块产生径向位移。由于没有中间零件,棱锥轴直径大,强度高,可承受较大的张力(可达 40～600 kN),常用于多辊可逆式冷轧机的大张力卷取和冷连轧机组的卷取机。卷筒的棱锥轴有正锥式和倒锥式。正锥式四棱锥卷取机卷筒,主要由棱锥轴、扇形块、钳口及胀缩缸等组成,结构比较简单。

C　八棱锥卷取机

近年来冷轧机向高速、重卷、自动化方向发展,在卷取机结构上也做了较大的改进。一方面,为减小卷取机转动惯量,改善启动、制动、调速性能,倾向于采用电动机直接驱动卷筒的方式。另一方面,为解决胀开时扇形块间的缝隙对薄带材表面质量的影响,卷筒采用四棱锥加镶条的结构(即八棱锥),卷筒胀开后能成为一个完整的圆柱体。

图 9-13 所示为 1700 冷连轧八棱锥卷取机,它由卷筒、胀缩缸、机架、齿形联轴器、底座、卸卷器等组成。卷取机卷筒有 $\phi610$ 和 $\phi450$ 两种规格,采取整机更换的快速更换卷筒方式。卷筒由扇形块、镶条、八棱锥芯轴、拉杆、花键轴等组成。胀径时,油缸 8 通过杠杆拨叉 13 推动两个斜块 12 向左移动,使 4 个胀缩缸连杆 9 伸直并推动环形弹簧及方形架 11,使花键轴 6 和芯轴 4 右移(棱锥轴靠轴承支承于机架上不能左右移动)。因此,拉杆带动头套 20 使扇形块 2 及镶条 19 相对棱锥轴右移胀径。缩径时,油缸通过杠杆拨叉将斜块拨出,胀缩连杆在弹簧 1 作用下折曲,扇形块、花键轴等靠胀缩径时储存在弹簧 1 中的压缩变形复位,使卷筒收缩。为提高卷取机刚度,卷筒设有活动支承。

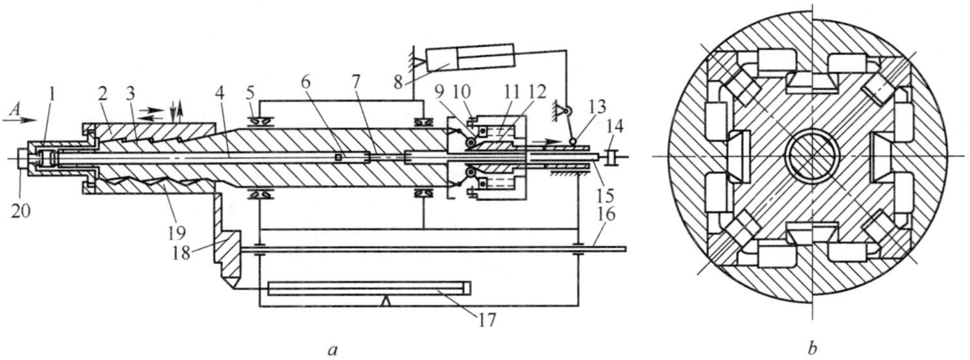

图 9-13　八棱锥卷筒结构

a—结构示意图;b—卷筒剖视图

1—蝶形弹簧;2—扇形块;3—棱锥轴;4—芯轴;5—滚动轴承;6—花键轴;7—花键;8—胀缩油缸;9—胀缩缸连杆;10—调节螺栓;11—环形弹簧;12—胀缩滑套及斜块;13—杠杆拨叉;14—齿形联轴器;15—传动轴;16—卸卷器导杆;17—卸卷器油缸;18—卸卷器推板;19—镶条;20—头套

八棱锥卷筒棱锥强度高,扇形块刚度大。扇形块斜楔角 12°,镶条斜楔角 16°43′51″,扇形块与镶条在胀缩运动中互不干扰,但各斜楔面均保持接触,胀开后镶条正好填补扇形块缝隙,卷筒成一整圆。由于斜楔角大于摩擦角,八棱锥卷筒也属于自动缩径式。由于胀缩缸避开卷筒轴线位置,卷筒可通过传动轴 15 和齿形联轴器 14 与主传动电机直接相连,传动系统有较小的转动惯量。

调节螺栓 10 限制胀缩连杆 9 的位置，从而达到调节卷筒胀缩量的目的。

拆卸扇形块及镶条时，先将芯轴 4 从花键轴 6 上拧下，便可进行其他部件的拆卸。八棱锥结构卷筒适用于高速连轧机的卷取。但结构较复杂，加工精度高，弹簧易损坏。

D　四斜楔卷取机

图 9-14 为 1420 四斜楔卷取机的卷筒，它由主轴、芯轴、斜楔、扇形块、胀缩缸等组成。卷筒的胀缩机构是四对斜楔。内层斜楔由胀缩缸通过芯轴带动做轴向移动，外斜楔支持扇形块的两翼，带动扇形块径向胀缩。胀径时外斜楔径向外伸，填补扇形块间隙，斜楔顶面与扇形块外表面构成一整圆。卷取薄带不会产生压痕。这种卷筒的最大特点是主轴、扇形块加工方便。由于斜楔只支持扇形块的两翼，卷筒强度、刚度都有削弱，适用于张力不大的平整机组和精整作业线。

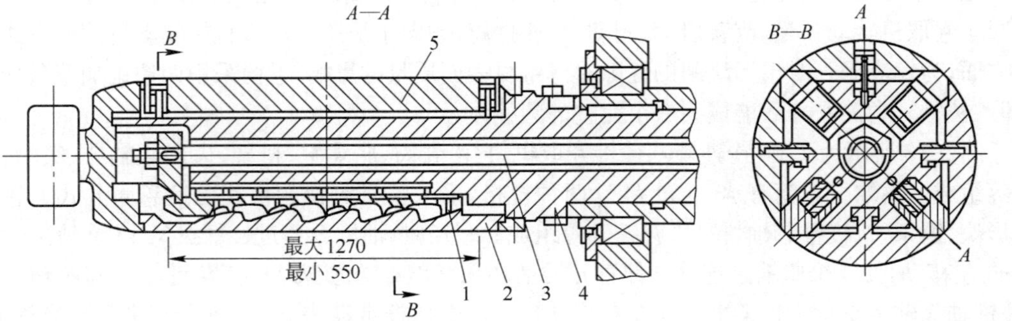

图 9-14　四斜楔卷筒结构

1—内层斜楔；2—外层斜楔；3—芯轴；4—主轴；5—扇形块

E　弓形块卷取机

弓形块卷取机多用于宽带材精整线的卷取。卷筒的胀缩方式有凸轮式、轴向缸斜楔胀缩式和径向缸式三种。前两种形式目前基本上已不再采用，而径向缸式由于结构紧凑，使用可靠，实际使用情况良好。弓形块卷筒的主要缺点是卷筒结构不对称，高速卷取时动平衡性能较差。弓形块卷筒结构如图 9-15 所示，由主轴和弓形块等部分组成。在主轴内沿卷筒长度方向布置有

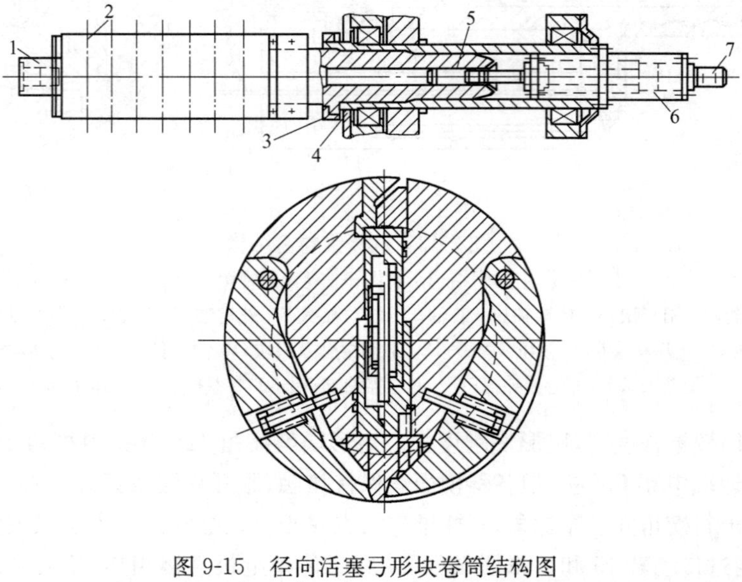

图 9-15　径向活塞弓形块卷筒结构图

1—平衡缸；2—卷筒；3—压盖；4—牙嵌式接手；5—增压缸；6—胀缩缸；7—回转接头

5～7组缸体互相套叠的径向活塞缸，用于撑开弓形块和夹紧钳口。卷取机也可采用 ϕ610 mm、ϕ450 mm 两种直径的卷筒，并能实现快速更换。活塞缸和弓形块上都有蝶形弹簧，用来收缩弓形块和放松钳口。径向活塞缸与卷筒心部轴向设置的增压缸接通。

增压缸为定容积式，其柱塞由胀缩缸活塞杆推动，增压缸内最大压力可达 25 MPa。当压力油(约 6.3 MPa)经回转接头进入胀缩缸时，胀缩缸活塞带动增压缸柱塞移动，增压缸内油压逐渐增高，以致胀开径向活塞撑起弓形块并压紧钳口。卸卷时，胀缩缸反向移动，增压缸内油压降低，借蝶形弹簧的作用，使钳口松开，弓形块收缩。

卷筒端部设有平衡缸。油压增大时，平衡缸活塞外移。当增压缸因泄漏等原因油量减少时，平衡缸活塞在弹簧作用下反向移动。由此可保持增压缸内油压的正常水平。

9.3 带材卷取机的设计计算

设计卷取机时要根据工艺要求，结合加工制造能力，首先确定卷取机的结构形式，然后在此基础上选择或计算其主要参数，最后进行强度校核。

9.3.1 带钢卷取机卷筒的主要参数

带钢卷取机的主要参数包括卷筒直径、卷筒的有效长度、卷筒的径向压力。在确定卷取机的主要参数之前，应从轧制工艺方面取得以下数据：(1)卷取机所卷各种带材的尺寸：带材厚度、宽度和长度；(2)所卷带材的材质；(3)所卷带材的张力值：张应力、总张力。取得以上数据后，即可确定卷取机的有关参数。

9.3.1.1 卷筒直径的确定

卷筒直径是卷取机最重要的参数。整个卷取机的尺寸和结构都与卷筒的直径密切相关，而当卷筒直径确定之后，则决定了轧机所能生产的带材规格范围。合理的确定卷筒直径需要综合考虑卷取机主轴强度与刚度、卷取机的电机调速范围、带卷卸卷后出现塌卷的可能以及卷取所需的功能消耗等因素。

(1) 卷取机主轴的强度与刚度。卷筒的主要承载件是主轴，卷筒直径的大小决定了主轴直径的大小。为保证主轴的强度与刚度，当带卷重量、张力、带材尺寸以及主轴材质选定后，可根据计算结果确定主轴直径及卷筒的最小允许直径。

(2) 卷取机电机的调速范围。带材生产的基本特点之一是要求在给定张力下轧制，以保证成品的厚差和板形。张力值依靠保持轧机与卷取机两者一定的速度关系实现。当轧机的速度和卷径发生变化时，要求卷筒的转速能自动调节。为此，卷取机电机的调速应满足以下条件：

$$\frac{\boldsymbol{n}_{\max}}{\boldsymbol{n}_{\mathrm{er}}} \geqslant \frac{D_{\max}}{d_2} \tag{9-1}$$

式中 $\boldsymbol{n}_{\max}$，$\boldsymbol{n}_{\mathrm{er}}$——卷取电机最大转速和额定转速，r/min；

$D_{\max}$——带卷最大卷径，mm；

d_2——卷筒直径(带卷内径)，mm。

(3) 塌卷的可能性。生产实践表明，厚度很薄、卷重较大的带卷从直径较大的卷筒上卸下时，有可能出现最内几圈带材松卷的塌卷现象。产生塌卷的带卷在进入下一工序时会发生困难。从这一角度出发，卷筒直径不宜过大，可靠现场实际经验确定。

(4) 卷取机所消耗的功。从尽可能减少带材在卷取过程中所消耗的功以及便于开卷的角度出发，希望带材在卷取过程中不产生塑性变形。对于冷轧带材卷取机，卷筒直径的选择一般以卷取过程中内层带材不产生塑性变形为设计原则；对热轧带材卷取机，则要求带材的头几圈产生一定程度的塑性变形，以便得到整齐密实的带卷。根据带材厚度、带材的机械性能，考虑到冷、热卷取工艺各自的特点，按照弹塑性弯曲理论，卷筒直径与被卷带材的厚度及机械性能之间应满足以下关系：

对冷卷取机
$$d_2 \geqslant \frac{E h_{max}}{\sigma_s} \tag{9-2}$$

对热卷取机
$$d_2 \leqslant \frac{0.2 E \bar{h}}{\sigma_s} \tag{9-3}$$

式中　σ_s——卷取温度下带材的屈服极限，MPa；
E——卷取温度下带材的弹性模量，MPa；
h_{max}——带材的最大厚度，mm；
$\bar{h}$——带材的平均厚度，mm。

(5) 下步工序对卷筒直径的要求。当带材卷取后尚有下步工序时，卷筒直径应与下步工序的开卷机卷筒直径相协调。在下步开卷工序有矫正设备的情况下，对于厚度大且屈服极限低的带材，允许采用小于式(9-2)计算值的卷筒直径。另外，由于受卷筒强度和作业线工序互相衔接的限制，卷筒直径不宜取得过小或过大。设计时也可参考以下经验方法：冷带钢卷取时取 $d_2=(150\sim200)h_{max}$，有色金属带卷取时取 $d_2=(120\sim170)h_{max}$。常用的卷筒尺寸系列有 ϕ305 mm、ϕ450 mm、ϕ510 mm、ϕ610 mm。在热卷取条件下，卷筒直径常在(700～850)mm 之间选择；对于宽带材生产，以 760 mm 最为多见。

上述各因素有的可事先计算（如电机调速性能、卷取功），有的则需在卷取机设备图纸设计全部完成后通过校核方有结果（主轴强度、刚度），有的如塌卷现象则需深入生产实际调查，加之各因素对卷筒直径的要求相互矛盾，因此在确定卷筒直径时应全面、慎重考虑。最终确定的卷筒直径尽可能符合相关标准的系列值。当卷取的带材厚度变化范围很大时，可采用更换卷筒或在卷筒上加套的方式处理。

9.3.1.2　卷筒有效宽度的确定

卷筒的有效宽度系指卷筒筒体上胀缩部分的最大长度，即卷筒胀径后直接支承带卷的最大长度；若有推板装置，则从推板以外算起。卷筒的有效宽度取决于被卷带材的最大宽度，通常等于或稍大于轧辊辊身的长度。标准系列对此亦有规定。卷筒直径的胀缩量约为 15～40 mm，热轧情况取大值。

9.3.1.3　卷筒径向压力 $\boldsymbol{p}$

卷筒的径向压力在张力作用下卷取带钢时，卷于卷筒上的带材对卷筒产生径向压力，它是验算卷筒零件强度、刚度以及确定胀缩液压缸尺寸的主要依据，而且与卷取质量直接相关。一般认为卷筒径向压力与卷取张力和带卷直径、带卷和卷筒的径向刚度（包括带卷的层间变形效应和卷筒的胀缩性能）、带卷层间介质及表面状态、层间滑动与摩擦及带宽等因素有关。由于这些问题在理论分析和实验研究方面都具有较大的难度，多年来国内外虽有许多学者做了大量研究工作，至今仍不能精确计算卷筒径向压力。但他们采用的分析方法及其结论，可以作为卷筒设计的参考。卷筒径向压力的计算公式很多，这里仅介绍两个易于计算、与实际情况较接近的计算式。

A　英格利斯(C. E. Inglis)公式

用英格利斯公式计算卷筒径向压力的基本思路，是将层叠卷取的带材和卷筒都看成是弹性厚壁筒。在张力作用下，带卷厚壁筒的次外层受一均匀的径向外压 $\boldsymbol{p}_i$。该压力将通过层叠的带材向卷筒表面传递，并使卷筒表面产生一径向压力增量 $\boldsymbol{\Delta p}_i$。在卷取过程中，带材每增加一层，径向压力相应得一增量。卷筒径向压力即为各层压力增量的总和。

假设卷取过程中张力恒定，卷层之间无相对滑动，压力沿卷筒轴线方向均匀分布，带卷厚壁筒各向同性且带卷与卷筒弹性模量相同，则卷筒径向压力分析属于弹性力学平面轴对称问题。在卷取任意 $i+1$ 层带材时，带卷及卷筒受力变化的情况如图 9-16 所示。应用拉密解答和 r_2 处的变形协调条件，可求出 $\boldsymbol{\Delta p}_i$ 为：

$$\boldsymbol{\Delta p}_i=\frac{(r_2^2-r_1^2)r^2}{(r^2-r_1^2)r_2^2}\boldsymbol{p}_i \tag{9-4}$$

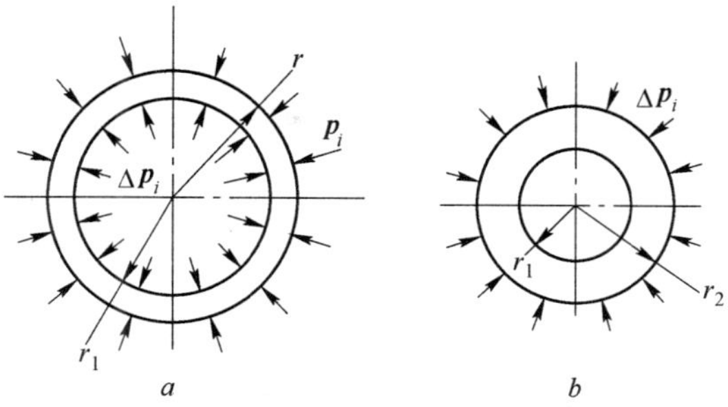

图 9-16　带卷及卷筒受力分析图
a—带卷；b—套筒

$$\boldsymbol{p}_i=\frac{\boldsymbol{\sigma}_0 h}{r}$$

$$\boldsymbol{\sigma}_0=\frac{\boldsymbol{F}_T}{bh}$$

式中　$\boldsymbol{\sigma}_0$——单位张力，MPa；
h——带材厚度，mm；
r——卷取任意第 i 层带材时的带卷半径，mm；
r_1——卷筒当量内半径，mm；
r_2——卷筒外半径（$d_2/2$），mm；
$\boldsymbol{F}_T$——带材卷取张力，N；
b——带材宽度，mm。

对于各类弓形块卷筒，可取弓形块最薄处的内半径为 r_1，对实心卷筒，r_1 取零，对四棱锥卷筒 r_1 可以近似地取为 $r_1=0.42r_2$，或按下式计算：

$$r_1=\sqrt{r_2^2\frac{a_2}{2+a_2}} \tag{9-5}$$

$$a_2=\ln\frac{r_2}{\sqrt{2}a}$$

式中　a——棱锥横断面 1/2 边长的平均值，mm。

令式(9-4)中 $h=\mathrm{d}r$，表示带卷半径变化的增量，以定积分代替求和，按英格利斯方法得到径向压力计算公式为：

$$\boldsymbol{p}=\sum\boldsymbol{\Delta p}_i=\int_{r_2}^{R}\mathrm{d}\boldsymbol{p}_i$$

$$\boldsymbol{p}=\frac{\boldsymbol{\sigma}_0}{2}\left(1-\frac{r_1^2}{r_2^2}\right)\ln\left(\frac{R^2-r_1^2}{r_2^2-r_1^2}\right) \tag{9-6}$$

式中　R——带卷最大卷取半径，mm。

卷筒表面切向应力：

$$\boldsymbol{\sigma}_\tau=\frac{-\boldsymbol{\sigma}_0}{2}\left[2-\left(1+\frac{r_1^2}{r_2^2}\right)\right]\ln\left(\frac{R^2-r_1^2}{r_2^2-r_1^2}\right) \tag{9-7}$$

由于采用上述假设，英格利斯公式表明径向压力是张力和卷筒与带卷卷径比的函数，式(9-6)及式(9-7)的计算结果如图 9-17 所示，其值与不可缩径卷筒的径向压力实测值较为接近。可供计算中、小张力的四棱锥卷筒径向压力时参考。在其他一些径向压力计算公式的推导过程中，有许多公式不同程度地借鉴了英格利斯的方法，它们在补充考虑了带卷的各向不同性，层间变形效应等因素后，计算结果一般都低于英格利斯的计算值。另有人分析认为，径向压力不会随带卷外半径增大而无限增大，而是向某一极限值逼近。

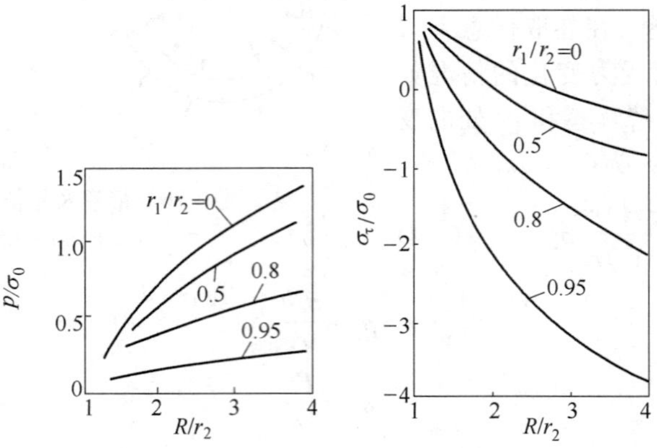

图 9-17　卷筒表面径向、切向应力计算结果曲线

B　自动缩径卷筒径向压力的计算

由图 9-17 可以看出，当实心卷筒卷取的带卷外径大于卷筒直径 3 倍时，径向压力将超过带材的张力。实际上所有不可自动缩径的大张力卷筒（如锥角小于 6°的四棱锥卷筒）的表面，卷取时都将作用有很大的径向压力。此压力不仅使卸卷困难，严重磨损棱锥面，甚至导致卷筒零件的塑性变形。新设计的大张力棱锥卷筒的棱锥角多采用 7.5°～8°。锥面锥角大于摩擦角而不自锁，习惯上称这种卷筒为自动缩径卷筒或可控制刚度卷筒，因为卷筒的刚度是可以通过改变胀缩油缸中的油压来调整的。自动缩径卷筒的工作原理如图 9-18 所示。随着卷取半径的增加，卷筒径向压力增加。当达到某一临界压力 $\boldsymbol{p}_0$ 时，$\boldsymbol{F}_q' > \boldsymbol{F}_q$，棱锥轴右移使卷筒缩径，径向压力随之下降。径向压力的降低又使 $\boldsymbol{F}_q' < \boldsymbol{F}_q$，棱锥又在新位置上平衡，径向压力又开始回升。如此形成循环，直至卷取终了。图 9-19 以对比形式表示出自动缩径卷筒与不可缩径卷筒实测径向压力的变化规律。

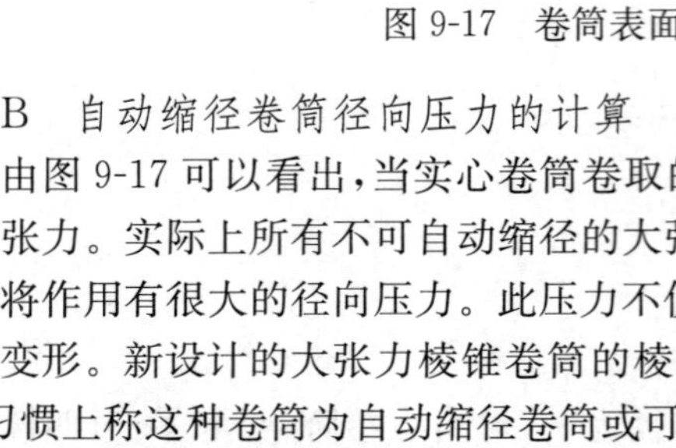

图 9-18　自动缩径卷筒工作原理图
1—扇形块；2—倒置棱锥轴；3—旋转胀缩缸

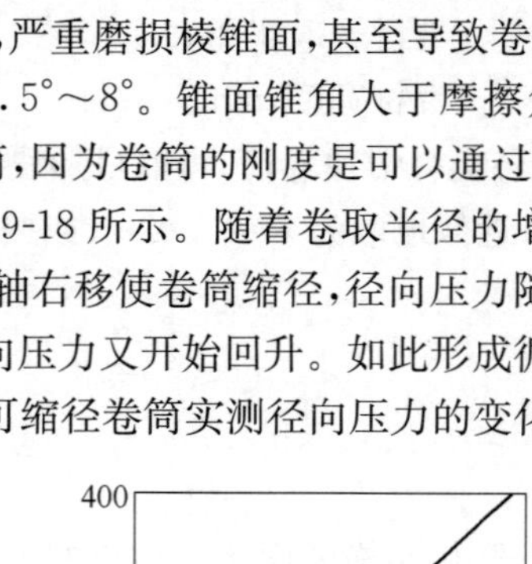

图 9-19　卷筒径向压力实测曲线

由于卷筒的缩径是逐渐的和微量的，故对于带材的卷取张力基本上无影响。卷筒的自动缩径量与临界压力 $\boldsymbol{p}_0$ 有关，适量收缩（一般约为 0.18～3 mm）可降低卷筒径向压力，过量收缩会使内

层带卷的切向压应力大幅度增加，甚至出现塌卷或层间滑动，而划伤带材表面。虽然，在使用中 $\boldsymbol{p}_0$ 可借胀缩缸油压加以调整，但合理地确定 $\boldsymbol{p}_0$，保证适量缩径仍是自动缩径卷筒设计的核心问题。

自动缩径卷筒的径向压力可按丛书和推出的经验公式计算：

$$\boldsymbol{p}=\frac{K\boldsymbol{\sigma}_0}{1+\frac{\mu\pi}{2}}\ln\frac{R}{r_2} \tag{9-8}$$

式中 μ——带材(卷)层间摩擦系数，对冷轧带钢取值：表面有油或乳化液时，$\mu=0.1$；表面有少量乳化液时，$\mu=0.12$；表面无油或无乳化液时 $\mu=0.15$；对常温热轧带钢(无油、冷态卷取)，$\mu=0.2$；对 600 ℃左右的热轧带钢，$\mu=0.35$。

K——卷筒压力系数，与卷筒类型有关，对缩径条件下四棱锥卷筒：

$$K=C\left[0.15+\frac{1}{1.5+\left(\frac{R}{r_2}\right)^2}\right] \tag{9-9}$$

对弓形块卷筒：

$$K=C\left[0.1+\frac{1}{1.5+\left(\frac{R}{r_2}\right)^2}\right] \tag{9-10}$$

式中 C——卷筒刚性系数，$C=1.45\sim2.5$(对弓形块 $C=1.3\sim1.6$)，大张力卷筒选取较小值，小张力卷筒选取较大值。对于四棱锥卷筒，也可根据带材的单位张力由图 9-20 查出。

对自锁条件下的四棱锥或实心卷筒：

$$K=1.75\left[0.5+\frac{1}{1.5+\left(\frac{R}{r_2}\right)^2}\right] \tag{9-11}$$

此时由于没有摩擦阻力的影响，径向压力计算公式为：

$$\boldsymbol{p}=K\boldsymbol{\sigma}_0\ln\frac{R}{r_2} \tag{9-12}$$

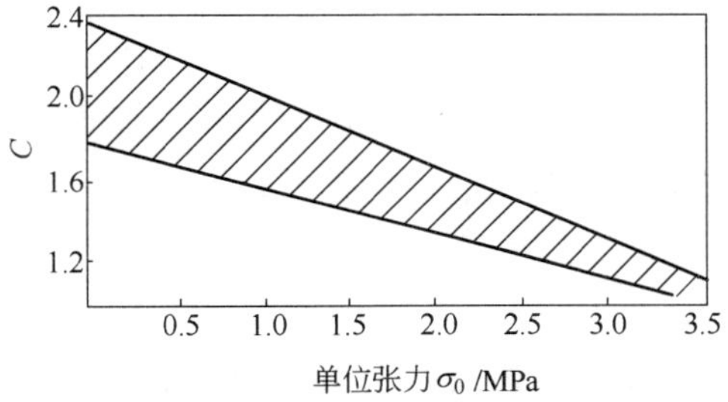

图 9-20 卷筒刚性系数(棱锥角 7°～8°)

应当指出，由于公式推导中使用实测数值的局限性，这一公式在生产实际中的适用范围尚待进一步验证。为保证各零件有较大的安全系数，应按自锁状态下算出的卷筒径向压力来核验卷筒零件的强度。

9.3.1.4 卷筒胀缩缸胀缩力计算

近代卷取机的卷筒绝大多数是可以胀缩的，其中又以棱锥或斜楔结构形式较为多见。在此仅以开式倒置四棱锥卷筒为例，说明胀缩缸平衡力的计算方法。

A 锥面间的反力 $\boldsymbol{F}_N$

如图 9-21 所示，带卷对每一扇形块的压力可用等效力 $\overline{\boldsymbol{p}}$ 表示

$$\overline{\boldsymbol{p}}=2\int_0^{\frac{\pi}{4}}br_2\boldsymbol{p}\cos\theta\mathrm{d}\theta=\frac{1}{\sqrt{2}}d_2b\boldsymbol{p} \tag{9-13}$$

图 9-21b 还示出了扇形块的胀缩原理。棱锥相对扇形块向右移动，则卷筒直径收缩。图9-21c、d 是卷筒收缩时，简化的棱锥和扇形块分离体受力图。根据它们的平衡条件，由图 9-21c 可求得锥面反力 $\boldsymbol{F}_N$ 为：

$$\boldsymbol{F}_N=\frac{\overline{\boldsymbol{p}}}{(1-\mu_2^2)\cos\alpha+2\mu_2\sin\alpha} \tag{9-14}$$

式中 μ_2——卷筒零件摩擦面间的摩擦系数；

α——棱锥角，(°)。

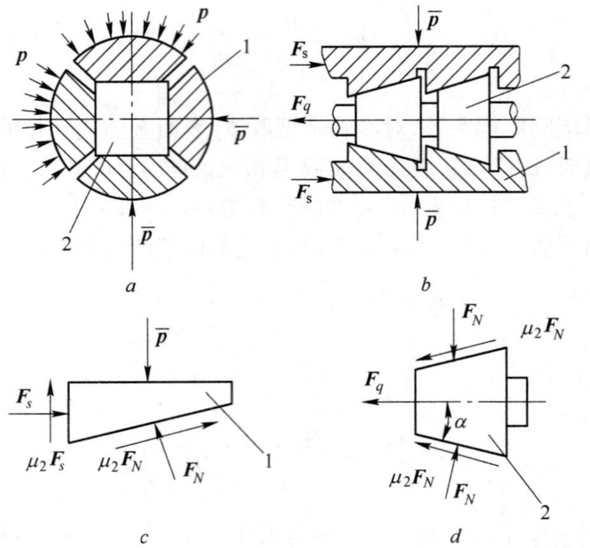

图 9-21 卷筒胀缩平衡力计算简图

1—扇形块；2—棱锥轴

B 胀缩缸的胀紧力(平衡力)计算

根据图 9-21d 的平衡条件，代入锥面反力 $\boldsymbol{F}_N$，可进一步求出在等效力 $\bar{\boldsymbol{p}}$ 作用下，维持棱锥轴平衡所必须的胀缩缸平衡力 $\boldsymbol{F}_q$

$$\boldsymbol{F}_q=\frac{4\bar{\boldsymbol{p}}(\tan\alpha-\mu_2)}{1-\mu_2^2+2\mu_2\tan\alpha} \tag{9-15}$$

一次胀径的卷筒，在胀开时胀缩油缸一般不带工作负荷。在卷取过程中，对于自动缩径的卷筒，$\tan\alpha<\mu_2$，锥面不自锁，必须有平衡力 $\boldsymbol{F}_q$ 的作用才能维持正常卷取。根据式(9-15)，此时的胀缩缸平衡力 $\boldsymbol{F}_q$ 可按下式近似计算：

$$\boldsymbol{F}_q=2\sqrt{2}d_2 b\boldsymbol{p}(\tan\alpha-\mu_2) \tag{9-16}$$

C 胀缩缸的收缩力计算

同理，可求出胀缩缸收缩时的收缩力 $\boldsymbol{F}_q'$，作用方向与图示 $\boldsymbol{F}_q$ 相反，其大小为：

$$F_q'=\frac{4\bar{\boldsymbol{p}}(\mu_2-\tan\alpha)}{1+\mu_2^2} \tag{9-17}$$

对于不自动缩径的卷筒，$\tan\alpha>\mu_2$，锥面自锁，胀缩缸用于退出棱锥使卷筒缩径卸卷。此时胀缩缸推力 $\boldsymbol{F}_q'$可按下式近似计算：

$$\boldsymbol{F}_q'=2\sqrt{2}d_2 b\boldsymbol{p}(\mu_2-\tan\alpha) \tag{9-18}$$

设计时 μ_2 常在 0.08～0.12 之间选择。当锥角小于 6°时，锥面自锁。锥角在 7.5°～8°之间时，卷筒可实现自动缩径。锥角过大，将增大胀缩缸尺寸；而锥角处于临界状态($\tan\alpha=f_2$)时，卷筒的润滑条件对卷筒工作性能将有重要影响，一般情况下，锥面间的压应力将大于卷筒表面径向压力。在卷筒零件强度计算中应给予注意。

9.3.2 卷筒传动设计

9.3.2.1 卷筒传动设计中应考虑的问题

(1) 卷取机的速度控制。卷取机速度控制要同时考虑以下两个因素：为适应机组速度变化而调整卷取速度时，不应影响电机的驱动力矩；为适应卷径变化而调整卷筒转速时，不应引起张力的波动。一般卷取机都同时采用调压(恒力矩)和调激磁(恒功率)两种调速方法，分别适应上述两种情况，以充分利用电机的容量。

(2) 电机额定转速与传动比。卷筒电机的额定转速 $\boldsymbol{n}_{er}$必须与卷取计算转速 n_j 相适应：

$$n_j=\frac{30v_{max}}{\pi R} \tag{9-19}$$

式中 v_{max}——最大卷取线速度，m/s；

R——最大带卷半径，m。

没有减速机时，$n_{er}>n_j$。需要减速机时，其速比 i 为：

$$i=\frac{n_{er}}{n_j} \tag{9-20}$$

如果卷取带材的厚度范围较大，工艺上又要求多种张力及多种速度制度，卷筒传动可考虑多级速比切换，以满足工艺要求。

(3) 激磁调整范围与最大卷径比。为实现在卷取过程中张力不发生波动，卷筒电机的弱磁调速范围应满足式(9-1)关系，即设计时，电机调激磁的范围需取大于或等于最大卷径比。

9.3.2.2 驱动卷筒所需功率的计算

驱动卷取机卷筒的功率可用下式计算：

$$N=(\boldsymbol{M}_b+\boldsymbol{M}_T+\boldsymbol{M}_j+\boldsymbol{M}_f)\frac{v}{R}\frac{1}{\eta}\frac{1}{1000} \tag{9-21}$$

式中 $\boldsymbol{M}_b$——卷取时带材在卷筒上产生塑性弯曲变形所需的力矩，N·m；

$\boldsymbol{M}_T$——形成带钢张力所需的力矩，N·m；

$\boldsymbol{M}_j$——加速卷取时形成的电机轴阻力矩，N·m；

$\boldsymbol{M}_f$——卷筒轴承摩擦形成的电机轴阻力矩，N·m；

R——带卷半径(开始卷时等于卷筒半径，终卷时等于带卷半径)，m；

v——卷取速度，m/s；

η——传动效率，取 0.85～0.9。

忽略弹复作用时，塑性弯曲变形所需的力矩 $\boldsymbol{M}_b$：

$$\boldsymbol{M}_b=\frac{bh^2}{4i}\boldsymbol{\sigma}_s\times 10^{-3} \tag{9-22}$$

$$\boldsymbol{M}_T=\frac{D_w}{2i}bh\boldsymbol{\sigma}_0\times 10^{-3} \tag{9-23}$$

式中 $\boldsymbol{\sigma}_s$——带材的屈服极限；

b——带材宽度，mm；

D_w——带卷外径，mm；

h——带材厚度，mm；

i——电机至卷筒的减速比。

$$\boldsymbol{M}_j=\frac{i}{38.2}\frac{dn}{dt}\left[GD_M^2+\frac{\pi\rho bs}{8i^2\times 10^9}(D_w^4-d_2^4)+GD_p^2\right] \tag{9-24}$$

式中　$\frac{dn}{dt}$——角加速度,(r/min)/s,卷筒应具备大于轧机的加速能力;

GD_M^2——电机转子飞轮转矩,kg·m^2;

ρ——带材密度,kg/cm^3;

s——带卷紧密系数,钢带取0.85～0.9;

GD_p^2——卷筒及传动部件折算到电机轴的飞轮力矩,kg·m^2。

$$\boldsymbol{M}_f=\sum\frac{u_j d_j}{2i}\boldsymbol{F}_j \tag{9-25}$$

式中　j——表示卷筒支承轴承的编号;

u_j——第j轴承处的轴承摩擦系数;

d_j——第j轴承处当量摩擦直径,mm;

$\boldsymbol{F}_j$——第j轴承处支反力,N。

$\boldsymbol{F}_j$中既有张力因素,又有带卷重力因素,始卷和终卷时$\boldsymbol{F}_j$是不相同的。

按式(9-25)计算时,应分别计算出始卷和终卷时的力矩$\boldsymbol{M}_f$,再选其中的大值代入式(9-21)。按式(9-21)计算出始卷和终卷时的功率数值,进行比较后,确定所选电动机的功率。若两台卷取机交替工作时,在确定传动功率时需要考虑其间隙时间,可按式(9-21)计算出数值的70%来选电动机。

式(9-21)中带材张力力矩在总力矩中是主要的,弯曲力矩和摩擦力矩所占比例很小,在初选电动机时,可近似按下式计算:

$$N_j=K\frac{\boldsymbol{F}_T v}{\eta}\frac{1}{1000} \tag{9-26}$$

式中　K——影响系数,取1.1～1.2;

$\boldsymbol{F}_T$——卷取时段最大张力,N;

v——卷取速度(对应于张力T的最大卷取速度),m/s;

η——传动效率。

根据计算的功率N_j,选出电动机型号后,尚需在确定减速机传动比以后进行力矩的过载核算,若电动机的额定力矩为:

$$\boldsymbol{M}_{er}=9550\frac{N_{er}}{n_{er}} \tag{9-27}$$

则传动比应满足下述条件:

$$\boldsymbol{M}_{er}i\eta\lambda\geqslant\boldsymbol{M} \tag{9-28}$$

式中　$\boldsymbol{M}$——最大卷取力矩,N·m;

i——所选的传动比;

λ——过载系数。

9.4　线材卷取机

线材卷取机的形式经历了两个变化阶段。20世纪60年代以前线材卷取机的作用是单纯打卷以便于线材的收集和运输。它有两种基本结构形式:

(1) 轴向送料的线材卷取机(见图9-22)。这种卷取机的主要优点是卷取过程中线卷不转动,因而可允许采用较高的卷取速度。然而由于金属在卷取时被扭转,故这种卷取机常用于卷取直径较小的圆形断面金属。

(2) 径向送料的线材卷取机。如图 9-23 所示，由于线卷在卷取过程中作高速旋转运动带来的不稳定性及巨大的转动惯量限制了这种卷线机的卷取速度。然而由于被卷金属无扭转现象，故可用来卷取断面尺寸较大的、甚至非圆断面的轧材。

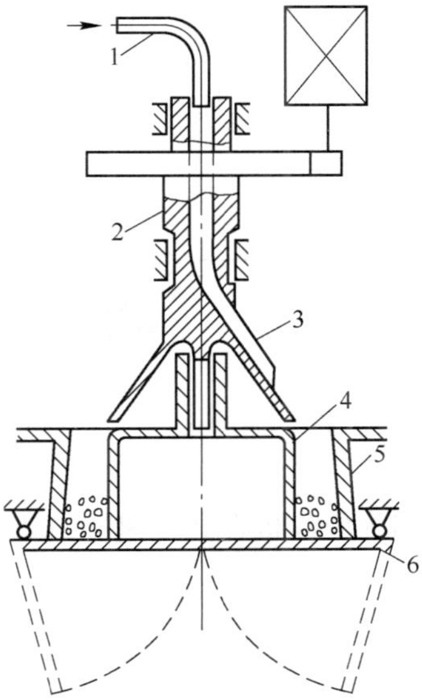

图 9-22　轴向送料的线材卷取机示意图

1—送线管；2—传动轴；3—螺旋管；4—外壳；5—卷筒；6—活动底板

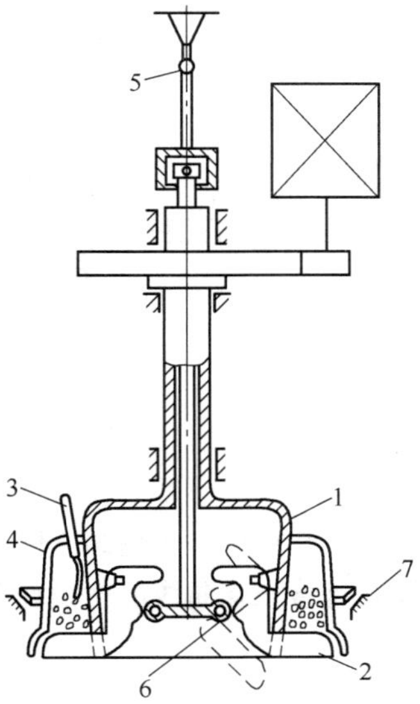

图 9-23　径向送料的线材卷取机示意图

1—卷筒；2—托钩；3—管；4—外壳；5—曲柄机构；6—辊架；7—锥座

20 世纪 60 年代由于拉丝生产对线材的要求提高而导致线材轧机的卷线机在结构上进行了重大的改进。现代化的线材车间，采用互相交错与水平线成 45°轧机组成的连轧机组，实现了高速无扭转轧制。这种连轧机轧制速度高，最高可达 160 m/s，生产率高。为改善成品的冷却条件，提高产品质量和减少设备。60 年代以后，出现了吐丝机，吐丝机分为卧式与立式两种。采用吐丝机，还可以实现散卷冷却。因此，现代线材卷取机所完成的工序已超出旧式线材卷取机单纯打卷的功能，它与其他一些辅助机械共同完成一整套热轧线材轧后直接索氏体化的工艺。目前热轧线材轧后直接索氏体化的工艺主要有以下几种(图 9-24)。

(1) 斯泰尔摩法。图 9-24*a* 为卧式吐丝机及散卷冷却工艺示意图。线材由吐丝机轴心进入，切向进入吐丝机前端的旋转盘，再由前端的旋转盘吐出呈螺旋形的立式线圈逐渐倒在不断前进的链式平板运输机上经冷却到收集的温度时，在运输机的另一端，由集卷机将线材重新收集成卷并运走。

(2) 施罗曼法。图 9-24*b* 为水平锥管式吐丝机及散卷冷却工艺示意图。其特点是加强了水冷区的冷却效果和采用了水平锥管式吐丝机，卷成的散圈可以立着水平移动，冷却更为均匀，对高碳钢线材的冷却特别有利。

(3) 德马克—八幡法(DP 法)。它属于塔式冷却装置，线材成圈后落入多爪式运输带垂直下降，并由下向上吹入压缩冷风冷却。

除此以外，尚有日本的热水浴处理法和流态层处理法等。

以上的卷取机—吐丝机只起线材成圈的作用，线材冷却处理后还需要专门的收集装置将螺旋线状的线圈收集成堆。吐丝机不但结构与旧工艺的卷取机不同，其功能已有所变化。实践证

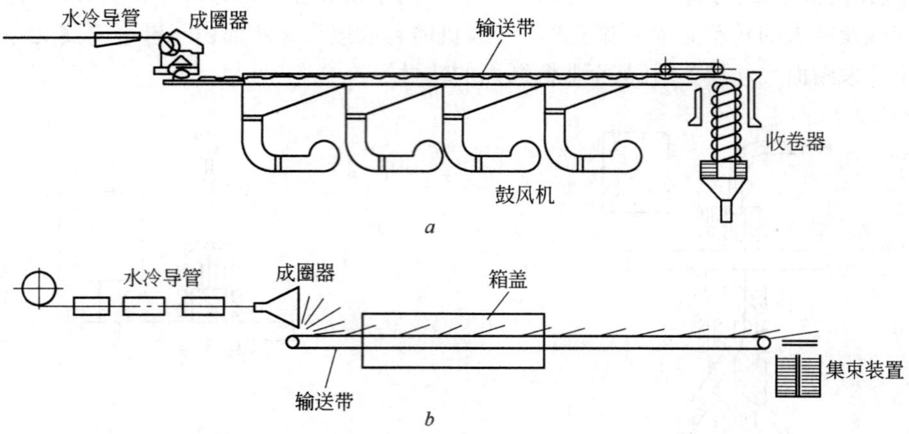

图 9-24 线材直接索氏体化工艺方案

a—斯泰尔摩法；*b*—施罗曼法

明，阻碍高速线材轧机进一步提高速度的因素是吐丝机。因为吐丝机在高转速下的动平衡和振动问题，以及吐丝管三维曲线形状设计都是要解决的难题。

练习题 9

9-1 简述现代冷、热带材及线材卷取机各自的特点及其发展动向。

9-2 简述热带材地下卷取机的工作过程及其控制方式。

9-3 热带材地下卷取机夹送辊的主要作用和结构特点是什么？

9-4 如何确定带材卷取机卷筒直径？

9-5 如何确定带材卷取机卷筒胀缩力？

10 活套支撑器

活套支撑器又称活套挑或支撑器。它是现代热连轧带材轧机精轧机组，现代小型热连轧棒材中、精轧机组，线材中轧、预精轧机组中特有的辅助设备。直接和轧制力能参数发生紧密联系，因而具有特殊的地位与作用。它使相邻机架间的轧件贮存一定的活套量，作为机架间速度不协调时的缓冲环节从而消除轧制过程中各机架间动态速度变化引起的轧件尺寸波动。活套支撑器是近代高速热连轧机速度自动调节控制系统必不可少的环节。

10.1 热连轧带材活套支撑器

活套支撑器是带材热连轧机精轧机组的重要辅助设备，它和速度控制系统、辊缝调节系统、主令系统共同组成一个完整的控制系统，以保证在各种外来偏差的干扰下，始终保持恒定的小张力微套量操作，并尽量减少成品的厚度公差。活套装置的设计水平已成为衡量带材热连轧机水平的重要指标之一。

10.1.1 带材活套支撑器的作用及类型

10.1.1.1 热连轧带材轧机精轧机组的生产特点

热连轧带材精轧机组的生产具有以下主要特点：

(1) 采用连轧的生产工艺方式。轧件在连轧机组的各机座中秒流量维持不变——轧制的变形条件，如图10-1所示。

$$b_1h_1v_1 = b_2h_2v_2 = \cdots = b_ih_iv_i = C \tag{10-1}$$

式中 b_i——第 i 道次轧件出口宽度，mm；

h_i——第 i 道次轧件出口厚度，mm；

v_i——第 i 道次轧件出口速度，mm/s；

C——连轧常数，mm^3/s。

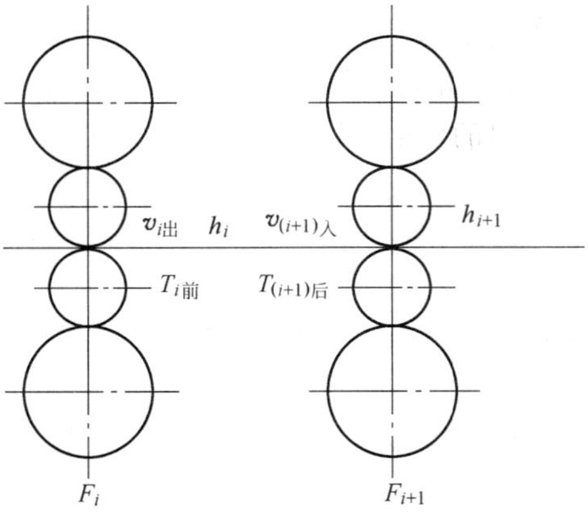

图10-1 热连轧带材精轧机组的生产特点

相邻两连轧机座之间，前一机座轧件的出口速度必须与后一机座轧件的入口速度水平分量相等——轧制的运动学条件：

$$v_{i出} = v_{(i+1)入} \tag{10-2}$$

相邻两连轧机座间，前一机座轧件的前张力等于后一机座轧件的后张力——轧制的力学条件：

$$T_{i前} = T_{(i+1)后} \tag{10-3}$$

上述三个条件是连轧过程处于平衡状态下的基本方程。只有满足了上述条件，相邻两机座间的带材长度才能保持不变，否则将出现堆或拉带材现象，导致多层进料断辊或带材被拉窄、拉薄的设备和工艺事故。

(2) 热连轧过程始终维持在小张力下进行。众所周知，带材连轧必须采用微张力自动调节秒流量的失调,以利于轧出良好的板形、防止跑偏、降低主电机的负荷等。然而考虑到带材温度对塑性变形的影响,热连轧带材轧件张应力值应控制在不致引起轧件拉窄、拉薄的程度内。这是冷、热带材连轧生产工艺的重要区别。

(3) 连轧建立前是在较高的速度下穿带。考虑到温度降低及操作的要求,穿带时轧机动态速降引起的固定套量必须采用特殊措施予以清除,以保证连轧正常进行,这是冷、热带材连轧的又一重要区别。

(4) 连轧过程不可避免地会出现平衡状态的失调。由于各种干扰因素的影响,稳定状态的连轧过程总是暂时的。平衡状态的破坏使带厚和带速不断出现微量波动,而由于温度因素造成的带速波动使热带轧机的带速波动较之冷带轧机更为明显。

10.1.1.2 活套支撑器的作用

综上所述,为保证张力能调节热连轧带材带速产生的波动,在热连轧带材轧机精轧机组的相邻机座间设置一个能将带材托起并绷紧的机械装置——活套支撑器,如图 10-2 所示。穿带和正常轧制时,相邻机座间的带材长度比机架间距略大数十毫米,用活套支撑器将其支起高于轧制线;当带速波动引起带长变化时,活套支撑器在其正常升起的位置上、下摆动,吸收带材的伸缩量并保持张力不变。热连轧带材精轧机组的活套支撑器的作用是:

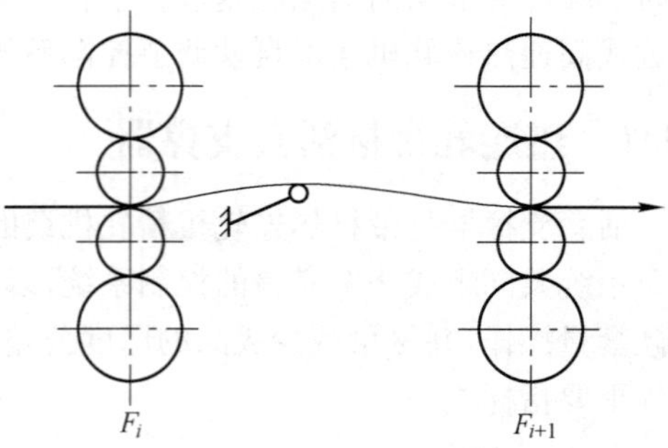

图 10-2 活套支撑器的功能

(1) 支套。在活套支撑器的活套辊工作摆角范围内储存一定的活套量。随时吸收松弛了的带材,以防止失张后造成的多层进料断辊事故。

(2) 恒张。在活套辊的工作摆角范围内,保持带材恒定的小张力,减小张力波动对带材厚度和宽度的影响。

(3) 纠偏缓冲与纠偏指令。在相邻两机座间的连轧常数被破坏时,借助活套支撑器的摆动适应套量的变化并保持张力的恒定,仅仅是纠偏的一个缓冲手段。然而活套支撑器在工作摆角范围内所能吸收的套量变化不过几十毫米,指望单纯依靠活套支撑器的摆动来维持张力的恒定是不可能的。带速偏差所产生的套量变化是靠轧机主传动调速来纠正的。活套支撑器一方面依靠其摆动起纠偏缓冲作用,一方面则将轧件套量的变化传给轧机主电机控制系统,使轧机主电机调速以维持连轧常数不变,将活套支撑器的活套辊拉回电气零位。

10.1.1.3 活套支撑器的类型

活套支撑器按结构形式分为:立式活套、侧活套;按其驱动方式分有:气动型、电动型、液压型。活套装置要求响应速度快、惯性小、启动快且运行平稳,以适应瞬间张力变化。电动活套支撑器具有最佳的恒张性能,为减小转动惯量,提高响应速度,由过去带减速机改为电机直接驱动活套辊,电机也由一般直流电机改为特殊低惯量直流电机;气动和液压活套支撑器则具有最良好的追随性能和相对廉价的投资。气动型活套装置现已基本淘汰。目前使用最普遍的是电动型和液压型。如武钢 2250 mm 精轧机采用由液压缸直接驱动活套辊,以进一步提高活套响应速度。活套装置的结构示意图见图 10-3。

10.1.2 活套支撑器的工作特征

10.1.2.1 活套支撑器的工作过程

在轧制一根带钢的整个过程中,活套支撑器的运动可分为三个阶段:起套、正常连轧和落套。

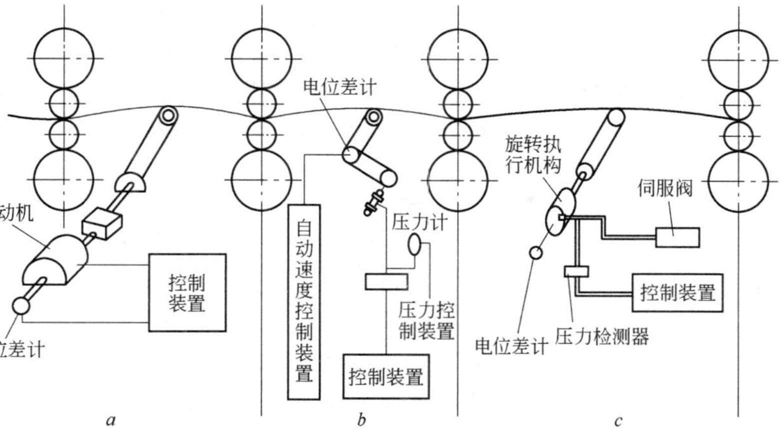

图 10-3　活套装置的结构示意图

a—电动活套；*b*—气动活套；*c*—液压活套

带钢未进入轧机前，活套支撑器的电动机（或液压缸的排进气电磁阀）为断电状态，活套支撑器的活套辊处于机械零位的位置（如图 10-4 所示），当轧件由 F_i 机座咬入 F_{i+1} 机座时，F_{i+1} 机座上的测压压头将进料信号送给逻辑控制线路，使活套支撑器的电机（或上升电磁阀）通电，活套辊抬升（过早抬升将使带材撞击活套辊）。活套支撑器在基本空载的情况下，以启动电流启动直到活套辊位于电气零位位置，同时将启动电流切换为给定的张力电流。至此，起套过程完毕，整个起套时间约为 0.5 s 左右。

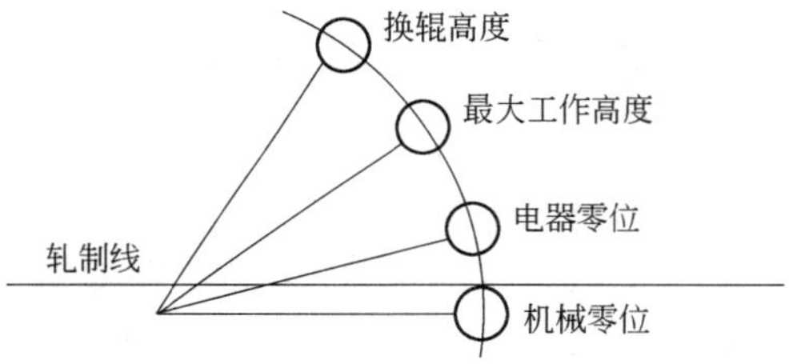

图 10-4　活套支撑器的工作位置

起套过程结束后，活套支撑器的活套辊在电气零位与带材接触并产生给定的张力。当带速波动时，活套辊在电气零位上、下进行摆动，摆幅约±5°。这就是活套支撑器在正常轧制阶段的动作。

当带材即将结束轧制，带材尾部刚刚离开 F_i 机座时，位于 F_i 与 F_{i+1} 机座间的活套辊即行下降。过早落套将使带材尾部失张的长度增加，影响尾部尺寸精度；过晚落套则使带材尾部翘起，易打坏导卫装置，或高速轧制时带材尾部在活套辊顶起的状态下高速甩出，发生叠轧断辊事故。落套信号可用 F_i 机座抛料信号经计时器延时发动。落套动作可由活套电机反向运转（或气缸反向进气）完成，也可由落套辊、带材自重作为落套的动力。有的在高速连轧机上增设一个小套环节，使活套辊先从工作角降至小套（被主传动调速至 α 为 2°～3°）位置，然后再在带尾甩出前主动落到底，这种落套方式更为安全可靠。

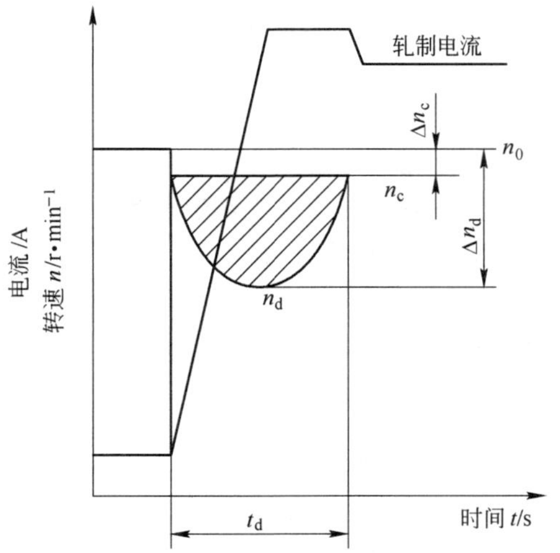

图 10-5　直流主电机在轧件咬入时的动态特性

10.1.2.2　穿带时产生的固定套量

根据连轧机调速的需要，通常均采用直流电机驱动，但由此带来新的问题：如图 10-5 所示，当轧件咬入时，主电机负荷由空载力矩突然变为轧制力矩,但由于直流电路感抗的阻尼作用,电流和转矩不可能瞬时增加到相应的轧制力矩大小。在此瞬间,主电机只承受了部分轧制功率,其不足部分取自主传动系统的机械储能。轧机由空载转速 $n_0(v_0)$ 下降至最低转速 $n_d(v_d)$,并在主电机电流上升的过程中逐渐升至稳态转速 $n_c(v_c)$。最低转速和稳态转速对空载转速的速降分别称为动态和静态速降,并用百分数表示:

动态速降:$\Delta n_d=\dfrac{n_0-n_d}{n_0}\times100\%$;静态速降:$\Delta n_c=\dfrac{n_0-n_c}{n_0}\times100\%$

根据主传动的调速形式及供电方式,静态速降约在 0.5%~5%之间,动态速降约在 1.5%~10% 之间。自轧机咬入、主电机转速开始下降到转速恢复至稳态速度的时间,称为动态速降的恢复时间,以 t_d 表示,其值约在 0.3~3 s 之间。

轧件未进入轧机前,各机座的辊缝、转速均由秒流量相等的原则设定。但当轧件由 F_i 机座进入 F_{i+1} 机座的咬入瞬间,F_i 机座上的动态速降业已结束,而 F_{i+1} 机座的动态速降则引起了 F_i 与 F_{i+1} 机座间秒流量相等关系的暂时失调,由此形成了一个固定的、不可避免的套量。从时间角度上看,这个固定套量是产生在起套阶段;从套量形成的实质看,这个套量不是正常连轧时的活套,而是直流主传动本身固有特性造成的。

10.1.3 活套支撑器的主要参数

10.1.3.1 电动活套支撑器活套臂转轴上的总力矩 $\boldsymbol{M}$

为了保证连轧过程中带材上的张力 $\boldsymbol{F}_T$,必须对活套支撑器架臂转轴施加所需的力矩。力矩由带材张力力矩 $\boldsymbol{M}_T$,活套辊、活套架臂的自重力矩 $\boldsymbol{M}_{w1}$,带材自重力矩 $\boldsymbol{M}_{w2}$ 三部分组成。如图 10-6 所示,活套辊抬起正常工作时,作用在活套辊上的正压力 $\boldsymbol{F}_N$ 与带材张力 $\boldsymbol{F}_T$ 的关系为:

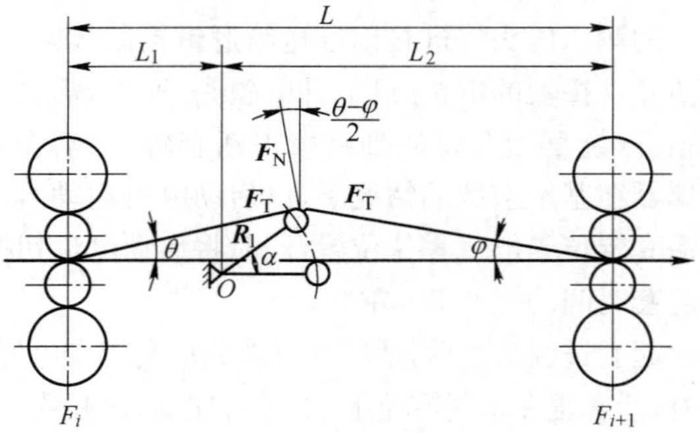

图 10-6 活套支撑器受力图

$$\boldsymbol{F}_T\sin\theta+\boldsymbol{F}_T\sin\varphi=\boldsymbol{F}_N\cos\left(\frac{\theta-\varphi}{2}\right)$$

$$\boldsymbol{F}_N=\frac{\boldsymbol{F}_T(\sin\theta+\sin\varphi)}{\cos\left(\frac{\theta-\varphi}{2}\right)}=2\boldsymbol{F}_T\sin\left(\frac{\theta+\varphi}{2}\right) \tag{10-4}$$

式中 θ——前一机座的工作辊和活套辊的切线与轧制线的夹角,(°);

φ——后一机座的工作辊和活套辊的切线与轧制线的夹角,(°)。

角度 θ 与 φ 由下式确定:

$$\tan\theta=\frac{R_1\sin\alpha}{L_1+R_1\cos\alpha} \tag{10-5}$$

$$\tan\varphi=\frac{R_1\sin\alpha}{L_2-R_1\cos\alpha} \tag{10-6}$$

式中 R_1——活套架臂杆长,mm;

α——活套辊的转角,(°)。

正压力 $\boldsymbol{F}_N$ 对转轴中心 O 的力矩,即张力力矩 $\boldsymbol{M}_T$ 为:

$$\boldsymbol{M}_{\mathrm{T}}=\boldsymbol{F}_{\mathrm{N}}R_1\cos\left(\alpha-\frac{\theta-\varphi}{2}\right)=2\boldsymbol{F}_{\mathrm{T}}R_1\sin\left(\frac{\theta+\varphi}{2}\right)\cos\left(\alpha-\frac{\theta-\varphi}{2}\right)$$
$$=\boldsymbol{F}_{\mathrm{T}}R_1[\sin(\alpha+\varphi)+\sin(\theta-\alpha)] \tag{10-7}$$

抬升活套辊、活套架臂重量的力矩 $\boldsymbol{M}_{\mathrm{w1}}$ 按下式计算(见图10-7)。

$$\boldsymbol{M}_{\mathrm{w1}}=\boldsymbol{G}'R_1'\cos\alpha \tag{10-8}$$

式中 $\boldsymbol{G}'$——活套架臂及活套辊的合成质量,N;

R_1'——活套架臂及活套辊的合成重心半径,mm。

带材的重力力矩 $\boldsymbol{M}_{\mathrm{w2}}$ 为:

$$\boldsymbol{M}_{\mathrm{w2}}=\boldsymbol{G}R_1\cos\alpha \tag{10-9}$$

式中 G——两机座间带材作用在活套辊上的重力,N,其值随带材的规格尺寸而异。

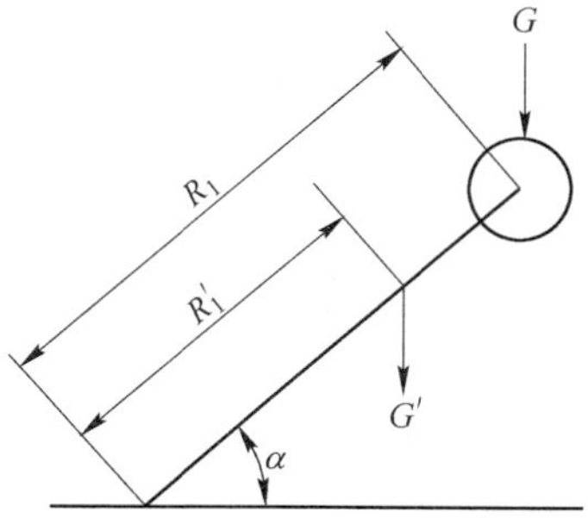

图 10-7 $\boldsymbol{M}_{\mathrm{w1}}$ 及 $\boldsymbol{M}_{\mathrm{w2}}$ 计算图

活套臂转轴的总驱动力矩 $\boldsymbol{M}$ 为:

$$\boldsymbol{M}=\boldsymbol{M}_{\mathrm{T}}+\boldsymbol{M}_{\mathrm{w1}}+\boldsymbol{M}_{\mathrm{w2}}=\boldsymbol{M}_{\mathrm{T}}+\boldsymbol{M}_{\mathrm{w}} \tag{10-10}$$

$$\boldsymbol{M}=\boldsymbol{F}_{\mathrm{T}}R_1[\sin(\alpha+\varphi)+\sin(\theta-\varphi)]+(\boldsymbol{G}'R_1'+\boldsymbol{G}R_1)\cos\alpha$$
$$=\boldsymbol{C}[\sin(\alpha+\varphi)+\sin(\theta-\varphi)]+\boldsymbol{B}\cos\alpha \tag{10-11}$$

式中 $\boldsymbol{M}_{\mathrm{w}}$——活套臂与带钢的总重力力矩,N·mm;

$\boldsymbol{C},\boldsymbol{B}$——系数,N·mm ,$\boldsymbol{C}=\boldsymbol{F}_{\mathrm{T}}R_1$,$\boldsymbol{B}=\boldsymbol{G}'R_1'+\boldsymbol{G}R_1$。

由此可知,对于给定的带材品种规格,活套支撑器的动力来源应能随活套辊转角 α 变化,按式(10-11)的函数关系 $M=f(\alpha)$ 向活套辊臂转轴提供维持张力所需的总力矩。对于近代的恒张力电动活套支撑器,调节直流电机轴力矩的信号来自装于活套臂摆轴上的自整角机或电位计,它送出转角信号,输入活套支撑器的电机控制系统中,用以调节电机的励磁电流或电机的电枢电流。鉴于液动活套支撑器的液压缸的压力不能随活套转轴摆角 α 的函数变化,因而实现张力控制的方法只能借助机械措施完成。

10.1.3.2 液动活套支撑器的结构参数

如图 10-8 所示,液动活套支撑器的活套辊摆动是靠两个液压缸推动的。其中工作缸是产生带材所需的张力力矩;平衡缸主要是产生平衡活套辊、活套臂及带材的平衡力矩,从而简化实现恒张性能的可能性,使工作缸产生的力矩只随式(10-7)变化,其次,在活套机构起套时,平衡缸可克服工作缸运动的死点。

如图 10-8 所示,工作缸压力 $\boldsymbol{F}_{\mathrm{q}}$ 作用在活套臂转轴中心 O 的力矩为:

$$\boldsymbol{M}'=\boldsymbol{F}_{\mathrm{q}}R_2\sin(\alpha+\beta) \tag{10-12}$$

式中 R_2——连接工作缸与活套支撑器传动轴的连杆长度,mm;

β——工作缸的摆动角度,(°),它是活套辊转角 α 的函数,有:

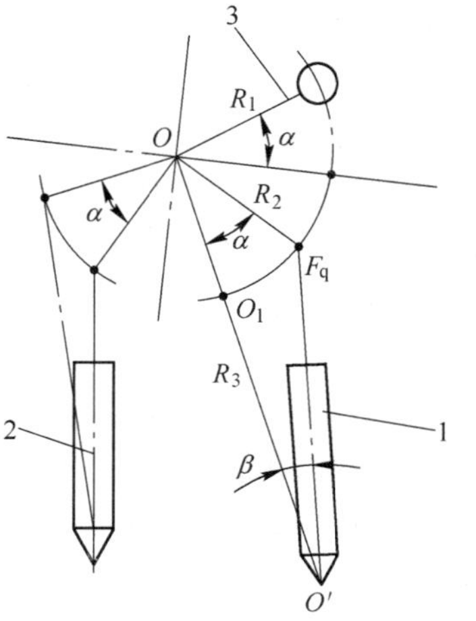

图 10-8 液动活套支撑器的结构参数

1—工作缸;2—平衡缸;3—活套臂

$$\tan\beta=\frac{R_2\sin\alpha}{R_3+R_2-R_2\cos\alpha} \tag{10-13}$$

如上所述，由于平衡缸的作用，工作缸给出的力矩应与张力力矩平衡，即：

$$\boldsymbol{F}_q R_2\sin(\alpha+\beta)=\boldsymbol{F}_T R_1[\sin(\alpha+\varphi)+\sin(\theta-\alpha)] \tag{10-14}$$

由式(10-14)可知：

(1) 当 $\alpha=0$，即活套辊位于机械零位时，式中右方的张力力矩为零，故式中左方的力矩亦应为零：

$$\boldsymbol{F}_q R_2\sin(\alpha+\beta)=0 \tag{10-15}$$

为此，工作缸的起始位置应满足 $O'O_1O$ 三点为一直线的条件。由此引起的工作缸启动困难，则依靠平衡缸克服。

(2) 整理式(10-14)可得：

$$\boldsymbol{F}_T=\frac{R_2}{R_1}k\boldsymbol{F}_q \tag{10-16}$$

$$k=\frac{\sin(\alpha+\beta)}{\sin(\varphi+\alpha)+\sin(\theta-\alpha)}=f(\alpha) \tag{10-17}$$

将式(10-5)、式(10-6)及式(10-13)改写成：

$$\tan\theta=\frac{R_1\sin\alpha}{L_1+R_1\cos\alpha}=\frac{\sin\alpha}{\frac{L_1}{R_1}+\cos\alpha}=f_1(\alpha) \tag{10-18}$$

$$\begin{aligned}\tan\varphi&=\frac{R_1\sin\alpha}{L_2-R_1\cos\alpha}=\frac{R_1\sin\alpha}{L-L_1-R_1\cos\alpha}\\&=\frac{R_1\sin\alpha}{\frac{L}{R_1}-\frac{L_1}{R_1}-\cos\alpha}=f_2(\alpha)\end{aligned} \tag{10-19}$$

$$\tan\beta=\frac{R_2\sin\beta}{R_3+R_2-R_2\cos\alpha}=\frac{\sin\alpha}{\frac{R_3}{R_2}+1-\cos\alpha}=f_3(\alpha) \tag{10-20}$$

由此可知，系数 k 随活套辊的转角 α 而变，即：

$$k=f(\alpha) \tag{10-21}$$

结合式(10-16)可以进一步看出，因为工作缸的压力 $\boldsymbol{F}_q$ 是定值，故张力 $\boldsymbol{F}_T$ 随活套臂转角 α 而变化。20 世纪 60 年代后随着电子计算机的发展，在式(10-18)～式(10-20)中选择了适当的 L_1/R_1、L/R_1、R_3/R_2 比值，从而当 α 在一定的范围内变化时，可使 k 值大致接近常数，保证了液动活套支撑器张力近似恒定的性能。在设计液动活套支撑器时，可参考有关资料选择 L_1/R_1、L/R_1、R_3/R_2 等结构参数。此外，计算和实践均表明，活套辊在 10°～40°的范围内工作较为合理。

10.1.3.3　活套支撑器的活套辊摆角

电气零位和最大工作摆角是活套支撑器的主要工作角度。它的正确设定对保证带材连轧的正常生产及带材质量密切相关。

(1) 储套量的计算如图 10-9 所示。活套支撑器在水平位置时，相邻两机座间的带材

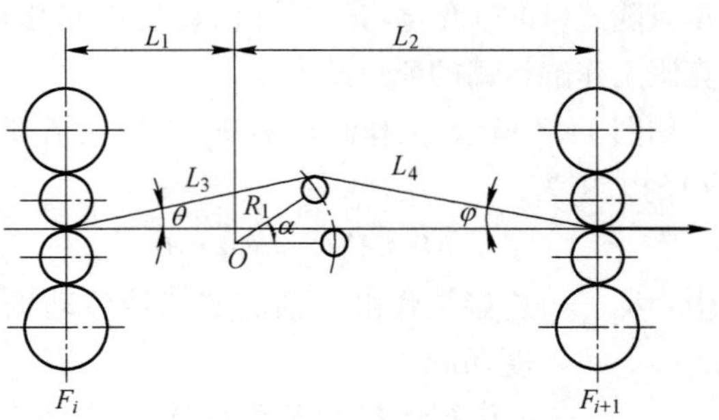

图 10-9　储套量计算图

长度等于机座间距 L_1+L_2。活套支撑器架臂抬起 α 角度时，相邻两机座间的带材长度为 L_3+L_4。带材长度的增量称为活套支撑器摆至 α 角时的活套套量 ΔL_α。

为了获得套量 ΔL_α 与架臂摆角 α 之间的函数关系，可将式(10-5)、式(10-6)改写成：

$$L_1+L_2=\frac{R_1\sin\alpha}{\tan\theta}-R_1\cos\alpha+\frac{R_1\sin\alpha}{\tan\varphi}+R_1\cos\alpha$$

$$=R_1\sin\alpha\left(\frac{1}{\tan\theta}+\frac{1}{\tan\varphi}\right) \tag{10-22}$$

与此对应的带材长度为：

$$L_3+L_4=\frac{h}{\sin\theta}+\frac{h}{\sin\varphi}=R_1\sin\alpha\left(\frac{1}{\sin\theta}+\frac{1}{\sin\varphi}\right) \tag{10-23}$$

由此得到活套架臂摆角为 α 时之套量值：

$$\Delta L_\alpha=L_3+L_4-L_1-L_2$$

$$=R_1\sin\alpha\left[\left(\frac{1}{\sin\theta}+\frac{1}{\sin\varphi}\right)-\left(\frac{1}{\tan\theta}+\frac{1}{\tan\varphi}\right)\right] \tag{10-24}$$

(2) 固定套量的计算。如图 10-10 所示，轧件由 F_i 机座进入 F_{i+1} 机座的瞬时，在相邻两机座间形成固定活套。轧机的速度由 v_0 降至动态下的最低速度 v_d，然后经过动态恢复时间 t_d 后升至稳定的静态速度 v_c。图 10-10 中的阴影面积即为固定套量的大小，其中 t_c 为静态恢复时间。为便于计算固定套量，近似地将图中曲线用如下方程表示：

$$v=\frac{4\Delta v}{t_c^2}t^2 \tag{10-25}$$

式中　Δv——静态速度与动态速度之差，mm/s。

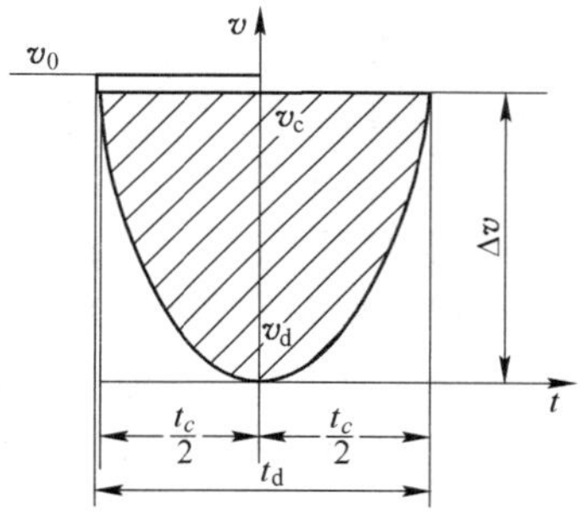

图 10-10　固定套量计算图

固定套量则为：

$$\Delta L_g=\Delta v t_c-\int_{-\frac{t_c}{2}}^{\frac{t_c}{2}} v\mathrm{d}t=\frac{2}{3}\Delta v t_c \tag{10-26}$$

然而，实用上习惯用下式计算固定套量：

$$\Delta L_g=\frac{2}{3}(\Delta n_d-\Delta n_c)v_{F(i+1)}t_d \tag{10-27}$$

式中　Δn_d——动态速降百分率，%；

Δn_c——静态速降百分率，%；

$v_{F(i+1)}$——产生动态速降的 F_{i+1} 机座的设定速度，mm/s。

应该指出，式(10-27)所确定的固定套量是在轧件咬入 F_{i+1} 机座时，F_i 机座的动态速降业已恢复的条件下得到的。由于热连轧带材轧机是在不高的穿带速度下咬入的，故当轧件进入 F_{i+1} 机座时，F_i 机座的动态速降已经结束，F_i 机座的动态速降对固定套量基本没有影响。

(3) 电气零位角 α_0 的确定。由于轧件咬入时必然因动态速降而产生固定套量，而活套辊在正常连轧时又应位于某一抬升的电气零位角，因此，为便于活套支撑器的调整、操作，理论上应令活套辊处于电气零位角时所能储存的套量与固定套量等值，即：

$$\Delta L_g=\Delta L_0 \tag{10-28}$$

将式(10-24)及式(10-27)代入，则可求出活套支撑器的电气零位角 α_0：

$$\alpha_0=\sin^{-1}\left\{\frac{2(\Delta n_d-\Delta n_c)v_{F(i+1)}t_d}{3R_1\left[\left(\frac{1}{\sin\theta_0}-\frac{1}{\sin\varphi_0}\right)-\left(\frac{1}{\tan\theta_0}-\frac{1}{\tan\varphi_0}\right)\right]}\right\} \tag{10-29}$$

式中　θ_0——当活套辊位于电气零位时的 θ 角，(°)；

φ_0——当活套辊位于电气零位时的 φ 角，(°)。

按式(10-29)计算得出活套支撑器的电气零位角 α_0 后，尚须根据下列因素加以适当修正：

1) 为使轧件进入张力连轧阶段后，因带速波动而产生的带长伸长与收缩具有基本相同的调节量，电气零位角的确定应考虑到下述关系：

$$\Delta L_0 - \Delta L_{min} = \Delta L_{max} - \Delta L_0 \tag{10-30}$$

式中　ΔL_{max}——活套辊最大工作转角时的储套量，mm；

ΔL_{min}——活套辊最小工作转角时的储套量，mm。

2) 为避免活套支撑器操作上的误动作，活套机构与轧机主传动闭环的恒带长调节器(高度调节器)是在活套辊抬升至电气零位时才投入工作的。实际上，固定套量与电气零位角处的储套量难以绝对相等，而一旦前者小于后者，则活套辊将被带材压住而升不到电气零位。此时虽然可借逻辑控制线路中的时间控制通道经延时后将活套调节量送入主电机参加调速，但终因延时的时间区间主传动未能及时参加调速，有可能对带材的质量产生不良影响。基于此，通常使固定套量略大于电气零位时的储套量。此时，活套辊摆过电气零位，恒带长调节器即开始工作，使主传动降速收缩带长，迅速回到电气零位。

通过计算并考虑上述因素，实际生产中电气零位角多在20°～25°之间。

(4) 最大工作角的确定。活套支撑器的最大工作角度 α_{max} 的大小取决于活套辊位于最大工作角时的储套量 ΔL_{max}。为此，欲确定 α_{max} 值则应先确定 ΔL_{max}。如将最大工作角时的储套量 ΔL_{max} 减去电气零位角时的储套量 ΔL_0，则得到活套支撑器因带速偏差出现的允许摆幅值 ΔL_y。显然，带长的变化只能在此摆幅范围内。如超出此范围，带材与活套辊即脱离接触造成失张或将活套辊一直压到机械零位，使张力急剧增大而引起拉伸变形。

带速偏差是靠轧机主传动的调速来消除的，因此主传动的速度控制系统应能将带速偏差在活套超摆前予以纠正，使活套辊重新回到电气零位。

从轧制的某一时刻开始出现带速偏差 Δn，活套辊离开了电气零位，到轧机主传动调速消除了 Δn，活套辊回到电气零位为止，活套辊运动所占用的时间为：

$$t = \frac{2\Delta L_y}{\Delta n v} \tag{10-31}$$

式中　Δn——带速偏差率(按阶跃量考虑)，%；

v——正常带速，mm/s。

这段时间也是轧机主传动以动态力矩 $\boldsymbol{M}_d$ 对主传动系统飞轮力矩 $\sum \boldsymbol{GD}^2$ 调速 Δn 所用去的时间：

$$t = \frac{\sum \boldsymbol{GD}^2 \cdot \Delta n \cdot n}{375\boldsymbol{M}_d} \tag{10-32}$$

该式可改为：

$$\boldsymbol{M}_d = \frac{\sum \boldsymbol{GD}^2 \cdot \Delta n \cdot n}{375t} \tag{10-33}$$

轧机主电机纠偏调速(在弱磁状态下)时的力矩公式为：

$$M_d = \frac{I_d}{I_e} \cdot \frac{9750N_e}{n} \tag{10-34}$$

式中　I_d——轧机主传动纠偏时的动态电流，A；

I_e——轧机主传动的额定电流，A；

N_e——轧机主传动的额定功率，kW。

由式(10-33)、式(10-34)可得：

$$\frac{I_d}{I_e} \cdot \frac{9750N_e}{n} = \frac{\sum GD^2 \cdot \Delta n \cdot n}{375t} \tag{10-35}$$

将式(10-31)代入式(10-35)并整理，有：

$$\Delta L_y = \frac{I_e}{I_d} \cdot \frac{\sum GD^2 \cdot (\Delta n)^2 \cdot n^2 \cdot v}{7312500N_e} \tag{10-36}$$

当轧机主传动的有关参数以及主传动允许的最大带速偏差已知时，可求出活套支撑器不致超摆所需的最大储套量 ΔL_y，并由此决定活套支撑器的最大工作摆角 α_{max}。

由于热连轧精轧机组在采用快速液压压下系统后，常规的活套系统响应速度跟不上要求，因此产生了张力不够稳定的情况。20 世纪 70 年代末期，国外学者提出取消常规的活套装置，改用计算机在整个轧制过程中监控张力值，与要求的张力值进行比较，用其偏差信号来直接调节主电机转速以达到张力恒定的目的。随着机架间张力控制技术的进步，部分机架采用微张力无活套轧制和张力 AWC 控制：如宝钢 2050 mm 精轧机组 F1～F2 机架就采用了上述张力控制技术。

10.2　热连轧棒、线材活套支撑器

现代小型及高速线材热连轧机为保证产品尺寸精度，采取微张力及无张力轧制，以消除轧制过程中各种动态干扰引起的张力波动和由此引起的轧件尺寸波动。在精轧机组和精轧机组前，甚至在中轧机组(现代高速线材的中轧、预精轧机组)设置若干个活套。它使相邻机架间的轧件在无张力下贮存一定的活套量，作为机架间速度不协调时的缓冲环节。

10.2.1　现代小型及高速线材活套支撑器类型

根据活套器的工艺性能，要求起套动作惯性小，动作反应快，活套辊能自动升起和降落。活套器按驱动形式可分为电动、气动和液压三种类型。电动活套采用直流电机，力矩可调，活套器反应快，张力波动小，控制精度高；气动活套器结构较简单，反应快，需要一套气源处理装置；液压活套器惯性小，能较好地满足工艺要求，但液压系统较为复杂。

活套器按起套方向还可分为下活套器、侧活套器和立活套器。下活套器由轧件自重下垂形成悬挂式活套，套量储存在轧制线以下；侧活套起套辊在水平方向左右动作，套量储存在轧制线侧面；立活套起套辊在垂直方向上下动作，套量存在轧制线以上。立式活套器是现代小型及高速线材连轧机的主要配套技术设备之一，用以使相邻两架间保持适当套量实现无张力轧制，整个轧制过程中都由计算机控制。

10.2.2　现代小型及高速线材活套器的结构

下活套器由一个带活动槽底的导槽及进出口导辊组成。通常槽底能迅速打开及关闭，当轧件进入下一机架时槽底打开，轧件因自重下垂形成悬挂式活套。有的下活套器也采用固定导槽，其导槽的一侧壁比较矮小，当轧件在下一架咬入后，产生活套由矮侧壁脱出然后又自重下垂形成悬挂式下活套。固定导槽的下活套器要注意防止轧件头部脱出产生故障。这种活套器的应用受机架间距、轧制速度、轧件尺寸大小及形状的限制，没有带活动导槽的下活套器应用广泛。下活套器通常用于精轧机组前，其套量控制比较困难，因为下方活套的光电扫描器工作环境恶劣，难以实现自动控制。

侧活套器由水平活套台、推套器及进出口导向辊组成。推套器是由气缸操纵的导轮。精轧机前的侧活套一般不能自由脱套产生，而需要一个轧机的速度变化、推套动作、扫描反馈的控制过程。侧活套器的套量及套区的大小可以根据轧机布置及控制需要而定。

在小型连轧的精轧机和中轧机组上采用的立活套布置如图 10-11 所示。

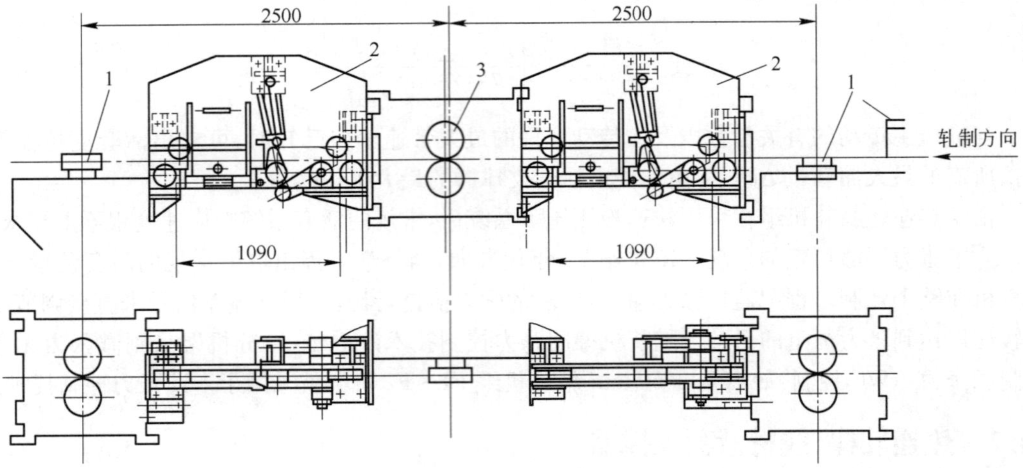

图 10-11　连轧机的立活套布置

1—立式轧机；2—立式活套；3—水平轧机

图 10-12 所示为意大利达涅利公司设计的立活套装置。其机架采用焊接框架，气缸驱动转轴使装在活套臂上的活套辊上下摆动，使轧件形成活套。活套辊材质是热作模具钢的自由辊。气缸装在传动侧轧制线以上，便于维修与调整。活套器入口、出口都设有上导辊，材质为铸铁。中间设有两个单独传动的辊道，当不需要活套器工作时，辊道将起运送钢材的作用。为了减小摩擦阻力对活套稳定性的影响，各铰接点、回转点轴承都采用油气润滑。活套辊及前后导辊均有喷水冷却。

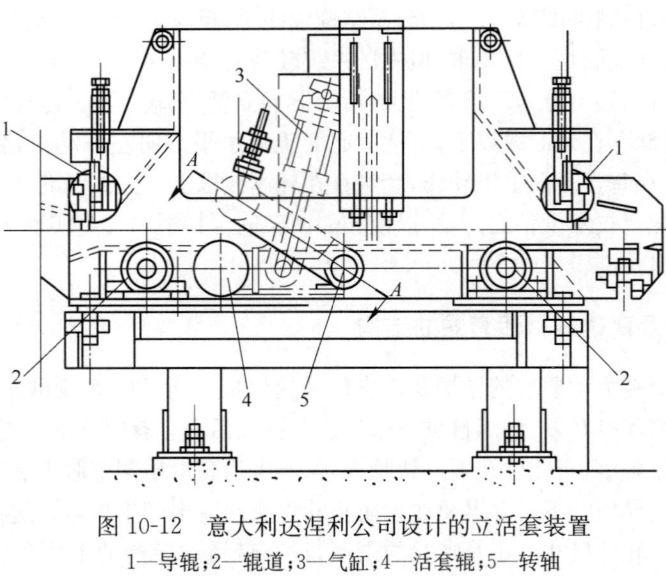

图 10-12　意大利达涅利公司设计的立活套装置

1—导辊；2—辊道；3—气缸；4—活套辊；5—转轴

图 10-13 所示为德国德马克公司的立式活套装置，起套气缸设在轧制线下方。

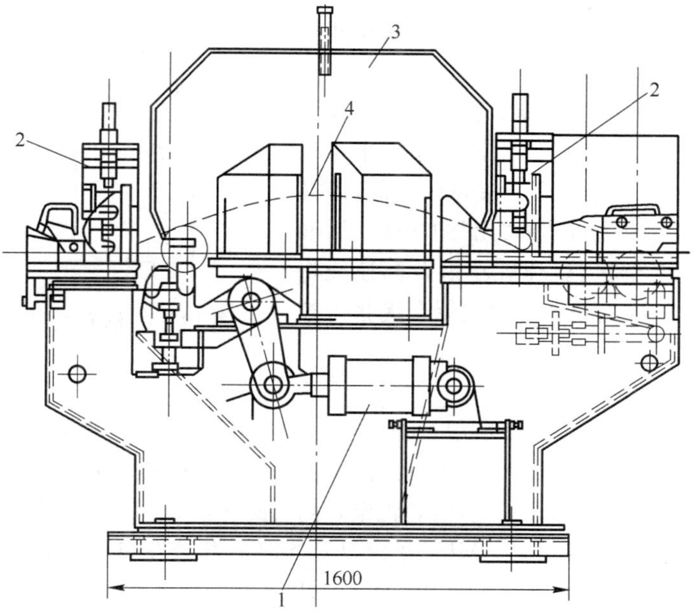

图 10-13 德马克立活套装置

1—气缸；2—机架；3—活套装置盖；4—活套

10.2.3 现代小型及高速线材立活套的套量

活套高度及其套量如图 10-14 所示。设活套器压辊间距为 L，活套高度为 h。

将轧件在活套器内形成活套形状近似看成正弦曲线，则活套量、活套跨度和活套高度关系如下：

$$\Delta L=\pi^2 h^2/(4L) \qquad (10\text{-}37)$$

式中 ΔL——活套量，mm；

L——活套器压辊间距，mm；

h——活套高度，mm。

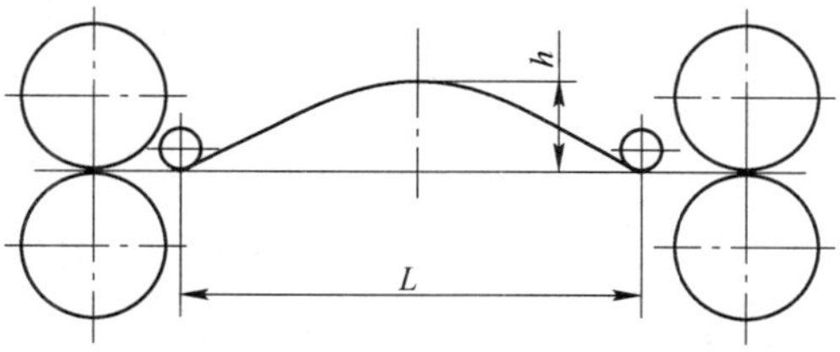

图 10-14 活套高度及其套量计算示意图

立活套套量通常为 300～500 mm，气缸气压为 0.6 MPa。在某些厂轧制异形断面轧件时，活套推杆上升 250 mm，套量可在 1 m 左右。

10.2.4 现代小型及高速线材活套无张力控制系统

为了实现无张力轧制，保证最终产品尺寸精度，一般在中轧机后机架及精轧机组（或高速线材中轧、预精轧机组）机架间采用活套无张力控制系统。连轧小型型钢轧机大多采用立活套器，活套辊用气缸驱动，活套数量大多设立六个以上，实际使用的活套数量，根据所轧品种及使用架次的多少有所不同。在整个轧制过程中，从轧件被第二架精轧机咬入起套到轧件尾部脱出末架精轧机，全过程实行计算机自动控制。活套控制是由轧机传动系统本身调速来实现的，控制响应快，活套稳定，无时间差。每个活套器都装有活套扫描器，显示活套辊位置，控制活套辊高度，并随时反馈信息进行调整。

10.2.4.1　活套控制系统的组成

活套控制系统主要由起套辊、活套扫描器和活套调节系统组成，如图 10-15 所示。

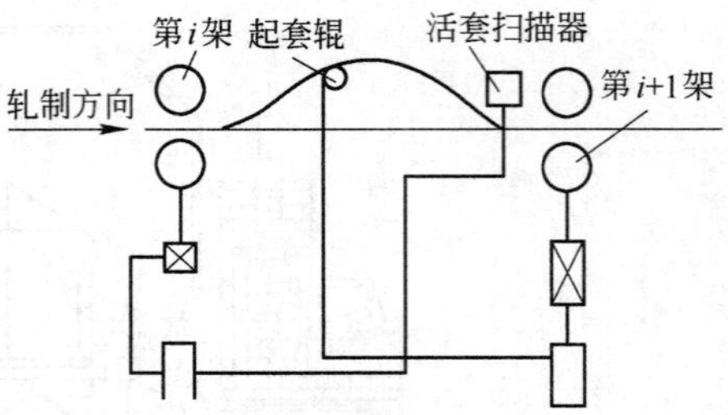

图 10-15　活套控制系统组成示意图

活套扫描器是一种用于探测活套量大小的探测器，它是利用光电扫描脉冲相位比较的原理来实现对活套量大小的检测，它还具有开关量的功能，即具有热金属探测器检测轧件"有"或"无"的功能。活套扫描器安装在轧机活套区，就连轧小型及高速线材而言，它与计算机、轧机驱动系统构成活套无张力控制系统。

10.2.4.2　起套辊的控制过程

起套辊的控制过程如图 10-16 所示。手动起套、收套过程如下：当"MANUAL RAISE"为有效值"1"时，A 为高电位，R 得电，活套辊电磁阀线圈"COIL"得电，活套辊起套；当"MANUAL RAISE"为"0"时，A 为低电位，R 失电，活套辊电磁阀线圈"COLL"失电，活套辊收套。自动起套、收套过程如下：当轧件进入 i 架后，MIS_i 变为"1"，此时活套处在自动状态，"LOOP AUTO"为"1"；当轧件进入 $i+1$ 架后，MIS_{i+1} 变为"1"，此时 MIS_{i-1} 为"1"，B 为高电位，活套辊起套。当轧件退出 $i-1$ 架时，MIS_{i-1} 变为"0"，B 为低电位，活套辊收套。

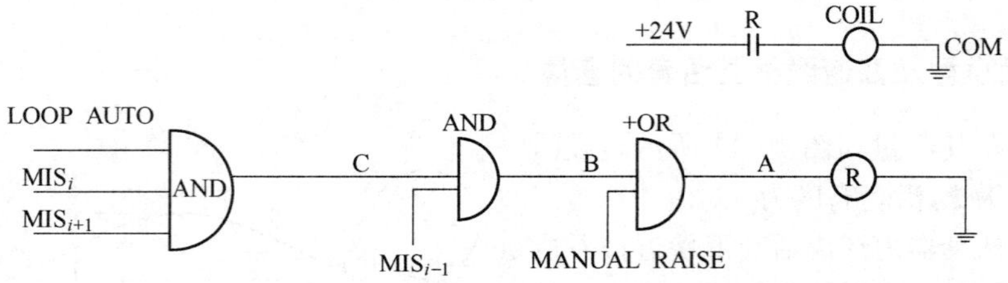

图 10-16　起套辊的控制过程示意图

10.2.4.3　活套位置控制过程

(1) 活套扫描器的校准。活套扫描器的校准如图 10-17 所示。

$$D_1=\frac{H}{2\tan(\varphi/2)}=\frac{500}{2\tan(30/2)}=933$$

式中　D_1——30°活套扫描器的安装距离，mm；

H——最大活套高度，mm，棒材最大活套高度为 500 mm。

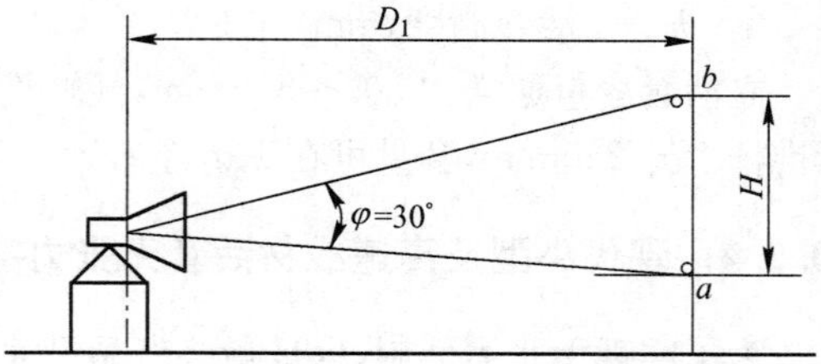

图 10-17　活套扫描器示意图

(2) 活套校准。校零和校准：当棒材在 a 位时，活套扫描器的输出电压为零。当棒材在 b 位时，活套扫描器的输出电压为 10 V；校线性度：活套的最大高度为 500 mm，对应的输出电压 10.0VDC，对应 DC2000 系统的调节量为 000 COUNTS(额定速度为 2000COUNTS)。将 H 分为五份，分别测量五个位置的电压，结果如下：

第一个位置电压及对应的 COUNTS 数：H/5×10V→800 COUNTS；

第二个位置电压及对应的 COUNTS 数：2H/5×10V→1600 COUNTS；

第三个位置电压及对应的 COUNTS 数：3H/5×10V→2400 COUNTS；

第四个位置电压及对应的 COUNTS 数：4H/5×10V→3200 COUNTS；

第五个位置电压及对应的 COUNTS 数：5H/5×10V→4000 COUNTS。

如果电压值不对应相应的位置，分别调整活套扫描器的高度和角度，使其值达到规定的要求。

（3）活套高度控制过程。活套高度控制的原理是：活套高度的实际量跟随活套高度的设定量直至相等。当活套扫描器的反馈量与设定量不相等时，差分器有一个输出信号，通过一个积分放大器得到一个输出量作为速度环的一个给定量的附加量。当该输出量变化时，速度环进行调节，电机的速度也随之变化，同时活套高度也随之变化直到反馈量与设定量一致为止。这一调节过程通常也称为活套高度逼近调节法。

练习题 10

10-1　现代热连轧带材精轧机组活套支撑器的作用和类型有哪些？

10-2　现代热连轧带材活套支撑器固定套量形成的实质是什么，如何计算？

10-3　简述现代热连轧带材活套支撑器的控制原理。

10-4　简述现代棒线材活套支撑器的类型及其结构特点。

10-5　如何计算现代棒线材立式活套支撑器的套量？

11 剪切机

切断设备主要有三大类，即锯机和火焰切割机、剪切机。锯机广泛用于型材及管材车间，用来锯切复杂断面的型材及管材；火焰切割机主要用于厚板及连铸车间，用来切割厚板及连铸坯；剪切机主要用来剪切轧件的头、尾，或切定尺、切边、切试样以及切除轧件的局部缺陷等。剪切机生产率高，剪切断面不整齐，而锯切后的金属，其断口处能保持平直而不改变轧件的断面形状，较剪切断面质量有明显提高。

剪切机通常按剪刃形状、剪刃彼此位置以及剪切机的用途和轧件相对剪切机的运动状态分为平刃剪切机、斜刃剪切机、圆盘剪切机和飞剪机（见图 11-1）。

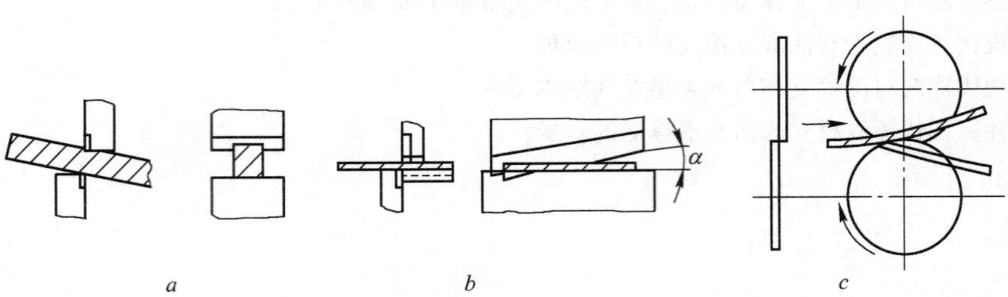

图 11-1　不同类型剪切机剪刃配置图

a—平刃剪切机；*b*—斜刃剪切机；*c*—圆盘剪切机

11.1　平刃剪切机

上、下两剪刃彼此平行的剪切机称作平刃剪切机（见图 11-1*a*）。它通常用来剪切热状态下的轧件，如板坯轧机和开坯轧机轧后的方坯、板坯和矩形截面轧件。有时亦用于剪切冷态下的中、小型成品型材。

11.1.1　平刃剪分类

平刃剪切机按其剪切方式可分为上切式和下切式两种。

上切式剪切机的特点是下刀刃固定不动，剪切轧件的动作由上刀刃来完成；下切式剪切机，其上、下两个刀刃都是运动的，但剪切轧件的运动是由下刀刃上升来完成的。

平刃剪切机还可分为闭式剪切机和开式剪切机。闭式剪切机的机架位于刀刃的两侧，通常做成门型，刚性好，剪切断面大，但不易观察剪切情况，不便于设备的维修和事故处理；开式剪切机的机架位于刀刃的一侧，通常做成悬臂式的，刚性较差、剪切断面小，但是便于检修维护和事故处理。一般大吨位剪切机采用下切式，小吨位剪切机采用上切式。

11.1.2　平刃剪的结构

11.1.2.1　上切式平刃剪切机

这种剪切机结构简单、重量较轻。主要缺点是剪切时轧件易弯曲、剪切截面不垂直，以致影响剪切后的轧件在辊道上顺利运行。故在剪切轧件厚度大于 30 mm 的坯料时，需在剪切机后装设摆动台或摆动辊道，如图 11-2 所示。剪切时，上剪刃压着被剪断的轧件一起下降，迫使摆动辊道也下降。当剪切完毕，摆动辊道在其平衡装置的作用下，随上剪刃上升而回到原始位置。这种剪切机实现上剪刃的上、下移动，多采用曲柄连杆机构，其典型结构有曲柄连杆式剪切机和曲柄活连杆式剪切机。

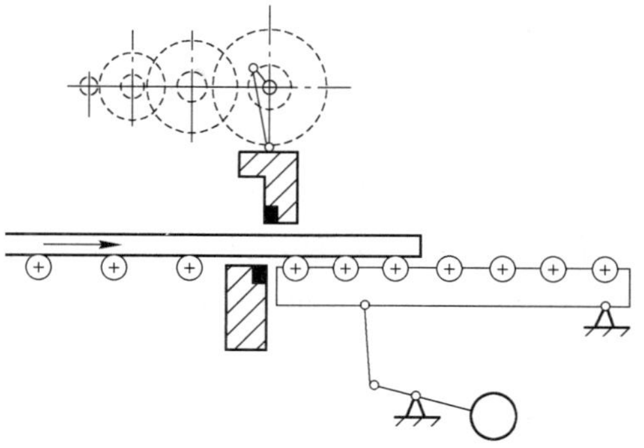

图 11-2 带摆动辊道的上切式剪切机

图 11-3 为 20MN 曲柄连杆上切式剪切机。该剪切机的上、下剪刃分别安装在上刀台 10 和下刀台 11 上。下刀台安放在机架下部，上刀台通过连杆 7 随曲轴 2 转动而上、下移动，实现剪切。为使轧件剪切截面垂直，防止轧件剪切时翘起，设有液压压板装置 5。上刀台平衡装置采用了三点平衡，传动侧有一个平衡油缸 3，操作侧有两个平衡油缸 4。剪切机前设有切头推出机和机前辊道，在剪切机后设有定尺机、摆动辊道等辅助设备。

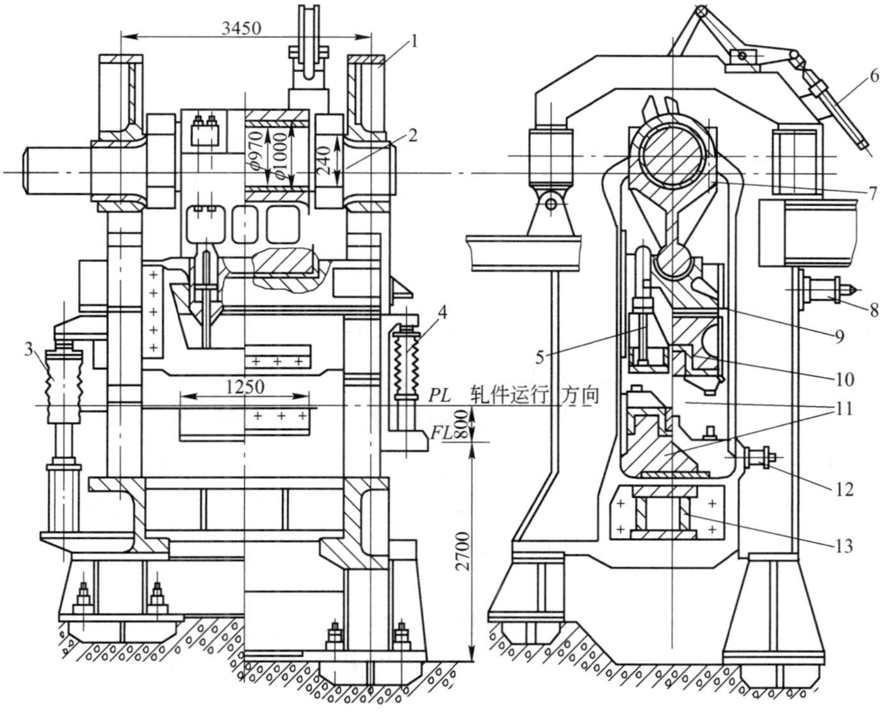

图 11-3 20MN 曲柄连杆上切式剪切机

1—机架；2—曲轴；3—上刀台平衡油缸（传动侧）；4—上刀台平衡油缸（操作侧）；5—压板装置；
6—上刀台行程扩大装置；7—连杆；8—上刀台压紧油缸；9—上刀台连杆垫块；
10—上刀台；11—下刀台；12—下刀台夹紧油缸；13—下横梁

在剪切机操作侧设有快速换剪刃装置，更换刀片时，能将上下刀台从剪切机机架中抽出，而将另一组上下刀台送入剪切机机架，大大缩短更换刀片的时间。此剪切机另一个主要特点是设置了上刀台行程扩大装置 6，以便能让不需剪切的大断面轧件通过剪切机。

图 11-4 为 20MN 曲柄活连杆式剪切机结构及剪切过程示意图。其剪切过程是,剪切前,操纵汽缸 1 使上刀台快速升到原始位置,因为电机长期转动,连杆在上刀台的凹槽中空程摆动(见图 11-4*a*),当剪切时,操纵汽缸 1 使上刀台快速下降压住轧件(见图 11-4*b*),然后操纵小汽缸 9 把连杆推到上刀台上面的平台处,上刀台在曲柄—连杆的作用下,向下移动剪切轧件(见图 11-4*c*)。剪切完毕,小汽缸 9 把连杆拉到上刀台右侧的凹槽中,并操纵汽缸 1 使上刀台快速上升到原始位置,以备下次剪切。该剪切机改革了离合机构,用汽缸操纵连杆代替了一般的离合器,提高了离合次数,也提高了剪切机的生产能力。

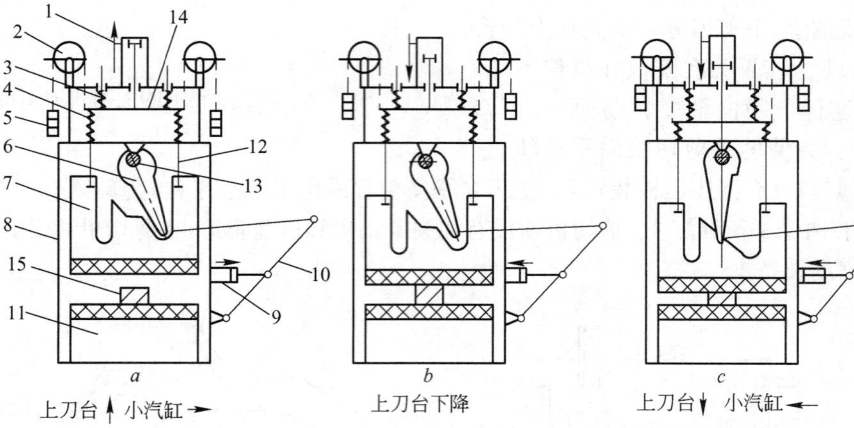

图 11-4　20MN 曲柄活连杆式剪切机结构及剪切过程

a—非剪切时;*b*—上刀台下降准备剪切;*c*—活连杆推入进行剪切

1—汽缸;2—链轮;3,4—弹簧;5—平衡重;6—活连杆;7—上刀台;8—机架;9—小汽缸;10—杆;11—下刀台;12—吊杆;13—偏心轴;14—横梁;15—轧件

11.1.2.2　下切式平刃剪切机

该种剪切机广泛用于剪切厚轧件。剪切开始时,上剪刃先下降,当达到距轧件上表面尚有一定距离时,即停止,其后下剪刃上升进行剪切。切断轧件后,下剪刃先下降,当降到原始位置时,上剪刃上升复位,实现一次剪切。这种剪切机在剪切时由于将轧件抬离辊道面,因此在剪切机后不需设置摆动台或摆动辊道;剪切长轧件时,上剪刃侧的轧件不易产生弯曲且易保证剪切截面垂直,可缩短剪切间隙时间,提高剪切次数。下切式剪式机在结构上比上切式剪切机复杂,根据结构形式不同,有浮动偏心轴式和六连杆式剪切机。

A　浮动偏心轴式剪切机

浮动偏心轴式剪切机通常有三种结构形式(见图 11-5):双偏心下驱动带机械联动压板式;双偏心上驱动带机械联动压板式;单偏心下驱动带液压压板式,此种剪切机的剪切能力较大,剪切力一般在 10MN 以上,多与大型板坯轧机相匹配。因为此种剪切机的偏心轴不需要轴承支承,剪切力由偏心轴及与其相连的杆件相互作用、平衡,机架不承受剪切力,故称之为浮动偏心轴式。

图 11-6 为 16MN 液压压板浮动偏心轴剪切机结构简图。该剪切机由剪切机构、压板机构、刀台平衡机构、机架和传动系统组成。剪切机构由偏心轴 6、下刀台 7、连杆 8、上刀台 10 及心轴 11 组成。上下刀台上装有上下刀片 13 和 14;上下刀台通过连杆 8 连接起来。剪切力不传给机架,机架只承受由扭矩产生的倾翻力矩。

上下刀台及万向接轴分别由液压平衡缸 17、16 和 5 来平衡,为了实现剪切机构确定的运动规律和平衡空载负荷以及防止剪切时在连杆两端铰链处产生冲击,上刀台采用过平衡,下刀台采用欠平衡。

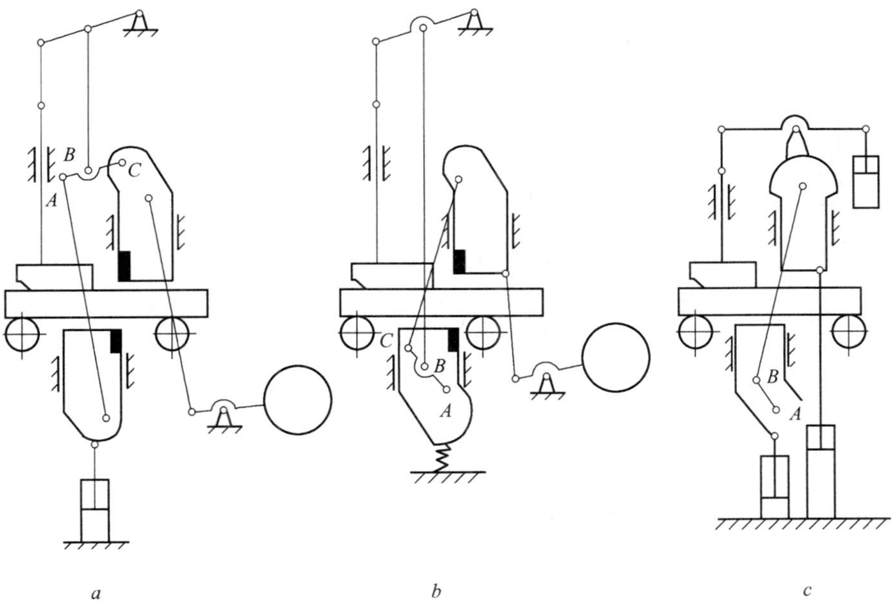

图 11-5 浮动偏心轴式剪切机类型

a—双偏心上驱动带机械联动压板式；*b*—双偏心下驱动带机械联动压板式；*c*—单偏心下驱动带液压压板式

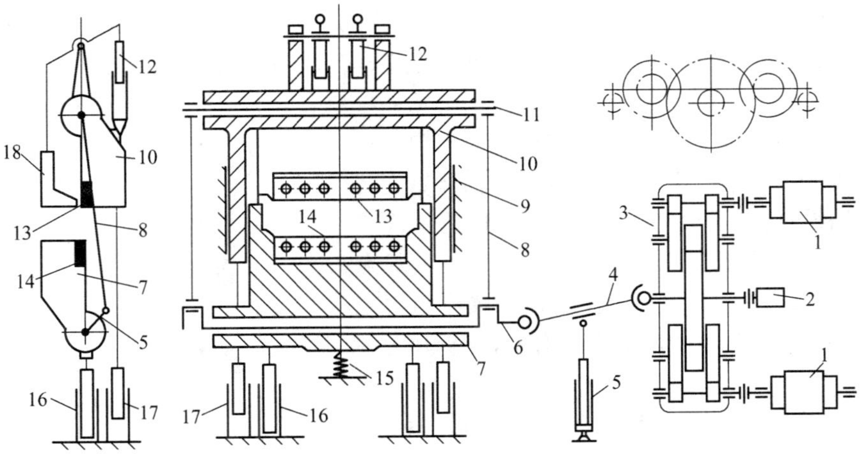

图 11-6 16MN 液压压板浮动偏心轴剪切机结构简图

1—电动机；2—控制器；3—减速机；4—万向接轴；5—接轴平衡缸；6—偏心轴；7—下刀台；
8—连杆；9—机架；10—上刀台；11—心轴；12—压板液压缸；13—上刀片；14—下刀片；
15—弹簧；16—下刀台平衡缸；17—上刀台平衡缸；18—压板

该剪切机的剪切过程如图 11-7 所示。剪切机构的原始位置即上刀台位于最高位置，下刀台处于最低位置，并落在机座底部的缓冲器上，如图 11-7*a* 所示。其剪切过程是：

(1) 当启动剪切机时，由于上下刀台的自重以及上刀台平衡力作用，使偏心轴绕 *A* 点旋转，上刀台和压板下降，由于臂长 $AB=CB$、$ED=DO$，所以当压板未与金属接触之前，上刀台和压板将以同一速度下降，把金属压在辊道的辊子上，如图 11-7*b* 所示。

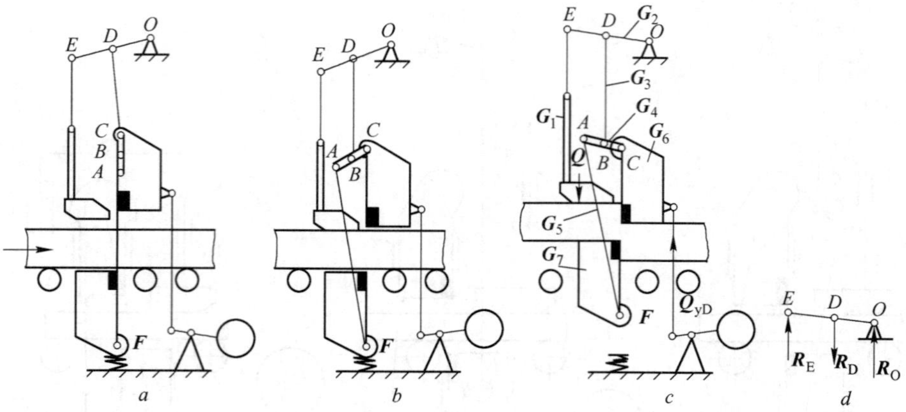

图 11-7 浮动偏心轴式剪切机的剪切过程示意图

a—原始位置;*b*—上刀下降;*c*—上刀停止,下刀上升,剪切;*d*—摇杆受力图

(2) 当压板压住金属后,机构向下运动阻力增大,迫使转动中心由 A 移向 B,以 B 为转动中心,一直到下刀台抬起接触金属为止(这个过程是很短的)。

(3) 下刀台接触金属后,其转动中心又由 B 点移向 C 点,即以 C 为转动中心,这时下刀台和压板夹持金属以相同速度向上移动,进行剪切,如图 11-7*c* 所示。当曲轴转过 180°时,上刀台下降到最低位置,下刀台上升到最高位置,剪切过程结束。

(4) 复位。金属被剪断后,偏心轴仍继续回转。首先是下刀台,压板和夹在它们之间被剪断的金属下降,到金属接触辊道后,压板不动,下刀台开始脱离金属向下运动,回到原始位置之后,上刀台和压板同时上升,回到原来位置。到曲轴转过 360°时,机构全部回到原始位置,完成一次剪切循环。

由上面剪切过程可知,该剪切机构按平面机构分析是属于自由度为 2 的偏心连杆机构,故当主轴开始旋转时,存在着两种可能的运动(见图 11-8):一种是以 A 点为旋转中心,上刀台下降,下刀台不动;另一种是以 C 点为旋转中心,上刀台不动,下刀台上升。按最小阻力定律确定其运动方式。现以主轴为平衡对象,分析其力的平衡条件。

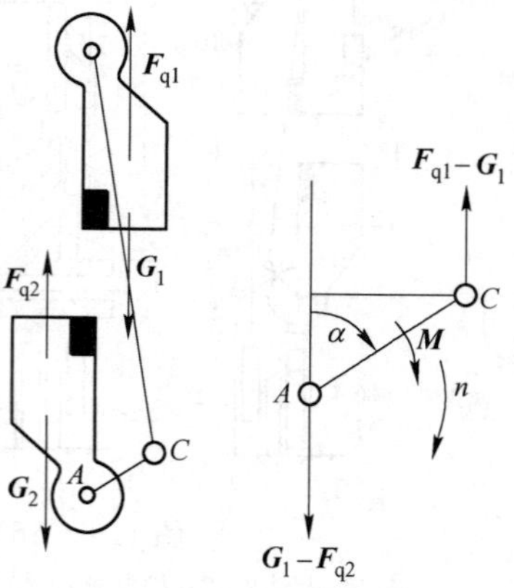

图 11-8 剪切机构运动分析简图

设绕 A 和 C 点旋转时的阻力矩分别为 $\boldsymbol{M}_A$、$\boldsymbol{M}_C$,则若使上刀台先下降,其条件应为:$\boldsymbol{M}_C > \boldsymbol{M}_A$。

为分析方便起见,认为 A、C 处力的作用方向均为垂直的(由于连杆较长,这样简化是可以的),因而上式可写成:

$$(\boldsymbol{F}_{q1}-\boldsymbol{G}_1)R\sin\alpha<(\boldsymbol{G}_2-\boldsymbol{F}_{q2})R\sin\alpha$$

$$(\boldsymbol{F}_{q1}-\boldsymbol{G}_1)<(\boldsymbol{G}_2-\boldsymbol{F}_{q2}) \tag{11-1}$$

式中 $\boldsymbol{F}_{q1}$,$\boldsymbol{F}_{q2}$——上、下刀台平衡力,N;

$\boldsymbol{G}_1$,$\boldsymbol{G}_2$——上、下刀台的重量,N。

第一阶段的运动是压板把金属压在辊道上而告终,上刀台被迫停止下降。这时上轴只能绕 C 点旋转(即 $\boldsymbol{M}_C < \boldsymbol{M}_A$),旋转中心从 A 转换到 C,从而开始了第二阶段运动,即下刀台上升至最

高位置后再下降到原始位置，主轴继续沿同一方向旋转，而下刀台已不能再下降，此时旋转中心又从 C 转换到 $A(\boldsymbol{M}_C>\boldsymbol{M}_A)$，从而开始了第三阶段的运动，即上刀台上升到原始位置。第二、第三阶段由于上刀台与下刀台已分别处于强迫静止状态，机构只有一个自由度，运动是确定的。而在第一阶段则具有两个自由度，其运动必须满足上刀台的过平衡力小于下刀台的重量。即：

$$\boldsymbol{F}_{q1}+\boldsymbol{F}_{q2}<\boldsymbol{G}_1+\boldsymbol{G}_2 \tag{11-2}$$

式(11-2)是使整个剪切机构不上浮的条件，也是确定上下刀台平衡力的基本原则。这类剪切机的平衡系统采用液压平衡，应充分注意液压系统的冲击问题。上、下刀台运动转换时，上刀台平衡液压管路要突然关闭与开启，容易引起较大的水锤现象。当液压系统设计不完善时，较大的液压冲击及偏载将会导致刀台及机架振动，使剪切机不能正常工作。

B 六连杆式剪切机

六连杆式剪切机在国内外应用较为广泛。按剪切能力划分，我国现有 2.5MN、4MN、7MN 和 9MN 四种类型，国外有 20MN 的六连杆剪切机，这些不同剪切能力的六连杆剪切机，其结构形式基本相同，只是驱动电机型式（交流或直流）与工作制度（连续工作制或启动工作制）稍有差别。图 11-9 为 9MN 六连杆式剪切机的结构简图。剪切机由剪切机构（包括上刀台调整机构），传动机构，压板装置三部分组成。

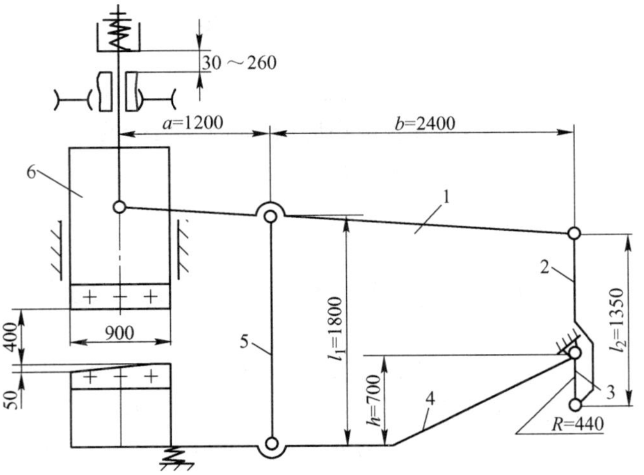

图 11-9 9MN 六连杆式剪切机结构简图

1—上剪股；2—曲柄连杆；3—曲柄轴；4—下剪股；5—连接上下剪股的连杆；6—上刀台

六连杆式剪切机工作原理如图 11-10 所示，当偏心轴开始转动时，下剪股向上运动受到拉杆 7 和下剪股 6 重量的阻碍，而上剪股 3 受上刀台 1 和上剪股重量的作用，必然使上剪股绕 D 点转，上刀台下降，直到缓冲弹簧受到导行套 2 阻碍为止，即上刀台由原始位置变为图 11-10b 的位置。在该位置时，压板已压着轧件，而上剪刃与轧件尚有一段距离（因为压板低于上剪刃）。当偏心轴 5 继续转动，推动上剪股 C 点抬起，但受导行套限制，上刃台不能下降，则上剪股 3 由绕 D 点转变为绕 E 点转，通过拉杆 7 提升下剪股 6 绕 B 点转动，下刀台上升。当下剪刃与轧件接触后（见图 11-10c），托起轧件同压板一起上升进行剪切（见图 11-10d）。剪切完了，下剪刃继续上升到顶点。偏心轴 5 继续转动，下刀台托着剪断了的轧件下降到原始位置后，上刀台和压板开始上升回到原始位置。偏心轴 5 转过 360°，完成一次剪切。

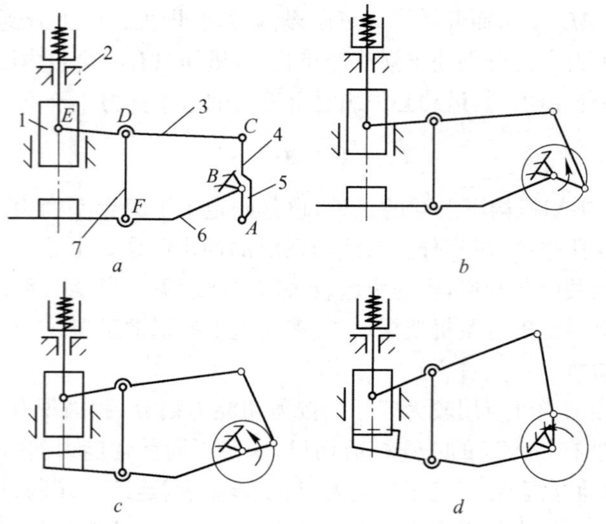

图 11-10　六连杆式剪切机工作原理

a—原始状态；*b*—上刀台下降受导行套限制；*c*—下刀台上升；*d*—剪切终了

1—上刀台；2—导行套；3—上剪股；4—连杆；5—偏心轴；6—下剪股；7—拉杆

剪切机除采用该循环工作制外，也可采用摆动工作制。电机作正、反两个方向转动，偏心轴不做整周运动，在小于 360°内摆动，可减少剪切周期，提高剪切机的生产率。六连杆式剪式机结构比较简单，操作方便，工作可靠。但剪切次数低，设备重量大。

11.1.3　平刃剪切机的主要参数

平刃剪切机的主要参数为剪切力、剪刃行程、剪刃尺寸和剪切次数。

11.1.3.1　剪切力

剪切力是剪切机的一个重要力能参数。选择剪切机时，在确定剪切机结构形式之后，应根据被剪切轧件的材质、温度、最大截面尺寸及剪刃状况等，确定需要的剪切力，该剪切力要小于剪切机的允许剪切力，即名义剪切力。由于该力在剪切过程中是变化的，故首先分析轧件的剪切过程。

A　轧件剪切过程分析

轧件的剪切过程，可分为两个阶段：压入变形阶段和剪切滑移阶段。如图 11-11 所示，在剪切过程中，轧件受到三个力的作用：剪切力(P)、侧推力(T)和压板力 (Q)。在这三个力的作用下轧件处于平衡状态。在剪刃与轧件接触后，随两剪刃压入轧件，使轧件产生塑性变形。在由剪刃对轧件的压力(**P**)组成的力矩(Pa)作用下，使其沿图示方向转动。但轧件在转动中，受到由剪刃侧面给轧件的推力构成的力矩(Tc)和压板力构成的力矩 (Qb)阻挡，力图阻止轧件转动。剪刃逐渐压入，压力不断增大，当剪刃压入深度达一定值时，即压力(P)增加到等于沿剪切截面的剪切力时，轧件沿剪切截面开始滑移，即由压入阶段转为滑移阶段。在此阶段中，随压入深度增加，剪切力减小。当压入深度达到一定值时，轧件断裂。整个剪切过程剪切力的变化如图 11-12 所示。横坐标($\varepsilon=z/h$)为相对压入深度，纵坐标为剪切力(P)。

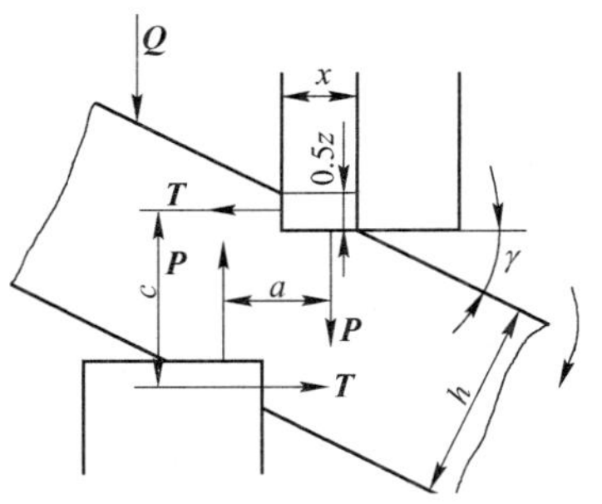

图 11-11 平刃剪剪切过程受力分析

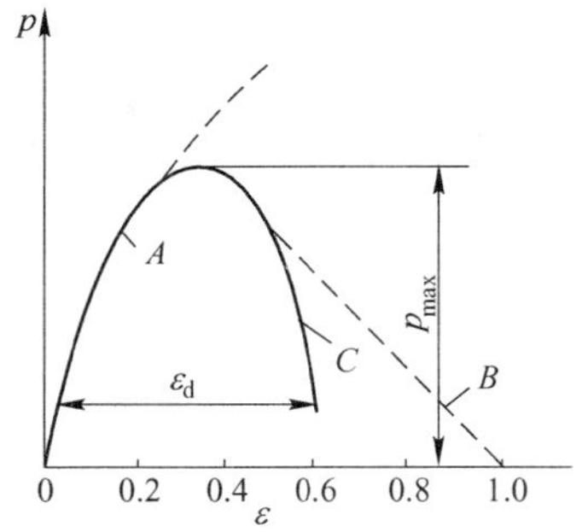

图 11-12 剪切力随相对切入深度的变化曲线

若忽略轧件的重量，在开始滑移时，两个力偶矩相等，即处于平衡状态，轧件转动倾角为 γ，压入轧件的深度为 $0.5z$，剪刃与轧件接触面积的宽度为 x，力 P 与 T 均作用在轧件接触面积宽度的中间位置上。并假定压入阶段剪刃与轧件接触的表面上的单位压力均匀分布且相等。结合图 11-11 中的几何关系：

$a\approx x=0.5z/(\tan\gamma)$，$c=h/(\cos\gamma)-0.5z$，$P/x=T/(0.5z)$，则有：

$$\boldsymbol{P}a=\boldsymbol{T}c \tag{11-3}$$

$$\boldsymbol{T}=\boldsymbol{P}\frac{0.5z}{x}=\boldsymbol{P}\tan\gamma \tag{11-4}$$

$$\boldsymbol{P}\frac{0.5z}{\tan\gamma}=\boldsymbol{P}\tan\gamma\left(\frac{h}{\cos\gamma}-0.5z\right) \tag{11-5}$$

由此可得刀片压入深度与轧件转角 γ 之关系：

$$\varepsilon=\frac{z}{h}=2\tan^2\gamma\cdot\cos\gamma\approx2\tan^2\gamma \tag{11-6}$$

由此可知，压入深度愈大，轧件转角就愈大，侧向推力亦愈大。为了减小轧件转角，以减小侧向推力，使剪切断面平直，并减小滑板的磨损，减轻设备的维修工作量，提高设备的作业率。经常采用压板装置，图 11-11 中的力 Q，即表示压板给轧件的力。

在刀片压入阶段的剪切力为：

$$\boldsymbol{P}=\boldsymbol{p}bx=0.5z\boldsymbol{p}b/(\tan\gamma)=\boldsymbol{p}b\sqrt{0.5zh}=\boldsymbol{p}bh\sqrt{0.5\varepsilon} \tag{11-7}$$

式中 $\boldsymbol{p}$——单位压力，MPa。

滑移阶段的剪切力为：

$$\boldsymbol{P}=\boldsymbol{\tau}b(h/\cos\gamma-z) \tag{11-8}$$

式中 τ——轧件被切断面上的单位剪切阻力，MPa。

根据式(11-7)，剪切力随 ε 的增加(将按图 11-12 所示之抛物线 A)而增加，一直增加到由式(11-8)决定的金属开始沿整个断面产生滑移的数值为止。若 $\boldsymbol{\tau}$ 为常数，则剪切力 P 将根据式(11-8)按图所示直线 B 减少。但实际上 $\boldsymbol{\tau}$ 值是随 ε 的增加而减少，因而力 P 将按曲线 C 更剧烈地减少。当切入达一定深度时，轧件断裂，剪切力为零。

轧件断裂时的相对切入深度为 ε_d，其大小同材料材质及剪切温度有关。

B 单位剪切抗力的确定

为确定轧件在剪切过程中剪切力的大小，需求出被剪切轧件的单位剪切抗力。可通过剪切力实验曲线和理论计算得到。实验曲线是用不同钢种，在不同温度下进行剪切实验获得，将所测得的剪切力(P)除以试件原始截面积(A)，将压入深度(z)除以试件原始高度(h)便可得到单位剪切力(τ)与相对切入深度(ε)的关系曲线,此曲线即为单位剪切抗力曲线。图 11-13 为热剪切低碳钢单位剪切抗力曲线;图 11-14 为冷剪切不同金属单位剪切抗力曲线。应当指出,单位剪切抗力并非被剪材料的真实剪切应力。

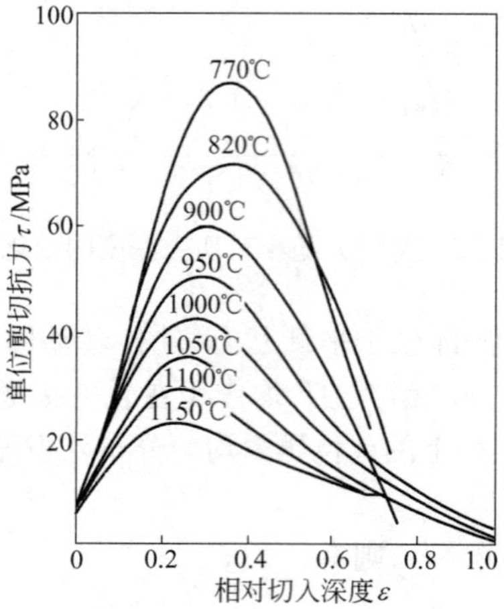

图 11-13　热剪切低碳钢单位剪切抗力曲线

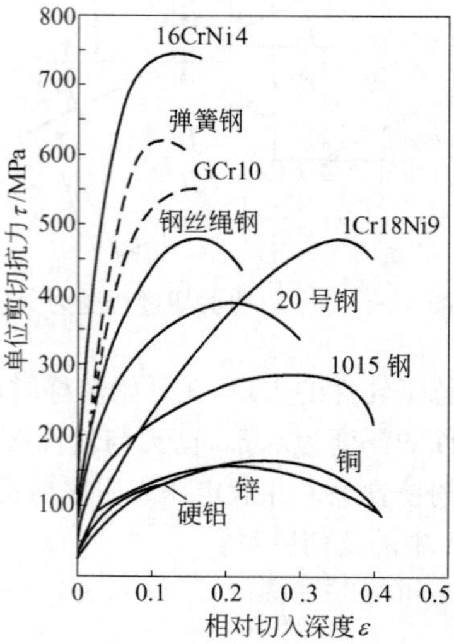

图 11-14　冷剪切不同金属单位剪切抗力曲线

从图 11-13、图 11-14 中单位剪切抗力曲线可见,材料强度限越高,单位剪切抗力越大,对同一种材料来说,剪切时温度越高,单位剪切抗力越小,因此,材料的强度限也可以用来表征单位剪切抗力大小,即 $\tau=0.6\sigma_{bt}$。系数 0.6 是考虑单位剪切抗力与强度极限比例系数,不同钢种在不同温度下的强度极限见表 11-1。

表 11-1　不同钢种在不同温度下的强度极限 σ_{bt}　(MPa)

钢 种	温度 t/℃							
	1000	950	900	850	800	750	700	20
合金钢	85	100	120	135	160	200	230	700
高碳钢	80	90	110	120	150	170	220	600
低碳钢	70	80	90	100	105	120	150	400

C　剪切力

在设计或选择剪切机时,往往只需要根据被剪切材料的最大截面尺寸计算出最大剪切力 P_{max},可用下式计算:

$$P_{max}=k\tau A_{max} \tag{11-9}$$

式中　τ——被剪切金属在对应温度下的最大单位剪切抗力,MPa;

A_{max}——被剪材料原始截面积,mm^2;

k——系数,考虑剪刃磨钝、剪刃间隙增大的系数,其值按剪切机能力选:小型剪切机($P<1.6$MN),取 1.3;中型剪切机($P=2.5\sim8$MN),取 1.2;大型剪切机($P>10$MN),取 1.1。

若被剪切材料无单位剪切抗力试验数据,可按下式计算最大剪切力:

$$P_{max}=0.6K\sigma_{bt}A_{max} \tag{11-10}$$

式中 $\boldsymbol{\sigma}_{bt}$——被剪切材料在相应温度下的强度极限，MPa。

按式(11-10)计算，参考现有系列标准选定剪切机的能力。

11.1.3.2 剪刃行程

剪刃行程应以保证在剪切时轧件顺利通过剪刃并切断为原则。行程太小，翘头的轧件不易通过。行程太大，对偏心轴类剪切机，将导致偏心距增加，驱动力矩增加，结构尺寸也要相应增大。对液压驱动的剪切机，则使液压缸的行程增加，充液时间增长。剪刃行程主要取决于剪切轧件的最大厚度，可按下式确定(见图 11-15)：

$$H = H_1 + \gamma + \varepsilon + \delta \qquad (11\text{-}11)$$

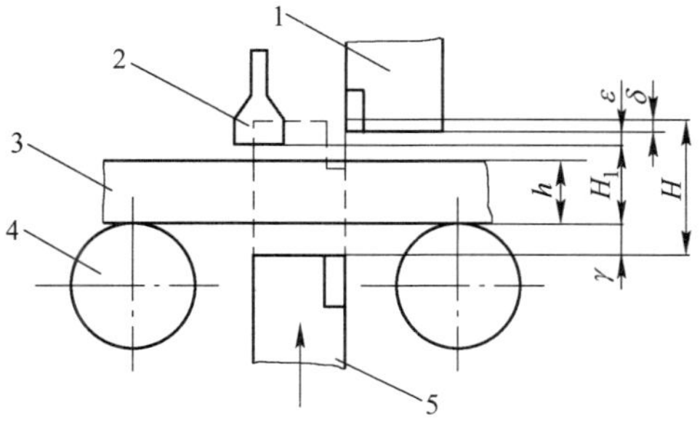

图 11-15 剪刃行程示意图

1—上刀台；2—压料板；3—被剪金属；4—辊道；5—下刀台

式中 H_1——辊道上表面至压板下表面间的距离，

$$H_1 = h_{max} + (50 \sim 75)$$

h_{max}——被剪切金属的最大厚度，(50～75) mm 是考虑轧件有翘头时，仍可通过剪切机留有余量；

γ——辊道上表面高于下剪刃的量，5～20 mm；

ε——使上剪刃不被被剪金属撞击，压板低于上剪刃的量，5～25 mm；

δ——上、下剪刃的重叠量，5～25 mm。

11.1.3.3 剪刃尺寸

剪刃尺寸包括剪刃长度、高度和宽度。这些尺寸主要根据被剪金属的最大截面尺寸来选定。剪刃长度可按下表 11-2 确定，其中，B_{max} 为被剪金属的最大宽度。

表 11-2 剪 刃 长 度

类 型	小型型钢剪切机	大中型型钢剪切机	板坯剪切机
剪刃长度/mm	$(3\sim4)B_{max}$	$(2\sim2.5)B_{max}$	$B_{max}+(100\sim300)$

11.1.3.4 剪切次数

剪切次数是表示剪切机生产能力的参数。剪切次数有理论剪切次数和实际剪切次数。理论剪切次数是指剪切机在每分钟时间内连续运转可实现的剪切次数，该值取决于剪切机的结构。实际剪切次数总是小于理论剪切次数，因此，在选择剪切机时，实际剪切次数应保证在轧制节奏时间内，剪完工艺规程规定的全部定尺和切头、切尾。表 11-3 为热剪切机基本参数。

表 11-3 热剪切机基本参数

序号	分类	公称能力(最大剪切力)/MN	剪刃行程/mm		剪刃长度/mm		坯料最大宽度/mm		剪刃断面尺寸/mm		理论剪切次数/次·min^{-1}
			方坯	板坯	方坯	板坯	方坯	板坯	高度	厚度	
1	小型剪切机	1.0	160		400		120	—	120	40	18～25
2		1.6	200		450		150	—	150	50	16～20

续表 11-3

序号	分类	公称能力（最大剪切力）/MN	剪刃行程/mm		剪刃长度/mm		坯料最大宽度/mm		剪刃断面尺寸/mm		理论剪切次数/次·min^{-1}
			方坯	板坯	方坯	板坯	方坯	板坯	高度	厚度	
3	中型剪切机	2.5	250		600		190	300	180	60	14～18
4		4.0	320		700		240	400	180	70	12～16
5		6.3	400		800		300	500	210	70	10～14
6		8.0	450		900		340	600	240	80	8～12
7	大型剪切机	10	500	350	1000	1200	400	900	240	80	6～12
8		(12.5)	600	400	1000	1500	500	1200	270	90	6～10
9		16	600	400	1200	1800	500	1500	270	90	6～10
10		20	600	450	1400	2100	500	1600	300	100	6～10
11		25	600	450	—	2100	—	1600	300	100	3～6

11.2 斜刃剪切机

斜刃剪切机的剪刃互成一定角度布置，通常上剪刃是倾斜的，下剪刃是水平的(见图 11-16)。斜刃剪常用于冷剪和热剪金属板材，有时也用于剪切成束的小型轧材。

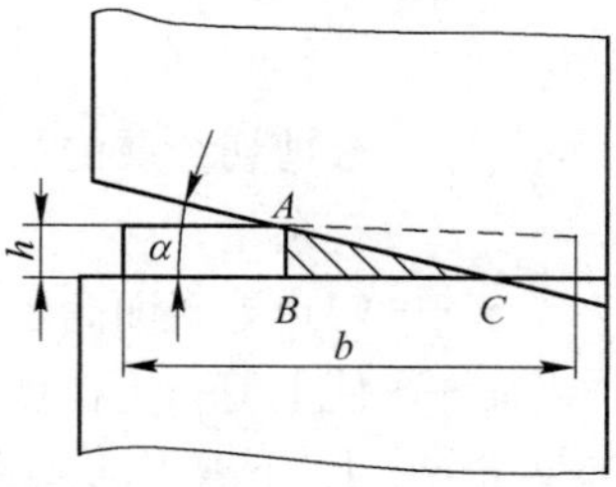

图 11-16 斜刃剪剪切示意图

11.2.1 斜刃剪切机结构

斜刃剪切机按剪切方式，亦可分为上切式和下切式。上切式斜刃剪常用于独立机组或单独使用。下切式斜刃剪多用于连续作业线上，进行切头、切尾或分切。

11.2.1.1 上切式斜刃剪

该类剪切机，采用电动驱动较多。Q11-20×2000 型斜刃剪切机传动系统简图如图 11-17 所

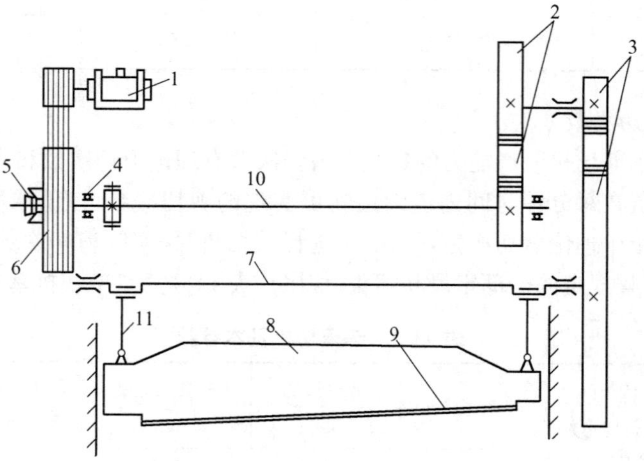

图 11-17 Q11-20×2000 型剪切传动系统图

1—电动机；2,3—减速齿轮；4—滚动轴承；5—离合器；6—皮带轮；7—曲柄；8—上刀台；9—剪刃；10—长轴；11—连杆

示，可剪切厚度 20 mm、宽度 2000 mm 的钢板。该剪切机上剪刃倾斜角为 $4^{\circ}15'$，最大剪切力为 1MN。

11.2.1.2 下切式斜刃剪

图 11-18 为下切式液压斜刃剪，与一般下切式液压剪不同点在于剪切位置可按带材剪切厚度变化而调整。其剪切位置由限位挡块 1 决定，限位挡块 1 的位置由固定在机架 11 上的液压缸 2 来调整。而当液压缸 3 供液时，活塞杆不运动而缸体向下运动，通过横梁 4、拉杆 5 带动上刀台 6 向下运动，直到安装在上刀台 6 上的挡块 10 与限位挡块 1 相接触，此时液压缸 3 继续充液。由于上刀台的运动被限位挡块阻挡，因而下刀台 7 由液压缸的活塞向上推动，切断轧件。

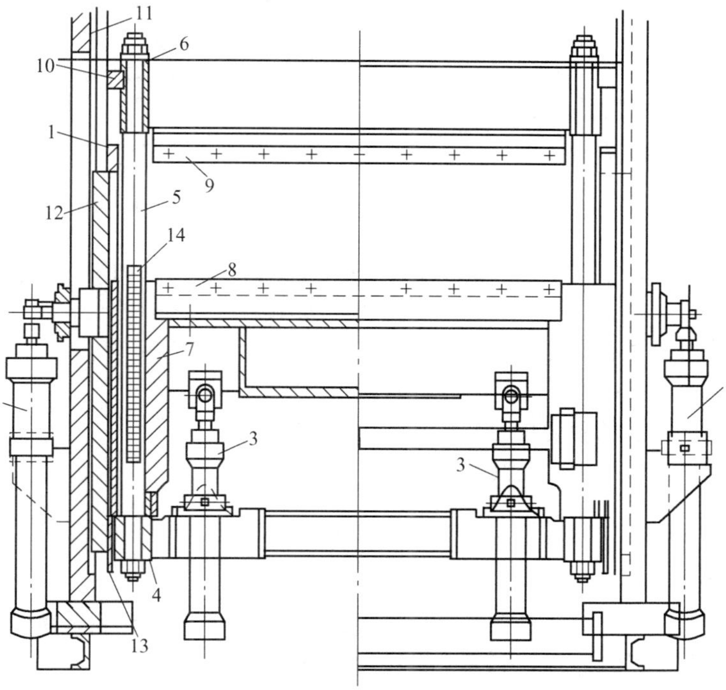

图 11-18 下切式液压剪

1—限位挡块；2，3—液压缸；4—横梁；5—拉杆；6—上刀台；7—下刀台；8—下剪刃；9—上剪刃；10，13—挡块；11—机架；12—滑槽；14—齿条

轧件剪断后，液压缸 3 反向充液，活塞杆带动下刀台 7 下降，至与滑槽 12 固定在一起的挡块 13 相接触后停止。随液压缸继续充液，上刀台随缸体上升回复到原始位置，待下次剪切。不剪切时，上、下刀台的重量通过挡块 13、滑槽 12 及液压缸 2 支持在机架 11 上。

下刀台两液压缸通过齿轮齿条 14 实现机械同步。这种剪切机剪切时，与浮动偏心轴式剪切机相似，机架不承受剪切力，剪切力由连接上、下刀台的拉杆 5 来承受。

11.2.2 斜刃剪切机参数

斜刃剪切机的主要参数为剪切力、剪刃长度、剪刃倾角、剪刃行程和剪切次数。

11.2.2.1 剪切力

如图 11-19 可知，斜刃剪由于剪刃倾斜布置，剪切时，剪刃与轧件接触长度仅是轧件剪切截面长度的一部分。因此，剪切力减小，电机功率及设备重量也相应减小。

斜刃剪剪切力的计算方法有多种。下面仅介绍目前常用的 B. B. 诺萨里计算公式。由图

11-20 剪切板材时变形分析可知，总剪切力包括三部分：

$$\boldsymbol{P}=\boldsymbol{P}_1+\boldsymbol{P}_2+\boldsymbol{P}_3 \tag{11-12}$$

式中　$\boldsymbol{P}_1$——纯剪切力，N；

$\boldsymbol{P}_2$——剪刃作用于被剪掉部分产生的弯曲力，N；

$\boldsymbol{P}_3$——板材受剪刃压力（近似地以 EF 为界）产生的局部碗形弯曲力，N。

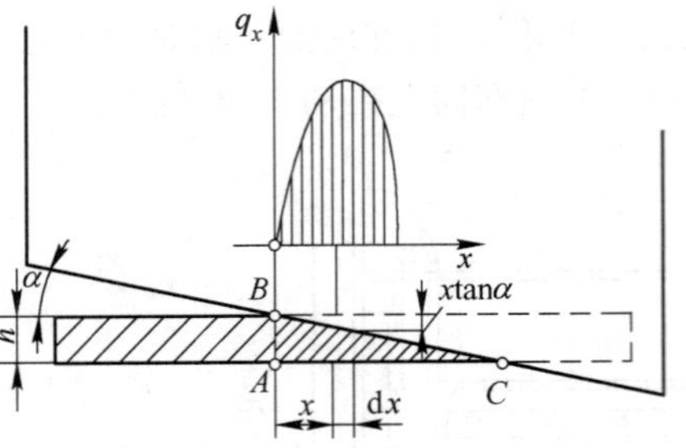

图 11-19　金属作用在刀片上的剪切力

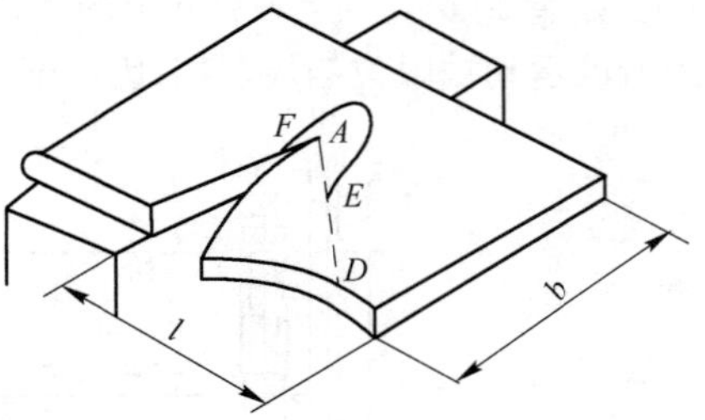

图 11-20　斜刃剪剪切板材时，板材变形示意图

由图 11-19 可知，作用在三角形内宽为 dx 的微分面积上的剪切力为：

$$\mathrm{d}\boldsymbol{P}_x=\boldsymbol{q}_x\mathrm{d}x=\boldsymbol{\tau}h\,\mathrm{d}x \tag{11-13}$$

式中　h——被剪切金属的厚度，mm；

$\boldsymbol{q}_x$——作用在剪刃单位长度上的剪切力，N/mm；

$\boldsymbol{\tau}$——被剪切金属的剪切抗力，MPa。

剪切区内任意一点，相对切入深度为：

$$\varepsilon_x=\frac{x\tan\alpha}{h} \tag{11-14}$$

式中　α——剪刃倾角，(°)。

由式(11-14)知 ε_x 和 x 成线性关系，则可认为斜刃剪上沿剪刃与金属接触线上剪切力曲线 $\boldsymbol{q}_x=f(x)$和平刃剪的剪切抗力曲线 $\boldsymbol{\tau}=f(\varepsilon_x)$的关系相似。由此可得：

$$\mathrm{d}x=\frac{h}{\tan\alpha}\mathrm{d}\varepsilon_x \tag{11-15}$$

将式(11-15)代入式(11-13)并积分，则得纯剪切力：

$$\boldsymbol{P}_1=\frac{h^2}{\tan\alpha}\int\boldsymbol{\tau}\mathrm{d}\varepsilon_x=\frac{h^2a}{\tan\alpha} \tag{11-16}$$

式中，a 为单位剪切功，其值可按平刃剪切机剪切时单位剪切抗力曲线选取，冷剪时，可用下式求得：

$$a=k_1\sigma_bk_2\delta_5$$

式中，$k_1\cdot k_2=0.6$。

$$\boldsymbol{P}_1=0.6\sigma_b\delta_5\frac{h^2}{\tan\alpha} \tag{11-17}$$

由式(11-17)看出，斜刃剪的剪切力与被剪金属厚度的平方及单位剪切功成正比。因此，剪切力既与金属的强度有关，也与金属的塑性有关。诺萨里导出的总剪切力公式为：

$$\boldsymbol{P}=\boldsymbol{P}_1\left[1+\beta\frac{\tan\alpha}{0.6\delta_5}+\frac{1}{1+\dfrac{10\delta_5}{\sigma_by^2z}}\right] \tag{11-18}$$

此式中第二项为分力 $\boldsymbol{P}_2$，其系数 β 可根据无因次数值 $\lambda=l\tan\alpha/(\delta_5 h)$ 由图 11-21 的曲线求出，式中 l 为被切下部分板材的宽度，当宽度 l 较大，且 $\lambda\geqslant15$ 时，系数 β 将接近于极限值 $\beta=0.95$。式中第三项为分力 $\boldsymbol{P}_3$，此项中的 $y=S/h$ 为剪刃侧向间隙的相对值，S 为剪刃的侧向间隙，如图 11-22 所示。当 $h=5$ mm 时，S 取 $0.07h$；当 h 为 10～20 mm 时，S 取 0.5 mm。数值 $z=C/h$ 是考虑到压板作用的系数，式中 C 为剪切平面到压板中心线的距离，初步计算时可取 $z=10$。

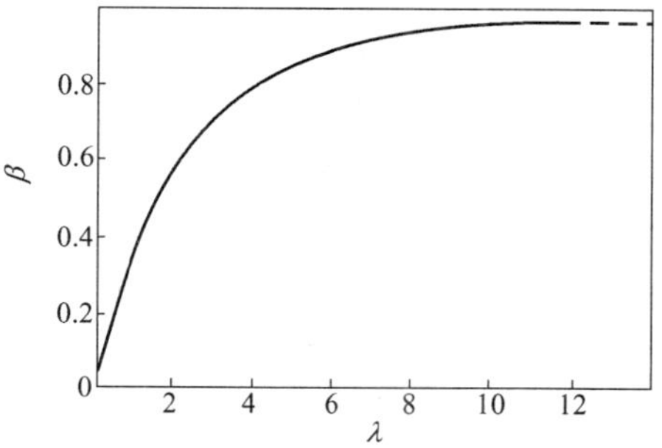

图 11-21 系数 β 与 $\lambda=l\tan\alpha/(\delta_5 h)$ 的关系

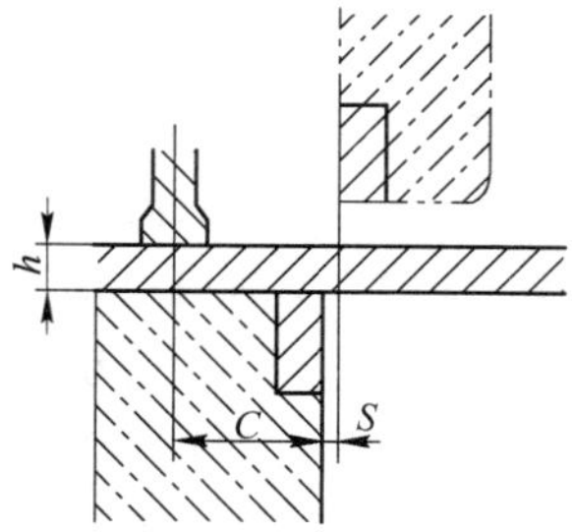

图 11-22 压板和剪切面的距离

考虑到剪刃变钝后，实际剪切力将增加，故将计算出的剪切力增加 15%～20%。

11.2.2.2 剪刃行程

斜刃剪剪刃行程除考虑平刃剪剪切时的各种因素外，尚需考虑由于剪刃的倾斜所引起的行程增加量：

$$H=H_p+H_1=H_p+B_{max}\tan\alpha \tag{11-19}$$

式中 H_p——相当于平刃剪的行程，mm；

H_1——剪刃倾斜引起的行程增加，mm；

B_{max}——被剪切板材最大宽度，mm。

11.2.2.3 剪刃长度

剪刃长度取决于被剪板材的最大宽度，按下式确定：

$$L=B_{max}+(100\sim300)$$

11.2.2.4 剪刃倾角

剪刃倾角的大小对板材剪切质量影响很大，倾角增加，剪切力降低，但剪切行程增加，且在剪切时产生侧向推力，使剪切过程不稳，同时造成板材的弯曲和变形增加，使剪切质量降低；倾角减小，剪切力增大，设备重量加大，但有利于改善剪切质量。它的大小，主要取决于剪切板材的厚度。薄板斜刃剪取 1°～3°；剪切较厚板材取 10°～12°。为了保证剪切质量，有的斜刃剪倾角做成可调节的。

11.2.2.5 剪刃侧向间隙

剪刃的侧向间隙是影响板材剪切质量的重要因素，同时也关系到剪切力的大小及剪刃寿命。S 太小会使剪切力增加，且加速了刃口磨损；太大会使板材产生毛刺或断口粗糙。S 的取值与板材的材质及板材的厚度有关，一般取为被剪板材厚度的 5%～7%。合理的设计，应使斜刃剪的侧向间隙可调。

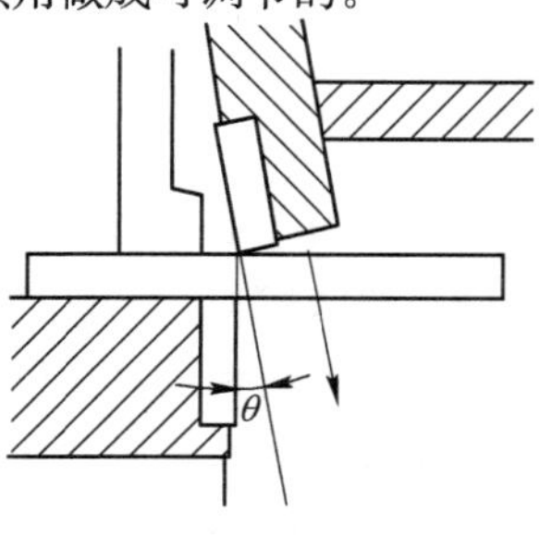

图 11-23 剪切倾角示意图

11.2.2.6 剪切倾角

如图 11-23 所示，θ 可能影响轧件剪切断面的平整性和垂直性。合适的倾角可以得到与板材平面相垂直的切面，一般取 θ 为 2°～4°。为了保证剪切质量，也可设计成可调。

11.2.2.7　剪切次数

斜刃剪的剪切次数可参照平刃剪确定，也可参阅斜刃剪的参数系列。

11.3　圆盘剪

11.3.1　圆盘剪切机结构

圆盘剪是板带生产车间不可缺少的剪切设备，用于纵向连续剪切板带材。

圆盘剪按用途可分为两种，即切边用圆盘剪和分条用圆盘剪；按圆盘剪的传动方式又有拉剪和动力剪之分。拉剪，即剪刃没有传动装置，由拉力辊或其他设备将带材拉过圆盘剪进行剪切。有的动力剪亦可做拉剪用，在传动系统中装有离合器。

图 11-24 为带有碎边机的两对圆盘式剪切机结构示意图。它可冷剪厚度 4～25 mm，宽度 100～2000 mm 钢板的侧边，剪切速度为 0.31～1.0 m/s，圆盘剪刃直径为 1000 mm，由 250 kW 直流主传动电动机 6 经减速机、齿轮箱、万向接轴传动。两对圆盘剪刃分别装在左右机架的上、下轴上，通过 6.5 kW 移动机架电机 7 经蜗轮蜗杆及减速器传动丝杠，移动一个机架改变两对剪刃间距离，以调整剪切板带材宽度。上、下剪刃间径向距离调整（即剪刃重叠量调整）机构 4 是由 1.1 kW 电机经两对蜗轮蜗杆减速后，使上、下两偏心套筒 3 向相反方向转动，实现剪刃轴间距离调整。剪刃侧向间隙调整是通过转动蜗轮蜗杆，使固定剪刃的轴沿轴向移动，即可调整剪刃的侧向间隙。为减少金属与剪刃间摩擦，每对剪刃相对板材运动方向成一角度（$\alpha=0°22'$），如图11-25所示。

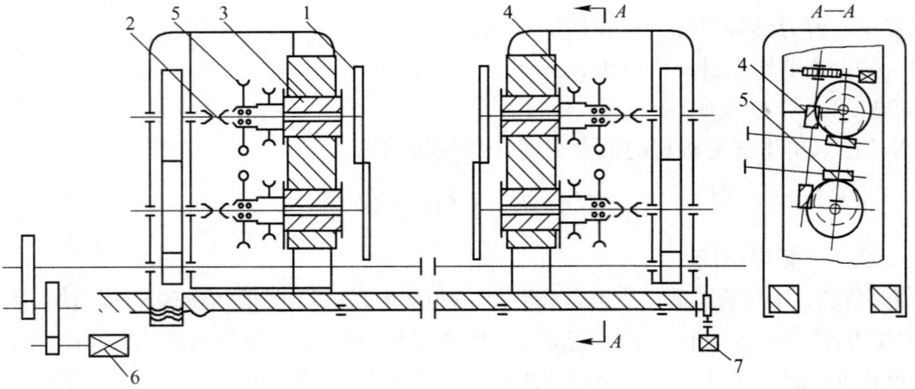

图 11-24　圆盘式剪切机结构示意图

1—剪刃；2—万向接轴；3—偏心套筒；4—调整剪刃距离机构；5—剪刃侧向间隙调整机构；6—主传动电机；7—移动机架电机

为对剪下的板边进行处理，通常在圆盘剪后面设有碎边机，将板边切成小段，以便收集。若所剪下废边较薄，也可用废边卷取机卷成捆。

为使剪后板带材保持平直，剪下的板边向下弯曲送入碎边机，一般使上剪刃轴线相对于下剪刃轴线移动一段距离或使上剪刃直径小于下剪刃直径，如图 11-26 所示。

分条用圆盘剪有多对圆盘剪刃，按着要求的板带宽度，分别装在上、下两根剪刃轴上，由传动装置驱动进行分条剪切。

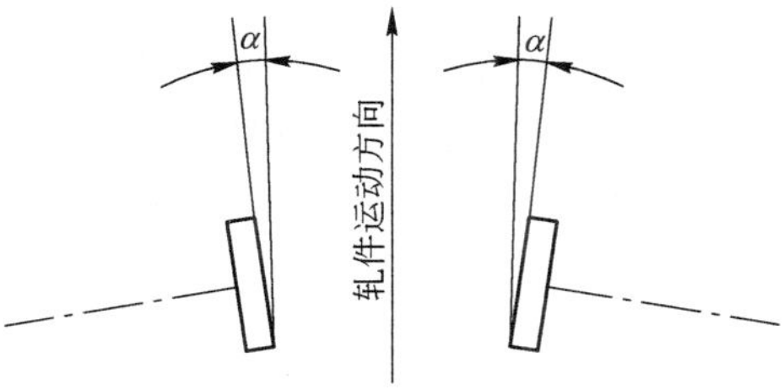

图 11-25 圆盘剪刃盘轴线倾斜示意图

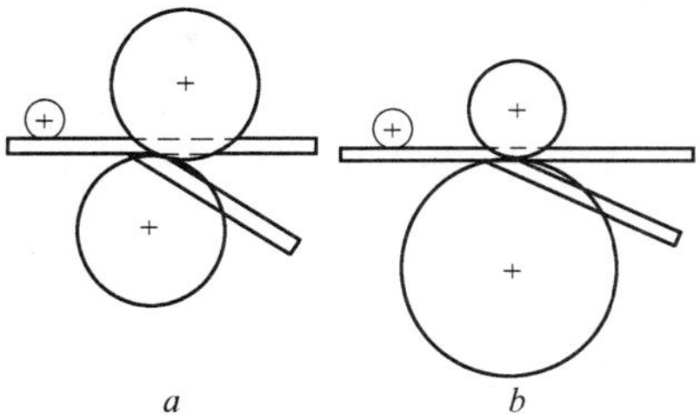

图 11-26 带材切边弯曲的方法

11.3.2 圆盘剪的主要参数

圆盘剪主要参数为剪切力、剪切力矩及功率、剪刃直径、剪切速度及剪刃侧向间隙。

11.3.2.1 剪切力、剪切力矩及功率

圆盘剪剪切力的计算方法与斜刃剪相似。设作用在一个剪刃上的总剪切力由两个部分组成：

$$\boldsymbol{P}=\boldsymbol{P}_1+\boldsymbol{P}_2 \tag{11-20}$$

式中 $\boldsymbol{P}_1$——纯剪切力，N；

$\boldsymbol{P}_2$——板材被剪掉部分的弯曲力，N，如图 11-27 所示。

纯剪切力 $\boldsymbol{P}_1$ 的确定原则与斜刃剪相同。实际剪切面积如图 11-28 所示，只限于弧 AB 及 CD 之间，因为在 BD 线之外剪切的相对切入深度大于剪切金属断裂时相对切入深度 ε_d，即剪切过程已经完结。又以弦代 AB 和 CD 弧。作用于宽度为 $\mathrm{d}x$ 的微小面积的剪切力：

$$\mathrm{d}\boldsymbol{P}_x=\boldsymbol{q}_x\mathrm{d}x=\boldsymbol{\tau}h\,\mathrm{d}x \tag{11-21}$$

式中 $\boldsymbol{q}_x$——作用在接触弧 AB 水平投影单位长度上的剪切力，N/mm。

由相对切入深度知：

$$\varepsilon_x=\frac{2x\tan\alpha}{h} \tag{11-22}$$

$$\mathrm{d}x=\frac{h}{\tan\alpha}\mathrm{d}\varepsilon_x \tag{11-23}$$

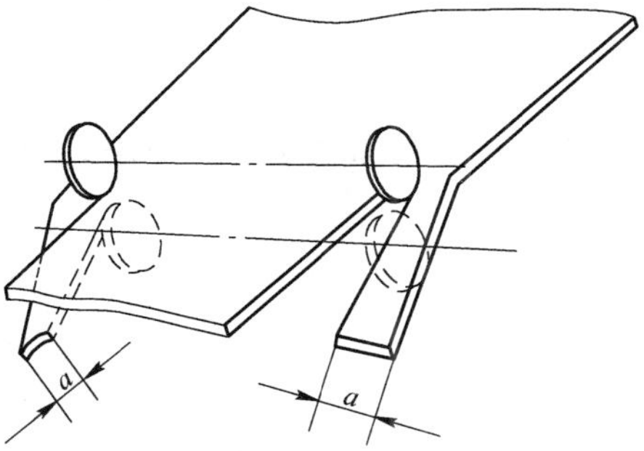

图 11-27 圆盘剪剪切板边示意图

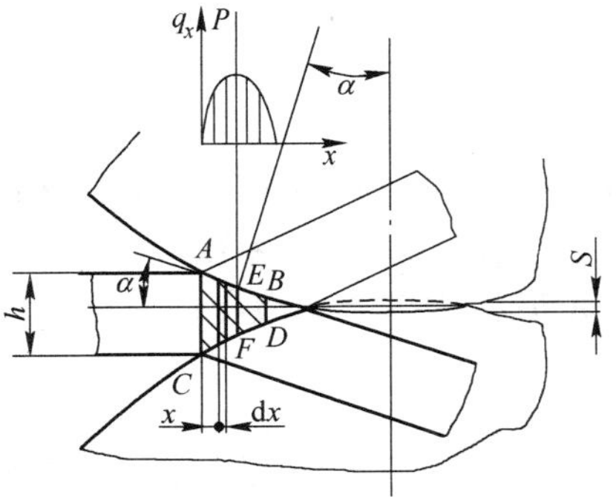

图 11-28 圆盘剪剪切金属时的力

所以纯剪切力为：

$$P_1=\frac{h^2}{2\tan\alpha}\int\tau d\varepsilon_x=\frac{h^2a}{2\tan\alpha} \tag{11-24}$$

式中 α——弦 AB 与 CD 间夹角之半，(°)；

a——单位剪切功，可按平行剪刃的单位剪切功数值，冷剪时，可用下式求得：

$$a=k_1\sigma_bk_2\delta_5=\sigma_b\delta_5$$

式中，$k_1 \cdot k_2=1$。

总剪切力可按下式计算：

$$P=P_1\left[1+z_1\frac{\tan\alpha}{\delta_5}\right] \tag{11-25}$$

式(11-25)中第二项为分力 P_2。系数 z_1 决定于被剪掉板边宽度与板厚的比值 b/h，如图11-29所示。当 $b/h\geqslant15$ 时，z_1 的数值趋于渐近线 $z_1=1.4$。

考虑到剪刃变钝的影响，应将计算的剪切力增大15%～20%。

剪刃变钝不仅剪切力增加，而且剪切截面易产生毛刺，故当板带厚度大于3 mm，剪刃变钝后的允许半径 $r=0.1h$。剪切时剪刃的侧向推力不超过剪切力的5%。

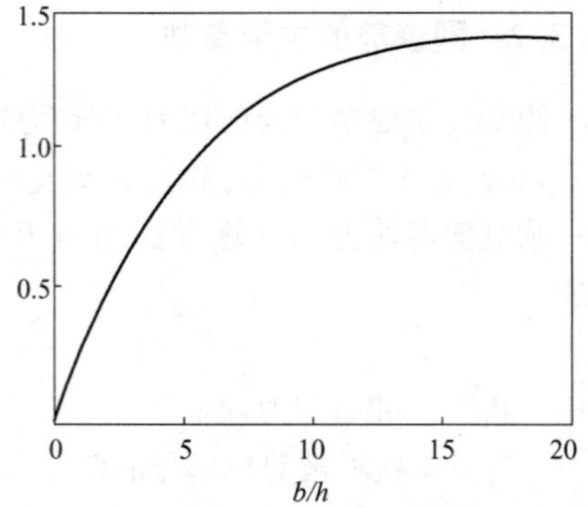

图 11-29　b/h 与 z_1 的关系曲线

圆盘剪的剪切功率可根据作用在圆盘刃上的力矩来确定。在上下剪刃圆盘直径相同时，合力 P 垂直作用在剪刃上，则转动一对剪刃所需力矩：

$$M_1=2PR\sin\alpha \tag{11-26}$$

设合力 P 的作用点在弦 AB、CD 中点，则 α 由图 11-28 可求得：

$$\overline{EF}+2R\cos\alpha=2R-s$$

$$\cos\alpha=1-\frac{S+\overline{EF}}{2R}=1-\frac{2s+h(2-\varepsilon_d)}{2R}$$

式中 R——剪刃半径，m；

S——剪刃重叠量，m。

驱动圆盘剪的总力矩：

$$M=n(M_1+M_2) \tag{11-27}$$

式中 n——剪刃对数；

M_2——一对剪刃轴的摩擦力矩，N · m，$M_2=Pd\mu$，其中，d 为剪刃轴颈的直径，m，μ 为剪刃轴轴承的摩擦系数。

驱动圆盘剪所需功率为：

$$N=k\frac{Mv}{1000R\eta} \tag{11-28}$$

式中 k——考虑剪刃与剪板间摩擦损失系数，k 为1.2～1.4；

v——板材运行速度，m/s；

η——传动系统效率。

11.3.2.2 圆盘剪刃直径及其厚度

圆盘剪刃直径(*D*)根据所剪板材厚度(*h*)、剪刃重叠量(*s*)及允许咬入角(α_1)来确定:

$$D=\frac{h+S}{1-\cos\alpha_1} \tag{11-29}$$

式中 s——圆盘剪剪刃重叠量,一般根据剪切板厚选取,s 为 1~3 mm,当剪切板厚大于 5 mm 时,重叠量可为零或负值;

α——咬入角,一般取为 10°~15°,α 角与剪切速度有关,速度快时取小值,速度慢时取大值。当 α 为 10°~15°时,圆盘剪刃直径可在下列范围内选取,D 为 40~125 h。

圆盘刀片厚度可按下式计算:

$$\delta_d=(0.06\sim0.1)D \tag{11-30}$$

11.3.2.3 剪切速度

剪切速度要根据生产率、板材厚度和材质来决定。常用的剪切速度可参考表 11-4。

表 11-4 圆盘剪常用的剪切速度

板材厚度/mm	2~5	5~10	10~20	20~35
剪切速度/m·s^{-1}	1.0~2.0	0.5~1.0	0.25~0.5	0.2~0.3

11.3.2.4 剪刃侧向间隙

剪刃侧向间隙大小与剪切的板厚、材质有关。当剪切板带厚小于 0.15~0.26 mm 时,侧向间隙接近于零。随剪切板带材厚度增加,侧向间隙可为被剪板带材厚度的 9%~11%。合适的间隙应使剪切截面平直,既无撕裂现象,又无毛刺。

11.4 飞剪机

飞剪是用来对运动中的轧件进行切头、切尾、切成尺长度及备用切断运行受阻轧件。它通常安装在连轧机组作业线上,比如,热连轧带材精轧机组前,型材连轧机组间;亦装设在横剪机组、重剪机组、连续镀锌、镀锡机组等作业线上。飞剪是连续式轧制车间必不可少的辅助设备。随着轧制生产连续化的不断发展,飞剪将得到更加广泛的应用。

11.4.1 对飞剪机的基本要求

为了保证生产的正常进行,对飞剪机的基本要求为:

(1) 剪刃在剪切轧件的同时还要随着运动的轧件一起运动,即剪刃应同时完成剪切与移动两个动作,且剪切时,剪刃在轧件运动方向的分速度 $\boldsymbol{v}$ 应与轧件运动速度 $\boldsymbol{v}_0$ 保持一定的关系,即,$\boldsymbol{v}=(1\sim1.03)\boldsymbol{v}_0$,以保证剪切后的轧件头部质量;

(2) 必须能满足剪切长度的要求,并能准确调长(实现多种定尺长度要求);

(3) 应能满足轧机或机组生产率的要求;

(4) 飞剪运动构件的加速度和质量应尽可能小,以减少运动构件的惯性力和动负荷。

11.4.2 飞剪的类型及其结构

飞剪是轧制设备中最复杂的辅助设备,它是采用机、电、液多项先进技术的综合体。飞剪主要由多杆多自由度的剪切机构、数控液压空切机构、变相位非圆齿轮等的匀速机构、行星差动的传动机构和综合送料机构等组成。当然,上述各种机构对于每台飞剪并非全部具有。下面介绍几种典型的飞剪结构。

11.4.2.1　切头飞剪的主要类型及其结构

A　滚筒式切头、尾飞剪

图 11-30 为滚筒式切头、尾飞剪示意图。图 11-30*a* 在滚筒上装有一对或数对剪刃，剪刃随滚筒做圆周运动，当上、下剪刃相遇时切断轧件；图 11-30*b* 刀片装在杠杆上，随杠杆做圆周运动，也称回转式飞剪，一般用来切头、碎断和分段。滚筒式或回转式飞剪在剪切过程中，剪刃切入轧件的倾角随滚筒或杠杆转动而变化，影响剪切截面平直，所以这种飞剪不宜剪切厚度较大的轧件，用于剪切厚度小于 12 mm 的薄带材及直径小于 30 mm 小型材为宜。可以采用启动工作制，也可采用连续工作制，由于结构简单，旋转部分质量分布均匀，因此可以用来剪切运动速度高达 15 m/s以上的轧件。

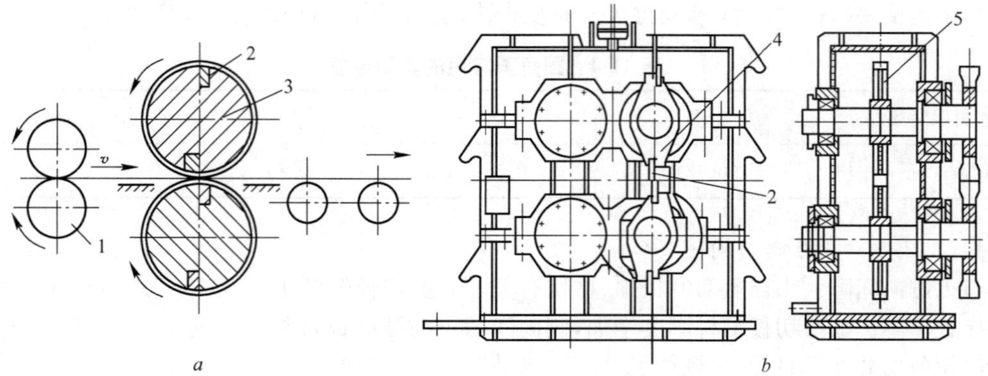

图 11-30　滚筒式切头、尾飞剪

a—刀片装在滚筒上；*b*—刀片装在杠杆上

1—送料辊；2—刀片；3—滚筒；4—杠杆；5—传动齿轮

图 11-31 为 1700 3/4 连续式热带材连轧机精轧机组前的双滚筒式切头飞剪，用来剪切进入精轧机组轧件的头部和尾部。剪切带材最大宽度为 1570 mm，最大厚度为 40 mm，剪切速度为 100～180 m/min；两台直流电机驱动，280/560 kW，转速 360/720 r/min。

在上、下滚筒 6 和 4 上各装有一对圆弧形剪刃 15，其一为圆弧向外凸出，另一为圆弧向内凹入，圆弧半径皆为 19329.4 mm。剪刃回转直径为 973 mm。上滚筒的向内凹剪刃和下滚筒的向外凸出剪刃，用于切头。剪切时剪刃从中间开始向两边逐渐啮合，使轧件端头呈圆弧形，便于精轧机咬入和减小冲击负荷；与上述圆弧状相反的另一对剪刃，用于切尾。剪切时，剪刃自两边开始逐渐向中间啮合，使轧件尾部亦呈圆弧状，以减少轧件鱼尾长度。

滚筒的转动是由传动系统驱动上滚筒，通过分配斜齿轮 5 实现上、下滚筒同时旋转。若当一个斜齿轮做轴向移动时，则与之相啮合的另一斜齿轮产生转动，使上、下两滚筒相对转一角度，从而剪刃侧向间隙得以调整。

为快速更换剪刃，采用将滚筒及其轴承座一起从飞剪机架中拉出，再将另一套已装配好的滚筒和轴承座推入机架。

B　曲柄式切头、尾飞剪

当带材厚度大于 40～50 mm 时，一般采用结构比较复杂的曲柄式飞剪。曲柄式飞剪的主要优点是在剪切区剪刃几乎是垂直切入带坯，剪切截面质量好，剪切力较低，电机功率大为减少。

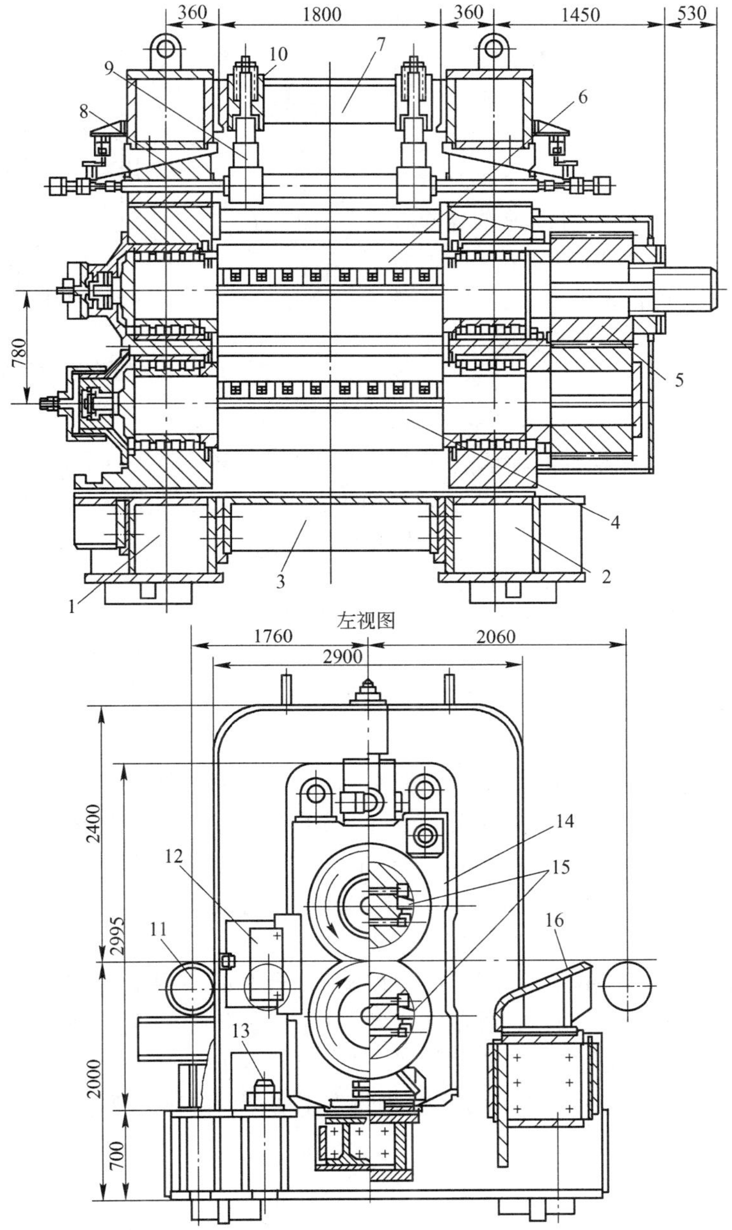

图 11-31 双滚筒切头飞剪

1,2—机架;3—下横梁;4—下滚筒;5—同步齿轮;6—上滚筒;7—上横梁;8—压紧楔块;9—平衡装置;10—平衡弹簧;11—机架辊;12—侧向挡板;13—地脚螺丝;14—滚筒轴承座;15—剪刃;16—出口导板

曲柄式切头、尾飞剪主要由传动装置、机架本体、剪切机构、剪刃更换和间隙调整机构等部分组成。

我国某 2050 mm 热带材连轧机采用的双曲柄式切头飞剪的主要技术参数为:最大剪切力 1.1MN,带材最大截面 65 mm×1900 mm,最低剪切温度 900℃,带材速度 0.3~0.52 m/s。上曲轴最大剪切力矩 2.24 MN·m,下曲轴最大剪切力矩 1.55 MN·m,转换到电机轴上的总飞轮力矩不带飞轮时 22.83 kN·m^2,带飞轮时 42.73 kN·m^2,电机功率 1600×2 kW,转数 25/500 r/min。

(1) 传动装置。如图 11-32 所示,两台直流电机驱动圆柱齿轮减速机,减速机的两低速轴分别带动上、下曲轴,保证剪刃剪切时机械同步。在一个减速机的高速轴上装有一个惯性矩为 1.9 kN·m² 的飞轮。当被剪切的带材速度不大于 0.5 m/s 时,可通过一个多片式气动摩擦离合器将飞轮与减速机高速轴连接起来。每个电机都装有制动器,制动器工作时空气冷却。只要出现下列情况制动器闭合:紧急停车;电枢开关脱开;位置调节装置脱开。

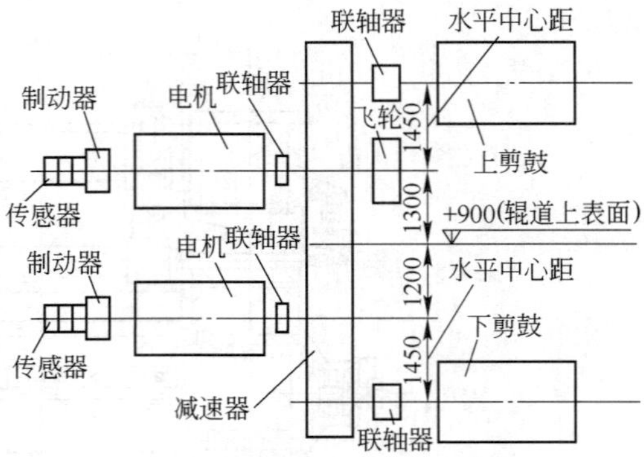

图 11-32　飞剪传动装置布置图

(2) 机架本体。机架本体由底座和左、右两片机架及上横梁组成,它们均为焊接结构。机架实际上是上、下剪鼓曲柄轴的轴承座,有轴套压入机架,轴承装入轴套内。飞剪上摆杆与下摆杆轴承座固定在机架和底座上。为控制带材切头、尾长度,此台曲柄式飞剪采用了一种先进的切头、尾最佳化技术。它通过一套光栅检测装置在带材运行过程中对其头尾形状进行纵向和横向扫描,将测得的信号传送到自动化系统中,配合带材速度检测信号控制飞剪的启动时间,从而控制切头尾的长度达到最佳化。这台曲柄式飞剪的切头、尾长度通常控制在 65～400 mm 范围内,按 1 mm 间隔进行分级。由于带材头尾的形状较复杂,有燕尾形、舌形、梯形等多种形状,因此应预先将各种头尾形状进行设定并存入自动化系统中。切头尾的长度控制原则是在带材宽度的 3/4 处进行切断。

(3) 剪切机构。剪切机构由上剪鼓、下剪鼓、剪刃、摆杆机构等组成。上剪鼓、机架、摆杆组成上剪切机构的四连杆机构;下剪鼓、底座、摆杆组成下剪切机构的四连杆机构。上、下剪鼓分别装在上、下曲柄轴内,曲柄轴偏心 270 mm。曲柄轴两端为滚动轴承,上、下剪刃分别装在上、下剪鼓上,上剪刃为人字形,下剪刃为直线形。上、下摆杆一端与上、下剪鼓铰接,另一端铰接在机架和底座上。摆杆半径 850 mm,下摆杆半径可做微量调节,由剪刃间隙调整机构完成。上、下剪鼓做成开口式,装在曲柄轴上,由 T 形压盖与上、下剪鼓凸台对正,再用螺栓固定。

(4) 剪刃间隙调整机构。由于各种制造误差与磨损,必须有简便的调整机构来保证剪刃的理想间隙。为此飞剪把下摆杆的支点轴做成偏心轴,偏心量 10 mm。当液压马达通过两级圆柱蜗轮减速机带动偏心轴转动时,摆杆的实际长度将发生变化,剪刃间隙则随之改变。摆杆长度变化范围±10 mm。

C　曲柄连杆式飞剪

曲柄连杆式(也称曲柄回转杠杆式)飞剪的缺点是结构复杂,剪切机构动力特性不好,轧件的运动速度不能太快,一般设在小型材粗轧机后面,用来切头和碎断,轧件速度小于 5 m/s,剪切的轧件厚度为 30～70 mm。它由剪切机构、齿轮副装置和传动装置组成,见图 11-33 所示。剪切机构由上、下曲柄轴 1 以及与之相连的连杆 3 组成。剪刃装在连杆 3 上。在运动过程中,剪刃做曲线运动,以保证它尽可能与轧件垂直,获得较好的剪切断面,因而它适合于较大断面的剪切。飞剪机本体内设有一级减速比时,可省去减速机。在剪切板带材时,可以采用斜刃剪,以便减少剪切力。

11.4.2.2　定尺飞剪

定尺飞剪主要用来将长轧件或成卷的带材横向剪切成所需的定尺长度,以满足产品长度不同规格要求,因此定尺飞剪应具备灵活、准确的定尺调整机构。几种不同结构特点的定尺飞剪,

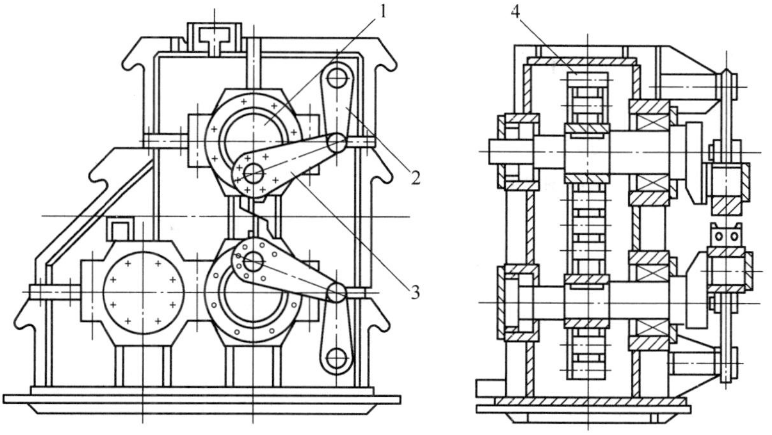

图 11-33 曲柄连杆式飞剪机(机箱内有一级减速齿轮副)

1—曲柄轴；2—摆杆；3—连杆；4—传动齿轮

见表 11-5。

表 11-5 不同定尺飞剪的结构特点

类 型	IHI 摆式飞剪(日本)	K 式飞剪(德国)	哈尔顿式飞剪(美国)
剪切机构	杠杆摆动	曲柄摆动	双滚筒
匀速机构	双曲柄匀速	径向匀速	非圆齿轮
空切机构	多挡变化	机、液联合	整台更换

A 滚筒式定尺飞剪

该类飞剪用于冷轧带材连续镀层机组或热连轧带材精整横剪机组切定尺，剪切精度可为±0.8 mm。飞剪主要由飞剪本体和送料矫直机两部分组成，由一台直流主电动机同时驱动，经主传动变速箱通过离合器与上、下滚筒分配齿轮相接，带动两滚筒转动。通过改变变速齿轮位置，调整滚筒的转数，即改变剪刃的平均速度以及送料矫直机的夹送辊和矫直辊的速度，实现板材定尺长度的剪切。

飞剪在剪切不同定尺长度时，由于滚筒转数变化，致使剪刃在带材运行方向的分速度与带材运行速度不等。因此为保证剪切时，剪刃与带材具有速度同步性，在传动系统中设有匀速(或称同步)机构。如采用椭圆齿轮匀速机构。图 11-34 为由齿轮节圆表示的一对椭圆齿轮，当主动椭圆齿轮以等速转动时，与其啮合的共轭椭圆齿轮从动轴的转速在一周内呈周期性变化。若选择从动轴上剪刃某一瞬时速度与带材运行速度相同时进行剪切，即可实现剪刃与带材速度同步。

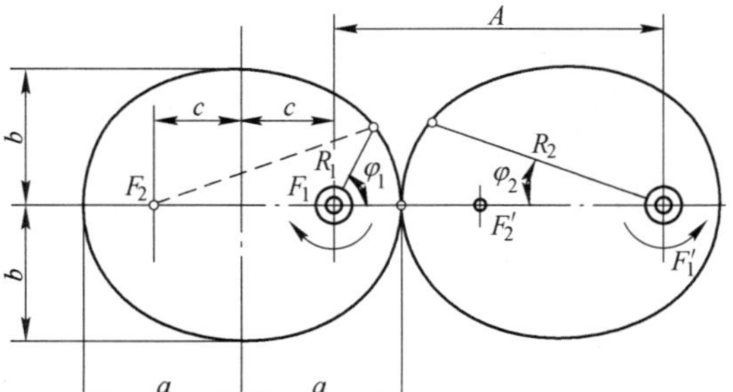

图 11-34 椭圆齿轮匀速机构

主动齿轮与从动齿轮的角速度 ω_1、ω_2 有如下关系：

$$\omega_2=\omega_1\frac{R_1}{R_2} \tag{11-31}$$

$$R_1=\frac{a(1-e^2)}{1+e\cos\varphi_1} \tag{11-32}$$

式中 R_1——主动齿轮节圆曲线半径，mm；

a——椭圆齿轮的长半轴，mm；

φ_1——主动齿轮的转角，(°)；

c——椭圆中心到焦点的距离，mm；

e——椭圆齿轮的偏心率，即焦点距离对长轴的比值，$e=c/a$。

从动椭圆齿轮节圆曲线半径：

$$R_2=a\frac{1+2e\cos\varphi_1+e^2}{1+\cos\varphi_2} \tag{11-33}$$

由此可得：

$$\omega_2=\omega_1\frac{1-e^2}{1+2e\cos\varphi_1+e^2} \tag{11-34}$$

由式(11-34)可知，主动椭圆齿轮以等角速度 ω_1 旋转时，从动椭圆齿轮角速度 ω_2 随转角 φ_1 而变化。当 $\varphi_1=0$ 时，$\omega_{2\min}=\omega_1\frac{a-c}{a+c}$；当 $\varphi_1=180°$时，$\omega_{2\max}=\omega_1\frac{a+c}{a-c}$。若已知轧件要求的定尺长度，首先确定 ω_1，然后调整剪切时 φ_1 角即两椭圆齿轮啮合位置，便可达到匀速要求。

B 曲柄回转杠杆式飞剪(斯米特曼式飞剪)

图 11-35 是曲柄回转杠杆式飞剪简图。刀片架 1 作成杠杆状，其一端固定在偏心曲柄轴上，另一端与摆杆 3 相连。摆杆 3 的摆动支点则铰接在可升降杆 4 上。当曲柄轴做相遇运动可实现基本长度剪切；当升降杆 4 由曲折杆 5 带动作周期性升降运动，升降杆下降，实现空切。偏心曲柄轴转动时，刀片架做平移运动，固定在刀架上的剪刃能垂直或近似地垂直于轧件。当作为切头飞剪时，摆杆不是铰接在升降杆上而是铰接在固定架体上。

这类飞剪的优点是剪切轧件时剪刃垂直于轧件，剪切截面较为平整；缺点是结构复杂，剪切机构转动惯量较大，动力特性不好，剪刃运动速度不能太快。一般用于剪切厚度较大的板材或方坯。在剪切板材时，可以采用斜剪刃，以减少剪切力。

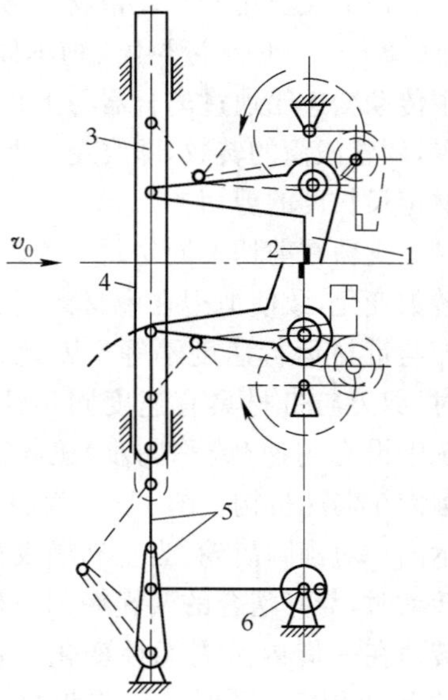

图 11-35 曲柄连杆式飞剪
(斯米特曼式)
1—刀片架；2—剪刃；3—摆杆；4—升降杆；5—曲折杆；6—偏心轴

C 曲柄偏心式飞剪

此类飞剪的刀片做平移运动，其结构简图如图 11-36 所示。双臂曲柄轴 13(BCD)铰接在偏心轴 10 的镗孔中，并有一定的偏心距 e。双臂曲柄还通过连杆 8(AB)与导架 12 相铰接。当导架旋转时，双臂曲柄轴以相同的角速度随之一起旋转。剪刃 14 固定在刀架 6 上，刀架的另一端与摆杆 7 铰接，摆杆则铰接在机架上。通过双臂曲柄轴 13、刀架 6 和摆杆 7 可使剪刃 14 在剪切区做近似于平移的运动，以获得平整的剪切截面。通过改变偏心轴 10 与双臂曲柄轴 13 的角速度比值，可改变剪刃轨迹半径，以调整轧件的定尺长度。这类飞剪可装设在方坯连铸机或钢坯连轧机组后面，用来剪切方坯。

D 曲柄-回转联合式飞剪机

在现代化的连续式小型型钢厂中，由于产品范围为ϕ10～50 mm，轧机速度变化范围也达 2～20 m/s。因此，单独使用前述的回转式或曲柄连杆式飞剪机都不能满足生产要求，而同时设置两台飞剪机的投资也较大。为此，出现了一种曲柄-回转联合式飞剪机，如图11-37所示。当剪切断面较大而速度较低时，飞剪机为曲柄连杆式，如图 11-37*a* 所示；当剪切断面较小而速度较高时，将连杆 5 从刀架 1 上卸下后，与摆杆 4 一起固定在飞剪机箱体 3 上，如图11-37*b*所示，此时，就是一台回转式飞剪机。这种飞剪机转换形式迅速方便，能适应轧件速度范围和剪切范围有较大变化的场合。

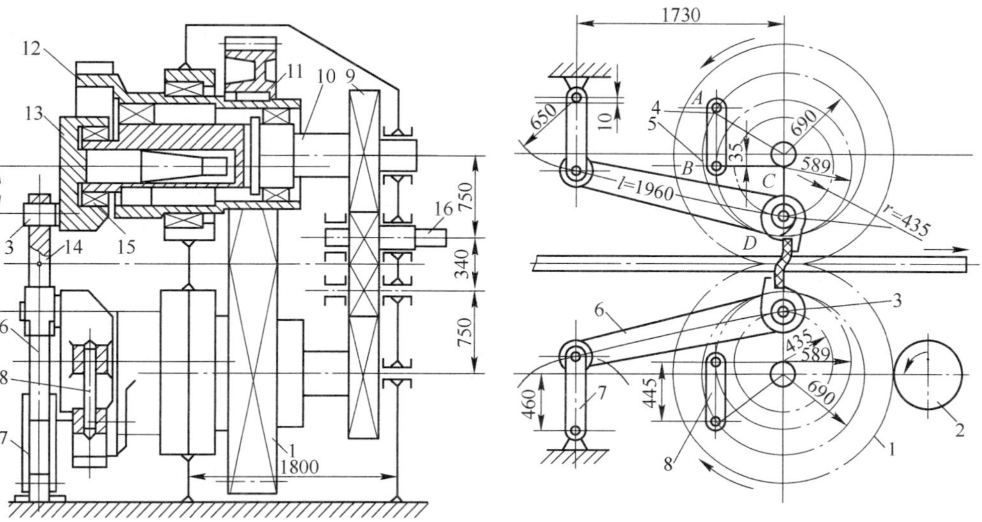

图 11-36 曲柄偏心式飞剪结构简图

1,11—传动导架的齿轮；2—小齿轮；3—双臂曲柄轴的曲柄头；4,5—铰链；6—刀架；7—摆杆；8—连杆；9,16—传动偏心轴的齿轮；10—偏心轴；12—导架；13—双臂曲柄轴；14—剪刃；15—滚动轴承

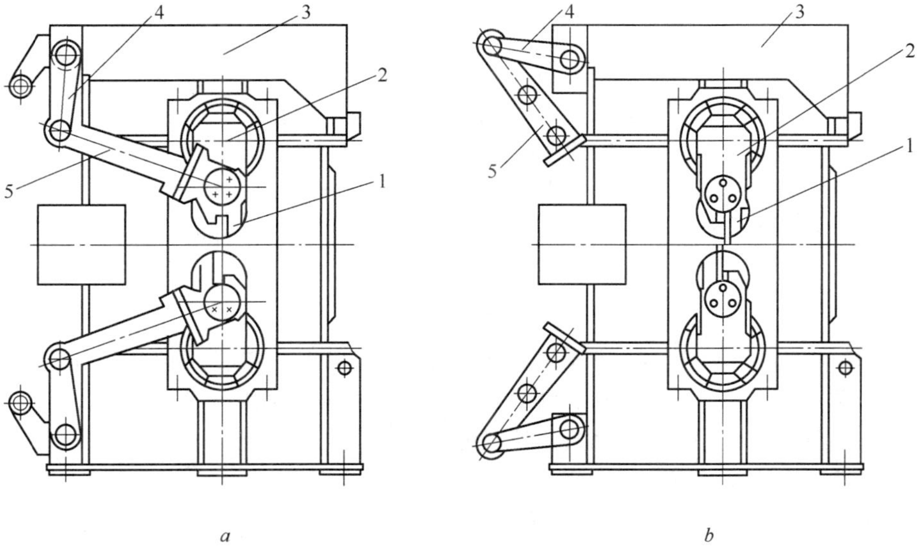

图 11-37 曲柄-回转联合飞剪机

a—曲柄式飞剪机；*b*—回转式飞剪机

1—刀架；2—曲柄轴；3—箱体；4—摆杆；5—连杆

11.4.3 飞剪剪切长度的调节

飞剪剪切运行中的轧件，根据工艺要求，飞剪要求剪切长度能够调节。

通常用最后一架轧机或专门的送料辊1将轧件送往飞剪机2进行剪切（见图11-38）。如果轧件运行速度 $\boldsymbol{v}_0$ 为常数，而飞剪每隔 t 秒剪切一次轧件，则被剪下的轧件长度 L 为：

$$L=v_0t \tag{11-35}$$

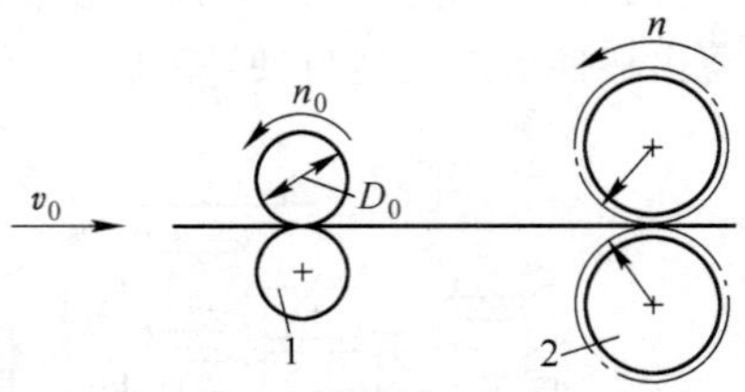

图11-38　送料辊与飞剪机布置图

1—送料辊；2—飞剪机

式(11-35)即为飞剪调定尺的基本方程。由公式看出，剪切长度等于相邻两次剪切间隔时间 t 内轧件走过的距离，只要改变相邻两次剪切间隔时间 t，便可得到不同的剪切长度。

11.4.3.1　*启动工作制飞剪调长*

启动工作制飞剪一般用于切头、尾或在轧件运行速度较低且定尺长度较长的情况下切定尺，如图11-39所示。当轧件切头、尾时，光电管或机械开关放置于飞剪前面（见图11-41*a*）。此时切头长度：$L=v_0t_2-L_0$；切尾长度：$L=L_0-v_0t_2$。

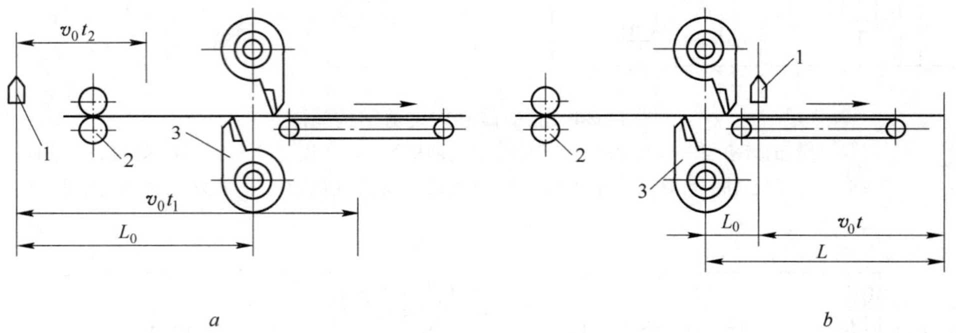

图11-39　启动工作制飞剪调定尺简图

a—光电管放置飞剪前；*b*—光电管放置飞剪后

1—光电管；2—送料辊；3—飞剪机

当切定尺时，光电管或机械开关放置于飞剪后面（见图11-39*b*），这时剪切定尺长度按下式计算：

$$L=v_0t+L_0 \tag{11-36}$$

启动工作制飞剪调定尺时，一般不采取移动光电管位置的方法，而是采用特殊的时间继电器改变时间 t。为了使光电管在下一次剪切时继续发挥作用，必须使切下来的轧件尾部与未剪切轧件头部拉开一定间隙，可用提高剪后辊道速度的办法实现。

11.4.3.2　*连续工作制飞剪调长*

飞剪的连续工作制用在轧件运动速度较高的情况下，此时所剪下的轧件定尺长度为：

$$L=v_0tk=v_0\ \frac{60}{n}k \tag{11-37}$$

式中　n——剪刃每分钟转数，r/min；

k——在相邻两次剪切时间内，剪刃所转的周数，亦称为空切次数。

如果在剪切机前面用送料辊来送进轧件时，则式(11-37)可写成下式：

$$L=\pi D_0 \frac{n_0}{n}k \tag{11-38}$$

式中 D_0——送料辊直径，mm；

n_0——送料辊每分钟转数，r/min。

在保持 v_0 不变的条件下，为获得各种不同的剪切长度 L，可通过改变 n 与 k 的方法来实现。至于如何调节，应取决于各种飞剪机的结构特点。下面分别介绍在连续工作制度下，调节剪切长度的三种常用方法。

(1) 最简单的飞剪工作制。此种工作制的特点是在剪刃圆周速度 v 等于或大于轧件运行速度 v_0 条件下切定尺。若保持轧件运行速度 v_0 不变，在一定范围内改变剪刃转速 n，可以得到不同的剪切长度。

当 $k=1$ 及 $v_0=v$ 时，所得到的剪切长度称为基本剪切长度，可用下式表示：

$$L_j=\pi D_0 \frac{n_0}{n_j} \tag{11-39}$$

式中 n_j——剪刃的基本转速，r/min。

当飞剪机在空切制度下工作时，其剪切长度将为 L_j 的 k 倍，即：

$$L=kL_j \tag{11-40}$$

在最简单的连续工作制度下进行长度调节时，剪刃的极限转速可在下列范围内变化：

$$n=(1\sim2)n_j \tag{11-41}$$

相应的剪切定尺长度在下列范围内变化：

$$L=(1\sim0.5)L_j \tag{11-42}$$

这种定尺长度调节的最大范围与 L_j 相比较作成图(见图 11-40)，可用图中 0A、0C 射线之间的线段来表示在一定的 k 值下剪切长度的调节范围。图 11-40 中第一条射线 0A 相当于 $n=n_j$；第二条射线 0C，相当于 $n=2n_j$。

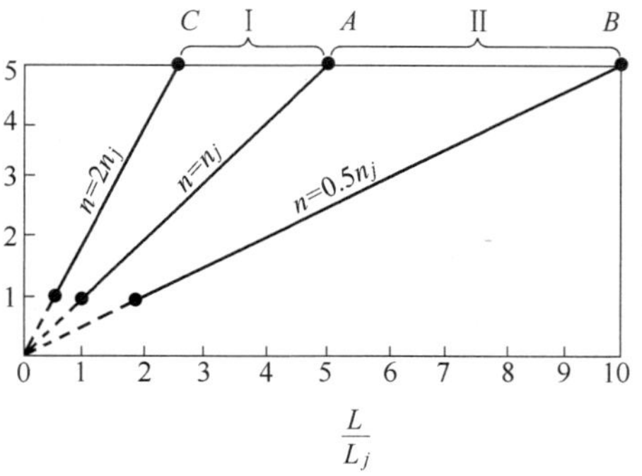

图 11-40 轧件长度调节范围

Ⅰ—按第 1、3 种方法剪切；Ⅱ—按第 2 种方法剪切

采用第一种方法时，尽量不采用 $n<n_j$ 的工作制度。因为这时轧件超前于剪刃，剪切时轧件产生弯曲甚至缠在滚筒上；同时由于轧件中产生的拉应力会增加飞剪的冲击负荷，而且也可能会损坏板材表面，因此不采用剪刃速度大于两倍剪刃基本速度的调整方法。

(2) 具有均匀速度机构的飞剪工作制。该工作制同样是利用变化剪刃每分钟转数的方法来调节轧件定尺长度。区别在于在改变剪刃每分钟转数的同时，采用均匀速度机构使飞剪做不等速度运动，保持剪刃剪切瞬时速度 $\boldsymbol{v}$ 与轧件速度 $\boldsymbol{v}_0$ 相适应。有效地克服了简单调定尺方法可能出现的轧件受拉、受阻的弊病，又达到顺利剪切，准确调长的目的。

图 11-41 为带双曲柄匀速机构的飞剪机简图。它由电机经减速器等传动装置传动，主动摇杆 3 与转动机构相连，而从动摇杆 4 与飞剪机相连，带动飞剪机转动。双曲柄轴的回转轴心与摇杆轴心之间的偏心距 e 是可调节的。当 $e=0$ 时，剪刃等角速度旋转，这时被称为基本转速 $n=n_j$ (见图 11-42 中的直线 1)，剪切的轧件长度称为基本剪切长度 L_j。如果要增加剪切长度，则应相应地降低主动摇杆的转速，并选择适当的偏心距 e，从动摇杆不等速旋转，双曲柄两端分别在图

11-41摇杆3、4滑槽中滑动，以使剪切时剪刃的瞬时速度与轧件的运行速度相等或略大些（见图11-42中的曲线2、3）。

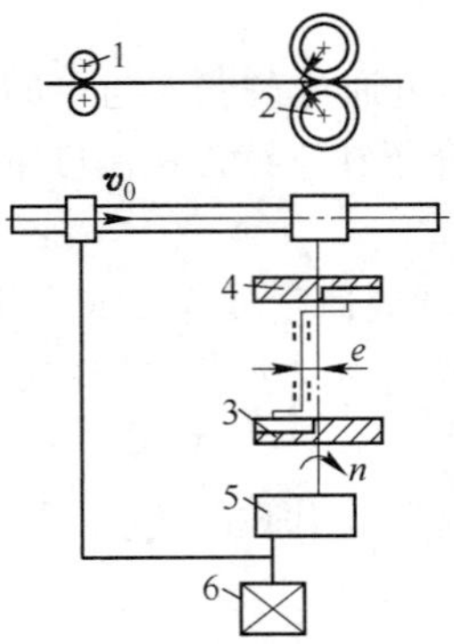

图11-41　带双曲柄匀速机构的飞剪布置简图
1，2—送料辊、飞剪；3，4—主、从动摇杆；
5—减速器；6—电动机

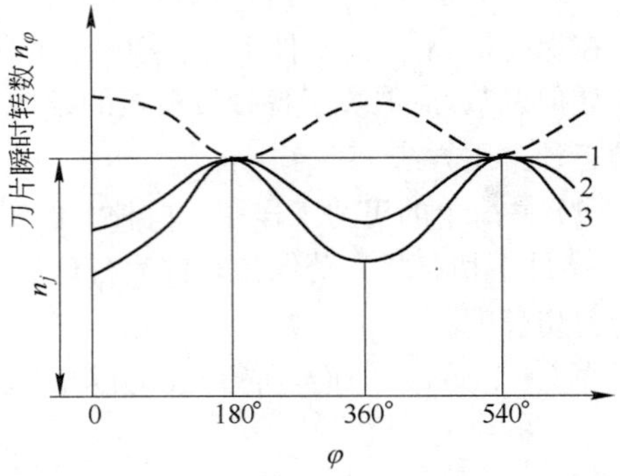

图11-42　刀片速度与双曲柄主动摇杆转角的关系
1—$e=0$，$n=n_j$ 时；2，3—$e>0$，$n<n_j$ 时

实际上主动摇杆的转数是在下列范围内变化的：

$$n=(1.0\sim0.5)n_j \tag{11-43}$$

与此相应的剪切长度的范围：

$$L=(1\sim2)L_jk \tag{11-44}$$

当空切系数 $k=1$，曲柄臂长度为 r 时，偏心距为 $e=\dfrac{L-L_j}{L+L_j}r$。

这样，在一定的 k 值下，定尺的长度可由基本值变到两倍于基本值，即图11-40所示的两条射线0A与0B之间的部分。该剪机通常不剪切小于基本长度的轧件，因为此时剪机转速必须高于基本转速，即 $n>n_j$。如图11-42中虚线所示，不剪切时飞剪机转速较高，剪切时飞剪机反而需减速，以较低速度剪切，这样不能有效利用转动惯量，所以是不合适的。采用匀速机构的缺点在于：剪刃作非匀速运动将会产生很大的动负荷，这对设备很不利。与双曲柄匀速机构相类似还有前面介绍的椭圆齿轮匀速机构，如图11-34所示。

（3）具有径向均匀速度机构的工作制。该工作制免除了上述均匀速度方法较大的惯性动力矩。它是基于使剪刃的轨迹半径在 R_{max} 与 R_{min} 之间来调节的（如图11-43所示）。当按照式（11-43）改变转速调节剪切长度时，改变剪刃轨迹半径以保持剪刃有与轧件相同的速度。例如，为了减小剪切长度，使 n 值增大，相应地使 R 值减小。保持轧件运动速度 v_0 与剪刃速度 v 相等，即 $v_0=v$，得剪切长度为：

$$L=2\pi R \tag{11-45}$$

$R=R_{max}$ 时剪切长度和剪刃转速，称基本剪切长度 L_j 和基本转速 n_j。其值分别为：

$$n_j=\frac{60v_0}{2\pi R_{max}} \tag{11-46}$$

$$L_j=2\pi R_{max} \tag{11-47}$$

此时剪刃的转速及其半径在下列范围内变化：

$$n=(1.0\sim2.0)n_j;R=(1\sim0.5)R_{max}$$

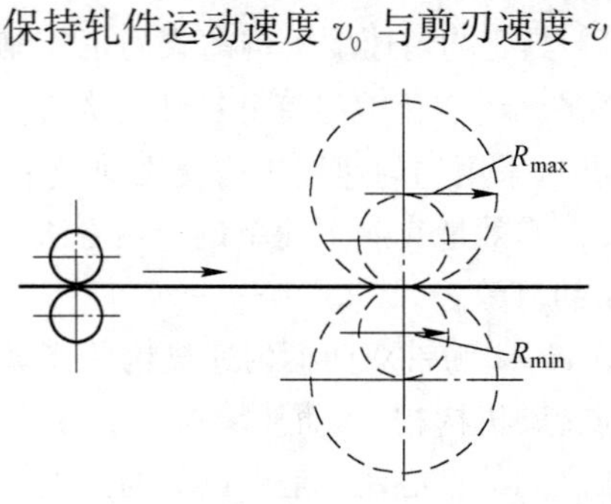

图11-43　在径向均匀速度时，具有最大和最小半径的剪刃轨迹

剪切长度则在下列范围内变化：

$$L=(1\sim0.5)L_jk \tag{11-48}$$

这个剪切长度的变化范围与飞剪在简单工作制度下工作的变化范围一样，用图 11-40 的两条射线 $0A$ 与 $0C$ 之间的线段来表示。

(4) 采用空切机构调整剪切定尺长度。改变空切系数 k(即改变相邻两次剪切期间内剪刃所转周数)的机构称为空切机构。空切机构的形式基本上有两种：①改变上、下两剪刃角速度的比值，即在剪刃运动轨迹不变的情况下改变上、下两剪刃相遇的次数，以实现空切达到调节长度的目的。在滚筒式飞剪上，改变上、下两滚筒直径的比值。如 D_1/D_2 比值分别为 1，1/2…时，由此可以得到一系列的 k 值 1，2…；或通过改变滚筒剪刃的数目也同样可得到不同的 k 值。②改变剪刃运动轨迹，使上下两剪刃不是每转都相遇，以此来实现空切达到调节长度的目的。

在设计飞剪时，为了得到广泛的调长范围，在一台飞剪上一般都同时改变 n 与 k。正如图 11-40上 $0A$、$0B$、$0C$ 三条射线所包括的区域。

11.4.4 飞剪基本参数的确定

在确定飞剪形式及长度调节方法后，为了对搞好飞剪结构设计和制定合理的剪切工艺，保证剪切质量，必须确定飞剪的主要参数。这些参数包括飞剪的基本转速、剪刃圆周速度、剪刃剪切时的轨迹半径、剪刃回转中心距、开始剪切时的剪切角、剪刃重叠量、剪刃侧向间隙及调整范围等。

11.4.4.1 剪刃的基本转速

剪刃的基本转速是剪切基本定尺长度的转速，它由基本定尺长度决定，即：

$$n_j=\frac{60v_0}{\alpha_1L_j} \tag{11-49}$$

式中 v_0——轧件的运行速度，m/s；

L_j——基本定尺长度，m；

α_1——金属线膨胀系数，热状态剪切时取 1.015，冷剪时取 1。

11.4.4.2 剪刃的回转半径

剪刃回转半径的选择，要保证整个剪切区内剪刃速度在水平方向投影都不小于轧件的速度，必须满足下面条件(见图 11-44)：$v\cos\varphi_1=v_0$，φ_1 为剪刃开始剪切角。

当剪刃做正圆周运动时，其速度为：

$$v=R\omega_j=\frac{2\pi Rn_j}{60} \tag{11-50}$$

由图 11-44 知：

$$\cos\varphi_1=\frac{A-h}{2R}=1-\frac{h+S}{2R} \tag{11-51}$$

式中 A——上、下剪刃回转中心距，mm；

h——被剪切轧件的厚度，mm；

S——剪刃重叠量，mm。

则有：

$$R=\frac{\alpha_1L_j}{2\pi}+\frac{h+S}{2} \tag{11-52}$$

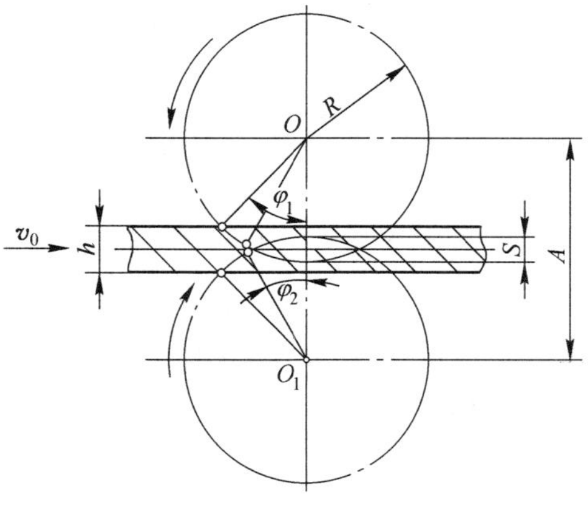

图 11-44 飞剪的剪切过程

若按式(11-52)计算得出的回转半径 R 的数值很大时，为使飞剪的结构尺寸减小，基本定尺可以不在 $k=1$ 时剪切，而采用空切来剪切基本定尺，基本转数和回转半径按下式确定：

$$n_j=\frac{60v_0k}{\alpha_1L_j} \tag{11-53}$$

$$R=\frac{\alpha_1L_j}{2\pi k}+\frac{h+S}{2} \tag{11-54}$$

反之，若按式(11-52)计算得到的 R 值太小，不能满足飞剪结构的强度要求，对滚筒式飞剪，可以把 R 增大。若滚筒上安装两对剪刃，此时相当于 $k=1/2$。

从式(11-54)可以看出，轧件厚度不同时，回转半径也不同，为保证剪切所有轧件时剪刃水平方向的速度都不小于轧件的运动速度，应按最大轧件厚度来计算 R 值。

当剪刃的运动轨迹为非正圆时，R 的计算就复杂得多，这需要根据飞剪的剪切机构特点进行具体分析计算。

11.4.4.3 剪刃重叠量及剪刃剪切时轨迹的中心距

为了顺利剪断轧件，要正确地选择剪刃重叠量。若选得过大，对剪刃做非平行运动形式机构可能造成打刃事故。一般平行刃飞剪的剪刃重叠量可取 1～10 mm。当剪切 0.18～0.35 mm 的薄板材时，剪刃重叠量取 0.2～0.31 mm。实际生产中，剪刃重叠量也可取负值。

剪切板材时，为减少剪切力，剪刃有时做成斜刃。在滚筒式飞剪上采用人字形或圆弧形剪刃则更好。如 1700 热连轧机组的切头、尾飞剪的剪刃倾斜度为 1∶52；斯米特曼式飞剪的上、下剪刃都是斜刃，每边倾斜角为 1∶140。对于斜刃的剪刃重叠量应满足下列不等式：$S>nB\tan\alpha$，B 为被切轧件的宽度；n 为倾斜剪刃的个数；α 为剪刃倾角。

剪刃倾角不宜过大，否则会使轧件平直度破坏，影响剪切质量。剪刃回转中心距 A 与剪刃在剪切时轨迹半径及剪刃重叠量有关：$A=(R_1+R_2)-S$。

11.4.4.4 剪刃侧向间隙

剪刃侧向间隙大小直接影响到剪切力的大小与剪切质量的好坏，剪刃间隙过大，则不能剪断轧件。由于被剪轧件截面厚度不同，要求剪刃间隙也不同，对剪刃做非平面平行运动的飞剪，剪切过程中剪刃间隙是变化的，可根据作图法确定其变化范围。设计时必须保证其最小值，否则将造成顶刀与卡刀事故。剪切厚轧件时应尽量保持在剪切区内剪刃间隙不变；剪切薄板时，剪刃间隙一般可取 $\Delta=(0.03\sim0.05)h$。

11.4.4.5 剪切角

当剪刃轨迹形成后，便可以根据作图方法求得剪切时的剪切角。当剪刃运动轨迹为两个相等正圆时(见图 11-44)，剪切开始瞬时剪刃的角度 φ_1 为：

$$\varphi_1=\cos^{-1}\frac{A-h}{2R}=\cos^{-1}\left(1-\frac{h+s}{2R}\right) \tag{11-55}$$

剪切终了瞬时的角度 φ_2 为：

$$\cos\varphi_2=1-\frac{(1-\varepsilon_d)h+s}{2R} \tag{11-56}$$

式中 ε_d——剪断轧件时相对切入深度。

对于四连杆剪切机构的飞剪(见图 11-45)，剪切开始瞬时角度为：

$$\cos\varphi_1=\frac{R-b}{R}=\frac{2R-(2c+h+s)}{2R} \tag{11-57}$$

式中 R——曲柄半径，mm；

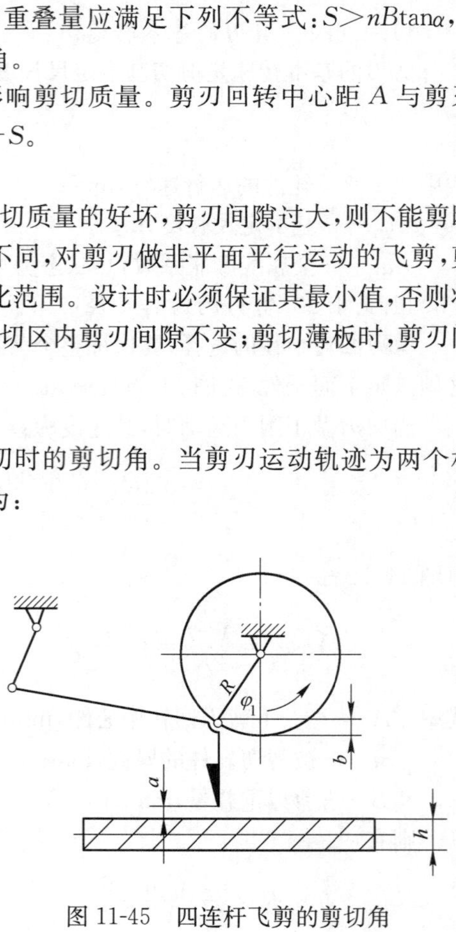

图 11-45 四连杆飞剪的剪切角

c——剪切开始瞬时，剪刃相对轧件的距离，mm。

剪切终了瞬时角度 φ_2 可根据式(11-56)计算。

剪切开始角 φ_1 对剪切力矩、剪切质量和剪刃的寿命都有影响，选择不宜过大。

11.4.4.6 剪切力计算

飞剪是轧件在运行中进行剪切的，故剪刃除在垂直方向运动外，尚有水平方向的运动。飞剪在垂直方向的运动和一般剪切机一样是为完成剪切任务，因而其剪切力 $\boldsymbol{P}_1$ 可按剪刃形状不同，按前述中平刃剪或斜刃剪剪切力的计算方法进行。除此之外，在水平方向尚有侧压力、拉力和动载荷，其和为 $\boldsymbol{P}_2$。

侧压力 $\boldsymbol{T}$ 主要与剪切的同步性有关。根据实测数据，最大侧压力为最大剪切力的 17%～34%。要计算水平拉力，只要求出其拉伸变形 Δl，求出轧件截面内产生的拉应力 $\boldsymbol{\sigma}$，便可计算出水平拉力大小。飞剪的剪切力 $\boldsymbol{P}$ 为上述 $\boldsymbol{P}_1$ 和 $\boldsymbol{P}_2$ 之合成力。

练习题 11

11-1　简述平刃剪、斜刃剪、圆盘剪、飞剪的用途和特点。

11-2　试说明平刃剪剪切过程中剪切力随切入深度的变化及原因。

11-3　试说明平刃剪剪切过程中轧件倾角与刀片相对切入深度的关系。

11-4　确定剪刃行程的原则是什么，行程过大会产生什么后果？

11-5　确定斜刃剪剪刃倾斜角的原则是什么？

11-6　飞剪的基本要求是什么，写出启动工作制飞剪调长的基本方程，说明调长方法。

11-7　连续工作制飞剪特点，写出调定尺基本方程，并说明调定尺长度方法。

11-8　现代棒线材机与现代冷热连轧带材机组使用的飞剪有何区别？

11-9　滚筒式飞剪和曲柄连杆式飞剪的工作原理和特点。

12 矫 直 机

加工件在成型、冷却和运输过程中，由于各种因素的影响，常常会产生形状缺陷。例如，钢轨(见图 12-1)、型材和管材经常出现弧形弯曲；工字钢会产生翼缘内并、外扩和扭转；板、带材则会出现波浪形(边浪弯、中间浪弯)、瓢曲(见图 12-2)或镰刀弯等。为了消除这些缺陷，加工件需要在矫直机上进行矫直。

图 12-1　钢轨冷却后的弯曲情况

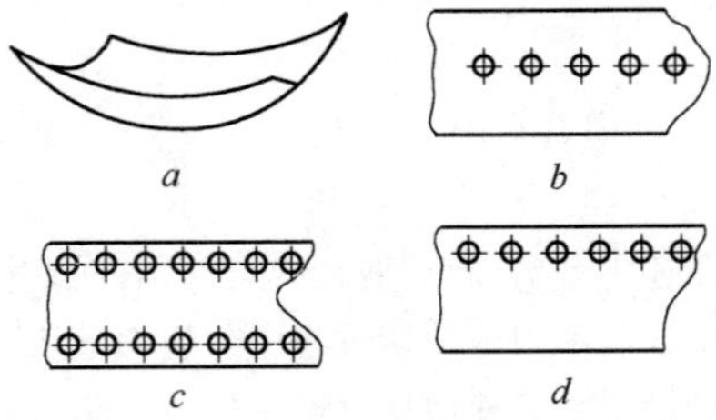

图 12-2　板带材不平直缺陷

a—瓢曲；*b*—中部浪弯；*c*—双边浪弯；*d*—单边浪弯

12.1　矫直机的类型及发展

随着轧制品种规格的多样化和对轧材形状精度要求的提高，促进了矫直理论和矫直机结构的发展。近年来，出现的拉伸弯曲矫直机和二斜辊矫直机无论在矫直原理上和矫直机的结构上都具有新的特点。根据矫直方法和结构特点，矫直机可以分为压力矫直机，辊式矫直机，管、棒材矫直机，张力矫直机和拉伸弯曲矫直机等几种类型，如图 12-3 所示。

(1) 压力矫直机。常见的压力矫直机分为立式(图 12-3*a*)和卧式(图 12-3*b*)，加工件在活动压头和两个支点间形成反弯，并采用改变压下量的方法使各种程度的原始弯曲得到矫直。近代压力矫直机增加了计算机程序控制，不仅显著提高了工作效率，而且能使人们视觉分辨不出来的轻微弯曲也得到矫直。这种矫直机多用来矫直大型型材、钢轨等。

(2) 辊式矫直机。随着生产发展的需要，出现了连续式辊式矫直机。辊式矫直机不仅可得到很好的矫直质量，而且大大提高了矫直速度，在现代轧制生产中占据了极其重要的地位。各种型材、板材和管材生产都离不开辊式矫直机。

加工件在辊式矫直机上通过多个交错排列的辊子，经受多次反复弯曲而得到矫直。辊式矫直机有多种形式，图 12-3*c* 是上排各辊可单独调整的矫直机。由于结构上的原因，它主要用于辊数较少，辊距较大的型材矫直机。图 12-3*d* 是上排辊整体平行调整的矫直机。通常出、入口两个上工作辊可单独调整以便于加工件的导入和改善矫直质量，广泛用于矫直中厚板。图 12-3*e* 是上排辊可以倾斜调整的矫直机。这种调整方式可使加工件的弯曲变形逐渐减小，它主要用于 4 mm以下的板材矫直。图 12-3*f* 是上排辊子可局部倾斜调整的矫直机。这种调整方式可增加加工件大变形弯曲的次数，主要用于矫直薄板、带材。

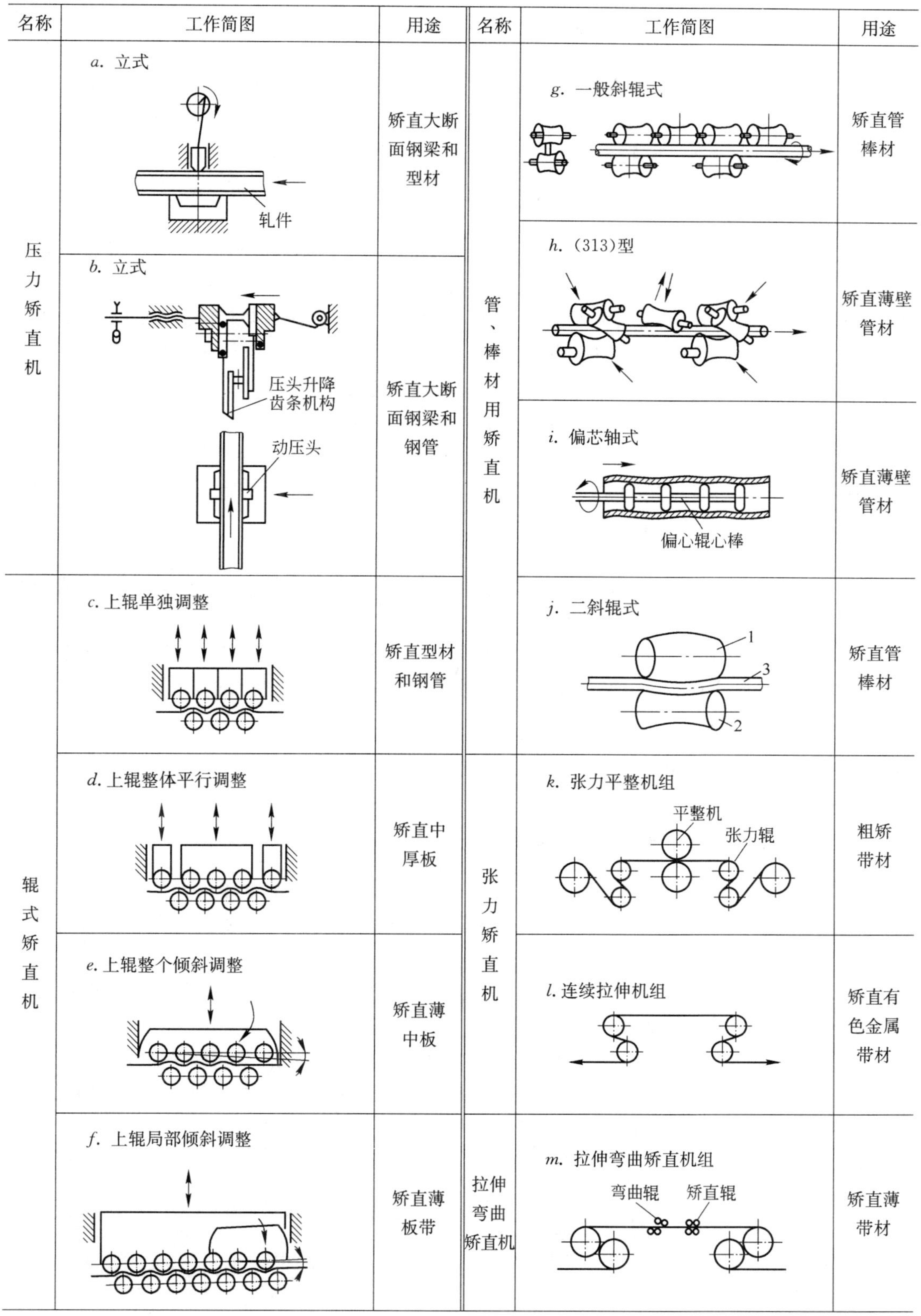

图 12-3 各类矫直机示意图

(3) 管、棒材矫直机。管、棒材斜辊矫直机是在加工件旋转前进过程中使之承受不同方向的多次反复弯曲，最后矫直加工件。图 12-3*g*、*h* 均为斜辊矫直机，其工作辊具有类似双曲线的空间曲线形状，矫直时轧材边旋转边前进，获得以轴线对称的形状。对于薄壁管材，为了避免斜辊矫直可能产生的局部塑性折皱或压扁，多采用对管子内部施加作用的矫直方法。图 12-3*i* 是偏心轴式矫直机。图 12-3*j* 为二斜辊矫直机。二斜辊矫直机的特点是轴对称轧材进入矫直辊便开始接触，产生弯曲，没有辊外的弯曲区，轧材头、尾部都可以得到矫直，所以此种矫直多用于管、棒材的最后精矫。

(4) 拉伸矫直机。拉伸矫直机也称张力矫直机，主要用于矫直厚度小于 0.6 mm 薄板和有色金属板带材。拉伸矫直的主要特点是对加工件施加超过材料屈服极限的张力，使之产生适当的塑性延伸，从而将加工件矫直。图 12-3*k* 为张力平整机组，用于对成卷带材矫直；图 12-3*l* 是连续拉伸机组，拉伸张力大小由前、后张力辊组间的速度差决定。这些以拉伸方式进行矫直的矫直机，由于均需给被矫金属以较大的拉力，故它们的能量消耗较大。

(5) 拉伸弯曲矫直机组。拉伸弯曲矫直是带材在小直径辊子上承受弯曲的同时施加张力，使带材产生适当延伸，从而矫直加工件。图 12-3*m* 是具有弯曲辊、矫直辊的拉伸弯曲矫直机。由于采用弯曲变形和拉伸变形叠加的方法，在不需要太大张力条件下就可使加工件产生塑性延伸。故拉伸弯曲矫直机可有效地矫直各种金属带材，包括高强度极薄带材。

目前，国外对矫直理论，矫直设备的研究正在扩展和深化。如向大截面型材，超薄壁管材，特殊截面异型材和高强度合金材的矫直方向发展，同时也向提高矫直精度，减少残余应力，减少功率消耗以及提高数学模型精度的方面深入。

我国在矫直理论和矫直设备的研究方面取得了一定成效。能自行设计和制造成套矫直设备，在用解析方法设计双曲线辊型、研制计算机程序控制变截面型材矫直机，研制二斜辊式矫直机等方面都取得了显著成果。

12.2 弹塑性弯曲矫直基本理论

12.2.1 弹塑性变形及弯曲过程中的曲率

金属在矫直机上的弯曲变形，实际上是一个横向弯曲过程。但若加工件厚度 h 与矫直时的两个支点间距离 t 的比值(h/t)很小时，可忽略剪应力的影响，近似认为矫直时金属的弯曲是个纯弯曲变形。

加工件在弯曲力矩 M 的作用下产生弯曲变形时，中性层以上的纵向纤维受到拉伸，中性层以下的纵向纤维受到压缩(见图 12-4)。

为了工程上求解塑性问题，其简化的应力—应变关系模型有两种：理想弹塑性模型和线性关系模型。线性关系模型与实际的应力—应变关系比较接近，不仅简单而且可行；材料的加工硬化很弱时，采用理想弹塑性模型更为简单。按照理想弹塑性模型，弯曲变形时加工件截面上的应力分布如图 12-5 所示。

和拉伸试验条件相同，弯曲时若加工件表层的最大应力小于或等于材料的屈服限，各层纵向纤维都处于弹性变形状态。外载荷去除后，弯曲变形能够全部恢复。这种弯曲变形称为弹性弯曲(见图 12-5*b*)。

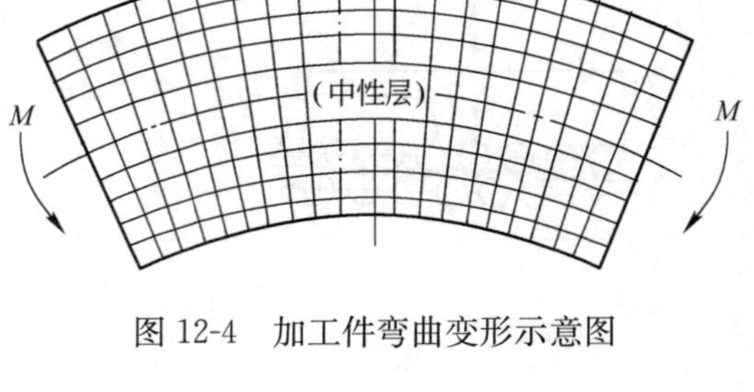

图 12-4　加工件弯曲变形示意图

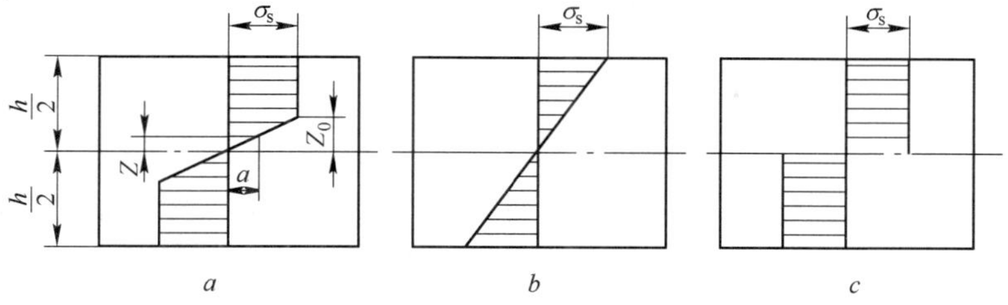

图 12-5 理想弹塑性材料应力分布图

a—弹塑性弯曲；*b*—纯弹性弯曲；*c*—纯塑性弯曲

随着弯曲力矩增大，加工件各层纤维继续产生变形。当外载荷增加到一定数值，加工件表面应力超过屈服限时，将出现塑性变形。外载荷越大，塑性变形由表层向中性层扩展的深度也越大。此时去除外载荷后，将有部分弯曲变形弹性恢复，即为弹性弯曲变形，而保留部分永久变形为塑性变形。这种弯曲变形称为弹塑性弯曲变形(见图 12-5*a*)。

随着外载荷力矩的继续增大，整个加工件断面的纵向纤维应力都超过了材料的屈服限(如图 12-5*c* 所示)，则所有纵向纤维都处于塑性变形状态。当去除外载荷后，在弹性内力矩作用下，纵向纤维的变形只能恢复弹性变形部分。该弯曲变形称为纯塑性弯曲变形。

由上述可知：弹塑性弯曲变形过程由两个阶段组成，即在外载荷弯曲力矩作用下的弹塑性弯曲变形阶段和除去外载荷后的弹性恢复阶段。

曲率是用于衡量物体弯曲程度的物理量。矫直时，与加工件弯曲变形过程有关的曲率如图 12-6 所示。

(1) 原始曲率。加工件在矫直弯曲前所具有的曲率称为原始曲率，以$\frac{1}{r_0}$表示，其中 r_0 为加工件原始曲率半径。曲率的方向用正负号表示，$+\frac{1}{r_0}$表示弯曲凸度向下的曲率；$-\frac{1}{r_0}$表示弯曲凸度向上的曲率；$\frac{1}{r_0}=0$ 时，表示加工件是平直的。

(2) 反弯曲率。在弯曲力矩(**M**)作用下，将原始曲率为$\frac{1}{r_0}$的加工件反方向弯曲后，加工件所具有的反向弯曲的曲率称为反弯曲率，以$\frac{1}{\rho}$表示。反弯曲率的选择是决定加工件能否矫直的关键。在压力矫直机和辊式矫直机上，反弯曲率是通过矫直机的压头或辊子的压下量来获得的。

(3) 残余曲率。加工件卸载并经弹性恢复后所具有的曲率称为残余曲率，以$\frac{1}{r}$表示。如果加工件的残余曲率等于零，则说明加工件得到矫直。

(4) 弹复曲率。当去除外载荷后，在弯曲变形时积蓄的弹性变形能的作用下，加工件弯曲变形将部分恢复。

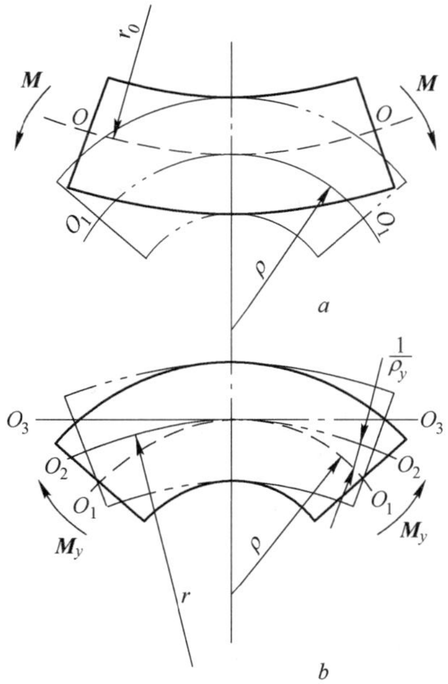

图 12-6 弹塑性弯曲时的曲率变化

a—弹塑性弯曲阶段；*b*—弹性恢复阶段

加工件弯曲变形恢复中曲率的变化值称为弹复曲率。以$\frac{1}{\rho_y}$表示。它等于反弯曲率与残余曲率的代数差，即：

$$\frac{1}{\rho_y}=\frac{1}{\rho}-\frac{1}{r} \tag{12-1}$$

(5) 弯曲变形总曲率。加工件在弯曲变形过程中，其原始曲率与反弯曲率之和称为弯曲变形总曲率，以$\frac{1}{r_c}$表示。

$$\frac{1}{r_c}=\frac{1}{\rho}+\frac{1}{r_0} \tag{12-2}$$

12.2.2 弹塑性弯曲力矩计算

12.2.2.1 应变—曲率关系

假设轧材原始曲率为$\frac{1}{r_0}$，在外力矩(**M**)的作用下反弯到曲率$\frac{1}{\rho}$。截取离中性层z远处一段纵向纤维ab。当加工件由曲率$\frac{1}{r_0}$反变到$\frac{1}{\rho}$后，ab的线应变如图12-7所示。

$$\varepsilon=\frac{bc}{ab}=\frac{ac-ab}{ab}=\frac{z(\phi+\phi_1)}{(r-z)\phi} \tag{12-3}$$

式中　ϕ——矫直前AA截面与垂直于中性轴的截面间夹角，rad；

ϕ_1——反弯后A_1A_1截面与垂直于中性轴的截面间夹角，rad。

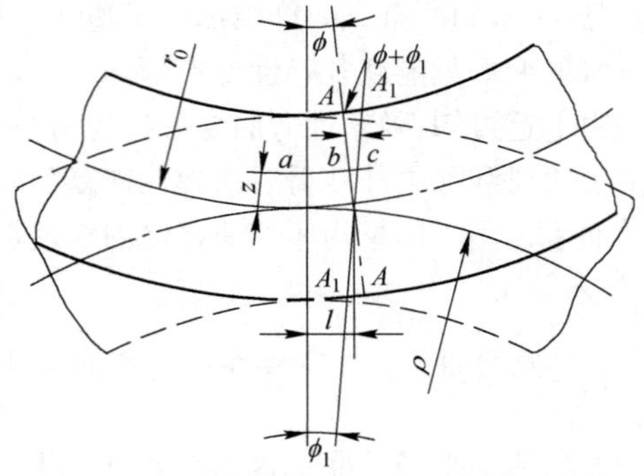

图12-7　加工件弹塑性弯曲时应变与曲率关系

根据弯曲变形时中性线长度不变的条件：$\rho\phi_1=r_0\phi$，且$r_0\gg z$，则：

$$\varepsilon=z\left(\frac{1}{r_0}+\frac{1}{\rho}\right)=\frac{z}{r_c} \tag{12-4}$$

根据虎克定律，加工件断面发生塑性变形的临界线应变：$\varepsilon_s=\frac{\sigma_s}{E}=\frac{z_0}{r_c}$，则：

$$z_0=\frac{\sigma_s r_c}{E} \tag{12-5}$$

式中　σ_s、E——分别为被矫材料的流动应力和弹性模量，MPa。

12.2.2.2 弹塑性弯曲力矩的计算

在弹性弯曲状态下作用于加工件的外力矩(M)与截面上应力引起的内力矩是互相平衡的。按照理想弹塑性材料弯曲变形时的应力分布图示(见图12-5a)可得到弯曲力矩的计算公式：

$$M=2\int_0^{z_0} z\sigma_z \mathrm{d}A+2\int_{z_0}^{\frac{h}{2}} z\sigma_s \mathrm{d}A$$

在弹性变形区，σ_z与z成正比，即$\frac{\sigma_z}{z}=\frac{\sigma_s}{z_0}$，则：

$$M=\sigma_s\left(\frac{2}{z_0}\int_0^{z_0} z^2\mathrm{d}A+2\int_{z_0}^{\frac{h}{2}} z\mathrm{d}A\right) \tag{12-6}$$

对于矩形截面加工件，设截面宽为 b，高为 h，则 $dA=bdz$，则：

$$M=\sigma_s\left[\frac{2}{3}bz_0^2+b\left(\frac{h^2}{4}-z_0^2\right)\right]=\sigma_s b\left(\frac{h^2}{4}-\frac{z_0^2}{3}\right) \tag{12-7}$$

$$M=\sigma_s b\left[\frac{h^2}{4}-\left(\frac{\sigma_s r_c}{E}\right)^2/3\right] \tag{12-8}$$

对于圆形截面加工件（见图 12-8），截面宽度可表示为：

$$b=2\sqrt{R^2-z^2} \tag{12-9}$$

式中 R——圆截面半径，mm；

z——离中心层距离，mm。

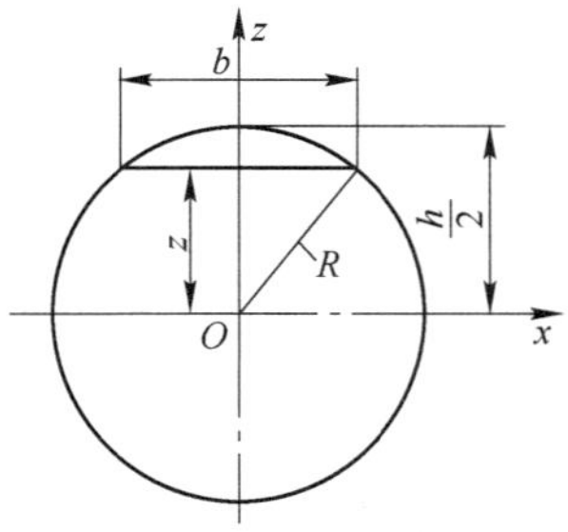

图 12-8 圆截面几何量关系

同理，可得到圆截面的弯曲力矩：

$$M=\frac{4R^2}{3}\sigma_s\left\{\begin{array}{l}\left[\frac{5}{8}-\frac{1}{4}\left(\frac{\sigma_s r_c}{E\cdot R}\right)^2\right]\sqrt{1-\left(\frac{\sigma_s r_c}{E\cdot R}\right)^2}+\\ \frac{3E\cdot R}{8\sigma_s r_c}\sin^{-1}\left(\frac{\sigma_s r_c}{E\cdot R}\right)\end{array}\right\} \tag{12-10}$$

由公式（12-6）可看出，右边括号中的第一项为弹性变形区的抗弯截面系数 W；第二项为塑性变形区的塑性截面系数 S（S 为金属半截面面积矩的两倍）。故可写成：

$$M=\sigma_s(W+S)=M_w+M_s \tag{12-11}$$

被矫金属为矩形截面时，$W=bh^2/6$，$S=bh^2/4$；被矫金属为圆形截面时，$W=\frac{\pi R^3}{4}$，$S=4R^3/3$。各种断面形状的 S/W 值见表 12-1。

表 12-1 各种断面形状的 S/W 值

断面形状	矩形	圆钢	正方形	槽钢		工字钢		角钢		钢轨	钢管
矫正时断面的放置	—	—	沿对角线放置 ◇	水平放置	垂直放置	水平放置	垂直放置	水平放置	垂直放置	—	—
比值	1.5	1.7	2.0	1.6	1.2	1.8	1.2	1.5	1.4～1.6	1.5～1.7	1.3～1.6

由式（12-8）、式（12-10）可知，当加工件截面形状、尺寸和机械性能一定时，弹塑性弯曲力矩 $\boldsymbol{M}$ 与弯曲变形总曲率（$1/r_c$）成函数关系，如图 12-9 所示。图中直线 oa 为弹性弯曲变形区的弯曲力矩变化，a 点为弹性极限弯曲力矩 $\boldsymbol{M}_w$；ab 线为塑性弯曲变形区的弯曲力矩变化。随着弯曲曲率（$1/r_c$）的增加，ab 线趋近于直线 ee'，即 $\boldsymbol{M}$ 趋于最大值 $\boldsymbol{M}_s$；bc 表示弹性恢复时力矩的变化，其斜率与直线 oa 斜率相等。纯弹性弯曲力矩 $\boldsymbol{M}_w$ 为弹塑性弯曲力矩的最小值；纯塑性弯曲力矩 $\boldsymbol{M}_s$ 为弯曲力矩可能达到的最大值。

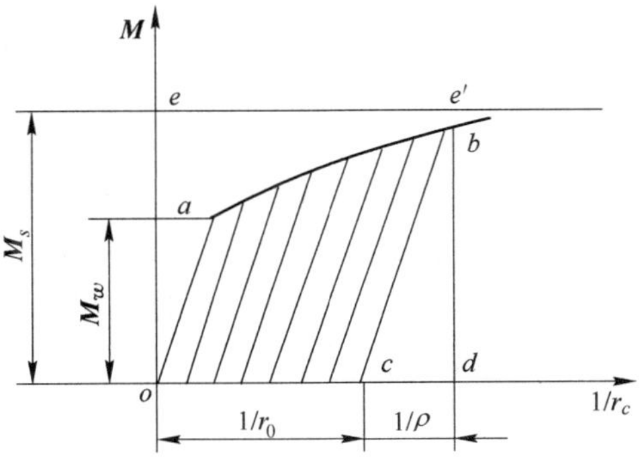

图 12-9 弯曲力矩 $\boldsymbol{M}$ 与弯曲总曲率 $1/r_c$ 的关系

12.2.3 弹复曲率计算

弹复变形完全属于弹性变形，弹复过程的实

质是在与加载最后所达到的外加力矩 $\boldsymbol{M}$ 相平衡的内力矩 $\boldsymbol{M}_y$ 作用下实现的。故弹复曲率可用材料力学中曲率与力矩的关系来计算：

$$\frac{1}{\rho_y}=\frac{M_y}{EI}=\frac{M}{EI} \tag{12-12}$$

若加工件断面为矩形断面：

$$\frac{1}{\rho_y}=\frac{\sigma_s b}{EI}\left[\frac{h^2}{4}-\frac{1}{3}\left(\frac{\sigma_s r_c}{E}\right)^2\right] \tag{12-13}$$

由式(12-13)可见，弹复曲率 $1/\rho_y$ 与弯曲变形总曲率 $1/r_c$ 呈函数关系，这一关系也称为曲率方程。该关系可用图 12-10 表示，图中 a 点弹复曲率为最小，其值为：

$$\frac{1}{\rho_{yw}}=\frac{M_w}{EI}=\frac{2\sigma_s}{Eh} \tag{12-14}$$

b 点，得最大弹复曲率，其值为：

$$\frac{1}{\rho_{ys}}=\frac{M_s}{EI}=\frac{3\sigma_s}{Eh} \tag{12-15}$$

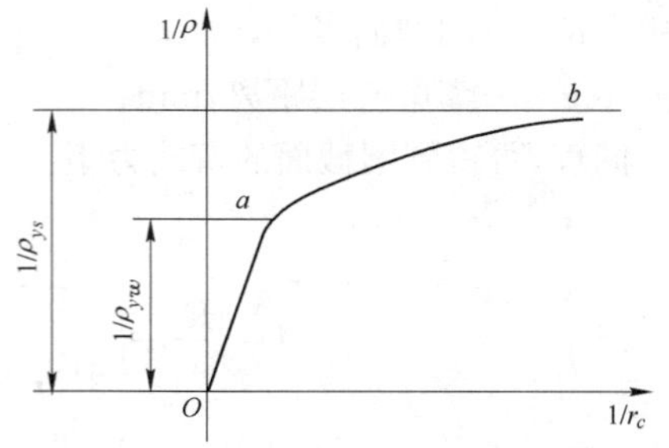

图 12-10　弹复曲率 $1/\rho_y$ 与弯曲变形总曲率 $1/r_c$ 的关系图

可见，弹复曲率$\dfrac{1}{\rho_y}$随总变形曲率$\dfrac{1}{r_c}$的增加而增大，且弹复曲率$\dfrac{1}{\rho_y}$的增量随总变形曲率的增加而减小。

12.3 压力矫直机的矫直原理

压力矫直亦称反弯矫直，是出现最早的一种矫直方法。压力矫直是这样进行的：将具有原始曲率($1/r_0$)的加工件放在压力矫直机两固定支点上，由活动压头对弯曲部位施加外力 $\boldsymbol{P}$，使之在压头和支点间形成反弯。如果选择的反弯曲率合适，则加工件经弹复后变直。对于每根加工件来说，由于原始弯曲程度和弯曲部位都互不相同，所以矫直时需施加的反弯曲率也应随之变化。压力矫直机通常是采取改变压下行程和固定支点间距离的方法得到需要的反弯曲率，以使各种程度的原始曲率得到矫直。

如果选择的反弯曲率等于弹复曲率，则加工件将被矫直。所以，恰能使具有原始曲率的矩形截面加工件得以矫直所需要的合适的反弯曲率可按下式计算：

$$\frac{1}{\rho}=\frac{\sigma_s b}{EI}\left[\frac{h^2}{4}-\frac{1}{3}\left(\frac{\sigma_s}{E\cdot\left(\frac{1}{r_0}+\frac{1}{\rho}\right)}\right)^2\right] \tag{12-16}$$

式(12-16)即为压力矫直的基本工作原理。

压力矫直机在结构上已由机械传动发展到液压传动；在操作上已由人工操作发展到计算机程序控制，使压力矫直实现了自动化。计算机可以根据对原始弯曲挠度 f_0 的跟踪检测，按照数学模型计算出所应施加的反弯力和适当的压下行程，就可实现加工件一次夹紧完成三维矫直，可保证最佳的控制状态和矫直质量。

12.4　辊式矫直机

12.4.1　辊式矫直机的矫直原理

对于那些原始曲率较大，曲率方向变化频繁的加工件，多采用连续式多辊递减压下的辊式矫直机。辊式矫直机的矫直过程是使加工件在交替布置的多个矫直辊间经受多次反弯，在消除原始曲率不均匀性的同时，逐渐使加工件趋于平直。辊式矫直在现代化生产中占据着极其重要的地位，各种型材及板带材生产中使用着大量辊式矫直机。

在辊式矫直机上，根据每个辊子使金属产生的变形程度的不同，可分为小变形量和大变形量两种矫直方案。

12.4.1.1　小变形量矫直方案

该矫直方案是假定上排各辊压下量（即反弯曲率）均可单独调整，且其调整原则为：进入该辊的加工件经反弯和弹复以后，其最大原始曲率应完全消除，即该部位得以平直。图 12-11 表示了原始曲率为 $0\sim\pm1/r_0$ 的加工件采用这种矫直方案时的矫直过程。为了简化，设被矫加工件的厚度为 2，即 $h/2=1$，则表层的应变为：$\varepsilon=1/r_0+1/\rho$，具有 $-1/r_0$ 曲率的部位在 2 号辊上经第一次弯曲，其反弯曲率 $1/\rho_0$。此时，截面 CO 旋转到 $1C$ 位置，当出 2 号辊后，$1C$ 截面经弹性回复，最终回复到 $2C$ 的垂直位置，该部位得以平直。这就是说，经 2 号辊子后，最大原始曲率 $-1/r_0$ 得到完全消除。此时，拉伸和压缩残余应力对 C 点的力矩应相等，即 $M_{2A_2D}=M_{DBC}$。

具有最大原始曲率为 $+1/r_0$ 的部位，经 2 号辊时其曲率不变。当其通过反弯曲率 $1/\rho_0$ 的 3 号辊时，经过弹复后，该部位变直，即最大原始曲率 $+1/r_0$ 得以完全消除。而原来平直的部位（即曲率为零的部位）经 3 号辊时，同样经受反弯曲率 $1/\rho_0$，经弹复后，截面从 $2C$ 弹复到 $2'C$ 的位置，即该部位出 3 号辊后留有残余曲率 $-1/r_1$。

加工件经 4 号辊时，最大残余曲率 $-1/r_1$ 经过反弯和弹复后得以消除，而原来平直的部位经 4 号辊后却留有残余曲率 $+1/r_2$。同理经 5 号辊时，将最大残余曲率 $+1/r_2$ 消除，而又留有残余曲率 $-1/r_3$。如此重复下去，加工件的残余曲率由大变小，最后趋于平直。

综上所述，在小变形量矫直过程中，加工件经过每一个矫直辊后其残余曲率范围逐渐缩小，即 $1/r_0>1/r_1>1/r_2>1/r_3\cdots$，这就是为什么加工件能矫直的原因。

12.4.1.2　大变形量矫直方案

从图 12-10 中弯曲变形总曲率与弹复曲率的关系曲线可以看出，在加工件原始曲率不均匀的条件下，加工件弯曲变形总曲率愈大，则弹复曲率的差值将愈小，亦即加工件弹复后的残余曲率变化范围愈小。根据这一特点，可以采用大变形量矫直方案对加工件进行矫直。即在第二、第三辊上采用很大的反弯曲率，使加工件各部分的弯曲变形总曲率均达到很大数值。这样就可以使残余曲率的不均匀性迅速减小。第四辊后，加工件的反弯曲率可逐渐减小，使加工件趋于平直。这种方案称为大变形量矫直方案。

采用大变形量矫直时，加工件断面的变形与应力分布情况如图 12-12 所示。从图中可见，当不同的原始曲率经过 2、3 号辊子时，被矫加工件承受剧烈的反弯变形，弹复后，其残余曲率的差值线段 $2\sim2'$ 迅速变小。这样，便可采用较少的辊子而获得较好的矫直效果，从而提高了矫直效率。但是，对于加工硬化明显及大截面加工件，大变形矫直方案不仅会增加加工件内部残余应力，而且还会增加矫直机的能量消耗。尽管如此，由于被矫金属原始曲率的变化难以精确确定，故在生产中往往采用大变形量矫直方案。

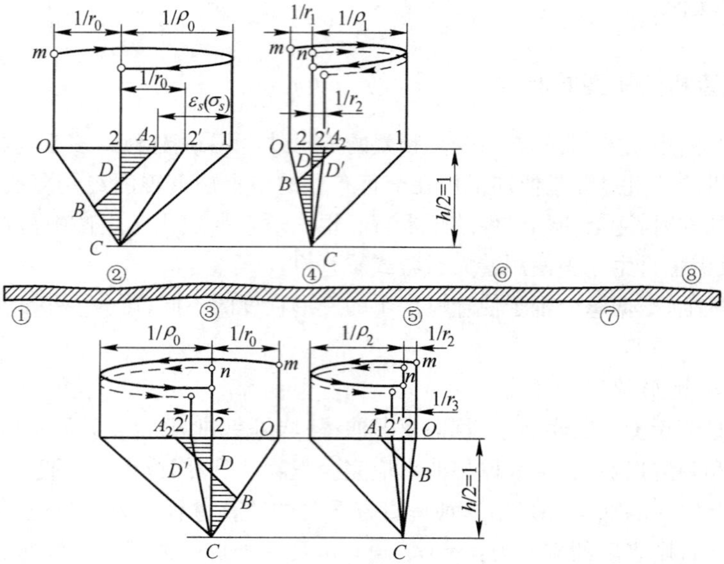

图 12-11　小变形方案矫直时在各个辊子上金属断面的变形与应力分布图

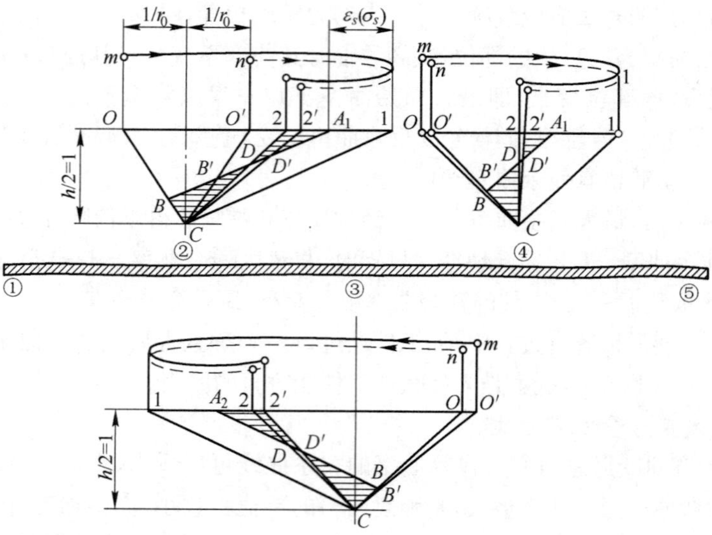

图 12-12　大变形量矫直时金属断面的变形与应力分布图

12.4.2　辊式矫直机的参数

12.4.2.1　辊式矫直机的力能参数

辊式矫直机的力能参数是指作用在矫直辊上的压力(矫直力)、矫直扭矩和矫直机的驱动功率。这是计算矫直机各零部件强度和刚度,确定传动形式和电机容量的依据。

A　作用在矫直机辊子上的压力

辊式矫直机矫直时,加工件的受力情况类似受有多个集中荷载的连续梁。这些集中荷载就是各辊子对金属的压力,如图 12-13 所示。为了简化计算,设第 2、3、4 辊对加工件产生纯塑性弯曲，即 $M_1=0, M_2=M_3=M_4=M_s$；后面倒数第 2、3、4 辊对轧件产生纯弹性弯曲，即 $M_n=0$，$M_{n-1}=M_{n-2}=M_{n-3}=M_w$；中间其他辊子施与轧件的弯矩，$M_5=\cdots=M_{n-4}=\dfrac{M_w+M_s}{2}$。

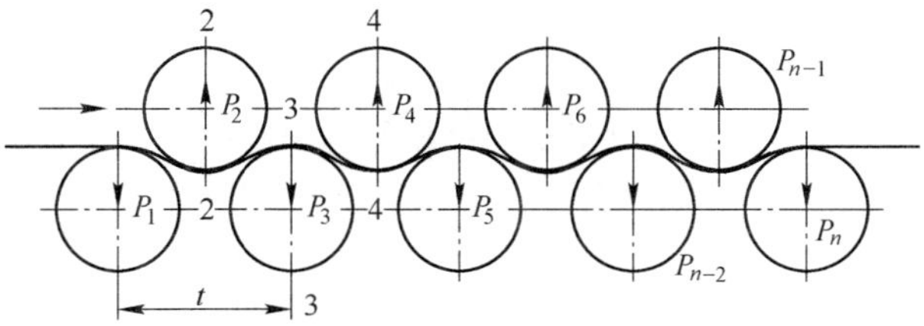

图 12-13 作用在矫直辊上的压力

分别取各段加工件，根据力矩平衡条件可求得作用于各辊上的压力。按图 12-13 所示，在 2—2截面上所受弯矩为：$\boldsymbol{M}_1=\boldsymbol{P}_1\dfrac{t}{2}$

$$\boldsymbol{P}_1=\frac{2M_s}{t} \tag{12-17}$$

在 3—3 截面上所受弯矩为：$-\boldsymbol{M}_3=\boldsymbol{P}_1 t-\boldsymbol{P}_2\dfrac{t}{2}$

$$\boldsymbol{P}_2=\frac{2(2\boldsymbol{M}_2+\boldsymbol{M}_3)}{t}=\frac{6M_s}{t} \tag{12-18}$$

在 4—4 截面上所受弯矩为：$\boldsymbol{M}_4=\boldsymbol{P}_1\dfrac{3}{2}t-\boldsymbol{P}_2 t+\boldsymbol{P}_3\dfrac{t}{2}$

$$\boldsymbol{P}_3=\frac{8M_s}{t} \tag{12-19}$$

同理可得：

$$\boldsymbol{P}_4=\frac{7M_s+M_w}{t};\boldsymbol{P}_{n-3}=\frac{M_s+7M_w}{t};$$

$$\boldsymbol{P}_{n-2}=\frac{8M_w}{t};\boldsymbol{P}_{n-1}=\frac{6M_w}{t};\boldsymbol{P}_n=\frac{2M_w}{t}$$

从以上各公式可以看出，在矫直机上，各辊的压力(矫直力)分布规律是：从第 1 辊至第 3 辊压力递增；从第 $n-2$ 辊至第 n 辊压力递减；第 4 至第 $n-3$ 辊的压力相差不大；第 3 辊的压力最大。

若取作用在其余辊子上的压力为 $\boldsymbol{P}_3$ 和 $\boldsymbol{P}_{n-2}$ 的平均值，当矫直辊数大于 6 时，作用在所有矫直辊上的压力总和为：

$$\sum_{i=1}^{n}\boldsymbol{P}_i=\frac{4}{t}(M_w+M_s)(n-2)\quad(n>6) \tag{12-20}$$

式中 n——矫直辊子数。

B 矫直功率计算

在矫直过程中，电动机需要克服的静力矩为：

$$\boldsymbol{M}_C=\boldsymbol{M}_1+\boldsymbol{M}_2+\boldsymbol{M}_3 \tag{12-21}$$

式中 $\boldsymbol{M}_1$——使加工件产生塑性变形的矫直力矩，N·m；

$\boldsymbol{M}_2$——矫直辊辊子沿加工件的滚动摩擦力矩，N·m；

$\boldsymbol{M}_3$——矫直辊辊子轴承的摩擦力矩，N·m。

(1) 矫直力矩的计算

作用在辊子上的矫直力矩 $\boldsymbol{M}_1$ 可以根据功率相等的原则确定。矫直力矩在辊子上产生的矫直功率 N 应该等于使加工件产生塑性变形的功率(N')，即 $N=N'$。

$$N=\sum\boldsymbol{M}_i\frac{v}{r_{si}};\quad N'=\boldsymbol{M}_1\frac{2\boldsymbol{v}}{D}$$

式中 $\boldsymbol{M}_i$——加工件在 i 辊下矫直时承受的力矩，N·m；

$1/r_{si}$——加工件在 i 辊下的塑性变形曲率，它包括进入该辊的加工件原始曲率和加工件在该辊上产生的最大残余曲率，即 $1/r_{si}=1/r_{i-1}+1/r_i$；

v——矫直速度，m/s；

D——矫直辊直径，mm。

矫直机所有辊子总的矫直扭矩 $\boldsymbol{M}_1$ 为：

$$\boldsymbol{M}_1=\frac{D}{2}\sum_2^{n-1}\boldsymbol{M}_i\left(\frac{1}{r_0}+\frac{1}{r_{si}}\right)=\frac{D}{2}\sum_2^{n-2}\boldsymbol{M}_i\left(\frac{1}{r_0}+\frac{1}{r_{i-1}}+\frac{1}{r_i}\right) \tag{12-22}$$

式(12-22)表明，要计算矫直扭矩 $\boldsymbol{M}_1$，关键在于确定弯曲力矩 $\boldsymbol{M}_i$ 和塑性变形曲率 $1/r_{si}$。为简化计算有以下几点假设：认为各矫直辊下的弯曲力矩都等于塑性弯曲力矩，即 $\boldsymbol{M}_i=\boldsymbol{M}_s$；认为各矫直辊下的残余曲率都等于最大残余曲率。最大残余曲率是按照小变形矫直方案的原则求得的，如果采用反弯曲率 $1/\rho$ 等于最大弹复曲率 $1/\rho_{ys}$。矫直原始曲率 $1/r_0$ 很大的轧件，则轧件上原来平直即曲率为零的部位，经过同样的反弯后所产生的残余曲率为最大残余曲率，对于矩形加工件其值为：

$$\left(\frac{1}{r_i}\right)_{\max}=0.15\frac{1}{\rho_{ys}}=\frac{0.45\sigma_s}{Eh} \tag{12-23}$$

所以，矫直原始曲率为 $1/r_0$ 的加工件时，作用在辊子上的矫直扭矩为：

$$M_1^+=\frac{D}{2}M_s\left(\frac{1}{r_0}+2\frac{1}{r_1}+2\frac{1}{r_2}+\cdots+2\frac{1}{r_{n-2}}\right)=\frac{D}{2}M_s\left(\frac{1}{r_0}+2\sum_2^{n-2}\frac{1}{r_i}\right) \tag{12-24}$$

矫直原始曲率为 $-1/r_0$ 的加工件时，作用在辊子上的矫直扭矩为：

$$M_1^-=\frac{D}{2}M_s\left(\frac{1}{r_0}+2\sum_3^{n-3}\frac{1}{r_i}\right) \tag{12-25}$$

矫直原始曲率为 $0\sim\pm1/r_0$ 的加工件时，原始曲率应按实际曲率的平均值计算，即：

$$\frac{1}{r_0}=\frac{1}{2}\left[0+\left(\frac{1}{r_0}\right)_{\max}\right]=\frac{1}{2}\left(\frac{1}{r_0}\right)_{\max}$$

因为曲率的方向正负不定，计算矫直力矩时，应按式(12-24)、式(12-25)两式之和的平均值计算，即

$$M_1=\frac{D}{2}M_s\left[\frac{1}{2}\left(\frac{1}{r_0}\right)_{\max}+\frac{1}{r_2}+2\sum_2^{n-2}\frac{1}{r_i}\right] \tag{12-26}$$

加工件原始曲率($1/r_0$)的大小因产品不同而异,大致可归为两类:单向曲率通常为非对称断面产品,如钢轨、槽钢等,它们由于断面冷却不均而形成单向弯曲;双向曲率通常为对称断面产品,如板、带、圆钢等长度较大时所出现的双向弯曲且呈波浪形。

原始曲率半径值 r_0,根据资料:型钢 $r_0=(25-100)h$;板材 $r_0=(15-30)h$。(注:大截面取上限值,小截面取下限值,h 为轧件厚度,m)。

(2) 滚动摩擦力矩的计算

$$\boldsymbol{M}_2=\sum \boldsymbol{P}_i m \tag{12-27}$$

式中 $\boldsymbol{P}_i$——各矫直辊所受的压力,N;

m——矫直辊在加工件上的滚动摩擦力臂,矫直钢板时取 8×10^{-4} m,矫直型材时取 $8\times10^{-4}\sim1.2\times10^{-3}$ m。

(3) 轴承摩擦力矩计算

$$\boldsymbol{M}_3=\sum_{i=1}^{n} P_i f \frac{d}{2} \tag{12-28}$$

式中 f——矫直辊轴承摩擦系数,对于滚珠轴承取 0.003,对于滚子轴承取 0.006,对于滚针轴承取 0.008;

d——矫直辊辊颈直径,m。

(4) 电机功率计算

$$N=(\boldsymbol{M}_1+\boldsymbol{M}_2+\boldsymbol{M}_3)\frac{2v}{D}\frac{1}{1000\eta} \tag{12-29}$$

式中 N——电动机功率,kW;

v——加工件矫直速度,m/s;

η——传动效率,取 0.7~0.9。

12.4.2.2 辊式矫直机的结构参数

辊式矫直机的基本结构参数包括:辊径 D、辊距 t、辊身长 L、辊数 n 和矫直速度 v。合理选择矫直机的基本参数关系到矫直质量、设备结构尺寸和功率消耗。

A 辊距和辊径的确定

辊径和辊距是表示辊式矫直机性能的主要参数,通常 D 和 t 保持一定的比例关系,各种矫直机的 D/t 值见表 12-2。

表 12-2 各种矫直机 D/t 值

类 型	薄板矫直机	中板矫直机	厚板矫直机	型钢矫直机
D/t	0.9~0.95	0.85~0.9	0.7~0.85	0.75~0.9

确定辊距时,既要考虑加工件的矫直质量,又要考虑辊子的强度条件。最小允许辊距 t_{min} 受强度条件的限制,最大允许辊距 t_{max} 则受矫直质量的限制。

确定最小允许辊距。在辊径 D 一定时,辊矩愈小,矫直质量愈高,但从辊子受力计算中看出,辊距愈小,矫直压力 $\boldsymbol{P}$ 愈大,辊面与加工件间的接触应力愈大,从而加快了辊子的磨损和损伤加工件表面。故最小辊矩受到辊身表面接触应力和矫直辊扭转强度的限制。

对于矫直板带材,辊子表面接触应力可近似用圆柱体与平板接触的应力公式计算。为了防止辊面掉皮,一般认为最大接触应力应等于或小于被矫金属屈服限的两倍,即:

$$\sigma_{max}=0.418\sqrt{\frac{\boldsymbol{P}_3E}{bR}}\leqslant 2\sigma_s \tag{12-30}$$

式中 $\boldsymbol{P}_3$——加工件作用于第三辊子的压力，N；

E——辊子弹性模量，MPa；

R——矫直辊半径，mm；

b——被矫金属与辊子的接触宽度，mm。

近似地取 $R=0.475t_{min}$ 代入式(12-30)，则求得最小允许辊距值：

$$t_{min}=0.43h\sqrt{\frac{E}{\sigma_s}} \tag{12-31}$$

最大允许辊距 t_{max} 的确定是按照被矫金属在矫直时的变形程度确定的。通常应该满足轧件断面 2/3 的高度达到塑性变形条件。设金属在矫直时，其横断面上的变形分布如图 12-14所示。如取 $R=0.475t$，金属弯曲半径为 $R+0.5h$，在距中性层为 $h/6$ 处的变形量不应小于 $\varepsilon_s=\sigma_s/E$，根据式(12-4)得：

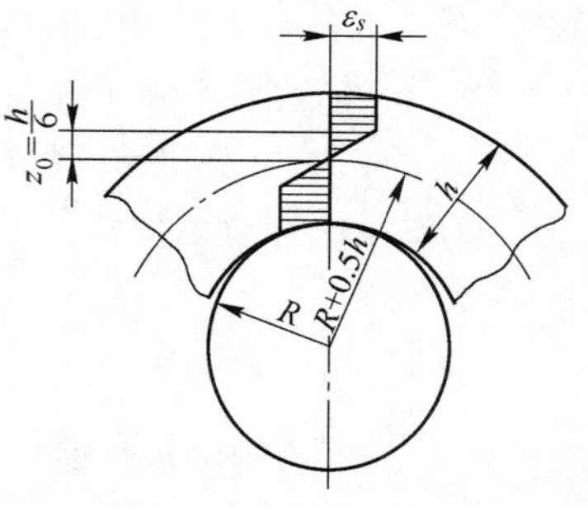

图 12-14　金属的变形分布图

$$\varepsilon=z_0\frac{1}{R+0.5h}=\frac{h}{6}\frac{2}{D+h}\geqslant\frac{\sigma_s}{E}$$

经简化后，则求得最大允许辊距值：

$$t_{max}=\frac{1}{3}\frac{Eh}{\sigma_s} \tag{12-32}$$

最后确定的辊距 t 应满足：

$$0.43h\sqrt{\frac{E}{\sigma_s}}\leqslant t\leqslant\frac{1}{3}\frac{Eh}{\sigma_s} \tag{12-33}$$

在满足上述取值范围的条件下，矫直辊径辊距应尽量取较小值；同时应注意到上述取值范围是根据理论分析得出的，实际设计时可参考已有类似矫直机的有关数据及矫直机参数系列中的数据来确定。

B　矫直辊数

加工件愈宽愈薄，其不平直缺陷愈显著。辊数多可增加反复弯曲的次数，容易获得良好的矫直效果。不过，矫直辊数目太多，会使矫直机结构复杂，会增大矫直功率消耗。为此，在保证矫直质量的条件下，应使辊数尽量少。矫直机辊数的选择一般根据加工件的宽、厚比(b/h)确定。辊式矫直机常用的辊数见表 12-3。

表 12-3　辊式矫直机的辊数

类型	辊式板材矫直机			辊式型材矫直机							
板厚或辊距	板材厚度 h/mm			中小型型材辊距 t/mm		大型型材辊距 t/mm					
	0.25～1.5	1.5～1.6	＞6	200	300	400	500	600	800	1000	1200
辊数	19～29	11～17	7～9	11～13		9		7			

C　辊身长度

对于板材矫直机，辊身长度决定于矫直板材的最大宽度 b_{max}。

$$L = b_{max} + \Delta_a$$

式中　Δ_a——辊宽余量，当 $b_{max} < 200$ mm 时，取 50 mm，$b_{max} > 200$ mm，取 100～300 mm。

对于型钢矫直机，辊身长度应考虑辊身上配置的孔型个数来确定。

D　矫直速度

矫直机的矫直速度主要由生产率确定，同时要考虑加工件的种类、温度等。通常小规格加工件矫直速度要大，热加工件较冷加工件矫直速度大；连续作业线上的矫直机速度应能调整，以利于与整个作业线的速度相适应。表 12-4 列出一些辊式矫直机的基本参数。

表 12-4　辊式矫直机的基本参数

序号	辊列形式	矫直板材的性能与尺寸				矫直机主要参数				矫直速度 v/m · s^{-1}	主电机功率/kW
		材质	屈服强度 σ_s/MPa	厚度 h/mm	最大宽度 b/mm	辊数 n	辊距 t/mm	辊径 D/mm	辊长 L/mm		
1	平行	碳钢	200～480	20～50	2600	7	600	400	2950	0.13～0.65	2×100
2	平行	碳钢	200～480	4～20	2600	7	300	250	2950	0.5～0.95	58
3	单倾斜	铝合金	300	20～50	2500	9	500	400	2800	0.1	2×125
4	单倾斜	铝合金	170	5～20	2620	13	220	180	2800	0.3～1.2	75
5	单倾斜	碳钢	<400	1.2～6	1550	17	90	80	1900	1.43～2.03	55
6	单倾斜	碳钢及低合金钢	400	1～4	1000	17	63	60	1200	0.5	55
7	单倾斜	碳钢	280	0.5～2	1530	21	52	50	1750	约 2.33	160
8	单倾斜	有色金属	<350	0.5～2	1100	23	40	38	1200	1	55

12.4.3　辊式矫直机的结构

辊式矫直机主要由电动机、减速机、齿轮座、连接轴和工作机座等部件组成。按照用途和结构不同，辊式矫直机可分为板材辊式矫直机、型材辊式矫直机、管棒材辊式矫直机。各类矫直机的差别主要表现在工作机座的结构上。

12.4.3.1　板材辊式矫直机的结构

按矫直辊的排列方式及其调整方法，可分为平行辊列矫直机、倾斜辊列矫直机、可调节矫直辊挠度的矫直机等。

A　平行辊列矫直机

该矫直机的上下两排矫直辊是平行排列的，下排辊子固定不动，而上排辊子可单独进行调整，如图 12-15*a* 所示。因其结构比较复杂，出现了上排辊子集体调整且前后安装导向辊的平行辊列矫直机，如图 12-15*b* 所示，其前、后导向辊可单独进行调整，前导向辊的作用是使板材端部顺利地进入矫直机，后导向辊的作用是使板材出矫直机后向平直方向运动。为防止矫直辊在矫直过程中产生挠曲变形，在矫直辊上设有支持辊，如图 12-15*c* 所示。通常下工作辊和下支持辊固定不动，上工作辊和上支持辊可集体在高度方向上调节。因其在矫直时，前后都具有相同的反弯曲率，故矫直后的板材具有较大的残余曲率，矫直质量不高，多用于矫直厚度为 4～40 mm 的中厚板。

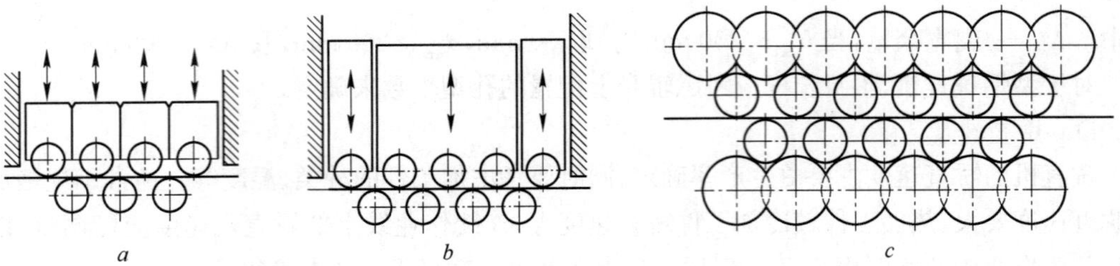

图 12-15　平行辊列矫直机示意图

a—每个上辊单独调整；b—上排辊子集体调整；c—具有支持辊的上排集体调整

B　倾斜辊列矫直机

该矫直机的下排辊子固定不动，上排辊子安装在可调整的上机架内，上排辊子可调整成与下排辊子成一倾斜度，如图 12-16 所示。矫直辊从入口端至出口端逐渐加大上、下辊间的距离，从而使被矫板材在矫直过程中的残余曲率逐渐减少，最后板材得以平直。故矫直质量较好，广泛用于矫直中板及厚度小于 4 mm 的薄板。

C　可调矫直辊挠度的矫直机

该矫直机支持辊为分段式的，例如在工作辊上面配置有三列支持辊，如图 12-17 所示。矫直时根据板材的浪弯或瓢曲的部位不同，通过调整某列支持辊，使工作辊相应的部位预先产生挠度，从而有针对性地矫直板材的中部或边部缺陷，以提高矫直效果。

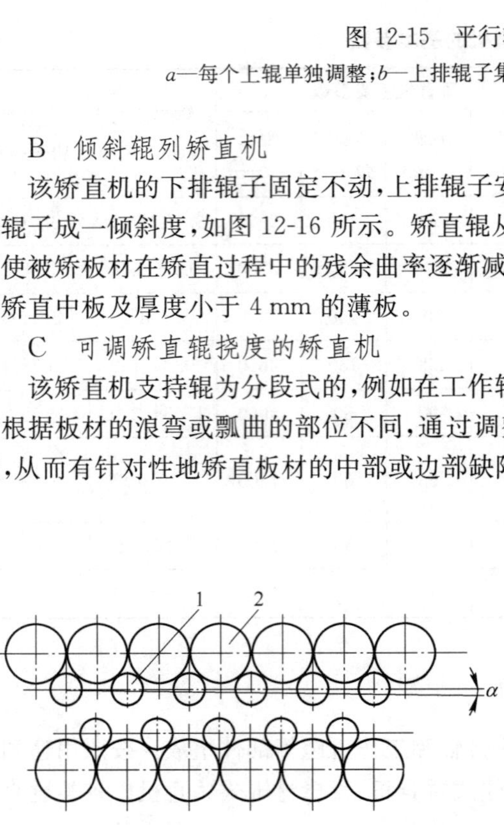

图 12-16　倾斜辊列矫直机示意图

1—工作辊；2—支持辊

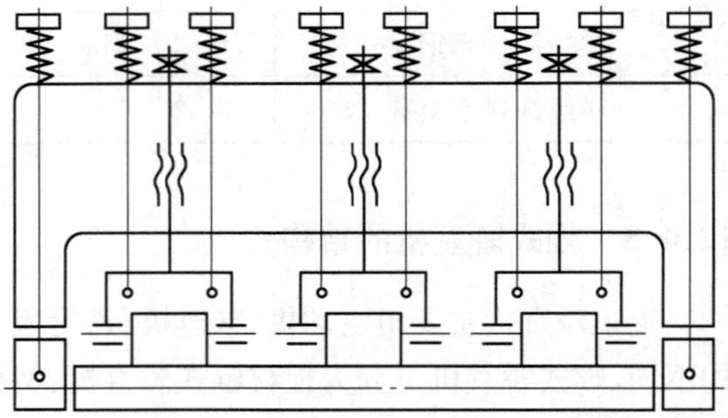

图 12-17　可调矫直辊挠度矫直机示意图

板材辊式矫直机按工作机座分有台架式和牌坊式两种结构。台架式结构简单，但刚性差。图 12-18 为一台 11-260/300×230 台架式矫直机结构图。矫直机上排辊是整体平行调整的(出、入口工作辊可单独调整)。一台双出轴电动机通过两级蜗轮减速机同时转动 4 个立柱上的压下螺母 12，压下螺母转动带动上台架移动实现矫直辊的调整。4 个立柱由紧固螺母 10 固定在下台架 8 上。上支承辊与上台架，可由调节螺丝 2 手动单独调整；下支承辊安装在下台架上，由调节螺丝 9 手动调整。工作辊内部有轴向通孔可通水冷却。该矫直机一般是单独设置在中板车间，并可往复矫直钢板，以提高其矫直质量。

12.4.3.2　型材辊式矫直机的结构

型材辊式矫直机的工作机座有闭式和开式两种结构。闭式结构的优点是可承受较大的负荷，但换辊不方便。开式结构的矫直辊在机架一侧悬臂布置，换辊十分方便。

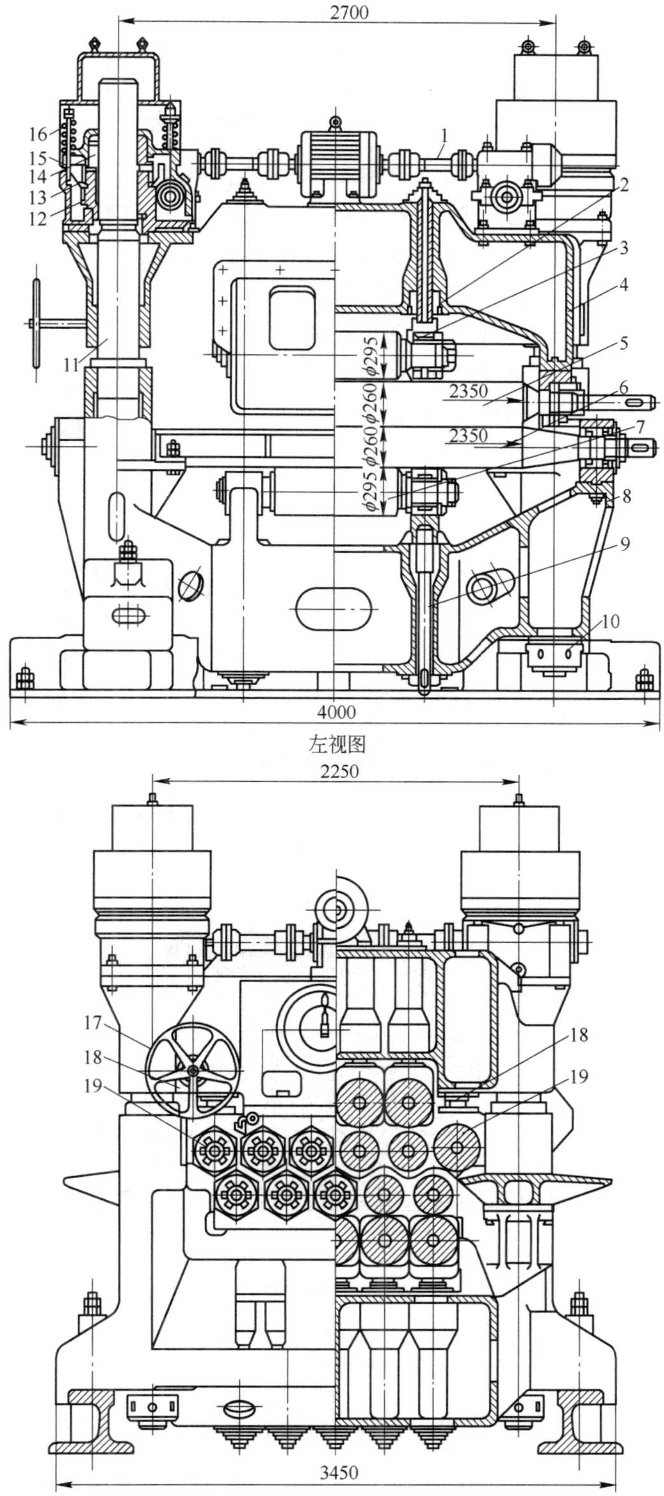

图 12-18 11-260/300×2300 钢板矫直机工作机座

1—压下传动装置;2,9—支承辊调节螺丝;3,7—上、下支承辊;4,8—上、下台架;5,6—上、下工作辊;10—紧固螺母;11—立柱;12—压下螺母;13—内齿圈;14—平衡螺母;15—托盘;16—平衡弹簧;17—手轮;18—压下螺丝;19—出、入口导辊悬臂式型材矫直机的辊套分整体式（见图12-19*a*）和组合式（见图12-19*b*）。不同的辊圈和垫圈构成不同的组合式辊套，用于矫直各种大型的钢轨、工字梁和槽钢等。

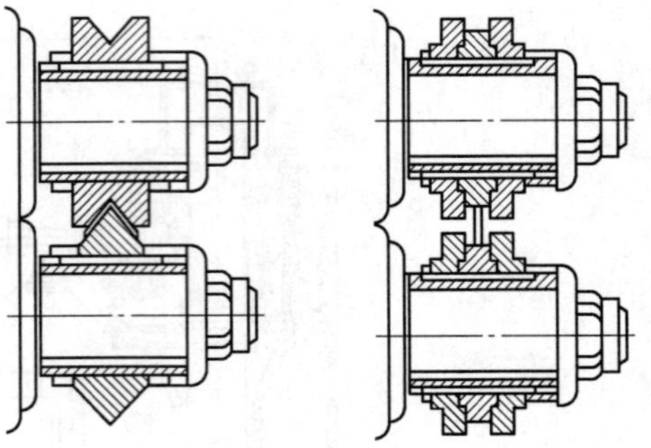

图12-19　悬臂式矫直机孔型结构及辊套图
a—整体式；*b*—组合式

(1) 悬臂式(或开式)矫直机。图12-20所示为9辊550悬臂式型钢矫直机。它是由机架1，矫直辊2、3，上辊压下机构4，轴向调整机构5，连接轴6，减速机7，齿形联轴器8及主电机9等部件组成的。该矫直机的五个下辊通过减速机和连接轴由电动机传动，四个上辊是被动的。上辊的升降调节是由电动机通过蜗轮减速机及压下螺丝实现的（也可手动调节）。上、下辊的轴向调节也是由电动机通过蜗轮减速器及辊轴上的丝扣实现的。

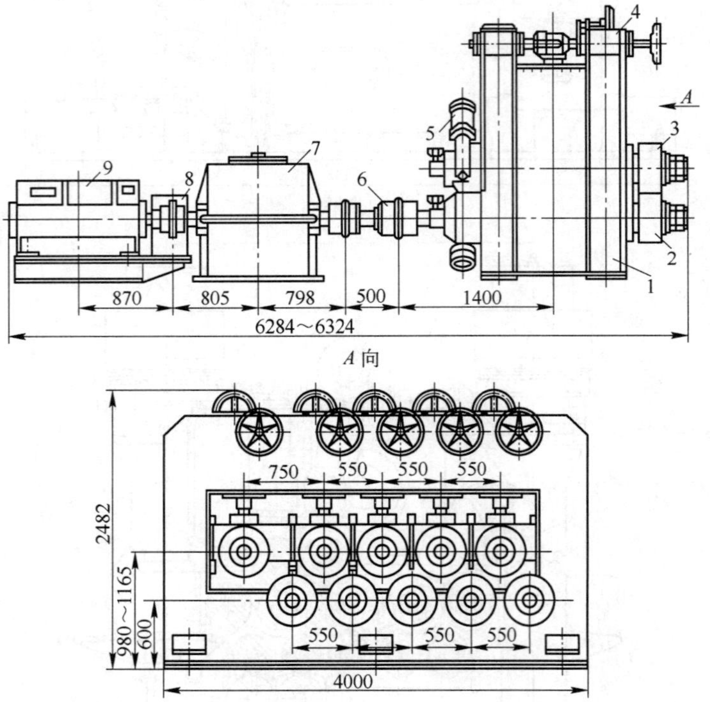

图12-20　9辊550悬臂式辊式型钢矫直机
1—机架；2，3—矫直辊；4—压下装置；5—轴向调整装置；6—连接轴；
7—减速机；8—齿形联轴器；9—主电机

(2) 闭式矫直机。闭式矫直机的矫直辊置于辊轴的两个轴承之间。由于矫直辊位于机架中间，使两端轴承受力均匀，机座刚性较好。图12-21所示为闭式八辊型材矫直机。上排辊子中第1个和第3个辊子及全部下排辊子为主动的，上辊具有手动压下调整机构及弹簧平衡装置。辊径为450 mm，辊距为500 mm。主电机功率为60 kW，转速为725 r/min。用于冷矫抗弯截面系数不大于50 cm^2 和屈服极限不大于800 MPa的各种型材。矫直速度为2 m/s。

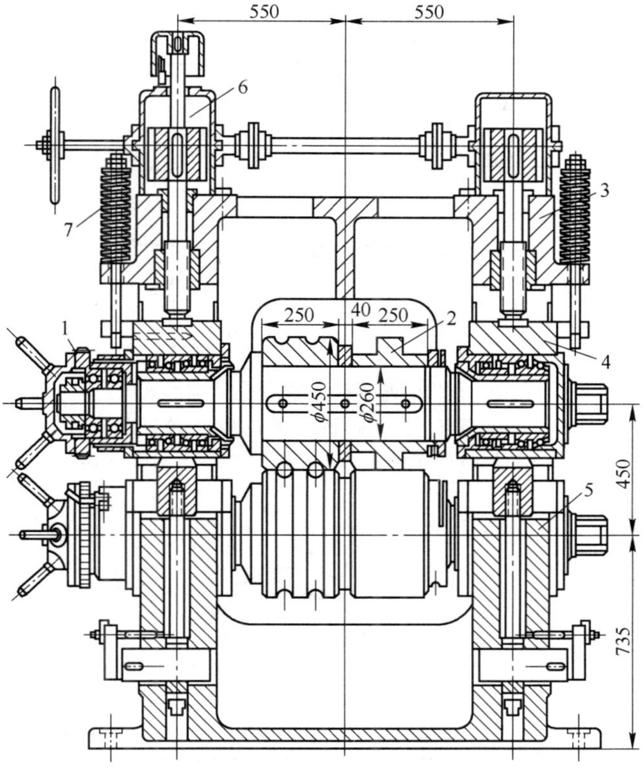

图 12-21 闭式八辊型材矫直机

1—轴向调整螺母；2—辊套；3—上机架；4—轴承座；5—下机架；6—压下装置；7—弹簧平衡装置

12.5 拉伸弯曲矫直机

为了提高板带材的矫直精度，克服辊式矫直机难以矫直高强度合金带材的三元形状缺陷(边缘浪形和中间瓢曲等)及连续拉伸矫直机能量消耗大、易断带等缺点，近年来研制出了拉伸弯曲矫直机。

拉弯矫直是在辊式矫直和张力矫直的基础上发展起来的一种新型带材矫直方法，其主要特点是：(1)能有效地消除板带材的瓢曲，浪形等三维形状缺陷，矫直质量高；(2)退火后的带材经拉弯矫直后机械性能明显改善，具有冷平整的效果；(3)弯曲辊、矫平辊与带材同步性好，不会因打滑而擦伤带材表面；(4)适于各种带材加工线和金属矫直，在酸洗机组中可作为机械破鳞装置，除鳞效果好，热镀锌机组中，镀层均匀，细化。(5)矫直中所使用的张应力仅是带材屈服极限的1/10～1/3，克服了张力矫直易断带，能耗大的缺点；(6)结构简单，便于维护。图 12-22 所示为近年来发展起来的新型结构形式的拉弯矫直机。

12.5.1 拉伸弯曲矫直原理

拉弯矫直综合了张力矫直和辊式矫直的特点，使带材在拉伸和弯曲应力共同作用下较易产生延伸变形，从而矫直带材。

带材在拉弯矫直中的变形和应力分布如图 12-23 所示。其中图 12-23a 是带材纯弯曲时的应力分布图；图 12-23b 是有拉伸应力时，弯曲和拉伸应力叠加的应力分布图。从图中可看出，带材

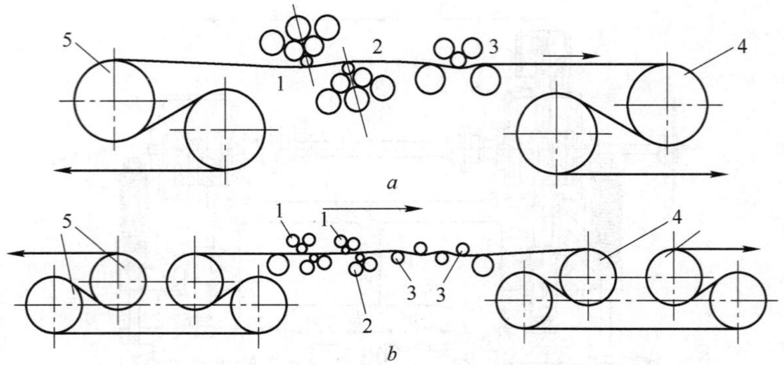

图 12-22　连续拉弯矫直机结构形式

a—具有一组弯曲辊；*b*—具有两组弯曲辊

1,2—弯曲辊；3—矫直辊；4—前张力辊组；5—后张力辊组

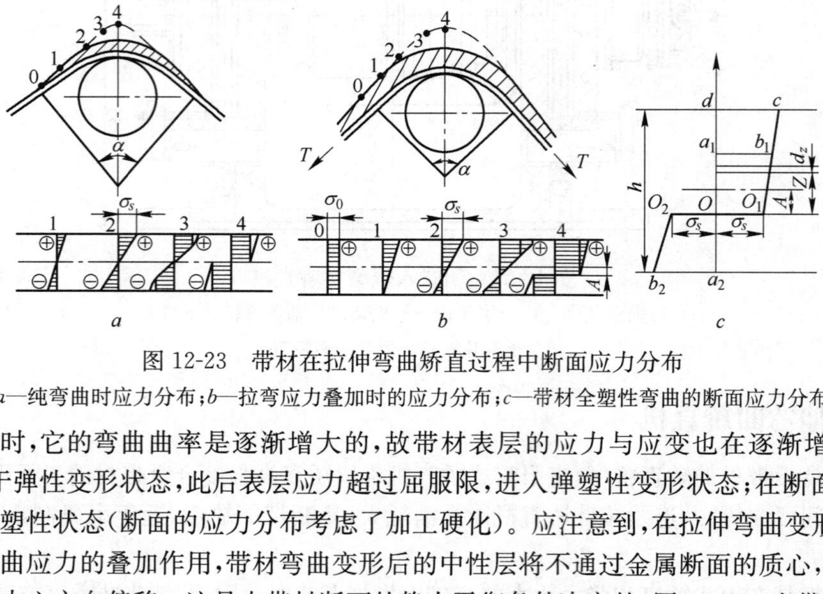

图 12-23　带材在拉伸弯曲矫直过程中断面应力分布

a—纯弯曲时应力分布；*b*—拉弯应力叠加时的应力分布；*c*—带材全塑性弯曲的断面应力分布

经过弯曲辊时，它的弯曲曲率是逐渐增大的，故带材表层的应力与应变也在逐渐增大。在 0-2 段，带材处于弹性变形状态，此后表层应力超过屈服限，进入弹塑性变形状态；在断面 4 处，带材几乎处于全塑性状态(断面的应力分布考虑了加工硬化)。应注意到，在拉伸弯曲变形时，由于拉伸应力和弯曲应力的叠加作用，带材弯曲变形后的中性层将不通过金属断面的质心，而是朝着带材弯曲曲率中心方向偏移。这是由带材断面的静力平衡条件决定的，图 12-23*c* 为带材全塑性弯曲的断面应力分布（以断面 4 的应力分布为例），则可看出，两个彼此相等的梯形 $oa_1b_1o_1$ 及 $oa_2b_2o_2$ 对中性层 o 产生的静力矩应与外载荷弯曲力矩相平衡，而梯形 a_1b_1cd 则与拉伸力 T 在断面上的作用相平衡。

带材中心层偏移量计算用如下公式：

$$A=\frac{\sigma_0 h}{2\sigma_s\left(1+\frac{kh}{\rho}\right)} \tag{12-34}$$

式中　σ_0——带材拉伸应力，MPa；

σ_s——带材屈服极限，MPa；

ρ——反弯曲率半径，mm；

h——带材厚度，mm；

k——系数，$k=E_1/(2\sigma_s)$，E_1 为带材加工硬化的弹性模数。

式(12-34)表明，拉伸弯曲联合作用的结果使带材中性层朝弯曲曲率中心偏移了A距离。中心层偏移使带材在反复弯曲时，拉伸应变与弯曲应变不能互相抵消，这就是为什么拉伸弯曲矫直时对带材施加较小的拉应力便可使其几何中性层的应力值达到屈服限，从而使之产生塑性延伸变形的道理。

12.5.2 拉伸弯曲矫直机的结构

拉伸弯曲矫直机组由张力辊组和拉伸弯曲机座两大部分组成(见图12-22)。

12.5.2.1 拉伸弯曲机座

拉伸弯曲机座是使带材产生拉伸弯曲变形的机组。它一般由两个基本单元——弯曲辊单元和矫直辊单元组成。弯曲辊单元的作用是使带材在张力作用下，经过剧烈的反复弯曲变形，达到工艺要求的伸长率。矫直辊单元的作用是将剧烈弯曲后的带材矫直。由于弯曲辊和矫直辊直径小，因而它们都由一组支承辊支撑，组成辊系以提高刚度。连续拉弯矫直带材至少要采用两个弯曲辊和一个矫直辊。如果要增加弯曲辊的数目，应成对地增加。

12.5.2.2 张力辊组

张力辊组的作用不仅是使带材产生张力，而且可有效地控制矫直过程中带材的伸长率。拉弯矫直机设有前后两个张力辊组，两个辊组分别驱动，后张力辊组的线速度高于前张力辊组的线速度。矫直带材的张力就是由前、后线速度差产生的，而矫直过程中带材产生的延伸大小也决定于前、后线速度差。

在拉伸弯曲矫直机中，弯曲辊和矫直辊是从动的，只有前、后张力辊组驱动，这不仅简化了矫直机的结构，而且可保证弯曲辊和矫直辊与带材同步运行。张力辊的数目及布置形式决定于带材所需的最大拉伸力和现场条件。张力辊组驱动方式有：直流电机单独驱动；交流变频电机驱动；液压马达单独驱动等三种。

12.5.3 拉伸弯曲矫直机组的主要参数

12.5.3.1 工艺参数

拉弯矫直机组的主要工艺参数是带材伸长率。按照工艺要求，带材伸长率的范围大致是0.5%～3%，可参考表12-5选择。

表12-5 不同用途时的带材伸长率

拉伸弯曲矫正机组的用途	带材伸长率/%
单纯为了矫直带材	0.5～1
用于机械破鳞(去除氧化铁皮)	0.5～1.5
矫直有严重缺陷的带材	≤1.5
控制和改善带材机械性能	≥2

拉弯矫直时，在带材与张力辊面不打滑的条件下，决定带材伸长率大小的是前、后张力辊组的速度差，即：

$$\lambda=\frac{v_2-v_1}{v_1}\times100\% \tag{12-35}$$

式中 λ——带材伸长率，%；

v_1，v_2——前(入口侧)、后(出口侧)张力辊组线速度，m/s。

如果在矫直过程中控制相对速度差恒定，就可控制带材伸长率，而改变弯曲辊辊径与带材厚度的比值，调节弯曲辊压下量仅可改变张力大小，相当于伸长率自动控制闭环。故在拉弯矫直中可以通过控制前、后张力辊组相对速度差准确地控制带材的延伸。

12.5.3.2　结构参数

拉伸弯曲矫直机组的主要结构参数是弯曲辊直径、张力辊直径及其数量。

弯曲辊直径与带材厚度及带材的屈服限有关。采用小直径弯曲辊时，不仅矫直效果好，而且能相应地减小带材单位张力。但辊子直径过小，将使辊子转速增加、加大辊子磨损、降低使用寿命。

合理选择拉弯矫直机组张力辊直径，以保证带材在张力辊上保持弹性弯曲变形，即：

$$D=\frac{hE}{\sigma_s} \tag{12-36}$$

式中　E,σ_s——带材弹性模量及其屈服限，MPa。

按照上面原则计算出的张力辊直径往往偏大，使矫直机组总长度增加。通常选择张力辊辊径时，允许带材在辊上有少量的弹塑性弯曲变形，辊径大致在 500～1500 mm 范围内。

张力辊数量取决于带材所需张力值。张力辊依靠辊面与带材的摩擦传递张力。所传递的张力值与辊面摩擦系数及带材对张力辊的包角有关。对于有 4 个张力辊的辊组，其张力分布示意图见图 12-24。张力辊组入口端张力 $\boldsymbol{F}_{T1}$ 与出口端张力 $\boldsymbol{F}_{T2}$ 的关系可用欧拉公式表示：

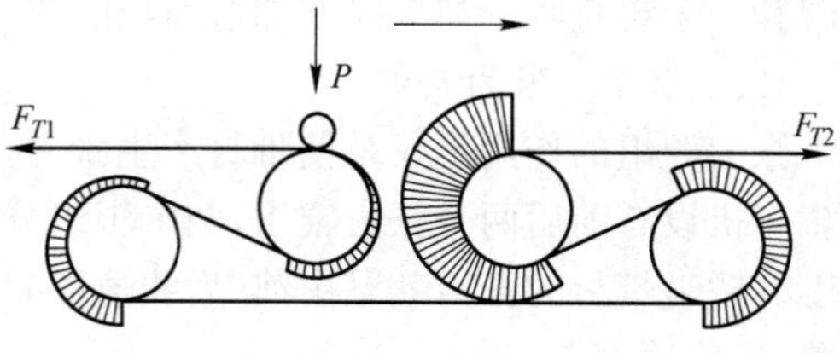

图 12-24　张力辊组张力分布示意图

$$\boldsymbol{F}_{T2}=\boldsymbol{F}_{T1}e^{\mu\alpha} \tag{12-37}$$

式中　μ——带材与辊面间的摩擦系数，对于钢辊子取 0.15～0.18，对于表面包有橡胶的辊子取 0.18～0.28；

α——带材在辊子上包角的总和，rad。

练习题 12

12-1　简述压力矫直、辊式矫直、拉弯矫直的用途和特点。

12-2　试说明小变形矫直和大变形矫直方案的矫直辊压下调整原则。

12-3　简述拉弯矫直机的矫直原理，矫直轧件延伸系数如何控制。

12-4　若已知矩形轧件弹复曲率计算公式，试推导最大残余曲率。

12-5　如何确定辊式矫直机的矫直辊直径和辊距？

12-6　试推导理想弹塑性体矩形断面矫直力矩的上限、下限值。

12-7　掌握辊式矫直机的力、能参数的计算方法。

13 锻压设备

用锤击或压制的方法对坯料施加压力，使之产生塑性变形的金属塑性加工方法称锻造。室温下在压力机上用凹模和凸模将薄板成形为具有立体造型和符合质量要求的制件的金属塑性加工方法称冲压。锻造和冲压简称为锻压。锻压生产常用设备大致分为加热设备、锻压成形设备和锻压生产辅助设备。本章介绍的主要是锻压成形设备。

13.1 锻压设备分类

锻压设备种类繁多。按照国家的行业标准，把单机锻压成形设备按工艺用途分成八大类。用汉语拼音字母表示。每类分为多组，每组又分为若干型。类和组的具体分法见表 13-1。

表 13-1 锻压设备的分类

类别	汉语拼音	组
机械压力机	J	手动压力机、单柱压力机、开式压力机、闭式压力机、拉延压力机、螺旋压力机、压制压力机、板料自动压力机、精压挤压压力机和其他压力机
液压机	Y	手动液压机、锻造液压机、冲压液压机、一般用途液压机、校正压装液压机、层压液压机、挤压液压机、压制液压机、打包压块液压机和其他液压机
线材成型自动机	Z	自动镦锻机、自动切边滚丝机、滚柱钢球自动冷镦机、多工位自动镦锻机、自动弹簧机、自动链条机、自动弯曲机和其他自动机
锤	C	蒸汽-空气自由锻锤、蒸汽-空气模锻锤、空气锤、落锤、对击式模锻锤和气动液压模锻锤
锻机	D	平锻机、热模锻压力机、辊锻横轧机、碾环机、径向径锻机和其他锻机
剪切机	Q	手动剪切机、板料曲线剪切机、联合冲剪机、型材棒料剪断机和其他剪切机
弯曲校正机	W	板料弯曲机、型材弯曲机、校正弯曲机、板料校平机、型材校直机、板料折压机、旋转机及其他弯曲校正机
其他锻压设备	T	轧制机、冷拔机、锻造操作机、板料自动送卸料装置和专门用途的设备

虽然表 13-1 设备繁多，但是详细分析设备原理之后会发现，有些原理是一样的。例如，机械压力机、自动锻压机、剪切机都是利用曲柄-连杆机构。因此，从工作原理上，我们可以概括为四种典型设备进行研究。

(1) 锻锤。一般用气体作为工作介质，将储藏在气体分子中的内能转换成执行机构的动能，利用碰撞原理，产生巨大的冲击力使毛坯产生塑性变形。因此，它属于冲击载荷的锻压机器，如空气锤、蒸汽-空气锻锤、电液锤、高速锤等。

(2) 曲柄压力机。它是利用曲柄连杆机构把传动部分的旋转运动变成滑块的往复运动，工作机构依靠传动系统传递的扭矩迫使滑块给毛坯施加压力使之产生塑性变形。运动和载荷具有周期性。因此，曲柄压力机属于压力作用的机器。这类机器有热模锻压力机、拉深压力机、剪切机、精压机、平锻机、冷锻机。

(3) 液压机。它是以液体(油或水)作为工作介质，利用帕斯卡原理，使执行机构产生巨大的静压力的锻压机器。例如，水压机、油压机。

(4) 旋转式锻压机。它是利用碾压原理，使执行机构对毛坯局部产生持续的压力，随着毛坯的运动，塑性变形遍布整个锻件。这类机器有扩孔机、辊锻机、摆碾机等。

13.2　锻锤

利用蒸汽或液压等传动机构使落下部分(活塞、锤杆、锤头、上砧(模块))产生运动并积累动能，将此动能施加到锻件上去。使锻件获得塑性变形能，以完成各种锻压工艺过程的机器称为锻锤。

锻锤工艺适应性好，结构简单，是现今锻造生产的主要设备。此类设备由于存在振动大、噪声高的特点，使得大吨位锻锤的开发和使用受到限制。而对击锤可减小上述不利因素，所以人们目前普遍认为应该保留中、小吨位锻锤。大吨位的锻锤则用对击锤等设备代替。现今我国蒸汽-空气锤限制在 16 t 以下，对击锤打击能量发展到 1000 kJ。

锻锤是一种能量限定型设备，其工作原理为，在锤头碰到锻件后的极短时间内(千分之几秒)，落下部分(锤头)将向下行程中积蓄的动能释放，以巨大惯性力冲击锻件，完成塑性变形。因此，锻锤与液压机和机械压力机的工作原理不同，压力机类锻压设备是靠静压力或准静压力使锻件变形。当压力机的压力大于锻件变形力时，加压一次即可成形，反之，如压力机压力小于锻件变形力时，即使加压多次也不能成形。而锻锤则是靠工作部分动能的瞬时释放使锻件变形，当锻件每次打击的有效能量小于锻件变形所需能量时，仍可采用多次打击完成锻件变形的任务，而且变形速度快，对于不同类别的锻件适应性强，特别适合于中小批量的生产厂使用。

13.2.1　锻锤的工作特性

13.2.1.1　锻锤的打击能量

锻锤的规格通常以落下部分重量来表示，但因它是限能性设备，其确切的性能参数应是打击能量 $E_0(J)$，对有砧座锤为：

$$E_0=\frac{1}{2}m_1v_1^2 \tag{13-1}$$

式中　m_1——落下部分的重量，kg；

　　v_1——落下部分接触锻件时的打击速度，m/s。

对击锤，打击能量 $E_0(J)$为

$$E_0=\frac{1}{2}m_1v_1^2+\frac{1}{2}m_2v_2^2 \tag{13-2}$$

式中　m_2——下锤头的重量，kg；

　　v_2——下锤头的打击速度，m/s。

13.2.1.2　锻锤的打击力

锻锤是限能量的锻压设备，它的主要性能参数是落下部分的打击能量。但是，对其可能产生的打击力亦应有其度量准则，以满足锻锤零件的强度校核、模具承压面的确定及正确选用和使用设备的需要。打击过程中，锻件变形是锤头能量释放的结果，因此锻锤的打击力与锤头的动能及锻件大小、形状、温度等有关。每一次打击其打击力是不一样的，在同一次打击中，打击力也是变化的，要确切计算打击力十分困难。为简化计算，假设在打击加载阶段打击力为一不变的常力，称为平均打击力，应用冲量原理可以求知这一平均打击力。

有砧锻锤打击力 P 可按式(13-3)计算

$$P=\frac{m_1 m_2}{2(m_1+m_2)} \cdot \frac{(v_1-v_2)^2}{\Delta h} \tag{13-3}$$

式中　m_2——下锤头（或砧座）的重量，kg；

v_2——下锤头（或砧座）的打击速度，m/s；

Δh——模锻工艺锻件变形量，mm。

例如，$m_1=1000$ kg，$v_1=8$ m/s，$m_2=30\ m_1$，$v_2=0$ m/s，取 Δh 为 2 mm，则打击力 $\boldsymbol{P}=15484$ kN。也就是说 1 t 有砧座模锻锤可产生 15 MN 左右的打击力。

打击锤是以打击能量为系列，因而从铭牌上可直接读出其打击能力。

因打击时间很短，故打击力 P 很大，相当于落下部分重量 m_1 的几千倍至一万多倍。锻件的温度越低，变形量越小，打击力越大。锻造时不能以最大打击速度锻击冷锻件或空击，因此会产生极大的打击力，这对模具和锻锤易损零件的寿命都有不利的影响。

锻锤的种类很多，按打击特性分，有对击锤和有砧座锤；按工艺用途分，有自由锻锤、模锻锤和板料冲压锤；按向下行程时作用在落下部分的力分，又可分为单作用锤和双作用锤。单作用锤工作时，落下部分为自由落体。双作用锤在向下行程时，落下部分除受自重的作用外，还受压缩空气或液压力的作用，故打击能量较大。常按驱动机构的特征分类，有蒸汽-空气锤、空气锤、机械锤、液压锤。

13.2.2　蒸汽-空气锤

蒸汽-空气锤是目前锻造车间最常用的锻造设备之一。这类锤是以蒸汽或压缩空气作为能量传递物（工作介质），故称为蒸汽-空气锤。根据工艺用途不同，可分为蒸汽-空气自由锻锤和模锻锤。蒸汽-空气锤所使用的蒸汽压强为 0.7～0.9 MPa，压缩空气压强为 0.6～0.8 MPa。

13.2.2.1　蒸汽-空气锤的工作原理

图 13-1 为蒸汽-空气锤工作原理图。

若气缸 1 的下腔进气，上腔排气；锻锤的落下部分所受的作用力合力 $\boldsymbol{F}_u$ 方向向上时，则落下部分在 $\boldsymbol{F}_u$ 的作用下向上运动。此时作用在落下部分的作用力必须满足式（13-4）：

$$\boldsymbol{F}_u=\alpha A\boldsymbol{p}_1-A\boldsymbol{p}_2-m\boldsymbol{g}-\boldsymbol{T}+(1-\alpha)A\boldsymbol{p}_0=ma_u>0 \tag{13-4}$$

式中　A——活塞的顶部面积，m^2；

αA——活塞的下环形面积，α 为一系数（$\alpha<1$）；

$(1-\alpha)A$——锤杆的截面积，m^2；

$\boldsymbol{a}_u$——向上加速度，m/s^2；

$\boldsymbol{g}$——重力加速度，m/s^2；

m——锤落下部分的重量，kg；

$\boldsymbol{T}$——锤头与导轨、活塞与气缸、活塞杆与密封间的摩擦阻力，N；

$\boldsymbol{p}_1$——气缸进气压力，Pa；

$\boldsymbol{p}_2$——气缸排气压力，Pa；

$\boldsymbol{p}_0$——大气压力，Pa。

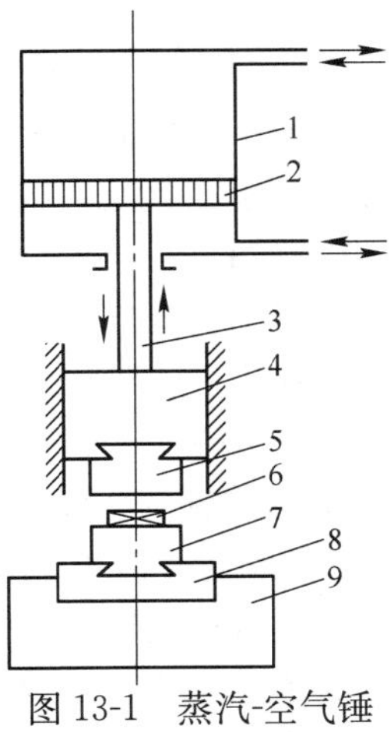

图 13-1　蒸汽-空气锤工作原理图

1—气缸；2—活塞；3—锤杆；4—锤头；5—上砧块；6—锻坯；7—下砧块；8—砧枕；9—砧座

相反，若气缸上腔进气，下腔排气，作用在落下部分的合力 $\boldsymbol{F}_d$ 方向向下，则落下部分在 $\boldsymbol{F}_d$ 的作用下向下运动。此时作用在落下部分的力满足式（13-5）：

$$\boldsymbol{F}_d = Ap_1 - \alpha Ap_2 + mg - \boldsymbol{T} - (1-\alpha)Ap_0 = ma_d > 0 \quad (13\text{-}5)$$

式中 $\boldsymbol{a}_d$——向下加速度,m/s^2。

落下部分向下运动的过程中储蓄了一定的打击能量,这个打击能量在打击过程中大部分转化为锻件的塑性变形功。

13.2.2.2 蒸汽-空气自由锻锤

蒸汽-空气自由锻锤用于进行自由锻造和胎模锻造工艺,是生产中小型自由锻件的主要设备。它的落下部分质量一般为0.5～5 t。一般比0.5 t小的锻锤被空气锤代替,比5 t大的水压机代替。

这种锤的结构形式可分为三种:单柱式、双柱式和桥式。单柱式由于锤身只有一个立柱,可以从三个方面操作,操作空间大,其落下部分质量范围为0.5～1 t。一般用于锻造小型件。双柱式蒸汽-空气自由锻锤的锤身有两个立柱组成拱门形状,锤身比较稳固。只能从前后操作,这种结构形式的锻锤落下部分质量范围为1～5 t,用来锻造中型锻件,使用最为广泛,如图13-2所示。双柱桥式蒸汽-空气自由锻锤,锤身由两个立柱和横梁连接成桥型框架,砧座周围空间大,便于操作,落下部分质量在3～5 t之间。

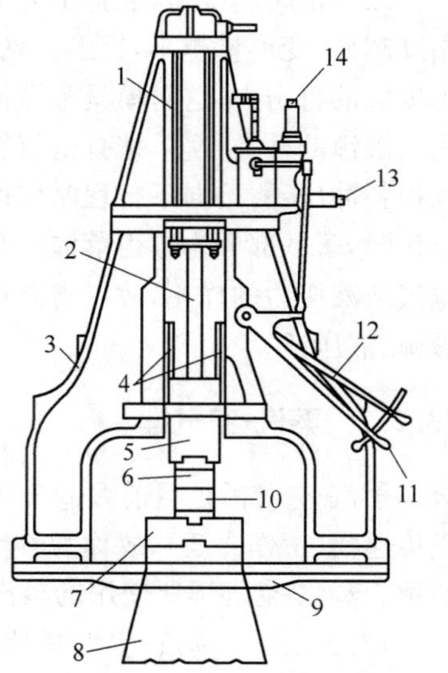

图13-2 双柱式蒸汽-空气锤

1—气缸;2—锤杆;3—立柱;4—导轨;5—锤头;6—上砧块;7—砧垫;8—砧座;9—基础底板;10—下砧块;11—旋阀手柄;12—滑阀手柄;13—排气口;14—进气口

为满足工艺要求,自由锻锤通过操纵机构实现以下几个工作循环。

(1) 锤头上悬。通过操纵机构使气缸下腔气体的压力平衡落下部分的重量,于是锤头就在上死点位置微动。这是满足更换模具、取件、放件的要求。

(2) 锤头压下。通过操纵机构使气缸下腔蒸汽慢慢地排出,让锤头平稳地下落,然后使气缸上腔进入蒸汽,对锤头产生压力,压住锻件。这是完成弯曲和扭转工序所需要的。

(3) 单次打击。又称为重击,这通过操纵机构使气缸上腔在整个向下行程中都是进气,下腔都是排气来达到,所以单次打击的打击能量较大。这种打击是镦粗工艺所要求的。

(4) 连续打击。锤头连续打击工件。这是自由锻工艺中拔长(延伸)工序所要求的。

13.2.2.3 蒸汽-空气模锻锤

完成模锻工艺的蒸汽-空气锤称蒸汽-空气模锻锤。其结构如图13-3所示。气缸固定在立柱上,两根立柱用带弹簧的斜置螺栓和调节楔牢固地连接到砧座上。通过脚踏板操纵配气阀的运动,以实现模锻锤的各种动作。模锻锤有摆动循环、重打和轻打三种工作循环方式,通过操纵系统控制配气阀的进排气方向和气量大小来体现。

蒸汽-空气模锻锤与自由锻锤采用相同的工作介质,在结构和动作原理上有许多相同之处。例如,其结构仍由落下部分、气缸、配气机构、锤身(机架)、砧座等部分组成。但是由于模锻工艺的要求,该设备有自己的特点。

(1) 结构不同。由于模锻过程要求上、下模对准,所以模锻锤的立柱必须安装在砧座上。模锻件常常由几个模膛锻造,力为偏心载荷,尤其在终锻工序,锻击力很大。为了承受偏心打击时的侧向分力,把立柱、砧座以及气缸用带弹簧的螺钉连成刚性机架,从而增加了刚性。而自由锻锤立柱与砧座为两体。

(2) 操纵机构不同。模锻锤采用脚踏板操纵。一般情况下，模锻工同时司锤和操作锻件。脚踏板可同时带动滑阀和旋阀一起动作。自由锻锤由司锤通过手柄得到各自不同的工作循环，司锤和操作锻件各由专人负责。

(3) 工作循环不同。自由锻锤有单打、连打、悬空和压下四种工作循环，而模锻有摆动、连续的重打和轻打三种工作循环。

(4) 砧座与落下部分质量比例不同。为了减小打击时砧座本身的弹跳和下沉以及提高打击效率，同吨位的模锻锤采用比自由锻更大的砧座。自由锻锤的砧座质量一般为落下部分的10～15倍，而模锻锤为20～30倍。

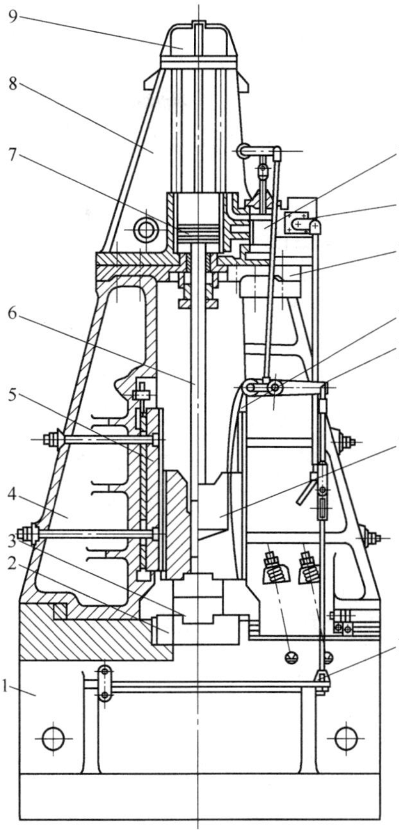

图 13-3　蒸汽-空气模锻锤

1—砧座；2—模座；3—下模；4—立柱；5—导轨；6—锤杆；7—活塞；8—气缸；9—保险杠；10—滑阀；11—节气阀；12—气缸底板；13—曲杆；14—杠杆；15—锤头；16—踏板

13.2.3　空气锤

空气锤既可以进行自由锻造，又可以进行胎模锻造。适用于中小锻件的生产。它是由电动机直接驱动，安装投资费用较低。如图 13-4 所示，空气锤有工作缸和压缩缸，两缸之间由旋阀连通。其工作介质也是压缩空气，它在压缩活塞和工作活塞之间仅起柔性连接作用。电动机通过减速机构带动曲拐轴旋转，驱动压缩活塞做上下往复运动，使被压缩的空气经旋阀进入工作缸的上腔或下腔，驱使落下部分做上下运动进行打击或回程。

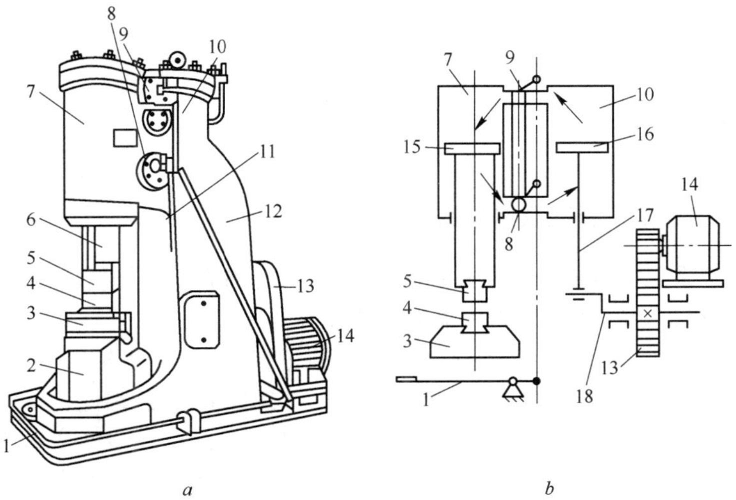

图 13-4　空气锤的结构和工作原理

a—外部结构；*b*—工作原理

1—踏杆；2—砧座；3—砧垫；4—下砧；5—上砧；6—锤杆；7—工作缸；8—下旋阀；9—上旋阀；10—压缩缸；11—手柄；12—锤身；13—减速器；14—电动机；15—工作活塞；16—压缩活塞；17—连杆；18—曲柄

13.2.4　机械锤

机械锤包括由弹性、刚性和挠性连接所组成的各种机械传动的锤。弹簧锤用于弹性连接的锤，夹板(杆)锤属于刚性连接的锤。用带或链条的锤属于挠性连接的锤。图 13-5 为机械锤简图。

13.2.5　液压锤

液压锤是以液压油作为工作介质，利用液压能工作的锤：分纯液压和气液两种驱动形式(见图 13-6)。气液驱动原理为：在工作前，先向气腔一次充入定量高压气体(氮气或压缩空气)。借助于下腔液压力的改变，对定量的封闭气体进行反复地压缩蓄能和膨胀做功，使锤头得到提升和快速下降进行锻击。其工作特点是：油腔进油，锤头提升；油腔排油，锤头快速下降并进行锻击。目前，我国尚在发展和应用这种液压锤。

德国在 20 世纪 80 年代后期，出现了快速纯液压模锻锤。其特点是：液压缸下腔通常压；上腔进油，锤头下降和进行锻击，上腔排油，锤头提升。这种纯液压锤已逐渐取代了气液模锻锤。

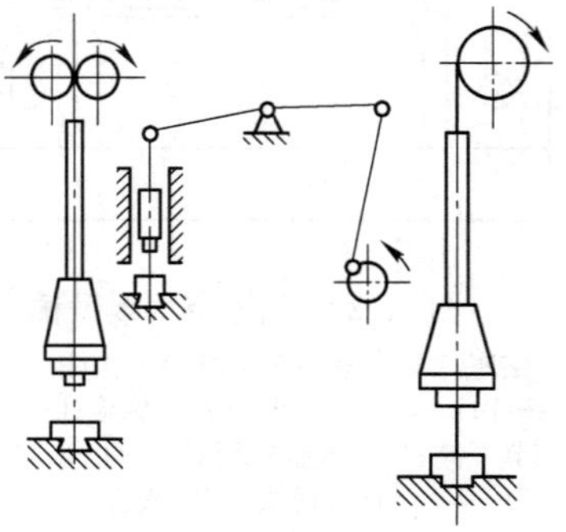

图 13-5　机械锤简图

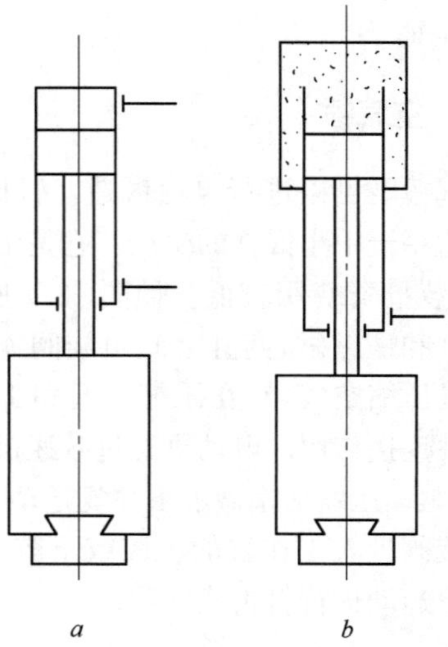

图 13-6　液压锤工作原理图
a—纯液压式；*b*—气液式

13.3　曲柄压力机

13.3.1　曲柄压力机工作原理及结构组成

曲柄压力机是采用机械传动的锻压机器。通过传动系统把电动机的运动和能量传给工作机构，从而使坯料获得预期的变形，制成所需的工件。

图 13-7 为曲柄压力机的工作原理图，电动机 1 通过带轮 2、3 和齿轮 6、7、8，将运动传给偏心齿轮 9，连杆 12 的上端套在偏心齿轮上，下端与滑块 13 用铰链连接，因此，就将齿轮的旋转运动变成滑块的往复运动。上模 14 装在滑块上，下模 15 装在工作台 17 上。当材料放在上下模之间，即能进行冲裁或其他变形工艺，制成工件。气垫 18 是用来顶出工件或在拉伸时作压边用。由于工艺操作的需要，滑块时而运动，时而停止，因此装有离合器 5 和制动器 4。压力机在整个工作周期内进行工艺操作的时间很短，即有负荷的工作时间很短，大部分可为无负荷的空程。为了使电动机的负荷均匀，有效地利用能量，因而装有飞轮。大带轮 3 即起飞轮作用。

曲柄压力机一般由下面几部分组成：

(1) 工作机构。一般为曲柄滑块机构。除此以外，尚有肘杆机构、连杆机构等。

(2) 传动系统。包括齿轮传动和带传动等机构。

(3) 操纵系统。如离合器和制动器。

(4) 能源系统。如电动机和飞轮。

(5) 支承部件。如机身。

(6) 附属装置和辅助系统。

13.3.2 曲柄压力机类型及技术参数

13.3.2.1 曲柄压力机类型

根据 JB/T 9965—1999 的标准，锻压机械分为八类，其中第一类机械压力机包括曲柄压力机的主要类型。此外，在第三类线材成型自动机、第五类锻机、第六类剪切机和第七类弯曲校正机中都包括有曲柄压力机。根据工艺用途也可将曲柄压力机进行如下分类：

A 板料冲压压力机

(1) 通用压力机。用于冲裁、落料、弯曲、成形和浅拉深等工艺。

(2) 拉深压力机。用于拉深工艺。

(3) 板冲高速自动机。适用于连续传送板料的自动冲压工艺。

(4) 板冲多工位自动机。适用于连续传送工件的自动冲压工艺。

B 体积模锻压力机

(1) 挤压机。用于冷挤压工艺。

(2) 热模压力机。用于热模锻工艺。

(3) 精压机。用于平面精压、体积精压和表面压印等工艺。

(4) 平锻机。用于平锻工艺。

(5) 冷镦自动机。用于制造如螺钉螺母等各种标准件。

(6) 精锻机。用于精锻各种轴类工件。

C 剪切机

(1) 板料剪切机。用于裁剪板料。

(2) 棒料剪切机。用于截裁棒料。

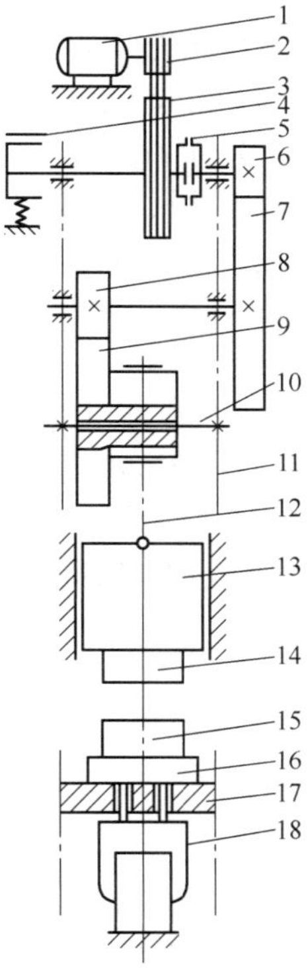

图 13-7 曲柄压力机运动原理图

1—电动机；2—小带轮；3—大带轮；4—制动器；5—离合器；6，8—小齿轮；7—大齿轮；9—偏心齿轮；10—芯轴；11—机身；12—连杆；13—滑块；14—上模；15—下模；16—垫板；17—工作台；18—气垫

13.3.2.2 曲柄压力机技术参数

压力机的技术参数反映一台压力机的工艺能力和有关生产指标，也是选择、使用压力机和设计模具的重要依据。曲柄压力机的主要技术参数如下：

(1) 公称压力 P_g 及公称压力行程 S_g。曲柄压力机的公称压力是指滑块离下死点前某一特定距离（此特定距离称为公称压力行程）或曲柄旋转到离下死点前某一特定角度（此特定角度称为公称压力角）时，滑块所允许承受的最大作用力。

(2) 滑块行程 S。它指滑块从上死点到下死点所经过的距离。它是曲柄半径的两倍或是偏心齿轮半径、曲拐轴偏心距的两倍。

(3) 滑块行程次数 n。它是指滑块每分钟从上死点到下死点，然后再回到上死点所往复的次数。

(4) 最大装模高度 H_1 及装模高度调节量 ΔH_1。装模高度是指滑块在下死点时，滑块下表面到工作台垫板上表面的距离。当装模高度调节装置将滑块调整到最上位置时，装模高度达最大值，称为最大装模高度。上下模的闭合高度应小于压力机的最大装模高度。装模高度调节装置所能调节的距离，称为装模高度调节量。与装模高度并行的标准尚有封闭高度。所谓封闭高度是指滑块在下死点时，滑块下表面，到工作台上表面的距离。它和装模高度之差恰是工作台板的厚度。

(5) 工作台板及滑块底面尺寸。工作台面尺寸与滑块底面尺寸是与模架安装平面尺寸有关的尺寸。通常对于闭式压力机。这两者尺寸大体相同，而开式压力机则前者大于后者。为了用压板对模座进行固定，这两者尺寸比模座尺寸大出必要的加压板空间。

(6) 喉深。它是指滑块的中心线至机身的距离，是开式压力机和单柱压力机的特有参数。

(7) 漏料孔尺寸。工作台的中间设有漏料孔，工作台或垫板上的漏料孔尺寸应大于模具下面的漏料孔尺寸。当模具需要装有弹性顶料装置时，弹性顶料装置的外形尺寸应小于漏料孔尺寸。模具下模板的外形尺寸应大于漏料孔尺寸。否则需要增加附加垫板。

(8) 模柄孔尺寸。当模具需要用模柄与滑块相连时，滑块内模柄孔的直径和深度应与模具模柄尺寸相协调。

(9) 滑块许用负荷曲线。曲柄压力机在冲压时，曲轴在各种不同的角度上，所允许使用的冲压力是不同的，滑块许用负荷曲线就是表明这种关系的曲线。曲线的横坐标是曲轴所处的角度。(见图 13-8)，曲线纵坐标是许用压力的数值。滑块许用负荷曲线是根据压力机的主要零件，如曲轴、齿轮的许用负荷确定的。

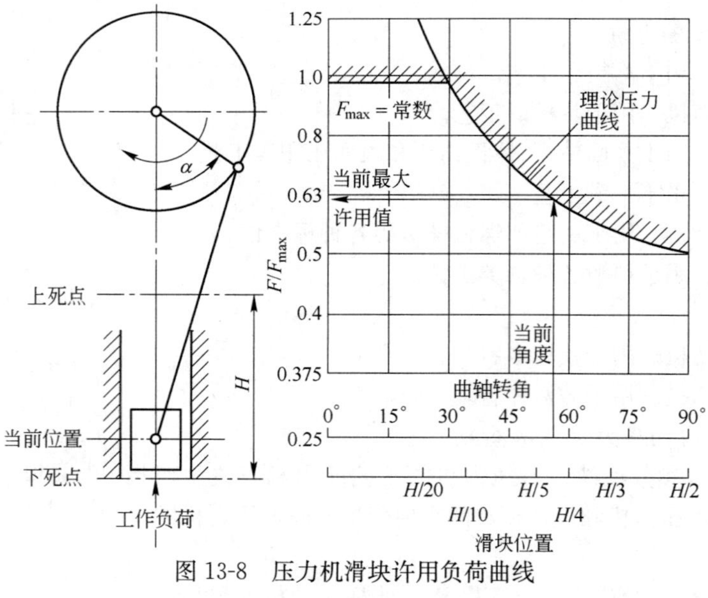

图 13-8　压力机滑块许用负荷曲线

13.3.3　曲柄滑块机构的工作特性

13.3.3.1　运动特性

图 13-9 是曲柄滑块机构运动分析原理图。图中 R 为曲柄半径，L 为连杆长度，ω 为曲柄的旋转方向和角速度。曲柄的旋转中心节点有时偏离滑块的直线运动方向，偏离的距离 e 称为偏置距，这种机构称为偏置机构。向前偏称正偏置机构，反之为负偏置机构。当 $e=0$，即节点在滑

块运动方向上称正置机构。下面按分析法建立滑块运动的一般规律。

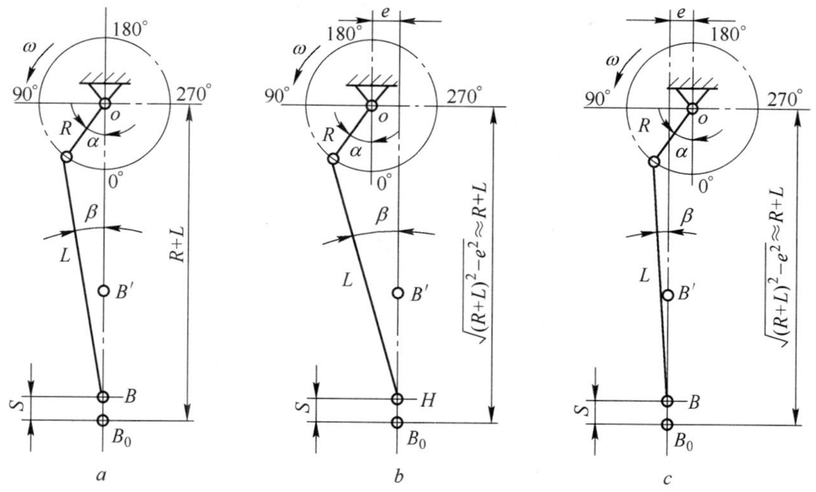

图 13-9 曲柄滑块机构运动分析原理图

a—正置；*b*—正偏置；*c*—负偏置

由图 13-9 所示的几何关系，可写出滑块行程 S，与曲柄转角（α）之间的表达式

$$S=\sqrt{(R-L)^2+e^2}-R\cos\alpha-L\cos\beta \tag{13-6}$$

式中 R——曲柄半径，m；

L——连杆长度 ，m；

α——曲柄转角，rad/s。

设 $\lambda=R/L$ 为连杆系数，$\varepsilon=e/R$ 为偏置率，则有

$$\sin\beta=\lambda\sin\alpha+\varepsilon\lambda \tag{13-7}$$

由于 λ、ε 通常小于 1，可取近似值

$$\cos\beta=\sqrt{1-(\lambda\sin\alpha+\varepsilon\lambda)^2}\approx1-\lambda^2(\sin\alpha+\varepsilon)^2/2 \tag{13-8}$$

因为 $$\sqrt{(R+L)^2-e^2}\approx R+L$$

所以 $$S=R[(1-\cos\alpha)+\lambda(1-\cos2\alpha)/4+\varepsilon\lambda\sin\alpha] \tag{13-9}$$

式(13-9)为所求关系。

滑块速度 v 和加速度 a 通过对式(13-10)求导，考虑 $a=-\omega t$ 可得

$$v=\omega R[\sin\alpha+(\lambda\sin2\alpha)/2-\varepsilon\lambda\cos\alpha] \tag{13-10}$$

$$a=-\omega^2R[\cos\alpha+\lambda\cos2\alpha-\varepsilon\lambda\sin\alpha] \tag{13-11}$$

式中，ω 假设为常数；S、v、a 关系式构成了滑块的运动学规律。图 13-10 为 J31-315 压力机滑块位移、速度及加速度曲线。

13.3.3.2 受力特性

图 13-11 为曲柄滑块机构受力分析简图。受力分析的目的是确定机构中各个零件的受力情况，了解曲柄压力机的承载能力及工作特性。

在理想(不考虑摩擦)状态下，图 13-11 中 $\boldsymbol{F}$ 为工艺力，$\boldsymbol{F}_n$ 为大齿轮上的切向力，$\boldsymbol{F}_Q$ 为机身导轨对滑块的约束反力，$\boldsymbol{F}_{AB}$ 为连杆对滑块的作用力。

考虑接点 B 平衡 $\boldsymbol{F}=\boldsymbol{F}_{AB}\cos\beta$；$\boldsymbol{F}_Q=\boldsymbol{F}_{AB}\cos\beta$，由于 β 很小，所以 $\cos\beta\approx1$，$\sin\beta=\lambda\sin\alpha$。因此，$\boldsymbol{F}_B=\boldsymbol{F}$，$\boldsymbol{F}_Q=\boldsymbol{F}\lambda\sin\alpha$。

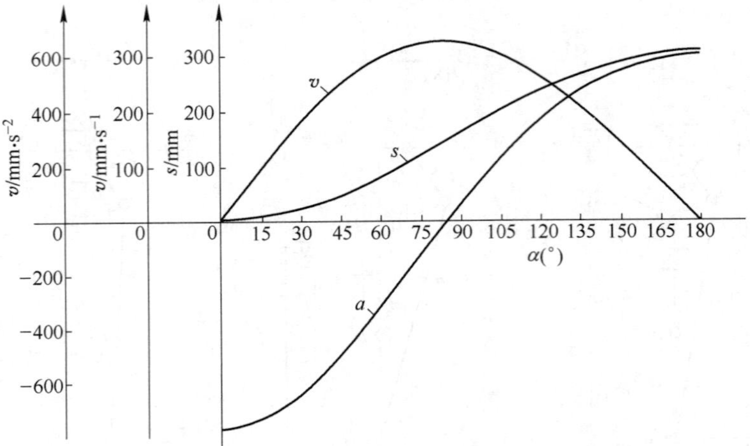

图 13-10　J31-315 压力机滑块位移速度及加速度曲线

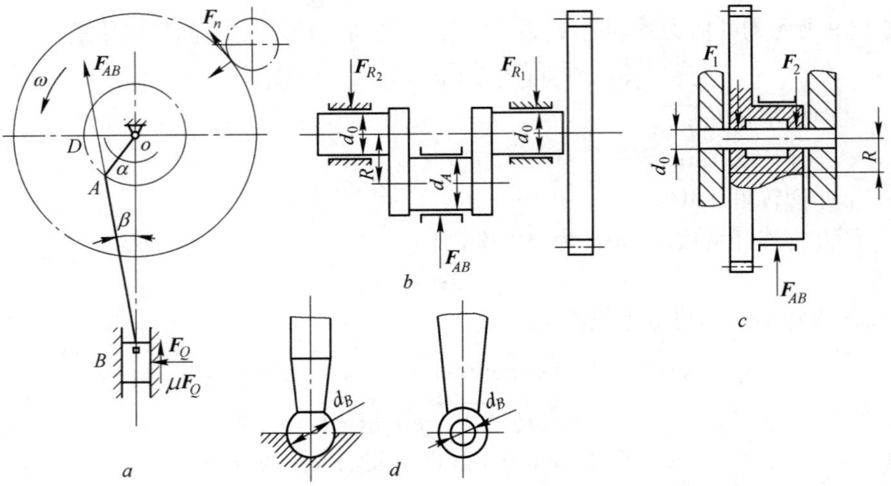

图 13-11　曲柄滑块机构受力分析简图

在工艺力 $\boldsymbol{F}$ 的作用下，曲轴所受的扭矩 $\boldsymbol{M}_e$ 为

$$\boldsymbol{M}_e=\boldsymbol{F}m_e \tag{13-12}$$

式中，m_e 为图 13-11a 中的 oD 线段长度，相当于力臂。因未考虑摩擦，故称 m_e 为理想当量力臂。而 $\boldsymbol{M}_e$ 为曲轴的理想扭矩。由图 13-11 中的几何关系有

$$m_e=R\sin(\alpha+\beta)=R(\sin\alpha\cos\beta+\cos\alpha\sin\beta) \tag{13-13}$$

取 $\cos\beta=1$，而 $\sin\beta=\lambda\sin\alpha$ 代入式(13-13)得

$$m_e=R(\sin\alpha+(\lambda\sin2\alpha)/2)$$

下面分析证明上面提到的曲柄滑块机构的压力放大特性。考虑到曲轴的力矩平衡，有

$$\boldsymbol{M}_e=\boldsymbol{F}_{me}=\boldsymbol{F}_nR_g$$

式中，R_g 为大齿轮节圆半径。从而确定工艺力($\boldsymbol{F}$)有下式

$$\boldsymbol{F}=\frac{\boldsymbol{F}_nR_g}{R[\sin\alpha+(\lambda\sin2\alpha)/2]}=K\boldsymbol{F}_n \tag{13-14}$$

式中

$$K=\frac{R_g}{R[\sin\alpha+(\lambda\sin2\alpha)/2]}$$

当曲柄转角 $\alpha=30°$，$\lambda=0.2$ 和 $R_g/R=5$ 时 $F=8.5F_n$。即曲柄滑块机构把大齿轮上的作用力放大约 8.5 倍，反过来说大齿轮上的作用力比滑块上的工作载荷小得多。因而在校核曲轴强度时才可以略去大齿轮上的力。K 即为滑块机构的放大比或机构的力增益。

实际上，在工艺力作用下，曲柄滑块机构中，各零件的实际受力比理想状态下的大，为此要把摩擦影响引入实际过程中。真实机构曲轴的实际扭矩为理想扭矩和摩擦扭矩的叠加，即

$$\boldsymbol{M}_q=\boldsymbol{M}_e+\boldsymbol{M}_\mu=\boldsymbol{F}(m_e+m_\mu) \tag{13-15}$$

$$m_q=\frac{1}{2}\mu\left[(1-\cos\alpha)d_A+\lambda d_B\cos\alpha+\frac{\boldsymbol{F}_{R_1}}{\boldsymbol{F}}d_{01}+\frac{\boldsymbol{F}_{R_2}}{\boldsymbol{F}}d_{02}\right]$$

式中　$\boldsymbol{M}_q$——曲轴（偏心齿轮）的实际扭矩，N·m；

$\boldsymbol{M}_\mu$——摩擦扭矩，N·m；

m_μ——曲轴的摩擦力臂，m；

μ——摩擦系数；

d_A——曲柄颈（或偏心颈）的直径，mm；

d_B——连杆销（或球头）的直径，mm；

d_{01}，d_{02}——两端支承颈的直径，mm；

$\boldsymbol{F}_{R_1}$、$\boldsymbol{F}_{R_2}$——两端支承颈的支反力。

13.3.4　通用压力机

13.3.4.1　通用压力机的用途、特点及分类

通用压力机可用于落料、冲裁、弯曲、拉深及翻边等工艺。图 13-12 和图 13-13 为通用压力机的结构图，它们只有一个工作滑块。一组曲柄滑块机构，因而称为单动单点压力机。图 13-12 的机身三面敞开，称为开式压力机。开式压力机操作方便，但刚度较差。中小型压力机多为开式压力机。图 13-13 的机身只前后敞开，称为闭式压力机。闭式压力机刚度较好，但操作不太方便。中大型压力机多为闭式压力机。

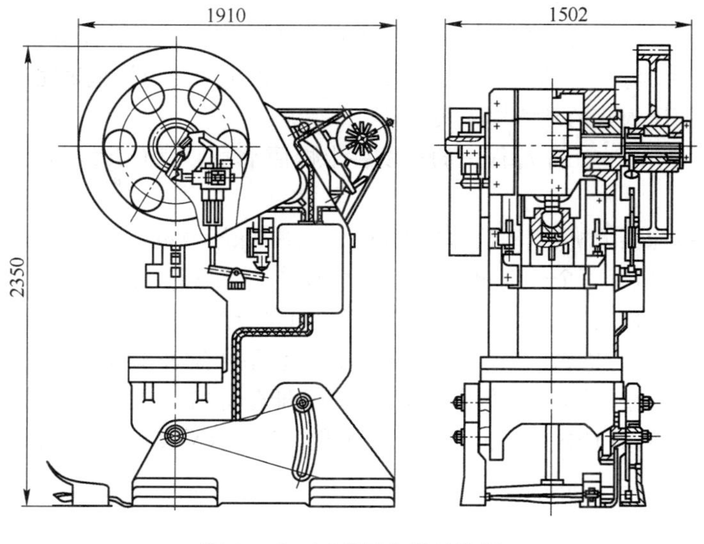

图 13-12　开式压力机结构图

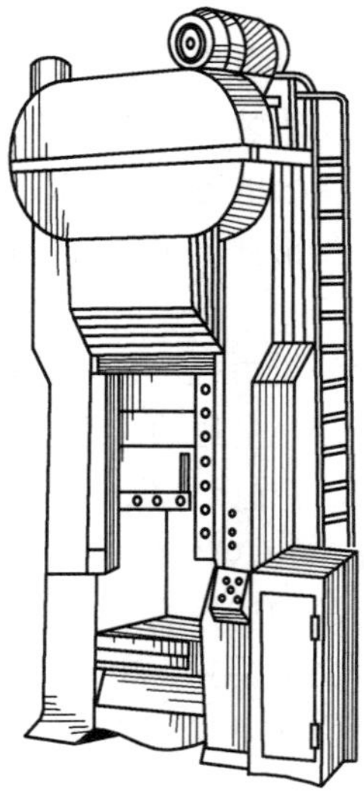

图 13-13　J31-315 闭式压力机外形图

通用压力机按机身的形式可分为开式压力机和闭式压力机。按曲柄滑块机构的组数(或按连杆个数,或按连接杆与滑块连接的“点”数)可分为单点压力机、双点压力机和四点压力机。按传动的形式可分为上传动压力机和下传动压力机。

13.3.4.2　*通用压力机的型号及技术参数*

通用压力机是机械压力机中的一大类,其型号的主参数为滑块公称压力,例如 J31-250 为 2500 kN 的闭式单点压力机。2500 kN 为滑块公称压力。我国及世界各国生产通用压力机的厂家很多,其技术参数不尽相同。我国已经制定通用压力机的技术参数标准。表 13-2 为闭式单点压力机基本参数。

表 13-2　闭式单点压力机基本参数(JB/T 1647—1999)

公称力 P_g/kN	公称力行程 S_p/mm	滑块行程 S/mm		滑块行程次数 n/次·min^{-1}		最大装模高度 H_1/mm	装模高度调节量 ΔH_1/mm	导轨间距离 d/mm	滑块底面尺寸 B_1/mm	工作台板尺寸/mm	
		Ⅰ	Ⅱ	Ⅰ	Ⅱ					L	B
1600	13	250	200	20	32	450	200	880	700	≥800	800
2000	13	250	200	20	32	450	200	980	800	≥900	900
2500	13	315	250	20	28	500	250	1080	900	≥1000	1000
4000	13	400	315	16	25	550	250	1330	1150	≥1250	1250
5000	13	400	—	12	—	550	250	1480	1300	≥1400	1400
8000	13	500	—	10	—	700	315	1680	1500	≥1600	1600

13.3.5　专用曲柄压力机

专用曲柄压力机指各种专用锻压设备。为了达到不同的目的,将曲柄压力机的某些部位做些改变,或增加不同的辅助装置,使曲柄压力机成为适用于专门用途的设备。如拉深压力机、热模锻压力机、板料折弯机、高速压力机、精压机等。这些专用压力机用途单一。

13.3.5.1　*拉深压力机的用途、特点及主要技术参数*

拉深压力机用来拉深各种筒形零件、盒形零件以及各种复杂零件如汽车覆盖件等。

拉深压力机和通用压力机相比。主要有两个特点:

一是有可靠的压边装置。在进行拉深工艺时,毛坯的边缘要起皱,为了防止起皱.需有压边装置。压边装置可以用装在模具中的弹簧来完成,也可以用装在单动压力机中的拉深垫来完成,但对于复杂的零件,则需用双动拉深压力机的外滑块来实现。

二是滑块的工作行程较大,并且滑块在工作行程中的速度要求慢而平稳。因而其传动机构复杂。

拉深压力机按动作分,有单动拉深压力机、双动拉深压力机及三动拉深压力机。单动拉深压力机常用气垫压边。而双动拉深压力机有两个分别驱动的滑块,内滑块用于拉深,外滑块用于压边;三动拉深压力机是在双动拉深压力机的工作台上增设气垫,气垫可进行局部拉深。

在 JB/GQ2003—84 标准中,拉深压力机属机械压力机类的第四组,型号见表 13-3。双动拉深压力机的型号表示办法与通用压力机略有不同,其主参数有两个,即公称拉深压力机和总压力。例如 J46-500/800 代表 5000/8000 kN 闭式双点双动拉深压力机。5000 kN 表示公称拉深压力,8000 kN 代表总压力。

表 13-3 拉深压力机的分类及型号

组	型	名 称
拉深压力机	41	闭式单点单动拉深压力机
	42	闭式双点单动拉深压力机
	43	开式双动拉深压力机
	44	底传动双动拉深压力机
	45	闭式单点双动拉深压力机
	46	闭式双点双动拉深压力机
	47	闭式四点双动拉深压力机
	48	闭式三点双动拉深压力机

13.3.5.2 JB46-315 型双点双动拉深压力机

JB46-315 型双点双动拉深压力机的结构如图 13-14 所示，采用上传动结构。其工作部分结构示意图如图 13-15 所示，外滑块用于压边，内滑块用于拉深。内、外滑块的运动特性是通过精确设计的多连杆机构来实现的。其连杆传动如图 13-16 所示，图 13-16*a* 为外滑块运动，*b* 为内滑块运动。当主动曲柄 *R*，以等角速度逆时针方向旋转时，它通过连杆 l_1 与 l_2 和滑块连接，同时又

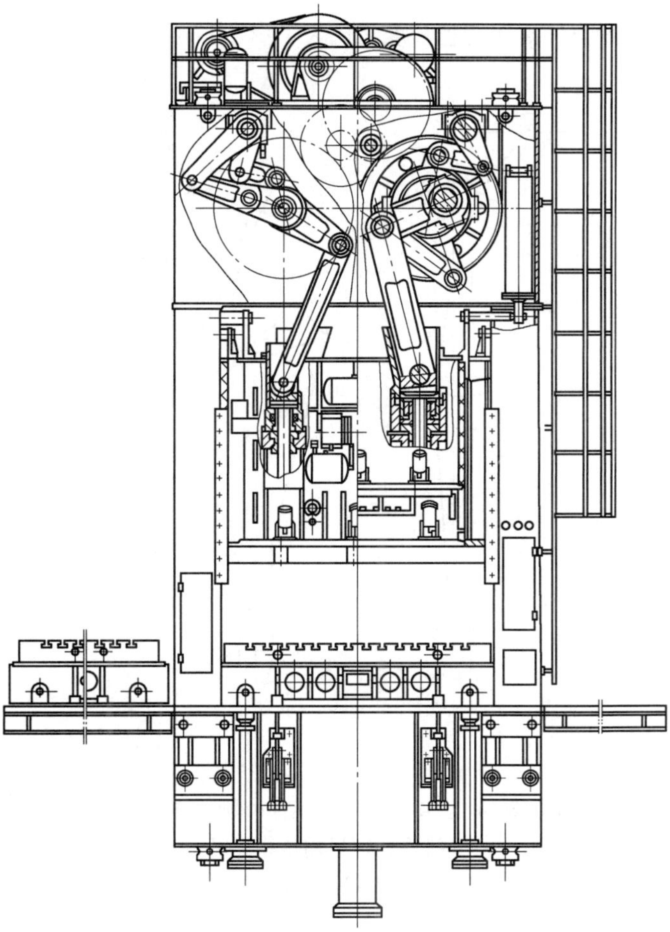

图 13-14 JB46-315 型双点双动拉深压力机总图

通过 l_3、l_4、l_5（角杠杆）、l_6、l_7 和 l_2 与滑块连接，借以调节滑块的空行程与工作行程速度。角杠杆 l_4 同时又作为外滑块连杆机构的驱动杆，它通过轴 G 带动杆 l_8 和 l_9、l_{10}、l_{11} 与外滑块连接，可以使内、外滑块具有以下运动特性：

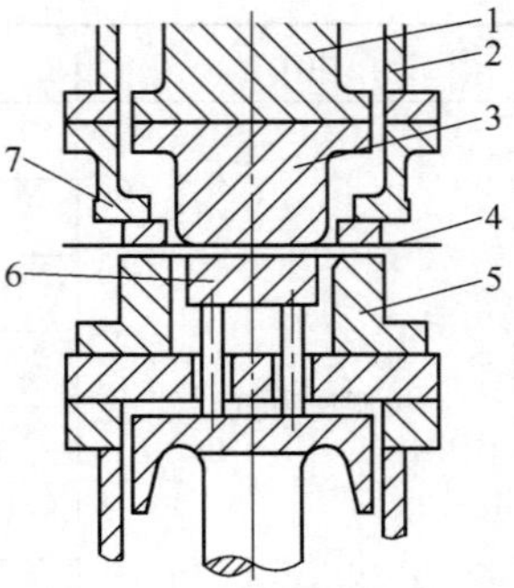

图 13-15　双动拉深压力机工作部分结构简图

1—内滑块；2—外滑块；3—凸模；4—板料；5—凹模；6—托板；7—压力圈

(1) 内外滑块的工作循环图如图 13-17 所示，由图可知外滑块行程小于内滑块行程，在内滑块拉深之前，外滑块提前 10°～15°压紧坯料，然后内滑块进行拉深成型，在内滑块拉深过程中外滑块停止在下止点几乎以不变的压力将坯料压紧，拉深完毕内滑块行程，外滑块大约滞后 10°～15°回程，以便工件与模具脱离。由于是多连杆机构，外滑块在下止点时有微小的移动，但最大位移不超过 0.05 mm。压力机在工作时的机身变形通常在 2 mm 以上，所以上述的外滑块微小位移对压紧板料没有影响。

(2) 为了保证拉深质量，拉深时滑块的速度有一定的限制，对一般低碳钢的允许速度为 18～20 m/min。该机的内滑块在拉深工作行程中速度低（最高速度 13.5 m/min），并且比较均匀；内滑块在空下行程和空回行程时速度较高（最高速度为 47.2 m/min）。

(3) 内滑块行程长度与外滑块行程长度之比为 1∶0.6～0.7。

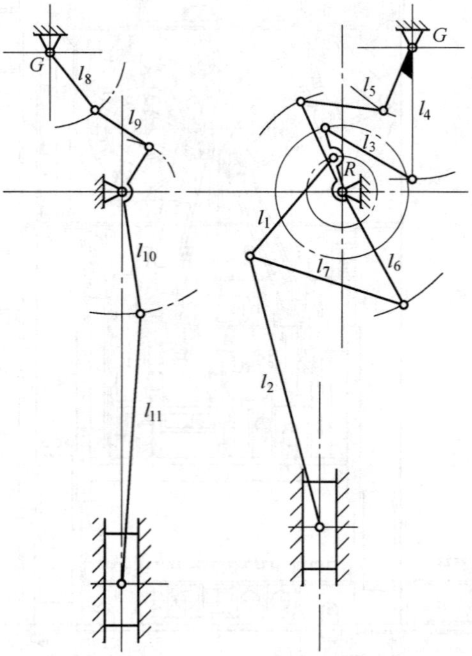

图 13-16　JB46-315 型双动拉深压力机内外滑块连杆机构传动图

a—外滑块；*b*—内滑块

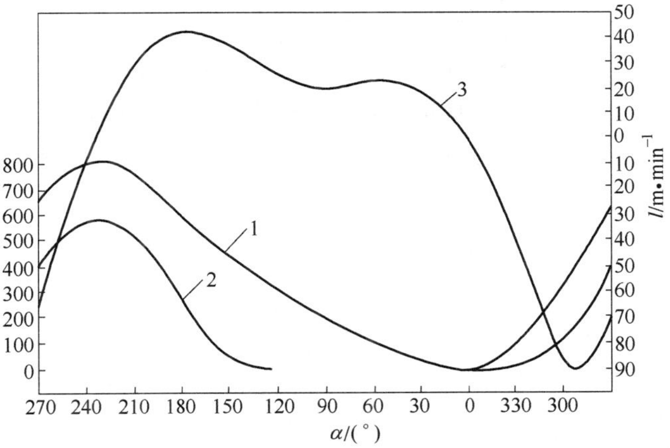

图 13-17 多连杆机构驱动滑块的工作循环图

1—内滑块行程曲线；2—外滑块行程曲线；3—内滑块速度曲线

13.4 液压机

13.4.1 液压机工作原理

液压机是一种以液体为介质用来传递能量以实现多种锻压工艺的机器，液压机是根据帕斯卡原理制成。其工作原理如图 13-18 所示。两个充满工作液体具有柱塞（活塞）的封闭容腔由管道相连通，当柱塞 1 上作用有力 $\boldsymbol{P}_1$ 时，液体的压强为 $\boldsymbol{p}=\frac{\boldsymbol{P}_1}{F_1}$，$A_1$ 为柱塞 1 的横截面积。根据帕斯卡原理：在密闭的容器中液体压力在各个方向上完全相等，压强 $\boldsymbol{p}$ 将传递到容腔内的每一个点，这样大柱塞 2 上将产生向上的作用力 $\boldsymbol{P}_2$，使工件 3 变形，且

$$\boldsymbol{P}_2=\boldsymbol{P}_1\frac{A_2}{A_1} \tag{13-16}$$

式中　F_2——柱塞 2 的横截面积，mm^2。

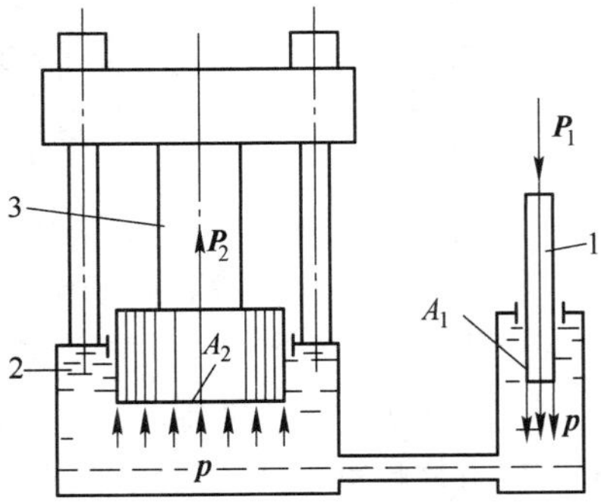

图 13-18 液压机工作原理

1—小柱塞；2—大柱塞；3—工件

液压机一般由本体（主机）及液压系统两部分组成。

最常见的液压机本体结构简图如图 13-19 所示。它由上横梁 1，下横梁 3 ，4 个立柱 2 和 16 个内外螺母组成一个封闭框架，框架承受全部工作载荷。工作缸 9 固定在上横梁 1 上，工作缸内装有工作柱塞 8，它与活动横梁 7 相连接，活动横梁以 4 根立柱为导向，在上、下横梁之间往复运动，活动横梁下表面一般固定有上模（上砧），而下模（下砧）则固定于下横梁 3 的工作台上。当高压液体进入工作缸并作用于工作柱塞上时，产生了很大的作用力，推动柱塞，活动横梁及上模向下运动，使工件 5 在上、下模之间产生塑性变形。回程缸 4 固定在下横梁上，回程时，工作缸通低压液体，高压液体进入回程缸，推动回程柱塞 6 及活动横梁向上运动，回到原始位置，完成一个工作循环。

许多中小型液压机采用活塞式工作缸，如图 13-20 所示。当活塞缸的上腔与下腔交替通入高压液体时，可以相继实现工作行程与回程，而不需单独设置回程缸。

液压机的工作循环一般包括停止、充液行程，工作行程及回程。上述的不同行程是由操纵系

统控制液压系统中各种功能的阀门动作来实现的。

液压机的液压系统包括各种高低压泵、高低压容器(油箱、充液罐、蓄势器等)、阀门及相应的连接管道等。其传动方式可分为泵直接传动和泵—蓄势器传动两种。这里只介绍泵直接传动。

泵直接传动是由泵将高压液体直接供给液压机的工作缸及其他辅助装置,其最简单的液压系统如图 13-20 所示,它通过一个三位四通滑阀,即换向阀 3 来实现各种行程。

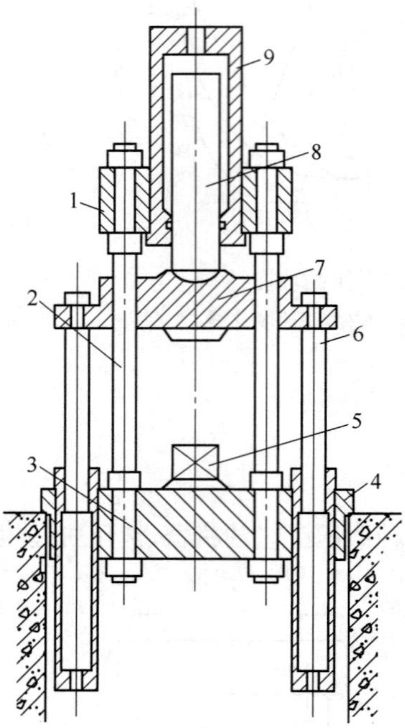

图 13-19　液压机本体机构简图

1—上横梁;2—立柱;3—下横梁;4—回程缸;5—工件;6—回程柱塞;7—活动横梁;8—工作柱塞;9—工作缸

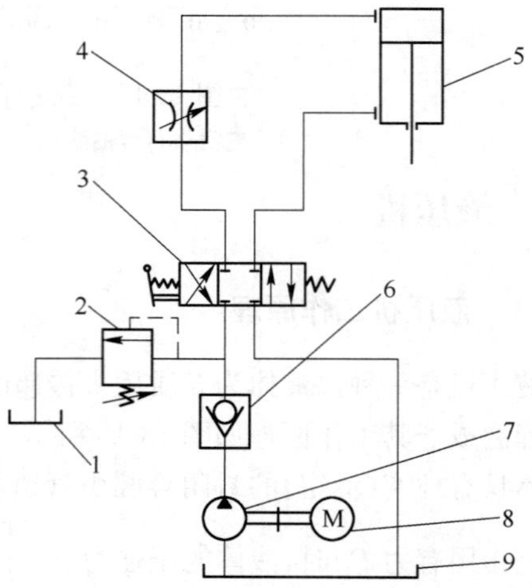

图 13-20　活塞缸液压机及其液压系统简图

1—油箱;2—溢流阀;3—换向阀;4—节流阀;5—液压缸;6—单向阀;7—泵;8—电动机;9—油箱

(1) 充液行程。换向阀 3 处于直通位置,活塞式液压缸 5 的下腔通向低压油箱,活动横梁从上停止位置靠自重下降,下腔液体排回油箱,泵供给的工作液体经阀 3 通入活塞缸上腔,由于此时活动横梁的运动阻力很小,故泵在低压下工作,主要是将工作液体输往活塞缸上腔,补偿由于活动横梁下行时活塞缸上腔所空出的容积,直到上模(上砧)接触工件为止,完成充液行程。

(2) 工作行程。换向阀 3 仍处于直通位置。当上砧接触工件后,阻力增大,动梁下行速度减慢,泵的出口压强随之增高,高压液体进入活塞缸上腔并作用于活塞上,通过活动横梁对工件进行压力加工,活塞缸下腔的液体继续排回油箱。

(3) 回程。换向阀 3 换到交叉相通位置,高压液体进入活塞缸下腔,带动活动横梁上行,活塞缸上腔的液体排回油箱。

(4) 停止。换向阀 3 处于中间位置,活塞缸上下腔内的液体均被封闭于缸内,下腔的液体支持运动部分的重量,停于任意所需的位置,完成一个工作循环。

液压机的工作介质主要有两种,采用乳化液的一般称为水压机,采用油的称为油压机,两者统称为液压机,乳化液由 2%的乳化脂和 98%的软水搅拌而成,它应具有较好的防腐蚀和防锈性能,并有一定的润滑作用。乳化液价格便宜,不燃烧,不易污染场地,故耗液量大的以及热加工用的液压机多采用乳化液作为工作介质。

油压机中应用最广的是机械油,有时也采用透平油或其他类型的液压油。油在防腐蚀、防锈和润滑性能方面都比乳化液好，油的黏度比较大，也容易密封。因此，近年来，采用油为工作介质的越来越多，但是油易燃，成本高，易污染场地。

13.4.2 液压机的特点

液压机与其他锻压设备相比较具有以下特点：

(1) 基于液压传动的原理，执行元件(缸及柱塞或活塞)结构简单。结构上易于实现很大的作用力，较大的工作空间及较长的行程，因此适应性强，便于压制大型工件或较长较高的工件。

(2) 在行程的任何位置均可产生压力机额定的最大压力。可以在下转换点长时间保压，这对许多工艺是十分需要的。

(3) 可以用简单的方法(各种阀门)在一个工作循环中调压或限压，而不至超载，容易保护各种模具。

(4) 滑块(活动横梁)的总行程可以在一定范围内任意地无级地改变，滑块行程的下转换点可以根据压力或行程的位置来控制或改变。

(5) 滑块速度可在一定范围内进行调节，从而适应工艺过程对滑块速度的不同要求。用泵直接传动时，滑块速度的调节与压力及行程无关。

(6) 与锻锤相比，工作平稳，撞击、振动和噪声较小；对工人健康、厂房基础，周围环境及设备本身都有很大好处。

液压机的缺点是：

(1) 用泵直接传动时，安装功率比相应的机械压力机大。

(2) 由于工作缸内升压及降压都需要一定时间，阀的换向时间较长以及空程速度不够高，因此在快速性方面不如机械压力机，高速冲压自动机仍以机械压力机为主，近年来液压机在快速性方面已有不少改进。

(3) 由于液体具有可压缩性，如卸载时瞬时释放能量，会引起振动(压力机本体或系统)，因此不太适合于冲裁、剪切等工艺。

(4) 工作液体有一定使用寿命，到一定时间应更换。

13.4.3 液压机的分类及型号

作为锻压设备的一类，液压机采用国标规定的锻压机械型号。液压机的类型代号为大写字母 Y。

随着液压机应用范围的扩大，其类型也很多，但是为了操作方便，多为立式结构，其类型可按以下几种方法分类：

(1) 按用途不同，液压机分为十个组别(根据国家行业标准 ZBJ—62030—1990)。

1) 手动液压机。一般为小型液压机，用于压制、压装等工艺。

2) 锻造液压机。用于自由锻造、钢锭开坯以及有色与黑色金属模锻。

3) 冲压液压机。用于各种板材冲压。

4) 一般用途液压机。用于各种工艺，通常称为万能(通用)液压机。

5) 校正压装液压机。用于零件校形及装配。

6) 层压液压机。用于胶合板、刨花板、纤维板及绝缘材料板等的压制。

7) 挤压液压机。用于挤压各种有色金属和黑色金属的线材、管材、棒材及型材。

8) 压制液压机。用于粉末冶金及塑料制品压制成型等。

9) 打包、压块液压机。用于将金属切屑等压成块及打包等。

10）其他液压机。包括轮轴压装、冲孔等专门用途的液压机。

（2）按动作方式分类。

1）上压式液压机。该类液压机的工作缸安装在机身上部（见图 13-19），活塞从上向下移动对工件加压。放料和取件操作是在固定工作台上进行，操作方便，而且容易实现快速下行，应用最广。

2）下压式液压机。该类液压机的工作缸装在机身下部，如图 13-21 所示，上横梁固定在立柱上不动，当柱塞上升时带动活动横梁上升，对工件施压。卸压时，柱塞靠自重复位。下压式液压机的重心位置较低，稳定性好。此外，由于工作缸装在下面，在操作中制品可避免漏油污染。

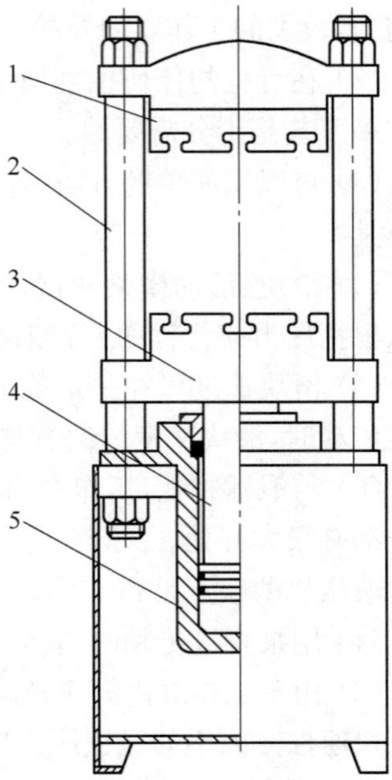

图 13-21　下压式液压机
1—上横梁；2—立柱；3—活动横梁；4—活塞杆；5—工作缸

3）双动液压机。通常这种液压机的上活动横梁分为内、外滑块，分别由不同的液压缸驱动，可分别移动也可组合在一起移动，压力则为内外滑块压力的总和。这种液压机有很灵活的工作方式，通常在机身的下部还配有顶出缸，可实现三动操作。因此特别适合于金属板料的拉深成型，在汽车制造业应用广泛。

4）特种液压机。如角式液压机、卧式液压机等。

（3）按传动形式分类。

1）泵直接传动液压机。这种液压机是每台液压机单独配备高压泵，中小型液压机多为这种传动形式。

2）泵蓄能器传动液压机。这种液压机的高压液体是采用集中供应的办法，这样可节省资金、提高液压设备的利用率，但需要高压蓄能器和一套中央供压系统，以平衡低负荷和负荷高峰时对高压液体的需要。这种形式在使用多台液压机（尤其多台大中型液压机）的情况下，无论在技术或经济上都是合理可行的。

（4）按操纵方式分类。按操纵方式分为手动液压机、半自动液压机和全自动液压机。

目前使用较多的是上压式泵直接传动半自动和手动柱式或框架式液压机。对层压机一般采用下压式液压机。

按国标的规定，液压机的型号用相应的大写拼音字母和阿拉伯数字来表示。

例如：

Y　A　3　2-315

- 315——液压机的主参数 3150 kN
- 2——组别（2 表示四柱万能液压机）
- 3——列别（3 表示一般用途液压机）
- A——变型序号（按 A、B、C…… 顺序排列）
- Y——类别（Y 表示液压机）

13.4.4　液压机的基本参数

基本参数是液压机的基本技术数据，是根据液压机的工艺用途及结构类型确定的，它们反映了液压机的工作能力及特点，也基本上定下了液压机的轮廓尺寸及本体总重。基本参数是用户选购时的主要依据。

现以三梁四柱式液压机为例，介绍液压机的基本参数：

(1) 公称压力及其分级。公称压力一般是液压机的主参数，它反映了液压机的主要工作能力。公称压力为液压机名义上能发出的最大工作压力，在数值上等于液体最大压强和工作柱塞总工作面积的乘积(取整数)。

为了充分利用设备，满足工艺要求并节约高压液体，一般大中型液压机将公称压力分为两级或三级。泵直接传动的液压机不需要从结构上进行压力分级。

(2) 最大净空距(开口高度)H。最大净空距 H 是指活动横梁停在上限位置时从工作台上表面到活动横梁下表面的距离，如图 13-22 所示。

最大净空距反映液压机在高度方向上工作空间的大小，它应根据模具(工具)及相应垫板的高度，工作行程大小以及放入坯料，取出工件所需空间大小等工艺因素来确定，最大净空距对液压机的总高、立柱长度、液压机本体稳定性以及安装厂房高度都有很大影响。因此应在满足工艺要求的前提下，尽量减小压机的高度，以降低其造价。

单臂式液压机的最大净空距为压头下平面到工作台上表面的距离，如图 13-23 所示。

(3) 最大行程 s。最大行程 s 指活动横梁位于上限位置时，活动横梁的立柱导套下平面到立柱限程套上平面的距离，也即活动横梁能够移动的最大距离。

最大行程应根据工件成型过程中所要求的最大工作行程来确定，它直接影响工作缸和回程缸及其柱塞的长度以及整个机架的高度。

(4) 工作台尺寸(长×宽)。工作台一般固定在下横梁上，其上安放模具或工具，工作台尺寸指工作台面上可以利用的有效尺寸，如图 13-22 中之 $B\times T$，或图 13-23 中之 $A\times B$。工作台尺寸取决于模具(工具)的平面尺寸及工艺过程的安排。

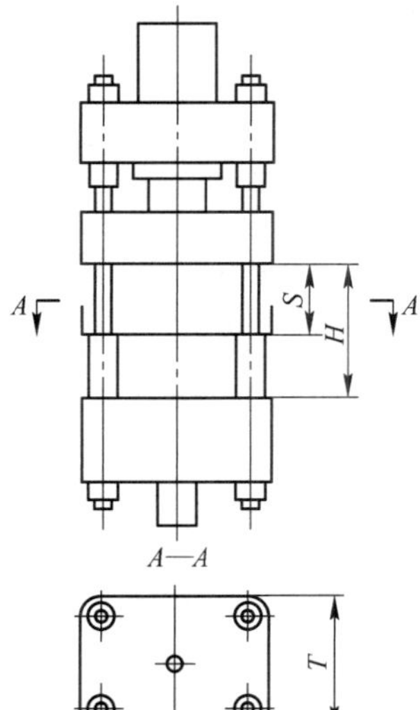

图 13-22 基本参数示意图

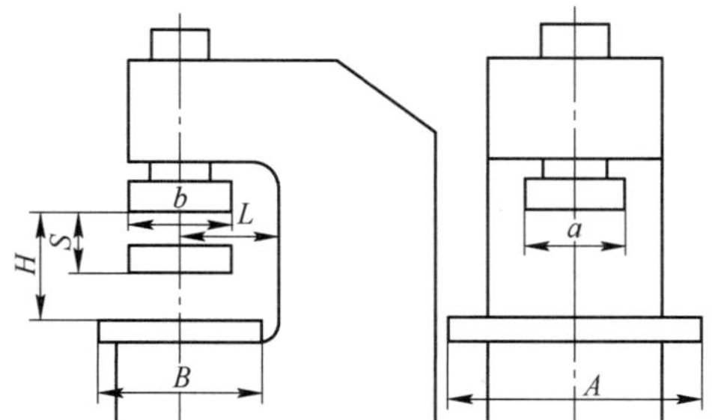

图 13-23 单臂液压机的基本参数

大中型锻造或厚板冲压液压机往往设置移动工作台，移动工作台的行程和推动缸的公称压力与更换模具的需要及工艺操作方式有关。

除了工作台尺寸外，在有些四柱式液压机中，还采用立柱中心距(宽边及窄边)这一参数。

单臂式液压机在平面上三面敞开，影响平面尺寸上工作空间大小的参数是喉深，喉深为单臂液压机压头中心到机架内侧表面的距离，如图 13-23 中之 L。

(5) 回程力。计算回程所需的力量时，要考虑活动部分的重量、回程时工艺上所需的力量(如拔模力、提升剁刀等)、工作缸排液阻力、各缸密封处摩擦力以及活动横梁导向处的摩擦力等。回程力由高压液体推动活塞缸下腔活塞环形面积或单独设置的回程缸来实现。

(6) 活动横梁运动速度(滑块速度)。可分为工作行程速度、空程(充液行程)速度及回程速度。

应根据不同的工艺要求来确定工作行程的速度，它的变化范围很大，并直接影响工件质量和对泵的功率需求。锻造液压机要求工作速度较高，可达 50～150 mm/s，四柱万能及切边液压机的工作行程速度则在 10～15 mm/s，而电极挤压液压机则仅为 3 mm/s 左右。

泵直接传动的液压泵功率正比于工作行程速度。

空程及回程的速度一般可以高一些、以提高生产率。但如速度太快，会在停止或换向时引起水击及振动。

(7) 允许最大偏心距。在液压机上进行的许多工艺过程中，往往有偏心载荷，偏心载荷在液压机的宽边与窄边都会发生。允许最大偏心距是指工件变形阻力接近公称压力时所能允许的最大偏心值。在选择液压机时，应根据工艺特点来考虑此偏心值。

(8) 顶出器公称压力及行程。有些液压机(如模锻和冲压液压机)往往在下横梁中装有顶出器，以顶出工件或拉延时使用。顶出器的力量及行程完全由工艺要求来确定。

练习题 13

13-1　简述锻压设备的分类。

13-2　什么是锻锤，谈谈蒸汽-空气锤、空气锤、机械锤、液压锤各自的特点。

13-3　曲柄压力机的工作原理和技术参数是什么?

13-4　通用曲柄压力机和专用曲柄压力机的区别是什么?

13-5　液压机的工作原理是什么?

13-6　液压机的基本参数有哪些?

13-7　锻锤和压力机类设备的区别是什么?

14　挤压与拉拔设备

14.1　挤压设备

所谓挤压，就是对放在容器(挤压筒)中的锭坯一端施加以压力，使之通过模孔成型的一种压力加工方法。

挤压机是挤压车间的主要设备。一个挤压车间视其生产规模的大小，可以选用一台或几台挤压机进行挤压生产。挤压机的类型及其力能参数是决定其他辅助设备技术性能的基本依据。

14.1.1　挤压机的类型及其结构

挤压机按工作轴线的位置、结构类型、传动方式、加工方法及生产的产品，可以分很多种类，如图 14-1 所示。

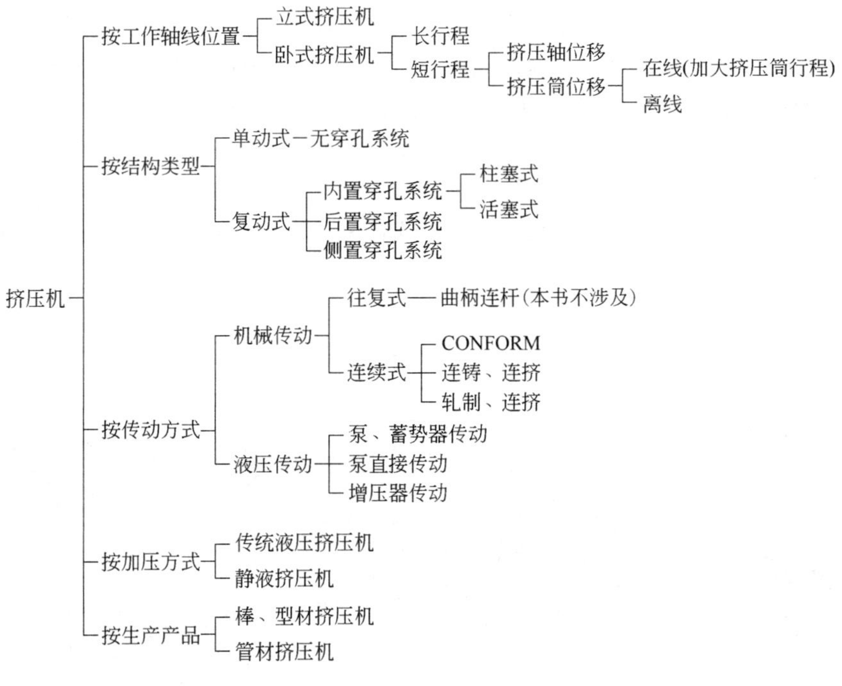

图 14-1　挤压机的分类

挤压机按其传动方式分为机械的与液压的两大类。机械挤压机以前曾用于挤压钢和冷挤压方面。它的最大特点是挤压速度快。但是，挤压速度是变化的、这对工具的寿命和制品性能的均匀性很不利，因此应用有限。在挤压领域使用最为广泛的是液压传动的挤压机。

液压传动的挤压机按工作轴线的位置分为卧式与立式挤压机两大类型。

14.1.1.1　卧式挤压机

它的主要特点是主要工作部件的运动方向与地面平行、因此又有以下特点：

(1) 挤压机本体和大部分附属设备皆可布置在地面上，有利于在工作时对设备的状况进行监视、保养和维护；

(2) 各种机构可布置在同一水平面上，易实现机械化与自动化；

(3) 可制造和安装大型挤压机，减少建筑施工困难和投资，同时制品的规格不受限制，因为是在地面水平出料；

(4) 挤压机的运动部件，如：柱塞、穿孔横梁和挤压筒等的自重皆加在导套和导轨面上，易磨损，难以保持精度，某些部件因受热膨胀而改变正确的位置，因而易导致挤压机中心失调；

(5) 占地面积较大。

在用卧式挤压机生产管材时，最易产生壁厚不均，即所谓的偏心。这主要与上面所述的缺点有关。但是，因卧式挤压机的优越性较多，因此在生产中应用最广泛。

根据挤压机的用途和结构的不同，又可将卧式挤压机分为棒型挤压机和管棒挤压机，或者称为单动式和复动式挤压机。二者的主要区别是后者有独立的穿孔系统。棒型挤压机主要用在实心断面的制品，但是也可用空心锭或者组合模生产空心断面的制品。在管、棒挤压机上，因有独立的穿孔系统，既可以用实心锭生产棒、型和管材，也可用空心锭生产管材。

卧式挤压机按其挤压方法又可以分为正向挤压机、反向挤压机和联合挤压机(可实现正挤压或反挤压)三种类型。它们之间的基本结构没有原则性的差别。

挤压机的技术特性主要包括：挤压力、穿孔力、挤压杆的行程与速度、穿孔针的行程与速度和挤压筒的尺寸等。挤压机的额定能力标志着在工作时能给出的最大挤压力，它等于工作缸的总面积与工作液体的额定压力的乘积。为了合理地使用挤压力、挤压速度和保护挤压工具不受损坏，挤压机设有主挤压缸和副挤压缸。当主缸和副缸同时工作时，挤压机的能力为高压力；只有主缸工作时为低压力。最常用的卧式挤压机的能力为8～50MN。

图14-2为一台50MN无独立穿孔系统的卧式棒型正向挤压机的剖面图。其挤压机的工作过程如图14-3所示。

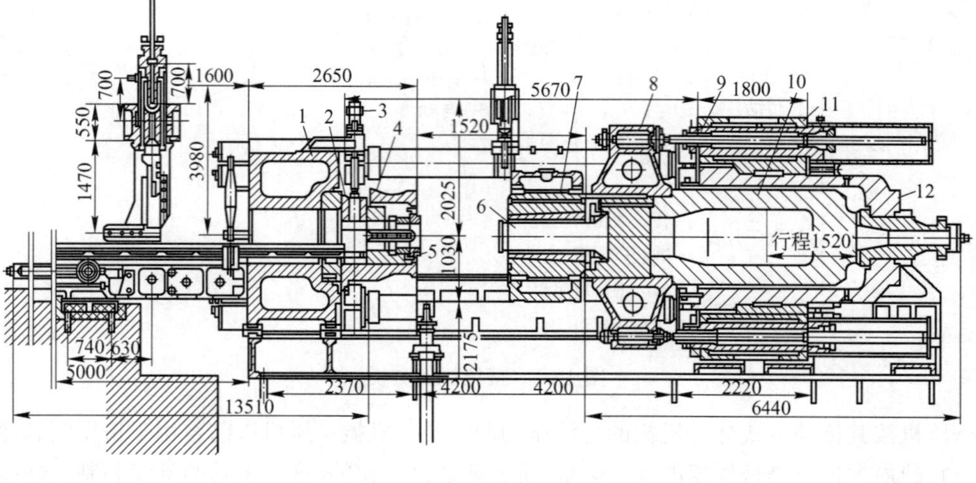

图14-2　50MN卧式棒型挤压机(无独立穿孔系统)

1—前梁；2—锁键；3—锁键缸；4—压型嘴；5—模座；6—挤压轴；7—挤压筒；8—动梁；9—主柱塞回程缸；10—主柱塞；11—后梁；12—主缸

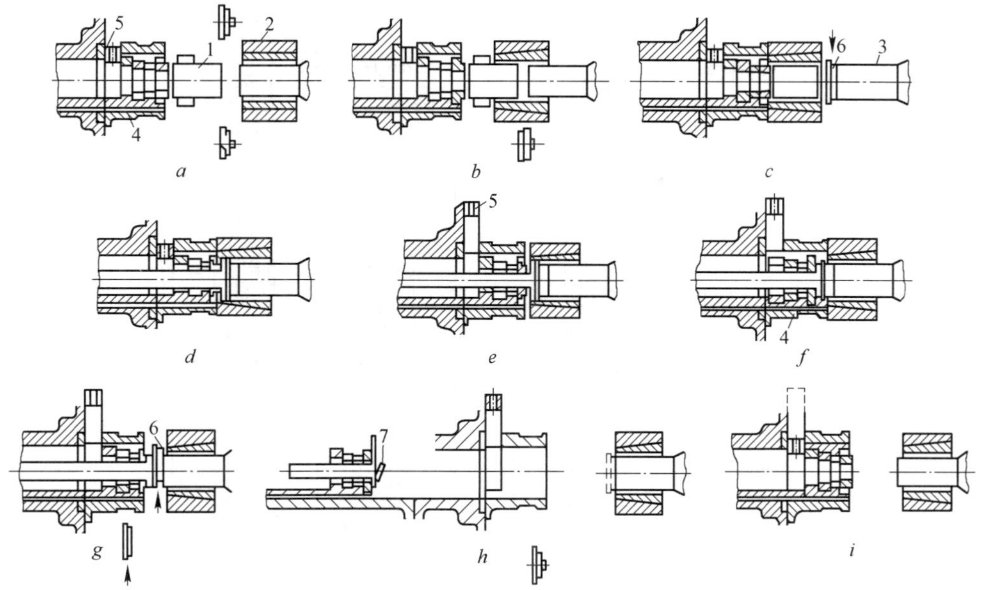

图 14-3 50MN 卧式棒型挤压机工作过程

1—锭坯；2—挤压筒；3—挤压轴；4—压型嘴；5—锁键；6—挤压垫片；7—压余

挤压机处于初始位置(见图 14-3*a*)接受加热的坯锭 1；挤压筒 2 向前梁方向移动，使锭坯装入挤压筒(见图 14-3*b*)；挤压垫片用专用设备送至挤压轴中心线(图 14-3*c*)，此时，锭坯处于挤压筒内模座与挤压垫片之间；接着，挤压过程开始(图 14-3*d*)，向主缸送入高压液体，主柱塞通过挤压轴对锭坯加压，锭坯从模孔中挤出；挤压过程完成之后，挤压轴少许后撤，锁键 5 向上提起(图 14-3*e*)；挤压轴再次前进，推出制品和压余(图 14-3*f*)，压型嘴 4 前移，将制品和压余拉出；挤压筒后撤，用垫片夹钳将垫片取出(图 14-3*g*)；移动平台移至分离剪处，将制品与压余分离(图 14-3*h*)移动平台重新返回，锁键下落，新垫片重新送到挤压轴前上方，挤压机恢复初始状态(图 14-3*i*)。

14.1.1.2 立式挤压机

立式挤压机的主要部件的运动方向和出料方向与地面垂直，所以占地面积小，但要求较高的厂房和较深的地坑。后者是为了保证挤出的管子平直和圆整，以便随后的酸洗、冷轧或带芯头拉拔。因运动部件垂直地面移动，所以磨损小，部件受热膨胀后变形均匀，挤压机中心不易失调，管子偏心很小。挤压机的能力最大超过 15MN，常用的为 6～10 MN，主要用作生产尺寸不大的管材和空心制品。

视结构不同，立式挤压机分为带独立穿孔系统的和无独立穿孔系统的两种。前一种因可用实心锭进行穿孔挤压，管子的偏心度很小，而且内表面质量高。但是这种结构较复杂，操作也较麻烦，应用不广泛。后一种形式的挤压机必须用空心锭，故不能实现填充挤压。可是，当锭坯加热设备不完善时，会使其内孔氧化，造成管子内表面质量变劣。因无独立穿孔系统的挤压机结构简单、操作方便和机身不高等优点，所以应用最广泛。

图 14-4 所示为一种无穿孔系统的 6MN 立式挤压机结构。该机为手动控制，泵—蓄势站传动，工作液体压力为 20 MPa。

从图 14-4 可见，挤压机的主缸 2 安装在整体铸钢机架的上部，在主缸的下部装有滑座 4(相

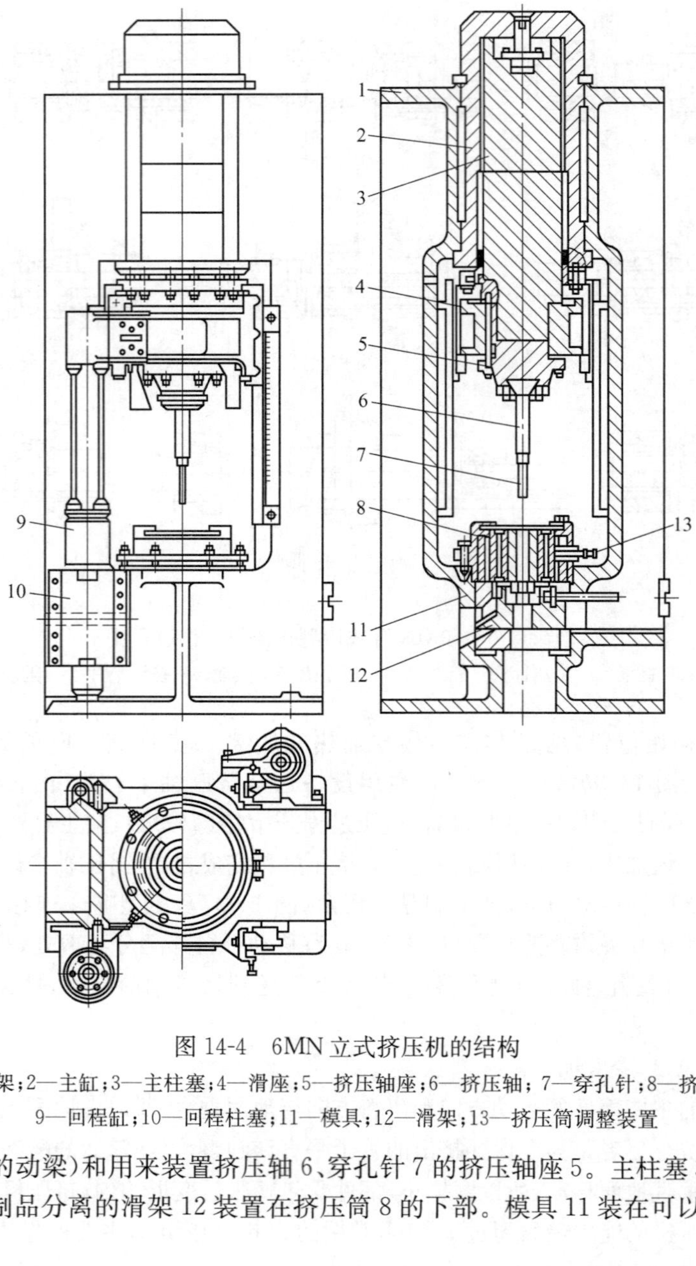

图 14-4　6MN 立式挤压机的结构

1—机架；2—主缸；3—主柱塞；4—滑座；5—挤压轴座；6—挤压轴；7—穿孔针；8—挤压筒；9—回程缸；10—回程柱塞；11—模具；12—滑架；13—挤压筒调整装置

当于卧式挤压机的动梁)和用来装置挤压轴 6、穿孔针 7 的挤压轴座 5。主柱塞 3 靠液压回程缸 9 回程。使压余和制品分离的滑架 12 装置在挤压筒 8 的下部。模具 11 装在可以拉出的模座滑架 12 内。

它的结构特点是:挤压机的主缸装在整体铸钢机架的上部。滑座装在主柱塞的下部,沿机架的导轨上下移动。回程缸装在主缸内部且与其中心线重合,回程缸的柱塞通过横梁和两个拉杆与滑座相连。在滑座上装有工具回转盘,在 4 个工位分别装有挤压工具和冲断压余的装置。

14.1.2　液压挤压机的本体结构

液压挤压机本体由机架(包括前梁、后梁、张力柱)、活动横梁、液压缸、挤压筒以及机座等几部分组成。前梁上装有模架、液压剪和挤压筒移动缸;后梁上装有工作缸、动梁、回程缸及穿孔回程装置;活动横梁上装有挤压轴(内置式挤压机还装有穿孔缸、穿孔回程缸及穿孔针等);张力柱把前梁和后梁连接起来，形成一封闭框架，承受全部挤压力；机座支承着挤压机的各个部分，并提供活动横梁和挤压容室滑动的滑道(见图 14-2)。

图 14-5 所示为带有内置穿孔系统的管材卧式挤压机的主要构件示意图。

从图 14-5 可见，机架 1 是一个封闭的承受挤压力的构件。在采用组合结构机架时，机架由前梁 4、后梁 2 及张力柱构成。主缸 3 是产生挤压力的液压工作缸，为柱塞结构，因此主柱塞应另外设置回程缸。

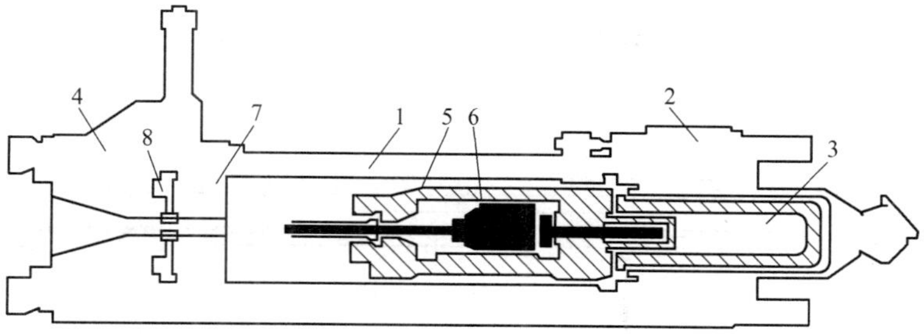

图 14-5 带有内置穿孔系统的管材卧式挤压机示意图

1—机架；2—后梁；3—主缸；4—前梁；5—动梁；6—穿孔系统；7—挤压筒；8—模座

动梁 5 是一个用来平衡主柱塞外伸部分重量，并控制挤压轴中心的部件。当采用如图 14-5 的内置穿孔系统时，兼作穿孔针动梁导轨。穿孔系统 6 是产生穿孔力的，一般为柱塞结构，其回程靠设在主缸外侧的穿孔回程缸带动。

挤压筒 7，用来装置锭坯，是一个承受高压的容器。模座 8，用来放置模具。模座有纵向移动、横向移动、回转式之分。

14.1.2.1 机架

挤压机的机架是承受挤压力的最基本的构件。现有挤压机的机架结构分类如图 14-6 所示。

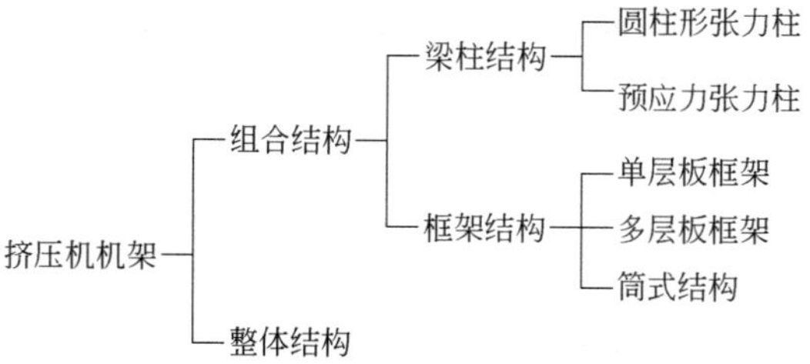

图 14-6 现有挤压机的机架结构分类

这里只讨论组合结构的机架。组合结构的机架由机座、横梁和张力柱组成。

(1) 机座。机座由前机座、中间机座和后机座三部分对接组成。后机座支承后横梁，中间机座通过导板支承活动横梁(挤压横梁、穿孔横梁)，前机座支承前横梁，后横梁与机座的轴向位置是由固定键来固定的，即后横梁是固定不动的。前横梁由上滑板支承，它不仅可以在上滑板上沿轴向滑动，而且可以由调整上滑板而相对机座做升降移动，还可以调整侧向的螺钉使它沿机座横向左右移动。

(2) 横梁。横梁包括前横梁和后横梁。大型挤压机的后横梁是单独铸件，是挤压机的主要受力部件之一。但在中、小型挤压机上，有时把后横梁和主缸制成一体，以利于加工和装配。后横梁用来安装主缸、回程缸和穿孔缸。

(3) 张力柱。张力柱把前、后横梁连接为一体，组成一个刚性框架。张力柱最常用的有三柱式或四柱式。其中三柱式张力柱的布置形式有：正三柱、倒三柱及侧三柱。倒三柱布置便于更换挤压筒等重型部件，侧三柱布置便于在侧向的张力柱上安装转动式的模座。

在挤压力的作用下，张力柱将产生弹性变形，即张力柱发生微量的伸长，这时要求前横梁必须能随着张力柱的伸长而沿轴向滑移。

张力柱机架应用较广泛，但由于螺纹连接，易松动与破坏。为解决这个问题，可采用预应力机架（见图 14-7）。预应力机架是用多层叠板拉杆和箱形压柱代替传统的用螺母紧固的圆柱形张力柱，将前、后梁用预应力件组成一个刚性机架。拉杆 T 形张力板由 4 块两端带挡头的厚钢板叠在一起构成，在前、后梁内侧的拉杆外面套上箱形压柱（承压构件）。在一定预加载荷的作用下，使拉杆产生伸长变形，在压柱的一端加入垫板，从而使整个机架处于预应力状态。在机架中，拉杆处于拉应力状态，箱形压柱处于压应力状态。挤压过程中的周期性应力只有传统张力柱结构受力的一半左右。因此，在挤压力的作用下，伸长变形小，机架刚度较大。

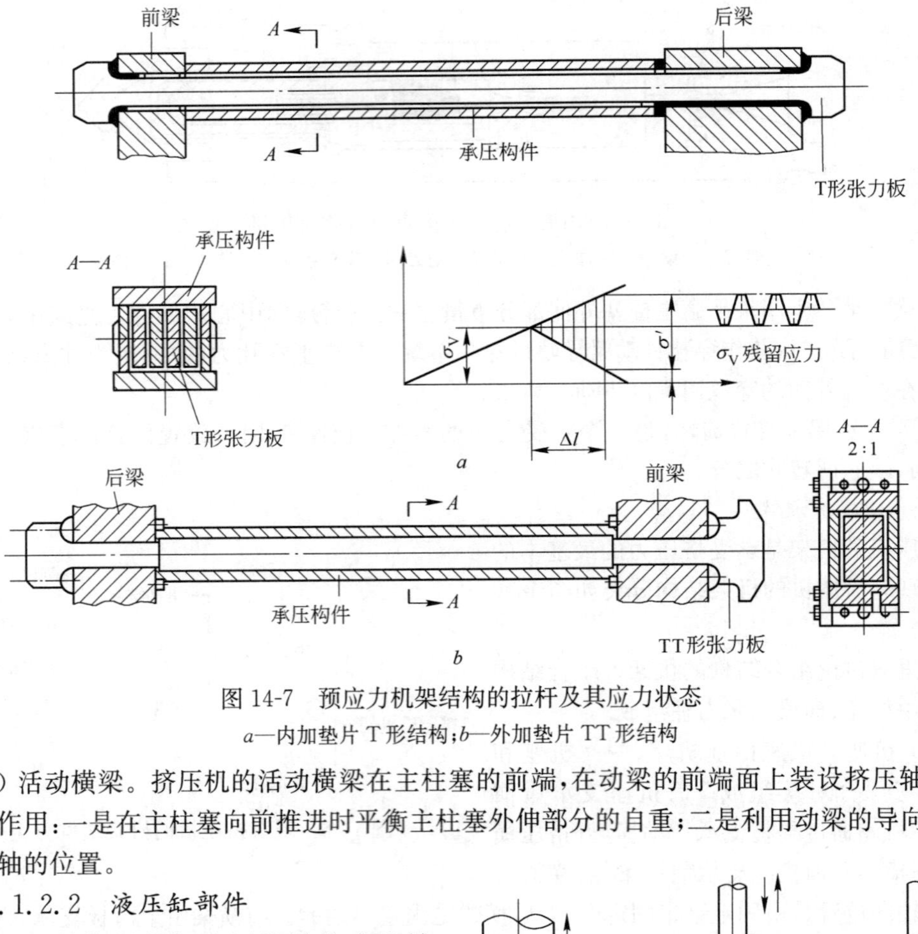

图 14-7　预应力机架结构的拉杆及其应力状态

a—内加垫片 T 形结构；*b*—外加垫片 TT 形结构

(4) 活动横梁。挤压机的活动横梁在主柱塞的前端，在动梁的前端面上装设挤压轴。动梁有两个作用：一是在主柱塞向前推进时平衡主柱塞外伸部分的自重；二是利用动梁的导向位置控制挤压轴的位置。

14.1.2.2　*液压缸部件*

液压缸的作用是把液压能转换成机械能。高压液体进入缸内并作用在柱塞上，带动运动部件的运动。挤压机柱塞与缸有三种结构形式，如图 14-8 所示。

(1) 圆柱式柱塞与缸。此类形式，柱塞只能单向运动，需借助另外的缸才能实现返回。

(2) 活塞式柱塞与缸。柱塞可做往复运动，但活塞环易磨损，保养和维修不方便。

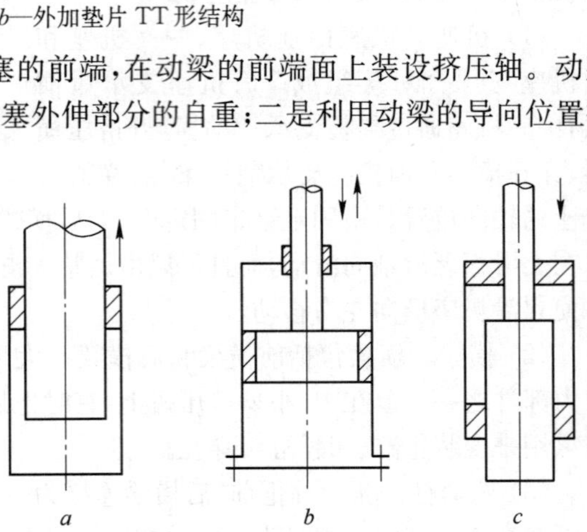

图 14-8　挤压机柱塞与缸的结构形式

a—圆柱式柱塞与缸；*b*—活塞式柱塞与缸；*c*—阶梯式柱塞与缸

(3) 阶梯式柱塞与缸。柱塞做单向运动，主要用于回程缸。

棒型材挤压机一般有主缸、回程缸、挤压筒移动缸。带独立穿孔系统的管材挤压机还有穿孔缸和穿孔回程缸。

考虑到制造工艺及维护方便等因素，挤压机主缸均采用柱塞式结构。故主柱塞必须另设回程缸，回程缸一般采用阶梯式柱塞结构。关于主缸及主柱塞的长度选择，应尽可能保证不拆开挤压机就能更换主缸和主柱塞。主缸和主柱塞的长度还取决于主柱塞的工作行程。对于短行程挤压机，其行程略大于挤压筒的长度，锭坯可在模座与挤压筒之间装入。对于长行程挤压机，其行程略大于两倍挤压筒的长度，锭坯在动梁与挤压筒之间装入。

活塞式柱塞与缸主要用于辅助机构，如挤压筒的移动缸。

14.1.2.3 穿孔装置

穿孔装置用来完成锭坯的穿孔过程，它包括穿孔缸、穿孔柱塞、穿孔针、穿孔动梁、穿孔限位器和调整装置等部分。穿孔装置有以下几种形式：

(1) 内置式穿孔系统。这种穿孔系统设置在主柱塞内部，不需要与主柱塞随动的行程。因此，这种主柱塞大穿孔行程是最短的，只相当于挤压筒的长度。但是由于穿孔缸是运动的，必须采用活动的高压导管，密封和维护比较麻烦。另外一种内置式穿孔系统的卧式挤压机如图 14-9 所示，是活塞式结构，穿孔杆靠青铜套导向，无穿孔动梁。

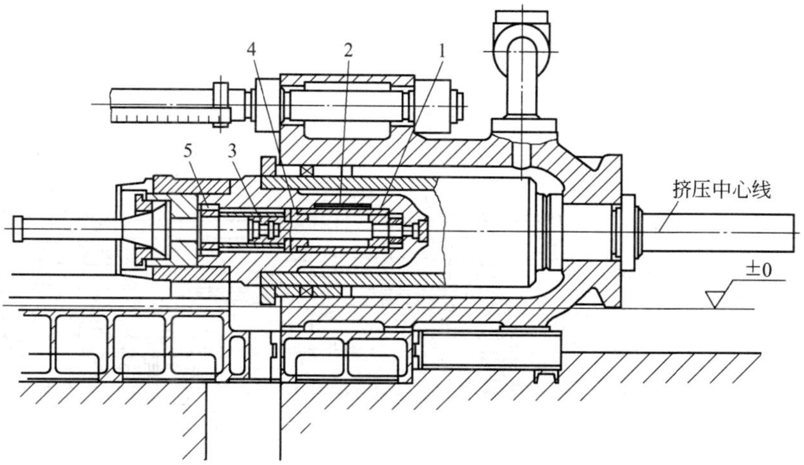

图 14-9 内置式穿孔系统的卧式挤压机(主缸部分)

1—双作用活塞；2—缸衬；3—拧入针支承的螺孔；4—密封装置；5—螺母

(2) 后置式穿孔系统。后置式穿孔系统设置在挤压机尾部(图 14-10)，该系统的穿孔行程实际上包括两部分，一是等于主柱塞行程的随动行程；二是穿孔针相对于主柱塞的工作行程。后者是真正的穿孔行程。显而易见，这种穿孔缸与内置式相比，要长出一个主柱塞行程的长度，而导致挤压机总长度增加(相当于两倍穿孔柱塞行程的长度)。但其动梁结构简单，便于制造，穿孔系统检查维修方便。图 14-10 所示为后置式穿孔系统的卧式挤压机。

(3) 侧置式穿孔系统。侧置式穿孔系统有两个穿孔缸，对称布置在主缸两侧。侧置式穿孔系统结构比较紧凑，使用维护也比较方便。但此种结构的挤压机由于在主缸后面尚需安装有主柱塞及穿孔柱塞回程缸，故机身也很长。侧置式穿孔系统如图 14-11 所示。

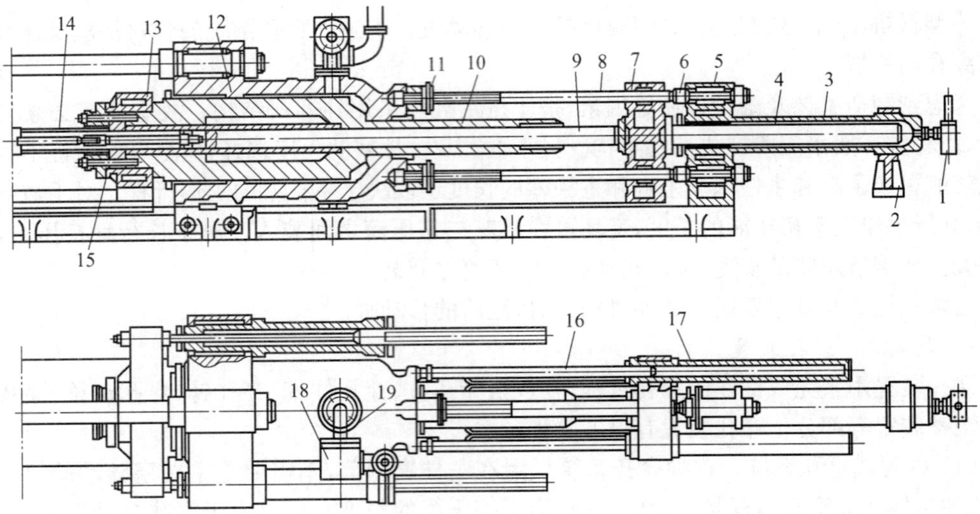

图 14-10　后置式穿孔系统的卧式挤压机结构

1—穿孔填充阀；2—穿孔缸尾座；3—穿孔缸；4—穿孔缸柱塞；5—穿孔缸座；6—螺母；7—穿孔动梁；8—穿孔张力杆；9—穿孔杆；10—主柱塞尾部；11—穿孔调程限位螺母；12—主柱塞；13—穿孔动梁；14—穿孔针；15—穿孔针支撑；16—穿孔回程柱塞；17—穿孔回程缸；18—填充阀；19—弯头

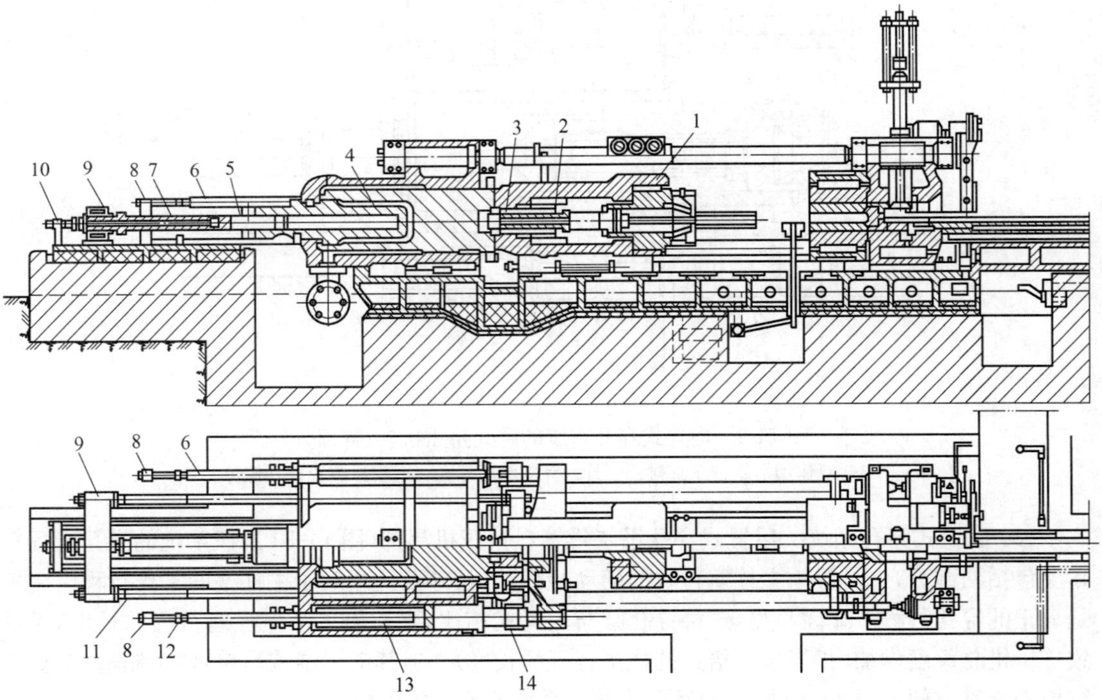

图 14-11　侧置式穿孔系统挤压机结构

1—动梁；2—穿孔动梁；3—穿孔杆；4—上柱塞回程缸；5—主柱塞回程缸柱塞；6—穿孔回程拉杆；7—主回程缸进液通道；8—穿孔回程拉杆横梁；9—主回程柱塞动梁；10—进液管接头；11—主柱塞回程拉杆；12—穿孔调程限位螺母；13—穿孔回程缸；14—穿孔柱塞

14.1.2.4　挤压工具

挤压工具包括挤压筒、挤压模、挤压轴、穿孔针、垫片等，此外还有一些配件。图 14-12 为卧式挤压机挤压工具的组装示意图。在图 14-12 中，挤压筒由内衬 5、中衬 4、外套 3(方案Ⅰ)所组成；在挤压应力不大时，也可采用双层挤压筒(方案Ⅱ)。模座部分包括模具 8、模垫 9、模套 10、模支承 11 及模座 12。挤压棒材时，在挤压轴 6 前面装挤压垫片 7；管材挤压时，挤压轴为空心结构，内部有穿孔针 13 和穿孔针支承 14。

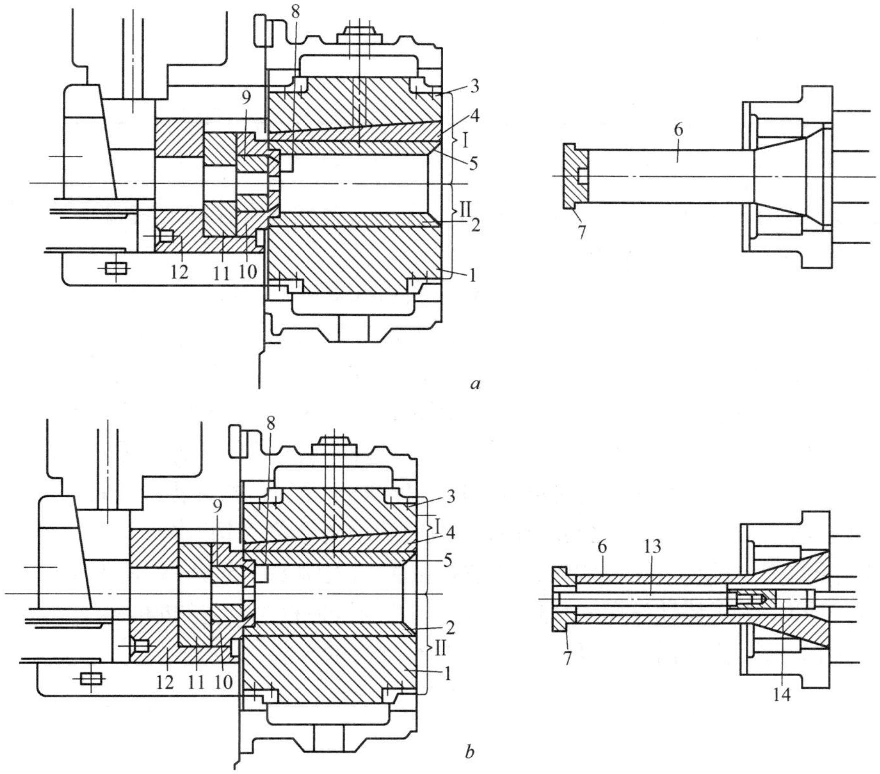

图 14-12　卧式挤压机挤压工具装配图

a—挤压棒、型材；*b*—挤压管材

Ⅰ—三层挤压筒方案；Ⅱ—双层挤压筒方案

1—挤压筒外套；2—内衬口；3—三层挤压筒时的外套；4—中衬；5—内衬(三层时)；6—挤压轴；7—挤压垫片；8—挤压模具；9—模垫；10—模套；11—模支承；12—模座；13—穿孔针；14—穿孔针支承

14.2　拉拔设备

对金属坯料施以拉力，使之通过模孔以获得与模孔尺寸、形状相同的制品的塑性成型方法称之为拉拔。拉拔是管材、棒材、型材以及线材的主要生产方法之一。拉拔生产的工具与设备简单，维护方便，在一台设备上可以生产多个品种与规格的制品。而且制品的尺寸精确，表面光洁。拉拔设备一般可分为管棒型材拉拔机和拉线机。

14.2.1　管棒材拉拔机

管棒材拉拔机有各种各样的形式，见表 14-1，可以按拉拔装置分类，也可以按拉拔管棒材同时拉的根数分类。目前应用最广泛的是链式拉拔机，比较先进的是棒材连续拉拔矫直机系列和圆盘式管材拉拔机。

表 14-1　管棒材拉拔机分类

按拉拔装置不同分类	按同时拉拔的根数分类
链式拉拔机	单线拉拔机
齿条式拉拔机	双线拉拔机
带有两侧链带的拉拔机	三线拉拔机
模子移动式拉拔机	多线拉拔机
液压传动式拉拔机	
连续拉拔矫直机列	
圆盘式拉拔机	

14.2.1.1　链式拉拔机

链式拉拔机的结构具有操作简单，适应性强，管、棒、型材皆可在同一台设备上拉拔等特点，它是目前生产中应用的最为普遍的设备。

根据链数的不同可将链式拉拔机分为单链拉拔机和双链拉拔机。

(1) 单链拉拔机。最常见的单链拉拔机的结构如图 14-13 所示，该设备由床身和移动小车组成。模座固定在床身上，小车由链条拖动。在拉拔管材时，安装一尾架来固定芯杆，芯头装在芯杆上。自动夹钳、自动落钩的拉拔小车装置示于图 14-14。拉拔小车的上部装有撞杆 1，杆上套着两个弹簧，杆的前端拧有一个螺帽 2。当拉拔小车返回到拉模支架前以便夹持坯料头部实现拔制时，螺帽 2 与拉模支架相撞。此时撞杆 1 向右移动，于是钳口板牙借助连杆 4 的传动向前伸出，将待拔坯料的头部夹持住；与此同时撞杆 1 的后端小钩 3 将大钩 6 松开，大钩落下挂在拉拔机的链条上，开始拔制过程。在拔制时链条被拉紧并同大钩 6 一起升高，使大钩又被小钩 3 钩住。当拔制完毕时，由于惯性作用，钳口板牙继续向后退，将料松开，拉拔机链条垂落在机座上，而大钩仍与小钩相钩，待返回时重复上述动作，进行下次的拔制。

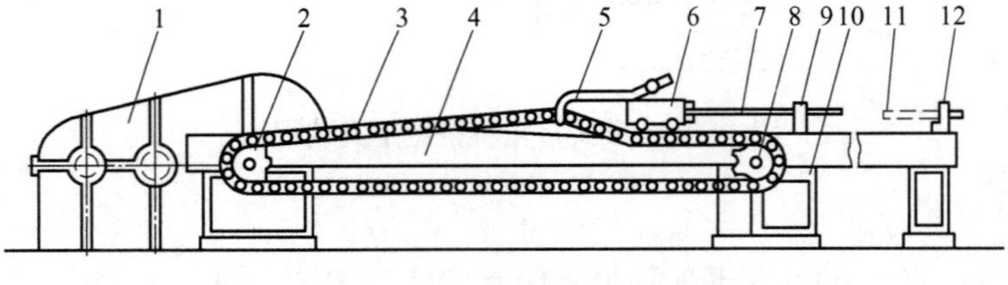

图 14-13　单链式拉拔机示意图

1—电动机与减速器；2—主动链轮；3—链条；4—机架；5—挂钩；6—小车；7—制品；8—从动链轮；9—模座；10—机座；11—固定芯头与芯杆；12—尾架

(2) 双链拉拔机。目前，链式拉拔机多为双链式的结构，其工作机架是由许多的 C 形架组成的，如图 14-15 所示。在 C 形架内装有两条水平横梁，其底面支承拉链和小车，侧面装有小车导轨。两根链条从两侧连在小车上。C 形架之间的下部安装有滑料架。除拉拔机本体外，一般还包括以下的主要机构：受料—分配机构、管子套芯杆机构、

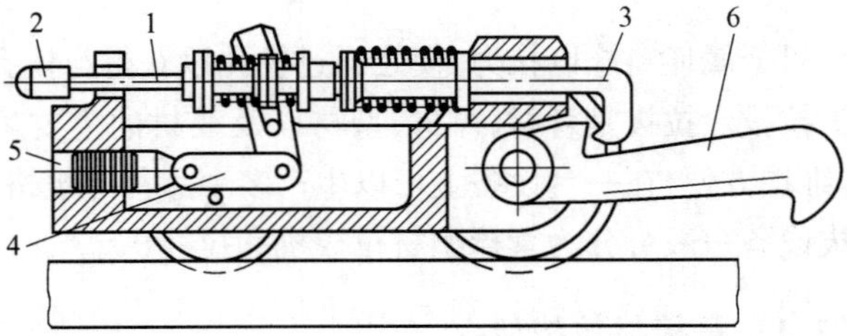

图 14-14　拉拔小车结构

1—撞杆；2—螺帽；3—小钩；4—连杆；5—钳口板牙；6—大钩

向模孔送管子与芯杆的机构以及制夹头装置。

与单链式拉拔机相比较，双链式拉拔机有如下优点：

(1) 拉拔中心线与设备中心线一致，拉拔过程平稳，制品的尺寸精度、表面质量和平直度高；

(2) 单链式拉拔机需要拨料机构，双链拉拔机拉拔后管材直接从两根链条之间的空当落下，经拉拔机倾斜滑板进入料筐或由水平输出机构输出，卸料方便；

(3) 由于小车不必挂钩，双链式拉拔机既可最大吨位拉拔大规格管材，又可拉拔小管，不会产生因为拉力太小小车挂钩抬不起来或无法脱钩的问题，使用范围广；

(4) 双链拉拔机取消了小车返回机构和拨料机构，小车没有钩子和与钩子有关的部件，结构简单，维修容易。

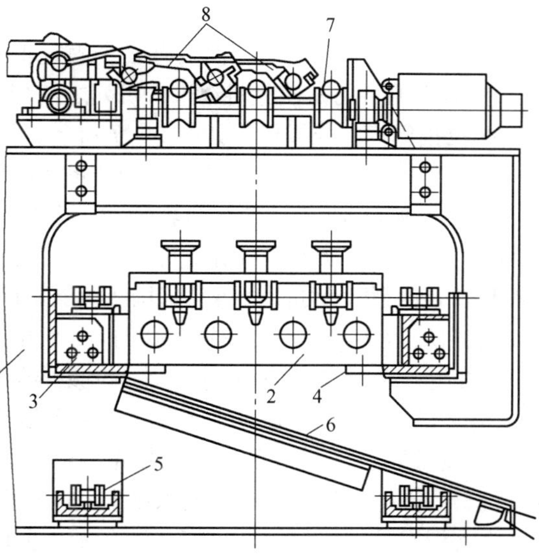

图 14-15　双链式拉拔机

1—C 形架；2—拉拔小车；3—支承梁；4—导轮；5—链条导轮；6—滑板；7—滚轮；8—分料器

链式拉拔机的拉拔力目前最大已达 4MN 以上，机身长度一般可达 50～60 m，个别的达到 120 m，拉拔速度通常是 120 m/min，最高的已达 190 m/min。拉拔小车返回速度已高达 360 m/min。为了提高拉拔机的生产能力，目前拉拔机正向着多线、高速、自动化方向发展。

14.2.1.2　联合拉拔机

链式拉拔机生产的产品质量比较低，经常出现表面结疤、裂纹、弯曲等各种缺陷，后期还需要各种精整工序。为了解决这些问题，出现了联合拉拔机。联合拉拔机将拉拔、矫直、切断、抛光和探伤组成在一起形成一个机列，可大大提高制品的质量和生产效率。用联合拉拔机列可生产棒材、管材和型材。

A　联合拉拔机的结构

棒材联合拉拔机列由轧头、预矫直、拉拔、矫直、剪切和抛光等部分组成。其结构如图 14-16 所示。

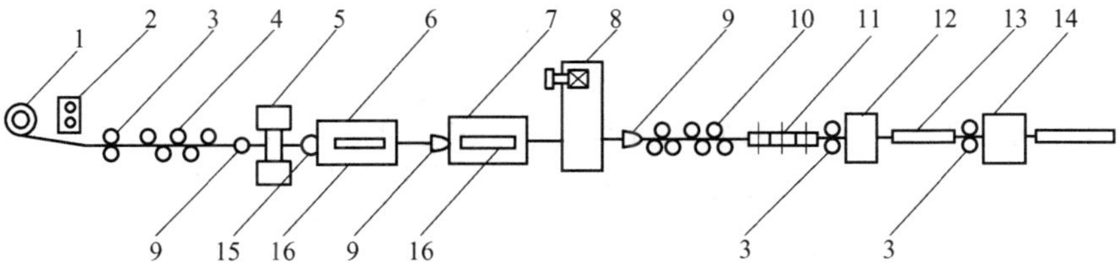

图 14-16　联合拉拔机示意图

1—放料架；2—轧头机；3—导轮；4—预矫直辊；5—模座；6，7—拉拔小车；8—主电动机和减速机；9—导路；10—水平矫直辊；11—垂直矫直辊；12—剪切装置；13—料槽；14—抛光机；15—小车钳口；16—小车中间夹板

(1) 轧头机。轧头机由具有相同辊径并带有一系列变断面轧槽的两对辊子组成。两对辊子分别水平和垂直地安装在同一个机架上。制作夹头时，将棒料头部依次在两对辊子中轧细以便

于穿模。

(2) 预矫直装置。机座上面装有三个固定辊和两个可移动的辊子，能适应各种规格棒料的矫直。预矫直的目的是使盘料在进入机列之前变直。

(3) 拉拔机构。拉拔机构如图 14-17 所示。从减速机出来的主轴上设有两个端面凸轮（相同的凸轮，位置上相互差 180°）。当凸轮位于图 14-17*a* 的位置时，小车Ⅰ的钳口靠近床头且对准拉模。当主轴开始转动，带动两个凸轮转动。小车Ⅰ由凸轮Ⅰ带动并夹住棒材沿凸轮曲线向后运动。同时，小车Ⅱ借助于弹簧沿凸轮Ⅱ的曲线向前返回。当主轴转到 180°时凸轮小车位于图 14-17*b* 的位置，再继续转动时，小车Ⅰ借助于弹簧沿凸轮Ⅰ的曲线向前返回，同时小车Ⅱ由凸轮带动沿其曲线向后运动。当主轴转到 360°时，小车和凸轮又恢复到图 14-17*a* 的位置。凸轮转动一圈，小车往返一个行程，其距离等于 S。拉拔小车中间各装有一对夹板，小车Ⅰ的前面还带有一个装有板牙的钳口，小车Ⅱ前面装有一个喇叭形的导路。棒材的夹头通过拉模进入小车Ⅰ的钳口中。当设备启动，小车Ⅰ的钳口夹住棒材向右运动，达到后面的极限位置后开始向前返回，这时钳口松开，被拉出的一段棒材进入小车Ⅰ的夹板中。当小车Ⅰ第二次往后运动时，钳口不起作用，因为夹板套是带斜度的，如图 14-18 所示。夹板靠摩擦力夹住棒材向后运动，小车Ⅰ开始返回时，夹板松开。小车Ⅰ可以从棒材上自由地通过。当小车Ⅰ拉出的棒材进入小车Ⅱ的夹板中以后，就形成了连续的拉拔过程。

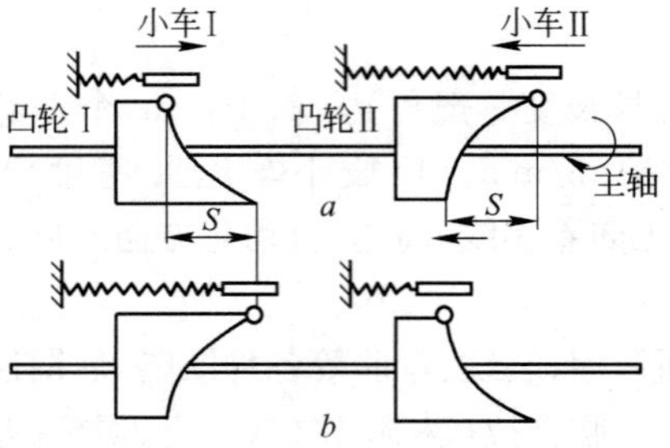

图 14-17　拉拔机构示意图

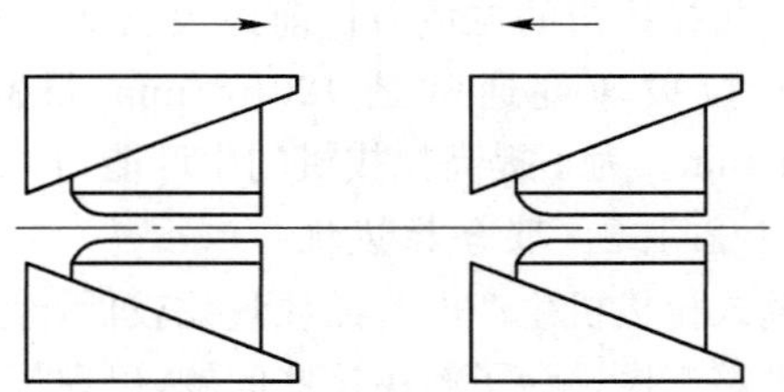

图 14-18　拉拔夹持机构示意图

(4) 矫直与剪切机构。矫直机由 7 个水平辊和 6 个垂直辊组成，对拉拔后的棒材进行矫直。在减速机的传动轴上设有多片摩擦电磁离合器和端面凸轮，架上装有切断用刀具，用于棒材定尺剪切。

(5) 抛光机。图 14-19 为抛光机工作示意图。棒材通过导向板 3 进入第一对抛光盘，然后通过三个矫直喇叭筒，再进入第二对抛光盘。抛光盘带有一定的角度，使棒材旋转前进，抛光速度必须大于拉拔速度和矫直速度，一般抛光速度为拉拔速度的 1.4 倍。

B　联合拉拔机列的特点

(1) 机械化、自动化程度高，所需生产人员少，生产周期短，生产效率高；

(2) 产品质量好，表面粗糙度值可达 0.8，

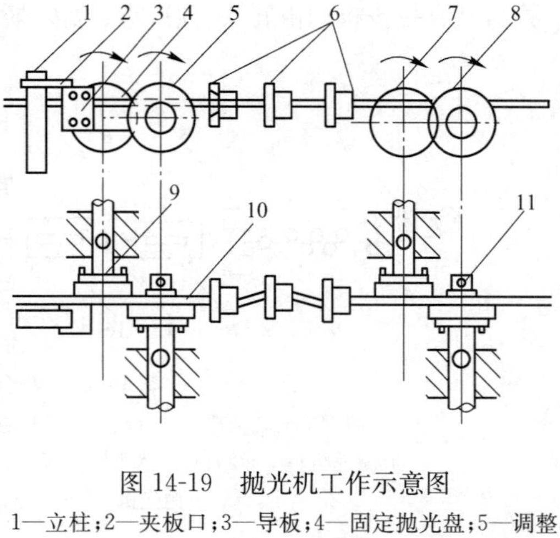

图 14-19　抛光机工作示意图

1—立柱；2—夹板口；3—导板；4—固定抛光盘；5—调整抛光盘；6—矫直喇叭筒；7—固定抛光盘；8—调整抛光盘；9—轴；10—棒材；11—导向板

弯曲度可小于 0.02 mm/m；

(3) 设备重量轻，结构紧凑，占地面积小；

(4) 矫直部分和抛光部分不容易调整，凸轮浸在油槽中，运转中难免不漏油，这是联合拉拔机列存在的缺点。

14.2.1.3 圆盘拉拔机

圆盘拉拔机最初被用来拉制小断面的棒、型材和空拉毛细管。近年来由于游动芯头衬拉管材的技术得以成功的应用，圆盘拉拔机得到了迅速的发展。圆盘拉拔机具有很高的生产效率，生产的制品质量好，成品率高。目前，在圆盘拉拔机上衬拉的管材长达数千米，拉拔速度高达 2400 m/min。国外有的工厂采用圆盘拉拔机群，一台圆盘拉拔机只拉一个道次，避免了更换工具和芯头带来的麻烦，大大地提高了生产效率.同时也保证了产品质量的稳定。

圆盘拉拔机最适合于拉拔紫铜、铝等塑性良好的管材。对需经常退火、酸洗的高锌黄铜管不太适用，因管子内表面的处理比较困难。另外，在圆盘拉拔机上进行拉拔时，管材除承受拉应力外，在管材接触卷筒的瞬间还受到附加的弯曲应力。为了防止拔断，圆盘拉拔时的道次允许变形量应小于直线拔管。当道次变形率和弯曲应力达到一定程度时，会引起管材横断面产生椭圆，使管材尺寸精度降低。这是圆盘拉拔机拉拔管材的主要问题。椭圆度的大小主要与金属的强度、卷筒直径、管材的径壁比及道次加工率有关。

圆盘拉拔机一般是用绞盘(卷筒)的直径来表示其能力的大小。绞盘的直径为 550～2900 mm，最大已达 3500 mm。拉拔力一般为 8.8～17.8 kN。

圆盘拉拔机有各种结构形式，一般分为卧式和立式两大类，如图 14-20 所示。立式圆盘拉拔机过去是将主传动装置均配置在卷筒下部，称为正立式，如图 14-20*b* 所示。近年来发展的新型拉拔机将主传动装置配置在卷筒上部，称为倒立式，如图 14-20*c* 所示，其特点是：利用重力卸下拉拔后的盘卷。老式拉拔机必须在整根管子拉完后才能卸卷，新的拉拔机可实现边拉边卸，卸下的管子可以重新卷成盘或者卸至料盘里。前者称为非连续卸料式，后者称为连续卸料式。为了

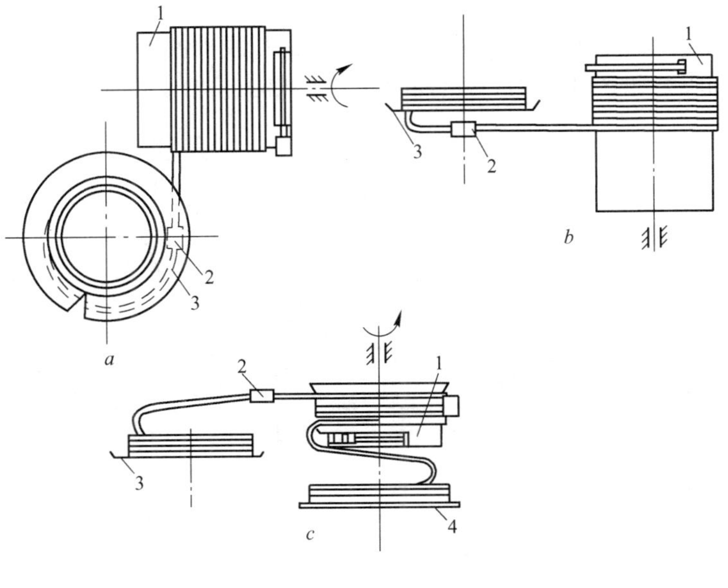

图 14-20 圆盘拉拔机示意图

a—卧式；*b*—正立式；*c*—倒立式

1—卷筒；2—拉模；3—放料架；4—受料盘

使拉拔后的管子在卷筒上排列成均匀紧密的螺旋状，一般采用两种方法：

（1）模座移动法。将拉模座平行于圆柱形卷筒的轴线均匀移动使管材排列整齐。

（2）压出排管法。拉模座不动，依靠后一圈管材挤压前一圈管材逐圈推进实现排管。

近年来，圆盘拉拔机在各国得到了迅速的发展，尤其倒立式圆盘拉拔机应用的更为广泛。

14.2.2　拉线机

按其工作制度和结构，拉线机一般可分为单模拉线机与多模连续拉线机两大类。

14.2.2.1　单模拉线机

线坯在拉拔时只通过一个模的拉线机称为单模拉线机。根据其卷筒轴的配置又分为立式与卧式两类。卧式单模拉线机可分为单头单模拉线机和双头单模拉线机。立式单模拉线机分为单头单模拉线机和多头多模拉线机，最多可达 24 头。都是由一个电动机驱动，钢线卷的重量可达 2000 kg。

单模拉线机的特点是结构简单，制造容易，但它的拉拔速度慢，一般在 6～180 m/min 范围内，生产率较低，且设备占地面积较大。单模拉线机多用于粗拉大直径的圆线、型线以及短料的拉拔，也用于拉制需要频繁退火的线材。

但是，为了进一步提高生产率，使拉线机不停车，采用了上卷和卸卷连续自动化。例如电线的生产采用了如图 14-21 所示的拉拔，中间退火、表面处理等连续自动生产线。

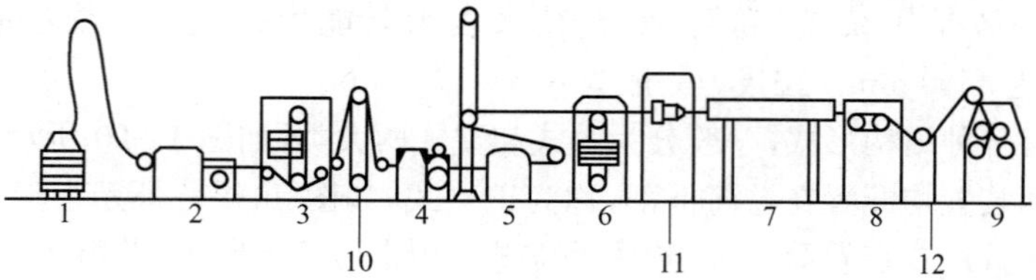

图 14-21　铝电信电缆线连续生产线

1—线坯；2，4—模；3，6—感应加热；5—洗净；7—冷却；8—牵引辊；9—卷筒；10—空冷；11—塑料绝缘；12—张紧辊

图 14-22 是单模拉线机的外形图。由图 14-22 可见，拉线机主要由动力部分、传动部分和工作部分组成。作为电动部分的电动机将电能转变为机械能，供给工作部分。变速机构和传动装

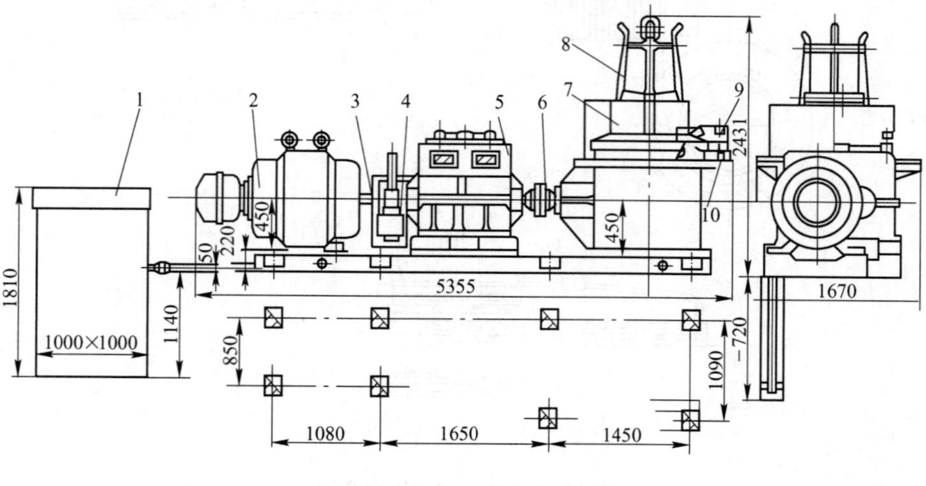

图 14-22　单模拉线机外形图

1—油箱；2—电机；3—弹性联轴器；4—制动器；5—变速箱；6—联轴节；7—绞盘；8—下线架；9—模座；10—保险箱

置把电动机的能量传给工作部分，并把电动机的运动改变成工作部分所需要的运动。拉线机的工作部分包括拉拔绞盘和模座。拉线机绞盘的基本结构如图 14-23 所示。绞盘由三部分组成。中段是拉线部分，它与下段的交界处是工件的收入位置，此处的直径即为绞盘的直径。通常绞盘的直径是工件直径的 50 倍。中段的长度大约是所收线径的 10～40 倍。该段设有 1/20～1/30 的斜度，以便线材做轴向运动。上段的直径比中段略小，也有 2°～4°的斜度，这是堆放线材的地方。

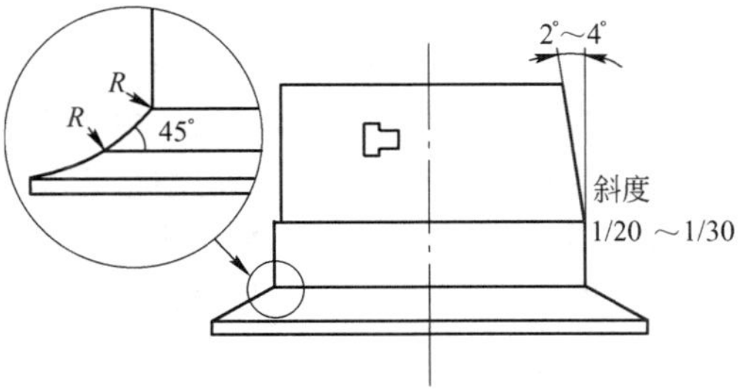

图 14-23 单模拉线机绞盘的结构

14.2.2.2 多模连续拉线机

多模连续拉线机又称为多次拉线机。在这种拉线机上，线材在拉拔时连续同时通过多个模子，每两个模子之间有绞盘，线以一定的圈数缠绕于其上，借以建立起拉拔力。根据拉拔时线与绞盘的运动速度关系可将多模连续拉线机分为滑动式多模连续拉线机与无滑动式多模连续拉线机。

由于单模拉线机的生产率低，所以现在铝、铜及其合金，以及钢等的中、细线大批量生产都采用多模连续拉线机，其特点是总加工率大，拉拔速度和自动化程度高。

A 滑动式多模连续拉线机

滑动式多模连续拉线机的特点是，除最后的收线盘外，线与绞盘圆周的线速度不相等，存在着滑动。滑动式多模连续拉线机按其绞盘的结构、布置形式以及润滑方式大致可分为下面几种。

(1) 圆柱(盘)形连续多模拉线机。圆柱(盘)形绞盘连续多模拉线机的结构形式如图 14-24、图 14-25 所示。根据绞盘轴的安装位置的不同，可分为立式和卧式两种类型。立式圆柱形绞盘连续多模拉线机它的结构形式如图 14-24 所示，绞盘轴是垂直安装的，模子、绞盘和线都浸在润滑剂中进行拉拔，一个电动机带动。主要拉拔 2 mm 以上的线材。拉拔速度一般在 2.8～5.5 m/s 范围内。由于模、绞盘、线都浸在润滑剂中，工作不方便，并且影响线材的拉拔质量。卧式圆柱形绞盘连续多模拉线机它的结构形式如图 14-25 所示，

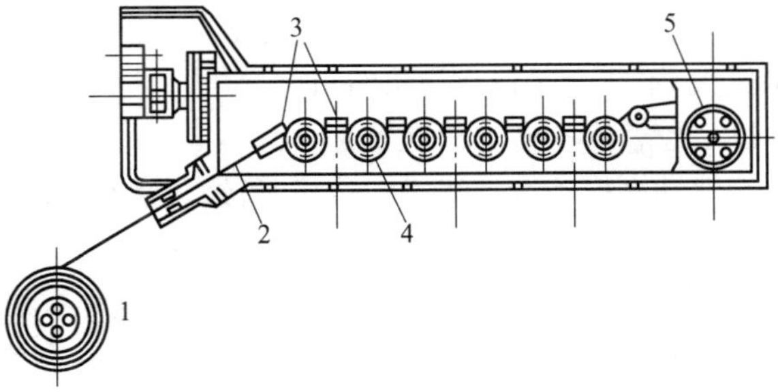

图 14-24 立式圆柱(盘)形绞盘连续多模拉线机
1—坯料卷；2—线；3—模盒；4—绞盘；5—卷筒

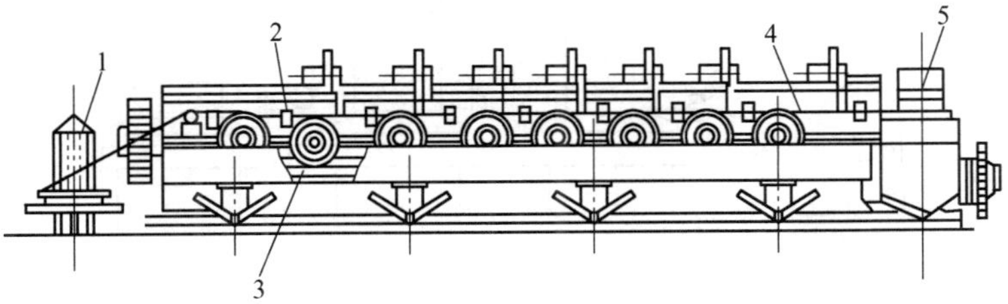

图 14-25 卧式圆柱形绞盘连续多模拉线机
1—坯料卷；2—模盒；3—绞盘；4—线；5—卷筒

绞盘轴线水平方向布置，绞盘的下部浸在润滑液中，而模子由绕在绞盘上的线所带的润滑剂进行润滑。目前大多采用向模孔喷注润滑剂的结构。这种拉线机上要用于生产粗线和异形线拉拔。

(2) 塔形绞盘连续多模拉线机。塔形绞盘连续多模拉线机也分为立式和卧式。由于立式塔形绞盘连续多模拉线机拉拔速度低、占地面积大，因此采用较少。一般都采用卧式。卧式塔形绞盘连续多模拉线机是滑动式拉线机中应用最广泛的一种，其结构如图 14-26 所示。它主要用于拉细线。

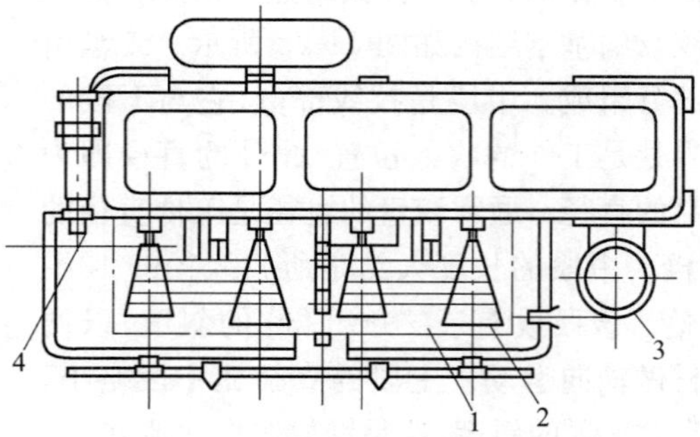

图 14-26　卧式塔形绞盘连续多模拉线机

1—模；2—绞盘；3—卷筒；4—线

根据工作层数的多少，可将塔形绞盘分为两级和多级。此外还可以根据拉拔时的作用将绞盘分为拉拔绞盘和导向绞盘。拉拔绞盘是使线材拉过模子进行拉拔的绞盘，也称为牵引绞盘；导向绞盘是使线材正确地进入下一模孔的绞盘。在不同的拉线机中，有的成对的两个绞盘都是拉拔绞盘，也有的是两个绞盘既作拉拔绞盘又作导向绞盘。

(3) 多头连续多模拉线机。近年来多头连续多模拉线机的研制和应用有了飞速的发展。所谓多头连续多模拉线机即是一台拉线机可同时拉几根线并且每一根线通过多个模连续拉拔，此种拉线机称为多头连续多模拉线机。一台多头连续多模拉线机同常规高速拉线机比较，生产效率大大提高。

滑动式多模连续拉线机的特点是总延伸系数大；拉拔速度快，生产率高；较易于实现机械化、自动化；但由于线材与绞盘间存在着滑动，绞盘易受磨损。主要适用于：(1)圆断面和异型线材的拉制；(2)承受较大的拉力和表面耐磨的低强度金属和合金的拉制；(3)塑性好，总加工率较大的金属和合金的拉制；(4)能承受高速变形的金属和合金的拉制。这种拉线机由滑动而引起的空耗功率较大，不适合于拉大规格线材。

B　无滑动多模连续拉线机

无滑动多模连续拉线机在拉拔时，线与绞盘之间没有相对滑动。无滑动多模连续位线机按其工作特点，一般可分为储线式和非储线式两种：

(1) 储线式无滑动多模连续拉线机。在这种拉线机上，除了为保证线材与绞盘之间不产生滑动现象而需在绞盘上至少绕上 10 圈线以外，还需在绞盘上积蓄更多一些的线圈以防止由于延伸系数和绞盘转速可能发生变化而引起的各绞盘间秒流量不相适应的情况。在拉拔过程中，根据拉拔条件的变化，线圈数可以自动增加或减少。图 14-27 为储线式无滑动多模连续拉线机的

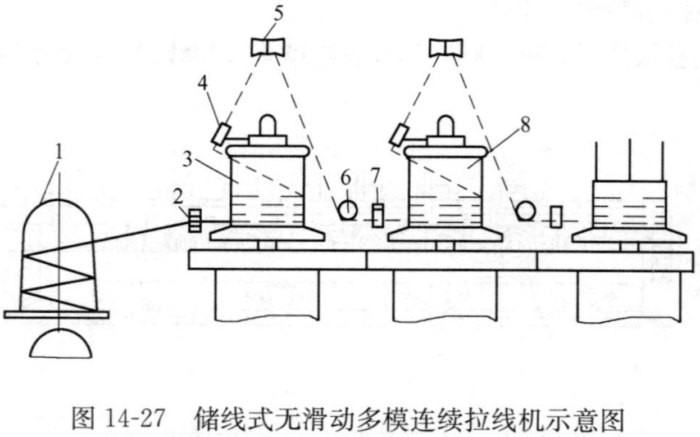

图 14-27　储线式无滑动多模连续拉线机示意图

1—放线架；2，7—拉线模；3—拉线绞盘；4—游轮；5—上滑轮；6—导轮；8—摩擦副

示意图。

采用储线式无滑动多模连续拉线机拉线，线材在拉拔过程中所经路程弯曲且长，故拉拔速度的提高受到限制，一般为 11 m/s 左右。此外，这种结构的拉线机还有一个缺点，就是线材在拉拔过程中受扭转。扭转对一般有色金属线与普通钢丝的质量无大的影响，但对双金属线和扭转敏感的金属以及异型线等的质量影响较大。通常，储线式无滑动多模连续拉线机被用来拉拔钢线及铝线。为了消除储线式无滑动多模连续拉线机的缺点，出现了一种双绞盘式的拉线机，其外形图如图 14-28 所示。

(2) 非储线无滑动多模连续拉线机。非储线无滑动多模连续拉线机的拉拔绞盘与线材之间无滑动，且在拉拔过程中不允许任何一个中间绞盘上有线材积累或减少。非储线无滑动多模连续拉线机有两种形式：活套式与直线式。

活套式无滑动多模连续拉线机主要特点是在相邻两绞盘中间设置一活套臂。在金属秒流量出现不平衡时，可以收入和放出少量金属线，起缓冲作用。活套臂本身还是速度控制系统的反馈单元，使速度偏差能被及时修正。如图 14-29 所示。

图 14-28　双绞盘储线式拉线机外观图

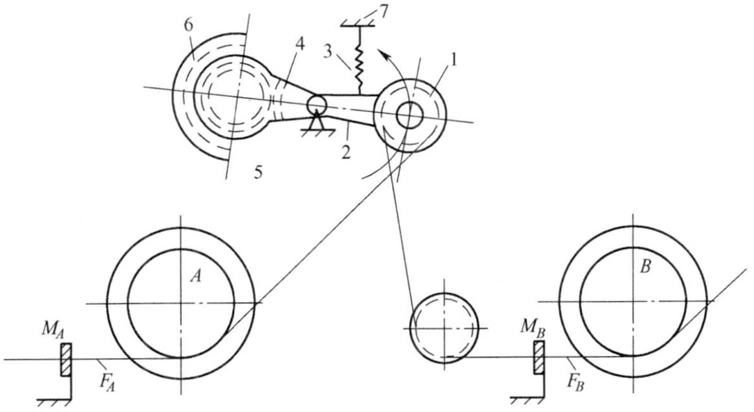

图 14-29　绞盘速度自动调节机构工作示意图

1—张力轮；2—平衡杠杆；3—拉力弹簧；4—扇形齿轮；5—齿轮；6—变阻器；7—挡块

活套式无滑动多模连续拉线机优点是：线材由一个绞盘到另一个绞盘没有扭转；带有反拉力，使模子磨损和线材温升显著减小，从而改善了线材表面质量，并可以采用较高的拉拔速度。

活套式无滑动多模连续拉线机的缺点是：在拉拔粗的高强度钢线时，在张力轮和导向轮上绕线困难；张力调整范围不大；调整麻烦；需要采用直流电机，使设备复杂化。

直线式无滑动多模连续拉线机线材由一个拉拔绞盘出来不经过任何张力轮和方向轮立即进入下一个拉模。因而线材不可能构成任何活套。这样就消除了线材由某一个绞盘过渡到另一个绞盘时产生扭曲的可能性；同时在拉拔粗线及强度较高的线材时，穿模也容易。拉线机采用直流电动机驱动，无级调速，自动保持各道次间金属秒体积流量平衡。

直线式无滑动多模连续拉线机具有广泛的调速范围，线材无扭转，可以拉拔各种异型线，穿模容易，线材受到的弯曲次数少，所以应用最多。

练习题 14

14-1 挤压机是如何分类的?

14-2 谈谈液压挤压机本体结构的组成。

14-3 什么是拉拔,拉拔设备的分类如何?

14-4 单链拉拔机的工作原理是什么?

14-5 拉线机的分类如何?

15 塑料成型设备

15.1 概述

与金属材料相比，塑料受热更易熔融并具有比金属更好的可塑性；与橡胶相比，塑料的熔融温度更高，熔融后的流动性更好。因此，塑料本身的这些特点，近几十年来，塑料制品的发展速度是惊人的。塑料（合成树脂）的开发至今尚不到100年的时间，但它已成为人们现代生活不可缺少的制品原料。随着塑料原料的发展，塑料制品加工技术也日益发展。目前，最常见的塑料制品加工方法有注射成型法、挤出成型法、吹塑成型法等。

一般来说，能将高分子聚合物树脂加工成型为塑料制品的设备都称为塑料成型设备。塑料成型设备主要是为塑料制品的加工成型服务的。要把塑料从原材料成型为制品的工艺过程繁多，这决定了塑料机械种类的多样性。

塑料成型设备依据成型工艺的不同而不同，塑料成型设备主要有用于注射成型工艺的注射成型机，用于挤出成型的挤出成型机和用于中空吹塑成型的吹塑机等。

15.2 塑料注射成型机

塑料的注射成型（简称为注塑）是利用注射装置将注射机筒中已经熔化的热塑性或热固性塑料以高压、高速注入到闭合的成型模具型腔中，经冷却固化定型后，制成与模具型腔的形状几乎完全一致的塑料制品。

注射成型法是一种间歇式成型方法，也是塑料制品的主要成型方法之一。用注射成型方法成型的塑料制品，精度高、质量好。它可以成型形状复杂，结构、尺寸精确及带有嵌件的塑料制品。其对各种塑料的加工适应性强，因此被广泛地应用于家电、汽车、航空、仪表、国防、电信、医疗、建筑、日用品及农业等各个行业，用途极其广泛。

完成塑料注射成型的机器是塑料注射成型机（简称为注塑机），塑料注射成型机是集机械、电气、液压于一体的塑料成型设备，具有生产效率高、产品的后加工量小、适应能力强等特点，因此注射成型方法和注射成型机得到了广泛的应用。全世界塑料原材料中的30%左右是用于注射成型，而注射成型机的年产量为塑料成型加工机械总产量的50%以上，在我国塑料注射成型机的年产量则约占整个塑料成型机械的40%。

15.2.1 塑料注射成型机的组成

注射成型的基本过程是塑化、注射和定型。

塑料的塑化是实现良好注射及保证成型制品质量的首要条件；为了满足成型要求，注射过程必须要保证有足够的注射压力和注射速度。由于注射压力高，相应地会在模腔中产生很高的压力，因此合模系统必须具有足够大的锁模力。从机械方面来说，注射系统和合模系统是注射成型机的关键。近年来，塑料注射成型机的发展与改进主要都体现在注射系统和合模系统上。因此，注射成型机必须具备以下基本功能：

（1）对所加工的塑料物料能实现塑化、计量并把熔融物料压注入模具模腔的功能；

(2) 对成型模具能实现启闭和锁紧的功能；

(3) 对成型过程中所需的能量能实现转换、传递和控制的功能；

(4) 对成型过程及工艺条件可进行设定与调整的功能。

针对以上基本功能，塑料注射成型机主要是由塑化注射系统、合模系统、液压传动系统和电气控制系统等部分所组成，如图 15-1 所示。

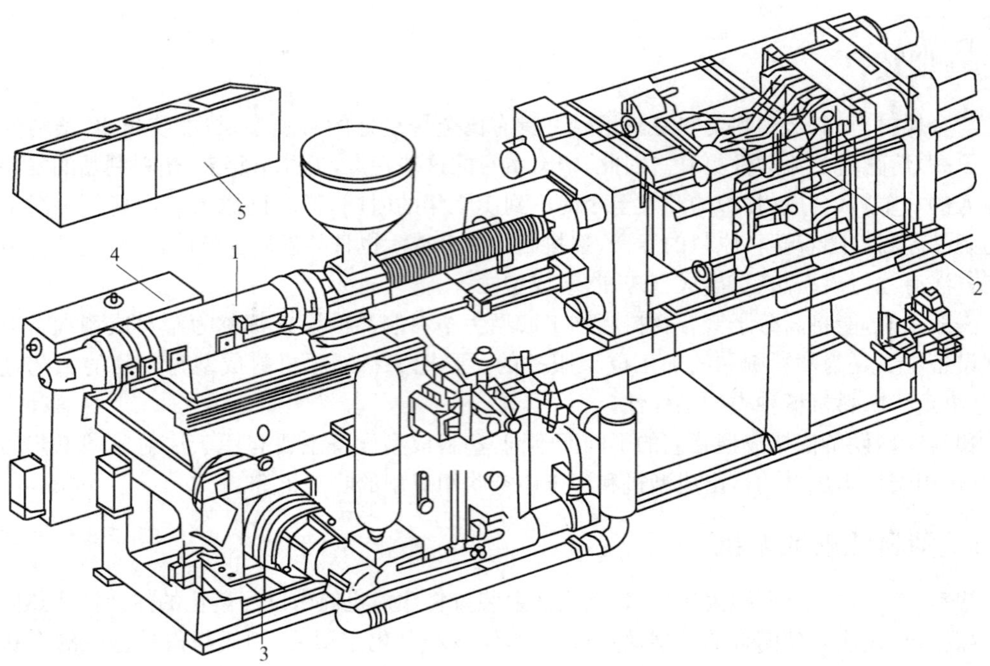

图 15-1 塑料注射成型机的组成结构

1—塑化注射系统；2—合模系统；3—液压传动系统；4，5—电气控制系统

(1) 注射系统。注射系统的主要作用是使塑料物料均匀地塑化成为熔融状态的熔体，并以一定的注射压力和注射速度把一定量的塑料熔体注射入模具模腔中。因此，注射系统应具备塑化良好、计量精确的性能，在注射时对塑料熔体能够提供足够的注射压力和注射速度，并能提供充足的保压压力和保压时间。

对于用得很普遍的螺杆式注射成型机的注射系统来说，其一般由塑化装置(机筒、螺杆和喷嘴等)、加料部件(上料系统、料斗等)、计量装置、螺杆驱动装置、加热冷却装置、注射座移动装置及行程限位装置等组成。

(2) 合模系统。合模系统(又称锁模系统)的作用是保证成型模具能灵活、准确、迅速、可靠而安全地进行启闭。注射时，由注射系统注射入模具模腔中的塑料熔体具有很高的压力，这就要求合模系统能够产生足够的合模力(锁模力)，以保证模具模腔的严密闭合而塑料熔体不会向模腔外溢出。

合模系统应具备可靠的启闭模具动作，启闭模具时要有缓冲作用，动模板的运行速度在闭模和开模时具有“慢—快—慢”的速度变化要求，以防止损坏模具和制品，并避免机器受到强烈的振动而产生噪声，达到安全运行并延长机器和模具使用寿命的目的。

模板的最大启闭行程决定了注射成型机中能够安装模具的最大厚度，因而也决定了能生产注塑制品的最大厚度，因此模板行程应是可以调节的。模板必须具有足够的强度和刚度，以保证在注塑生产中不致因频繁受到各种压力的作用而引起变形，从而影响注塑制品的尺寸和形状精度。

合模系统主要由动模板、定模板、拉杆、合模机构、制品顶出机构及安全防护机构等组成。

(3) 液压传动系统。液压传动系统的作用是保证注射成型机能按预定的工艺过程要求（如压力、速度、温度、时间等）和成型周期中的动作程序能准确有效地进行工作而设置的动力系统。

液压传动系统主要由液压泵、液压马达、液压控制阀（压力控制阀）、流量控制阀及方向控制阀、液压辅助元件（液压管路、冷却器、过滤器、蓄能器、油箱等）等组成。

(4) 电气控制系统。电气控制系统与液压传动系统相互协调，完成注射成型机的各项预定动作。电气控制系统主要由电源、动作程序、加热检测元件和执行机构等单元组成。根据有无反馈作用还可以把控制系统分为开环控制和闭环控制；根据控制系统的类型，可分为恒值调节系统、程序控制系统、连续控制系统、数字控制系统等。

15.2.2 注射成型原理

注射成型是在高压状态下将塑料熔体以高速注入到闭合的模具型腔内，经冷却定型后得到和模具型腔形状完全一致的塑料制品。

注射成型必须满足两个必要条件：一是塑料必须以熔融状态注入到模具模腔；二是注入的塑料熔体必须具有足够的压力和流动速度以完全充满模具模腔。因此注射成型机必须具备塑料塑化、熔体注射和保压成型等基本功能。

(1) 塑化过程。在注射成型的塑化过程中，固体塑料（颗粒料或粉末料）通过转动的螺杆输送作用，不断地沿螺槽方向向前运动，经过加热、压实、螺杆螺纹的剪切混练等作用而升温转化为具有均匀的密度、黏度和组分及温度分布均匀的黏流态塑料熔体。固体材料塑化所需要的热量主要来自于外部机筒对塑料的加热和注射螺杆对塑料的摩擦剪切热等。在塑化过程中，塑料熔体的温度是否达到注射要求以及温度分布是否均匀等是衡量注射成型机塑化功能好坏的重要参数，而塑化能力则是指注射成型机在单位时间内所能提供的熔融塑料量的大小。

固体塑料塑化为熔体后被不断转动的螺杆推至螺杆的头部并储存在机筒前端的存料区，存料区中的塑料熔体具有一定的压力，该熔体的压力作用在螺杆上推动螺杆克服各种阻力而后退。螺杆后退至一定距离后停止转动，存料区中的塑料熔体体积（称为注射量）被确定下来，塑化过程结束，进入注射过程。

(2) 注射过程。已塑化好的塑料熔体储存在机筒的存料区中，注射时，螺杆做轴向移动，在螺杆注射压力的作用下，塑料熔体以一定的速率流经安装在机筒前端的喷嘴、模具浇注系统等而注入模具的模腔中。

(3) 冷却定型过程。注入到模具模腔中的塑料熔体克服各种流动阻力而充满模腔，充满模腔的塑料熔体受到来自模腔的巨大压力，这种压力有驱使塑料熔体流回到机筒的趋势；由于模腔的冷却作用使塑料熔体产生冷却收缩，此时注射螺杆持续提供压力，保持塑料熔体充满模腔而不回流，并适当向模腔中补充塑料熔体以填补模腔中的收缩空间，直至塑料熔体逐渐冷却固化为制品。

15.2.3 注射成型工艺过程

不同注射成型机的动作程序可以不完全一致，但其动作可大致归结为图 15-2 所示的基本程序。注塑过程从所要完成的工艺内容来看大致可以分为：预塑化、合模、注射装置前移、注射、保压、注射装置复位、制品冷却开模、制品顶出等动作所组成的周期性过程。

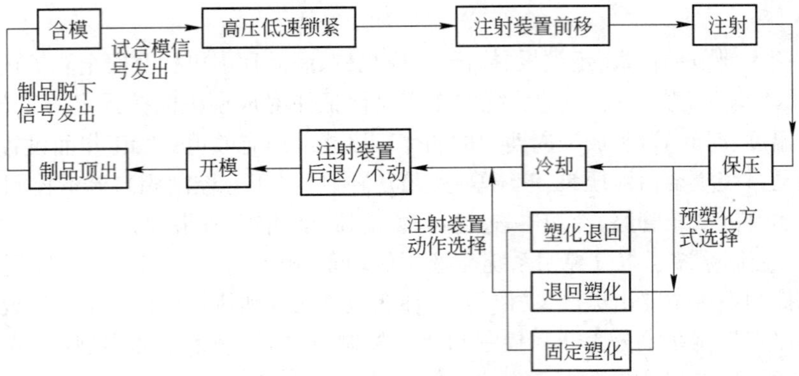

图 15-2　注射成型工艺周期过程

(1) 合模和锁紧。注射成型机的成型周期一般从模具开始闭合作为起点。在合模过程中，模具闭合的移动速度应是“慢—快—慢”的变化过程。慢速启动后，模具首先以较低的压力快速闭合，当动模板与定模板快要接近时，合模装置的动力系统在电气和液压系统的控制下，自动切换为低压(即低压试合模压力)低速，在确认动、定模板之间的模腔内无异物存在时，再切换成高压(即高压锁紧压力)将模具合紧。

(2) 注射装置前移和注射。当确认模具合紧并达到所要求的力学程序后，注射过程开始。如果注射成型机是采用退回塑化或塑化退回的预塑化方式，则注射装置前移，使喷嘴和模具的主流道衬套贴合。当喷嘴与模具完全贴合后，便可向注射液压缸通入压力油。使与液压缸活塞杆连接的螺杆以高压力和高速度向前移动进行注射，储存于螺杆头部(即存料区)的塑料熔体被压注入模腔中。此时螺杆头部作用于熔料上的压力即称为注射压力，又称次压力。如果注射速度是逐级变化的，即为多级注射速度，又称为多级注射。

如果注射成型机是采用固定塑化的预塑化方式，因喷嘴始终与模具的主流道衬套贴合在一起，注射装置没有前移动作，因此当模具锁紧后便可直接进入注射过程。

(3) 保压。当塑料熔体被注射到模腔里后，由于温度较低的模壁(对于热塑性的注射来说)的冷却作用，使注入模腔内的塑料熔体产生冷却收缩。为了得到质量致密的制品，必须对塑料熔体保持一定的压力进行补缩，以填补塑料熔体在模腔中收缩的空间。此时，螺杆作用于塑料熔体上的压力称为保压压力，又称二次压力。保压压力在保压过程中，螺杆因补缩作用而会有少量的轴向位移。为了保证制品的质量，正确选择保压压力和保压的时间是关键。

(4) 制品冷却和预塑化。当保压进行到模腔内的熔料失去从浇口回流的可能性(即浇口封冻)时，模具的浇口封闭，再也没有熔体进入模腔，此时保压阶段便告结束，注射油缸的保压压力油即可卸去(此时合模液压缸内的高压也可撤除)，使制品在模内冷却定型。

此时，一方面是制品在模腔内继续冷却、固化定型(制品的冷却时间取决于制品的材料性能、厚度及模具的温度等因素)；另一方面机筒内的螺杆在液压马达(或电动机)所提供的驱动力的作用下开始转动，将来自料斗的塑料向前输送，并使其预塑化。在预塑化过程中，由于螺杆的输送作用，经塑化后的塑料熔体进入到机筒的存料区。由于螺杆头熔体的压力作用，迫使螺杆在转动的同时又发生后退，因此在预塑化阶段，螺杆一边转动又一边后退。螺杆在预塑时的后移量可以用来表示螺杆头部存料区熔体的体积大小(即一次注射量)。当螺杆后退到计量位置时，螺杆便停止转动，准备下一次注射。由于制品的冷却时间通常是与螺杆预塑化时间相重叠的，因此要求螺杆的预塑化时间应小于制品的冷却时间，以提高注塑机时生产效率。

（5）注射装置后退和开模顶出制品。当选择塑化退回或退回塑化的预塑化方式时，在螺杆塑化计量结束后，必须使喷嘴与模具主流道的衬套分离，以保证喷嘴中的物料不至于因其长时间与主流道衬套接触而形成冷料，因此必须要求注射装置后退；若是选用固定塑化的方式，则注射装置不需要后退。通常机器有三种预塑化方式可供选择。模腔内的制品经过一定时间的冷却定型后合模装置便开启模具，并自动顶出制品。

以上动作构成了塑料注射成型机的整个工作周期过程。

15.2.4　注射成型机的分类

塑料注射成型机发展迅速，种类多且不断增加，所以其分类方法也比较多。

塑料注射成型机主要由塑化注射系统和合模锁模系统两大部分组成。根据注射装置对塑料塑化方式的不同可分为柱塞式和螺杆式两大类，尤以螺杆式注射成型机最为常见。

注射成型机的合模装置有各种不同的结构特征，根据合模装置的不同可分为机械式、液压式和液压机械式。

根据注射装置的排列方式（注射机螺杆或柱塞的轴线与合模装置的运动轴线的排列方式）的不同可分为卧式注射成型机、立式注射成型机、角式注射成型机和多工位注射成型机，而其中卧式注射成型机较为常见。

塑料注射成型方法的应用范围很广，为了满足各种注塑工艺的要求，按机器的特殊结构和用途还可分为热塑性通用型注射成型机、热固性塑料注射成型机、排气式注射成型机、发泡注射成型机、多组分注射成型机、鞋用注射成型机等。近年来还出现了许多新型注射成型机，如全电动注射成型机、气体辅助注射成型机、水（液）辅助注射成型机、BMC注射成型机和电磁动态注射成型机等。

A　按塑化方式分类

（1）柱塞式注射成型机。柱塞式注射成型机的特点是对塑料起塑化作用的部件为柱塞和机筒，进入机筒中的塑料依靠机筒的加热软化并熔融为熔体，注射过程由柱塞完成。柱塞式注射成型机塑化塑料时，仅依靠机筒的传热使塑料熔化，由于缺少混合作用，机筒中的塑料熔体之间存在着较大的温差，塑料熔体温度分布很不均匀。图15-3所示为柱塞式注射成型机的外形结构。

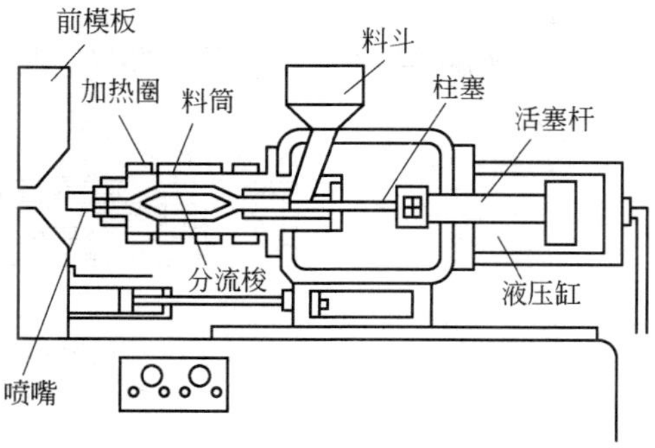

图15-3　柱塞式注射成型机的外形结构

（2）螺杆柱塞式注射成型机。这种注射成型机的塑化装置与注射装置是分开的，对塑料起塑化作用的部件为螺杆和机筒，而注射部分则为柱塞（见图15-4）。塑料先在塑化机筒中由螺杆进行均匀塑化，再经由单向阀进入注射机筒中，由注射柱塞注入模具模腔中成型。

（3）往复螺杆式注射成型机。往复螺杆式注射成型机对塑料起塑化作用的部件为螺杆和机筒，进入机筒中的塑料不仅受到机筒的加热，而且还受螺杆转动时所提供的剪切热和摩擦热的作用而软化并熔融为熔体，注射过程由螺杆完成。往复螺杆式注射成型机在塑化塑料时，由于螺杆的转动，推动塑料沿着螺杆螺槽内做螺旋运动，塑料在机筒内形成复杂的运动形式，既有轴向移动，又有横向流动和回旋运动。这些运动形式极大地促进了塑料熔体之间的混合效果，使得在径向方向上的塑料熔体温度达到高度均匀，温差极小；而且注射螺杆是一边转动塑化一边后退计量,其塑化能力大,塑化质量好。因此,广泛地使用。图 15-5 所示为往复螺杆式注射成型机的典型结构。

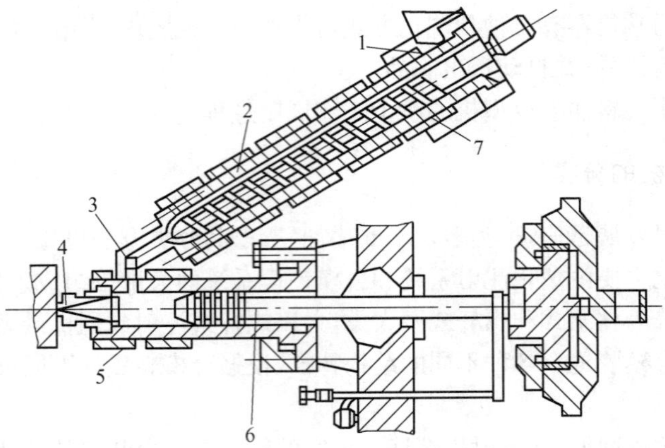

图 15-4　螺杆柱塞式注射成型机的典型结构

1—料斗口;2—机筒;3—单向阀;4—喷嘴;5—注射机筒;6—注射柱塞;7—螺杆

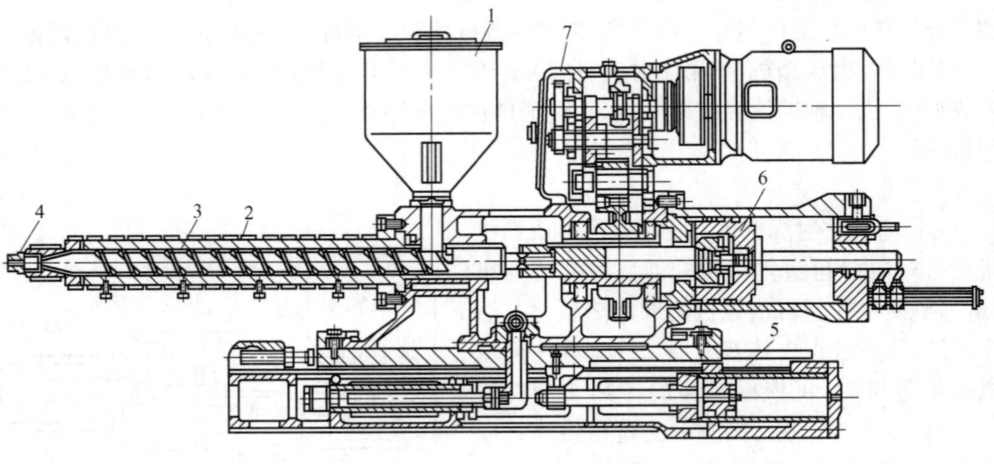

图 15-5　往复螺杆式注射成型机的典型结构

1—料斗;2—机筒;3—螺杆;4—喷嘴;5—注射座移动油缸;6—注射油缸;7—减速箱

B　按合模装置分类

(1) 机械式。机械式合模装置是指从机构的动作到合模力的产生和保持均由机械传动来完成,这种装置又称为全机械式合模装置。早期生产的全机械式合模装置的注射成型机,由于合模力和合模速度的调整比较复杂,惯性冲击及噪声较大,维修困难,目前已经很少了。

近年来,随着机械加工制造精度的提高,注射成型机的合模装置可由伺服电动机、挠性齿带、丝杆、曲肘机构等组成。较为先进的电动合模装置则是采用直驱式伺服电动机,利用伺服电动机的轴芯直接连接滚珠丝杆带动曲肘机构进行合模和锁模。这种合模装置没有液压系统,可以避免漏油等液压系统存在的问题,并具有节能、低噪声、清洁、操作维修方便等优点。

(2) 液压式。液压式合模装置的合模和锁模动作及合模力的产生与维持均由液压传动系统来实现。液压式合模装置可分为直压式和程序式合模。直压式合模的移模动作和合模力的产生与维持是依靠液压的连续作用完成的;程序式合模则是分阶段完成的,在合模力建立之前常常附加一个低压移模的定位动作,当确认移模定位正常后才建立高压而产生合模力。

直压式合模对压力和速度两者的要求存在着矛盾,而程序式合模能很好地解决这一矛盾。液压式合模装置工作安全可靠、噪声低,能方便地实现移模速度及合模力的变换与调节的优点。因此液压式合模装置已在各种型号的注射成型机上得到广泛的应用,但有液压油容易泄漏和压力波动及系统刚性较弱等缺点。

(3) 液压—机械式。液压—机械式合模装置是由液压系统和机械曲肘系统联合组成的装置,兼有全机械式和全液压式合模装置的优缺点。液压—机械式合模装置通常是以合模油缸推动曲轴连杆机构产生移模动作,再通过曲肘连杆机构的运动、合模力的放大和机构的自锁特性、曲肘连杆机构的弹性变形来实现模板的平稳快速移动和对模具实现锁紧的。目前常见的通用热塑性注射成型机多采用液压—机械式合模装置。

C 按排列方式分类

(1) 卧式注射成型。卧式注射成型机是目前国内外注射成型机最基本的形式,其特点是注射螺杆的轴线和合模机构的模板运动轴线呈一线的水平排列,如图 15-6*a* 所示。卧式注射成型机具有如下优点:机身较低、操作和维修方便;机器重心较低,工作平稳;模具安装、操作及维护都较为方便;制品顶出后可利用自重的作用自动落下,容易实现自动操作。卧式注射成型机应用广泛,对大、中、小型机种都适用。其主要缺点是:嵌件安放较困难,占地面积大。

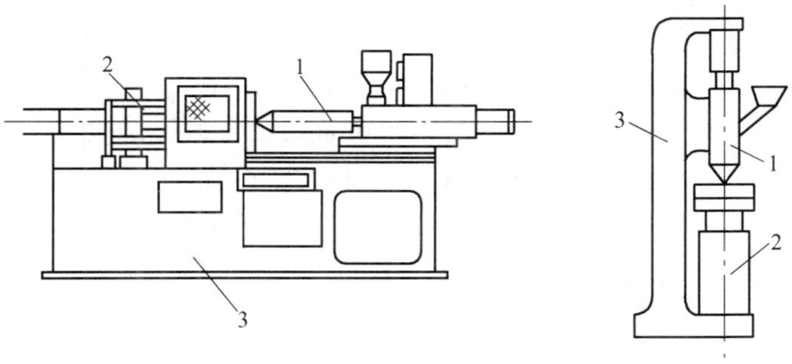

a *b*

图 15-6 卧式和立式注射成型机的外形

a—卧式注射成型机;*b*—立式注射成型机

1—注射系统;2—合模系统;3—机身

(2) 立式注射成型机。立式注射成型机的特点是注射螺杆的轴线与合模机构的模板运动轴线呈一线的垂直排列,如图 15-6*b* 所示。立式注射成型机具有如下优点:占地面积小,容易安放嵌件,模具拆装方便。其缺点是:制品顶出后不易自动落下,必须用人工或机械手将制品取出,不易实现全自动化操作;由于机身较高、机器的稳定性差,加料较困难,维修不便,立式注射成型机适用于小型机,大、中型注射成型机不宜采用立式结构。

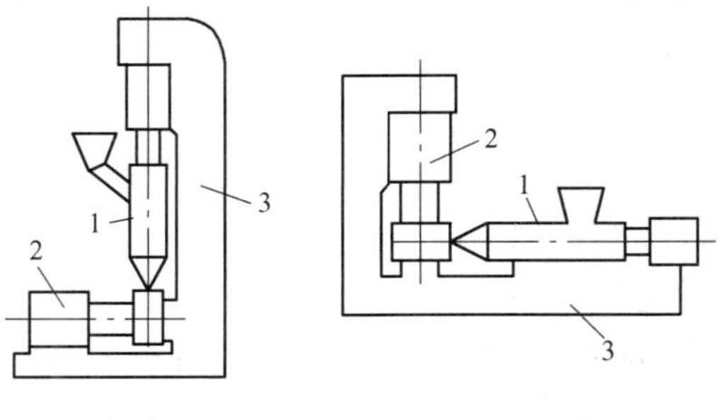

图 15-7 角式注射成型机的外形

1—注射系统;2—合模系统;3—机身

(3) 角式注射成型机。角式注射成型机的特点是注射螺杆的轴线与合模机构模板的运动轴线相互成垂直排列(即 L 形排列),如图 15-7 所示。其优缺点介于卧式和立式注塑机之间。因注射方向和模具分型面在同一平面上，所以角式注射成型机特别适用于开设侧浇口的非对称几何形状的模具或成型中心不允许留有浇口痕迹的制品。

(4) 多工位注射成型机。多工位注射成型机的特点是注射装置或合模装置具有两个以上工作位置，也可把注射装置和合模装置进行多种多样的排列。

D　按机器用途分类

可分为热塑性通用型注射成型机、热固性塑料注射成型机、排气注射成型机、气体辅助注射成型机、发泡注射成型机、多组分注射成型机、注射吹塑成型机等。其中最常用最主要的是热塑性通用型注射成型机。

15.2.5　注射成型机的主要技术参数

注射机的主要技术参数有注射量、注射压力、注射速率、注射速度、注射时间、塑化能力、锁模力、合模装置的基本尺寸、开合模速度及空循环时间等。这些参数是设计、制造、购置和使用注射成型机的依据。

15.2.5.1　注射量

注射量也称公称注射量。它是指对空注射的条件下，注射螺杆或柱塞做一次最大注射行程时，注射装置所能达到的最大注射量。注射量在一定程度上反映了注射机的加工能力，因而是经常被用来表征注射机规格的参数。

注射量有两种表示方法，一种是以聚苯乙烯为标准，用注射出熔料的质量(单位为 g)表示，另一种是用注射出熔料的容积(单位为 cm^3)表示。我国注射机系列采用后一种表示方法。对注射机注射量曾规定有 30 cm^3、60 cm^3、125 cm^3、250 cm^3、350 cm^3、500 cm^3、1000 cm^3、2000 cm^3、3000 cm^3、4000 cm^3、6000 cm^3、8000 cm^3、16000 cm^3、24000 cm^3、32000 cm^3、48000 cm^3、64000 cm^3等十余种规格。20 世纪 80 年代以来，又增添了 16 cm^3、25 cm^3、40 cm^3、100 cm^3、160 cm^3、400 cm^3、630 cm^3、1600 cm^3、2500 cm^3、63000 cm^3 等规格。

根据对注射机注射量的定义，公称注射量应为

$$V_c=\frac{\pi}{4}D_\sigma^2S \tag{15-1}$$

式中　V_c——公称注射量，cm^3；

D_σ——螺杆或柱塞的直径，cm；

S——螺杆或柱塞最大行程，cm。

式(15-1)说明，理论上直径为 D_σ 的螺杆移动 s 距离，应当射出 V_c 的注射量，但是在注射时有少部分熔料在压力作用下回流，并且为了保证塑化质量和在注射完毕后保压时进行补缩，实际注射量要小于理论注射量，为描述二者的差别，引入射出系数 α。

$$V=\alpha V_c=\alpha\,\frac{\pi}{4}D_\sigma^2S \tag{15-2}$$

式中　V——实际注射量，cm^3；

α——射出系数。

影响射出系数的因素很多，如螺杆的结构和参数、注射压力和注射速度、背压的大小、模具的结构和制件的形状以及塑料的特性等。所以在实际使用中，射出系数并非是一个恒定的数值，而是通常在 0.7～0.9 之间变化。选择设备时，实际注射量应为注射机理论注射量的 25%～70%。

15.2.5.2 注射压力

注射时为了克服熔料流经喷嘴、流道和型腔时的流动阻力，螺杆（或柱塞）对熔料必须施加足够的压力（压强），此压力称为注射压力。注射压力大小与流动阻力、制件的形状、塑料的性能、塑化方式、塑化温度、模具结构、模具温度及对制件精度要求等因素有关。

注射压力的选取很重要。注射压力过高，制件可能产生毛边，脱模困难，影响制件的表面粗糙度，使制件产生较大的内应力，甚至成为废品，同时还会影响注射机的使用寿命。注射压力过低，则易产生物料充不满型腔，甚至根本不能成型等现象。目前国产注射机压力一般为 105～150 MPa。由于注射制件大量用于工程结构零件，并且这类制件结构复杂、形状多样、精度要求较高，所选材料多为中、高黏度，所以注射压力有提高的趋势。

注射压力的理论计算式为：

$$p_1=(D_0/D_\sigma)^2 p_0 \tag{15-3}$$

式中 p_1——注射压力，Pa；

D_0——注射活塞内径，mm；

D_σ——注射螺杆直径，mm；

p_0——注射缸的油压，Pa。

根据塑料的性能，目前对注射压力的使用情况可大致分为以下几类：

注射压力小于 70 MPa，用于加工流动性好的塑料，且制件形状简单，壁厚较大；

注射压力为 70～100 MPa，用于加工塑料黏度较低，形状、精度要求一般的制件；

注射压力为 100～140 MPa，用于加工中、高黏度的塑料，制件的形状和精度要求一般；

注射压力为 140～180 MPa，用于加工较高黏度的塑料，且制件壁薄或不均匀、流程长精度要求较高。对于一些精密塑料制件的注射成型，注射压力可用到 230～250 MPa。

选择设备时，要考虑所需的注射压力是否在注射机的理论注射压力范围以内。

15.2.5.3 注射速度、注射速率与注射时间

注射时，为了使熔料及时充满型腔，除了必须有足够的注射压力外，熔料还必须有一定的流动速度。描述这一参数的量为注射速率、注射时间或注射速度。

注射速度 v 与注射时间 t 的关系为：

$$v=\frac{S}{t} \tag{15-4}$$

式中 v——注射速度，m/s；

S——注射行程，m；

t——注射时间，s。

也可用注射速率 q，即单位时间内所射出的最大体积表示：

$$q=\frac{V_c}{t} \tag{15-5}$$

式中 q——注射速率，cm^3/s；

V_c——公称注射量，cm^3。

可见，注射速率是指将公称注射量的熔料在注射时间内注射出去，单位时间内所能达到的体积流率；注射速度是指螺杆或柱塞的移动速度；而注射时间则是指螺杆（或柱塞）射出一次注射量所需要的时间。

注射速率、注射速度或注射时间的选定很重要，将直接影响到制件的质量和生产率。注射速

率过低(即注射时间过长),制件易形成冷接缝,不易充满复杂的模腔。合理地提高注射速率,能缩短生产周期,降低制件的尺寸公差,能在较低的模温下顺利地获得优良的制件,特别是在成型壁薄、长流程制件及低发泡制件时采用高的注射速率,能获得优良的制件。因此目前有提高注射速率的趋势。1000 cm^3 以下的中小型螺杆式注射机的注射时间通常在 3～5 s,大型或超大型注射机也很少超过 10 s。表 15-1 列出了目前常用的注射速率和注射时间,供参考。但是,注射速率也不能过高,否则塑料高速流经喷嘴时,易产生大量的摩擦热,使物料发生热解和变色,模腔中的空气由于被急剧压缩而产生热量,在排气口上有可能出现制件烧伤现象。一般说来,注射速率应根据工艺要求、塑料的性能、制件的形状及壁厚、浇口设计以及模具的冷却情况来选定。

表 15-1　目前常用的注射速率和注射时间

注射量/cm^3	125	250	500	1000	2000	4000	6000	10000
注射速率/$cm^3 \cdot s^{-1}$	125	200	333	570	890	1330	1600	2000
注射时间/s	1	1.25	1.5	1.75	2.25	3	3.75	5

为了提高注射制件的质量,尤其对形状复杂制件的成型,近年来发展出变速注射,即注射速度是变化的,其变化规律根据制件的结构形状和塑料的性能确定。

15.2.5.4　塑化能力

塑化能力是指单位时间内所能塑化的物料量。显然,注射机的塑化装置应该在规定的时间内,保证能够提供足够量的、塑化均匀的熔料。塑化能力应与注射机的整个成型周期配合协调,若塑化能力高而机器的空循时间太长,则不能发挥塑化装置的能力;反之,则会加长成型周期。

15.2.5.5　锁模力

如前所述,注射时熔料进入模腔时仍有较大的压力,它促使模具从分型面处胀开。为了平衡熔料的压力、夹紧模具、保证制件的精度,注射机合模机构必须有足够的锁模力。锁模力同注射量一样,也在一定程度上反映出注射机所能注射出制件的大小,是一个重要参数,有的国家采用最大锁模力作为注射机的规格标称。

模腔压力由注射压力传递而来,它在模腔内不是均匀分布的。模腔压力约为注射压力的 25%～50%。对于塑料流动性差、形状复杂、精度要求高的制件,需要较高的模腔压力。但是过高的模腔压力将对锁模力和模具强度提出较高的要求,且使制件脱模困难,残余应力增大,故一般不用过高的模腔压力。对于一般熔料黏度的制件,模腔压力为 20～30 MPa;对于熔料黏度较高、制件精度要求高的情况,模腔压力为 30～40 MPa。表 15-2、表 15-3 为型腔压力的推荐值。

表 15-2　常用塑料可选用的型腔压力

塑　料	型腔平均压力/MPa	塑　　料	型腔平均压力/MPa
高压聚乙烯	10～15	AS	30
低压聚乙烯	20	ABS	30
中压聚乙烯	35	有机玻璃	30
聚丙烯	15～20	醋酸纤维素酯	30
聚苯乙烯			

表 15-3 制品形状和精度不同时可选用的型腔压力

条 件	型腔平均压力/MPa	举 例
易于成型的制品	25	聚乙烯、聚苯乙烯等壁厚均匀的日用品、容器类
普通制品	30	薄壁容器类
高黏度塑料、精度高	35	ABS、聚甲醛等机械零件、精度高的制品
黏度特别高、精度高	40	高精度的机械零件

最大成型面积的确定是从实际需要出发的，对于一般制件，根据塑料的性能以及对制件的强度或刚度要求，其最大成型面积 A 用如下经验公式计算：

$$A=KV^{2/3}\times 10^{-4} \tag{15-6}$$

式中 A——最大成型面积，m^2；

V——注射量，m^3；

K——经验系数，约为 12～15，注射量大时取大值。

模腔压力和最大成型面积确定后，锁模力则可由下面公式计算：

$$F=cp_mA \tag{15-7}$$

式中 F——锁模力，N；

p_m——模腔平均压力，Pa；

c——安全系数，一般为 1.1～1.2。

15.2.5.6 合模装置的基本尺寸

合模装置的基本尺寸，主要包括模板尺寸、拉杆空间、模板最大开距、动模板行程、模具最大厚度和最小厚度等。这些参数规定了所用模具的尺寸范围、定位要求、相对运动程度及其安装条件。

(1) 模板尺寸。图 15-8 为模具与模板及拉杆间距的尺寸关系，模板尺寸为 $V\times H$，拉杆间距为 $V_0\times H_0$，这两个尺寸参数表示了模具安装面积的大小，模具尺寸必须在模板尺寸及拉杆间距尺寸规定的范围之内。模板面积大约为注射机最大成型面积的 4～10 倍。

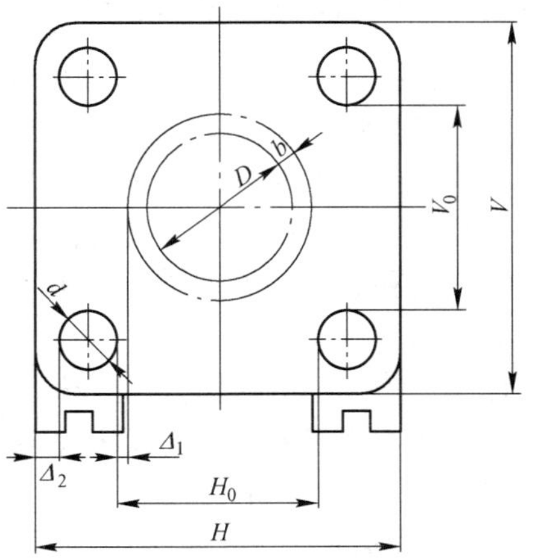

图 15-8 模具与模板及拉杆间距的尺寸关系

(2) 模板最大开距。模板最大开距是动模开启时，动模板与定模板之间的最大距离(包括调模行程在内)，如图 15-9 所示。

$$L=S+\delta \tag{15-8}$$

式中 L——模板最大开距，mm；

S——动模板行程，mm；

δ——模具最大厚度，mm。

为了使成型制件便于取出，一般最大开距 L 为成型制件最大高度的 3～4 倍。

(3) 动模板行程。动模板行程是指动模能够移动的最大值。对曲肘式合模机构，其动模板行程是一定的；而直压式合模机构的动模板行程是可变的，它与所安装的模具厚度有关，当所安装的模具厚度为最小值时，动模板行程为最大值，反之为最小值。为便于取出制件，一般动模板行程要大于制件高度的 2 倍。

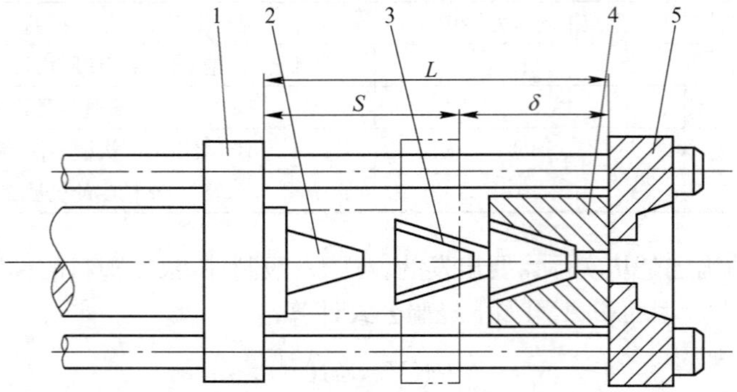

图 15-9　模板最大开距

1—动模板；2—动模；3—制件；4—定模；5—定模板

(4) 模具最大厚度 H_{max} 和最小厚度 H_{min}。模具最大厚度和最小厚度是指动模板闭合后达到规定锁模力时，动模板与定模板之间所达到的最大和最小距离，这两值之差就是调模机构的调模行程。这两个基本尺寸对模具安装尺寸的设计十分重要。若模具实际厚度小于注射机的模具最小厚度，则必须设置模厚调整块，使模具厚度尺寸大于 H_{min}，否则就不能正常合模。若实际模具厚度大于模具最大厚度，则模具也不能正常合模，达不到规定的锁模力。这一点对曲肘式合模机构尤为突出。一般模具厚度设定在 H_{max} 和 H_{min} 之间。

15.2.5.7　开合模速度

为使模具闭合时平稳以及开模、顶出制件时不使塑料制件损坏，要求模板慢行，但模板又不能在全行程中都慢速运行，那样会降低生产率。因此，在每一个成型周期中，模板的运行速度是变化的，一般注射机动模板运行速度是按慢—快—慢的节奏设计的。

15.2.6　注射成型机的规格型号

目前表示注射成型机规格大小的方法有三种，它们是：注射量表示法、合模力表示法以及注射量与合模力表示法。

我国以前采用注射量表示法（用注射容量 cm^3 表示）较多。如国产 SZY-300 注射成型机，该机规格型号的含义是：公称注射量为 $300cm^3$；SZY 中 S 为塑料、Z 为注射、Y 为螺杆预塑式。用这种表示法不能全面反映注射机规格大小，故现在许多生产厂已采用注射量与合模力表示法。

合模力表示法是指注射机的规格型号以该机的最大合模力来表示的方法。此法表示直观且简单，可直接反映注射制件的面积大小。可是，合模力表示法并不直接反映注射制件体积的大小，因此使用起来也不够方便。

注射量与合模力表示法得到国际上的普遍采用，因为它能够比较全面地反映注射机加工制件的能力。其规格型号表达为：注射容量/合模力。为了对不同注射机的注射容量有一个共同的比较基准，特规定取注射压力为 100 MPa 下的理论注射容量。

表 15-4 列出了我国塑料注射成型机的产品型号（GB/T 12783—2000）。

表 15-5 为国产 SZN(U)系列塑料注射成型机的主要技术参数。

表 15-4 我国注射成型设备的产品型号(GB/T 12783—2000)

品种		产品代号		规格参数	备注
产品名称	代号	基本代号	辅助代号		
塑料注射成型机		SZ		合模力/kN	卧式螺杆式预塑为基本型,不标注品种代号
立式塑料注射成型机	L(立)	SZL			
角式塑料注射成型机	J(角)	SZJ			
柱塞式塑料注射成型机	Z(柱)	SZZ			
塑料低发泡注射成型机	F(发)	SZF			
热固性塑料注射成型机	G(固)	SZG			
塑料双色注射成型机	S(双)	SZS			
塑料鞋用注射成型机	E(鞋)	SZE		工位数×注射装置数	注射装置数为1时不标注

表 15-5 国产 SZN (U)系列注射成型机的主要技术参数

项目	型号				
	SZU-650	SZN-1000	SZN-1600	SZN-2000	SZN-4000
螺杆直径/mm	95	120	145	155	170
注射压力/MPa	170	184	170	170	170
注射量/g	3180	6768	11900	14500	19200
螺杆长径比	20	20	20	20	20
塑化能力/$kg \cdot h^{-1}$	347	510	774	850	1020
注射速率/ $cm^3 \cdot h^{-1}$	701	1140	1585	1770	1770
螺杆转速/$r \cdot min^{-1}$	10～100	10～100	10～100	10～80	10～80
螺杆行程/mm	450	600	725	775	850
喷嘴行程/mm	480	620	780	880	1180
锁模力/t	650	1000	1600	2000	4000
模板最大开距/mm	1900	2650	3400	3800	5050
锁模行程/mm	1000	1450	1800	2000	4000
容模量/mm	450～900	600～1200	800～1600	900～1800	1200～2350
柱距 $H \times V$/mm×mm	965×900	1240×1120	1550×1400	1800×1750	2250×2000
模板尺寸/mm×mm	1456×1380	1800×1680	2270×2120	2500×2350	3570×3320
油压顶杆数	21	29	29	29	29
顶杆行程/mm	200	250	300	350	400
顶出力/t	16	30	40	50	90
电动机功率/kW	45×2	55×3	55×4	55×4	55×5
加热功率/kW	40	70	90	110	130
温度控制区	6	7	8	8	9
机械质量/t	42	69	102	103	149
外形尺寸/m×m×m	10×2.4×2.1	13.6×2.8×2.6	16×3.5×3.2	13.7×4.1×3.6	17×5.6×4.9

15.2.7　注射系统

注射系统在工作过程中具有塑化、注射和保压的功能。其主要作用就是塑化物料并在高压和高速下将塑料熔体注入模腔，并进行压力保持。其必须满足以下要求：

(1) 在预定的时间内能将固态的塑料熔融塑化为黏流态的物料，并且能按预定的熔料量、温度为注射成型提供均匀的熔料；

(2) 根据工艺要求能将塑化好的熔料以适合的压力和速度注射入模具的型腔中；

(3) 当完全充模后，能在预定的时间内持续对模腔中的熔料保持一定的压力(保压)，保证制品的补缩和彻底排掉气体。

15.2.7.1　注射系统的组成

注射系统的主要组成部分包括塑化注射装置、驱动装置和计量装置等。图 15-10 所示是一种螺杆往复式注射系统的主要组成。

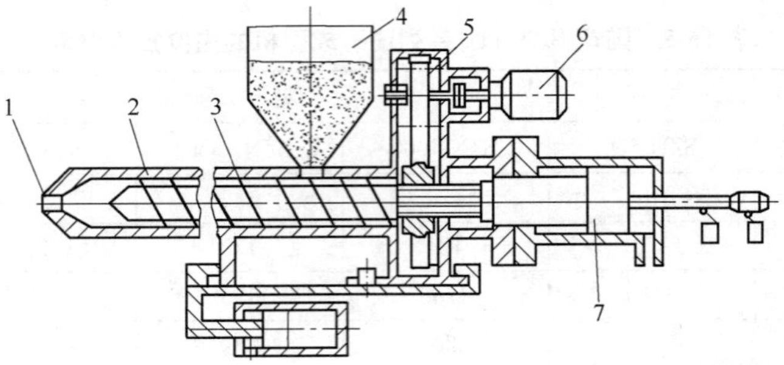

图 15-10　注射系统的主要组成

1—喷嘴；2—机筒；3—螺杆；4—料斗；5—齿轮箱；6—电动机(或油马达)；7—油缸

15.2.7.2　注射系统的主要零部件

A　螺杆

螺杆是螺杆式注射装置塑化部件中的重要零件。从塑料进入料筒的塑化过程来看，经过了固体加料和输送、压实和熔融、进一步塑化(均匀化)和计量三个过程。由此，通常设计螺杆加料段(又称固体输送段)、熔融段(又称压缩段)和均化段(又称计量段)三段进行。

螺杆根据压缩段长度的不同，分为渐变型螺杆、突变型螺杆和通用型螺杆(见图 15-11)三种螺杆形式。

渐变型螺杆(图 15-11*a*)是指由加料段较深螺槽向均化段较浅螺槽的过渡段较长，即长压缩段螺杆。其特点是塑化能量转换较缓和。主要用于加工具有较宽软化温度范围、高黏度的非结晶性塑料，如硬聚氯乙烯、聚苯乙烯、聚碳酸酯、

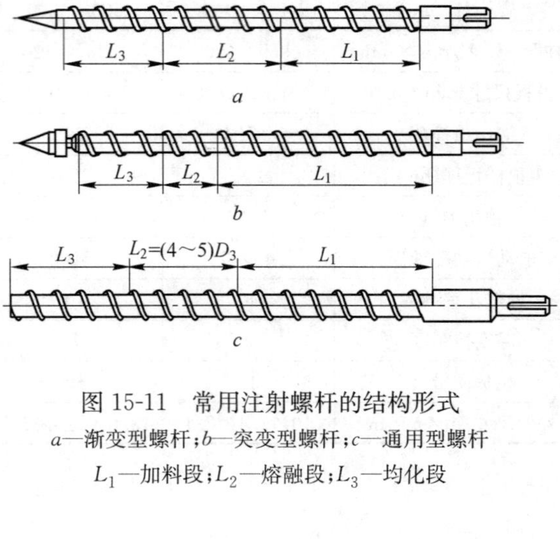

图 15-11　常用注射螺杆的结构形式

a—渐变型螺杆；*b*—突变型螺杆；*c*—通用型螺杆

L_1—加料段；L_2—熔融段；L_3—均化段

ABS等。

突变型螺杆(图15-11*b*)是指上述螺槽过渡段较短,即短压缩段螺杆。其特点是塑化能量转化较剧烈。主要用于加工黏度低、熔点明显的结晶性塑料,如聚乙烯、聚丙烯、聚甲醛、尼龙、含氟塑料等。

通用型螺杆(图15-11*c*)的压缩段长度是介于渐变型和突变型螺杆之间的。生产中往往需要经常更换所加工塑料的品种,为了避免需经常更换螺杆,同时也为了降低生产成本,此时通常可选用通用型螺杆,此时只要适当地调整其注塑工艺参数(如机筒温度、螺杆转速和背压等),亦能基本上满足不同塑料品种的加工成型要求。

B 螺杆头

由于注射时螺杆不转动,螺杆前端压力又较高,因此熔料会沿螺槽及螺杆与机筒的间隙回流。为此,注射机螺杆头部增设止逆环,其功能相当于一个单向阀,如图15-12所示。螺杆转动塑化时,经螺杆螺槽输送到螺杆头部的熔料具有一定的压力把止逆环往前推移,形成图15-12中所示下半部的工作状态,经螺槽输送来的熔融物料可以通过止逆环内孔的通道,流经头部的沟槽进入螺杆头的前端;在注射时,螺杆往前移动对前端的熔料施加压力,同时止逆环也受前端熔料的压力作用往后移动形成图15-12中所示上半部的工作状态,即止逆环右端锥面与螺杆体的锥台贴合,形成了对熔融物料的回泄密封,使螺杆头前端的熔融物料不能沿螺槽回流。

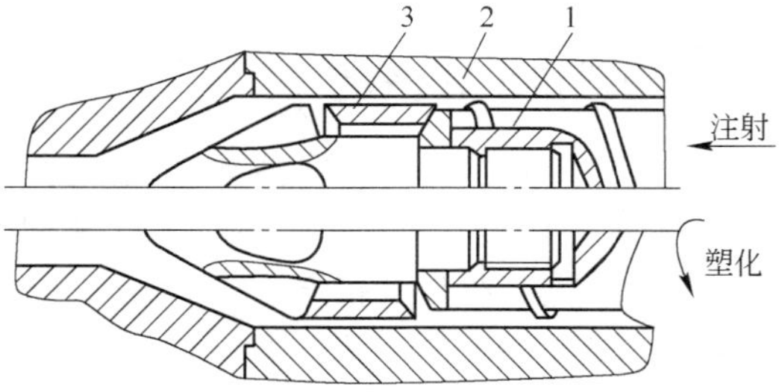

图15-12 止逆螺杆头结构

1—螺杆;2—机筒;3—止逆环

C 机筒

机筒(也称料筒)也是注射系统中的一个重要零部件,它与螺杆共同完成对塑料的输送、塑化和注射工序。机筒外部设有分区(段)加热装置。通常分成3个左右的加热区,长机筒可有多达9个以上的加热区。加热装置一般采用加热电阻式加热圈,套在机筒外部并用热电分段检测。因而要求机筒具有耐热(温度300～400 ℃)耐压(约150 MPa)能力,并具有耐腐蚀性和一定的热惯性。

D 喷嘴

喷嘴是注射机特有的部件,用以连接注射装置与模具,完成注射及保压。喷嘴的结构形式很多,常见的有以下两种。

(1) 直通式喷嘴。直通式喷嘴如图15-13所示。其特点是结构简单,但易产生"流涎"(即熔

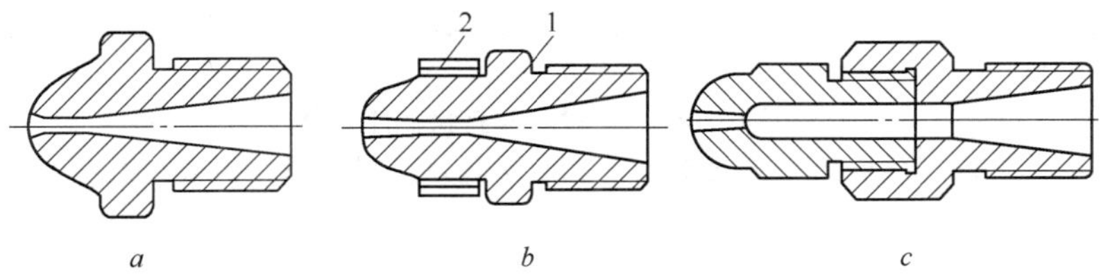

图15-13 直通式喷嘴

a—PVC型直通式喷嘴;*b*—延伸式喷嘴;*c*—小孔式喷嘴

1—喷嘴;2—加热器

料自动从喷嘴流出)，有的易产生冷料。

(2) 闭锁式喷嘴。针对直通式喷嘴的“流涎”现象，设计了闭锁式喷嘴，可分为自锁式与可控式，图 15-14 所示为自锁式喷嘴，亦称弹簧针阀式喷嘴，是应用最为广泛的形式之一。其工作原理为：注射前，喷嘴内压较低，针形阀在弹簧力的作用下关闭喷嘴。注射时，喷嘴内压升高，当阀的左、右两端的总压力差足以克服弹簧力时，喷嘴便自动开启，以完成补缩。一旦卸压，针形阀立即自动关闭，以免“流涎”。

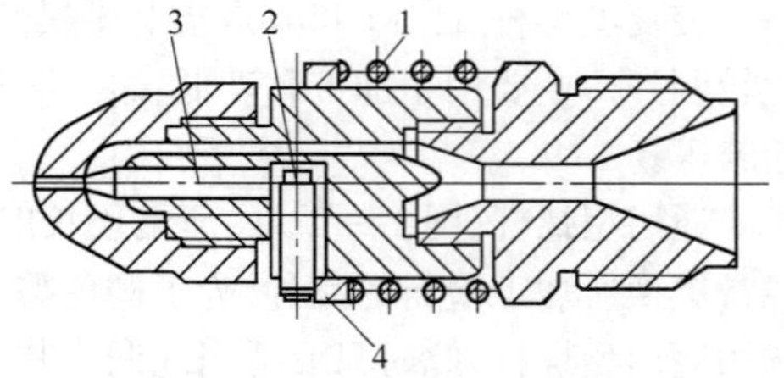

图 15-14　自锁式喷嘴

1—弹簧；2—导杆；3—针形阀；4—挡圈

15.3　塑料挤出成型机

挤出成型是制造连续的塑料膜、管、板、片、棒、异型材等型材的方法，挤出成型是将固态的塑料在一定的温度，压力条件下，熔融，塑化，利用挤出机的螺杆加压，使其通过特定断面形状的口模而成为截面与口模形状相仿的连续型材。挤出成型适用于大部分热塑性塑料和部分热固性塑料。用挤出成型生产的产品广泛地应用于人们生活以及农业、建筑业、石油化工、机械制造、国防等工业部门。据统计，在塑料制品成型加工中，挤出成型制品的产量居首位(占整个塑料制品的一半以上)。与其他成型方法相比，挤出机及其成型有下述主要特点：生产过程是连续的，因而其产品也是连续的；生产效率高；应用范围广，不仅能连续生产各种制品，而且还可以进行混合、塑化、造粒、脱水喂料和着色等准备工序；投资少，收效快。

15.3.1　塑料挤出机组的主要用途及构成

15.3.1.1　塑料挤出机组的主要用途

塑料挤出机组的主要用途：用于连续化生产塑料管材、板材、薄膜、异型材、电线电缆、挤出造粒等。图 15-15 所示为挤出成型塑料片、塑料板材的机组，主要由挤出机、片材机头、三辊压光机及切边、牵引、切断、输送与堆放等装置等组成。

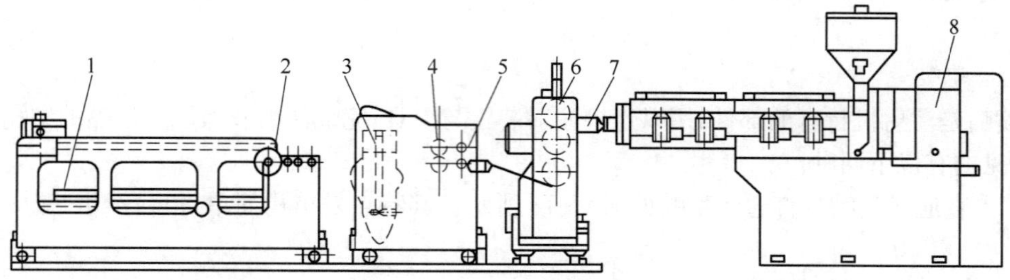

图 15-15　塑料片、板材挤出生产线

1—堆放装置；2—输送装置；3—切断装置；4—牵引装置；5—切边装置；6—压光机；7—片材机头；8—挤出机

15.3.1.2　挤出机及其机组的主要构成

塑料挤出成型机组是塑料挤出机(包括单螺杆、双螺杆等挤出机)与各式各样的成型机头及相应的成型辅机的组合，主要用于把聚合物主原料与所需添加的辅助原料混合、混练塑化熔融，最终加工成具有各种截面形状和几何尺寸的挤出类塑料制品。

(1) 主机。一台挤出机主要由下列三部分组成。

1) 挤压系统。它主要由螺杆和机筒组成，是挤出机的关键部分。

2) 传动系统。其作用是驱动螺杆，保证螺杆在工作过程中所需要的扭转和转速。

3) 加热冷却系统。用于满足塑料在成型加工中对温度及其控制的要求。

(2) 辅机。挤出设备辅机的组成是根据制品的种类而定的。一般说来，辅机是由机头、定型装置、冷却装置、牵引装置、切割装置以及制品的卷取或堆放装置等部分所组成。

1) 机头。它是制品成型的主要部件，熔融塑料通过它获得一定的几何截面和尺寸。挤出机机头（又称挤出模具）是挤出成型设备的一个重要的组成部件。人们在长期的实践中总结出这样一个规律：合理的挤出成型工艺、先进的挤出设备、高效先进的挤出机头和定型装置是现代塑料挤出成型的三要素。实际上，从某种意义上说，在这三大要素中，机头的好坏往往又起着决定性作用。因为挤出成型塑料制品和制品的更新换代，最后都是由机头及其定型装置所决定的。例如现在要开发新产品，除了工艺因素以外，主要的是研究、设计、制造其相应的挤出机头。

2) 定型装置。是将从机头中挤出来的塑料的既定形状稳定下来，并对其进行精整，从而得到更为精确的截面形状、尺寸和光亮的表面。通常采用冷却和抽真空的方法来达到这一目的。

3) 冷却装置。由定型装置出来的塑料在此得到充分的冷却，获得最终的形状和尺寸。

4) 牵引装置。其作用为均匀地牵引制品，并对制品的截面尺寸进行控制，使挤出过程稳定地进行。

5) 切割装置。其作用是将连续挤出的制品切成一定的长度或宽度。

6) 卷取装置。其作用是将软制品（薄膜、软管、单丝等）收卷成卷。

(3) 控制系统。挤出机的控制系统主要由电器、仪表和执行机构等组成，其主要作用有：

1) 控制主、辅机的拖动电动机，使其满足工艺所要求的转速和功率，并保证主、辅机能协调地运行；

2) 控制主、辅机的温度、压力、流量和制品的质量；

3) 实现整个挤出机组的自动控制和对产品的质量控制。

15.3.2　塑料挤出机的分类

随着塑料挤出成型法的广泛应用和发展，塑料挤出机的类型也日益增多。塑料挤出机根据分类方法的不同而有多种类型，详见表 15-6。

表 15-6　塑料挤出机的分类方法及其类型

分类方法	挤出机的类型
根据螺杆的数量	无螺杆挤出机（其中又分柱塞式挤出机和黏弹熔体挤出机）、单螺杆挤出机、双螺杆挤出机（其中又分平行双螺杆挤出机和锥形双螺杆挤出机，以及反向和同向旋转的双螺杆挤出机）、多螺杆挤出机或行星螺杆挤出机
根据螺杆的转速	普通挤出机、高速挤出机和超高速挤出机
根据装配结构	整体式挤出机和分开式挤出机
根据安装位置	卧式挤出机（螺杆在空间呈水平安装）、立式挤出机（螺杆直立于地面安装）
根据功能	排气式挤出机、混练挤出机和超高分子量聚合物挤出机、往复式单螺杆挤出机等

目前应用最多的是卧式单螺杆整体装配式挤出机和双螺杆挤出机。

15.3.3　塑料挤出机常用技术参数

塑料挤出机的常用技术参数如下：

(1) 螺杆直径。指螺杆外径，用 D 表示。

(2) 螺杆长径比。用 L/D 表示，其中 L 为加料口中心线到螺杆螺纹末端的长度，D 为螺杆直径。

(3) 螺杆转速。螺杆转速通常是可调的，调节范围用 $n_{min} \sim n_{max}$ 表示，其中 n_{min} 表示最低转速，n_{max} 表示最高转速。

(4) 驱动电动机功率。指驱动螺杆的电动机的安装功率，用 P 表示。

(5) 机筒加热段数。用 B 表示。

(6) 机筒加热功率。用 E 表示。

(7) 挤出机生产率。指挤出机单位时间内能挤出塑料制品的质量或体积，用 Q 来表示。

(8) 机器中心高。指挤出机螺杆水平轴线到基础上平面的高度，用 H 来表示。

15.3.4　单螺杆挤出机

单螺杆挤出机主要由挤压系统(螺杆、机筒)、加料系统、加热冷却系统及传动系统组成，如图15-16 所示。

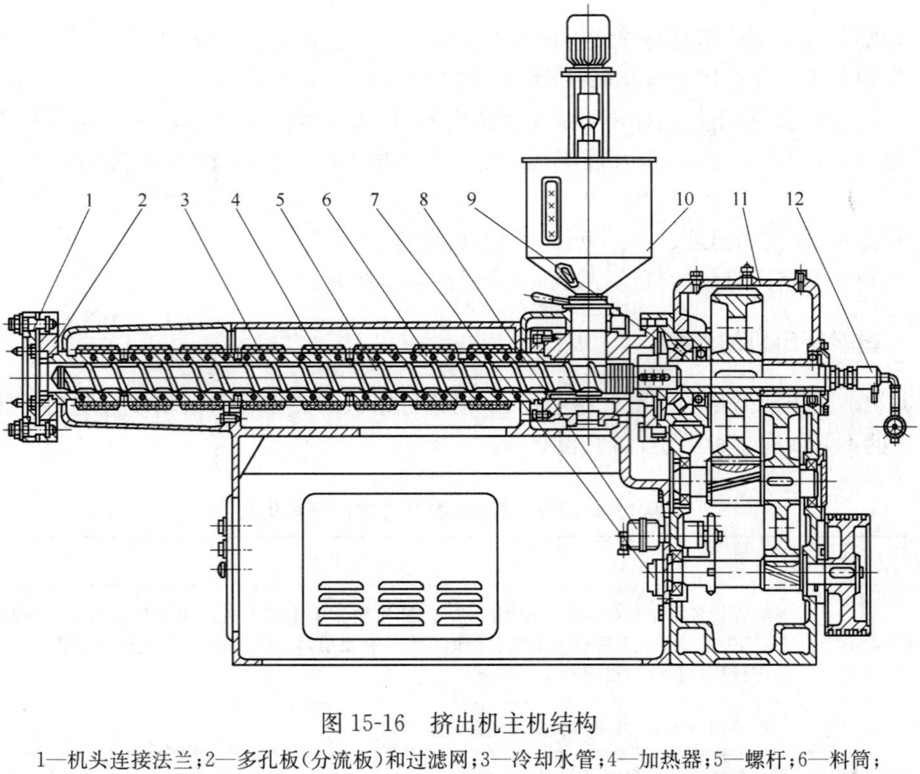

图 15-16　挤出机主机结构

1—机头连接法兰；2—多孔板(分流板)和过滤网；3—冷却水管；4—加热器；5—螺杆；6—料筒；7—油泵；8—测速电机；9—止推轴承；10—料斗；11—减速箱；12—螺杆冷却装置

15.4 塑料吹塑中空成型机

15.4.1 概述

塑料吹塑中空成型是目前较为常见的一种热塑性塑料制品的成型方法之一。成型时，首先将用挤出或注射成型所得的半熔融态的管坯（型坯）置于一定形状的吹塑模具中，再向管坯中通入压缩空气将其吹胀，经冷却定型后脱模而得到中空塑料制品。用于此成型方法的设备称为塑料吹塑中空成型机。

塑料中空成型制品的用途很广，主要应用于各种包装。如广泛应用于食品、化工、医药工业和处理液体的包装。例如吹塑中空高分子量聚乙烯的大型塑料罐和桶、化妆品和洗涤剂的包装制品、食品包装、啤酒和其他含有二氧化碳气体饮料的包装，以及外观光泽、透明性优良、力学强度好的线型聚酯中空制品等。

中空制品之所以能快速发展，这是由于其成型工艺较为简单，并具有生产效率高、制品质量高等优点。目前，国内外的中空成型方法及其设备的发展速度很快，用此种方法成型制品的塑料原料占总原料的比例也在增加，约接近20%左右。

有许多可用于吹塑中空制品的塑料原材料，如聚乙烯、聚氯乙烯、聚丙烯、聚苯乙烯、线型聚酯、聚碳酸酯以及一些工程塑料等。

由于塑料吹塑中空成型的方法很多，因此也有多种分类方法。目前广泛使用的塑料吹塑中空成型方法可分为两大类：挤出吹塑和注射吹塑，而与其相对应的成型设备有挤出吹塑中空成型机和注射吹塑中空成型机两大类。这两者的主要不同点在于其型坯的成型，前者是用挤出，而后者是用注射。在这两种成型方法的基础上发展起来的有：挤出—拉伸—吹塑中空成型（简称挤拉吹）和注射—拉伸—吹塑中空成型（简称注拉吹）以及多层吹塑、非对称中空吹塑等成型方法。而多层吹塑则又有共挤出吹塑与共注射吹塑等方法。中空吹塑成型机的分类如图15-17所示。

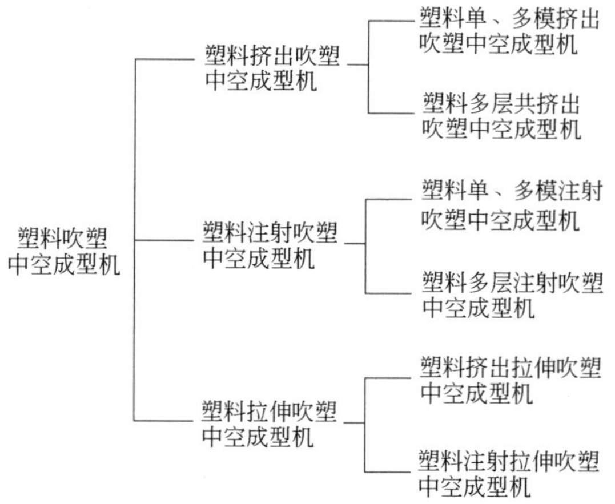

图15-17 塑料中空成型设备分类

在实际应用中，挤出吹塑法较为常见，种类较多，而且发展很快。而注塑吹塑因其具有特殊的优点，现今也日趋盛行。各种规格的注吹或注拉吹设备也不断被开发出来。

15.4.2 挤出吹塑中空成型机

15.4.2.1 单层挤出吹塑中空成型机的分类及工作原理

图15-18为挤出中空吹塑法成型机及吹塑成型过程的示意图。由图15-18可见，挤出吹塑中空成型通常经过四个步骤：挤出型坯；模具围绕型坯定位并夹住型坯；如果是容器，则须进行制品的颈部成型或定径；引入空气或其他介质，将型坯吹胀成模腔的形状，同时制品在模具内冷却。除以上步骤外，还包括从机头上切断型坯及从模具中顶出制品等。

挤出吹塑中空成型按其出料方式的不同又可分为连续挤出吹塑和间歇挤出吹塑两种成型

方法。

(1) 连续挤出吹塑中空成型机的工作原理。此法的特点是由挤出机连续挤出管坯。其优点是:成型设备简单,投资少,容易操作。是目前国内中小型企业普遍采用的基本成型方法。连续挤出吹塑成型法的生产过程又有往复式、轮换出料式和转盘式三种。

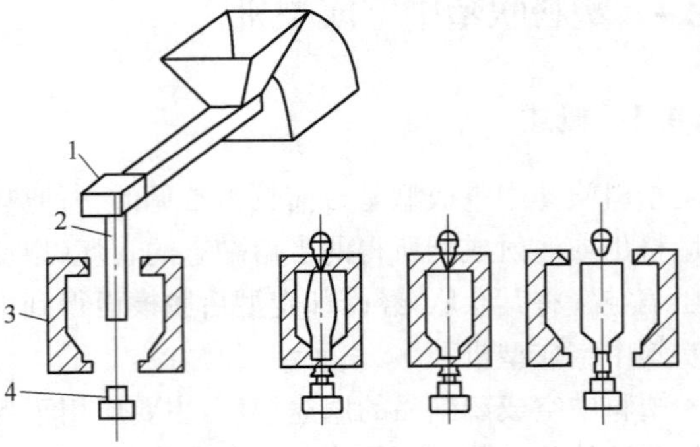

图 15-18　用挤出吹塑法成型中空制品

1—机头口模;2—熔融型坯;3—定型(吹塑)模具;4—吹气嘴

1) 往复式连续挤出吹塑中空成型。如图 15-19 所示,型坯由挤出机连续挤出,当塑坯足够长时,吹塑模具从吹塑及冷却工位移至机头下方合模夹持型坯,而后移返吹塑工位。由机头下方左右分置的两个模具往复运动来保证生产过程的连续性。

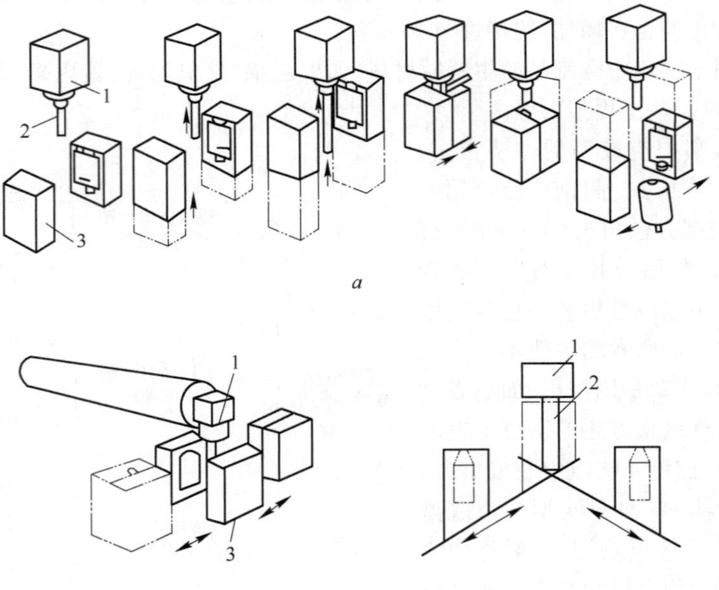

b　　c

图 15-19　往复式连续挤吹成型

1—机头;2—型坯;3—模具

2) 轮换出料式连续挤出吹塑中空成型。如图 15-20 所示,在挤出机前端采用换向阀来控制熔体的流动,使熔体轮换通过挤出机两侧的型坯机头挤出型坯,实现连续生产。

3) 转盘式连续挤出吹塑中空成型。如图 15-21 所示,挤出机连续挤出型坯,型坯被模具夹持后,绕转盘轴线转送至吹胀、冷却、开模及取出制品等工位,实现过程的连续。吹塑模具也可按水平转盘设置。

(2) 间歇挤出吹塑中空成型机的工作原理。该法是由挤出机不断地将熔融塑化好的熔体挤进到一个储料腔中,待储料腔中的物料达到所需数量时,再将储料腔中的物料快速推压出来,通过机头获取筒状型坯,再经模具吹塑、冷却和定型后得到所需的中空制品。按储料腔的结构形式,间歇挤出吹塑法可分为储料机筒式和储料缸式。

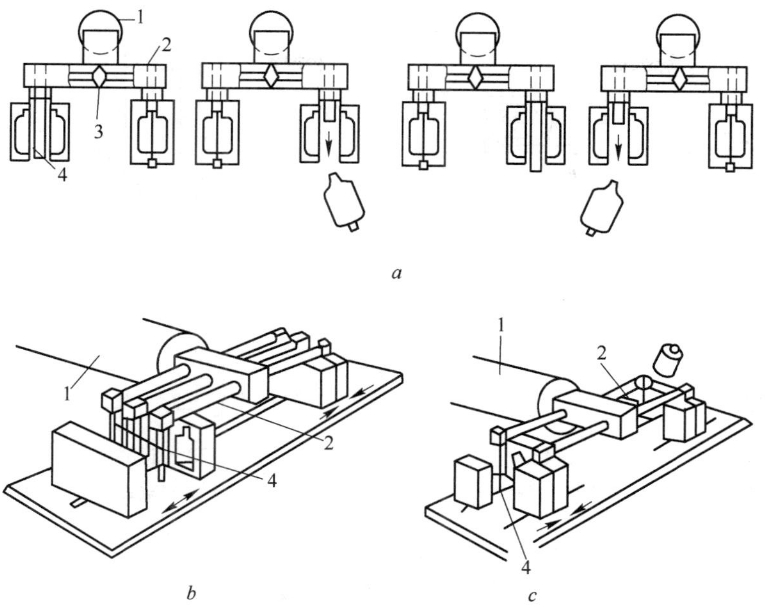

图 15-20 轮换出料式连续挤吹

1—挤出机；2—换向阀；3—机头；4—型坯

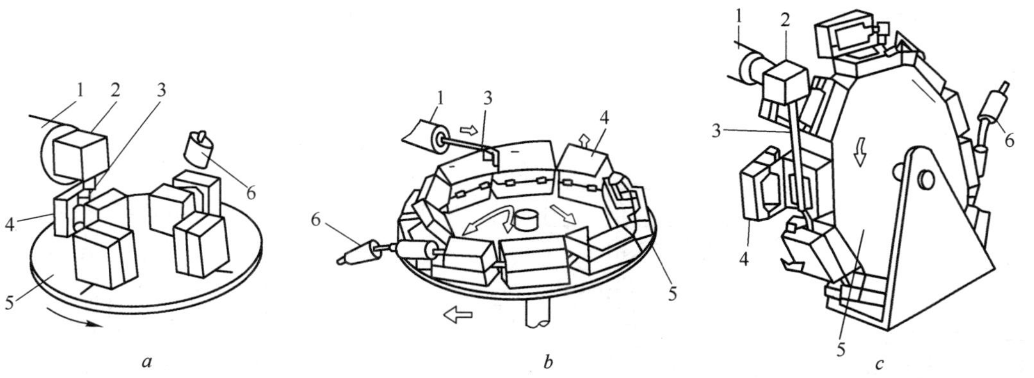

图 15-21 转盘式连续挤吹

1—挤出机；2—机头；3—型坯；4—模具；5—转盘；6—制品

1）储料机筒式间歇挤出吹塑中空成型。如图 15-22 所示，储料腔位于挤出机螺杆前端，其工作原理如同注射机，挤出机螺杆旋转将物料输送到前端储料机筒内，并在熔体推力作用下后退，当所储物料达到成型制品的用量后，螺杆连同内层机筒向前推进，把储料机筒内的熔体压入机头流道挤出型坯。

2）储料缸式间歇挤出吹塑中空成型。如图 15-23 所示，这种方式是把物料挤出设在机头内的储料缸内，当熔料足够后由活塞向下移动快速压出型坯。间歇挤出吹塑由于采用了储料装置，故可用小型设备制造大型容器，节省了设备投资，并且由于物料是由压料系统迅速压出，可在较短时间内获得所需长度的型坯，有效地减轻了型坯的自垂现象，从而保证了产品壁厚的均匀性。故间歇挤出吹塑对于中、大型制品吹塑较为常用。

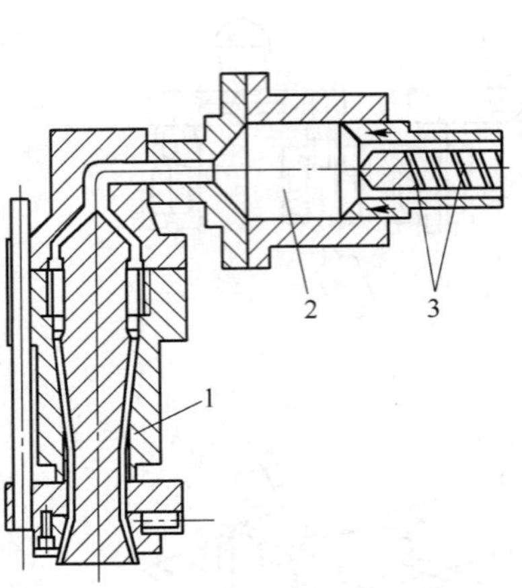

图 15-22　储料机筒式间歇挤吹

1—机头；2—储料筒；3—螺杆及内机筒

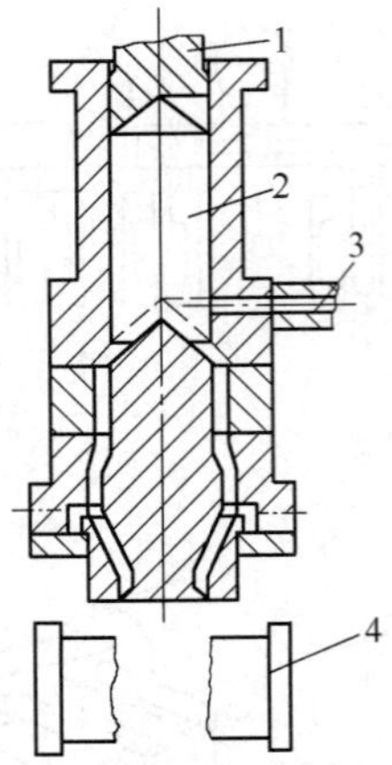

图 15-23　储料缸式间歇挤吹

1—活塞；2—储料缸；3—塑料熔体；4—模具

15.4.2.2　单层挤出吹塑中空成型设备

塑料挤出吹塑中空成型机由机械系统、电气及气动液压系统(图中略)、加热冷却系统等组成。机械系统主要由挤出机、机头、合模架等组成。图 15-24 所示为塑料挤出吹塑中空成型机外形。工作时，物料从料斗 2 进入挤出机 1 的螺杆、机筒内，螺杆由电动机 8 经减速箱 3 驱动、旋转，将物料塑化、均化后输送到机头 4 中，并通过机头口模挤出成型型坯，挤出的型坯落入装在合模架 7 上的吹塑模具内，模具闭合后，由吹气装置 5 将模具内的型坯吹胀，经冷却定型后，打开模具，取出制品。

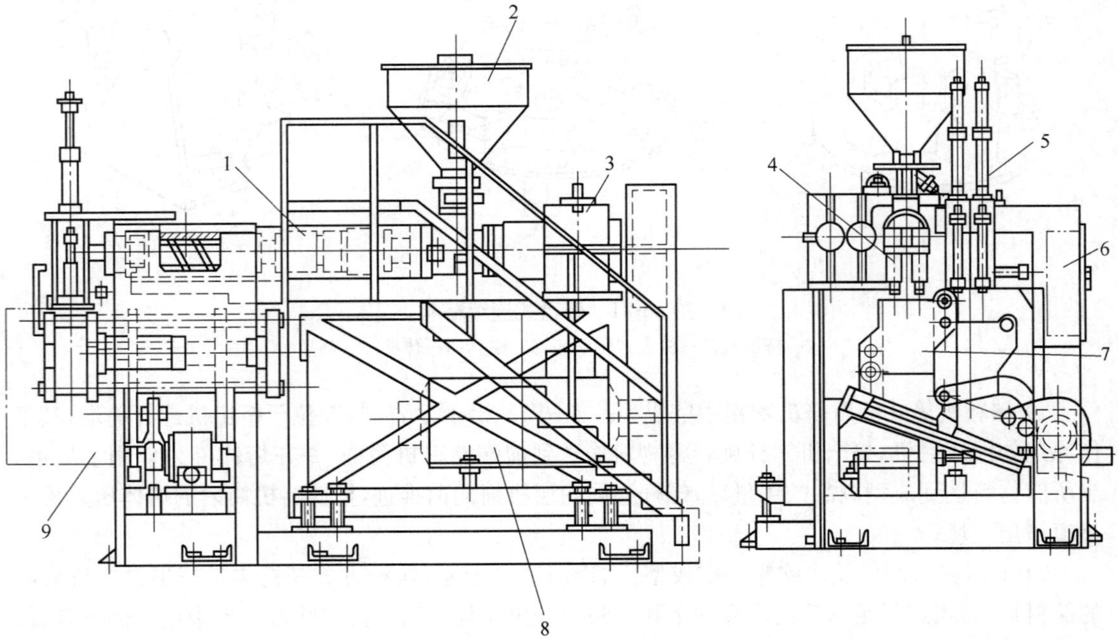

图 15-24　挤出吹塑中空成型机结构外形

1—挤出机；2—料斗；3—减速箱；4—机头；5—吹气装置；6—机架；7—合模架；8—(滑差)电动机；9—安全门

装在合模架 7 上的模具启闭均由液压缸的活塞杆带动。全部动作均由电气柜控制，可进行全自动、半自动、手动、点动等不同操作方式工作。物料由螺杆头部进入机头后，通过一个流道挤出一根管坯的称为单机头；通过两个流道同时挤出两根管坯的称为双机头。挤吹中空成型设备对单、双机头的选择主要视中空制品容量的大小而定，容量大时可选择单机头，制品容量小且模具尺寸不超过模板尺寸的允许范围内时可考虑选择双机头。

（1）挤出装置。挤出装置是挤出吹塑中最主要的设备，其主要作用是用于挤出型坯。吹塑制品的力学性能、生产效率、制品均一性及经济性等，在很大程度上依赖于挤出装置的结构合理性及操作的正确性。挤出吹塑所用的挤出装置并无特殊要求，通常采用通用型单螺杆挤出机即可。

（2）型坯挤出机头。机头是保证型坯挤出的重要装置，其结构形式、参数选择等都会直接影响到中空制品的质量。通常使用的机头可分为两大类：一类是直接挤出式机头，另一类是储料式机头。

1）直接挤出式机头。直接挤出式机头按照其结构可分为中心进料（支架）式机头、侧向进料（芯棒）式机头及螺旋支管式机头等三种。

中心进料式机头。如图 15-25 所示，中心进料式机头采用支架来支承分流体与芯棒。支架设置有若干条分流肋，于是，熔体流经支架时被分成了若干股，之后重新汇合。因此，这种机头又可称为支架式机头。中心进料式机头多用于聚氯乙烯塑料的吹塑制品加工，为避免熔料阻滞引起降解，机头及口模流道均应制成流线型。

侧向进料式机头。侧向进料式机头为聚烯烃塑料所优先采用的形式（见图 15-26）。熔体由侧向进料口进入机头后，经支管周向分流，从周向流动逐渐过渡至轴向流动。因此，支管的分流结构对型坯周向壁厚的均匀性有较大的影响。

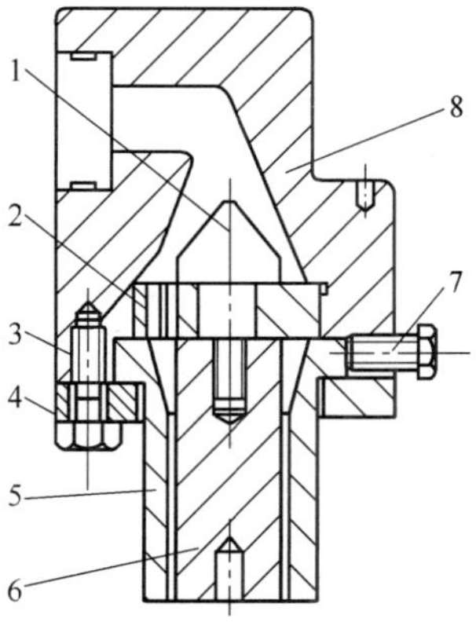

图 15-25　中心进料式型坯机头

1—分流芯棒；2—过滤板；3—螺栓；4—法兰；5—口模；6—芯棒；7—调节螺栓；8—机头体

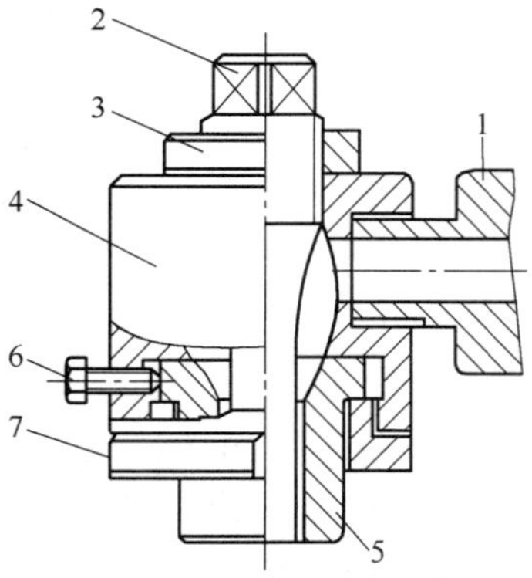

图 15-26　侧向进料式机头结构

1—主机连接体；2—芯棒；3—锁母；4—机头体；5—口模；6—调节螺栓；7—法兰

螺旋支管式机头。螺旋支管式机头如图 15-27 所示。虽其使熔体自中心方式进入机头，但却是以侧向方式流入螺旋流道。由于螺旋支管的流量与其压力降成线性关系，故改变螺旋支管长度及其流道截面积，即可调节其压力降。周向层熔体的厚薄均匀性随支管长度的增加而改善。

螺旋机头的结构紧凑，出口处熔体流动均匀性较好，不形成汇（熔）合线，制品性能较均匀，在挤出吹塑中得到了广泛的应用。

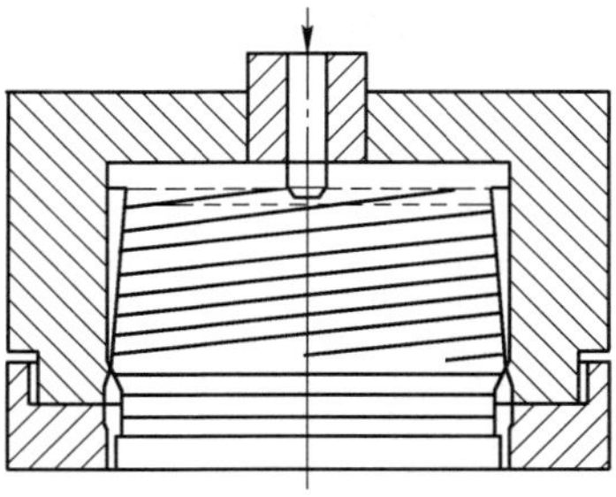

图 15-27　螺旋支管式型坯机头

2）储料式机头。储料式机头可分为单层机头和多层机头两种。

图 15-28 所示为储料式型坯机头的典型结构。其特点是储料腔设置在机头流道内，挤出机直接为机头供料，保证熔体“先进先出”，即当活塞挤压排空储料腔时，先进入储料腔的熔体先从口模挤出，这可使先进入机头的熔体能有较长时间的松弛，活塞向下移动时，其受到的剪切作用时间亦较短，分子取向与膨胀相应较小。通过上下调节套筒，可使机头适应于熔体流动性能不同的塑料。

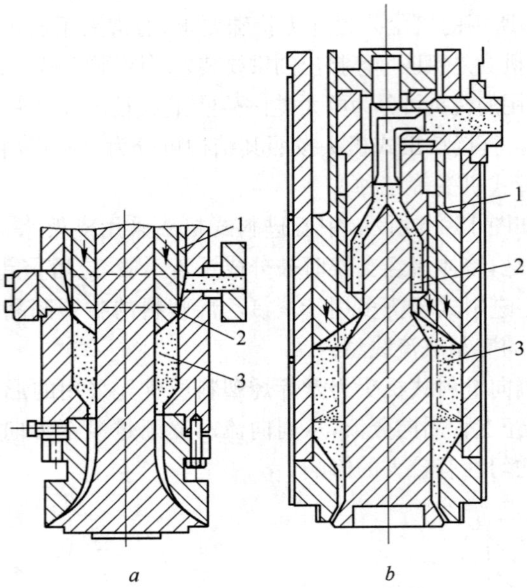

图 15-28　单层储料式型坯机头

1—可动套筒；2—环形活塞；3—储料腔

练习题 15

15-1　塑料注射成型机的组成有哪些？

15-2　塑料注射成型机的工作原理是什么？

15-3　简述注射成型机的工艺过程。

15-4　注射成型机的分类有哪些？

15-5　注射成型机的主要参数有哪些？

15-6　什么是塑料挤出成型，塑料挤出机组的主要用途及构成是什么？

15-7　什么是塑料吹塑中空成型，塑料吹塑中空成型机的分类是什么？

16 焊接设备

焊接是金属连接的一种工艺方法，也是一门综合性应用技术。焊接技术历来都是随着科学技术的整体进步而发展和变革的。在19世纪初的电气产业革命中，电弧用于焊接，开始了电弧焊的纪元。20世纪前期发明和推广了电焊条焊接，中期发明和推广了埋弧焊和气体保护焊；随着现代科学的发展和进步，各种高能束（电子束、等离子束、激光束）应用于焊接。到了20世纪70年代，在世界范围内，焊接技术已经成为机械制造业中的关键技术之一。特别是20世纪后期随着电子技术及自动控制技术的进步，焊接产业开始向高新技术方向发展，焊接技术更加突出地反映整个国家的工业生产水平和机械制造水平。因此，对焊接设备的理解与认识成为焊接技术中重要的一个环节。本章主要简单介绍一下几种焊接设备的基本知识。

16.1 埋弧焊

埋弧焊（Submerged Arc Welding）是以电弧作为热源，电弧在焊剂保护层下进行燃烧焊接的一种机械化焊接方法。电弧被焊剂覆盖与空气隔离，焊接时没有弧光辐射，减轻对操作者身体的伤害。焊剂在燃烧时的冶金作用下焊缝得到有效的保护，使焊缝不产生气孔、夹渣等缺陷，焊缝质量较高。埋弧焊的小车（焊车）都装有自动变速送丝机构和行走机构，焊接时自动送丝及行走，焊缝成型美观，生产效率高。因此，埋弧焊在工业中被广泛采用。

埋弧焊机按其自动化程度可分为半机械化（半自动）焊机和机械化（自动）焊机；按用途可分为通用和专用焊机；按电弧自动调节方式可分为等速送丝和均匀调节式焊机；按焊丝数目可分为单丝、双丝和多丝焊机；按行走机构形式可分为小车式、门架式和伸缩臂式等。常用的机械化埋弧焊机有等速进丝和变速进丝两种，一般由机头、控制箱、导轨（或支架）组成。

埋弧焊焊接过程示意图如图16-1所示，它由4个部分组成：(1)焊接电源接在导电嘴和工件之间用来产生电弧；(2)焊丝由焊丝盘经送丝机构和导电嘴送入焊接区；(3)颗粒状焊剂由焊剂漏斗经软管均匀地堆覆到焊缝接口区；(4)焊丝及送丝机构、焊剂漏斗和焊接控制盘等通常装在一台小车上，以实现焊接电弧的移动。

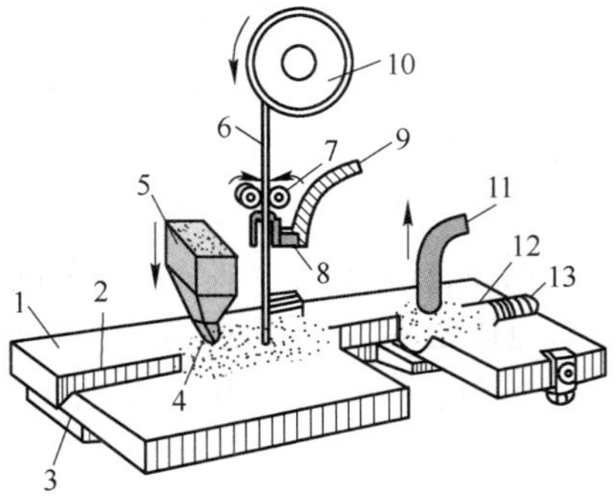

图16-1　埋弧焊焊接过程示意图

1—焊件；2—V形坡口；3—垫板；4—焊剂；5—焊剂斗；6—焊丝；7—送丝轮；8—导电器；9—电缆；10—焊丝盘；11—焊剂回收器；12—焊渣；13—焊缝

埋弧焊焊缝形成过程如图16-2所示。埋弧焊焊接时，连续送进的焊丝在一层可熔化的颗粒状焊剂覆盖下引燃电弧。当电弧热使焊丝、母材和焊剂熔化以致部分蒸发后，在电弧区便由金属和焊剂蒸气构成一个空腔，电弧就在这个空腔内稳定燃烧。空腔底部是熔化的焊丝和母材形成的金属熔池，顶部则是熔融焊剂形成的熔渣。电弧附近的熔池在电弧力的作用下处于稳流状态，气泡快速逸出熔池表面，熔池金属受熔渣和焊剂蒸气的保护不与空气接触。随着电弧向前移动，电弧力将液态金属推向后方并逐渐冷却凝固成焊缝，熔渣则凝固成渣壳覆盖在焊缝表面。焊接时焊丝连续不断地熔化，焊丝送进速度和熔化速度相互平衡，以保持焊接过程的稳定进行。

埋弧焊具有以下优点：

(1) 生产效率高。埋弧自动焊的生产率比手工焊提高 5～10 倍。因为埋弧自动焊时焊丝上无药皮，焊丝可很长，并能连续送进而无需更换焊条。故可采用大电流焊接(比手工焊大 6～8 倍)，电弧热量大，焊丝熔化快，熔深也大，焊接速度比手工焊快得多。板厚 30 mm 以下的自动焊可不开坡口，而且焊接变形小。

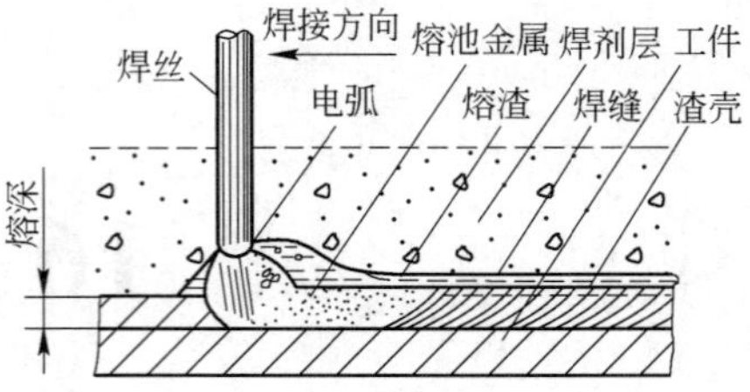

图 16-2　埋弧焊自动焊的焊缝形成过程

(2) 焊剂层对焊缝金属的保护好，所以焊缝质量好。

(3) 节约钢材和电能。钢板厚度一般在 30 mm 以下时，埋弧自动焊可不开坡口，这就大大节省了钢材，而且由于电弧被焊剂保护着，使电弧热得到充分利用，从而节省了电能。

(4) 改善了劳动条件。除减少劳动量之外，由于自动焊时看不到弧光，焊接过程中发出的气体量少，这对保护焊工眼睛和身体健康很有益。

此外，埋弧焊还具有一些缺点：

(1) 埋弧自动焊的缺点是适应能力差，只能在水平位置焊接长直焊缝或大直径的环焊缝。

(2) 不适用于立焊、横焊、仰焊和不规则形状焊缝的焊接。另外，焊前的准备工作量较大，对焊件坡口加工、接缝装配均匀性等要求较高。

(3) 不适于焊接 3 mm 以下厚度的薄板；难以焊接 Al、Ti 等氧化性极强的金属及合金。

(4) 设备费用一次性投资较大。

埋弧焊在工业中的应用：

我国钢产量大幅度增长，给工业采用钢结构建筑创造了有利条件，高层建筑、桥梁、体育场馆、车站、大型厂房、民用建筑等等都采用钢结构。埋弧焊的高效率、高质量使钢结构的制造大量采用埋弧焊焊接技术。近几年上海东升焊接设备有限公司的埋弧焊机主要供应对象：钢结构厂、造船厂、桥梁厂、压力容器厂等，使用后反映效果良好。

16.1.1　埋弧焊接设备概述

埋弧焊设备由电源、控制电缆、小车三部分组成。每部分都十分重要，只有配合得很好才能充分发挥埋弧焊的优势。

(1) 电源的要求：一般采用下降特性电源。电源分交流、直流或交直流并用。直流电源有磁放大器式，晶闸管式和逆变式。由于晶闸管式体积适中，效率高，运行可靠，价格低廉，被广泛采用。直流电源的特点：电弧稳定，采用反极性连接，熔深较大，成型美观。

(2) 控制电缆：一般采用 16 芯电缆。埋弧焊长期处在运动之中，电缆长期弯曲，容易损坏。电缆的质量特别重要，电缆与插头的焊接一定要可靠。由于电缆内部断线造成设备不能工作的例子已经举不胜举，应该引起广大使用者的注意。

(3) 小车(焊车)：小车是由电气控制箱和电机、机械传动装置组成。小车分为等速送丝和变速送丝两种。目前大部分采用变速送丝系统，较为先进的已采用无触点数字控制技术。小车工作平稳，可靠。

16.1.2　埋弧焊用焊接电源

适用于埋弧焊的电源，一类是具有陡降外特性曲线的，另一类是具有缓降的或平的外特性曲线的。具有陡降外特性曲线的弧焊电源，其输出两端的电压随着电流增加而急剧下降。既有交流输出的电源，也有直流输出的电源。在变速送丝式(即电弧电压反馈自动调节系统)的埋弧焊机中须配用这种弧焊电源。

埋弧焊对电源的基本要求是：一般采用下降特性电源。电源分交流和直流。直流电源有磁放大器式、晶闸管式和逆变式。由于晶闸管式体积适中、效率高、运行可靠、价格低廉，因此被广泛采用。

直流电源的特点：电弧稳定，采用反极性连接，熔深较大，成型美观。一般直流电源用于小电流范围、快速引弧、短焊缝、高速焊接、所用焊剂的稳弧性较差以及对焊接工艺参数稳定性有较高要求的场合。用直流电源时，不同极性将产生不同的工艺效果，当用直流正接(焊丝接负极)时，焊丝的熔敷率最高；当用直流反接(焊丝接正极)时，焊丝熔深最大。

用交流电源焊接时，焊丝熔敷率及焊缝熔深介乎直流正接和直流反接之间，而电弧的磁偏吹最小。因此，交流电源多用于大电流和用直流电焊接时磁偏吹严重的场合。

交流电是由弧焊变压器供给，大电流容量的弧焊变压器应具有 80～100 V 的空载电压，以适应交流电弧的引弧及稳定弧所需的高电弧电压；小电流容量的弧焊变压器的空载电压通常为 65～75 V，小于 65 V 不适用于埋弧焊。

埋弧焊接用的电源须按电流类型、送丝方式和焊接电流大小等进行选用。关于电流类型，在埋弧焊时，使用交流或直流电源都能获得满意的结果，但在具体应用中各有优缺点，选定时取决于焊接电流大小、焊丝数目、焊接速度和焊剂的类型等因素。

16.1.3 埋弧焊机的控制系统

目前使用最多的变速送丝埋弧焊机大部分是 MZ1-1000 直流埋弧自动焊机和小部分 MZ-1000 交流埋弧自动焊机。图 16-3 是 MZ1-1000 直流埋弧自动焊机的电气原理图。

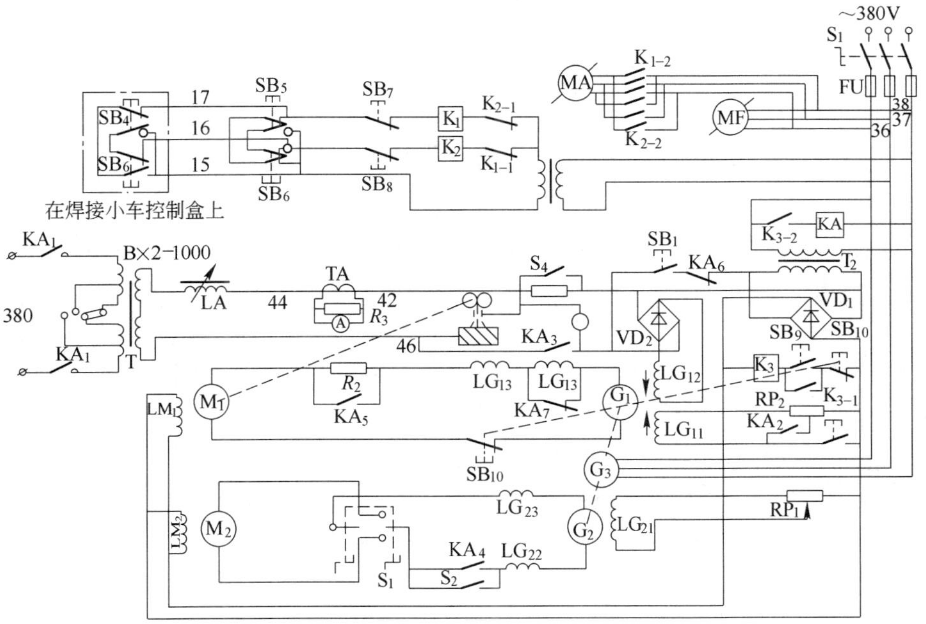

图 16-3 MZ1-1000 直流埋弧自动焊机的电气原理图

上述控制系统属于模拟控制方式，目前较先进的控制方式是数字控制系统，图 16-4 是 MZ-1000MC 自动埋弧焊机控制系统构成图，图 16-5 是自动埋弧焊机单片机控制系统电路图，图 16-6 所示为埋弧自动焊机双反星型主电源电路。如图 16-6 所示，数字控制系统一般以高性能单片机为核心构成，对电源外特性、送丝速度、焊接速度以及焊接过程实施数字控制。系统匹配电源一般为垂降（恒流）特性电源，送丝速度调节为弧压反馈调节方式。该控制系统的工作原理：利用单片机实时采样焊接电流和电压与给定的电流和电压进行比较，依据电流偏差调节晶闸管控制角来控制电源输出特性，同时依据电压偏差调节送丝伺服电动机的电枢电压以控制送丝速度，稳定焊接过程和控制焊接参数。数字控制系统能精确控制焊接参数，保证焊缝熔深、熔宽均匀。其不足之处是这种控制系统只能与数控电源兼容，而且比模拟控制系统的可靠性低。

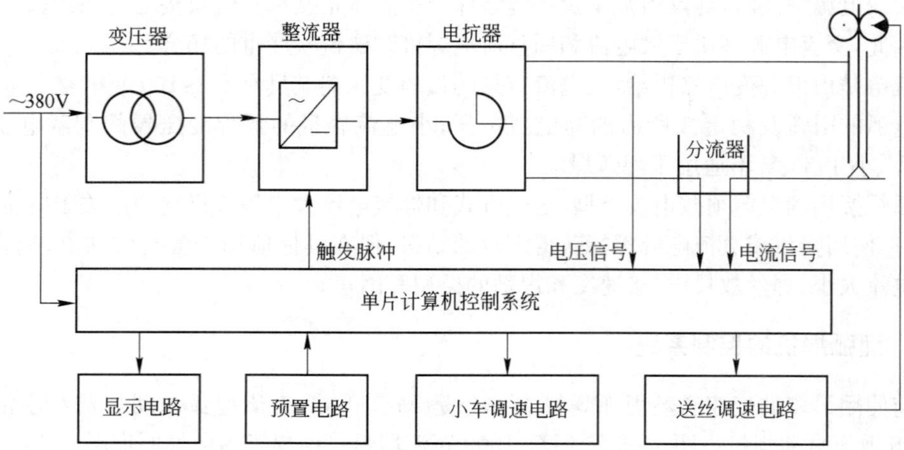

图 16-4　MZ-1000MC 自动埋弧焊机控制系统构成图

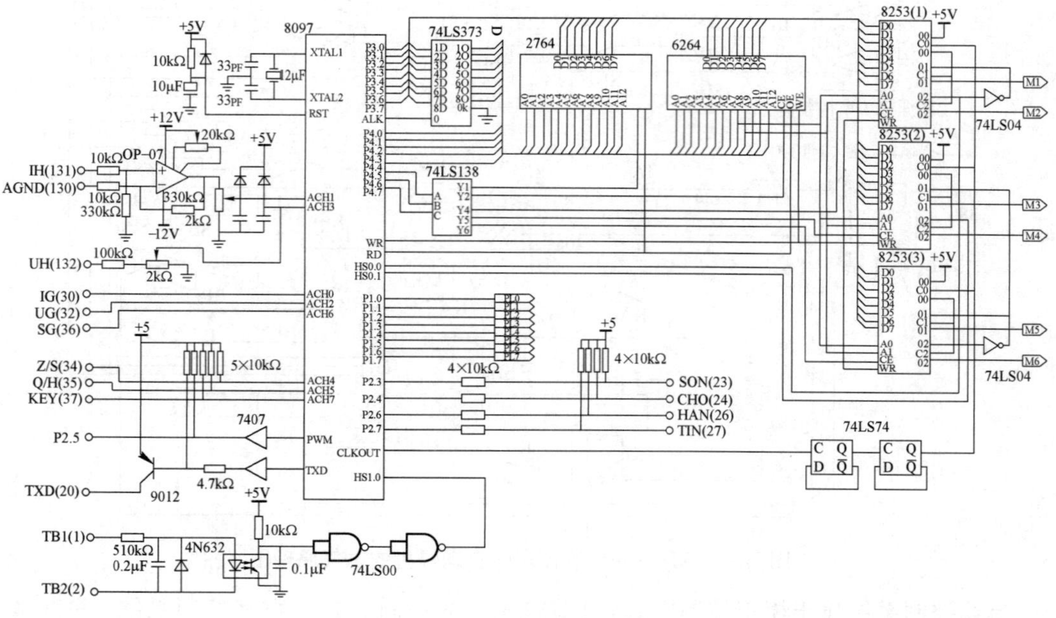

图 16-5　自动埋弧焊机单片机控制系统电路图

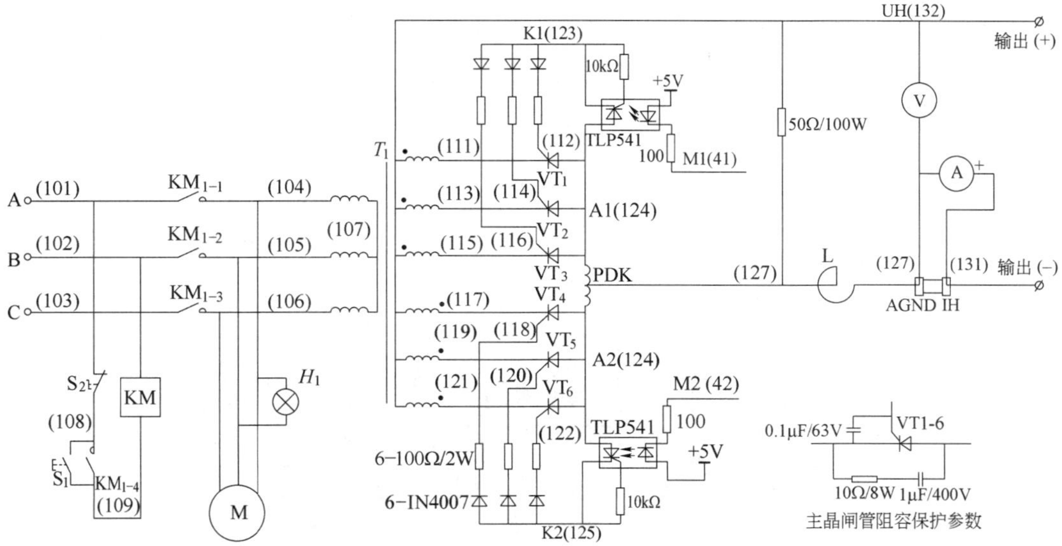

图 16-6 埋弧自动焊机双反星型主电源电路

16.1.4 埋弧焊设备

图 16-7 是常见的埋弧自动焊焊机的形式，最常见的是 *a* 和 *e* 两种。

MZ1-1000 自动埋弧焊机是一种能在焊剂层下进行自动焊接的设备。图 16-8 为 MZ1-1000 系列自动埋弧焊小车。其优点是工作效率高、成型美观、无电弧光、操作简单、劳动强度低，此设备是对大长度焊缝焊接的理想设备之一，可对开坡口的对接、搭接、角接焊缝焊接。主要应用于造船、容器制造、钢结构等行业。MZ1-1000 采用等速送丝，依靠调换送丝、行走减速齿轮来改变送丝速度及行走速度，线路简单可靠，故障率低。通常配套 ZX5 系列、ZD5 系列电源。

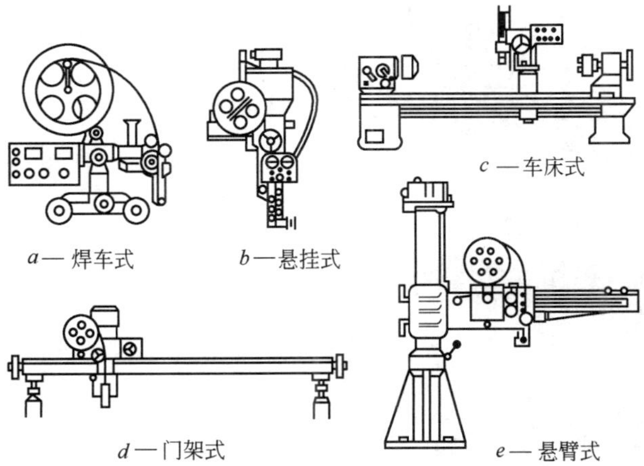

图 16-7 常见的自动埋弧焊机形式

图 16-8 MZ1-1000 系列自动埋弧焊小车

图 16-9 是自动焊焊车的构造简图，其中比较关键的部分是 1、18、20、21 部件。图 16-10 是埋弧自动焊机外形示意图，图 16-11 是埋弧自动焊机实物图。

国产埋弧焊机的性能总的来说，具有如下特点：(1)采用大功率可控硅电源，在焊剂层下作自动焊接用焊机。(2)可焊接仅位于水平面或与水平面成10°角的斜面上开坡口或不开坡口的对接焊缝或角焊缝。(3)焊接电流调节范围大,电流稳定,噪声小。(4)设有双传动送丝功能,送丝力强。(5)送丝速度和焊接速度可无级调节,保证焊接稳定。(6)可直焊、环焊、角焊、对焊、搭接焊及船状位置和角焊接。

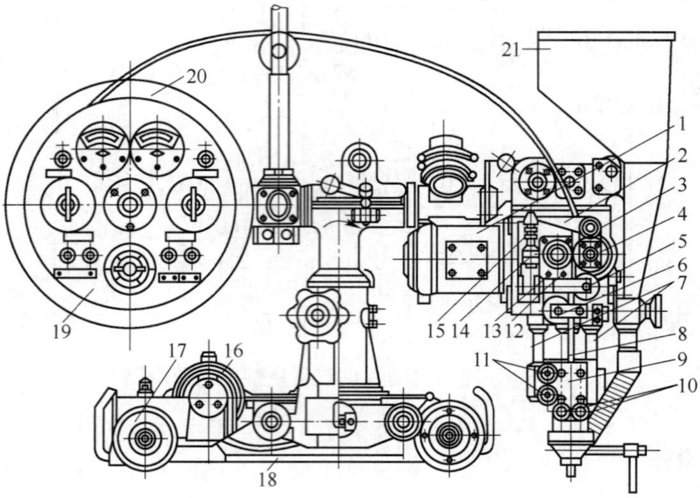

图 16-9　MZT-1000 型自动焊焊车

1—送丝电机;2—摇杆;3,4—送丝轮;5,6—矫直滚轮;7—圆柱导轨;8—螺杆;9—导电嘴;10—螺线(压紧导电块用);11—螺丝(接电极用);12—螺钉;13—机头;14—调节螺母;15—弹簧;16—小车电机;17—小车车轮;18—小车;19—控制盒;20—焊丝盘;21—焊剂斗

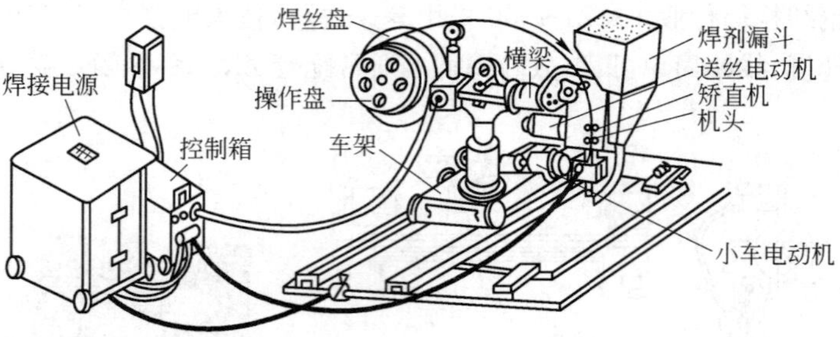

图 16-10　埋弧自动焊机外形示意图

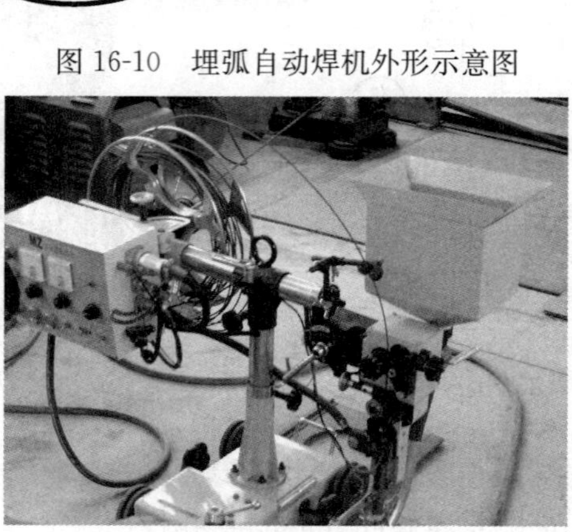

图 16-11　埋弧自动焊机实物图

表 16-1 为几种典型的国产埋弧焊机的技术参数。

表 16-1 几种典型的国产埋弧焊机的技术参数

型号	技术参数			
MZ-630	电源电压/频率/V/Hz	380/50	相数	3
	额定输入容量/kV·A	48.3	空载电压/V	76
	焊接电流/A	120～630	额定负载持续率/%	60
	焊丝直径/mm	2～3	焊丝输送速度/cm·min^{-1}	30～120
	焊接速度/cm·min^{-1}	15～70	小车重量/kg	60
	机头侧面倾斜角/(°)	30	垂直调节范围/mm	85
	水平调节范围/mm	60	机头回转角/(°)	±180
MZ-1000	电源质量/kg	290	电源外形尺寸/mm×mm×mm	655×539×910
	电源电压/频率/V/Hz	380/50	相数	3
	额定输入容量/kV·A	60	空载电压/V	58
	焊接电流/A	200～1000	额定负载持续率/%	100
	焊丝直径/mm	3～5	焊丝输送速度/cm·min^{-1}	30～120
	焊接速度/m·h^{-1}	15～70	小车重量/kg	65
	机头侧面倾斜角/(°)	30	垂直调节范围/mm	85
	水平调节范围/mm	60	机头回转角/(°)	±180
MZ-1250	电源电压/频率/V/Hz	380/50	相数	3
	额定输入容量/kV·A	83	空载电压/V	58
	焊接电流/A	250～1250	额定负载持续率/%	100
	焊丝直径/mm	3～6	焊丝输送速度/cm·min^{-1}	30～120
	焊接速度/m·h^{-1}	15～70	小车重量/kg	65
	机头侧面倾斜角/(°)	30	垂直调节范围/mm	85
	水平调节范围/mm	60	机头回转角/(°)	±180
	电源质量/kg	460	电源外形尺寸/mm×mm×mm	770×640×1150

16.2 气体保护焊

利用 CO_2 作为保护气体的气体保护焊称为 CO_2 气体保护焊，简称 CO_2 焊。二氧化碳电弧焊工作过程如图 16-12 所示。

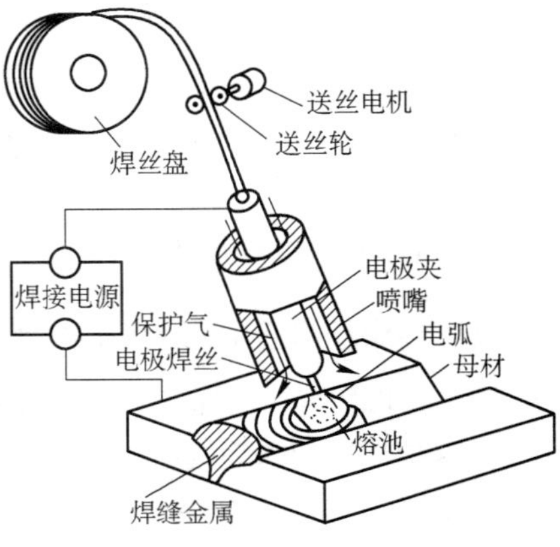

图 16-12 二氧化碳电弧焊工作示意图

使用 CO_2 作为保护气体具有如下特点：(1) CO_2 气体的体积质量比空气大，所以在平焊时从焊枪喷出的 CO_2 气体对熔池有良好的覆盖作用。(2) CO_2 气体在电弧的高温作用下将按下式进行分解：

$$CO_2 \rightarrow CO + O_2 - Q \qquad (16\text{-}1)$$

从式(16-1)可见，CO_2 气体分解时，其产物体积膨胀为一倍半，这将有利于增强保护效果。但另一方面，该反应是吸热反应，对电弧产生强烈的冷却作用，会引起弧柱收缩，使弧柱对熔滴产生较大的排斥，加上焊丝端头的熔滴由于受到电弧的排斥作用，使熔滴不规律，影响电弧稳定性，同时也影响CO_2气体的保护效果。

CO_2气体保护焊具有下列优点：(1)生产效率高，节省电能。CO_2气体保护焊的电流密度大，可达100～300 A/mm^2，因此电弧热量集中，焊丝的熔化效率高，母材的熔透厚度大，焊接速度快，同时焊后不需要清渣，所以能够显著提高效率，节省电能。(2)焊接成本低。由于CO_2气体和焊丝的价格低廉，对于焊前的生产准备要求不高，焊后清理和校正工时少，所以成本低。(3)焊接变形小。由于电弧热量集中、线能量低和CO_2气体具有较强的冷却作用，使焊件受热面积小。特别是焊接薄板时，变形很小。(4)对油、锈产生气孔的敏感性较低。(5)焊缝中含氢量少，所以提高了焊接低合金钢抗冷裂纹的能力。(6)熔滴采用短路过渡时用于立焊、仰焊和全位置焊接。(7)电弧可见性好，有利于观察，焊丝能准确对准焊接线，尤其是在半自动焊时可以较容易地实现短焊缝和曲线焊缝的焊接工作。(8)操作简单，容易掌握。

CO_2焊具有下列缺点：(1)与手弧焊相比设备较复杂，易出现故障，要求具有较高的维护设备的技术能力。(2)抗风能力差，给室外焊接作业带来一定困难。(3)弧光较强，必须注意劳动保护。(4)与手弧焊和埋弧焊相比，焊缝成型不够美观，焊接飞溅较大。

16.2.1　CO_2气体保护焊设备的组成

CO_2气体保护焊设备分为自动和半自动两种。图16-13为自动CO_2气体保护焊示意图，图16-14为半自动CO_2气体保护焊设备的示意图。设备组成包括CO_2气瓶、预热器、高压干燥器、气体减压阀、气体流量计、低压干燥器、气阀、送丝机构、焊枪、可调电感、焊接电源。

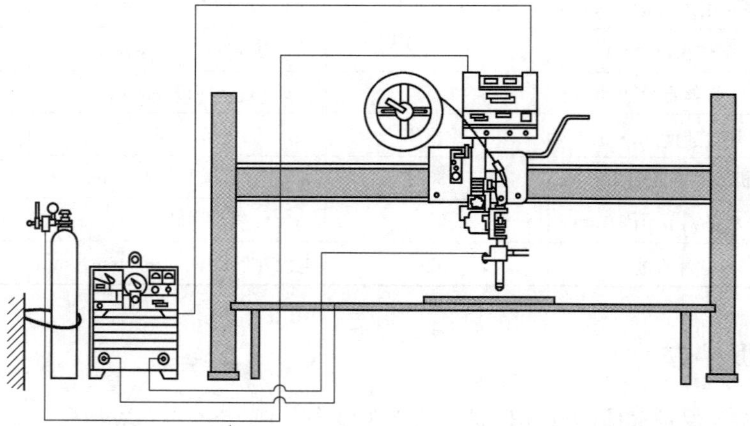

图16-13　自动二氧化碳保护焊设备示意图

16.2.2　CO_2气体保护焊电源

CO_2气体保护焊通常采用实心焊丝，没有稳弧剂，所以用交流电时电弧不稳定，飞溅大，难以正常工作，因此CO_2气体保护焊的电源都采用直流电流和反极性连接。我国基本上不生产供CO_2气体保护焊用的弧焊发电机，目前均采用整流式电源。

为保证焊接工艺参数在焊接过程中的稳定，采用细丝CO_2气体保护焊时，为等速送丝配合平特性电源；采用粗丝CO_2气体保护焊时，为变速送丝配合陡降特性电源。

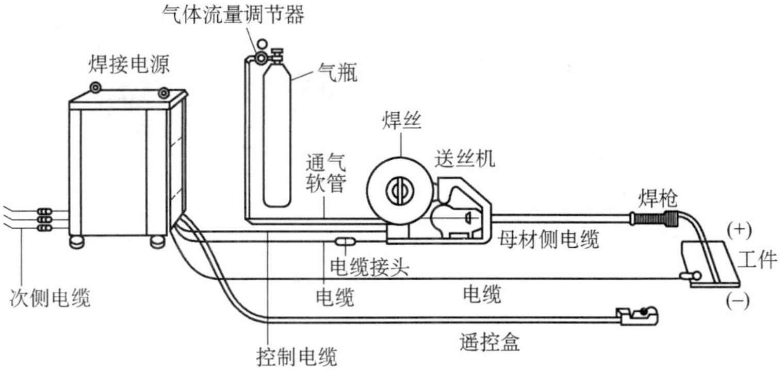

图 16-14 半自动二氧化碳设备示意图

(1) 等速送丝方式与平特性电源配合。当焊丝直径小于 2.5 mm 时，由于电流密度较大，焊接电弧静特性为上升曲线，此时电弧自身调节作用强烈，因此采用等速送丝方式与平特性电源配合时，当遇到外界干扰因素（如母材表面凹凸不平，焊枪上、下移动等）使弧长变化时，弧长能迅速回复到原先值。

(2) 变速送丝方式与陡降特性电源配合。当焊丝直径大于 3 mm 时，由于电流密度较小，电弧自身调节作用减弱，依靠等速送丝配合平特性电源，回复时间太长，不能满足要求，此时应采用变速送丝方式与陡降特性电源相配合，此时当弧长发生变化时，电弧电压变化较大（焊接电流变化较小），电弧的自动调节作用强烈，回复时间很短。

CO_2气体保护焊平特性整流电源的型号是 ZP 型（磁放大器式）、ZP3 型（动圈式）、ZP5 型（晶闸管式）、ZP6 型（抽头式），适用于细丝焊。

CO_2气体保护焊陡降特性整流电源的型号是 ZX 型（二极管整流加饱和抗器）、ZX5 型（晶闸管整流），适用于粗丝焊。

同时具有两种特性的型号是 ZD 型（磁放大器式）、ZD5 型（晶闸管式）。

16.2.3 CO_2气体保护焊焊枪

二氧化碳气体保护焊焊枪的基本要求是：送气稳定、送丝均匀、导电可靠；结构简单、经久耐用、维修方便；使用性能良好。

熔化极气体保护焊焊枪的作用是传导焊接电流、导送焊丝和保护气体。按其用途可分为半自动焊焊枪（手握式）和自动焊焊枪（安装在机械装置上）两种。在焊枪内部装有不同孔径的导电嘴，以适应不同直径焊丝的需要。焊枪还具有一个向焊接区输送保护气体的通道和喷嘴，喷嘴是易损件，应该很方便地更换。当焊接电流通过导电嘴等部件时产生的电阻热和电弧辐射热一起会使焊枪发热，故使用时要采取一定措施冷却焊枪，冷却方式有空气冷却和水冷却两种。对于空气冷却焊枪，在 CO_2气体保护焊断续负载条件下，使用的焊接电流可高达 600 A。但是，在使用氩气或氦气保护时，通常焊接电流只限于 200 A。

半自动焊枪有鹅颈式（见图 16-15）和手枪式（见图 16-16）两种。鹅颈式焊枪适合于小直径焊丝，使用灵活方便，特别适合于紧凑部位、难以达到的拐角处和某些受限制区域的焊接。手枪式焊枪适合于较粗直径的焊丝，内部采用循环水冷却。

自动焊焊枪的基本构造与半自动焊焊枪相同，但其载流容量较大（可达 1500 A），工作时间较长，采用内部循环水冷却，直接装在焊接机头的下部。

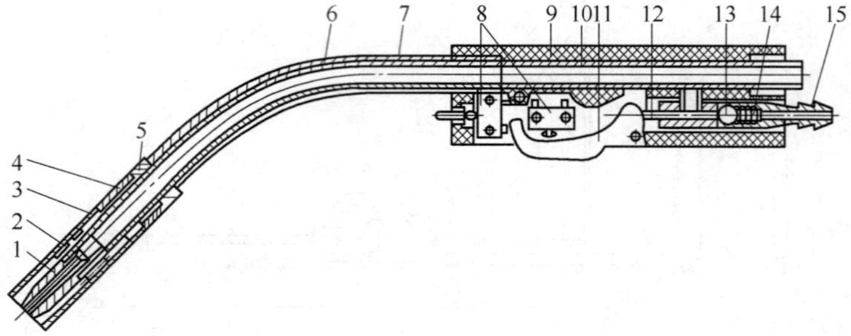

图 16-15　鹅颈式焊枪

1—导电嘴；2—分流环；3—喷嘴；4—弹簧管；5—绝缘管；6—鹅颈管；7—乳胶管；8—微动开关；9—焊枪；10—枪体；11—扳机；12—气门推杆；13—气门球；14—弹簧；15—气阀嘴

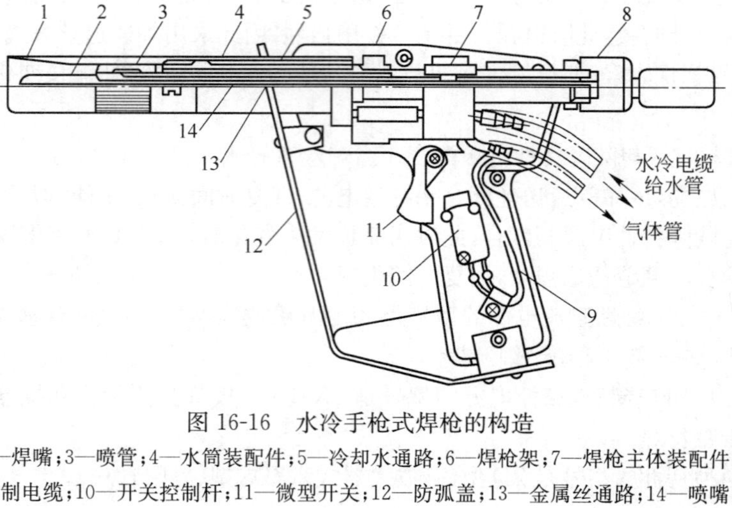

图 16-16　水冷手枪式焊枪的构造

1—焊枪；2—焊嘴；3—喷管；4—水筒装配件；5—冷却水通路；6—焊枪架；7—焊枪主体装配件；8—螺母；9—控制电缆；10—开关控制杆；11—微型开关；12—防弧盖；13—金属丝通路；14—喷嘴内管

16.2.4　CO_2气体保护焊供气及送丝系统

图 16-17 为熔化极气体保护焊的供气装置组成。

(1) 钢瓶。CO_2 气体钢瓶用以贮存液态 CO_2，钢瓶表面涂黑色并写有“二氧化碳”，瓶装压力为 5～7 MPa。Ar 气钢瓶贮存气态 Ar 气，钢瓶表面涂灰色并写有“氩气”，瓶装压力为 15 MPa。

(2) 预热器。专用于 CO_2 气体，防止 CO_2 气体温度下降而使管路冻结。

(3) 高压干燥器。专用于 CO_2 气体，防止 CO_2 气体中因含水量太高而使得焊缝产生气孔。高压干燥器内装有干燥剂，如硅胶、脱水硫酸铜和无水氯化钙等。

(4) 减压阀。将高压 CO_2 气体或 Ar 气变成压力为 0.1～0.2 MPa 的低压气体。

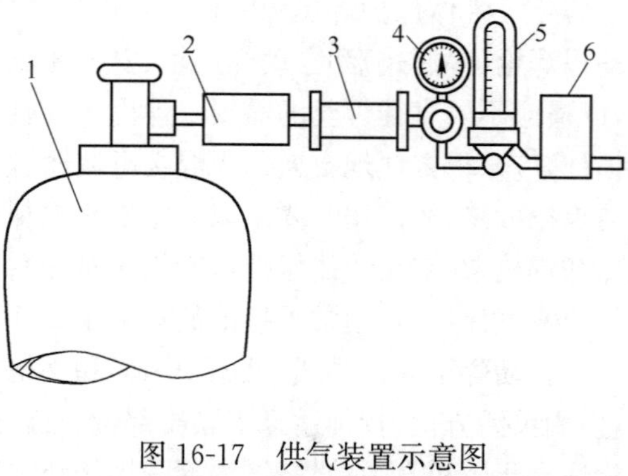

图 16-17　供气装置示意图

1—钢瓶(气瓶)；2—预热器(二氧化碳气体保护焊用)；3—高压干燥器(二氧化碳保护焊用)；4—减压阀；5—气体流量计；6—电磁气阀

(5) 气体流量计。用来调节气体流量的大小，常用转子流量计，但其刻度是用空气作为介质，若通过气体为 CO_2 气体或 Ar 气，浮子材料为纯铝，则气体流量可按下式计算：

$$Q_c = 0.809Q_k$$

$$Q_{Ar} = 0.852Q_k$$

式中　Q_k——流量计上标出的空气流量，m^3/h；

Q_c——换算成的 CO_2 气流量，m^3/h；

Q_{Ar}——换算成的 Ar 气流量，m^3/h。

(6) 电磁气阀。用来接通或切断保护气体。

送丝系统通常是由送丝机（包括电动机、减速器、矫直轮、送丝机）、送丝软管、焊丝盘等组成。送丝系统将焊丝送至焊枪中，送丝方式示意图见图 16-18，图 16-19 为送丝驱动机构组成示意图。送丝方式主要有以下三种。

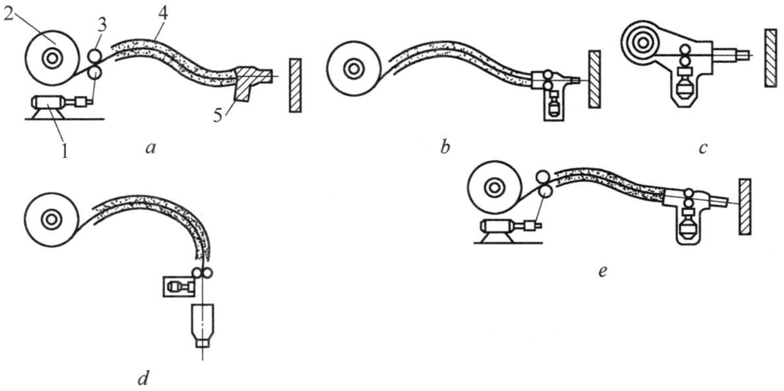

图 16-18　送丝方式示意图

a—推丝式；*b*，*c*，*d*—拉丝式；*e*—推、拉丝式

1—电动机；2—焊丝盘；3—送丝轮；4—送丝软管；5—焊枪

(1) 推丝式。焊枪结构简单、轻便，操作维修方便。缺点是焊丝送进的阻力较大，随着送丝软管的加长，送丝稳定性变差。广泛应用于焊丝直径为 0.8～2.0 mm、送丝软管长度为 3～5 m 的半自动熔化极气体保护焊中。

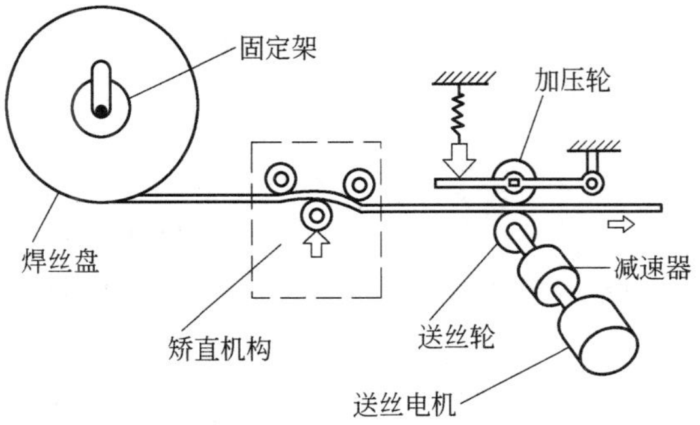

图 16-19　送丝驱动机构组成

(2) 拉丝式。拉丝式又分为三种形式：一种是将焊丝盘和焊枪分开，两者通过送丝软管连接。另一种是将焊丝盘直接安装在焊枪上。这两种都适用于细丝半自动熔化极气体保护焊，使用焊丝直径小于或等于 0.8 mm，送丝较稳定，但焊枪较重。第三种是不但焊丝盘与焊枪分开，而且送丝电动机与焊枪也分开，常用于自动熔化极气体保护焊中。

(3) 推拉丝式。这种送丝系统中同时有推丝机和拉丝机，推丝为主要动力，拉丝是将焊丝矫直，送丝软管可加长到 10m，但结构复杂，实际应用不多。

16.2.5 国内常用 CO_2 气体保护焊焊机型号及技术数据

根据焊机型号编制方法规定，熔化极气体保护焊机型号的编制方法如下：

(1) N B C-×××

- ×××——额定焊接电流
- C——CO_2 气体保护
- B——半自动焊
- N——熔化极气体保护焊机

型号的意义为：额定电流为×××的半自动 CO_2 气体保护焊机。

(2) N B M-×××

- ×××——额定焊接电流
- M——Ar 或 Ar - CO_2 混合气体保护
- B——半自动焊
- N——熔化极气体保护焊机

型号的意义为：额定电流为×××的半自动 Ar 或 Ar-CO_2 混合气体保护焊机。

(3) N Z C-×××

- ×××——额定焊接电流
- C——CO_2 气体保护
- Z——自动焊
- N——熔化极气体保护焊机

型号的意义为：额定电流为×××的自动 CO_2 气体保护焊机。

(4) N Z M-×××

- ×××——额定焊接电流
- M——Ar 或 Ar - CO_2 混合气体保护
- Z——自动焊
- N——熔化极气体保护焊机

型号的意义为：额定电流为×××的自动 Ar 或 Ar-CO_2 混合气体保护焊机。

(5) N D C-×××

- ×××——额定焊接电流
- C——CO_2 气体保护
- D——点焊
- N——熔化极气体保护焊机

型号的意义为：额定电流为×××的 CO_2 电弧点焊机。

XKR-200、350 型二氧化碳气体保护半自动焊机的突出特点是具有良好的引弧特性，引弧成功率为 95%以上。电弧燃烧稳定、飞溅小、熔深大、焊缝成型好。暂载率大于 60%，对电网电压吸动有较强的补偿能力，并具有焊接完毕后延时自动断电，节能控制电路。表 16-2 为 SKR-200 和 SKR-350 两种型号设备的基本技术数据。

表 16-2 SKR-200 和 SKR-350 两种型号设备的基本技术数据

机型与项目	SKR-200	SKR-350
电源电压/V	三相 380(50 Hz)	三相 380(50 Hz)
电源电压允许波动范围/V	380±10%	380±10%
空载电压/V	33	45～55
焊接电压/V	16～24	17.5～31.5
焊接电流/A	40～200	70～350
外特性	恒压特性	恒压特性
额定负载持续率/%	60	60
额定输入容量/kV·A	10	18.1
送丝速度/m·min^{-1}	2～10	2～14
CO_2气体流量/L·min^{-1}	25	25
适用焊丝直径/mm	ϕ0.6，ϕ0.8，ϕ1.0	ϕ0.8，ϕ1.0，ϕ1.2
适用板厚/mm	1～4	2～10
冷却方式	风 冷	风 冷
质量/kg	110	150
外形尺寸/mm×mm×mm	355×715×690	355×715×690

NBC 系列焊机系全国联合设计产品，是国家经贸委推荐的重要的节能焊接设备，其主要性能达到国际先进水平，在国内居领先地位。NBC 系列焊机具有优良的平缓静外特性和良好的动态特性，焊接适应性强，用于 1 mm 以上的薄板、中板及厚板等低碳钢、低合金钢及低合金高强度钢、不锈钢和铝板的焊接。它与一般的焊接方法相比，可提高效率 1～4 倍，节电 50%左右。适用于机械、汽车、机车、船舶、锅炉、桥梁、集装箱等制造和管道工程中。表 16-3 为 NBC 系列设备的基本技术数据。

表 16-3 NBC 系列设备的基本技术数据

型号规格	NBC-250	NBC-350	NBC-500	NBC-630	NBC-500X
额定输入电压/V	三相 380	三相 380	三相 380	三相 380	三相 380
额定输入容量/kV·A	8	14.4	25	35.8	25
额定输入电流/A	12	22	38	54	38
焊接电压范围/V	17～27	17～31	17～39	18～44	17～39
焊接电流范围/A	60～250	60～350	60～500	80～630	60～500
适用焊丝范围	0.8～1.2	1.0～1.6	1.0～1.6	1.0～2.0	1.0～1.6
额定负载持续率/%	60	60	60	60	60
满载效率/%	89	89	89	89	89
功率因数	0.95	0.87	0.87	0.87	0.87
送丝机类型	推、拉丝	推丝	推丝	推丝	推丝
质量/kg	20	40	50	58	50

16.3　电渣焊

电渣焊是利用电流通过熔渣时，产生的电阻热作为热源，熔化母材和填充金属来进行焊接的一种工艺方法(图 16-20 为电渣焊过程示意图)。它也属于自动焊的范围。电渣焊一般在垂直立焊位置进行焊接。电渣焊开始时，先在焊丝和引弧板之间产生电弧，电弧产生的热能使周围的焊剂熔化成液态熔渣。待液态熔渣在被焊工件与冷却滑块之间的空间内形成一定深度的熔池后，电弧熄灭，此时，由电弧焊过程转为电渣焊过程。由于液态熔渣具有一定的导电性，当焊接电流经过熔池传至工件时，产生大量电阻热，使熔池温度能够保持在 1700 ℃以上，同时，焊丝和被焊工件被熔池加热而熔化，形成金属熔池。焊接时，焊丝不断地送进并被熔化，熔池及渣池随冷却滑块同时上升，下面的金属逐渐冷却凝固，形成焊缝。

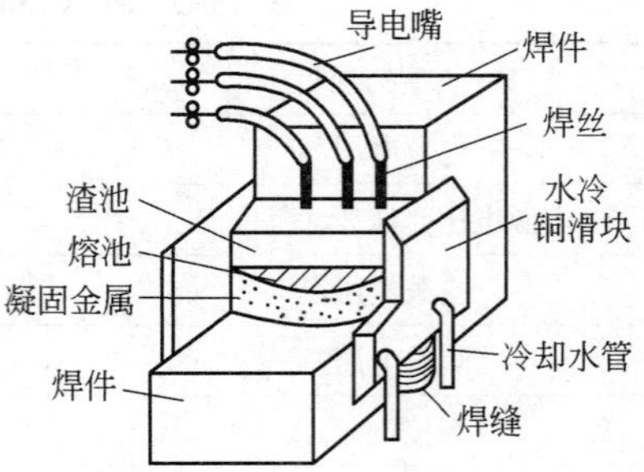

图 16-20　电渣焊过程示意图

和其他焊接方法相比，电渣焊有以下特点：

(1) 大厚度工件可以一次焊成。厚度在 40 mm 以上的工件，即使采用埋弧自动焊，也必须开坡口进行多层焊接。使用电渣焊，由于渣池的加热范围比热量集中的电弧大得多，所以，很厚的工件(例如 200 mm 厚钢板)，也可以用电渣焊一次焊成。提高了生产效率。

(2) 焊接材料消耗少。电渣焊时，大厚度工件也无需开焊接坡口，只需预留 25～40 mm 的间隙，节约了钢材和填充金属，焊剂的消耗也只有埋弧焊的 1/15 左右。所以，对于大厚度工件的焊接来说，电渣焊生产效率最高，生产成本最低。

(3) 焊缝质量比较好。电渣焊时，金属熔池上面覆盖着一定深度的渣池，既可以避免空气与金属熔池的接触，又使金属熔池冷却缓慢，液态金属停留时间长，有利于熔池中气体和杂质的排出，不易产生气孔、夹渣物等缺陷。

(4) 用电渣焊一次焊成大厚度工件时，焊接速度相对比较慢，焊缝区在高温停留的时间较长，近焊缝区不易出现淬硬组织和冷裂纹，这对于焊接易淬火的钢种是比较有利的。但高温时间停留过长，使热影响区比其他焊接方法宽，晶粒粗大，易产生过热组织，因此，近焊缝区的机械性能有一定下降。所以，对于重要的构件，焊后必须进行 900 ℃以上的正火热处理，以改善焊缝的性能。

电渣焊主要用于重型机械制造业中，制造锻-焊结构件和铸-焊结构件，如重型机床的机座、高压锅炉等，焊件厚度一般为 40～450 mm，材料为碳钢、低合金钢、不锈钢等。

16.3.1　电渣焊设备的组成及分类

电渣焊设备则主要由电源、机头和滑块或挡板等组成。根据使用的电极形状和是否固定，电渣焊可分为丝极电渣焊、板极电渣焊、熔嘴电渣焊(包括管极电渣焊)。

16.3.2　丝极电渣焊设备

丝极电渣焊机是采用焊丝为电极，焊丝通过非消耗的电渣焊枪和导电嘴送入渣池的电渣焊设备。主要用于钢结构垂直焊缝的高效焊接，特别适用于箱型柱和箱型梁隔板的焊接。

(1) 电源：电渣焊可用交流或直流电源，但从经济的角度考虑电渣焊多采用交流电源。为保证电渣过程稳定和减小网路电压波动的影响，电渣焊电源应避免出现电弧放电过程或电渣-电弧混合过程。电渣焊用的电源必须是空载电压低、感抗小的平特性(恒压)电源。另外，电渣焊变压器必须是三相供电，其次级电压应具有较大的调节范围。由于焊接时间长，中间无停顿，故其负载持续率一般为100%。

(2) 机头：丝极电渣焊机头包括送丝机构、摆动机构、行走机构、控制系统和导电嘴等。

1) 送丝机构和摆动机构：送丝机构的作用是将焊丝盘以恒定的速度经导电嘴送向熔渣池。送丝机最好由单独的驱动电机和给送轮给送单根焊丝。一般是利用多轴减速箱由一台电机带动，若干对轮给送多根焊丝。送丝速度可均匀无极调节。目前国内生产的HS-1000型丝极电渣焊机的送丝机构可由一台驱动电机利用齿轮箱同时送进三底层焊丝。摆动机构的作用是扩大单底层焊丝所焊的工件厚度，它的摆动距离，行走速度以及在每一行程终端的停留时间均可控制和调整。

2) 行走机构：电渣焊机的行走机构是用来带动整个机头和滑块沿接缝做垂直移动。有轨式和无轨式两种形式，有轨式行走机构是使整个机体沿与焊缝平行的轨道上移动。齿条式行走机构是由直流电机、减速箱、爬行齿轮和齿条组成，齿条用螺钉固定在专用的立柱上而成为导轨。行走速度应能无极调节和精确地控制，因为焊接时，整个机头要随熔池的升高而自动地沿焊缝向上移动。

3) 控制系统：电渣焊电控系统主要由送进焊丝的电机的速度控制器、焊接机头横向摆动距离及停留时间的控制器、升降机构垂直运动的控制器以及电流表、电压表等组成。

4) 导电嘴：导电嘴是将焊接电流传递给焊丝的关键器件，而且对焊丝导向并把它送入熔渣池。导电嘴的结构要求紧凑、导电可靠，送丝位置准确而不偏移，使用寿命长等。通常是由钢质焊丝导管和铜质导电嘴组成，前者导向，后者导电。铜质导电嘴的引出端位置靠近熔渣，最好用铍青铜制作，因它在高温下能保持较高强度。整个导电嘴都缠上绝缘带，以防止它与焊件短路。

(3) 滑块：滑块是强制焊缝成形的冷却装置，焊接时，随机头一起向上移动，其作用是保持熔渣池和金属熔池在焊接区内不致流失，并强迫熔池金属冷却形成焊缝，通常用热导性良好的纯铜制造并通冷却水。分前后冷却滑块，前冷却滑块悬挂在机头的滑块支架上，滑块支架的另一根支杆通过对接焊缝的间隙与后滑块相连，此支杆的长度取决于焊件的厚度。滑块由弹簧紧压在焊缝上，对不同形状的焊接接头，使用不同形状的滑块，调整滑块的高低可改变焊丝的伸长度。

丝极电渣焊是最常用的电渣焊方法，它采用焊丝作电极，焊丝通过不熔化的导电嘴送入熔池，安装导电嘴的焊接机头随金属熔池的上升而向上移动，焊接较厚的工件时可以采用2根、3根或多底层焊丝，还可使焊丝在接头间隙中往复摆动以获得均匀的熔宽和熔深。这种焊接方法由于焊丝在接头间隙中的位置及焊接参数都容易调节，从而熔宽及熔深易于控制，故适合于环焊缝焊接。根据焊件厚度的不同，可采用一根或多根焊丝，单丝焊能够焊接的焊件厚度为40～60 mm，当焊件厚度大于60 mm时，焊丝要做横向摆动；三丝摆动可以焊接450 mm厚的焊件。丝极电渣焊主要用于焊接厚度为40～450 mm的焊件及较长焊缝的焊件，也可用于大型焊件的环焊缝。

但这种焊接方法的设备及操作比较复杂，从而对工人的技能要求比较高。同时由于焊机位于焊缝一侧，只能在焊缝另一侧安设控制变形的定位铁，从而导致焊后会产生角变形。故在一般对接焊缝工程实践过程中，丁字焊缝较少采用。

16.3.3　板极电渣焊设备

板极电渣焊的示意图见图 16-21。板极电渣焊是用一条或数条金属板(可利用焊件的边角余料)作为熔化电极,通过送进机构将板极不断向熔池中送进,故由此得名。板极电渣焊具有成本低,生产率高,送进机构简单的优点,但要求电源功率大;焊缝长度一般不能超过 1.5m,否则过长的板极会给操作带来困难。这种方法适用于焊接大断面短焊缝。

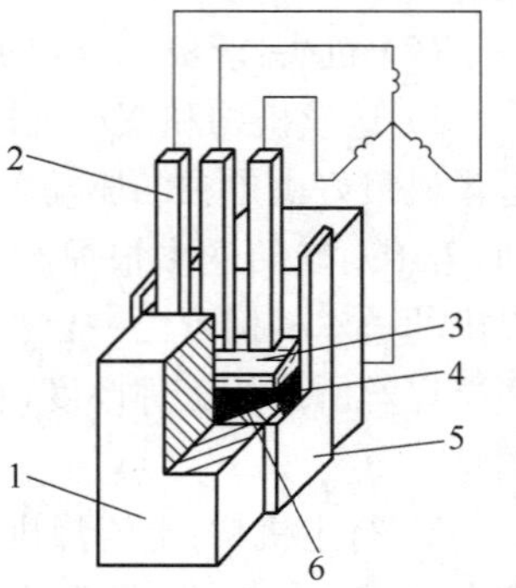

图 16-21　板极电渣焊示意图
1—焊件;2—板极;3—渣池;4—熔池;5—冷却滑块;6—焊缝

板极电渣焊设备与丝极电渣焊设备装置基本相同,主要是送丝机构改成了送板机构而已,这里就不赘述了。

16.3.4　熔嘴电渣焊机

熔嘴电渣焊设备由电源、送丝机构、熔嘴夹持机构及机架等组成,其中电源与丝极电渣焊电源相同。而熔嘴电渣焊主要用于焊接大断面焊件,须采用大功率的焊接电源,如 $BP_{1\text{-}3}\times 3000$ 型变压器。

(1) 送丝机构:送丝机构由直流电动机、减速箱、焊丝给送装置和机架等组成。一般是用一台直流电动机送进单根或多根焊丝进行电渣焊接。该装置可以根据熔嘴尺寸或熔嘴间距不同将弓形支架 8 在支架滑动轴 5 上移动,并通过顶杆 3 顶紧压紧轮 4 以获得足够的压紧力,如图16-22 所示。

(2) 熔嘴夹持机构:熔嘴夹持机构主要是保证在焊缝间隙内的熔嘴板固定不动,同时在装配和焊接过程中能随时调节熔嘴的位置,使它处于缝隙中间。熔嘴夹持机构一般固定在工件上,它应具有足够的刚度,可采用单个熔嘴夹持机构或采用多个熔嘴夹持机构套在支架滑动轴 4 上组成熔嘴夹持机构用于熔嘴大断面电渣焊。熔嘴板 8 靠调整螺母 1 和螺钉 6 即可使其垂直于焊接坡口的中心位置。如图 16-23 所示。

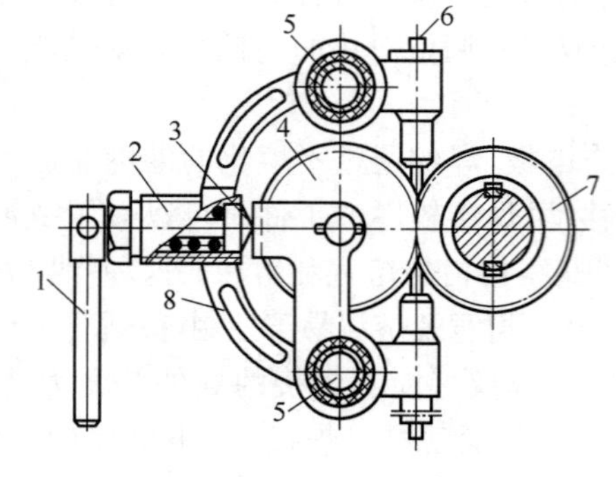

图 16-22　熔嘴电渣焊焊丝送进装置
1—手柄;2—环形套;3—顶杆;4—压紧轮;5—支架滑动轴;6—焊丝;7—主动轮;8—弓形支架

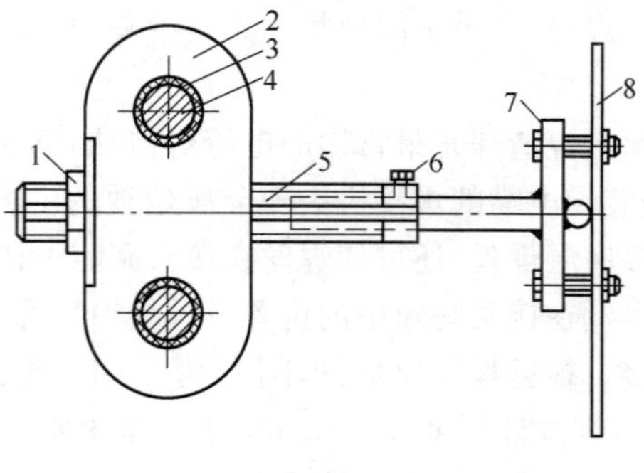

图 16-23　单熔嘴夹持机构
1—调节螺母;2—滑动支架;3—绝缘圈;4—支架滑动轴;5—螺杆;6—垂直位置固定螺钉;7—夹持板;8—熔嘴板

熔嘴电渣焊焊接时,焊接电源的一极接在焊丝的导电嘴上(如图 16-24 所示),另一极接在工件上,焊丝由机头送丝机构通过导电嘴进入渣池,焊丝在自身的电阻热和渣池热作用下,加热熔化,形成熔滴后穿过渣池进入渣池下面的金属熔池,渣池温度高达 1927 ℃左右(焊钢时)。同时渣池产生剧烈的涡流，使整个渣池的温度比较均匀。由于渣池的涡流迅速将渣池中心的热量不断带到渣池四周，从而使工件边缘熔化，这部分熔化金属进入金属熔池。随着焊丝金属向熔池过渡，金属熔池液面及渣池表面不断升高，金属熔池底部的液态金属随后冷却结晶，形成焊缝。

熔嘴电渣焊的焊接特点：

(1) 采用导电嘴和焊丝的化学成分适当配合来调整焊缝化学成分。

(2) 熔化嘴固定，外涂药皮，不易与工件接触短路，焊接操作安全可靠，焊接一次成型。

(3) 焊接设备可用一般的埋弧焊送丝机构。

(4) 通过调节电流、电压，可在较大范围内调节焊缝成型系数，较易防止产生热裂纹。

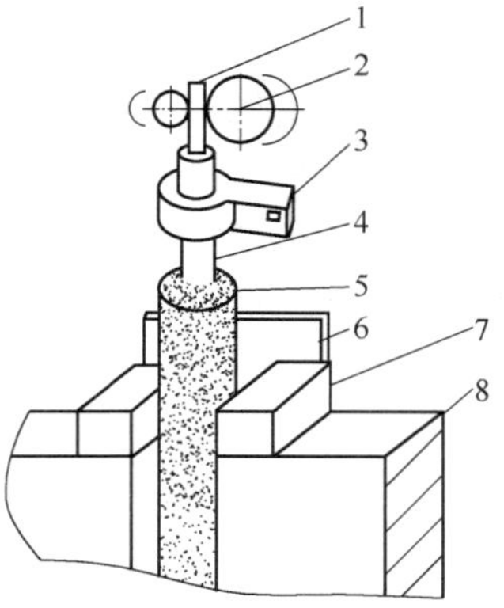

图 16-24 熔嘴电渣焊原理示意图
1—焊丝；2—送丝滚轮；3—导电夹头；4—钢管；5—管极涂料；6—冷却滑块；7—引出板；8—焊件

16.4 等离子弧焊接设备

16.4.1 等离子弧焊接电源

为等离子供电的电源应具有陡降或垂降特性，电源最好具有电流递增及电流衰减等功能，以满足起弧及收弧的工艺要求。目前常用的电源有直流电源、直流脉冲电源及交流变极性电源。下面对这三种电源作一简单介绍。

(1) 直流电源：直流电源是等离子弧焊接中使用最多的电源，电流范围从 0.1～500 A。其中 0.1～30 A 的微束等离子弧常采用联合弧，需要两套电源供电。大电流等离子弧采用转移弧，只需要一个电源。电源空载电压与离子气种类有关。用纯 Ar 或含 $\varphi(H_2)=7\%$ 以内的 Ar-H_2 混合气体作离子气时，电源空载电压需 65～80 V。但如采用纯 He 或含 $\varphi(H_2)$ 大于 7% 的 Ar-H_2 混合气体作离子气时，为了可靠地引弧及保持电弧的稳定性，则需要采用较高的空载电压。如保持引燃电弧的成功率不高，可先在纯 Ar 中引燃电弧，电弧引燃后再通 H_2 气或者更换成 He 气。

(2) 脉冲电源：脉冲直流电源也可用于等离子弧焊接。等离子弧脉冲电源与 TIG 脉冲电源相似，输出电流在脉冲电流与基值电流之间转换。脉冲电流期间，母材熔化；基体电流期间，熔化金属凝固成焊缝。脉冲焊接法可降低焊缝热输入、控制焊缝成型、减少热影响区宽度及焊接变形。基值电流、脉冲电流、脉冲电流时间以及基值电流时间均是可以调节的。

(3) 变极性交流电源：变极性交流方波电源输出正(工件接正)、负(工件接负)半周期电流幅值及正、负半周期电流持续时间均可调节的交流矩形波电流。变极性交流方波电源主要用于小孔工艺焊接铝合金。在铝合金焊接工艺中，焊前表面处理一般包括表面除油垢及清除氧化膜。然而，在变极性交流铝合金焊接工艺中，由于负半周期的电流具有较强的清理氧化膜的功能，焊接大多数种类的铝合金时，不需要机械法清除氧化膜。

在工程实践中，通常都采用直流电源。焊接铝、镁及其合金时，采用交流电源，主要是利用阴极清理(破碎)作用。采用脉冲直流电源是为了更好地控制焊接工艺参数，其脉冲频率和脉冲宽度可以调节。

凡具有下降或垂直下降外特性的电源都可供等离子弧焊使用。空载电压视所用等离子气而定，若用纯 Ar 或 Ar+H_2($\varphi(H_2)<7\%$)混合气体作等离子气，最好在 80 V 左右或再稍高些，可达 120 V；若用纯 He 或其他混合气体，为了可靠地引弧，则空载电压还需更高一些。

通常焊接电流大于 30 A 以上的等离子弧焊都采用转移型电弧，即先在钨极与喷嘴之间引燃非转移弧，然后再在钨极与工件之间建立转移弧，转移弧形成后随即切除非转移弧，两个电弧不同时存在。因此，可以合用一个电源，只在电路上非转移弧的电流低一些（通常是串联电阻 *R*），其焊接主电路见图 16-25*a*。

电流在 30 A 以下的微束等离子弧焊都采用联合型弧，非转移型弧和转移型弧同时存在，故需采用两个独立的电源，其主电路见图 16-25*b*。当使用的最小焊接电流不小于 5 A 时，可以不用维弧电源。

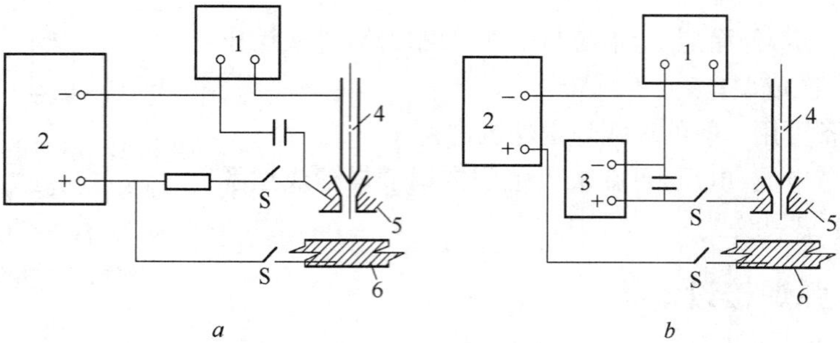

图 16-25　等离子弧主电路结构

a—转移型弧；*b*—联合型弧

1—高频引弧器；2，3—弧焊电源；4—钨极；5—喷嘴；6—工件

电弧引燃通常采用非接触式，和 TIG 焊一样，在焊接回路中叠加一个高频振荡器或小功率高压脉冲引弧装置；靠高频火花或高压脉冲使钨极与喷嘴之间引燃非转移弧。

16.4.2　等离子弧焊接设备中的电控系统

等离子弧焊接设备主要包括焊接电源、控制系统、焊枪、气路系统和水路系统。

16.4.3　等离子焊枪

等离子焊枪是等离子弧焊设备中关键组成部分，须通过焊枪产生高能量密度的等离子弧。其结构设计是否合理与完善，安装与使用是否正确，直接影响焊枪的使用性能和寿命，焊接过程稳定性以及焊缝成型质量等。

等离子对焊枪的性能要求：(1)便于引燃电弧并保证等离子焊接过程的稳定可靠；(2)钨极和喷嘴的对中要求十分精确，装配、调节和更换喷嘴要简便，具有可靠的绝缘、密封和冷却性能；(3)须有离子气和保护气的单独通道，保证焊枪喷出的保护气流具有良好的保护作用；(4)焊枪外形应具有良好的可达性和可见性，以便焊接时接近焊件并能观察到熔池和焊缝情况。

A　焊枪的结构

等离子弧焊枪的结构大体上是由上枪体、下枪体和喷嘴几个主要部分组成，图 16-26*a* 是大电流（300 A）等离子弧焊用的焊枪典型结构。上枪体主要包括上枪体水套、钨极夹持机构、调节螺母、绝缘罩与水电接头等，作用是夹持并冷却钨极，对钨极导电以及调节钨极的对中与内缩长度等；下枪体是由下枪体水套、等离子气室、保护气气室、进气管及水电接头等组成，作用是对下枪体及喷嘴进行冷却、安装喷嘴与保护罩、输送等离子气与保护气以及对喷嘴导电等。由于上、下枪体都接电且极性不同，故上下枪体之间用一个绝缘柱和绝缘套相联结。

图 16-26*b* 为微束等离子弧（16A）典型焊枪。人们通常将焊接电流在 30 A 以下的等离子弧

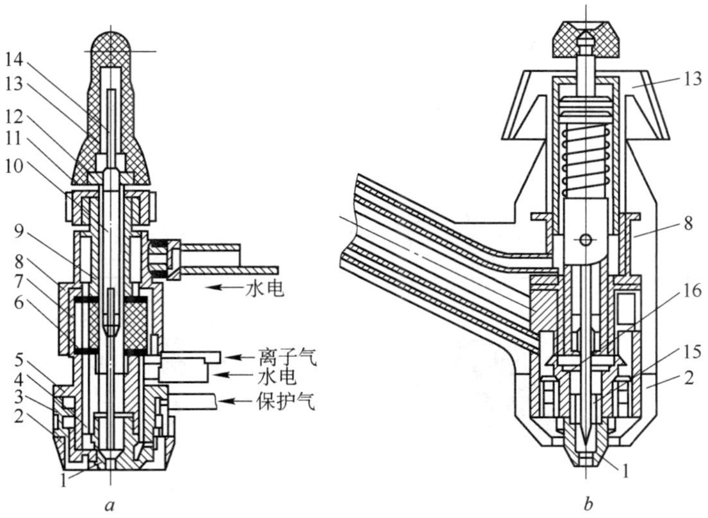

图 16-26 等离子弧焊枪

a—大电流等离子弧焊枪；*b*—微束等离子弧焊枪

1—喷嘴；2—保护套外环；3，4，6—密封垫圈；5—下枪体；7—绝缘柱；8—绝缘套；9—上枪体；10—电极夹头；11—套管；12—小螺母；13—胶木套；14—钨极；15—瓷对中块；16—透气网

焊接，称为微束等离子弧焊接。由于是在小电流条件下，无论是等离子弧的形态、稳定性及其对电源、设备的要求，还是焊接工艺过程及其操作方法，都有一系列的特殊性。微束等离子焊接是一种小电流（通常小于30 A）熔入型焊接工艺，为了保持小电流时电弧的稳定，一般采用小孔径压缩喷嘴（0.6～1.2 mm）及联合型电弧。即焊接时存在两个电弧，一个是燃烧于电极与喷嘴之间的非转移弧，另一个为燃烧于电极与焊件之间的转移弧，前者起着引弧和维弧作用，使转移弧在电流小至0.5 A时仍非常稳定，后者用于熔化工件。微束等离子弧是等离子弧的一种。在产生普通等离子弧的基础上采取提高电弧稳定性措施，进一步加强电弧的压缩作用，减小电流和气流，缩小电弧室的尺寸。这样，就使微小的等离子焊枪喷嘴喷射出小的等离子弧焰流，如同缝纫机针一般细小。与上述大电流焊枪的区别在于喷嘴直接（图 16-26*a*）或间接（图 16-26*b*）水冷。大电流焊枪的冷却水从下枪体 5 进，经上枪体 9 出。上下枪体之间由绝缘柱 7 和绝缘套 8 隔开进出水口，也是水冷电缆的接口，电极夹在电极夹头 10 中并通过螺母 12 锁紧，电极夹头从上冷却套（上枪体）插入，并借带绝缘套的压紧螺母 12 锁紧。离子气和保护气分两路进入下枪体。微束等离子弧焊枪中电极夹头有一压紧弹簧，按下电极夹头顶部可实现接触短路回抽引弧。

图 16-27 为 HP400 等离子焊枪分解实物图及其对应的分解示意图，表 16-4 为分解示意图相对应的工件名称。

表 16-4 图 16-27 中符号对应的工件名称

型　号	名　称	型　号	名　称
HP400-0001	喷嘴罩	HP400-0010	定位轴
HP400-0002	等离子喷嘴	HP400-0011	枪　盖
HP400-0003	外　罩	HP400-0012	钨极夹
HP400-0004	过滤环	HP400-0013	钨　极
HP400-0005	多孔垫	HP400-1100	进水管
HP400-0009	盖	HP400-1200	等离子气管

续表 16-4

型　号	名　称	型　号	名　称
HP400-1300	回水进电管	O-ring-16.4×1.8	○形圈
HP400-1500	保护气管	O-ring-12×2	○形圈
HP400-F1-1	钨极定位器	O-ring-23×2	○形圈
HP400-F1-2	定位块	O-ring-27×2.5	○形圈
HP400-F1-3	定位块		

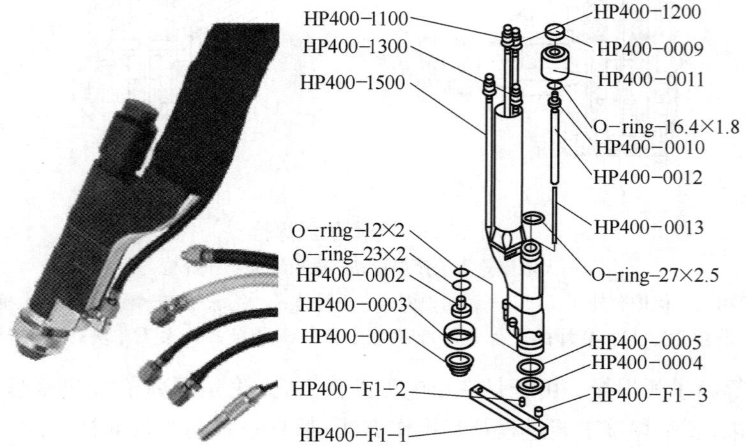

图 16-27　HP400 等离子焊枪分解示意图

B　压缩喷嘴

压缩喷嘴是等离子弧焊枪中产生等离子弧的关键零件之一，对电弧直径起机械压缩作用，是一个铜质的水冷喷嘴。压缩喷嘴结构、类型和尺寸对等离子弧特性起决定性作用。

图 16-28 中，喷嘴孔径 d_n 及孔道长度 l_0 是压缩喷嘴的两个重要尺寸。孔径 d_n 决定等离子弧直径和能量密度，应根据电流和离子气流量来决定。对于给定的电流和离子气流量，增加 d_n 则降低喷嘴对电弧的压缩作用，弧压也随之降低，等离子电弧逐渐向 TIG 电弧转化；而减少 d_n 易出现双弧，破坏等离子弧的稳定性。表 16-5 列出常用等离子电弧电流与喷嘴孔径之间的关系。

表 16-5　等离子电弧电流与喷嘴孔径间的关系

喷嘴直径 d_n/mm	等离子弧电流/A	离子气流量 Ar/L·min^{-1}
0.8	1～25	0.24
1.6	20～75	0.47
2.1	40～100	0.94
2.5	100～200	1.89
3.2	150～300	2.36
4.8	200～500	2.83

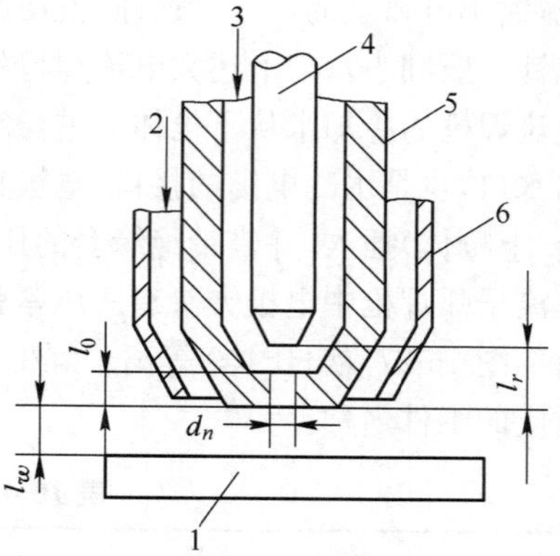

图 16-28　等离子弧枪中钨极、喷嘴与工件的相对位置

d_n—喷嘴直径；l_0—喷嘴孔道长度；lr—钨极内缩长度；lw—喷嘴至工件距离 ω—压缩角
1—工件；2—保护气；3—离子气；4—钨极；5—压缩喷嘴；6—保护气罩

孔径 d_n 决定后，孔道长 l_0 增大则对等离子弧的压缩作用增大，同时也容易出现双弧，常以 l_0/d_n 表示喷嘴孔道的压缩特征，称为孔道比。孔道比推荐值见表 16-6。孔道比超过一定值将导致双弧的产生。

表 16-6 喷嘴孔道比

喷嘴孔径 d_n/mm	孔道比 l_0/d_n	压缩角 α/(°)	等离子弧类型
0.6～1.2	2.0～6.0	25～45	联合弧
1.6～3.5	1.0～1.2	60～90	转移弧

C 喷嘴结构类型

喷嘴按孔的数量分布有单孔和三孔两种喷嘴；按孔道的形状可以分为圆柱型孔、扩散型孔或两者的组合，等离子弧焊常用压缩喷嘴结构类型如图 16-29 所示。中、小电流等离子弧焊的焊枪多采用单孔喷嘴。三孔喷嘴是在中心主孔两侧各有一个对称小孔，三孔同时喷出的气流使等离子弧产生的圆形热场变成椭圆形。当椭圆形热场的长轴平行于焊接方向时，可提高焊接速度和减少焊接热影响区的宽度。另外，三孔喷嘴可增大等离子气流量，能加强对钨极末端的冷却作用，故大电流等离子弧焊枪多采用这种喷嘴。

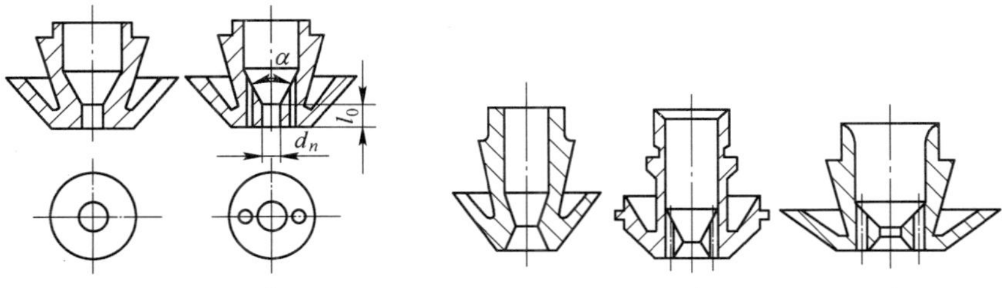

图 16-29 等离子弧焊常用的压缩喷嘴结构类型

a—圆柱单孔型；*b*—圆柱三孔型；*c*—收敛扩散单孔型；*d*—收敛扩散三孔型；*e*—有压缩段的收敛扩散三孔型

孔道为圆柱形的喷嘴应用广泛。扩散型孔道减弱了压缩电弧的作用，但可以采用更大的焊接电流而很少产生双弧现象。故扩散型喷嘴适用于大电流、厚板的焊接。

喷嘴材料应具有导电性能和良好的导热性能，故一般采用纯铜。大电流等离子弧焊的喷嘴必须采用水冷，为提高冷却效果，一般壁厚不大于 2～2.5 mm。

练习题 16

16-1 说明 CO_2 电弧焊的工艺特点及对焊接设备的要求。

16-2 一台完整的 CO_2 设备包括几个部分，试说明各部分的作用以及对它们的要求。

16-3 等离子弧是如何形成的，从本质上说形成等离子弧的主要原因是什么？

16-4 以等离子弧割枪为例，说明等离子弧发生器的基本要求和结构（以喷嘴和电极为重点）。

16-5 等离子弧有几种形式，各适用于什么场合？

16-6 电渣焊焊剂的作用是什么，它与埋弧自动焊的焊剂相比有何异同点？

16-7 埋弧自动焊是如何工作的，为什么称为埋弧自动焊？

16-8　为什么埋弧焊能够使用更大的电流和电流密度?

16-9　埋弧焊有什么适用范围,有何局限性?

16-10　厚板和薄板埋弧自动焊有何特点?

16-11　结合 8.3 节焊管生产,了解焊接设备在轧钢生产中的应用前景。

参考文献

1 王天义编著. 薄板坯连铸连轧工艺技术实践. 北京:冶金工业出版社,2005
2 张小平,梁爱生编著. 近终形连铸技术. 北京:冶金工业出版社,2001
3 陈家祥主编. 连续铸钢手册. 北京:冶金工业出版社,1991
4 王雅贞,张岩编著. 新编连续铸钢工艺及设备. 北京:冶金工业出版社,2007
5 陈雷. 连续铸钢. 北京:冶金工业出版社,1994
6 田乃媛. 薄板坯连铸连轧. 北京:冶金工业出版社,1998
7 洪伟. 有色金属连铸设备. 北京:冶金工业出版社,1987
8 史宸兴主编. 实用连铸冶金技术. 北京:冶金工业出版社,2005
9 杨拉道,谢东钢编著. 常规板坯连铸技术. 北京:冶金工业出版社,2002
10 朱立光等编著. 现代连铸工艺与实践. 石家庄:河北科学技术出版社,2000
11 任吉堂,朱立光,王书桓编著. 连铸连轧理论与实践. 北京:冶金工业出版社,2002
12 Haga T, Suzuki S. Roll casting of aluminum alloy strip by melt drag twin roll caster. J. Mater. Process Technol. 2001,118(1～3):165～168
13 Continuous casting of non-ferrous metals and alloys: proceedings of a symposium/sponsored by the Non-Ferrous Metals Committee of the Minerals. Metals, and Materials Society, Merchant H D, Tyler D E, Chia E H ed. Chicago, Illinois:1988. 28～29
14 Ehrke K and Schneider W. Continuous casting. Germany: Wiley-Vch, 2000
15 孙斌煜等著. 板带铸轧理论与技术. 北京:冶金工业出版社,2002
16 郑璇编著. 民用铝板、带、箔材生产. 北京:冶金工业出版社,1992
17 熊及滋. 压力加工设备. 北京:冶金工业出版社,2005
18 Fumiya Yanagishima. Development of endless rolling technology for the hot strip mill. Proc. of the 7th int. Conf. On steel rolling, Chiba, 1998. 717～726
19 于九明,庞维成主编. 材料成形机械设备. 沈阳:东北大学出版社,2002
20 房世兴. 高速线材轧机装备技术. 北京:冶金工业出版社,1997
21 中国金属学会热轧板带学术委员会编著. 中国热轧宽带钢轧机及生产技术. 北京:冶金工业出版社,2002
22 刘玠,孙一康主编. 带钢热连轧计算机控制. 北京:机械工业出版社,1997
23 田乃媛. 薄板坯连铸及热装直接轧制. 北京:冶金工业出版社,1994
24 李曼云. 小型型钢连轧生产工艺与设备. 北京:冶金工业出版社,1999
25 潘纪根. 全国冶金装备新技术文集. 北京:冶金工业出版社,1996
26 刘宝珩. 轧钢机械设备. 北京:冶金工业出版社,1984
27 邹家祥等著. 轧钢机现代设计理论. 北京:冶金工业出版社,1991
28 李立新,周家林,唐力等. 四辊轧机结构参数及牌坊形状参数的综合优化. 武汉科技大学学报,2001,24(2):128～130
29 李立新,周家林,汪凌云. 轧机牌坊的边界元优化设计. 武汉科技大学学报,2000,23(3):228～230
30 李立新,周家林,汪凌云. 四辊轧机横向刚度的理论计算. 金属成型工艺,2000,18(6):22～24
31 王邦文. 新型轧机. 北京:冶金工业出版社,1994
32 徐光,张黄强,刘显军等. CVC 轧辊热凸度研究. 冶金设备,2006,(159):35～37
33 徐光,刘显军,熊俊伟等. CVC 轧机轧辊磨损评价. 钢铁钒钛,2006,27(3):60～63
34 王廷溥,齐克敏. 金属塑性加工学—轧制理论与工艺. 第 2 版. 北京:冶金工业出版社,2004
35 边金生主编. 轧钢机械设备. 北京:冶金工业出版社,2002
36 李立新,黄宁,周家林等. 棒材粗轧机组接轴扭矩均衡分配孔型优化设计. 武汉科技大学学报,2001,24

(3):233～235
37 施东成主编.轧钢机械设计方法.北京:冶金工业出版社,1990
38 胡崇岳主编.现代交流调速技术.北京:机械工业出版社,1998
39 卢于球主编.热轧钢管生产问答.北京:冶金工业出版社,1991
40 龚尧,周国盈.连轧钢管.北京:冶金工业出版社,1992
41 韩关昌,李连诗编著.小型无缝钢管生产(上、下).北京:冶金工业出版社,1999
42 吴凤梧.国外高频直缝焊管生产.北京:冶金工业出版社,1985
43 国外三辊穿孔和轧管编译组.国外三辊穿孔和轧管.北京:冶金工业出版社,1978
44 李长穆等编译.现代钢管生产.北京:冶金工业出版社,1982
45 武汉钢铁设计研究院编.板带车间机械设备设计(下).北京:冶金工业出版社,1984
46 W. L. 罗伯茨.冷轧带钢生产.北京:冶金工业出版社,1991
47 有色金属加工设计研究院编.板带车间机械设备设计(上).北京:冶金工业出版社,1983
48 周国盈编著.带钢精整设备.北京:机械工业出版社,1982
49 周家林,李立新,彭毅等.热连轧棒材三切分轧制的实践.武汉科技大学学报,2005,28(3):218～220
50 邹家祥,施东成.轧钢机械理论与结构设计(下册).北京:冶金工业出版社,1993
51 崔甫著.矫直原理与矫直机械.北京:冶金工业出版社,2002
52 李培武,杨文成.塑性成型设备.北京:机械工业出版社,1995
53 中国机械工程学会锻压学会.锻压手册.北京:机械工业出版社,2002
54 谢懿.实用锻压技术手册.北京:机械工业出版社,2003
55 范有发.冲压与塑料成型设备.北京:机械工业出版社,2001
56 马怀宪.金属塑性加工学.北京:冶金工业出版社,1991
57 魏军.金属挤压机.北京:化学工业出版社,2006
58 陈世煌.塑料成型机械.北京:化学工业出版社,2006
59 马广,张国文.冲压与塑性成型机械.济南:山东科学技术出版社,2004
60 阎亚林.冲压与塑压成形设备.西安:西安交通大学出版社,1999
61 中国机械工程学会焊接学会编.焊接手册(第1卷)(焊接方法及设备).第2版.北京:机械工业出版社,2001
62 中国机械工程学会焊接学会编.焊接手册(第3卷)(焊接结构).第2版.北京:机械工业出版社,2003